Johannes Fischer

# Elektrodynamik

## Ein Lehrbuch

Springer-Verlag
Berlin · Heidelberg · New York 1976

Dr.- Ing. Johannes Fischer (1903 - 1975)
em. o. Professor an der Universität Karlsruhe (Technische Hochschule)

Mit 85 Abbildungen

ISBN-13: 978-3-642-80800-5 e-ISBN-13: 978-3-642-80799-2
DOI: 10.1007/ 978-3-642-80799-2

Library of Congress Cataloging in Publication Data. Fischer, Johannes, 1903-1975. Elektrodynamik: ein Lehrbuch. Bibliography: p. Includes indexes. 1. Electrodynamics. I. Title. QC631.F53 537.6 75-23345


Softcover reprint of the hardcover 1st edition 1976

## Vorbemerkung

Das vorliegende Lehrbuch behandelt die klassische Elektrodynamik, das heißt die makroskopische oder phänomenologische Theorie elektrischer Felder und Wellen. Es wendet sich an Studenten der Elektrotechnik und der Physik. Dem Elektrotechniker bietet das Werk den gesamten Stoff der großen Standard-Vorlesungen über Theoretische Elektrotechnik sowie die Grundzüge der elektrischen Netzwerk- und Leitungstheorie. Als mathematisches Werkzeug werden Vektoranalysis und Laplace-Transformation angewendet.

In der Darstellungsweise unterscheidet sich das Werk durch folgende Besonderheiten von vergleichbaren Büchern:

Wie die Bezeichnung Lehrbuch ausdrückt, wird die Elektrodynamik dem Leser nicht nur als ein fertiges Begriffssystem und als Formelsammlung vorgestellt. Vielmehr wird ausgehend von den einfachen Grundtatsachen und -überlegungen die Theorie ausführlich begründet und Schritt für Schritt entwickelt.

Durch die konsequente Anwendung der jetzt international bevorzugten Größendefinitionen und Formelzeichen sowie durch den ausschließlichen Gebrauch von Größengleichungen entspricht das Werk ganz den heute gültigen Auffassungen. Darüber hinaus ist die Darstellung so angelegt, daß sie nicht nur mit dem Internationalen Einheitensystem (SI), sondern auch mit den nunmehr historischen Einheiten verträglich ist.

Durch die allgemeine Behandlung nichtlinearer Dielektrika und Magnetika wird die Theorie erweitert und gegenüber der herkömmlichen linearisierten Darstellung besser an die physikalische Realität angepaßt.

Hierauf und auf die besonderen Ziele der Darstellung ist der Verfasser im Vorwort ausführlich eingegangen.

Nach dem Tode des Verfassers hat es in dankenswerter Weise Herr Dr.-Ing. Peter M. Knoll als dessen ehemaliger Mitarbeiter übernommen, die Fahnen- und Bogenkorrekturen durchzuführen.

SPRINGER - VERLAG

# Vorwort

Im Gegensatz zu der im Jahre 1936 erschienenen „Einführung in die klassische Elektrodynamik“ habe ich dieses Buch nicht eine Einführung sondern ein Lehrbuch genannt. Mit diesem Ausdruck soll nun keineswegs etwa der größere Umfang gerechtfertigt werden, vielmehr lag mir daran, mit dieser Darstellung den Lernenden von allem Anfang an teilnehmen zu lassen an dem streng methodischen, beinahe zwangsläufig zu nennenden Aufbau eines klassischen Gebietes der Physik, das zugleich einen Grundpfeiler der Elektrotechnik bildet. Auch haben sich seit damals offenbar gewisse Grundeinstellungen des Durchschnitts der Lernenden merkbar verändert: die Bereitwilligkeit, mathematische Formalismen sich anzueignen, scheint eher größer, die Bereitwilligkeit dagegen, zu möglichst vollständigem Verständnis physikalischer Begriffe und physikalischen Geschehens vorzustoßen, scheint eher geringer werden zu wollen. Diesem Zuge gilt es, durch größere Ausführlichkeit in der Darlegung der Gedankengänge entgegen zu wirken, die der Lernende nun allerdings nicht als „Formelverdünnung“ oder als entbehrliche Begleitmusik zur Aneignung von Rechenrezepten bewerten darf; jede Wissenschaft degeneriert, die sich nicht fortwährend auf ihre gedanklichen Grundlagen besinnt. Ferner haben sich in der Elektrodynamik, obwohl sie ein klassisches Gebiet der Physik ist, dennoch gewisse Auffassungen sowohl zum Gegenstand, als auch zu dessen methodischer Darstellung seit damals verstärkt, schließlich ist auch stofflich einiges grundsätzlich Neue hinzugekommen. Dieser veränderten Sachlage mußte Rechnung getragen werden. Hierzu seien einige Einzelheiten erwähnt:

Die seit Jahrzehnten bekannte Tatsache, daß physikalische Zusammenhänge und Gesetzmäßigkeiten nur durch (allgemeine) Größengleichungen allgemeingültig ausgedrückt werden können, findet mehr und mehr Anerkennung. Meiner schon in der „Einführung“ (1936) geübten Darstellung durch Größengleichungen bin ich treu geblieben (sie war damals weniger selbstverständlich, als sie es heute ist und sein sollte; völlig anerkannt ist sie nach Ausweis vieler moderner Lehrbücher auch heute noch durchaus nicht).

Das Fundament jeder methodischen Darstellung physikalischer Gesetzmäßigkeiten sind Basisgrößen (Grundgrößen), aus denen die weiteren

Größen des betrachteten Gebietes definitorisch durch Größengleichungen folgen. (Die notwendigsten Begriffe der Größenlehre findet der Leser im Anhang.) Die Überzeugung, daß die notwendige und hinreichende Anzahl der Basisgrößen immer eindeutig ermittelt werden kann, also nicht (mehr oder weniger) eine „Spiel"-Regel ist, bricht sich mehr und mehr Bahn. Die Ermittlung der Anzahl der Basisgrößen und auch ihre Auswahl ist ein wesentliches Ergebnis des methodischen Aufbaues und nicht eine (willkürliche) Vorgabe im Sinne eines Postulates. Gegen diese Auffassung verstoßen offensichtlich sehr viele auch moderne Darstellungen insofern, als sie von vorne herein dem Lernenden ein und nur ein Einheitensystem axiomatisch aufzwingen. Da ein Einheitensystem genau so viele Basiseinheiten hat, wie ein Größensystem Basisgrößen, wird hier ein didaktischer Kunstfehler begangen: was ein wesentliches Ergebnis des methodischen Aufbaues des Begriffssystems sein sollte, nämlich die Anzahl der (von einander unabhängigen, nicht mehr weiter ableitbaren) Basisgrößen, wird implizit durch Vorgabe eines Einheitensystems vorweggenommen. Zudem ist durch die Bindung an ein bestimmtes Einheitensystem die Allgemeingültigkeit der Darstellung verloren gegangen. Das Kleben an einem Einheitensystem ist heute nicht mehr zeitgemäß, ihm haftet etwas Museal-Ehrwürdiges an.

Ohne jeden Zweifel hat sich die Physik in gewissen Einheitensystemen, die sich vom heutigen Internationalen System praktisch und grundsätzlich unterscheiden, sehr wohl befunden und tut das teilweise traditionell auch heute noch. Gleichungen, Darstellungen experimenteller Untersuchungen und Angaben zum Beispiel gemessener Werte von Substanzeigenschaften müssen aus der einen (älteren) in die andere (neuere) Darstellungsart übersetzt werden können: man darf das Gedanken- und Erfahrungsmaterial eines Jahrhunderts Physik und Technik dem Lernenden nicht verschließen, man muß vielmehr die Fähigkeit, übersetzen zu können, sozusagen als handwerkliche Fertigkeit lehren und fordern. Diesem Brückenschlag (Übersetzen von Gleichungen, von Einheiten – soweit grundsätzlich möglich – und von Zahlenwerten) dient ein Abschnitt des Anhanges. – In den laufenden Text der Darstellung sind Einheiten als etwas begrifflich durchaus Sekundäres – sie folgen aus Größendefinitionen, nicht etwa umgekehrt – nicht aufgenommen; der Leser findet zu jeder neu definierten Größe Angaben über Einheiten, auch SI-Einheiten, in einer Fußnote, tabellarische Zusammenstellungen im Anhang.

In der quasistationären Elektrodynamik dielektrischer und magnetischer Stoffe habe ich mich bemüht, eine stärkere Annäherung der Theorie an die physikalische Wirklichkeit herbeizuführen. Auch in modernen theoretischen Darstellungen spielen die Ferromagnetika und die Ferroelektrika die Rolle von Störenfrieden der wohlbehüteten Kreise der Theorie, die ausschließlich lineare Beziehungen (Proportionalitäten) voraussetzt. Eine Theorie, die die magnetischen Eigenschaften von Eisen nicht durch eine Materialkonstante, sondern durch (eindeutige stetige) Materialfunktionen einführt, hat schon E. G. Cohn gegeben. Seine Ansätze ergeben Ausdrücke für die quasistationären magnetischen, nicht für die quasistatischen elektrischen Feldkräfte. Hier habe ich mich um eine Vervollständigung und um eine allgemeine feldtheoretische Beweisführung bemüht, die sich also nicht auf Plausibilitäts-Erklärungen oder auf Analogieschlüsse stützt. Ich möchte indessen dieses Kapitel keineswegs so verstanden wissen, daß es nur darauf ziele, Eigenschaften der Ferromagnetika und der Ferroelektrika in die Theorie einzubauen, es sollte vielmehr hier eine allgemeine Theorie gegeben werden, die davon ausgeht, daß die dielektrischen und magnetischen Eigenschaften der Stoffe gegebene (eindeutige stetige) Funktionen der Werte zum Beispiel der Feldstärken sind, nicht aber echte Konstante in Bezug auf diese. Die Proportionaltheorie, die diese Annahme macht, erscheint dann als ein Grenzfall der allgemeinen Theorie. Diese bringt es nun mit sich, daß das Superpositionsprinzip sowohl als Beweismethode, als auch als so sehr bequeme Denkgewohnheit geopfert werden muß. Wenn die Zusammenhänge nicht mehr linear sind, kann man für die Begriffsbildung (für die Definitionen der Größen) nicht mehr auf das Superpositionsprinzip, man muß vielmehr auf die Erhaltungssätze der Physik zurückgreifen, hier auf das Prinzip von der Erhaltung der Gesamtenergie eines geschlossenen Systems. Es werden aber nicht nur andere Ausdrücke für die Feldkräfte, für die Kapazitäts- und die Induktivitätskoeffizienten erhalten, als in der Proportionaltheorie, sondern es tritt auch die gesamte Potentialtheorie, als durchaus zugeschnitten auf die Proportionaltheorie, in ihrer Bedeutung sehr zurück. In der verallgemeinerten Theorie spielen nicht die Potentiale, sondern die Feldgrößen selbst die primäre Rolle.

Dem die Elektrodynamik schon souverän Beherrschenden wird vielleicht das erste Kapitel entbehrlich, der Umfang des Anhanges zu groß erscheinen. Aber es wird heute, nach meiner Meinung mit Recht, zu manchen Lehrbüchern (und Vorlesungen) kritisch bemerkt, daß dem Lernenden Ausgangspunkt und Denkmethode des behandelten Gebietes ganz am Anfang schon deutlich gemacht werden müsse; dem dient das verhältnismäßig ausführliche erste Kapitel. Im Anhang schließlich findet der Lernende nicht nur, wie erwähnt, die wenigen Grundsätze der Größenlehre, die ihm das Verständnis der Darstellungsweise dieses Buches erleichtern sollen, und das Handwerkszeug zum „Übersetzen", er findet auch eine kurze Zusammenstellung der Formeln und Sätze der Vektorenrechnung, die im Buch fortwährend gebraucht werden; diese ersetzt selbstverständlich nicht einen Lehrgang der Vektorenrechnung. Für die Vektoren selbst wird durchweg die Schreibweise benutzt, welche die koordinatenfreie oder auch symbolische genannt wird. Daß die analytisch genannte Darstellung Vorteile bietet, vor allem bei Tensoren höherer Stufen und bei mehr als drei Dimensionen, sei nicht geleugnet, indessen ist die andere Schreibweise für den hier dargestellten Stoff ausreichend, sie ist gewohnt und bei nur wenig Übung durchsichtig und einfach. Auch von den unstetigen Vektoroperationen, die für die Beschreibung von Vektorfeldern an Trennflächen so nützlich sind, jedoch in vielen Darstellungen nur ein unterirdisches Dasein fristen, wird ohne Bedenken Gebrauch gemacht; ein elektrostatischer Ladungsbelag etwa einer Leiteroberfläche läßt sich kaum anschaulicher, als durch eine Sprungquelle des elektrischen Feldes, eine Flächenstromdichte (ein Strombelag) läßt sich kaum anschaulicher, als durch einen Sprungwirbel des magnetischen Feldes (idealisierend) beschreiben. Anschaulichkeit elektromagnetischer Erscheinungen, falls man eine solche überhaupt anerkennen will, liegt nicht in Analogien zu Erscheinungen der mechanischen Körperwelt, ihre Unanschaulichkeit nicht darin, daß solche Analogien immer nur sehr beschränkt möglich, grundsätzlich aber unstatthaft sind, die Anschaulichkeit liegt vielmehr in der Anschaulichkeit der Vektoren, in der der Vektorenfelder, ihrer Quellen und Wirbel.

An vielen Stellen werden nicht nur die Erscheinungen behandelt, die bei stationären Sinusschwingungen auftreten, sondern auch Ausgleichsvorgänge. Bei den erstgenannten ist das Rechnen mit komplexen Größen das altbekannte, bei den zweitgenannten ist die einseitige Laplace-Transformation das wirksame mathematische Werkzeug. Hierzu wird das Nötigste über Definitionen, Fachausdrücke und Schreibweise ebenfalls im Anhang vorgelegt.

Was die Formelzeichen (Buchstabensymbole) angeht, darf der Leser von einem Lehrbuch erwarten, daß die allgemeinen (internationalen und deutschen) Empfehlungen so weit als möglich berücksichtigt sind. Da diese nun gewiß nicht für eine zusammenhängende Darstellung der Elektrodynamik geschaffen wurden, erwies es sich teilweise als schwierig, den erträglichen Kompromiß zwischen ihnen und didaktischer Erfahrung (nicht nur meiner eigenen) zu finden. (Hier eine unangreifbare Lösung finden zu wollen, wäre ein Hirngespinst; zudem sich auch diese Empfehlungen („Normen") fortwährendem, wenn auch langsamem Wandel unterworfen.) Einige Ausführungen zu diesem Problemkreis sind in dem Abschnitt über durchgehend verwendete Kennzeichnungen gemacht.

Wichtige Aussagen des Textes sind durch Kursivdruck, wichtige Gleichungen durch Fettdruck der Nummer der Gleichung hervorgehoben.

Der Leser findet in diesem Buche einiges, was in ähnlich gearteten Lehrbüchern recht kurz wegkommt, so zum Beispiel, abgesehen von der erwähnten verallgemeinerten Theorie im 6. Kapitel, die Anfänge der Theorie elektrischer Netze, das stationäre magnetische Feld bei feldabhängiger Permeabilität, die Anfänge der Magnetohydrodynamik.

Bei der Abfassung dieses Buches habe ich entscheidenden Nutzen gehabt von meinen Erfahrungen als akademischer Lehrer, vom ununterbrochenen Gedankenaustausch mit vielen Kollegen nicht nur der eigenen Fachrichtung und Universität, von Aussprachen mit meinen Mitarbeitern und Studenten, von Erfahrungen früherer Industrietätigkeit und dem Kontakt mit wissenschaftlich und didaktisch interessierten Fachleuten der Industrie. Es ist darum ganz unmöglich, alle diejenigen, denen ich mich mittelbar oder unmittelbar zu Dank verpflichtet weiß, namentlich anzuführen. Zwei Ausnahmen seien jedoch gestattet: Ganz besonderen Dank bringe ich meinen Freunde Professor W. H. Westphal in Berlin dar; der ständige Gedankenaustausch mit ihm und seine unermüdliche anregende Anteilnahme haben entscheidend zur Vollendung des Buches beigetragen. Mit Dankbarkeit denke ich schließlich an die Ausdauer und Sorgfalt meiner langjährigen Sekretärin E. Schmülling bei der Übertragung des Manuskriptes ins Reine.

JOHANNES FISCHER

# Inhaltsverzeichnis

# 1. Grundlagen

## 1.1 Die Ausgangssituation

Mit den Erscheinungen der Elektrizität und des Magnetismus tritt in den Gesichtskreis des Lernenden etwas gänzlich Neues, das mit den ihm bis dahin bekannten Begriffen der Mechanik nicht sinnvoll beschrieben werden *kann.* Die Erscheinung der elektrischen Ladung ist ein Beispiel für diese Feststellung: in der Umgebung geladener Körper werden Bewegungsantriebe (Kräfte) wahrgenommen, die anders sind, als wenn in derselben Anordnung die Körper ungeladen sind, und diese Bewegungsantriebe stehen *außerhalb der Erfahrungswelt der Mechanik.* Man tut gut daran, sich diese grundsätzliche Situation bewußt zu machen. Da nämlich viele Begriffe der Mechanik verhältnismäßig leicht aus den alltäglichen Erfahrungen des Menschen in der makrophysikalischen Körperwelt abstrahiert werden können, hat jeder Lernende, mindestens unbewußt, die Neigung, neue Erfahrungen auf diese geläufigen und gewohnten zurückzuführen; er sucht nach mechanischen Vergleichen, Entsprechungen (Analogien), Modellen, nach „Anschaulichkeit" im engsten Sinne der Begreifbarkeit neuer Erscheinungen durchaus mit Hilfe bekannter Erscheinungen der mechanischen Körperwelt.

Von diesem Streben also muß man sich ganz bewußt befreien. Daß das eine unerläßliche Forderung ist, sieht man leichter ein, indem man einen Blick auf die historische Entwicklung wirft:

J. C. Maxwell[1], der Schöpfer der Theorie der elektromagnetischen Felder[2], hat sich zwar für seine Darstellung weitgehend mechanischer Modellvorstellungen bedient, man kann aber nicht sagen, daß er seine Theorie einzig und allein aus diesen heraus gefunden oder mit diesen allein zu begründen versucht habe; an der entscheidenden Stelle sollte man vielmehr eher eine geniale Intuition anerkennen. In der Folgezeit aber hat die Physik angelegentlich und hartnäckig nach „verborgenen Mechanismen", nach einer Begründung der Theorie Maxwells allein mit Begriffen der Mechanik, gesucht. Von diesem Streben hat sich aller-

---

[1] James Clerk Maxwell, 1831–1879.

[2] On physical lines of force (1861); Faraday's lines of force (1864); Dynamical theory of the electromagnetic field (1865); A treatise on electricity and magnetism, Oxford 1873.

dings schon H. Hertz[1] weitgehend gelöst: Er hat in seiner Darstellung der Maxwellschen Theorie (1890)[2] den ganz anderen Standpunkt eingenommen, daß die elektromagnetischen Felder als etwas anzusehen seien, das an sich, ohne Rückgriff auf mechanische Modelle und vor allem ohne Grundlegung aus den Begriffen der Mechanik allein, beschrieben werden kann und muß[3]. A. Einstein[4] hat mit der speziellen Relativitätstheorie (1905) der Einsicht zum Sieg verholfen, daß das elektromagnetische Feld selbst eine Realität ist, im leeren Raum existieren kann und also keines materiell oder quasimateriell zu denkenden Trägers bedarf. Damit war die Vorstellung des Äthers als eines materiellen oder quasimateriellen Trägers der elektromagnetischen Felder im leeren Raum endgültig überwunden. (Die Annahme eines stofflichen Äthers ist unvereinbar mit dem Prinzip von der Konstanz der Vakuumlichtgeschwindigkeit.) Durch die Theorie der elektromagnetischen Felder hat sich also die alte (primitive) Meinung, alle physikalischen Erscheinungen könnten zureichen und müßten daher mit den Gesetzmäßigkeiten der Mechanik materieller Körper gedeutet werden, als unzureichend und irrig herausgestellt.

Damit war aber (wohl zum ersten Mal in der Geschichte der Physik) klar zutage getreten, daß die Gesamtheit der physikalischen Erscheinungen offenbar auf eine Weise beschrieben werden muß, die zwar dem Verstande (dem Denkvermögen) zugänglich, aber nicht mehr der naiven Anschauung einleuchtend ist. Diese ist kein ausreichendes Beschreibungsmittel; das adäquate Mittel zur Beschreibung des physikalischen Geschehens sind vielmehr einzig und allein mathematische Strukturen; diese sprechen sich aus in Gleichungen, an die man also den Anspruch der Anschaulichkeit grundsätzlich nicht stellen darf. Dies ist (auch aus anderen Entwicklungen heraus, insbesondere der Quantentheorie) der heutige Standpunkt der Physik. Diese Ausgangssituation also muß der Lernende sich eindringlich klar und bewußt machen.

Sie bedeutet allerdings nun nicht etwa, daß anschauliche, manchmal sogar primitiv anschauliche Modelle grundsätzlich unzulässige Hilfsmittel seien; solche können vielmehr im gegebenen Fall, in beschränkten Bereichen, von großem Nutzen, manchmal für den ersten (später zu verfeinernden) Entwurf einer Begriffsbildung unentbehrlich sein; man darf nur zweierlei nicht vergessen, nämlich erstens, daß sie Krücken

[1] Heinrich Hertz, 1857—1894.

[2] Über die Grundgleichungen der Elektrodynamik für ruhende Körper; ... für bewegte Körper (abgedruckt in den „Untersuchungen über die Ausbreitung der elektrischen Kraft“, Leipzig 1892).

[3] Es geht deswegen an der Leistung von Hertz für die Theorie vorbei, wenn gesagt wird, er habe den Maxwellschen Gleichungen eine bestimmte Form gegeben. Nicht in der Form der Gleichungen besteht der Fortschritt, sondern in dem veränderten grundsätzlichen Standpunkt.

[4] Albert Einstein, 1879—1955.

sind und keine Wirklichkeit darstellen, zweitens, daß sie immer nur einen beschränkten Geltungsbereich haben. Mit diesen Vorbehalten also braucht man auf Anschaulichkeit etwa im Sinne von Vorstellbarkeit des räumlich-zeitlichen Geschehens nicht zu verzichten.

## 1.2 Verständigungsmittel*

### Neue Fachausdrücke

Der – grundsätzlich irrige – Rückzug auf mechanische Vorstellungen liegt in vielen Fällen deswegen nahe, weil man sich an den ursprünglichen Wortsinn neuer Fachausdrücke erinnert, die nun einmal nicht anders gebildet werden können, als mit dem beschränkten Wörtervorrat der Sprache. Beim Vorgang des elektrischen *Stromes*, etwa im elektrischen Leiter, findet in der Tat ein Strömungsvorgang statt; dagegen darf man die Ausdrücke (Namengebungen) elektrischer und magnetischer *Fluß* nicht mit der Vorstellung einer Strömung verbinden. Auch Ausdrücke wie *Spannung*, *Widerstand*, *Verschiebung* haben andere Bedeutungen als in der Mechanik; die elektromotorische *Kraft* ist keine Kraft im Sinne der Mechanik. – Im alltäglichen Sprachgebrauch ist ein *Feld* gewiß immer eine Fläche, etwas geometrisch Zweidimensionales, die Physik dagegen versteht unter einem Feld im allgemeinen etwas geometrisch Dreidimensionales und nur in Ausnahmefällen etwas geometrisch Zweidimensionales.

### Physikalische Phänomene und physikalische Größen

Oft wird im Denken und beim Formulieren nicht deutlich genug unterschieden zwischen physikalischen Phänomenen einerseits und physikalischen Größen andererseits. Diese beschreiben meßbare Merkmale von Phänomenen (Dingen, Zuständen, Vorgängen). Physikalische Phänomene finden sich in der Natur, Symbole physikalischer Größen kommen in Gleichungen vor. Der Verständlichkeit und Genauigkeit einer Aussage zuliebe sollte man darum, soweit das mit dem beschränkten Wörtervorrat der Sprache möglich ist, den Unterschied zum Ausdruck bringen. (Man kann zum Beispiel von der Masse eines Körpers, von der Induktivität einer Spule, von der Kapazität eines Kondensators, vielfach auch vom Widerstand oder vom Leitwert eines Stromleiters, von der Elementarladung des Elektrizitätsatoms (Elektrons) sprechen; nicht eine Ladung, sondern ein Ladungsträger wird bewegt; nicht eine Frequenz,

---

* Durchgehend verwendete Kennzeichnungen: Siehe S. 470. Es wird empfohlen, diesen Abschnitt vorab zur Kenntnis zu nehmen.

sondern eine Schwingung wird hervorgebracht. In allen diesen Fällen bezeichnet das erste Wort die Größe, das zweite das Objekt oder die Erscheinung.)

### Größen und Größengleichungen

Unsere Darstellung bedient sich des Begriffes der physikalischen Größen, unsere Gleichungen sind Größengleichungen. *Nur* durch Größengleichungen lassen sich die physikalischen Zusammenhänge und Gesetzmäßigkeiten *allgemeingültig* darstellen. Irgendein Einheitensystem wird also nicht vorausgesetzt, die Gleichungen gelten ohne Bindung an ein solches. Die (immer noch vielfach geübte) Vorgabe eines Einheitensystems bedeutet nicht nur, daß die Gleichungen in Bezug auf dieses verstanden werden müssen, also nicht allgemeingültig sind, sie bedeutet vielmehr auch, daß die Anzahl der unabhängigen Größen (Basisgrößen) des behandelten Gebietes vorausgesetzt wird. Aber diese sollte nicht willkürliche Vorgabe sein, sondern vielmehr zu den wesentlichen Ergebnissen des systematischen Aufbaus der Begriffe gehören.

Weiteres hierzu siehe Abschnitt A.2.

### Vektoren

Unter Vektoren und Skalaren versteht die Physik von je her Tensoren erster und nullter Stufe. Wir folgen diesem Wortgebrauch. Da in diesem Buch von Tensoren zweiter Stufe nur selten Gebrauch gemacht werden muß, ist für die Darstellung der Vektoren diejenige ausreichend, die die symbolische oder die koordinatenfreie genannt wird. (Größen, die Vektoreigenschaft haben, werden in dieser durch besondere Symbole dargestellt, Additions- und Multiplikationszeichen haben besondere Bedeutungen, u. a. m.) Wegen der geometrischen Anschaulichkeit der Vektoren im dreidimensionalen Raum ist diese Darstellungsart kurz und übersichtlich. *Völlige Vertrautheit mit dieser wird beim Leser dieses Buches vorausgesetzt.* (Die Zusammenstellung in Abschnitt A.7 ersetzt kein Lehrbuch!)

So zum Beispiel ist es, wenn man überhaupt zu einem Verständnis der Gesetze des elektromagnetischen Feldes gelangen will, durchaus erforderlich, daß man zum Beispiel auch mit den Begriffen Rotation, Divergenz, Gradient eine geometrische Anschauung verbindet, sie also nicht etwa nur als Anweisungen für den Vollzug gewissen Rechenoperationen betrachtet. Das gleiche gilt für die Aussagen der nach Gauß und nach Stokes genannten Sätze; auch sie müssen anschaulich verstanden und dürfen nicht nur als Integralumformungen aufgefaßt werden, desgleichen der Begriff der substantiellen Änderung u. a. m.

## 1.3 Mikrophysik und Makrophysik. Die Elektrodynamik als ein Bestandteil der Makrophysik

An den Unterschied sei ausdrücklich erinnert, damit der Standpunkt der klassischen Elektrodynamik erkannt wird: Wir wissen, daß die Materie nicht ein Kontinuum ist, daß sie vielmehr aus kleinsten Teilen besteht, deren Anzahl schon in einem Volumen, das nach alltäglichem Sprachgebrauch als winzig klein zu bezeichnen ist, ungeheuer groß ist; wir wissen ferner seit M. Planck[1] und A. Einstein, daß auch die Energie von Strahlungen nicht kontinuierlich, sondern in Quanten gedacht werden muß, damit viele Beobachtungen von Erscheinungen verständlich gemacht und befriedigend beschrieben werden können. Für viele Zwecke aber genügt es vollkommen, die Materie als etwas zu betrachten, das den Raum kontinuierlich (stetig) erfüllt und dessen Zustände sich von Ort zu Ort kontinuierlich ändern. Bei dieser, der makroskopischen Betrachtungsweise und Beschreibung zum Beispiel eines Gases ist dieses als Ganzes ein elastisches Kontinuum; seine Dichte, Temperatur, sein Druck, seine Strömungsgeschwindigkeit sind stetige Funktionen des Ortes. Die Mikrophysik lehrt, daß alle diese makroskopischen Zustandsgrößen statistische Mittelwerte sind. Hieraus zieht der Lernende mit Recht den Schluß, daß die Naturgesetze der Mikrophysik die eigentlichen und daß die der Makrophysik Folgerungen aus diesen sind. Erfahrungsgemäß stellt sich dann leicht die fehlerhafte Auffassung ein, daß aus diesem Grunde es nicht so entscheidend wichtig sein könne, auch die *nichtmechanischen* Begriffe der Makrophysik bis zur letzten Schärfe verstehen zu müssen, zumal da die Existenz der kleinsten Teilchen wiederum den in Abschnitt 1.1 besprochenen Rückzug auf mechanische Modellvorstellungen nahelegt. Dieser primitiven Neigung gegenüber muß man sich darüber klar werden, daß die Mikrophysik *nur* von der Makrophysik her erkennbar ist. Nicht etwa nur die Begriffe der Kinematik und der Mechanik (zum Beispiel Geschwindigkeit, Massenträgheit, Kraft, Impuls), sondern auch die Begriffe der elektrischen und der magnetischen Felder als physikalische Realitäten werden in der Makrophysik *gebildet* und in der Mikrophysik *angewendet*; lägen sie nicht vor, so könnte man in der Mikrophysik überhaupt nicht Fuß fassen. In einem Gleichnis mag man die Makrophysik als eine obere, die Mikrophysik als eine untere Schicht ansehen; in diese aber kann man nur gelangen, indem man die obere Schicht durchdringt. Weitläufig vergleichbar ist die Situation der Geometrie: Die im euklidischen Raum gebildeten elementaren geometrischen Begriffe müssen vorliegen, damit in neue Gebiete vorgedrungen werden kann. – Obwohl also die Makro-

---

[1] Max Planck, 1858–1947.

physik in gewissem Sinn als Grenzfall der Mikrophysik angesehen werden muß, sind dennoch die Begriffsbildungen der Makrophysik unabdingbar notwendig.

Die klassische Elektrodynamik gehört weitestgehend (im Grundsatz sogar vollständig) der Makrophysik an. Die Materie also wird als etwas Kontinuierliches angesehen, ebenso wie der leere Raum und der Ablauf der Zeit. *Die elektrischen und die magnetischen Eigenschaften der Materie werden somit als etwas empirisch Gegebenes hingenommen*, sie werden nicht etwa mikrophysikalisch abgeleitet. Sie ergeben sich aber, wie wir wissen, als Mittelwerte aus sehr verwickelten mikrophysikalischen Zusammenhängen. Schon daraus wird klar, daß die makroskopische Elektrodynamik die Erscheinungen im leeren Raum am vollkommensten beschreibt, und daß sie dann, wenn Materie vorhanden ist, die Erscheinungen mit um so größerer Genauigkeit beschreibt, je geringfügiger die Abweichungen sind, die durch die vorhandene Materie gegenüber den Erscheinungen im leeren Raum verursacht werden.

Wir nennen *homogen* einen Stoff, der überall von gleicher Beschaffenheit ist, bei dem also, makrophysikalisch gesehen, die betrachteten physikalischen Eigenschaften überall die gleichen sind. Im anderen Fall heißt der Stoff inhomogen. Wir nennen einen Stoff *anisotrop*, wenn die betrachteten makrophysikalischen Eigenschaften von gegebenen Richtungen im Körper abhängen, wenn er also in verschiedenen Richtungen sich verschieden verhält. Alle Kristalle sind anisotrop; Gase und Flüssigkeiten im natürlichen Zustand, desgleichen alle amorphen Stoffe, sind isotrop.

Der in diesem Buch behandelte Gegenstand ist also, überschlägig gesagt, die makroskopische Theorie der elektrischen und magnetischen Erscheinungen – Zustände und Vorgänge – und ihrer Verknüpfungen. Mit H. Hertz nennen wir diese Theorie *Elektrodynamik*, denn die Statik ist hier, ebenso wie in der Mechanik, nicht ein selbständiges Gebiet, sondern ein Grenzfall der Dynamik. (Nennt man diese Theorie klassische Elektrodynamik, so soll damit ausgedrückt werden, daß sie einen wohlbekannten und abgegrenzten Platz auf dem weiten Gebiet der Naturbeschreibung einnimmt.)

## 1.4 Fernwirkungstheorie und Feldtheorie

Zwischen Trägern elektrischer Ladungen, zwischen Magnetpolen, zwischen Trägern elektrischer Leitungsströme, schließlich zwischen Magnetpolen und Trägern elektrischer Leitungsströme werden Kräfte beobachtet. Die *Fernwirkungstheorie* ist diejenige Auffassung über diese Kräfte, daß der Raum zwischen den in Wechselwirkung miteinander stehenden Körpern gänzlich unbeteiligt sei, derart, daß, bei beispielsweise zwei Körpern, jede Änderung der gegenseitigen Lage oder der Ladung, der

Polstärke, der Stromstärke des einen Trägers im gleichen Augenblick eine Änderung der wechselseitigen Kraft bewirkt. Der Raum hat Bedeutung nur in geometrischer, aber nicht in physikalischer Hinsicht.

Die grundsätzlich andere Vorstellung M. Faradays[1] kann man etwa so kennzeichnen: Wenn in der Umgebung eines Körpers Kraftwirkungen auf einen anderen ausgeübt werden, so muß man das so verstehen, daß *der umgebende Raum physikalisch beteiligt* ist. Die elektrische Ladung eines einzelnen Ladungsträgers zum Beispiel ist zwangsläufig verknüpft mit einem bestimmten physikalischen Zustand des umgebenden Raumes. Dieser wird an einem gegebenen Ort wahrgenommen durch die Kraftwirkung auf einen dort befindlichen zweiten Ladungsträger. Wenn durch Änderungen der gegenseitigen Lage oder der Ladungen Änderungen der Kraftwirkungen eintreten, so geschieht dies durch Änderung des physikalischen Zustandes des umgebenden Raumes, aber nicht etwa indem der Zwischenraum „übersprungen" wird.

Diese Vorstellung ist bekanntlich für die ganze Physik von äußerster Tragweite geworden. Auf dem Gebiet der elektrischen und magnetischen Erscheinungen hat sie J. C. Maxwell zum Rang einer mathematisch formulierten Theorie erhoben. Er sagt hierüber:[2]

„Faraday sah mit seinem geistigen Auge Kraftlinien den ganzen Raum durchsetzen, wo die (zeitgenössischen) Mathematiker Anziehungszentren von Fernkräften sahen. Faraday sah ein Zwischenmittel, wo sie nur Entfernungen sahen. Faraday suchte nach dem Sitz der Erscheinungen, die in diesem Medium wirklich vorgingen; jene begnügten sich, das Potenzgesetz der Kräfte zu finden, die auf die elektrischen Fluida wirken.

Als ich die Faradayschen Ideen, wie ich sie verstand, in eine mathematische Form übersetzte, fand ich, daß beide Methoden im allgemeinen zu denselben Resultaten führten, daß aber manche von den Mathematikern entdeckten Methoden viel besser in Faradayscher Weise ausgedrückt werden können."

Die Fernwirkungstheorie ist auf diese Weise durch die *Feldtheorie* abgelöst worden. Die Fernwirkungstheorie kennt nicht die elektrischen und magnetischen *Felder* als physikalische Realitäten, aber ohne diese kann man die Existenz und die Eigenschaften der elektromagnetischen Wellen nicht verstehen.

## 1.5 Atomistische Struktur der Elektrizität. Leiter und Nichtleiter

Die Tatsache, daß die Elektrizität atomistischen Charakter hat, wurde etwa gleichzeitig von H. von Helmholtz[3] und von J. Stoney[4] ausgespro-

[1] Michael Faraday, 1791–1867.
[2] J. C. Maxwell, A Treatise ..., Vorwort.
[3] Hermann von Helmholtz, 1821–1894.
[4] Johnstone Stoney, 1826–1911.

chen (1881). Sie spielt in der makrophysikalischen Theorie keine ausschlaggebende Rolle. Jede elektrische Ladung (Elektrizitätsmenge) besteht aus einem ganzzahligen positiven oder negativen Vielfachen der Elementarladung. Das Elektron, ein elementarer Baustein der Atome, ist der Träger einer negativen Elementarladung[1]. Es gibt keine Elektrizitätsmenge, die nicht mit einer Masse unmittelbar verknüpft ist. Fließen der Elektrizität ist also nichts anderes, als Bewegung der Ladungsträger.

*Elektrische und magnetische Eigenschaften stofflicher Körper*: Alle diejenigen Stoffe werden Leiter genannt, in denen die Elektrizität verhältnismäßig leicht beweglich ist; sie *fließt* in ihnen, wenn an den in ihnen vorhandenen Ladungsträgern Kräfte angreifen: es geht Leitungsströmung vor sich. Leiter kann daher ein Stoff nur sein, wenn er frei bewegliche, nicht an ihre Orte gefesselte Ladungsträger enthält. Die Stromleitung in *metallischen* Leitern ist elektronisch, sie geschieht allein durch Wanderung der Elektronen in Folge der an ihnen angreifenden elektrischen Feldkräfte. Das Fließen positiver Elektrizität dagegen ist notwendig verbunden mit der Wanderung von sie tragenden Atomen. In den Metallen sind diese aber an ihre Orte gebunden. Auch nach beliebig langer Zeit findet sich keine stoffliche Veränderung metallischer Leiter als Folge von Leitungsströmung. (Im Gegensatz dazu steht der Mechanismus der Stromleitung in Elektrolyten und in leitenden Gasen: Dort tritt zugleich mit der Leitungsströmung Stoffwanderung ein.) – Das gänzlich andere Verhalten der *Nichtleiter* (*Dielektrika*, *Isolatoren*) kann man grob durch die summarische Vorstellung erklären, daß die einzelnen oder bezirksweise miteinander zusammenhängenden Teilchen des Stoffes, an denen elektrische Kräfte angreifen können, in irgendeiner Weise elastisch an ihre Orte gefesselt sind. So entsteht unter Einwirkung elektrischer Kräfte in Nichtleitern durch Lageänderung (Verschiebung und Drehung) der Teilchen eine Art von elastischem Spannungszustand, zu dessen Hervorbringung Energie gebraucht wird; diese wird beim idealen Nichtleiter mit Aufhören der elektrischen Kräfte vollständig zurückgegeben, so daß man hier von Energiespeicherung sprechen darf; im Leiter besteht unter Einwirkung elektrischer Kräfte eine Bewegung der Teilchen in bevorzugter Richtung, die so lange anhält, wie die elektrischen Kräfte vorhanden sind; dabei wird fortwährend Energie umgesetzt. – Die *magnetischen* Eigenschaften der Stoffe können auch heute noch vollkommen verstanden werden als hervorgerufen durch mikrophysikalische Bewegungen von Ladungsträgern. Freilich

---

[1] Die Elementarladung, für die das Symbol $e$ üblich ist, hat den Wert $e = 1{,}602 \cdot 10^{-19}$ Coulomb (so daß 1 Coulomb $\approx 6{,}25 \cdot 10^{18}\,e$), die Ruhemasse des Elektrons ist $m_0 = 9{,}11 \cdot 10^{-31}$ kg; $e/m_0 = 1{,}7589 \cdot 10^{11}$ C/kg. Stellt man sich das Elektron grob modellmäßig als Kugel vor, so ist deren Radius etwa $3 \cdot 10^{-15}$ m. – Werte in runden Zahlen.

genügt hierfür nicht mehr einfache Ampèresche[1] Vorstellung der molekularen oder atomaren Kreisströme. Der Ferromagnetismus beruht wesentlich auf den Eigenmomenten (Spinmomenten) der Elektronen, nicht auf den Bahnmomenten.

## 1.6 Statische, stationäre und nichtstationäre Felder

Wir sprechen von einem *statischen Feld*, wenn Änderungen der Energie und damit Energieumwandlungen und Lageänderungen von Körpern ausgeschlossen sind. Ein statisches Feld ist also ein zeitlich unveränderliches Feld. Im elektrostatischen Feld ändern sich die Ladungen nicht, die Ladungsträger bewegen sich nicht; im magnetostatischen Feld gilt das gleiche für permanente Magnete. Elektrostatische und magnetostatische Felder existieren völlig unabhängig voneinander, ohne irgendwelche Wechselbeziehungen.

Ändert sich das Feld zeitlich so langsam, daß in der in Betracht gezogenen Zeitspanne und in dem betrachteten Raume mit genügender Genauigkeit die Gesetzmäßigkeiten des statischen Feldes als zutreffend angenommen werden können, so nennt man das Feld *quasistatisch.*

Der Begriff des *stationären Feldes* knüpft sich an den Vorgang der Strömung eines Kontinuums mit einer mittleren Geschwindigkeit, die zeitlich konstant ist. Das Fließen von Elektrizität in einem Leiter mit einer zeitlich konstanten Geschwindigkeit nennt man ein stationäres Strömungsfeld. Dieses ist nicht notwendig an eine Energieänderung oder Energieumwandlung geknüpft; man denke an den Zustand der „Supraleitfähigkeit". Das zeitlich unveränderliche (also nach strenger Definition statische) magnetische Feld von Gleichströmen wird meistens auch als stationäres Feld bezeichnet, selbst das Feld permanenter Magnete (dieser Wortgebrauch kann erst später, bei der Behandlung äquivalenter Systeme, gerechtfertigt werden).

*Der grundsätzliche Unterschied zwischen den statischen und allen anderen Feldern besteht darin, daß bei diesen die elektrischen und die magnetischen Feldgrößen nicht mehr unabhängig voneinander sind.* Die Felder stehen in Wechselbeziehungen zueinander, bei denen man allerdings mit primitiven Auslegungen nach „Ursache" und „Wirkung" außerordentlich vorsichtig sein sollte.

Geschehen zeitliche Änderungen so langsam, daß in der in Betracht gezogenen Zeitspanne und in dem betrachteten Raum mit genügender Genauigkeit die Gesetzmäßigkeiten stationärer Felder anwendbar bleiben, so spricht man von *quasistationären Feldern.*

Gehen die zeitlichen Änderungen so rasch vor sich, daß die Gesetzmäßigkeiten quasistationärer Felder nicht mehr zutreffen, so sind im

[1] André Maria Ampère, 1775—1836.

Gebiet der Elektrodynamik die dann nicht mehr quasistationären Felder von *grundsätzlich* anderer Natur; man denke etwa an elektromagnetische Wellen im leeren Raum. (Die Benennung „Ausbreitungsvorgänge" hierfür ist nicht hinreichend definierend (abgrenzend), weil es auch Ausbreitungsvorgänge von Feldern, zum Beispiel in metallischen Leitern, gibt, die unter die Definition der quasistationären Felder fallen.)

Das angemessene mathematische Ausdrucksmittel der makroskopischen Betrachtungsweise sind die Differentialgleichungen, weil diese die Änderungen der Ortskoordinaten als stetig, mindestens abschnittsweise stetig, und den Ablauf der Zeit als stetig, damit also die Determiniertheit räumlich-zeitlicher Abläufe der Makrophysik zur Voraussetzung haben.

**Weiterführende Literatur zu Kapitel 1**

Westphal, W. H.: Physik, ein Lehrbuch, 25./26. Aufl. Berlin, Heidelberg, New York: 1970.
Die Grundlagen des physikalischen Begriffssystems, 2. Aufl. Braunschweig 1971.
Gerlach, W.: Was ist und wozu dient die Elektrodynamik?, München und Düsseldorf 1966 (Deutsches Museum, Abhandl. u. Ber., 34. Jahrg. 1966, Heft 1).

# 2. Das elektrostatische Feld

Der statische Zustand eines (geschlossenen) physikalischen Systems ist dadurch gekennzeichnet, daß Energieänderungen und zeitliche Änderungen nicht auftreten:

$$\mathrm{d}W = 0, \qquad \frac{\mathrm{d}}{\mathrm{d}t} = 0. \tag{2.1-1}$$

Im statischen Zustand sind also die Ladungen und die Orte der Ladungsträger zeitlich unveränderlich. (Über den quasistatischen Zustand vgl. Abschnitt 1.6.)

## 2.1 Die elektrische Feldstärke

„Das elektrische Feld ist der Raum, der Träger elektrischer Ladungen umgibt, betrachtet auf die (in ihm nachweisbaren) elektrischen Erscheinungen hin. Er kann mit Luft oder anderen Körpern erfüllt sein, er kann auch ein sogenanntes Vakuum sein, das heißt ein Raum, aus dem alle Stoffe entfernt sind, auf die wir mit uns zur Verfügung stehenden Mitteln einwirken können.“[1]

*Das elektrische Feld ist nach dieser Formulieung Maxwells ein physikalischer Zustand des Raumes, eine physikalische Realität.*

Wir werden später diesen Zustand des Raumes als Energieträger kennenlernen.

Vom elektrischen Feld in der Umgebung von Ladungsträgern wird hier gesprochen. Wir bleiben bei dieser Voraussetzung, sie ist für die Elektrostatik unentbehrlich. Wir werden die elektrischen Ladungen als die (einzigen) Quellen des elektrischen Feldes kennenlernen, heben jedoch sogleich hervor, daß wir später elektrische Felder kennenlernen werden, die gänzlich ohne elektrische Ladungen, also gänzlich ohne Quellen existieren, bei denen somit nur von elektrischen Wirbeln gesprochen werden kann. (Über Quellen und Wirbel von Vektorfeldern vgl. Abschnitt A.7.)

---

[1] Unter Vakuum wird hier also ein Raum verstanden, in welchem keinerlei physikalische Objekte (Dinge) vorhanden sind, die Ruhemasse haben.

Für die quantitative Feststellung eines physikalischen Feldes braucht man eine spezifisch ansprechende Sonde, einen „Prüfkörper" (zum Beispiel ein Thermometer für die Ausmessung eines Temperaturfeldes). Im betrachteten Feldort angebracht bringt der Prüfkörper eine Veränderung des dort vorher vorhandenen physikalischen Zustandes hervor; diese soll möglichst klein oder bestimmbar und damit eliminierbar sein.

Als Prüfkörper wird hier ein kleiner Träger einer kleinen Ladung gewählt, der frei beweglich ist und keinen anderen als den elektrisch verursachten Kräften unterliegt. An beliebigem Feldort wird auf ihn eine nach Größe und Richtung bestimmbare Kraft ausgeübt; das elektrische Feld ist also ein *Vektorfeld.* Stellt sich experimentell heraus, wie wir anschließend zeigen werden, daß an gegebenem Feldort der Betrag $F$ der Kraft $\boldsymbol{F}$ proportional zur Ladung $Q$ des Prüfkörpers ist, so muß der Vektor

$$\frac{\boldsymbol{F}}{Q} = \boldsymbol{E} \qquad \textbf{(2.1-2)}$$

allein dem Feldort eigentümlich sein. Er kennzeichnet in jedem Feldpunkt (also als Funktion des Ortes) die Stärke des elektrischen Kraftfeldes und wird daher *elektrische Feldstärke* genannt.

Die behauptete experimentelle Erfahrung kann wie folgt gewonnen werden: Der die Ladung $Q$ tragende Prüfkörper wird der Reihe nach an die Feldorte *1, 2, 3* ... gebracht; festgestellt werden in ihnen die Kräfte $\boldsymbol{F}_1, \boldsymbol{F}_2, \boldsymbol{F}_3$ ... Die Versuchsreihe wird wiederholt mit einer anderen Ladung $Q'$ des Prüfkörpers, einfachheitshalber, aber nicht notwendig, vom gleichen Vorzeichen wie $Q$. Das Verhältnis $Q'/Q$ kann festgestellt werden (da die elektrische Ladung Mengencharakter hat). Festgestellt werden die Kräfte $\boldsymbol{F}'_1, \boldsymbol{F}'_2, \boldsymbol{F}'_3$ ...

Wir vergleichen erstens in jedem Feldpunkt die Richtungen der beiden Kräfte aus den beiden Versuchsreihen miteinander. Wir finden sie am gegebenen Feldort gleich, also unabhängig von der Größe der Ladung des Probekörpers und daher nur dem Feldpunkt eigentümlich. Wir können diese Erfahrung so ausdrücken:

$$\begin{aligned} \boldsymbol{F}_1 &= F_1\boldsymbol{n}_1, \quad \boldsymbol{F}_2 = F_2\boldsymbol{n}_2, \ldots \\ \boldsymbol{F}'_1 &= F'_1\boldsymbol{n}_1, \quad \boldsymbol{F}'_2 = F'_2\boldsymbol{n}_2, \ldots, \end{aligned} \qquad (2.1\text{-}3)$$

wobei $\boldsymbol{n}_1, \boldsymbol{n}_2, \ldots$ den Feldpunkten *1, 2,* ... eigentümliche Einsvektoren sind. Wir vergleichen zweitens miteinander das Verhältnis der Beträge der Kräfte in zwei beliebigen Feldorten in beiden Versuchsreihen, also zum Beispiel $F_1/F_2$ mit $F'_1/F'_2$, usw. Gefunden wird Gleichheit dieser Verhältnisse, also

$$\frac{F_i}{F_k} = \frac{F'_i}{F'_k}, \qquad (2.1\text{-}4)$$

wenn $i$ und $k$ die Nummern der betrachteten Feldpunkte sind. Dieses Verhältnis wird also unabhängig von der Größe der Ladung des Prüfkörpers gefunden, es wird demnach nur durch die Wahl der Feldpunkte bestimmt. Wir vergleichen drittens miteinander das Verhältnis der Beträge der Kraft jeweils in demselben Feldpunkte bei beiden Versuchsreihen, also $F_1/F_1'$ mit $F_2/F_2'$ usw. Gefunden wird

$$\frac{F_1}{F_1'} = \frac{F_2}{F_2'} = \cdots = \frac{Q}{Q'}. \tag{2.1-5}$$

Dieses Verhältnis ist also nicht den Feldpunkten eigentümlich, jedoch der Größe der Ladung des Prüfkörpers. Die experimentelle Erfahrung sagt also: An jedem beliebigen Feldpunkte läßt sich die Kraft ausdrücken als das Produkt aus einem skalaren Faktor, der unabhängig ist vom Feldorte, der durch die Ladung des Prüfkörpers gegeben wird und daher mit dieser zu identifizieren ist, und einem *ausschließlich dem Feldort eigentümlichen vektoriellen Faktor*. Der Ausdruck (2.1-2) ist somit als zutreffend und ausreichend nachgewiesen.

Zur Vervollständigung und Verschärfung der Definition der elektrischen Feldstärke bemerken wir:

1. Gemeint ist mit $\boldsymbol{F}$ in Gl. (2) die elektrisch verursachte Kraft, also nicht etwa die Gegenkraft, die man aufbringen muß, um den Prüfkörper entgegen der elektrisch verursachten Kraft an Ort und Stelle zu halten.

2. Aus Gl. (2) wird der Vektor $\boldsymbol{F}$ hinsichtlich seiner Orientierung erst durch die Festlegung eindeutig, daß im gegebenen Feldpunkte die Richtungen der Vektoren $\boldsymbol{E}$ und $\boldsymbol{F}$ dann gleich sind, wenn die Ladung $Q$ des Prüfkörpers eine *positive* Ladung ist. (Ein Träger positiver Ladung strebt also bei sonst kräftefreier Beweglichkeit in Richtung positiver elektrischer Feldstärke.)

3. Der Prüfkörper (die Sonde) muß so beschaffen sein, daß möglichst fehlerfrei (im Idealfalle genau) diejenige Feldstärke $\boldsymbol{E}$ gemessen wird, die am Feldort unabhängig von der Ladung und dem Vorhandensein des Prüfkörpers existiert. Es müssen daher die geometrischen Abmessungen des Prüfkörpers klein sein im Verhältnis zum kürzesten Abstand vom Feldort zur Oberfläche des nächst gelegenen Körpers, denn sonst ist der Feldort, der ja ein Meßpunkt sein soll, nicht genügend genau angegeben. Es können noch andere Verfälschungen auftreten, siehe 6. Wenn die endlichen geometrischen Abmessungen eines kleinen Ladungsträgers vernachlässigbar sein sollen, spricht man abgekürzt, aber unmißverständlich, von einem punktförmigen Ladungsträger. Ein solcher also muß der Prüfkörper (die Sonde) sein. Es muß aber auch die Ladung $Q$ des Prüfkörpers hinreichend klein sein, damit am Feldort möglichst genau der ursprüngliche und nicht der durch $Q$ gestörte Zustand erfaßt wird. (Weiteres hierzu in Abschnitt 2.4)

4. *Die elektrische Feldstärke ist demnach der Quotient der auf den punktförmigen Träger einer kleinen positiven Ladung Q ausgeübten, elektrisch verursachten Kraft, geteilt durch die Ladung des Trägers, in dem Grenzfall, daß die Ladung beliebig klein wird.*

5. Diese Definition gilt nicht nur im statischen Falle, für den wir sie gefunden haben, sondern für beliebig zeitlich veränderliche Felder. Sie muß für solche nicht etwa ergänzt oder abgeändert werden.

6. Welche Folgen es haben kann, wenn die in 3. genannten Einschränkungen nicht erfüllt sind, sieht man an folgendem einfachen Beispiel: Der zu untersuchende Raum sei einseitig begrenzt durch die sehr ausgedehnte ebene Oberfläche eines homogenen Leiters. Es sei festgestellt, daß dieser die Gesamtladung Null hat. Dann ist in dem nichtleitenden Halbraum $\boldsymbol{E} = 0$ überall. Wird ein punktförmiger Träger der Ladung $Q$ im Abstand $r$ vor der ebenen Oberfläche des Leiters angebracht, so wird auf den Träger eine senkrecht zur Leiteroberfläche stehende Anziehungskraft

$$\boldsymbol{F} = \frac{Q^2}{16\pi\varepsilon_0 r^2}\boldsymbol{r}^0 \qquad (2.1\text{-}6)^1$$

ausgeübt (die also bei kleinem $r$ und großem $Q$ erheblich sein kann). Hieraus schließt man mit Gl. (2) auf eine dort bestehende elektrische Feldstärke

$$\boldsymbol{E} = \frac{Q}{16\pi\varepsilon_0 r^2}\boldsymbol{r}^0, \qquad (2.1\text{-}7)$$

während die ohne Existenz des Prüfkörpers bestehende Feldstärke $\boldsymbol{E} = 0$ ist. (Man nennt die in Gl. (6) angegebene Kraft $\boldsymbol{F}$ eine Spiegelkraft. Näheres hierzu siehe Abschnitt 2.11.)

7. Zwischen zwei punktförmigen Trägern der Ladungen $Q_1$ und $Q_2$, die den Abstand $r$ voneinander haben, besteht im Vakuum die Kraft

$$\boldsymbol{F} = \frac{1}{\varepsilon_0}\frac{Q_1 Q_2}{4\pi r^2}\boldsymbol{r}^0 \qquad (2.1\text{-}8)^1$$

nach dem Coulombschen Gesetz der Elektrostatik, Gl. (2.5-7); Spiegelkräfte und andere Störungen sind hier durch die Annahme ausgeschlossen, daß es sich um punktförmige Ladungsträger handele. Hier kann man den Faktor

$$\boldsymbol{E} = \frac{Q_2}{\varepsilon_0 \cdot 4\pi r^2}\boldsymbol{r}^0 \qquad (2.1\text{-}9)$$

abspalten, um zu erhalten $\boldsymbol{F} = Q_1\boldsymbol{E}$, wie in Gl. (2). Auf diese Weise ist aber zunächst nur nachgewiesen, daß auch diese spezielle Anordnung durch die Gl. (2) zutreffend beschrieben wird; die von uns oben gegebene

[1] Über die Konstante $\varepsilon_0$ siehe Abschnitt 2.3.

Definition der elektrischen Feldstärke ist dagegen wesentlich allgemeiner. Die oft gegebene Erklärung der elektrischen Feldstärke als eines vektoriellen Faktors im Coulombschen Gesetz ist vom Standpunkt einer Feldtheorie aus nicht befriedigend, denn sie führt den Vektor $\boldsymbol{E}$ zunächst nur als eine Rechengröße ein; von der Vorstellung des Feldes als eines „besonderen physikalischen Zustandes des Raumes" geht diese formale Erklärung nicht etwa aus, sie kann nur hinterher in diesem Sinne ausgelegt werden.

Die Ausdrücke Gln. (8) und (9) setzen, wie zum ersten gesagt wurde, punktförmige Ladungsträger voraus, das sind also solche, deren lineare Abmessungen vernachlässigbar klein sind gegenüber den sonst im Feldraum in Betracht zu ziehenden Entfernungen von Körpern. Dies bedeutet hier, daß Entfernungen $r$, die in die Größenordnung der linearen Abmessungen der punktförmigen Ladungsträger kommen, grundsätzlich ausgeschlossen sind, und daher erst recht $r = 0$.[1]

## 2.2 Die elektrische Spannung und die Wirbelfreiheit des elektrostatischen Feldes

Wir bewegen quasistatisch den punktförmigen Träger einer positiven Ladung $Q$ durch ein elektrisches Feld $\boldsymbol{E}$ entlang einer gegebenen Wegkurve $s$ von einem Anfangspunkt *1* zu einem Endpunkt *2*. Dabei wird durch die Feldkräfte, weil an jedem Feldort $\boldsymbol{F} = Q\boldsymbol{E}$ nach Gl. (2.1-2) ist, die Arbeit

$$A_{12} = \int_1^2 \boldsymbol{F} \cdot d\boldsymbol{s} = \int_1^2 Q\boldsymbol{E} \cdot d\boldsymbol{s} = Q \int_1^2 \boldsymbol{E} \cdot d\boldsymbol{s} \qquad (2.2\text{-}1)$$

verrichtet; $d\boldsymbol{s}$ ist das vektorielle Linienelement. Der Quotient

$$U_{12} = \frac{A_{12}}{Q} = \int_1^2 \boldsymbol{E} \cdot d\boldsymbol{s}, \qquad \mathbf{(2.2\text{-}2)}^2$$

also das Linienintegral der elektrischen Feldstärke, wird *elektrische Spannung* vom Punkte *1* zum Punkte *2* genannt. (Wegen der Verwendung des Wortes Spannung vgl. Abschnitt 1.2.) Die von $Q$ unabhängige skalare Größe $U_{12}$ ist also eine *Weggröße*. Um eine elektrische Spannung, die vom Punkt *1* zum Punkt *2* besteht, eindeutig zu kennzeichnen,

---

[1] Nach Gl. (2) ist die kohärente Einheit der elektrischen Feldstärke $[E] = 1[F]/[Q]$, die SI-Einheit – vgl. Abschnitt A.3. – also $[E]_{SI} = 1\ \text{N/As} = 1\ \text{V/m}$. Verbreitete andere Einheiten sind 1 V/cm und 1 kV/cm. „Kohärente" Einheiten siehe Abschnitt A.2.1.

[2] Die kohärente Einheit der elektrischen Spannung ist daher $[U] = 1[W]/[Q]$, die SI-Einheit ist $[U]_{SI} = 1\ \text{J/As} = 1\ \text{V}$.

verwenden wir hier den Doppelindex am Formelzeichen: $U_{12}$, und in zeichnerischen Darstellungen das Bild eines Pfeiles zwischen den Punkten *1* und *2* mit der Spitze bei Punkt *2* (dann genügt es, neben den Pfeil das Formelzeichen $U$ ohne Index zu setzen); Abb. 2.1.

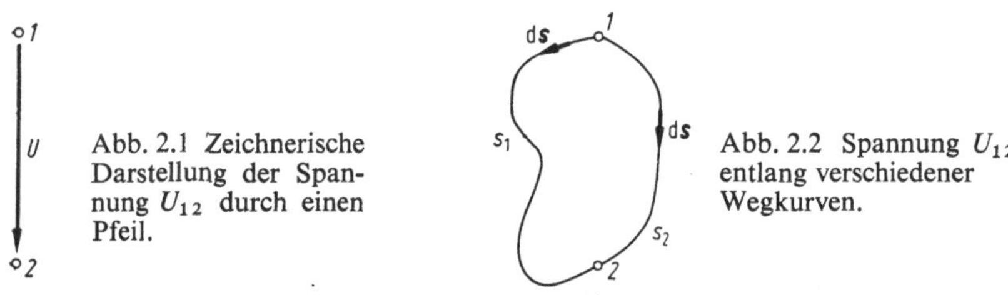


Abb. 2.1 Zeichnerische Darstellung der Spannung $U_{12}$ durch einen Pfeil.

Abb. 2.2 Spannung $U_{12}$ entlang verschiedener Wegkurven.

*Im allgemeinen* ist die elektrische Spannung $U_{12}$ von dem Weg abhängig, dem entlang der Ladungsträger bewegt wird; diese Tatsache wird sich später als höchst wichtig erweisen. Das elektrostatische Feld jedoch hat die besondere Eigenschaft, daß die elektrische Spannung, auf beliebigem Wege vom gegebenen Punkte *1* zum gegebenen Punkte *2* genommen, stets die gleiche und also vom gewählten Wege zwischen gegebenem Anfangs- und Endpunkt unabhängig ist: Greifen wir nämlich zwei beliebige Wegkurven $s_1$ und $s_2$ heraus (Abb. 2.2) und setzen aus den beiden Wegen einen geschlossenen Umlauf (eine Randkurve) zusammen, so ist

$$\underset{s_1}{\int_1^2} \boldsymbol{E} \cdot \mathrm{d}\boldsymbol{s} + \underset{s_2}{\int_2^1} \boldsymbol{E} \cdot \mathrm{d}\boldsymbol{s} = \oint \boldsymbol{E} \cdot \mathrm{d}\boldsymbol{s} = 0, \tag{2.2-3}$$

und zwar voraussetzungsgemäß: Es ist $\mathring{A} = Q \oint \boldsymbol{E} \cdot \mathrm{d}\boldsymbol{s}$ die bei Bewegung des Ladungsträgers entlang der geschlossenen Kurve (Randkurve) verrichtete Arbeit. Es muß aber sein $\mathring{A} = 0$ nach der ersten in Gl. (2.1-1) angegebenen Voraussetzung $\mathrm{d}W = 0$ des statischen Zustandes. Ein Vektorfeld, dessen Randintegral auf jedem beliebigem gewählten geschlossenen Weg verschwindet, ist ein wirbelfreies Feld. Ein solches also ist das elektrostatische Feld *nach Voraussetzung*. Man nennt sinngemäß

$$\oint \boldsymbol{E} \cdot \mathrm{d}\boldsymbol{s} \equiv \mathring{U} \tag{2.2-4}$$

die elektrische *Umlaufspannung* oder *Randspannung*. Es ist also im wirbelfreien Felde

$$\mathring{U} = 0, \tag{2.2-5}$$

gleichbedeutend damit

$$U_{21} = -U_{12}. \tag{2.2-6}$$

Nach dem Satz von Stokes

$$\oint \boldsymbol{E} \cdot \mathrm{d}\boldsymbol{s} = \int_a (\operatorname{rot} \boldsymbol{E}) \cdot \mathrm{d}\boldsymbol{a}$$

(vgl. Abschnitt A.7.13) gewinnen wir aus Gl. (3) die Aussage

$$\operatorname{rot} \boldsymbol{E} = 0: \qquad \textbf{(2.2-7)}$$

die Wirbelstärke eines elektrostatischen Feldes ist Null, das Feld hat keine Wirbel. Aus Gl. (7) folgt für eine Sprungfläche

$$\operatorname{Rot} \boldsymbol{E} \equiv \boldsymbol{n}_{12} \times (\boldsymbol{E}_2 - \boldsymbol{E}_1) = 0. \qquad \textbf{(2.2-8)}$$

Das Innere eines homogenen leitenden Körpers ist im statischen Zustande notwendig feldfrei: Wäre es anders, so würden die im Innern des Leiters an den voraussetzungsgemäß (vgl. Abschnitt 1.5) frei beweglichen Ladungsträgern angreifenden Feldkräfte die Ladungsträger bewegen, und damit wären die Voraussetzungen des elektrostatischen Feldes Gl. (2.1-1) verletzt. (Geht im Inneren eines Leiters Ladungsbewegung – elektrische Strömung – vor sich, so ist der statische Zustand erst erreicht, nachdem diese verschwunden ist.) Homogene leitende Körper sind also Hohlräume des elektrostatischen Feldes.

Betrachten wir die Oberfläche eines leitenden Körpers als eine Sprungfläche, setzen für dessen Inneres $\boldsymbol{E}_1 = 0$, so bleibt von Gl. (8) übrig:

$$\boldsymbol{n}_{12} \times \boldsymbol{E}_2 = 0; \qquad (2.2\text{-}9)$$

die elektrische Feldstärke $\boldsymbol{E}_2$ außerhalb der Oberfläche leitender Körper ist demnach gleichgerichtet mit der Normalen $\boldsymbol{n}_{12}$, sie steht also senkrecht auf jedem Flächenelement eines homogenen leitenden Körpers.

Das wirbelfreie Feld $\boldsymbol{E}$ kann aus einem Skalarfeld $\varphi$, das das *skalare elektrische Potential* genannt wird, abgeleitet werden gemäß

$$\boldsymbol{E} = -\operatorname{grad} \varphi, \qquad \textbf{(2.2-10)}$$

die Koordinate $E_s$ in Richtung $s$ also durch

$$E_s = -\frac{\partial \varphi}{\partial s}. \qquad (2.2\text{-}11)$$

Das negative Zeichen in Gl. (10) ist eine nützliche Übereinkunft: Die Kraft auf einen punktförmigen Träger der positiven Ladung $Q$ ist $\boldsymbol{F} = -Q \operatorname{grad} \varphi$; sich selbst überlassen treibt also dieser Träger im elektrischen Felde in Richtung abnehmender Werte der Ortsfunktion $\varphi$. Aus Gl. (10), (11) und (2) kommt

$$U_{12} = \int_1^2 E_s \, \mathrm{d}s = -\int_1^2 \frac{\partial \varphi}{\partial s} \, \mathrm{d}s = \varphi_1 - \varphi_2 \qquad \textbf{(2.2-12)}^1$$

in Übereinstimmung mit dem bisher über die elektrische Spannung Gesagten. Zum Beispiel ist ersichtlich $U_{21} = -U_{12}$, und die elektrische

[1] Die Einheit des Potentials ist daher gleich der Einheit der elektrischen Spannung.

Spannung $U_{12}$ ist gegeben durch die Differenz der Ortswerte des Potentials, also in der Tat vom Weg unabhängig. Umgekehrt kann man, wenn das Feld $\boldsymbol{E}$ gegeben ist, den Wert $\varphi_P$ des Potentials in jedem beliebigen Feldpunkt $P$ bis auf eine Integrationskonstante $\varphi_0$ bestimmen, die man als den Wert des Potentials eines gewählten Bezugspunktes 0 auffassen kann:

$$\varphi_P = \varphi_0 - \int_0^P \boldsymbol{E} \cdot \mathrm{d}\boldsymbol{s}. \tag{2.2-13}$$

Man nennt *Äquipotentialfläche* oder *Niveaufläche* eine Fläche konstanten Wertes des Potentials. Äquipotentialflächen eines gegebenen Feldes umhüllen entweder einander schalenförmig oder sie erstrecken sich ins Unendliche. Wird auf einer Äquipotentialfläche eines elektrischen Feldes ein Ladungsträger entlang einer beliebigen Kurve $s$ bewegt, so wird dabei keine Arbeit verrichtet, denn es ist

$$\boldsymbol{E} \cdot \mathrm{d}\boldsymbol{s} = -\,\mathrm{d}\varphi = 0 \tag{2.2-14}$$

auf jeder Fläche $\varphi$ = const. Daher steht die elektrische Feldstärke senkrecht auf jedem Flächenelement einer Äquipotentialfläche. – Geht man von einem Flächenelement einer Äquipotentialfläche $\varphi_1$ = const senkrecht über zu einem Flächenelement der nahe benachbarten Äquipotentialfläche $\varphi_1 - \Delta\varphi$ = const und durchläuft dabei die Strecke $\Delta s$, so ist wegen Gl. (11) dieser Abstand $\Delta s$ umgekehrt proportional zur elektrischen Feldstärke $E_s$ dort.

Oberflächen homogener leitender Körper sind im elektrostatischen Zustand notwendig Äquipotentialflächen. Wären sie dies nicht, so bestünde wegen Gl. (10) ein elektrisches Feld im Innern, was voraussetzungsgemäß ausgeschlossen ist, wie zu Gl. (8) bemerkt wurde. Deswegen steht auf jedem Oberflächenelement das elektrische Feld senkrecht, wie schon zu Gl. (9) gefunden wurde.

Wird eine Äquipotentialfläche eines gegebenen elektrischen Feldes durch eine Wand sehr kleiner Dicke aus homogenem leitendem Material „ersetzt", etwa durch ein Blech, dessen Dicke vernachlässigt werden kann (nur dann kann man von einem Ersatz sprechen), so wird dadurch der Feldraum in zwei voneinander unabhängige Teilräume $R_1$ und $R_2$ geteilt; in keinem von beiden ist die Feldstruktur geändert, insbesondere auch nicht auf den Oberflächen des Bleches. Dieses bildet eine Doppelschicht elektrischer Ladung. Nachträgliche Veränderungen im Teilraum $R_2$ ändern das Feld im Teilraum $R_1$ nicht. Dieser Sachverhalt läßt sich in vielen Fällen zur Bestimmung der Geometrie elektrischer Felder benutzen, dann nämlich, wenn die Äquipotentialflächen gewünschte oder bekannte Formen annehmen, vgl. Abschnitt 2.11. Das Gesagte läßt sich auch entsprechend ausdehnen auf den Ersatz von mehr als einer Äquipotentialfläche durch je eine leitende Wand, und bildet damit die Grundlage zur Bestimmung der Kapazität von Kondensatoren in geometrisch besonders einfachen Fällen, vgl. Abschnitt 2.12.

Man bemerke, daß das skalare elektrische Potential der wesentlich speziellere, die elektrische Feldstärke der weitaus allgemeinere Begriff ist, denn es gibt elektrische Felder, die nicht so einschränkungslos, wie das elektrostatische Feld, als Potentialgefälle aufgefaßt werden können. Daher kann man zum Beispiel die elektrische Spannung nicht allgemein als Potentialdifferenz, jedoch immer als Linienintegral der Feldstärke definieren.

## 2.3 Die elektrische Verschiebung und die Quellen des elektrischen Feldes. Permittivität. Polarisation

### Erste Definition

In einem beliebigen elektrostatischen Felde seien an der zu untersuchenden Stelle zwei gleichgroße, sehr kleine und sehr dünne ebene Metallplättchen angebracht, die aufeinander liegen und daher miteinander leitend verbunden sind. Werden sie in einen quasistatischen Vorgang parallel zu sich selbst um eine kurze Strecke auseinandergezogen, so wird auf einem jeden eine elektrische Ladung influenziert, die man messen kann, nachdem man die aufgeladenen Plättchen an einen feldfreien Ort gebracht hat (Maxwellsches Doppelscheibchen, Abb. 2.3).

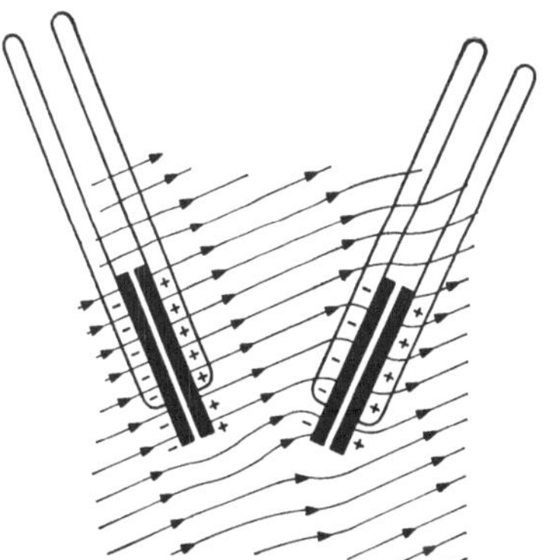

Abb. 2.3 Maxwellsches Doppelscheibchen im elektrischen Feld.

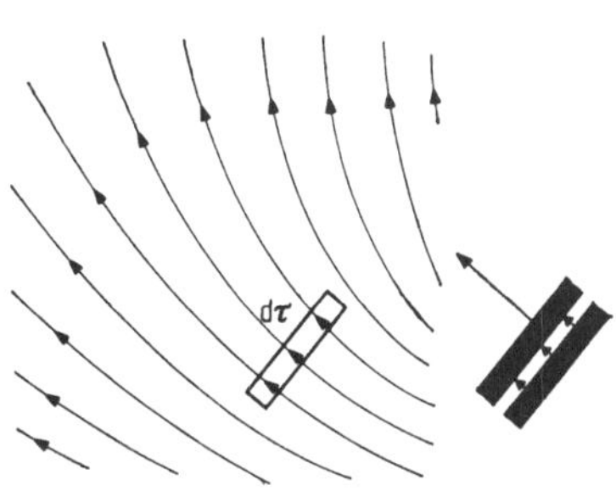


Abb. 2.4 Zur Definition der elektrischen Flußdichte (Verschiebung).

Dieser Versuch werde am gleichen Feldort mit allen möglichen Ausgangslagen des Doppelscheibchens ausgeführt. Dann gibt es eindeutig eine Lage, für die ein Höchstwert der Ladung gemessen wird. Hieraus definieren wir einen Feldvektor $\boldsymbol{D}$ wie folgt: Sein Betrag sei gegeben durch die Flächendichte der Ladung in dieser ausgezeichneten Lage, seine Richtung durch die der Flächennormale (diese wird positiv gerechnet im Zwischenraum von der positiven zur negativ geladenen Oberfläche). – Wir haben also im Grunde genommen das elektrische Feld im betrachteten Punkte *kopiert* durch einen infinitesimalen Plattenkondensator, dessen Feld ein genaues Abbild des Feldes im betrachteten Punkte ist, vgl. Abb. 2.4.

Die definierende Meßvorschrift kann daher auch als Kompensationsmessung wie folgt gedacht werden: Der als Meßsonde dienende infinitesimale Plattenkondensator enthält im scheibenförmigen Zwischenraum vom Querschnitt $\delta a$ ein beobachtbares Anzeigegerät, mit dem das Verschwinden des elektrischen Feldes festgestellt werden kann. Den beiden Elektroden können von außen entgegengesetzt gleichgroße Ladungen $\delta Q$ von meßbarem Betrag zugeführt werden. Der in einem bestimmten Feldpunkt befindlichen Sonde muß eine bestimmte Ladung zugeführt werden, damit das Feld zwischen den Elektroden verschwindet. Die zuzuführende Ladung erweist sich im gegebenen Feldpunkt als abhängig von der Lage der Sonde dort; man findet eine Lage, die dadurch ausgezeichnet ist, daß die für das Verschwinden des Feldes im Zwischenraum erforderliche zuzuführende Ladung ein Maximum ist: $\delta Q = (\delta Q)_{\max}$. Dann sei, wie oben, der Feldvektor $\boldsymbol{D}$ dadurch definiert, daß sein Betrag durch die Flächendichte der Ladung in dieser ausgezeichneten Lage, seine Richtung durch die Flächennormale $\boldsymbol{n}$ gegeben wird.

Der neue Feldvektor $\boldsymbol{D}$ ist somit definiert durch

$$\mathrm{d}Q = \sigma\,\mathrm{d}a = \boldsymbol{D}\cdot\boldsymbol{n}\,\mathrm{d}a = \boldsymbol{D}\cdot\mathrm{d}\boldsymbol{a}, \tag{2.3-1}$$

wenn $\sigma$ die Ladungsdichte, $\boldsymbol{n}$ die Normale von $\mathrm{d}a$ in der angegebenen ausgezeichneten Lage der Meßsonde ist. Der Feldvektor $\boldsymbol{D}$ wird *elektrische Flußdichte* oder *elektrische Verschiebung* oder auch Verschiebungsdichte genannt. (Maxwell hat einen zu $\boldsymbol{D}$ proportionalen Feldvektor eingeführt und displacement genannt; der Name Verschiebung sollte heute nicht mehr zu Auslegungsversuchen Anlaß geben. G. Mie hat $\boldsymbol{D}$ spezifische elektrische Erregung genannt.)

Man beachte, daß die gegebene Definition des Feldvektors $\boldsymbol{D}$ unabhängig ist von der Definition des Feldvektors $\boldsymbol{E}$: von dieser wurde hier kein Gebrauch gemacht.

Vergleicht man miteinander die in demselben Feldpunkt unabhängig voneinander bestimmten Größen $D$ und $E$, so findet man im Vakuum strenge Proportionalität. Die Verabredungen über die Richtungen beider Vektoren sind hier so getroffen, daß sie gleich sind, so daß also im Vakuum gilt

$$\boldsymbol{D} = \varepsilon_0\boldsymbol{E}. \tag{2.3-2}$$

Die physikalische Größe $\varepsilon_0$ heißt *elektrische Feldkonstante*. Sie ist eine universelle Konstante. Daß die Konstante universell ist, liegt auf der

Hand, denn es ist Vakuum vorausgesetzt und damit jeder Einfluß von Materie ausgeschaltet. Daß die Größe eine Konstante sein muß, wird durch die Überlegung nahegelegt, daß es sich bei $\boldsymbol{D}$ und $\boldsymbol{E}$ um nichts anderes handelt, als um zwei verschieden definierte physikalische Größen zur Beschreibung *desselben* Phänomens „elektrisches Feld".

Man hat früher gelegentlich die Gl. (2) so auslegen wollen, als enthielte sie die Behauptung, daß im Vakuum in ein und demselben Feldpunkt zwei verschiedene elektrische Felder existierten, und hat sie deswegen den Ausdruck einer „Zweifeldervorstellung" genannt. Aber diese Auslegung ist irrtümlich, sie beruht auf der unzulässigen Verwechselung (vgl. Abschnitt 1.2) von physikalischer Größe und physikalischem Phänomen. Es handelt sich hier nur darum, daß ein und dasselbe Phänomen durch zwei verschieden definierte Größen beschrieben wird.

**Zweite Definition**

Betrachtet werde in einem beliebigen, im Vakuum bestehenden elektrischen Felde ein endliches Raumgebiet vom Volumen $\tau$, gemessen werde an jedem Element d$a$ der Oberfläche (Hüllfläche) die elektrische Feldstärke $\boldsymbol{E}$ (auf die in Gl. (2.2-1) angegebene Weise), gebildet werde der Hüllenfluß der elektrischen Feldstärke $\oint \boldsymbol{E} \cdot \mathrm{d}\boldsymbol{a}$ bei verschiedenen Werten der algebraischen Summe der in $\tau$ befindlichen Ladungen $(\sum Q)_\tau$, und mit diesem Wert werde der jeweils zugehörige Wert des Hüllenflusses verglichen. Dann besteht *erfahrungsgemäß Proportionalität* zwischen zueinander gehörenden Werten:

$$\varepsilon_0 \oint \boldsymbol{E} \cdot \mathrm{d}\boldsymbol{a} = (\Sigma Q)_\tau \tag{2.3-3}$$

mit der universellen Proportionalitätskonstanten $\varepsilon_0$ als unerläßlich notwendiger physikalischer Größe.

Wir definieren willkürlich, aber zweckmäßig

$$\varepsilon_0 \boldsymbol{E} = \boldsymbol{D} \tag{2.3-4}$$

und haben somit

$$\oint \boldsymbol{D} \cdot \mathrm{d}\boldsymbol{a} = (\Sigma Q)_\tau . \tag{2.3-5}$$

Die in dieser Gleichung ausgesprochene Beziehung ist der Prototyp einer *Definition*: einer willkürlichen, aber zweckmäßigen Setzung. Echte Definitionen können grundsätzlich nicht experimentell bewiesen werden, denn sie sind nicht naturnotwendig. Die Frage nach ihrer Richtigkeit ist verfehlt; die einzig an sie zu stellende Forderung ist die, daß sie nicht zu Widersprüchen führen. Man kann dies im vorliegenden Falle auch so ausdrücken: Der Feldvektor $\boldsymbol{D}$ wird so *definiert*, daß die Beziehung (5) besteht.

Die beiden für $\boldsymbol{D}$ angegebenen Definitionen können ineinander übergeführt werden; man kann zum Beispiel den oben beschriebenen Versuch auch so ausgeführt denken, daß an jedem Hüllflächenelement nicht der Ortswert von $\boldsymbol{E}$ mittels eines kleinen geladenen Prüfkörpers, sondern der von $\boldsymbol{D}$ mittels des Doppelscheibchens gemessen wird: Dann erhält man unmittelbar die Beziehung Gl. (5) als Erfahrungstatsache.

Man beachte: Auf dem ersten Wege sind $\boldsymbol{D}$ und $\boldsymbol{E}$ unabhängig voneinander definierte Größen, aus vorgegebenen $\boldsymbol{D}$ und $\boldsymbol{E}$ wird $\varepsilon_0$ als Folgegröße definiert; auf dem zweiten Wege wird $\boldsymbol{D}$ aus vorgegebenen Größen $\boldsymbol{E}$ und $\varepsilon_0$ als Folgegröße definiert.[1]

*Zwei ihrem Wesen nach verschiedene Feldvektoren* sind damit definiert worden; sie können unabhängig voneinander definiert werden. Die Definition des ersten ($\boldsymbol{E}$) geht von der physikalischen Erfahrung aus, daß auf Ladungsträger im elektrischen Feld Kräfte ausgeübt werden. Die Definition des zweiten ($\boldsymbol{D}$) geht von der physikalischen Erfahrung aus, daß die Existenz von Ladungen (auf Trägern) untrennbar verknüpft ist mit der Existenz des elektrischen Feldes im dielektrischen Raum. Dieser kann von einer dielektrischen Substanz erfüllt sein. Der Zusammenhang zwischen $\boldsymbol{E}$ und $\boldsymbol{D}$ muß daher offenbar auch die elektrischen Eigenschaften dieser Materie zum Ausdruck bringen. Diesem Zusammenhang wenden wir uns jetzt zu.

## Nichtleitende Materie im Feldraum

Wir nehmen nun an, daß der felderfüllte Raum mit nichtleitender Materie in stetiger Verteilung erfüllt ist; anisotrope (kristalline) Struktur des Nichtleiters schließen wir zunächst einfachheitshalber aus. Dann wird zum Beispiel mit dem Gedankenexperiment, das für den materiefreien Raum zu der in Gl. (3) gegebenen Feststellung führte, ein *wesentlich anderer* Sachverhalt gefunden; er läßt sich ausdrücken durch

$$\oint \varepsilon \boldsymbol{E} \cdot \mathrm{d}\boldsymbol{a} = (\Sigma Q)_\tau . \qquad (2.3\text{-}6)$$

Durch die algebraische Summe der in $\tau$ befindlichen Ladungen wird nicht der Hüllenfluß des Feldvektors $\varepsilon_0 \boldsymbol{E}$ bestimmt, wobei $\varepsilon_0$ eine universelle Konstante ist, sondern der Hüllenfluß eines Feldvektors $\varepsilon \boldsymbol{E}$, wobei $\varepsilon$ ein den Nichtleiter kennzeichnender Skalar ist. Die nun die Gl. (4) ersetzende Definition

$$\varepsilon \boldsymbol{E} = \boldsymbol{D} \qquad \mathbf{(2.3\text{-}7)}$$

---

[1] Die kohärente Einheit der elektrischen Verschiebung ist $[D] = 1[Q]/[l]^2$ nach Gl. (2.3-1, 5). Die SI-Einheit ist also $[D]_{\mathrm{SI}} = 1\ \mathrm{As/m^2}$.

Für die elektrische Feldkonstante $\varepsilon_0$ ist nach Gl. (2.3-2-4) die kohärente Einheit $[\varepsilon_0] = 1[Q]/[U][l]$. In Bezug auf die SI-Einheiten ist $\varepsilon_0 \approx 0{,}88542 \cdot 10^{-11}\ \mathrm{As/Vm} = 8{,}8542\ \mathrm{pF/m}$ mit der Einheit $\mathrm{F} = 1\ \mathrm{As/V}$, vgl. Abschnitt A.3.

bedeutet viel mehr als jene Abkürzung, weil Gl. (7) zum Ausdruck bringt, daß zwar hier, wie dort, $\boldsymbol{D}$ und $\boldsymbol{E}$ gleichgerichtet sind, daß jedoch der Skalar $\varepsilon$ eine Ortsfunktion sein kann. Nur in dem besonderen Fall, daß $\varepsilon$ eine ortsunabhängige Materialkonstante ist, gilt an Stelle der Gl. (6) die einfachere Beziehung

$$\varepsilon \oint \boldsymbol{E} \cdot \mathrm{d}\boldsymbol{a} = (\Sigma Q)_\tau . \tag{2.3-7a}$$

Die Größe $\varepsilon$ heißt *Permittivität* oder *Dielektrizitätskonstante* (vielfach auch noch absolute Dielektrizitätskonstante)[1]. Ihr Verhältnis zur elektrischen Feldkonstante

$$\frac{\varepsilon}{\varepsilon_0} = \varepsilon_\mathrm{r} \tag{2.3-8}$$

wird *Permittivitätszahl* oder *Dielektrizitätszahl* genannt (früher auch relative Dielektrizitätskonstante). In Tabellenwerken über Materialeigenschaften werden durchweg die Zahlenwerte $\varepsilon_\mathrm{r}$ angegeben.[2]

Wir haben somit folgende Auslegungen der Gl. (7):

$\varepsilon = \varepsilon_0$: Vakuum;

$\varepsilon$ ortsunabhängige skalare Konstante: In jedem Feldpunkt sind $\boldsymbol{D}$ und $\boldsymbol{E}$ gleichgerichtet, in allen Feldpunkten ist $D/E = \varepsilon$ dasselbe; der Nichtleiter ist homogen und isotrop, das Feld $\varepsilon\boldsymbol{E} = \boldsymbol{D}$ unterscheidet sich von dem Vakuumfeld $\varepsilon_0\boldsymbol{E}$ *nur* durch eine in allen Feldpunkten gleiche Maßstabszahl $\varepsilon_\mathrm{r}$;

$\varepsilon$ ortsabhängige skalare Konstante: In jedem Feldpunkt sind $\boldsymbol{D}$ und $\boldsymbol{E}$ gleichgerichtet, $D/E$ ist eine Funktion des Ortes; der Nichtleiter ist isotrop;

in anisotropen Nichtleitern ist die Permittivität ein Tensor zweiter Stufe, vgl. hierzu Abschnitt A.7.21.

Die Beziehung (7) drückt eine Proportionalität aus, wenn die Dielektrizitätskonstante eine Eigenschaftsgröße ist, deren Wert im Feldpunkt nicht vom Wert der Feldstärke oder Flußdichte dort abhängt:

$$\frac{D}{E} = \varepsilon = \mathrm{const}_E . \tag{2.3-7b}$$

Die Theorie, die diesen Sachverhalt voraussetzt, werden wir daher kürzehalber die *Proportionaltheorie* nennen. Sie ist ein Entartungsfall der *allgemeinen Theorie*, die nicht empirisch gewonnene Material*konstanten* $\varepsilon$, sondern empirisch gewonnene Material*funktionen* $D(E)$ oder $E(D)$ und

[1] Die Einheit der Permittivität ist daher die der elektrischen Feldkonstanten, $[\varepsilon] = [\varepsilon_0]$, die SI-Einheit also $[\varepsilon]_\mathrm{SI} = 1$ As/Vm.

[2] Beispiele: Paraffin 2, Polystyrol 2,5, Transformatorenöle 2,5, imprägnierte Papiere 3 bis 6, Porzellane 4 bis 6, Glimmer 4 bis 8, Gläser 2 bis 16, chemisch reines Wasser 80, Luft im Normalzustand 1,006, ähnlich viele Gase.

also $\varepsilon(E)$ voraussetzt, vgl. hierzu Abschnitt A.8. Die Proportionaltheorie ist die historisch ältere und einfachere, zudem die bisher auf der Seite des elektrischen Feldes fast ausschließlich behandelte Theorie; in ihr kann zum Beispiel vom Superpositionsprinzip ohne Einschränkung Gebrauch gemacht werden. Die allgemeine Theorie kann erst später gegeben werden (Abschnitte 6.1 bis 6.3).

In der allgemeinen Theorie, in der $\varepsilon$ nicht eine Konstante, sondern eine Funktion zum Beispiel der Feldstärke ist, hat der Name Dielektrizitätskonstante wegen des Wortbestandteiles -konstante keine Berechtigung mehr. Wir benutzen das Wort Permittivität im übergeordneten Sinn. Dann kennzeichnet das Wort Dielektrizitätskonstante den Spezialfall der Proportionaltheorie.

## Die Quellen des elektrischen Feldes

Indem man $\boldsymbol{D}$ nach Gl. (7) in Gl. (6) einführt, erhält man

$$\oint \boldsymbol{D} \cdot \mathrm{d}\boldsymbol{a} = (\Sigma Q)_\tau . \qquad \textbf{(2.3-9)}$$

Diese Beziehung, die einen fundamental wichtigen Sachverhalt ausspricht, wird der *Satz vom elektrischen Hüllenfluß* genannt. Er enthält die Aussage, daß *Ladungen die Quellen des elektrischen Feldes* sind. Wir fügen sogleich hinzu: Nur elektrische Ladungen sind Quellen des elektrischen Feldes, und andere Quellen für dieses gibt es nicht.

Indem wir das Hüllenintegral des Vektorfeldes $\boldsymbol{D}$ mit dem Satz von Gauß (vgl. Abschnitt A.7.12) umformen:

$$\oint \boldsymbol{D} \cdot \mathrm{d}\boldsymbol{a} = \int_\tau (\operatorname{div} \boldsymbol{D})\, \mathrm{d}\tau ,$$

erhalten wir zunächst

$$\int_\tau (\operatorname{div} \boldsymbol{D})\, \mathrm{d}\tau = (\Sigma Q)_\tau . \qquad (2.3\text{-}10)$$

Wird im allgemeinsten Falle die algebraische Summe der Ladungen in $\tau$ beschrieben durch die räumliche Dichte $\eta$ als Funktion des Ortes: $\eta(x_1, x_2, x_3)$, so daß also $(\Sigma Q)_\tau = \int_\tau \eta\, \mathrm{d}\tau$ ist, so wird aus Gl. (10) erhalten

$$\operatorname{div} \boldsymbol{D} = \eta , \qquad \textbf{(2.3-11)}^1$$

in Worten: Die räumliche Ladungsdichte ist die Quellenstärke des elektrischen Feldes $\boldsymbol{D}$. Hieraus folgt für Sprungflächen

$$\operatorname{Div} \boldsymbol{D} \equiv \boldsymbol{n}_{12} \cdot (\boldsymbol{D}_2 - \boldsymbol{D}_1) = \sigma , \qquad \textbf{(2.3-12)}^1$$

[1] Die kohärenten Einheiten sind also $[\eta] = 1[Q]/[l]^3$ und $[\sigma] = 1[Q]/[l]^2$, die SI-Einheiten $[\eta]_{\mathrm{SI}} = 1\ \mathrm{As/m^3}$ und $[\sigma]_{\mathrm{SI}} = 1\ \mathrm{As/m^2}$.

wenn $\sigma$ die flächenhafte Ladungsdichte der Sprungfläche ist. Daher gilt für die Oberfläche geladener homogener leitender Körper, weil das Innere feldfrei ist:

$$\operatorname{Div} \boldsymbol{D} = \boldsymbol{n}_{12}\boldsymbol{D}_2 = D_n = \sigma\,; \tag{2.3-13}$$

die Normalkomponente von $\boldsymbol{D}$ an jedem Oberflächenelement ist gleich dessen Flächenladungsdichte. Aus Gl. (2.2-9) wissen wir, daß im statischen Zustand an der Oberfläche geladener homogener leitender Körper *nur* eine Normalkomponente, aber keine Tangentialkomponente des elektrischen Feldes existiert.

Wir heben noch hervor, daß die Sätze über die Quellen des elektrischen Feldes: Gln. (9), (11), (12), (13) nicht etwa nur für zeitlich unveränderliche Zustände gelten, sondern für beliebige zeitliche Änderungen.

Die Ladungen als Quellen des elektrischen Feldes bestimmen also den Feldvektor $\boldsymbol{D}$ nicht unmittelbar, sondern zum Beispiel seinen Hüllenfluß – Gl. (9) – oder seine Divergenz – Gl. (11), (12), (13) –. In einfachen Fällen, wofür in 2.5 Beispiele angegeben werden, läßt sich das Integral im ersten und die Integration im zweiten Fall ausführen, also $\boldsymbol{D}$ und daraus $\boldsymbol{E} = \boldsymbol{D}/\varepsilon$ bestimmen.

Das Flächenintegral

$$\int_a \boldsymbol{D} \cdot \mathrm{d}\boldsymbol{a} = \Psi \tag{2.3-14}$$ [1]

heißt *elektrischer Fluß* oder auch Verschiebungsfluß. (Zum Wortbestandteil -fluß siehe Abschnitt 1.2).

Das Coulombsche Gesetz lautet, wenn $\varepsilon$ eine ortsunabhängige Konstante ist,

$$\boldsymbol{F} = \frac{1}{\varepsilon}\,\frac{Q_1 Q_2}{4\pi r^2}\,\boldsymbol{r}^0 \tag{2.3-15}$$

an Stelle von Gl. (2.1-8).

### Elektrische Polarisation und Suszeptibilität

Gegeben sei ein elektrisches Feld $\boldsymbol{E}$ im materiefreien Raum, daher auch $\boldsymbol{D}_0 = \varepsilon_0 \boldsymbol{E}$. Der felderfüllte Raum werde durch einen isotropen Nichtleiter mit der Dielektrizitätskonstanten $\varepsilon$ ausgefüllt; bei ungeändertem $\boldsymbol{E}$ gilt nun $\boldsymbol{D} = \varepsilon \boldsymbol{E} > \boldsymbol{D}_0$. Dann liegt es nahe, den Überschuß von $\boldsymbol{D}$ über $\boldsymbol{D}_0$ an jedem Feldort *bei gleichem* $\boldsymbol{E}$ (!) makroskopisch zu erklären durch ein elektrisches Zusatzfeld $\boldsymbol{P}$, das durch die Materie bewirkt wird:

$$\boldsymbol{P} = \boldsymbol{D} - \varepsilon_0 \boldsymbol{E}\,; \tag{2.3-16}$$

die Größe $\boldsymbol{P}$ wird *elektrische Polarisation* genannt[2]. Sie ist

$$\boldsymbol{P} = \boldsymbol{E}(\varepsilon - \varepsilon_0) = \boldsymbol{E}\varepsilon_0(\varepsilon_r - 1) = \boldsymbol{E}\varepsilon_0\chi_e\,; \tag{2.3-17}$$

[1] Die kohärente Einheit des elektrischen Flusses ist daher $[\psi] = 1[Q]$, die SI-Einheit $[\Psi]_{SI} = 1\ \mathrm{As} = 1\ \mathrm{C}$.

[2] Die kohärente Einheit der elektrischen Polarisation ist daher die der elektrischen Verschiebung, $[P] = [D] = 1[Q]/[l]^2$, die SI-Einheit $[P]_{SI} = 1\ \mathrm{As/m^2}$.

die Materialgröße

$$\chi_e = \varepsilon_r - 1 = \frac{P}{\varepsilon_0 E} \qquad \textbf{(2.3-18)}$$

heißt *elektrische Suszeptibilität*. Manchmal ist die Benutzung der Größe

$$\frac{\boldsymbol{P}}{\varepsilon_0} = \frac{\boldsymbol{D}}{\varepsilon_0} - \boldsymbol{E} \qquad (2.3\text{-}19)$$

praktisch, die *Elektrisierung* genannt wird. Die elektrische Suszeptibilität eines isotropen Nichtleiters ist also der Betrag der Elektrisierung, geteilt durch den Betrag der elektrischen Feldstärke. Nur in Nichtleitern mit vergleichsweise großer Suszeptibilität wird das Zusatzfeld $\boldsymbol{P}$ erheblich.

Man beachte: $\boldsymbol{E}$, $\boldsymbol{D}$, $\boldsymbol{P}$ sind die an demselben Feldort *in der Materie* bestehenden Werte; $\varepsilon_r - 1 = \chi_e$ ist eine Materialgröße. Es wäre somit zum Beispiel falsch, in Gl. (18) an Stelle der in der Materie bestehenden Feldstärke $E$ die entsprechende Vakuumfeldstärke $E_0$ zu setzen.

Denkt man sich den dielektrischen Stoff aus kleinsten Teilchen und leerem Zwischenraum bestehend, so verursacht ein angelegtes elektrisches Feld influenzierte Ladungen auf jedem dieser Teilchen, indem jedes auf entgegengesetzten Seiten entgegengesetzt gleichgroße Ladungen erhält: Das Teilchen ist elektrisch polarisiert. Sind die kleinsten Teilchen des dielektrischen Stoffes einzeln oder in Bezirksverbänden schon ohne angelegtes Feld polarisiert, also Dipole, so übt auf diese das angelegte Feld ein richtendes Drehmoment aus. Wird ein größerer Körper aus einem dielektrischen Stoff betrachtet, an den ein elektrisches Feld angelegt wird, so wirkt insgesamt, makroskopisch betrachtet, der *Vorgang* der Polarisation nach außen wie das Einwandern elektrischer Ladung in die eine und das Austreten von Ladung aus der abgewandten Grenzfläche des Dielektrikums, und im Innern wie die Verschiebung elektrischer Ladung in Richtung der elektrischen Feldstärke.

Den Feldvektor (die physikalische Größe) $\boldsymbol{P}$ kann man daher auch wie folgt verstehen: Im Dielektrikum tritt durch ein beliebiges Flächenelement $\mathrm{d}\boldsymbol{a} = \boldsymbol{n}\,\mathrm{d}a$ Ladung hindurch, wenn durch Anlegen eines elektrischen Feldes der Nichtleiter polarisiert wird. Läßt man alle möglichen Lagen des Flächenelementes zu, so gibt es unter diesen eine, bei der die durch $\mathrm{d}\boldsymbol{a}$ hindurchgetretene Elektrizitätsmenge am größten ist. Setzen wir für diese ausgezeichnete Lage $\mathrm{d}\boldsymbol{a}' = \boldsymbol{n}'\,\mathrm{d}a$, so sei die Richtung des Polarisationsvektors durch $\boldsymbol{n}'$ gegeben: $\boldsymbol{P} = \boldsymbol{n}'P$, und sein Betrag werde durch die Flächendichte der in dieser Stellung durch $\mathrm{d}a$ hindurchgetretenen Elektrizitätsmenge bestimmt:

$$\mathrm{d}q' = \sigma'\,\mathrm{d}a = P\,\mathrm{d}a. \qquad (2.3\text{-}20)$$

Der Betrag $P$ ist also gleich der Ladung, die beim Vorgang der Polarisation durch die senkrecht zum Vektor $\boldsymbol{P}$ gestellte, sehr kleine Fläche hindurchtritt, geteilt durch die Größe dieser Fläche. – Wir teilen ferner den Nichtleiter in kleine zylindrische Raumelemente $\mathrm{d}\tau = h\,\mathrm{d}a$ ein, deren Deckelflächen $\mathrm{d}a$ senkrecht zu $\boldsymbol{P}$ stehen. Diese tragen, nachdem ein elektrisches Feld angelegt worden ist, nach Gl. (20) die Ladungen $\pm P\,\mathrm{d}a$ im Abstande $h$, sind also elektrische Dipole vom Moment $\mathrm{d}m = P\,\mathrm{d}a\,h$ oder

$$\mathrm{d}\boldsymbol{m} = \boldsymbol{P}\,\mathrm{d}\tau\,; \tag{2.3-21}$$

der Feldvektor $\boldsymbol{P}$ ist demnach auch das elektrische Moment des als elektrischer Dipol gedachten sehr kleinen Volumenteiles des polarisierten Nichtleiters, geteilt durch die Größe dieses Volumens.

Aus dem Satz vom elektrischen Hüllenfluß Gl. (9) hatten wir als mit ihm gleichbedeutend gefunden, Gl. (11) und (12),

$$\operatorname{div}\boldsymbol{D} = \eta\,, \quad \operatorname{Div}\boldsymbol{D} = \sigma\,,$$

wobei $\eta$ die räumliche, $\sigma$ die flächenhafte Dichte der elektrischen Ladung ist. Hieraus ergibt sich mit $\boldsymbol{P}$ nach Gl. (16)

$$\eta = \operatorname{div}\varepsilon_0\boldsymbol{E} + \operatorname{div}\boldsymbol{P}\,, \tag{2.3-22}$$

$$\sigma = \operatorname{Div}\varepsilon_0\boldsymbol{E} + \operatorname{Div}\boldsymbol{P}\,.$$

Es liegt nahe, hier durch

$$\eta_P = \operatorname{div}\boldsymbol{P}\,, \quad \sigma_P = \operatorname{Div}\boldsymbol{P} \tag{2.3-23}$$

die räumliche und die flächenhafte Dichte der Polarisationsladung einzuführen. (Von der Flächendichte $\sigma_{\mathrm{P}}$ der Polarisationsladung, die an Grenzflächen auftritt, an denen sich die Dielektrizitätskonstante sprunghaft ändert, war im Vorangegangenen die Rede.) Polarisationsladungen sind also fest an die polarisierte Materie gebunden, im Gegensatz zu den Ladungen, die die Quellen des Verschiebungsfeldes $\boldsymbol{D}$ sind und im elektrostatischen Falle auf Oberflächen von Leitern liegen; diese Ladungen können abgeleitet werden.

Es ist dann

$$\operatorname{div}\varepsilon_0\boldsymbol{E} = \eta - \eta_{\mathrm{P}}\,, \quad \operatorname{Div}\varepsilon_0\boldsymbol{E} = \sigma - \sigma_{\mathrm{P}}\,, \tag{2.3-24}$$

und in Analogie zu $\operatorname{div}\varepsilon\boldsymbol{E} = \eta$, $\operatorname{Div}\varepsilon\boldsymbol{E} = \sigma$ gemäß Gl. (11) und (12) kann man setzen

$$\operatorname{div}\varepsilon_0\boldsymbol{E} = \eta_f\,, \quad \operatorname{Div}\varepsilon_0\boldsymbol{E} = \sigma_f\,. \tag{2.3-25}$$

In der älteren Literatur werden $\eta_{\mathrm{f}} = \eta - \eta_{\mathrm{P}}$ die räumliche, $\sigma_{\mathrm{f}} = \sigma - \sigma_{\mathrm{p}}$ die flächenhafte Dichte der „freien“ Ladung genannt, $\eta$ und $\sigma$ die räumliche und die flächenhafte Dichte der „wahren“ Ladung. Für eine vollständige Beschreibung der Erscheinungen ist der Begriff der „freien“

Ladungen (als den Quellen des Feldes $\varepsilon_0 \boldsymbol{E}$) entbehrlich. Im folgenden verstehen wir unter Ladungen schlechthin stets die „wahren" Ladungen, die die Quellen des Feldes $\boldsymbol{D} = \varepsilon \boldsymbol{E}$ ausmachen.

## Nichtrationale Größendefinitionen

An Stelle der Größengleichung (9) findet man auch die andere

$$\oint \boldsymbol{D}' \cdot \mathrm{d}\boldsymbol{a} = 4\pi (\Sigma Q)_\tau, \tag{2.3-26}$$

daher auch

$$\operatorname{div} \boldsymbol{D}' = 4\pi\eta, \quad D_n' = 4\pi\sigma \tag{2.3-27}$$

an Stelle der Größengleichungen (11) und (13). Die Größe $\boldsymbol{D}'$ nennt man die nichtrational definierte elektrische Flußdichte (Verschiebung); zu der rational definierten Größe steht sie ersichtlich in der Beziehung

$$\boldsymbol{D}' = 4\pi \boldsymbol{D}, \tag{2.3-28}$$

daher ist auch der nichtrational definierte elektrische Fluß

$$\Psi' = 4\pi\Psi. \tag{2.3-29}$$

Man kann auch durch

$$\varepsilon_0' = 4\pi\varepsilon_0, \quad \varepsilon' = 4\pi\varepsilon \tag{2.3-30}$$

die nichtrational definierte elektrische Feldkonstante $\varepsilon_0'$ und Dielektrizitätskonstante $\varepsilon'$ einführen. Dagegen ist nur eine, nämlich die rationale Definition der elektrischen Feldstärke gebräuchlich. Mit ihr gilt

$$\varepsilon' \boldsymbol{E} = \boldsymbol{D}', \tag{2.3-31}$$

was mit Gl. (7) zu vergleichen ist, und es ist

$$\frac{\varepsilon'}{\varepsilon_0'} = \frac{\varepsilon}{\varepsilon_0} = \varepsilon_\mathrm{r}. \tag{2.3-32}$$

Setzt man ferner, wie es üblich ist,

$$\boldsymbol{D}' = \varepsilon_0' \boldsymbol{E} + 4\pi \boldsymbol{P}', \tag{2.3-33}$$

so sieht man, daß $\boldsymbol{P}' = \boldsymbol{P}$ ist, und daher wird

$$\frac{P}{\varepsilon_0' E} = \frac{\chi_\mathrm{e}}{4\pi} = \frac{\varepsilon_\mathrm{r} - 1}{4\pi} = \chi_\mathrm{e}' \tag{2.3-34}$$

die nichtrational definierte elektrische Suszeptibilität. (Vor allem in älteren Tabellenwerken wird meist $\chi_\mathrm{e}'$ angegeben.)

Das Coulombsche Gesetz Gl. (15) nimmt die Form an

$$\boldsymbol{F} = \frac{1}{\varepsilon_0'} \frac{Q_1 Q_2}{r^2} \boldsymbol{r}^0. \tag{2.3-35}$$

Wir bemerken ferner vorausgreifend: Die Feldenergiedichte im homogenen isotropen Nichtleiter, vgl. Gl. (2.4-11), ist

$$w_\mathrm{e} = \frac{\boldsymbol{E} \cdot \boldsymbol{D}}{2} = \frac{\boldsymbol{E} \cdot \boldsymbol{D}'}{8\pi}. \tag{2.3-36}$$

Die Zugspannung an der Oberfläche geladener homogener Leiter — Gl (2.4-16) — ist

$$p_\mathrm{n} = \frac{E_\mathrm{n}\sigma}{2} = \frac{E_\mathrm{n} D_n'}{8\pi}. \tag{2.3-37}$$

Für den nichtrational definierten Gestaltsfaktor $N'$ und den rational definierten $N$, vgl. Abschnitt 2.9, gilt

$$N' = 4\pi N. \qquad (2.3\text{-}38)$$

Für die Energie und die aus ihr abgeleiteten Größen: Energiedichte, Kraft, (mechanische) Spannung wird ganz allgemein nur die rationale Definition verwandt, vgl. hier Gln. (36) und (35), desgleichen für die elektrische Ladung und ihre flächenhafte und räumliche Dichte, ebenso auch für die elektrische Feldstärke, vgl. hier Gln. (26) und (31). Dann ergibt es sich, daß die rationalen und die nichtrationalen Definitionen der Polarisation und der Dielektrizitätszahl gleich sind, nicht jedoch die der elektrischen Suszeptibilität, vgl. hier Gln. (32,) (33) und (34).

## 2.4 Energie. Kräfte in einfachen Fällen

Wir haben schon in Abschnitt 2.2 von der Arbeit bei quasistatischer Verschiebung eines Ladungsträgers in einem elektrischen Feld gesprochen, wir haben sie durch das Produkt aus Ladung und Spannung dargestellt und haben diese im elektrostatischen Feld ausgedrückt mit Hilfe des skalaren Potentials. Hieran knüpfen wir an, um im folgenden die elektrostatische Energie eines Systems von Ladungsträgern zu bestimmen. Wir gehen dabei von der Annahme aus, die gegebene geometrische Anordnung werde dadurch hergestellt, daß punktförmige Ladungsträger in beliebiger Anzahl aus unendlicher Entfernung einzeln auf jeweils beliebigem Wege an die ihnen zukommenden Plätze gebracht werden. Wir bestimmen auf dem erwähnten, prinzipiell bekannten Wege die gesamte dabei zu verrichtende Arbeit. Denkt man sich diesen quasistatischen Prozeß in umgekehrter Richtung verlaufend, so wird diese gesamte Arbeit vom System nur als mechanische Arbeit zurückgegeben: Sie muß im Sinne potentieller Energie im System durch den ersten Vorgang gespeichert worden sein.

Die Dielektrizitätskonstante $\varepsilon$ habe im ganzen Raum den gleichen Wert. Unter dieser Voraussetzung hat, wie in Abschnitt 2.5, Gl. (2.5-3), und allgemeiner in Abschnitt 2.11 gezeigt werden wird, das Potential eines punktförmigen Trägers der Ladung $Q$ im Punkte $p$, der den Abstand $r$ vom Ort des Ladungsträgers hat, den Wert

$$\varphi_p = \frac{Q}{4\pi\varepsilon r}, \qquad (2.4\text{-}1)$$

wenn wir als Bezugspunkt, vgl. Gl. (2.2-13), den unendlich fernen Punkt wählen und diesem den Potentialwert Null beilegen; dies wird dadurch nahegelegt, daß $\varphi_p$ für $r \to \infty$ verschwindet. Sind punktförmige Ladungsträger in der Anzahl $\nu$ vorhanden, sind $Q_\nu$ ihre Ladungen und $r_\nu$ ihre Abstände vom Punkte $p$, so ist das Potential in diesem

$$\varphi_p = \frac{1}{4\pi\varepsilon} \sum_\nu \frac{Q_\nu}{r_\nu}. \qquad (2.4\text{-}2)$$

Hiernach läßt sich leicht das angegebene Gedankenexperiment beschreiben: Die den einzelnen Ladungsträgern zukommenden Orte seien ebenso wie diese numeriert. Befindet sich der erste Ladungsträger an dem ihm zukommenden Ort *1* und wird der zweite Ladungsträger aus unendlicher Entfernung an den ihm zukommenden Platz *2* gebracht, der von *1* um die Strecke $r_{12}$ entfernt ist, so ist bei diesem quasistatischen Vorgang die Arbeit

$$Q_2\varphi_2 = \frac{Q_2 Q_1}{4\pi\varepsilon r_{12}}$$

verrichtet worden, denn in *2* ist das durch die Ladung $Q_1$ in *1* bestimmte Potential

$$\varphi_2 = \frac{Q_1}{4\pi\varepsilon r_{12}}$$

nach Gl. (1). Wird hierauf der dritte Träger an seinen Platz *3* gebracht, der von *1* um die Strecke $r_{13}$ und von *2* um die Strecke $r_{23}$ entfernt ist, so ist dabei die Arbeit

$$Q_3\varphi_3 = \frac{Q_3}{4\pi\varepsilon}\left(\frac{Q_1}{r_{13}} + \frac{Q_2}{r_{23}}\right)$$

verrichtet worden, denn in *3* ist das durch die Ladungen $Q_1$ in *1* und $Q_2$ in *2* bestimmte Potential

$$\varphi_3 = \frac{1}{4\pi\varepsilon}\left(\frac{Q_1}{r_{13}} + \frac{Q_2}{r_{23}}\right)$$

nach Gl. (2). Wir setzen das Verfahren fort, bis alle Ladungsträger an ihre Plätze gebracht worden sind.

Sind also $Q_i$ und $Q_h$ die Ladungen zweier beliebiger Träger, so ist die gesamte Arbeit

$$A = \sum_h \sum_i \frac{Q_i Q_h}{4\pi\varepsilon r_{ih}}, \quad i \neq h. \tag{2.4-3}$$

Dies läßt sich auch so aufsummieren

$$A = \frac{1}{2}\sum_h Q_h\left(\sum_i \frac{Q_i}{4\pi\varepsilon r_{ih}}\right) \tag{2.4-4}$$

oder

$$A = \tfrac{1}{2}\sum_h Q_h\varphi_h. \tag{\textbf{2.4-5}}$$

Der Faktor 1/2 wird in Gl. (4) dadurch erforderlich, daß in dieser Summe jeder Summand zweimal vorkommt. – Also ist dieses

$$A = W_e \tag{2.4-6}$$

die elektrostatische Energie des Systems punktförmiger Ladungsträger[1].

[1] Ein Träger, für den $\varphi = 0$ ist, trägt also nichts bei zur Energie des Systems, desgleichen nicht ein Träger, für den $Q = 0$ ist.

Handelt es sich nicht um ein System diskreter punktförmiger Ladungsträger, sondern um eine Ladungsverteilung mit stetiger räumlicher Dichte $\eta(x_1, x_2, x_3)$ so tritt ersichtlich (und auch leicht durch einen Grenzübergang zu verifizieren) an die Stelle der Summe Gl. (5) das Volumenintegral

$$W_e = \frac{1}{2} \int_{\infty} \varphi\eta \, d\tau. \qquad (2.4\text{-}7)$$

Wir fragen nach einem Zusammenhang zwischen diesem Ausdruck für die Energie, den wir durch Gl. (5) für gerechtfertigt halten dürfen, und den Feldvektoren $\boldsymbol{D}$ und $\boldsymbol{E}$.

Zunächst läßt sich mit Gl. (2.3-11) schreiben

$$W_e = \frac{1}{2} \int_{\infty} \varphi \operatorname{div} \boldsymbol{D} \, d\tau. \qquad (2.4\text{-}8)$$

Im Abschnitt A.7.18 ist die vektoranalytische Umformung

$$\varphi \operatorname{div} \boldsymbol{D} = -\boldsymbol{D} \operatorname{grad} \varphi + \operatorname{div}(\varphi \boldsymbol{D})$$

angegeben. Da das Feld elektrostatisch ist, gilt $\boldsymbol{E} = -\operatorname{grad} \varphi$ nach Gl. (2.2-10); beides in Gl. (8) berücksichtigt ergibt

$$W_e = \frac{1}{2} \int_{\infty} \boldsymbol{D} \cdot \boldsymbol{E} \, d\tau + \frac{1}{2} \int_{\infty} \operatorname{div}(\varphi \boldsymbol{D}) \, d\tau. \qquad (2.4\text{-}9)$$

Den zweiten Summanden formen wir um mit Hilfe des Satzes von Gauß

$$\int_{\tau} \operatorname{div}(\varphi \boldsymbol{D}) \, d\tau = \oint_{a} \varphi D_n \, d\boldsymbol{a},$$

wobei wir die Hüllfläche $a$ in unendliche Entfernung zu rücken haben. Sie kann dann in sehr großer, aber noch endlicher Entfernung von dem betrachteten System näherungsweise als Kugel vom Radius $R$ angesehen werden. Die Fläche ist proportional zu $R^2$, das Potential $\varphi$ zu $R^{-1}$ und $D = \varepsilon E$ proportional zu $R^{-2}$, so daß mit $R \to \infty$ das betrachtete Integral verschwindet. Übrig bleibt in Gl. (9)

$$W_e = \frac{1}{2} \int_{\infty} \boldsymbol{D} \cdot \boldsymbol{E} \, d\tau. \qquad \mathbf{(2.4\text{-}10)}$$

Die Gln. (5), (6) und (7) machen für die Energie Potentiale und Ladungen verantwortlich und sind insofern Ausdrücke der Fernwirkungstheorie; die Gl. (10) schreibt die Energie dem gesamten vom elektrischen Feld erfüllten Raume zu und gehört deswegen der Feldtheorie an (Fernwirkungstheorie und Feldtheorie: siehe Abschnitt 1.4). Die Gl. (10) läßt sich so auslegen: *Die Energie ist stetig im ganzen felderfüllten Raum verteilt*, an jedem Feldort ist die räumliche Energiedichte

$$w_e = \frac{1}{2} \boldsymbol{D} \cdot \boldsymbol{E} \qquad \mathbf{(2.4\text{-}11)}$$

derart, daß für das felderfüllte Volumen $\tau$ gilt

$$W_e = \int_\tau w_e \, d\tau. \qquad \textbf{(2.4-10a)}$$

Ist der felderfüllte Raum frei von Materie, so ist in ihm Energie stetig verteilt gemäß

$$W_{e,0} = \frac{1}{2} \int_\tau w_{e,0} \, d\tau; \quad w_{e,0} = \frac{\varepsilon_0 \boldsymbol{E}^2}{2}. \qquad (2.4\text{-}10b)$$

Der leere Raum hat demnach physikalische, er hat nicht nur geometrische Eigenschaften.

Ist im gesamten felderfüllten Raum die Substanz ein idealer, homogener, isotroper Nichtleiter und hängt dessen Dielektrizitätskonstante $\varepsilon$ nicht etwa ihrerseits von $D$ oder $E$ ab, so gilt auch

$$w_e = \frac{DE}{2} = \frac{\varepsilon E^2}{2} = \frac{D^2}{2\varepsilon}. \qquad (2.4\text{-}12)^1$$

Wir bemerken hierzu ausdrücklich, daß die zuletzt genannte Voraussetzung – $\varepsilon$ von $D$ unabhängig – für viele nichtleitende Stoffe nicht zutrifft. Ist zum Beispiel $E$ eine eindeutige nichtlineare Funktion von $D$, was häufig genügend genau zutrifft, so gilt

$$w_e = \int_0^D \boldsymbol{E} \cdot d\boldsymbol{D} \qquad \textbf{(2.4-12a)}^1$$

an Stelle von Gl. (11), für einen isotropen nichtlinear wirkenden Nichtleiter also

$$w_e = \int_0^D E \, dD \qquad (2.4\text{-}12b)$$

an Stelle von Gl. (12). – Diese Beziehung kann erst in Abschnitt 6.1 bis 6.3 allgemein feldtheoretisch abgeleitet werden.

Wird $w_e$ als skalares Produkt geschrieben – Gln. (11) und (12a) –, so ist damit die Möglichkeit mit eingeschlossen, daß $\boldsymbol{D}$ und $\boldsymbol{E}$ in ein und demselben Feldpunkt verschiedene Richtungen haben.

Indem wir aus Gl. (7) die Beziehung Gl. (10) abgeleitet haben, haben wir nur bewiesen, daß die in dieser zum Ausdruck kommende Feldauffassung möglich ist, nicht etwa, daß sie an dieser Stelle notwendig ist. Wir haben ferner bei dieser Ableitung von der Wirbelfreiheit der elektrostatischen Feldstärke Gebrauch gemacht, so daß zunächst die Vermutung berechtigt ist, die Gültigkeit der Ausdrücke (10) und (11) sei

[1] Die kohärente Einheit der Energiedichte ist daher $[w_e] = 1[W]/[l]^3$, die SI-Einheit $[w_e]_{SI} = 1\ \mathrm{J/m^3}$.

auf das wirbelfreie Feld beschränkt. Es wird sich später herausstellen, daß diese Vermutung nicht zutrifft, daß vielmehr im Gegenteil die *Ausdrücke, die für die Energie den felderfüllten Raum verantwortlich machen, allgemein gelten.*

Der Veranschaulichung diene folgendes Beispiel: Nehmen wir für ein elektrisches Feld in Luft den Wert $E = 10$ kV/cm an (er muß genügend weit unterhalb der Durchbruchfeldstärke liegen), so wird mit $\varepsilon \approx \varepsilon_0$ die Energiedichte dieses elektrischen Feldes $w_e \approx 4{,}4 \cdot 10^{-6}$ J/cm³. Es macht keine Schwierigkeiten, ein magnetisches Feld in Luft mit einem Wert der Flußdichte $B = 1$ T herzustellen; mit $\mu \approx \mu_0$ wird die Energiedichte dieses magnetischen Feldes $w_m = B/2\mu_0 \approx 0{,}4$ J/cm³, das ist ungefähr das 90000fache. Die klassischen elektrischen Maschinen arbeiten daher mit magnetischen, nicht mit elektrischen Feldkräften.

Stehen zwei gleich große, ebene Metallplatten einander in geringem Abstand $s$ gegenüber (Plattenkondensator), tragen die einander zugewandten Flächen je von der Größe $a$ entgegengesetzt gleich große Ladungen $Q$, so ist das elektrische Feld wesentlich im scheibenförmigen Zwischenraum konzentriert und ist dort weithin ein ebenes homogenes Feld, wenn man von der Umgebung der Plattenränder absieht; man kann die Sache so einrichten, daß diese Randstörungen sehr klein werden, Abb. 2.5. Zwischen den aufgeladenen Platten besteht eine Anziehungskraft, die man leicht wie folgt erklärt: Da das Feld homogen ist, ist nach Gl. (10) die im Volumen $\tau = sa$ gespeicherte Feldenergie $W_e = \tau w_e = saED/2$. Wird der Abstand $s$ um einen kleinen Betrag $\delta s$ vergrößert,

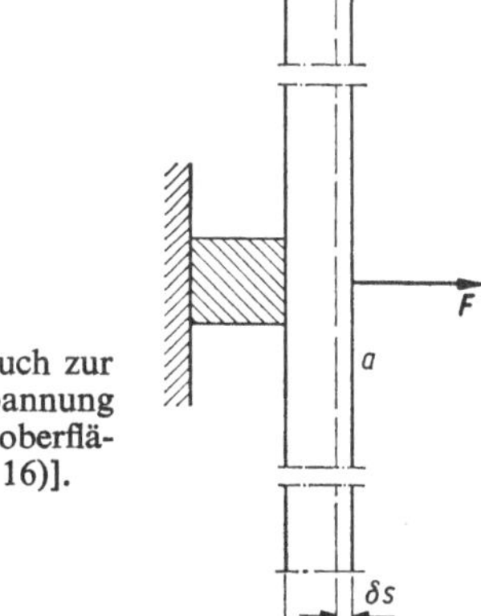


Abb. 2.5 Modellversuch zur Ableitung der Zugspannung an geladenen Leiteroberflächen [Gl. (2.4-15, 16)].

so wird dabei gegen die Anziehungskraft $F_s$ mechanische Arbeit $\delta A = F_s \delta s$ verrichtet. Sie muß, da andere Energieänderungen nicht im Spiele sind, die elektrische Feldenergie vergrößert haben: $\delta W_e = \delta A$, denn wenn die Vergrößerung $\delta s$ des Abstandes $s$ rückgängig gemacht wird, wird Arbeit genau von dieser Größe aus dem System erhalten.

Aus

$$\delta A = F_s \delta s = \delta W_e = a \frac{ED}{2} \delta s \tag{2.4-13}$$

folgt die Kraft

$$F_s = a \frac{ED}{2}; \tag{2.4-14}$$

sie ist unabhängig von $s$, und daher ist dies auch die Zugspannung

$$p_s = \frac{F_s}{a} = \frac{ED}{2}, \tag{2.4-15}$$

die an der Oberfläche der geladenen Platten senkrecht angreift. Dieser Ausdruck gilt daher allgemein und nicht etwa nur für das Modell, an dem er hier hergeleitet worden ist. Indem man noch die Flächendichte der Ladung nach Gl. (13) einführt und die Richtung der Normale durch den Index $n$ zum Ausdruck bringt, erhält man

$$p_n = \frac{E_n D_n}{2} = \frac{\sigma E_n}{2} = \frac{\varepsilon E_n^2}{2} = \frac{\sigma^2}{2\varepsilon} \tag{2.4-16}$$

als allgemeinen Ausdruck für die mechanische Spannung, die an der Oberfläche eines geladenen homogenen Leiters angreift, an der Stelle, wo $\sigma$ die Flächendichte der Ladung und $E_n$ die elektrische Feldstärke ist; sie ist stets Zugspannung.

Im Abschnitt 2.1 hatten wir die elektrische Feldstärke dadurch festgestellt, daß wir als Prüfkörper einen kleinen Träger einer kleinen Ladung verwendet haben. Wir hatten bemerkt, daß die am Feldort vom Prüfkörper verursachte Veränderung des zu ermittelnden Feldes entweder klein oder methodisch erfaßbar sein sollte. Das folgende Beispiel erläutert diesen Sachverhalt.

Wir untersuchen die Störung, die sich einstellt, wenn in ein vorher ebenes homogenes (gleichförmiges) Feld $\boldsymbol{E}_0$ eine leitende Kugel vom

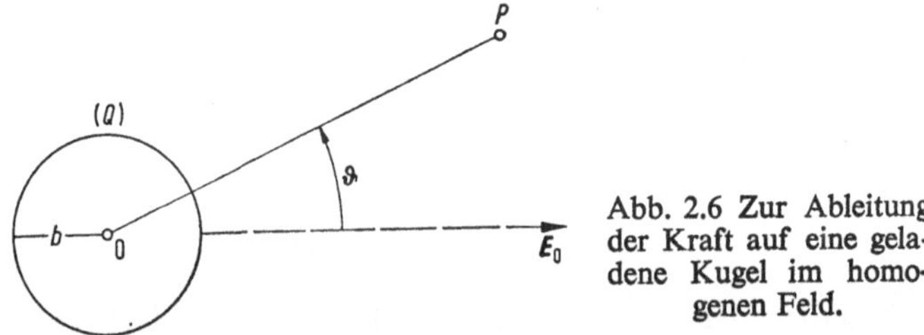


Abb. 2.6 Zur Ableitung der Kraft auf eine geladene Kugel im homogenen Feld.

Radius $b$ und der Ladung $Q$ eingebracht wird und bestimmen die resultierende (Gesamt-) Kraft. Im elektrostatischen Fall ist das Innere der Kugel feldfrei, an ihrer Oberfläche besteht das Feld einzig aus einer radialen Komponente, aus ihr bestimmt sich die Zugspannung $p$ nach Gl. (16) und also $\mathrm{d}F = p\,\mathrm{d}a$ für jedes Oberflächenelement $\mathrm{d}a$, hieraus durch Integration die Gesamtkraft.

Wir bezeichnen mit $\boldsymbol{r}$ den Ortsvektor vom Kugelmittelpunkt 0 zum betrachteten Feldpunkt $P$, mit $\boldsymbol{r}^0$ den Einsvektor $\boldsymbol{r}/r$, mit $\vartheta$ den Winkel zwischen $\boldsymbol{E}_0$ und $\boldsymbol{r}$, wenn $\boldsymbol{E}_0$ das ursprüngliche gleichförmige Feld ist, Abb. 2.6.

Dann ist, was hier nicht weiter abgeleitet werden soll, das Gesamtfeld

$$\boldsymbol{E} = \left(1 - \frac{b^3}{r^3}\right)\boldsymbol{E}_0 + \left(\frac{3b^3}{r^3}\boldsymbol{r}^0\boldsymbol{E}_0 + \frac{Q}{4\pi\varepsilon r^2}\right)\boldsymbol{r}^0, \tag{2.4-17}$$

was man mit $\boldsymbol{r}^0\boldsymbol{E}_0 = E_0\cos\vartheta$ schreiben kann

$$\boldsymbol{E}(r,\vartheta) = \left(1 - \frac{b^3}{r^3}\right)\boldsymbol{E}_0 + \left(\frac{3b^3}{r^3}E_0\cos\vartheta + \frac{Q}{4\pi\varepsilon r^2}\right)\boldsymbol{r}^0; \tag{2.4-18}$$ [1]

das Gesamtfeld $\boldsymbol{E}$ ist hier durch die Summe aus einer Vektorkomponente in Richtung $\boldsymbol{E}_0$ und einer zweiten in Richtung $\boldsymbol{r}^0$ dargestellt; beide Komponenten werden vom Kugelradius $b$ mitbestimmt, nur die zweite ist von $\vartheta$ und von $Q$ abhängig. Man sieht also: Damit am gegebenen Feldort $r$ der Unterschied zwischen $\boldsymbol{E}$ und $\boldsymbol{E}_0$ möglichst klein wird, muß man sowohl $Q$ als auch $b$ möglichst klein machen. (In Abschnitt 2.1 war gesagt worden, daß sowohl die Abmessungen als auch die Ladung des Prüfkörpers klein sein müssen.)

Für $r = b$ wird

$$\begin{aligned}\boldsymbol{E}(b,\vartheta) &= \left(3E_0\cos\vartheta + \frac{Q}{4\pi\varepsilon b^2}\right)\boldsymbol{r}^0\\ &= E(b)\,\boldsymbol{r}^0.\end{aligned} \tag{2.4-19}$$

Die Feldstärke an der Kugeloberfläche ist also winkelabhängig; bei $\cos\vartheta = \pm 1$ liegen ihr größter und ihr kleinster Wert $\pm 3E_0 + Q/4\pi\varepsilon b^2$, ihr mittlerer Wert $Q/4\pi\varepsilon b^2$ liegt bei $\cos\vartheta = 0$. Die Flächendichte der Ladung ist

$$\sigma = \varepsilon E(b) = 3\varepsilon E_0\cos\vartheta + \frac{Q}{4\pi b^2}. \tag{2.4-20}$$

---

[1] Es ist auch $\boldsymbol{E} = -\operatorname{grad}\varphi$ mit

$$\varphi = E_0\left(\frac{b^3}{r^2} - r\right)\cos\vartheta + \frac{Q}{4\pi\varepsilon r},$$

daher

$$E_r = -\frac{\partial\varphi}{\partial r} = E_0\left(\frac{2b^3}{r^3} + 1\right)\cos\vartheta + \frac{Q}{4\pi\varepsilon r^2},$$

$$E_\vartheta = -\frac{1}{r}\frac{\partial\varphi}{\partial\vartheta} = E_0\left(\frac{b^3}{r^3} - 1\right)\sin\vartheta,$$

für $r = b$ also $E_\vartheta = 0$ und $E_r$ wie Gl. (2.4-19).

Da der zweite Summand die Flächendichte der Ladung der Kugel ist, wenn sie sich in einem feldfreien Raum befindet, ist der erste Summand $3\varepsilon E_0 \cos\vartheta$ die Flächendichte der durch das Feld $\boldsymbol{E}_0$ influenzierten Ladung; sie ist also gemäß $\cos\vartheta$ örtlich verteilt, die gesamte Influenzladung ist Null, Abb. 2.7.

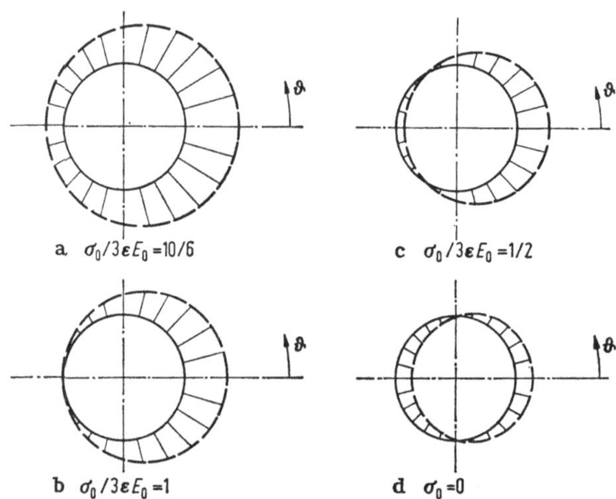


Abb. 2.7 Kugel im ursprünglich homogenen Feld $E_0$, Flächendichte der Ladung $\sigma$ nach Gl. (2.4-20), $\sigma_0 = Q/4\pi b^2$.

Mit Gl. (19) oder (20) erhält man die Zugspannung

$$p = \frac{\varepsilon E^2}{2} = \frac{\sigma^2}{2\varepsilon} \qquad (2.4\text{-}21)$$

in normaler Richtung, also in Richtung $\boldsymbol{r}^0$, als verhältnismäßig unübersichtlichen Ausdruck. Integriert man, um aus den örtlichen Beiträgen $F = p\,\mathrm{d}a$ die Gesamtkraft $F$ zu erhalten, über die Kugeloberfläche gemäß

$$F = \int_0^\pi p 2\pi b \sin\vartheta\, b\, \mathrm{d}\vartheta, \qquad (2.4\text{-}22)$$

so findet man (rechnerisch und auch geometrisch-anschaulich) diejenigen Komponenten der Kraft, die senkrecht zu $\boldsymbol{E}_0$ gerichtet sind, zu Null. Die also einzige von Null verschiedene Komponente in Richtung von $\boldsymbol{E}_0$ ergibt sich als von der Größe $F = QE_0$, somit ist

$$\boldsymbol{F} = Q\boldsymbol{E}_0. \qquad (2.4\text{-}23)$$

Es ist also zwar für die Zugspannung an der Oberfläche der Kugel der örtliche Wert der Feldstärke $\boldsymbol{E}(r = b)$ maßgebend, für die Gesamtkraft $\boldsymbol{F}$ jedoch die Feldstärke $\boldsymbol{E}_0$ des ursprünglichen ungestörten Feldes.

Diese wird also, obwohl die Ladung der Kugel das ursprüngliche Feld verzerrt, durch $\boldsymbol{F}/Q$ richtig gemessen; das Störungsfeld bewirkt nur örtlich deformierende, aber keine verschiebenden oder drehenden Kräfte.

Das resultierende Feldbild wird bestimmt durch die Größe des Störfeldes $Q/4\pi\varepsilon r^2$ im Verhältnis zur Größe $E_0$ des ursprünglichen homogenen Feldes. Abb. 2.8 zeigt Beispiele: Im Falle a) ist $Q$ am größten, im Falle c) am kleinsten. Wird $Q$ kleiner und kleiner, so nähert sich das Feldbild c) mehr und mehr dem Bild für das Feld in der Umgebung einer ungeladenen leitenden Kugel im ursprünglich homogenen Feld,

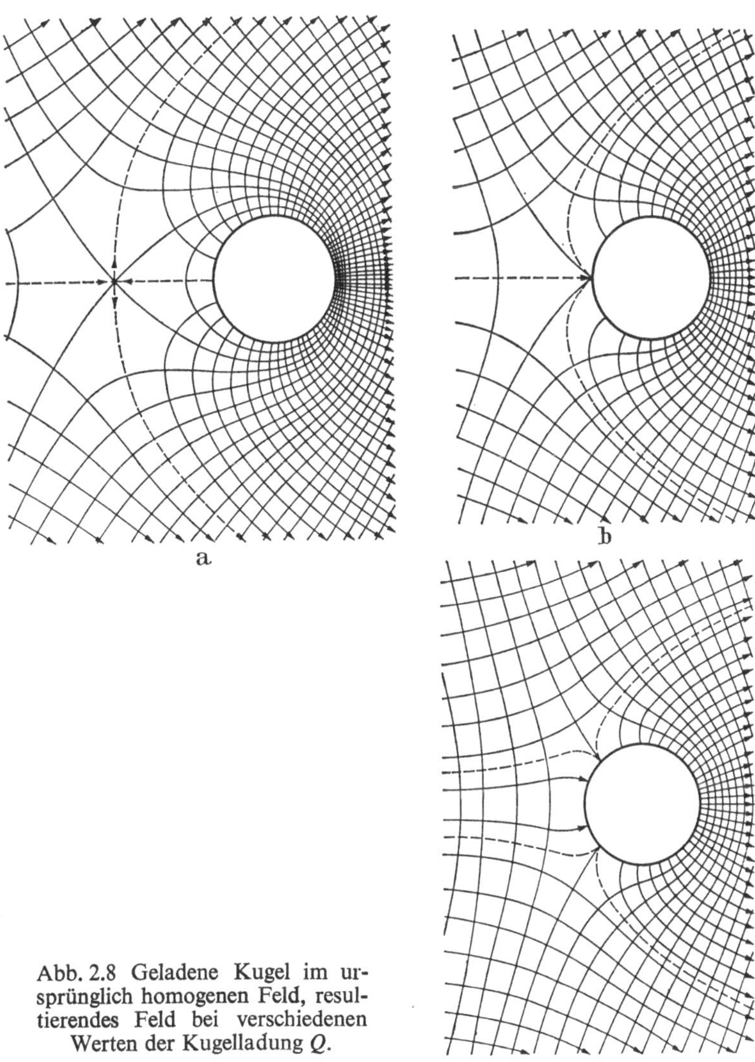


Abb. 2.8 Geladene Kugel im ursprünglich homogenen Feld, resultierendes Feld bei verschiedenen Werten der Kugelladung $Q$.

siehe Abb. 2.9. Im Falle a) hat ein Punkt im Feldraum auf der Feldachse (in der Abbildung links von der Kugel) den Wert Null der Feldstärke, im Falle b) liegt dieser Punkt auf der Kugeloberfläche, im Falle c)

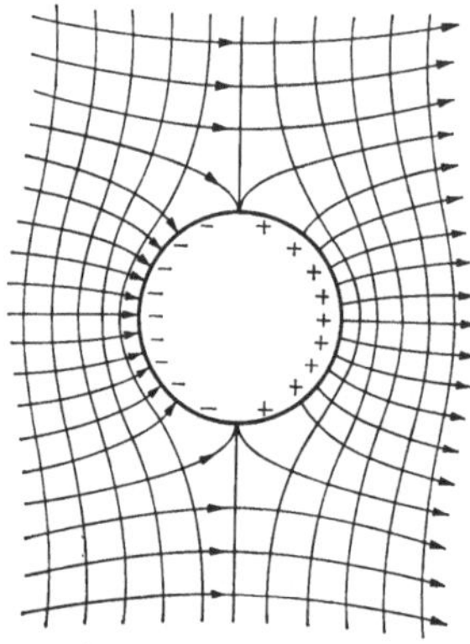

Abb. 2.9 Ungeladene leitende Kugel im ursprünglich homogenen Feld; resultierendes Feld.

liegen die Punkte, in denen die Feldstärke den Wert Null hat, auf einem Kreis auf der Kugeloberfläche. Dieser Kreis wird zum Äquator, wenn $Q = 0$ wird, vgl. Abb. 2.9.

Die Störung eines homogenen Feldes $\boldsymbol{E}_0$ durch eine ungeladene leitende Kugel vom Radius $b$ erhält man, indem man $Q = 0$ setzt in den Gln. (17) bis (20). Demnach ist

$$\begin{aligned} E_r &= E_0\left(\frac{2b^3}{r^3} + 1\right)\cos\vartheta, \\ E_\vartheta &= E_0\left(\frac{b^3}{r^3} - 1\right)\sin\vartheta \end{aligned} \tag{2.4-24}$$

für jedes $r \geqq b$. Es ist also zum Beispiel

$$E_r = E_0\left(\frac{2b^3}{r^3} + 1\right), \quad E_\vartheta = 0 \tag{2.4-25}$$

für $\cos\vartheta = 1$ und

$$E_r = 0, \quad E_\vartheta = E_0\left(\frac{b^3}{r^3} - 1\right) \tag{2.4-26}$$

für $\sin\vartheta = 1$. Man erkennt hieraus auch, wie mit wachsendem $r/b$ das Feld in $\boldsymbol{E}_0$ übergeht. Auf der Kugeloberfläche $r = b$ ist

$$E_r = 3E_0\cos\vartheta, \quad E_\vartheta = 0; \tag{2.4-27}$$

für $\cos\vartheta = \pm 1$ treten der größte und der kleinste Wert $\pm 3E_0$ auf, für $\cos\vartheta = 0$ der Wert Null. Die Flächendichte der influenzierten Ladung ist dementsprechend gemäß

$$\sigma = \varepsilon E_r = 3\varepsilon E_0\cos\vartheta \tag{2.4-28}$$

verteilt, Abb. 2.7d. Abb. 2.9 zeigt das Feldbild.

## 2.5 Einfache Beispiele: Punktquelle, unendliche und endliche gerade Linienquelle, Dipol, Doppelschicht

**Geladene Kugel im isotropen Dielektrikum.** $Q$ Ladung und $r_0$ Radius der Kugel, $\varepsilon$ Permittivität des Dielektrikums, $r$ Abstand vom Mittelpunkt der Kugel. Das elektrische Feld ist Null für $r < r_0$, für $r > r_0$ ist es punktsymmetrisch, die Feldlinien sind Geraden in radialer Richtung. Das elektrische Verschiebungsfeld $\boldsymbol{D}$ läßt sich daher mit dem Satz vom elektrischen Hüllenfluß nach Gl. (2.3-9) bestimmen, indem man als

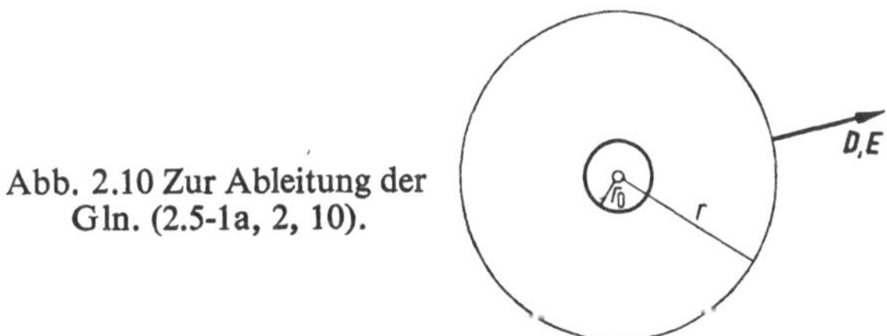

Abb. 2.10 Zur Ableitung der Gln. (2.5-1a, 2, 10).

Hüllfläche eine konzentrische Kugel vom Radius $r$ wählt, Abb. 2.10; auf ihr hat die Verschiebung $\boldsymbol{D}$ überall den gleichen Betrag $D_r(r)$ und die gleiche radiale Richtung $\boldsymbol{r}^0$. Aus Gl. (2.3-9) wird daher

$$4\pi r^2 D_r(r) = Q, \tag{2.5-1}$$

also

$$\boldsymbol{D}(r) = \frac{Q}{4\pi r^2}\boldsymbol{r}^0, \quad r \geqq r_0. \tag{2.5-1a}$$

Das nur radial ($\boldsymbol{r}^0$) gerichtete Verschiebungsfeld $\boldsymbol{D}$ ist proportional zur Ladung $Q$ des Trägers und umgekehrt proportional zur Oberfläche der Kugel vom Radius $r$, es ist unabhängig von der Permittivität des felderfüllten Raumes (es ist unabhängig davon, ob dieser Skalar eine ortsunabhängige Konstante oder eine stetige Ortsfunktion ist), es ist also rein geometrisch gegeben (abgesehen von der Proportionalität mit $Q$).

Überall im Dielektrikum ist

$$\operatorname{div} \boldsymbol{D} = \frac{1}{r^2}\frac{\partial}{\partial r}(r^2 D_r) = 0$$

nach dem im Abschnitt A.7.11.3 angegebenen Ausdruck für die Divergenz. An der Oberfläche der Kugel ist $\operatorname{Div} \boldsymbol{D} = D_r(r_0) = Q/4\pi r_0^2 = \sigma$.

Die Permittivität $\varepsilon$ kommt (bei gegebener Ladung des Trägers) erst ins Spiel, wenn nach der elektrischen Feldstärke und nach der elektrischen Feldenergie gefragt wird. Da das Dielektrikum isotrop vorausgesetzt ist, ist $\varepsilon$ in $\boldsymbol{E} = \boldsymbol{D}/\varepsilon$ ein positiver Skalar, vgl. Gl. (2.3-7, 8).

a) Im einfachsten Falle ist $\varepsilon$ eine ortsunabhängige Konstante, so daß der Satz vom elektrischen Hüllenfluß in der einfachsten Form der Gl. (2.3-7a) gilt: $\varepsilon \oint \boldsymbol{E}\,\mathrm{d}\boldsymbol{a} = (Q\sum)_\tau$. Aus Gl. (1) folgt unmittelbar

$$\boldsymbol{E}(r) = \frac{Q}{\varepsilon \cdot 4\pi r^2}\,\boldsymbol{r}^0, \quad r \geqq r_0. \tag{2.5-2}$$

Nach Gl. (2.2-10, 11) gilt

$$E(r) = -\frac{\partial\varphi}{\partial r}.$$

Aus hier gegebenem $E_r$ folgt

$$\varphi(r) = \frac{Q}{\varepsilon \cdot 4\pi r} + \text{const}. \tag{2.5-3}$$

Es seien zwei konzentrische Kugeln mit den Radien $r_1$ und $r_2 > r_1$ gegeben. Die Spannung $U_{12}$ von jedem beliebigen Punkt auf der Kugel $(r_1)$ zu jedem beliebigen Punkt auf der Kugel $(r_2)$ ist nach Gl. (2.2-2)

$$U_{12} = \int\limits_{r1}^{r2} E_r\,\mathrm{d}r = \frac{Q}{4\pi\varepsilon}\left(\frac{1}{r_1} - \frac{1}{r_2}\right), \tag{2.5-4}$$

was nach Gl. (2.2-12) auch durch $U_{12} = \varphi_1 - \varphi_2$ aus Gl. (3) erhalten wird.

Wir bestimmen mit Gl. (2.4-10) die gesamte elektrische Feldenergie durch

$$W_e = \frac{\varepsilon}{2}\int\limits_{r_0}^{\infty} E_r^2\,\mathrm{d}\tau \tag{2.5-5}$$

und wählen für die Integration aus Symmetriegründen als Volumenelement die Hohlkugel $\mathrm{d}\tau = 4\pi r^2\,\mathrm{d}r$. Es ergibt sich

$$W_e = \frac{Q^2}{8\pi\varepsilon r_0}. \tag{2.5-6}$$

Die Energie des unendlich ausgedehnten Feldes ist endlich. Sie würde für $r_0 \to 0$ divergieren. Der Ausdruck „punktförmiger Ladungsträger" muß also so verstanden werden, daß die geometrischen Abmessungen des Trägers – hier der Radius $r_0$ der Kugel – vernachlässigbar klein sind.[1]

[1] In Abschnitt 1.5 war bemerkt worden, daß es für manche Zwecke ausreichend ist, das Elektron grob modellmäßig als einen kleinen kugelförmigen Träger der Elementarladung $e$ anzusehen. Setzen wir in Gl. (6) ein $\varepsilon = \varepsilon_0$ und $Q = e$, setzen wir ferner nach der Einsteinschen Beziehung $W_e = m_0 c^2$, wobei $m_0$ die Ruhmasse des Elektrons und $c_0$ die Vakuumwellengeschwindigkeit ist, so sind in der Beziehung

$$m_0 c_0^2 = \frac{e^2}{8\pi\varepsilon_0 r_0}$$

alle Größen einzeln bekannt bis auf $r_0$. Durch Einsetzen erhält man $r_0 \approx 3 \cdot 10^{-15}$ m, den in Abschnitt 1.5 angegebenen Wert für den Elektronenradius.

Die geladene Kugel sei nun ein punktförmiger Träger der Ladung $Q_2$, in ihrem durch Gl. (2) beschriebenen Feld befinde sich ein punktförmiger Träger der Ladung $Q_1$. Dann ist die Kraft, die zwischen den Ladungsträgern besteht,

$$\boldsymbol{F} = Q_1 \boldsymbol{E} = \frac{Q_1 Q_2}{\varepsilon \cdot 4\pi r^2} \boldsymbol{r}^0. \tag{2.5-7}$$

Dies ist das Coulombsche Gesetz der Elektrostatik. Von ihm hatten wir vorausgreifend in Abschnitt 2.1 Gebrauch gemacht. Man beachte, daß es punktförmige Ladungsträger und homogenes isotropes Dielektrikum voraussetzt.

b) Ist $\varepsilon$ nicht, wie bis hierher vorausgesetzt, eine ortsunabhängige Konstante, sondern eine stetige skalare Ortsfunktion, so gilt der Satz vom elektrischen Hüllenfluß nach Gl. (2.3-6) in der allgemeineren Form $\oint \varepsilon \boldsymbol{E} \cdot \mathrm{d}\boldsymbol{a} = (\sum Q)_\tau$. Um das Wesentliche zu zeigen, nehmen wir an, daß die Dielektrizitätskonstante nur von der Koordinate $r$ abhänge: $\varepsilon = \varepsilon(r)$.

b1) Mit wachsendem $r$ nehme $\varepsilon$ ab gemäß

$$\varepsilon(r) = \varepsilon(r_0)\frac{r_0}{r} = \frac{k}{r}; \tag{2.5-8}$$

dann ist

$$\boldsymbol{E}(r) = \frac{Q/k}{4\pi r} \boldsymbol{r}^0. \tag{2.5-8a}$$

b2) Mit wachsendem $r$ nehme $\varepsilon$ zu gemäß

$$\varepsilon(r) = \varepsilon(r_0)\frac{r}{r_0} = k'r; \tag{2.5-8b}$$

dann ist

$$\boldsymbol{E}(r) = \frac{Q/k'}{4\pi r^3} \boldsymbol{r}^0. \tag{2.5-8c}$$

In beiden Fällen sind zwar ebenso wie im Falle $\varepsilon = \mathrm{const}_r$ die Feldvektoren $\boldsymbol{E}$ und $\boldsymbol{D}$ gleichgerichtet, aber die Abhängigkeit der Feldstärke von $r$ ist jedesmal eine andere als die der Flußdichte Gl. (1a).

Beide Beispiele verlieren ihren Sinn für $r \to \infty$, können also nur für einen begrenzten hohlkugelförmigen Feldraum angenommen werden. Für $r \to \infty$ würde im ersten Fall die Permittivität gegen Null, im zweiten gegen Unendlich gehen. Es ist $\operatorname{rot} \boldsymbol{E} = 0$ für Gl. (2), (8a), (8c).

**Sehr langer gerader Kreiszylinder im homogenen, isotropen Dielektrikum.** Es sei $r_0$ der Radius des Zylinders, $\varepsilon$ die Permittivität des isotropen Dielektrikums, $r$ der Abstand von der Zylinderachse. Je länger der Zylinder ist, um so ausgedehnter (in axialer Richtung) wird der

Bereich sein, in welchem das elektrische Feld radialhomogen ist, also keine Komponente in Richtung der Achse aufweist. Nur dieses Gebiet fassen wir ins Auge. Gleiche Längenabschnitte $\Delta l$ mögen gleiche Ladungen $\Delta Q$ tragen: $\Delta Q/\Delta l = Q' = \text{const}$. Um im betrachteten Gebiet das elektrische Feld mit Hilfe des Satzes vom elektrischen Hüllenfluß zu bestimmen, wählen wir als Hüllfläche einen koaxialen Zylinder vom Radius $r$ und der Länge $l$, Abb. 2.10 (nunmehr als Schnitt durch eine zylinderförmige Anordnung zu denken); durch seine Deckelflächen tritt also voraussetzungsgemäß kein Feld. Dann wird aus Gl. (2.3-7)

$$\varepsilon \cdot 2\pi r l\, E_r(r) = Q' l \tag{2.5-9}$$

und daher

$$\boldsymbol{E}(r) = \frac{Q'}{\varepsilon} \frac{1}{2\pi r} \boldsymbol{r}^0, \; r \geqq r_0 . \tag{2.5-10}$$

Überall im Dielektrikum ist $\operatorname{div} \varepsilon \boldsymbol{E} = \varepsilon \frac{1}{r} \frac{\partial}{\partial r}(rE_r) = 0$ nach dem im Abschnitt A.7.11.3 angegebenen Ausdruck für die Divergenz, und an der Oberfläche des Zylinders ist $\operatorname{Div} \varepsilon \boldsymbol{E} = Q'/2\pi r_0 = \sigma$.

Aus $E_r = -\frac{\mathrm{d}\varphi}{\mathrm{d}r}$ bestimmt sich das Potential zu

$$\varphi(r) = \frac{Q'}{2\pi\varepsilon} \ln\left(\frac{\text{const}}{r}\right). \tag{2.5-11}$$

Es seien zwei koaxiale Zylinder mit den Radien $r_1$ und $r_2 > r_1$ gegeben. Die Spannung $U_{12}$ von jedem beliebigen Punkt auf dem Zylinder $(r_1)$ zu jedem beliebigen Punkt auf dem Zylinder $(r_2)$ ist nach Gl. (2.2-2,)

$$U_{12} = \int_{r1}^{r2} E_r \mathrm{d}r = \frac{Q'}{2\pi\varepsilon} \ln \frac{r_2}{r_1}, \tag{2.5-12}$$

was nach Gl. (2.2-12) auch durch $U_{12} = \varphi_1 - \varphi_2$ aus Gl. (9) erhalten wird.

**Gerade Linienquelle begrenzter Länge (und gestrecktes Rotationsellipsoid) im homogenen isotropen Dielektrikum.** Wir schreiben die Länge

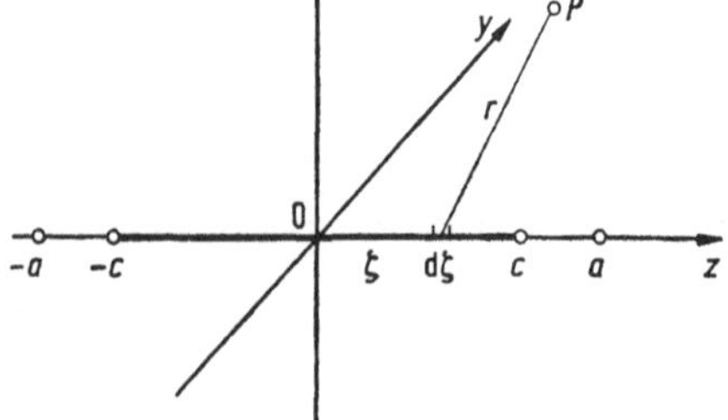


Abb. 2.11 Linienquelle der Länge $2c$; Bezeichnungen.

der Linienquelle $2c$ und legen diese in die $z$-Achse eines rechtwinkligen cartesischen Koordinatensystems so, daß durch $z = \pm c$ die Enden der Linienquelle bezeichnet werden, vgl. Abb. 2.11. Gleiche Abschnitte $\Delta l$ der Länge $l = 2c$ mögen gleiche Ladungen $\Delta Q$ tragen: $\Delta Q/\Delta l = Q/2c = Q' = \text{const}$. Das Feld hat die $z$-Achse zur Symmetrieachse. Um es zu bestimmen, gehen wir davon aus, daß in einem Feldpunkt $P$ im Abstande $r$ von einem punktförmigen Träger der Ladung $Q$ das Potential den Wert $\varphi = Q/4\pi\varepsilon r$ hat. Das Längenelement $\mathrm{d}\zeta$ der Linienquelle trägt die Ladung $Q'\,\mathrm{d}\zeta$ und gibt in $P$ den Beitrag

$$\mathrm{d}\varphi = \frac{Q'\,\mathrm{d}\zeta}{4\pi\varepsilon r} \tag{2.5-13}$$

zum gesamten Potential $\varphi$ dort. Daher ist dieses

$$\begin{aligned}\varphi &= \frac{Q'}{4\pi\varepsilon}\int\limits_{-c}^{c}\frac{\mathrm{d}\zeta}{\sqrt{x^2+y^2+(z-\zeta)^2}} \\ &= \frac{Q'}{4\pi\varepsilon}\ln\frac{z+c+\sqrt{x^2+y^2+(z+c)^2}}{z-c+\sqrt{x^2+y^2+(z-c)^2}}.\end{aligned} \tag{2.5-14}$$

Die Äquipotentialflächen des Feldes sind gestreckte Rotationsellipsoide mit den gemeinsamen Brennpunkten $z = \pm c$. Bezeichnen wir nämlich mit $a$ die große Achse eines beliebig herausgegriffenen Rotationsellipsoides, so findet man das Potential auf dessen Oberfläche aus Gl. (14) zu

$$\varphi(a\,;c) = \frac{Q'}{4\pi\varepsilon}\ln\frac{a+c}{a-c}, \tag{2.5-14a}$$[1]

---

[1] Ist $a$ die große, $b$ die kleine Halbachse, $c = \sqrt{a^2+b^2}$ die lineare Exzentrizität, so wird bei festgehaltenem $c$ und $a$ durch

$$\frac{x^2+y^2}{a^2-c^2}+\frac{z^2}{a^2}-1=0$$

die Schar der konfokalen Ellipsoide beschrieben, die den Brennpunktsabstand $2c$ haben. Hieraus findet man im Hinblick auf den Logarithmanden in Gl. (14)

$$x^2+y^2+(z\pm c)^2 = \left(a\pm\frac{zc}{a}\right)^2$$

und daher

$$z+c+\sqrt{x^2+y^2+(z+c)^2} = z+c+a+\frac{zc}{a} = (a+c)\left(1+\frac{z}{a}\right),$$

$$z-c+\sqrt{x^2+y^2+(z-c)^2} = z-c+a-\frac{zc}{a} = (a-c)\left(1+\frac{z}{a}\right),$$

wenn man die Wurzelvorzeichen so bestimmt, daß $|z| \leqq a$ positiv wird, wie es sein muß. Der Logarithmand in Gl. (14) wird dann in der Tat $(a+c)/(a-c)$.

also in der Tat konstant bei gegebenem $a$ und $c$. In einem Achsenschnitt sind die Äquipotentiallinien konfokale Ellipsen, die Feldlinien Hyperbeln mit den gleichen Brennpunkten, Abb. 2.12. Ist das Rotationsellipsoid sehr stark gestreckt (ist also seine kleine Achse klein gegen die große Achse und ist diese nahezu $a \approx c$), so sind die Niveauflächen nahezu zylindrisch, abgesehen von den Enden, wo sie abgerundet sind.

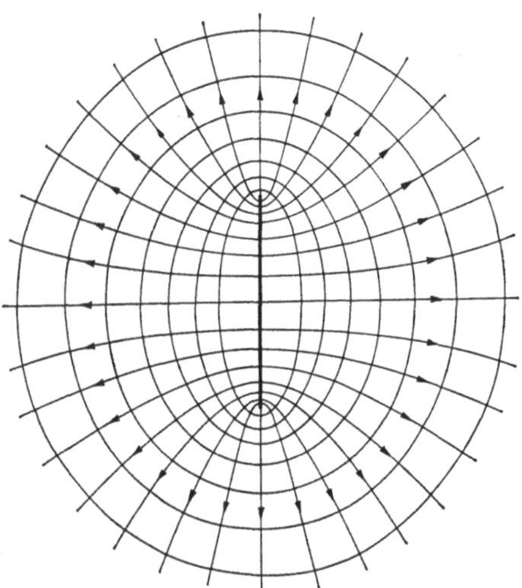

Abb. 2.12 Feldbild der Linienquelle.

**Elektrischer Dipol im homogenen isotropen Dielektrikum.** Ein elektrischer Dipol wird gebildet durch zwei Träger entgegengesetzt gleich großer Ladungen, die einander in festem Abstand gegenüberstehen. Ist $Q = Q_+ = -Q_-$ die Ladung, $l$ der Abstand, so nennt man

$$p = Ql \tag{2.5-15}$$ [1]

das Moment des Dipoles. Man stellt es dar durch den Vektor

$$\boldsymbol{p} = Q\boldsymbol{l} \tag{\textbf{2.5-16}}$$

wobei der Längenvektor $\boldsymbol{l}$ von $-Q$ nach $+Q$ gerichtet ist. Im mathematischen Sinne wird der Dipol dadurch definiert, daß $l$ unbegrenzt klein und zugleich $Q$ unbegrenzt groß wird, jedoch so, daß das Produkt $Ql = p$ endlich bleibt:

$$p = \lim_{\substack{l \to 0 \\ Q \to \infty}} Ql. \tag{2.5-17}$$

[1] Die kohärente Einheit des Dipolmomentes ist daher $[p] = 1[Q]\,[l]$, die SI-Einheit ist $[p]_{SI} = 1$ A s m.

In elektrischer Hinsicht ist der Dipol eine elektrische Doppelquelle mit der Gesamtladung Null. Das elektrische Feld hat die Gerade, die durch $l$ gelegt werden kann, zur Symmetrieachse. Das Potential in einem Feldpunkte $P$, vgl. Abb. 2.13, ist

$$\varphi = \frac{Q}{4\pi\varepsilon}\left(\frac{1}{r} - \frac{1}{r'}\right);$$

wegen $l \ll r$ ist $r' = r + l\cos\vartheta$ und daher

$$\varphi = \frac{Ql}{4\pi\varepsilon}\frac{\cos\vartheta}{r^2} = \frac{p}{4\pi\varepsilon}\frac{\cos\vartheta}{r^2}. \tag{2.5-18}$$

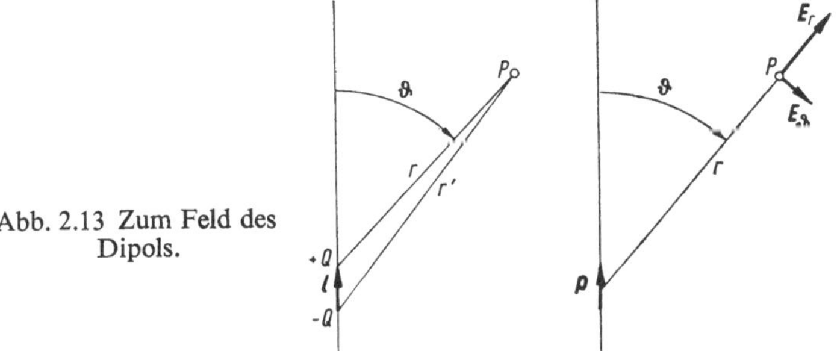


Abb. 2.13 Zum Feld des Dipols.

Die Ausführung von $\boldsymbol{E} = -\operatorname{grad}\varphi$ ergibt

$$E_r = \frac{p}{4\pi\varepsilon}\frac{2\cos\vartheta}{r^3}, \quad E_\vartheta = \frac{p}{4\pi\varepsilon}\frac{\sin\vartheta}{r^3}. \tag{2.5-19}$$

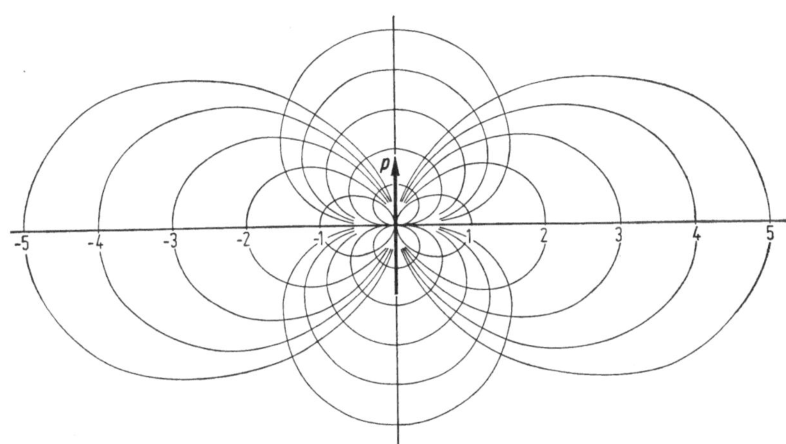


Abb. 2.14 Achsenschnitt des Dipolfeldes (Feldlinien und Äquipotentiallinien). Der Dipol vom Moment $\boldsymbol{p}$ liegt in der senkrechten Achse im Ursprungspunkt.

Das Feld des elektrischen Dipols ist also proportional zu $r^{-3}$ (das der Punktladung ist proportional zu $r^{-2}$), in der Dipolachse $\vartheta = 0$ ist $E_r$ am größten, nämlich $E_r = \frac{2p}{4\pi\varepsilon}\frac{1}{r^3}$ und $E_\vartheta = 0$; senkrecht zur Achse, $\vartheta = \frac{\pi}{2}$, ist $E_r = 0$ und $E_\vartheta$ am größten, nämlich $E_\vartheta = \frac{p}{4\pi\varepsilon}\frac{1}{r^3}$, Abb. 2.14.

In einem Felde wird auf einen Dipol das Drehmoment (Moment eines Kräftepaares) ausgeübt (auf eine Punktladung eine verschiebende Kraft); dieses Drehmoment ist

$$\boldsymbol{T} = \boldsymbol{p} \times \boldsymbol{E} \tag{2.5-20}$$

unter der Voraussetzung, daß $\boldsymbol{E}$ ein homogenes Feld ist. Der Betrag ist also $T = pE \sin\alpha$, wenn $\alpha$ der Winkel zwischen den Vektoren $\boldsymbol{l}$ und $\boldsymbol{E}$ am Ort des Dipols ist. Das äußere Feld wirkt richtend auf den Dipol, in der Stellung $\alpha = 0$ ist der Dipol im stabilen Gleichgewicht (seine Energie der Lage hat den Betrag $W = pE\cos\alpha$).

**Elektrische Doppelschicht (elektrisches Blatt) im homogenen isotropen Dielektrikum.** Wir nehmen, ohne uns zunächst um die Realisierung des Gebildes zu kümmern, zwei einander nahe benachbarte Flächen an, die Ladungen entgegengesetzten Vorzeichens mit der Flächendichte $\pm\sigma$ tragen. Teilen wir den Zwischenraum in infinitesimale Quader der Höhe $l$ und der Boden- und Deckelfläche $\mathrm{d}a$ ein, so können wir einen jeden als einen infinitesimalen Dipol vom Moment

$$\mathrm{d}p = \sigma\,\mathrm{d}a\,l \tag{2.5-21}$$

auffassen. Wir verschärfen wiederum im mathematischen Sinne die Definition des Dipolmomentes in der Weise, daß wir $l$ kleiner und kleiner, zugleich $\sigma$ größer und größer werdend denken, jedoch so, daß

$$\sigma l = \omega \tag{2.5-22}$$ [1]

endlich und konstant bleibt. Dann ist also das Dipolmoment

$$\mathrm{d}\boldsymbol{p} = \boldsymbol{n}\cdot\omega\,\mathrm{d}a, \tag{2.5-23}$$

wenn die Flächennormale vom negativ zum positiv geladenen Flächenelement gerichtet ist. Haben dann für jeden einzelnen dieser infinitesimalen Dipole $r$ und $\vartheta$ die aus Abb. 2.13 hervorgehenden Bedeutungen, so ist in einem gegebenen Feldpunkt der von $\mathrm{d}\boldsymbol{p}$ gegebene Beitrag $\mathrm{d}\varphi$ zum Potential

$$\mathrm{d}\varphi = \frac{1}{4\pi\varepsilon}\frac{\omega\,\mathrm{d}a\cdot\cos\vartheta}{r^2}, \tag{2.5-24}$$

[1] Die kohärente Einheit ist $[\omega] = [Q]/[l]$, die SI-Einheit $1[\omega] = 1$ As/m.

und daher ist dort das Potential insgesamt

$$\varphi = \frac{1}{4\pi\varepsilon} \int_a \frac{\omega \, \mathrm{d}a \cdot \cos\vartheta}{r^2}. \tag{2.5-25}$$

Trägt die Fläche eine einfache Flächenladung der Flächendichte $\sigma$, so ist in der Entfernung $r$ von einem Flächenelement d$a$, das die Ladung $\sigma$ d$a$ trägt, der Beitrag zum Potential

$$\mathrm{d}\varphi = \frac{1}{4\pi\varepsilon} \frac{\sigma \, \mathrm{d}a}{r}, \tag{2.5-26}$$

wie später in Abschnitt 2.10, Gl. (2.10-17), gezeigt werden wird, wie jedoch schon hier durch Gl. (3) nahegelegt ist. Daher ist in diesem Falle das Potential insgesamt

$$\varphi = \frac{1}{4\pi\varepsilon} \int_a \frac{\sigma \, \mathrm{d}a}{r}. \tag{2.5-27}$$

Auf einem Weg in Normalenrichtung durch die mit einfacher Flächenladung belegte Fläche ist am Ort der Fläche nach Gl. (27) das Potential stetig, die Normalkomponente der Feldstärke unstetig; auf einem Weg in Normalenrichtung durch die elektrische Doppelschicht ist am Ort der Fläche nach Gl. (25) das Potential unstetig (man beachte die Winkelabhängigkeit), die Normalkomponente der Feldstärke stetig.

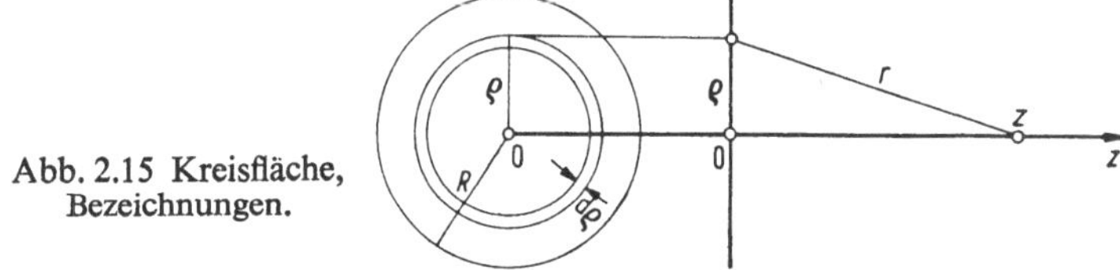

Abb. 2.15 Kreisfläche, Bezeichnungen.

Als *Beispiel* werde das Feld in der Achse einer Kreisfläche vom Radius $R$ betrachtet, Abb. 2.15.

a) Die Kreisfläche trage eine einfache Ladung mit der vom Radius unabhängigen Ladungsdichte $\sigma = \mathrm{const}_\varrho = \sigma_0$. Dann ist das Feld axialsymmetrisch, als Flächenelement kann d$a = 2\pi\varrho \, \mathrm{d}\varrho$ gewählt werden, $r = \sqrt{\varrho^2 + z^2}$. Nach Gl. (27) ist

$$\varphi(z, R) = \frac{\sigma_0}{2\varepsilon} \int_0^R \frac{\varrho \, \mathrm{d}\varrho}{\sqrt{\varrho^2 + z^2}} = \frac{\sigma_0}{2\varepsilon} (\sqrt{R^2 + z^2} - z)$$

$$= \frac{\sigma_0 R}{2\varepsilon} (\sqrt{1 + (z/R)^2} - z/R), \tag{2.5-28}$$

also im Kreismittelpunkt

$$\varphi(0, R) = \frac{\sigma_0 R}{2\varepsilon}. \tag{2.5-29}$$

Die Feldstärke ist

$$E_z(z, R) = -\frac{\partial \varphi}{\partial z} = \frac{\sigma_0}{2\varepsilon}\left(1 - \frac{z/R}{\sqrt{1 + (z/R)^2}}\right); \tag{2.5-30}$$

in $z = 0$ springt sie vom Wert $-\sigma_0/2\varepsilon$ auf den Wert $\sigma_0/2\varepsilon$.

b) Die Kreisfläche trage eine Doppelladung, es sei $\sigma l = \omega = \text{const}_\varrho = \omega_0$, die Richtung des Dipolvektors sei die der Normalen, also parallel zur $z$-Achse. Dann ist das Feld axialsymmetrisch; mit $\mathrm{d}a = 2\pi\varrho\,\mathrm{d}\varrho$ und $r = \sqrt{\varrho^2 + z^2}$, wie in a), wird nach Gl. (25)

$$\varphi(z, R) = \frac{\omega_0}{2\varepsilon}\int_0^R \frac{\varrho\,\mathrm{d}\varrho\, z}{(\varrho^2 + z^2)^{3/2}} = \frac{\omega_0}{2\varepsilon}\left(1 - \frac{z/R}{\sqrt{1 + (z/R)^2}}\right). \tag{2.5-31}$$

In $z = 0$ springt das Potential vom Wert $-\omega_0/2\varepsilon$ auf den Wert $\omega_0/2\varepsilon$. Die Feldstärke ist

$$E_z(z, R) = -\frac{\partial \varphi}{\partial z} = \frac{\omega_0}{2\varepsilon R}\,\frac{1}{\{1 + (z/R)^2\}^{3/2}}, \tag{2.5-32}$$

also im Kreismittelpunkt

$$E_z(0, R) = \frac{\omega_0}{2\varepsilon R}. \tag{2.5-33}$$

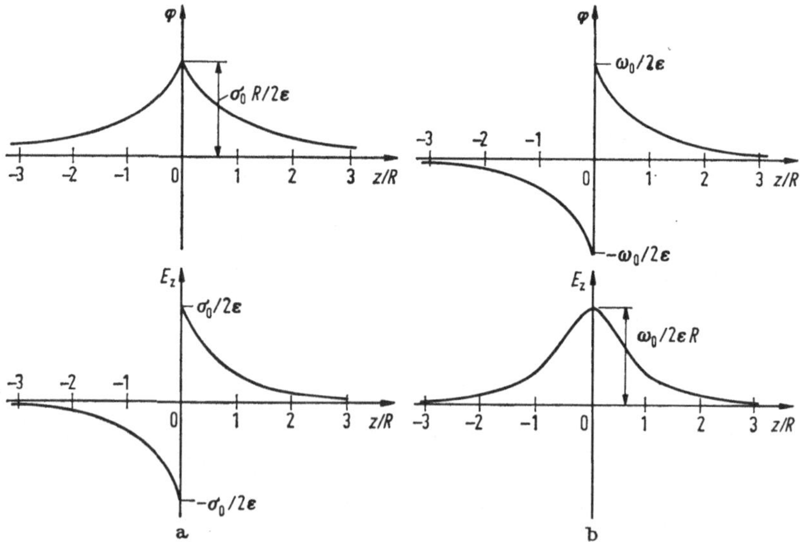


Abb. 2.16 Potential und Feldstärke einer geladenen Kreisscheibe entlang der senkrecht durch den Kreismittelpunkt verlaufenden z-Achse: a) einfache Flächenladung, b) elektrische Doppelschicht.

Abb. 2.16 zeigt Potential und Feldstärke in der Achse in Abhängigkeit von $z/R$ für die einfach und für die doppelt belegte Kreisscheibe.

## 2.6 Trennflächen

Das Feld an der Trennfläche eines homogenen Leiters gegen ein Dielektrikum wurde schon behandelt, vgl. Gl. (2.2-8-9) und (2.3-13): Im Innern des Leiters ist $\boldsymbol{E} = 0$ wegen des vorausgesetzten statischen Zustandes, daher $\varphi = \text{const}$, an der Trennfläche ist $E_t = 0$ und $D_n = \sigma$, $p_n = D_n^2/2\varepsilon$.

Trennfläche zweier homogener isotroper Dielektrika, deren Permittivitäten $\varepsilon_1$ und $\varepsilon_2$ bekannt sind: Durch Aussage der Gl. (2.2-8) über den Flächenwirbel und die der Gl. (2.3-12) über die Flächenquelle, nämlich

$$\operatorname{Rot} \boldsymbol{E} = 0, \quad E_{2t} = E_{1t}, \tag{2.6-1}$$

$$\operatorname{Div} \boldsymbol{D} = \sigma, \quad D_{2n} = D_{1n} + \sigma, \tag{2.6-2}$$

ist das Feld (nach Tangential- und Normalkomponente) auf der einen Seite der Trennfläche bestimmt, wenn $\sigma$, $\varepsilon_1$, $\varepsilon_2$ und das Feld auf der anderen Seite der Trennfläche bekannt sind. Es folgt nämlich zum Beispiel, wenn das Feld auf der Seite 1 gegeben ist:

$$\begin{aligned} E_{2n} &= \frac{D_{2n}}{\varepsilon_2} = \frac{\varepsilon_1}{\varepsilon_2} E_{1n} + \frac{\sigma}{\varepsilon_2}, \\ D_{2t} &= \varepsilon_2 E_{2t} = \frac{\varepsilon_2}{\varepsilon_1} D_{1t}. \end{aligned} \tag{2.6-3}$$

Mit $\sigma = 0$ gilt

$$E_{2t} = E_{1t}, \quad D_{2n} = D_{1n}, \tag{2.6-4}$$

$$E_{2n} = \frac{\varepsilon_1}{\varepsilon_2} E_{1n}, \quad D_{2t} = \frac{\varepsilon_2}{\varepsilon_1} D_{1t}. \tag{2.6-5}$$

Werden die Winkel $\alpha_1$ und $\alpha_2$ eingeführt, die die beiderseitigen Feldrichtungen in einem Punkt der Trennfläche mit der Normalenrichtung dort bilden, so ergibt sich aus Gl. (4) und (5)

$$\frac{\tan \alpha_2}{\tan \alpha_1} = \frac{\varepsilon_2}{\varepsilon_1} \tag{2.6-6}$$

als Aussage über die Richtungsänderung des Feldes; die Gln. (4) und (5) sagen mehr aus, nämlich über die Feldkomponenten selbst.

Die Feldlinien liegen also beiderseits der Trennfläche in der Ebene, in der auch die Flächennormale liegt, sie werden beim Eintritt in den Nichtleiter mit der kleineren Dielektrizitätskonstante zur Normale hin gebrochen. Abb. 2.17. Ist $\varepsilon_2 \gg \varepsilon_1$, so stehen die Feldlinien im Stoff 1 nahezu senkrecht auf der Trennfläche ($\alpha_1 \approx 0$), auch wenn $\alpha_2$ beträchtlich ist.

An der Oberfläche eines homogenen Leiters stehen im statischen Falle die Feldlinien genau senkrecht ($\alpha_1 = 0$). Dies ergibt sich auch rein formal aus Gl. (6), wenn man den Leiter zunächst als Nichtleiter ansieht und dann dessen Permittivität $\varepsilon_2$ unendlich groß werden läßt.

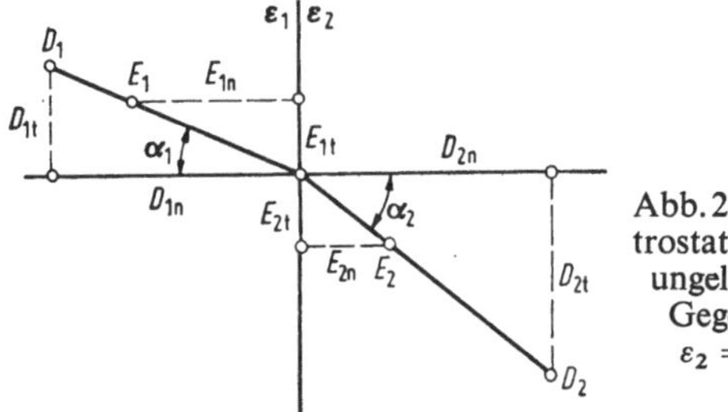


Abb. 2.17 Übergang des elektrostatischen Feldes an einer ungeladenen Grenzfläche. Gegeben zum Beispiel: $\varepsilon_2 = 2\varepsilon_1$, $D_1$, $E_1$, $\alpha_1$.

Dies ist ein in vielen Fällen nützlicher rechnerischer Kunstgriff. Der elektrostatische Zustand kann keinerlei Aufschlüsse über die Permittivität von Leitern gewähren. Aus Messungen bei zeitlich veränderlichen Vorgängen in nichtmetallischen Leitern kann auf die Größenordnung ihrer Permittivität geschlossen werden.

Aus der Gl. (4) läßt sich noch folgendes ableiten:

Denkt man sich im Innern eines felderfüllten homogenen isotropen Nichtleiters einen engen, langen zylindrischen Hohlraum angebracht, dessen Längsrichtung mit der Richtung der Feldlinien übereinstimmt und dessen Inneres materiefrei ist, vgl. Abb. 2.18, wird mit $\boldsymbol{E}^{\mathrm{l}}_{\mathrm{i}}$ die Feldstärke in diesem „Längsspalt" bezeichnet, mit $\boldsymbol{E}_{\mathrm{a}}$ die im Nichtleiter, so ist

$$\boldsymbol{E}^{\mathrm{l}}_{\mathrm{i}} = \boldsymbol{E}_{\mathrm{a}}, \tag{2.6-7}$$

denn die Feldstärke besteht in dieser Anordnung einzig aus einer tangentialen Komponente, und diese ist stetig. Durch Messung der Feldstärke im Längsspalt erhält man also die im Nichtleiter.

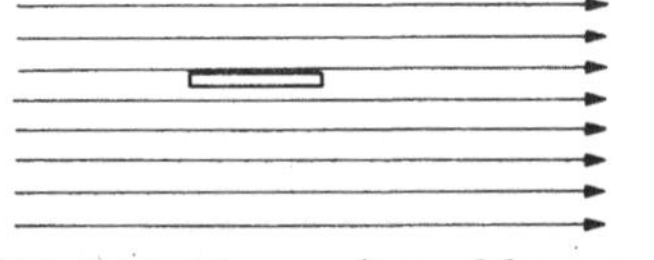

Abb. 2.18 Längsspalt zur Messung der Feldstärke.

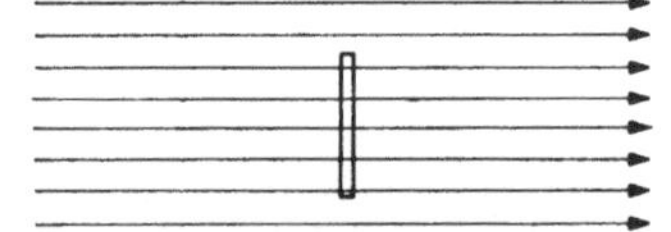

Abb. 2.19 Querspalt zur Messung der Flußdichte.

Wird andererseits ein kleiner dosenförmiger Hohlraum von geringer Höhe angebracht, dessen Grundflächen senkrecht zu den Feldlinien stehen und dessen Inneres materiefrei ist, vgl. Abb. 2.19, wird mit $\boldsymbol{D}_\mathrm{i}^\mathrm{q}$ die Flußdichte (Verschiebung) in diesem „Querspalt" bezeichnet, mit $\boldsymbol{D}_\mathrm{a}$ die im Nichtleiter, so ist

$$\boldsymbol{D}_\mathrm{i}^\mathrm{q} = \boldsymbol{D}_\mathrm{a}, \tag{2.6-8}$$

denn die Flußdichte besteht in dieser Anordnung einzig aus einer normalen Komponente, und diese ist stetig. Durch Messung der Verschiebung im Querspalt erhält man also die im Nichtleiter.

Wird im Längsspalt ein kleiner Prüfkörper aufgestellt, der die Ladung $Q$ trägt, so wirkt auf ihn die Kraft $F_\mathrm{i}^\mathrm{l} = E_\mathrm{i}^\mathrm{l} Q$; wird der Probekörper bei gleicher Ladung $Q$ im Querspalt aufgestellt, so wirkt auf ihn die Kraft $F_\mathrm{i}^\mathrm{q} = E_\mathrm{i}^\mathrm{q} Q$. Es ist aber $E_\mathrm{i}^\mathrm{l} = E_\mathrm{a}$ nach Gl. (7) und $E_\mathrm{i}^\mathrm{q} = \dfrac{\varepsilon_\mathrm{a}}{\varepsilon_0} E_\mathrm{a}$ nach Gl. (8). Hieraus folgt

$$\frac{F_\mathrm{i}^\mathrm{q}}{F_\mathrm{i}^\mathrm{l}} = \frac{E_\mathrm{i}^\mathrm{q}}{E_\mathrm{i}^\mathrm{l}} = \frac{\varepsilon_\mathrm{a}}{\varepsilon_0} = \varepsilon_\mathrm{ra} = \frac{D_\mathrm{i}^\mathrm{q}}{D_\mathrm{i}^\mathrm{l}}. \tag{2.6-9}$$

Auf diese Weise wird also aus in den Spalten gemessenen Größen die Permittivitätszahl $\varepsilon_\mathrm{ra}$ des Nichtleiters bestimmt (als Verhältnis $\varepsilon_\mathrm{a}/\varepsilon_0$; die Spalte müssen also in der Tat materiefrei sein). Kraft, Feldstärke und Flußdichte sind im materiefreien Querspalt um den Faktor $\varepsilon_\mathrm{ra}$ größer als im materiefreien Längsspalt.

Man hat schon früh den Gedankenversuch der Kraftmessung einerseits im Längsspalt, andererseits im Querspalt zur Definition zweier Feldgrößen herangezogen und den Vektor $\boldsymbol{E}_\mathrm{i}^\mathrm{l} = \boldsymbol{E}_\mathrm{a}$ elektrische Feldintensität, entsprechend dem heutigen Ausdruck: elektrische Feldstärke, genannt, den Vektor $\boldsymbol{E}_\mathrm{i}^\mathrm{q} = \varepsilon_\mathrm{ra}\boldsymbol{E}_\mathrm{a}$ elektrische Verschiebung. Heute benutzt man den Ausdruck elektrische Verschiebung *einzig und allein* noch als Benennung des Feldvektors $\boldsymbol{D}$. Die Feldvektoren $\boldsymbol{D}$ und $\boldsymbol{E}$ sind verschieden definiert, vgl. Abschnitte 2.1 und 2.3, daher physikalisch verschiedenartig, dagegen sind die Feldvektoren $\boldsymbol{E}_\mathrm{i}^\mathrm{l}$ und $\boldsymbol{E}_\mathrm{i}^\mathrm{q}$ beide Feldstärken und als solche physikalisch gleichartig.

## 2.7 Die Faraday-Maxwellschen Spannungen. Kräfte insbesondere an Trennflächen

In Abschnitt 1.4 ist der grundsätzliche Unterschied zwischen der Fernwirkungstheorie und der Feldtheorie genannt worden: Nach der Vorstellung Faradays werden die elektrischen Kräfte nicht unmittelbar, mit Überspringung des unbeteiligten Zwischenraums, ausgeübt („actio in distans"), sondern vielmehr auf die Weise, daß der Zwischenraum, *mag er mit einem Stoff ausgefüllt oder materiefrei sein*, in einen besonderen physikalischen Zustand versetzt ist, den wir in Abschnitt 2.1 elektrisches Feld genannt und als physikalische Realität behauptet haben. In jedem

Punkt des felderfüllten Raumes wird die elektrische Feldstärke meßbar durch die Kraft auf den dort angebrachten kleinen Träger einer kleinen elektrischen Ladung.

Eine für diese Auffassung vom physikalischen Raum höchst charakteristische Folgerung werden wir im folgenden kennenlernen:

In einem Raum, der von einem elektrischen Feld erfüllt ist, fassen wir ein ganz in diesem gelegenes, endliches Volumen $\tau$ ins Auge; $a$ sei seine Oberfläche (Hüllfläche). Ist $\boldsymbol{E}$ die Feldstärke am Ort eines Volumenelementes $\mathrm{d}\tau$ und ist $\mathrm{d}Q = \eta\,\mathrm{d}\tau$ dessen Ladung, so ist

$$\mathrm{d}\boldsymbol{F} = \boldsymbol{E}\eta\,\mathrm{d}\tau = \boldsymbol{f}\,\mathrm{d}\tau \tag{2.7-1}$$

die Kraft am Orte des Volumenelementes, und die (ausgeübte oder erlittene) Gesamtkraft ist

$$\boldsymbol{F} = \int\limits_\tau \boldsymbol{f}\,\mathrm{d}\tau. \tag{2.7-2}$$

Ist nun die obengenannte Faradaysche Vorstellung richtig, so muß es möglich sein, dieses Volumenintegral auszudrücken durch ein Flächenintegral über *Oberflächenkräfte*, die an den Elementen der wie auch immer gelegten, das System $\tau$ umhüllenden Fläche $a$ angreifen:

$$\int\limits_\tau \boldsymbol{f}\,\mathrm{d}\tau \overset{!}{=} \oint \boldsymbol{p}\,\mathrm{d}a; \tag{2.7-3}$$

ist dabei die das endliche System $\tau$ umhüllende Fläche $a$ beliebig (nach Form, Lage, Größe), so ist auf diese Weise in der Tat die Gesamtkraft $\boldsymbol{F}$ dargestellt als etwas im Raum Bestehendes, als eine *Feldkraft*.

Nach Gl. (3) ist die Größe $\boldsymbol{p}$ von der physikalischen Art einer mechanischen Spannung. Es ist daher auch die Ausdrucksweise zulässig, daß in einem felderfüllten Raum ein Spannungszustand herrsche. Ähnlich, wie das in einem Raumpunkt bestehende elektrische Feld erst zum Beispiel durch Messung der elektrischen Feldstärke $\boldsymbol{E}$ mittels eines geladenen Probekörpers wahrnehmbar wird, sind die Spannungen $\boldsymbol{p}$ nur dort wahrnehmbar, wo sie sich innerhalb der Materie örtlich (stetig oder unstetig) ändern oder wo Materie an Vakuum grenzt.

Die Größe $\boldsymbol{p}$, die der Gl. (3) zusammen mit Gl. (1) genügt, hat Maxwell gefunden und angegeben zu

$$\boldsymbol{p} = \tfrac{1}{2}\,\boldsymbol{E}(\boldsymbol{D}\cdot\boldsymbol{n}) + \tfrac{1}{2}\,\boldsymbol{D}\times(\boldsymbol{E}\times\boldsymbol{n}). \tag{2.7-4}$$ [1]

Hier sind $\boldsymbol{E}$ und $\boldsymbol{D} = \varepsilon\boldsymbol{E}$ die Feldvektoren am Ort des Flächenelementes $\mathrm{d}a$, und $\boldsymbol{n}$ ist dessen nach außen gerichtete Normale (Einsvektor); die

[1] Die Aufgabe, $\boldsymbol{p}$ aus $\int\limits_\tau \boldsymbol{E}\,\mathrm{div}\,\boldsymbol{D}\,\mathrm{d}\tau = \oint \boldsymbol{p}\,\mathrm{d}a$ zu ermitteln, hat Maxwell durch vektoranalytische Umformungen gelöst, auf deren Wiedergabe wir hier verzichten.

Permittivität $\varepsilon$ ist als von der Feldstärke unabhängige skalare Materialkonstante vorausgesetzt[1], sie kann sich mit dem Orte (stetig oder unstetig) ändern.

Wir werden zunächst (a) die Größe $\boldsymbol{p}$ im Hinblick auf die Feldvorstellung, die sie ja repräsentieren soll, auslegen und dann (b) zeigen, daß sich aus $\boldsymbol{p}$ die tatsächlich auftretenden (wahrnehmbaren) Kräfte ableiten lassen.

a) Der Vektor $\boldsymbol{p}$ ist in der Gl. (4) ausgedrückt als die Summe zweier Vektoren; der eine von ihnen liegt in der Richtung von $\boldsymbol{E}$, der zweite senkrecht zu $\boldsymbol{D}$ in der Ebene, in der $\boldsymbol{E}$ und $\boldsymbol{n}$ liegen. Daher liegen die Vektoren $\boldsymbol{p}$, $\boldsymbol{n}$, $\boldsymbol{E}$ (und daher $\boldsymbol{D}$) in derselben Ebene. Wir entwickeln nun den als zweiten hingeschriebenen Vektor[2] und erhalten

$$\boldsymbol{p} = \boldsymbol{E}(\boldsymbol{D} \cdot \boldsymbol{n}) - \boldsymbol{n} \cdot \tfrac{1}{2}(\boldsymbol{E} \cdot \boldsymbol{D}). \tag{2.7-5}$$

Ist $\alpha$ der Winkel zwischen $\boldsymbol{D}$ (und daher auch $\boldsymbol{E}$) und $\boldsymbol{n}$, siehe Abb. 2.20, so ist der Betrag des ersten Teilvektors

$$|\boldsymbol{E}(\boldsymbol{D} \cdot \boldsymbol{n})| = ED\cos\alpha = 2w\cos\alpha, \tag{2.7-6}$$

wenn wir als Zwischengröße den Skalar

$$w = \frac{ED}{2} = \frac{\boldsymbol{E} \cdot \boldsymbol{D}}{2} \tag{2.7-7}$$

einführen. Durch Quadrieren von $\boldsymbol{p}$ nach Gl. (5)[3] finden wir den Betrag

$$p = \frac{\boldsymbol{E} \cdot \boldsymbol{D}}{2} = w. \tag{2.7-8}$$

Der Vektor $\boldsymbol{p}$ ist also nach Gl. (5) die Differenz eines in Richtung $\boldsymbol{E}$ liegenden Vektors, dessen Betrag in Gl. (6) angegeben ist, und eines Vektors $-\boldsymbol{n}w$. Daher ist, vgl. Abb. 2.20, der Winkel zwischen $\boldsymbol{p}$ und $\boldsymbol{E}$ der gleiche Winkel $\alpha$ wie zwischen $\boldsymbol{n}$ und $\boldsymbol{E}$; die Vektorrichtungen von $\boldsymbol{p}$ und $\boldsymbol{n}$ sind spiegelbildlich zur Vektorrichtung von $\boldsymbol{E}$.

Wir betrachten zwei Sonderfälle. Es seien erstens d$a$ ein Element einer Äquipotentialfläche; dann ist $\boldsymbol{E}$ parallel oder antiparallel zur äußeren Normalen $\boldsymbol{n}$, also $\boldsymbol{E} \times \boldsymbol{n} = 0$. Ist $\boldsymbol{E}$ nach außen gerichtet, so wird

$$\boldsymbol{p} = \frac{1}{2}\boldsymbol{E}D = \boldsymbol{n}\frac{ED}{2}, \tag{2.7-9}$$

---

[1] Die Betrachtung läßt sich auf den Fall verallgemeinern, daß $\varepsilon$ ein Tensor zweiter Stufe ist. Läßt man Abhängigkeit der Permittivität vom Wert der Feldstärke zu, verläßt also die Proportionaltheorie, so kommt man auf anderem Weg zu den im Abschnitt 6.2 mitgeteilten Ergebnissen.

[2] $\boldsymbol{D} \times (\boldsymbol{E} \times \boldsymbol{n}) = \boldsymbol{E}(\boldsymbol{D} \cdot \boldsymbol{n}) - \boldsymbol{n}(\boldsymbol{D} \cdot \boldsymbol{E})$ nach Abschnitt A.7.7.3.

[3] $\boldsymbol{p}^2 = |\boldsymbol{E}(\boldsymbol{D} \cdot \boldsymbol{n})|^2 - 2|\boldsymbol{E}(\boldsymbol{D} \cdot \boldsymbol{n})| \cdot \left|\boldsymbol{n}\frac{\boldsymbol{E} \cdot \boldsymbol{D}}{2}\right| \cos\alpha + \boldsymbol{n}^2\left(\frac{\boldsymbol{E} \cdot \boldsymbol{D}}{2}\right)^2 = \left(\frac{\boldsymbol{E} \cdot \boldsymbol{D}}{2}\right)^2$, denn die zwei ersten Glieder haben den gleichen Betrag $(2w\cos\alpha)^2$.

ist $\boldsymbol{E}$ nach innen gerichtet, so ist

$$\boldsymbol{p} = \frac{1}{2}\boldsymbol{E}(-\boldsymbol{D}) = (-\boldsymbol{n}E)(-D) = \boldsymbol{n}\frac{ED}{2}. \tag{2.7-10}$$

Auf den Richtungssinn der Feldstärke kommt es somit nicht an, die Spannung $\boldsymbol{p}$ ist stets senkrecht zum Flächenelement nach außen gerichtet, also von der Art der Zugspannung. Es sei zweitens $\boldsymbol{E}$ parallel zum Flächenelement, dieses werde also senkrecht von den Äquipotentialflächen geschnitten. Dann ist $\boldsymbol{D}\cdot\boldsymbol{n} = \varepsilon\boldsymbol{E}\cdot\boldsymbol{n} = 0$ und daher

$$\boldsymbol{p} = -\boldsymbol{n}\frac{ED}{2}, \tag{2.7-11}$$

also vom gleichen Betrag wie im ersten Fall, die Richtung ist jedoch eine andere, die Spannung ist nicht ein Zug, sondern ein Druck. Die Vorstellung, daß parallel zu den Feldröhren ein Zug, senkrecht zu ihnen ein Druck herrsche, ist hiernach statthaft. Abb. 2.21a und b.

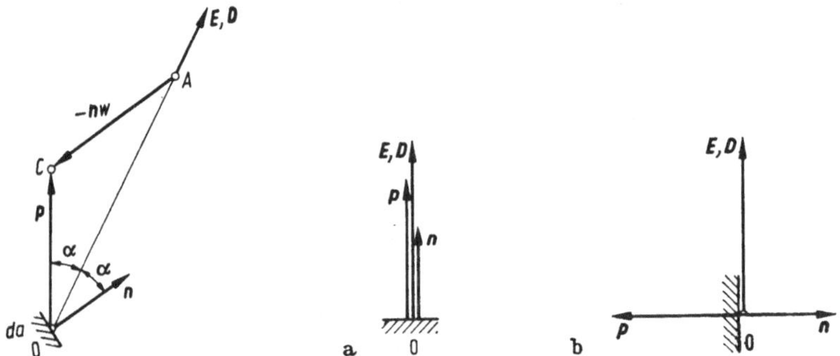


Abb. 2.20 Lage der Vektoren $\boldsymbol{E},\boldsymbol{n}$ und $\boldsymbol{p}$ — $\overline{OA} \triangleq |\boldsymbol{E}(\boldsymbol{D}\cdot\boldsymbol{n})|$, $\overline{AC} \triangleq w$, $\overline{OC} \triangleq p = w$.

Abb. 2.21 Sonderfälle von Abb. 2.20: a) $\alpha = 0$, „Längszug"; b) $\alpha = \pi/2$, „Querdruck".

b) Wir kommen nunmehr zu den wahrnehmbaren Kräften als den an der Erfahrung nachprüfbaren Folgerungen. — An der Trennfläche zweier homogener isotroper Substanzen oder an der Oberfläche einer solchen gegen Vakuum muß die Differenz der Spannungen beiderseits der Trennfläche die an dieser wahrnehmbaren Kraftantriebe ergeben. Mit einigen vektoranalytischen Umformungen erhält man

$$\begin{aligned} &2(\boldsymbol{p}_2 - \boldsymbol{p}_1) \\ &= (\boldsymbol{E}_1 + \boldsymbol{E}_2)\cdot(\boldsymbol{D}_2 - \boldsymbol{D}_1)\,\boldsymbol{n} + \boldsymbol{n}(\boldsymbol{D}_1\cdot\boldsymbol{E}_2 - \boldsymbol{D}_2\cdot\boldsymbol{E}_1) \\ &\quad + \{\boldsymbol{n}\times(\boldsymbol{E}_2 - \boldsymbol{E}_1)\}\times(\boldsymbol{D}_1 + \boldsymbol{D}_2). \end{aligned} \tag{2.7-12}$$

(Die Indizes 1 und 2 kennzeichnen die Größen beiderseits an der Trennfläche, $\boldsymbol{n} = \boldsymbol{n}_{12}$.) Hierin ist aber

$$\boldsymbol{n} \cdot (\boldsymbol{D}_2 - \boldsymbol{D}_1) = \sigma$$

die Flächendichte der Ladung und

$$\boldsymbol{n} \times (\boldsymbol{E}_2 - \boldsymbol{E}_1) = \operatorname{Rot} \boldsymbol{E}$$

der Flächenwirbel der elektrischen Feldstärke. Ferner ist

$$\boldsymbol{D}_1 \cdot \boldsymbol{E}_2 - \boldsymbol{D}_2 \cdot \boldsymbol{E}_1 = \boldsymbol{E}_1 \cdot \boldsymbol{E}_2 (\varepsilon_1 - \varepsilon_2)$$

und

$$\boldsymbol{n} \cdot (\varepsilon_2 - \varepsilon_1) = \operatorname{Grad} \varepsilon$$

der Flächensprung der Permittivität. Somit wird die an der Sprungfläche wahrnehmbare Spannung

$$\boldsymbol{p}_2 - \boldsymbol{p}_1 = \frac{\boldsymbol{E}_1 + \boldsymbol{E}_2}{2} \operatorname{Div} \boldsymbol{D} - \frac{\boldsymbol{E}_1 \cdot \boldsymbol{E}_2}{2} \operatorname{Grad} \varepsilon + (\operatorname{Rot} \boldsymbol{E}) \times \frac{\boldsymbol{D}_1 + \boldsymbol{D}_2}{2}. \tag{2.7-13}$$

Im statischen Zustand ist $\operatorname{Rot} \boldsymbol{E} = 0$.

An der Grenze eines homogenen Leiters (1) gegen einen homogenen isotropen Nichtleiter (2) wird aus Gl. (13) wegen $\boldsymbol{E}_1 = 0$, $\boldsymbol{D}_1 = 0$, $\operatorname{Div} \boldsymbol{D} = D_n = \sigma$

$$\boldsymbol{p}_2 - \boldsymbol{p}_1 = \boldsymbol{p} = \frac{1}{2} \boldsymbol{E}_1 \sigma \doteq \boldsymbol{n} \frac{E_2 D_2}{2}, \tag{2.7-14}$$

wie in Gl. (2.4-16) auf ganz anderem Wege gefunden worden war.

An der ungeladenen Grenzfläche ($\operatorname{Div} \boldsymbol{D} = 0$) zweier homogener isotroper Nichtleiter ist die wahrnehmbare Spannung

$$\boldsymbol{p}_2 - \boldsymbol{p}_1 = \boldsymbol{p} = -\boldsymbol{n} \frac{(\boldsymbol{E}_1 \cdot \boldsymbol{E}_2)}{2} (\varepsilon_2 - \varepsilon_1); \tag{2.7-15}$$

ihre Richtung ist unabhängig von den Richtungen $\boldsymbol{E}_1$ und $\boldsymbol{E}_2$ senkrecht zur Fläche, sie wirkt als Zugspannung auf den Körper mit der größeren Dielektrizitätskonstante. Trägt jedoch die Trennfläche eine Ladung der Flächendichte $\sigma = \operatorname{Div} \boldsymbol{D}$, so ist die Spannung mit Gl. (13)

$$\boldsymbol{p} = \frac{\boldsymbol{E}_1 + \boldsymbol{E}_2}{2} \sigma - \frac{\boldsymbol{E}_1 \cdot \boldsymbol{E}_2}{2} \operatorname{Grad} \varepsilon; \tag{2.7-15a}$$

die Spannung besteht aus zwei Komponenten, sie bildet im allgemeinen einen Winkel gegen das Lot.

Liegen nicht Oberflächenladungen, sprunghafte Änderung der Permittivität und elektrische Sprungwirbel vor, sondern Raumladungen, Änderungen der Permittivität und elektrische Wirbel in stetiger räumlicher Verteilung, so gilt Gl. (2) mit

$$\boldsymbol{f} = \boldsymbol{E} \cdot \operatorname{div} \boldsymbol{D} - \tfrac{1}{2} E^2 \cdot \operatorname{grad} \varepsilon + (\operatorname{rot} \boldsymbol{E}) \times \boldsymbol{D} \tag{2.7-16}$$

zur Berechnung der wahrnehmbaren Gesamtkraft $\boldsymbol{F}$. Im statischen Zustand ist $\operatorname{rot} \boldsymbol{E} = 0$, in das erste Glied kann auch eingeführt werden $\operatorname{div} \boldsymbol{D} = \eta$. Kraftwirkungen sind also ganz allgemein dort vorhanden, wo Quellen der Flußdichte, Gefälle der Permittivität und Wirbel der Feldstärke bestehen.

Der Ausdruck für die Spannung an der ungeladenen Trennfläche zweier Dielektrika, Gl. (15), läßt sich noch umformen. Der Betrag ist

$$p = \tfrac{1}{2}(\varepsilon_2 - \varepsilon_1) E_1 E_2 \cos(\alpha_1 - \alpha_2) \qquad (2.7\text{-}17)$$

mit den Winkeln $\alpha_1$ und $\alpha_2$ nach Abb. 2.17. Führt man noch ein $E_{2t} = E_{1t}$ und $E_{2n} = \frac{\varepsilon_1}{\varepsilon_2} E_{1n}$ nach Gln. (2.6-4, 5), so erhält man

$$p = \frac{1}{2}(\varepsilon_2 - \varepsilon_1)\left(\frac{\varepsilon_1}{\varepsilon_2} E_{1n}^2 - E_{1t}^2\right). \qquad (2.7\text{-}18)$$

Hieraus: Stehen die Feldlinien senkrecht zur Oberfläche, also parallel oder antiparallel zur Zugspannung, $E_{1t} = 0$, $E_{1n} = E_1$, so ist

$$p = \frac{1}{2}(\varepsilon_2 - \varepsilon_1)\frac{\varepsilon_1}{\varepsilon_2} E_1^2; \qquad (2.7\text{-}19)$$

stehen die Feldlinien parallel zur Oberfläche, also senkrecht zur Zugspannung, $E_{1n} = 0$, $E_{1t} = E_1$, so ist

$$p = \tfrac{1}{2}(\varepsilon_2 - \varepsilon_1) E_1^2. \qquad (2.7\text{-}20)$$

Zum Beispiel wird also in einen ebenen, mit Luft ($\varepsilon_1 \approx \varepsilon_0$) ausgefüllten aufgeladenen Plattenkondensator eine dielektrische Flüssigkeit ($\varepsilon_2 > \varepsilon_1$) in jedem Falle in der Weise hineingezogen, daß das Volumen der Flüssigkeit im felderfüllten Zwischenraum vergrößert wird.

Oberflächenkräfte sind grundsätzlich zu verstehen als ein *Ersatz* für die Summe aller an den mit Materie erfüllten Raumelementen angreifenden Kräfte. Die Oberflächenkräfte lassen sich darstellen durch Spannungen $\boldsymbol{p}$; diese sind, abgesehen von dem allgemeinen Fall Gl. (15a), Zugspannungen senkrecht zu den Oberflächenelementen, unabhängig von der Richtung der Feldlinien am Oberflächenelement.

Die Faraday-Maxwellschen Spannungen kann man daher so verstehen: Sie beschreiben ebenso wie die elektrische Feldstärke den elektrischen Zustand des Raumes; in jedem beliebigen Punkt werden sie ebenso wie die elektrische Feldstärke durch ihnen spezifische Kraftwirkungen auf materielle Träger nachweisbar.[1]

---

[1] Insofern ist der früher verbreitete Ausdruck „fiktive" Spannungen mißverständlich. Auch die elektrische Feldstärke würde man nicht deswegen fiktiv nennen, weil ihre Existenz durch Messung nachgewiesen wird.

## 2.8 Der Gleichgewichtszustand des elektrostatischen Feldes

Im Schwerefeld befinden sich Körper dann im stabilen Gleichgewicht, wenn in dieser Stellung der Körper die Energie der Lage kleiner ist als in jeder anderen Stellung. Wenn das elektrostatische Feld ein elektrisches Feld im Gleichgewichtszustand ist, so muß seine Energie kleiner sein als die jedes anderen, nichtstatischen elektrischen Feldes. Den Beweis hierfür hat W. Thomson[1] gegeben.

Für jedes elektrische Feld gelten mit dem Satz vom elektrischen Hüllenfluß (vgl. Abschnitt 2.3) die Beziehungen

$$\operatorname{div} \boldsymbol{D} = \eta, \quad \operatorname{Div} \boldsymbol{D} = \sigma, \quad \oint_i \boldsymbol{D} \cdot \mathrm{d}\boldsymbol{a}_i = Q_i \tag{2.8-1}$$

für die räumliche Ladungsverteilung, für die Oberflächenladungen und für die Gesamtladungen von $i$ geladenen leitenden Körpern. Für das elektrostatische Feld im besonderen gilt

$$\operatorname{rot} \boldsymbol{E} = 0, \quad \operatorname{Rot} \boldsymbol{E} = 0 \tag{2.8-2}$$

und daher

$$\boldsymbol{E}_i = 0 \tag{2.8-3}$$

für das Innere homogener leitender Körper; im isotropen linear wirkenden Dielektrikum besteht der Zusammenhang

$$\boldsymbol{D} = \varepsilon\, \boldsymbol{E} \tag{2.8-4}$$

($\varepsilon$ kann ortsabhängig sein). Die Beziehungen (1) bis (4) bestimmen eindeutig ein elektrostatisches Feld $\boldsymbol{E}$, $\boldsymbol{D}$. Wir nehmen probeweise an, es bestehe ein anderes elektrisches Feld $\boldsymbol{E}'$, $\boldsymbol{D}'$ mit denselben Quellen

$$\operatorname{div} \boldsymbol{D}' = \eta, \quad \operatorname{Div} \boldsymbol{D}' = \sigma, \quad \oint_i \boldsymbol{D}' \cdot \mathrm{d}\boldsymbol{a}_i = Q_i \tag{2.8-5}$$

und dem gleichen $\varepsilon$, also auch

$$\boldsymbol{D}' = \varepsilon \boldsymbol{E}'; \tag{2.8-6}$$

dieses Feld sei jedoch nicht statisch. Dann ist die gesamte Feldenergie $W'$ des nichtstatischen Feldes größer als die gesamte Feldenergie $W$ des statischen Feldes. Um diese Behauptung allgemein zu beweisen, betrachten wir das Differenzfeld

$$\boldsymbol{E}'' = \boldsymbol{E}' - \boldsymbol{E}, \quad \boldsymbol{D}'' = \boldsymbol{D}' - \boldsymbol{D}. \tag{2.8-7}$$

Es ist nach Voraussetzung – Gln. (1) und (5) – gänzlich quellenfrei:

$$\operatorname{div} \boldsymbol{D}'' = 0, \quad \operatorname{Div} \boldsymbol{D}'' = 0, \quad \oint_i \boldsymbol{D}'' \cdot \mathrm{d}\boldsymbol{a}_i = 0. \tag{2.8-8}$$

---

[1] William Thomson, später Lord Kelvin, 1824—1907.

Die Energie $W'$ des nichtstatischen Feldes ist

$$W' = \tfrac{1}{2}\int_\infty (\boldsymbol{E} + \boldsymbol{E}'')\cdot(\boldsymbol{D} + \boldsymbol{D}'')\,\mathrm{d}\tau \tag{2.8-9}$$

$$= \tfrac{1}{2}\int_\infty \boldsymbol{E}\cdot\boldsymbol{D}\,\mathrm{d}\tau + \tfrac{1}{2}\int_\infty \boldsymbol{E}''\cdot\boldsymbol{D}''\,\mathrm{d}\tau + \tfrac{1}{2}\int_\infty (\boldsymbol{E}\cdot\boldsymbol{D}'' + \boldsymbol{E}''\cdot\boldsymbol{D})\,\mathrm{d}\tau .$$

Hier ist

$$\boldsymbol{E}\cdot\boldsymbol{D}'' + \boldsymbol{E}''\cdot\boldsymbol{D} = 2\boldsymbol{E}\cdot\boldsymbol{D}'' \tag{2.8-10}$$

wegen der Beziehungen (4) und (6). Im Integranden des dritten Integrals in Gl. (2.8-9) steht das skalare Produkt eines wirbelfreien Vektors $\boldsymbol{E}$ mit einem quellenfreien Vektor $\boldsymbol{D}''$. Ein solches Integral verschwindet (vgl. Abschnitt A.7.18) in jedem Falle, wenn es über den ganzen felderfüllten Raum erstreckt wird. Somit bleibt übrig

$$W' = \tfrac{1}{2}\int_\infty \boldsymbol{E}\cdot\boldsymbol{D}\,\mathrm{d}\tau + \tfrac{1}{2}\int_\infty \boldsymbol{E}''\cdot\boldsymbol{D}''\,\mathrm{d}\tau = W + W'', \tag{2.8-11}$$

daher ist die Energie des Differenzfeldes

$$W'' = \tfrac{1}{2}\int_\infty \varepsilon(\boldsymbol{E}' - \boldsymbol{E})^2\,\mathrm{d}\tau \tag{2.8-12}$$

eine in jedem Falle positive Größe. Wenn also nur an irgendeiner Stelle das nichtstatische Feld $\boldsymbol{E}'$ vom statischen Feld $\boldsymbol{E}$ *verschieden* ist, so ist die Energie des nichtstatischen Feldes *größer* als die Energie des statischen Feldes.

Als einfaches Beispiel denken wir an ein elektrisches Feld, das leitende Körper enthält, in denen elektrische Strömung vor sich geht: Ihr Inneres ist nicht feldfrei, $\boldsymbol{E}_i \neq 0$. In diesem Fall kann das Feld zwar wirbelfrei sein, es ist jedoch nicht statisch. Endet ein zeitlicher Vorgang im statischen Zustand, so stellen sich also dabei auf leitenden Körpern im Felde die Flächendichten der Ladungen so ein, daß $W_e$ ein Minimum wird.

Unter allen elektrischen Feldern hat das elektrostatische Feld die kleinste Energie.

Damit ist auch nachgewiesen, daß zu einer gegebenen Verteilung der Ladungen und der Dielektrizitätskonstanten – Gln. (1) und (4) – nur ein einziges elektrostatisches Feld möglich ist: Wären zwei voneinander verschiedene elektrostatische Felder möglich, so müßte jedes dieser beiden eine kleinere Energie besitzen als jedes andere elektrische Feld. Das ist nur möglich, wenn die beiden angenommenen statischen Felder identisch sind. Die Gln. (1) bis (4) bestimmen also in der Tat ein elektrostatisches Feld eindeutig und vollständig.

## 2.9 Dielektrisches Rotationsellipsoid im homogenen elektrischen Feld

Befindet sich in einem elektrischen Feld $\boldsymbol{E}_0$ ein dielektrischer Körper von anderer Permittivität $\varepsilon_2$ als der des umgebenden Raumes $\varepsilon_1$, so ist im Inneren des Körpers $\boldsymbol{E}_i \neq \boldsymbol{E}_0$. Bisweilen ist die Vorstellung fruchtbar, daß das Feld im Innern des Körpers bestimmt werde durch das ursprüngliche Feld und ein dieses schwächendes Zusatzfeld, das der Elektrisierung

$$\boldsymbol{P}/\varepsilon_0 = \chi_2 \boldsymbol{E}_i = (\varepsilon_{2r} - 1)\,\boldsymbol{E}_i, \tag{2.9-1}$$

vgl. Gl. (2.3-18, 19), proportional sei:

$$\boldsymbol{E}_i = \boldsymbol{E}_0 - N\frac{\boldsymbol{P}}{\varepsilon_0}. \tag{2.9-2}$$

Der Proportionalitätsfaktor $N$ wird aus dieser Vorstellung heraus Entelektrisierungsfaktor genannt, treffender jedoch *Gestaltsfaktor*, da er sich als allein von der Gestalt des Körpers abhängig erweist. Die genannte Vorstellung läßt sich unter bestimmten Voraussetzungen quantitativ auswerten, dann nämlich, wenn der Körper ein Rotationsellipsoid aus einem homogenen isotropen Nichtleiter ist, das durch ein homogenes äußeres Feld $\boldsymbol{E}_0$ in der Richtung einer der Hauptachsen polarisiert wird. In diesem Fall ist, wie die Potentialtheorie zeigt, die Feldstärke im Inneren $\boldsymbol{E}_i$ und daher auch die Elektrisierung $\boldsymbol{P}/\varepsilon_0$ nach Gl. (1) ein homogenes Feld. (Nicht nur Rotationsellipsoide, auch Körper von der Gestalt eines allgemeinen dreiachsiges Ellipsoids sind homogen polarisierbar.) Besondere Fälle des Rotationsellipsoids sind die sehr dünne Scheibe, die Kugel und die sehr lange Nadel (der sehr lange Stab). Deswegen ist die Untersuchung der Verhältnisse gerade beim Rotationsellipsoid lohnend.

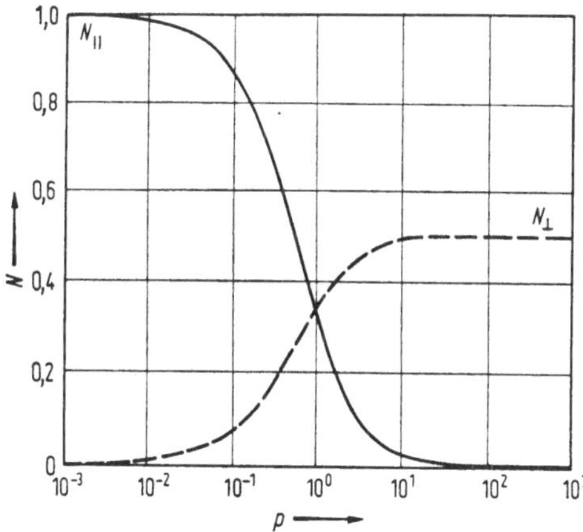


Abb. 2.22 Gestaltfaktoren $N_{||}$ und $N_\perp$ als Funktion von $p = a/b$.

Es sei $2a$ die Rotationsachse, $2b$ die zu dieser senkrechte Achse. Es gibt daher gerade zwei voneinander verschiedene Gestaltsfaktoren: den Gestaltsfaktor $N_{||}$ für die Elektrisierung parallel zur Rotationsachse und den Gestaltsfaktor $N_{\perp}$ für die Elektrisierung senkrecht zu dieser Achse. Abb. 2.22 zeigt diese beiden Gestaltsfaktoren als Funktion des Achsenverhältnisses $p = a/b$. In Abb. 2.23 ist der Gestaltsfaktor des längselektrisierten Rotationsellipsoids mit linearer Teilung der $p$-Achse dargestellt. Die in Tabelle 2.1 zusammengestellten Zahlenwerte sind bemerkenswert.

Tabelle 2.1. Gestaltsfaktoren für Scheibe, Kugel und Nadel. ($p = a/b$ Achsenverhältnis, $e_1$, $e_2$ numerische Exzentrizität)

| Körperform | $p$ | $e_1$ | $e_2$ | $N_{\|\|}$ | $N_{\perp}$ |
|---|---|---|---|---|---|
| „unendlich dünne“ Scheibe | 0 | 1 | | 1 | 0 |
| Kugel | 1 | 0 | 0 | $\frac{1}{3}$ | $\frac{1}{3}$ |
| „unendlich dünne“ Nadel (Stab) | $\infty$ | | 1 | 0 | $\frac{1}{2}$ |

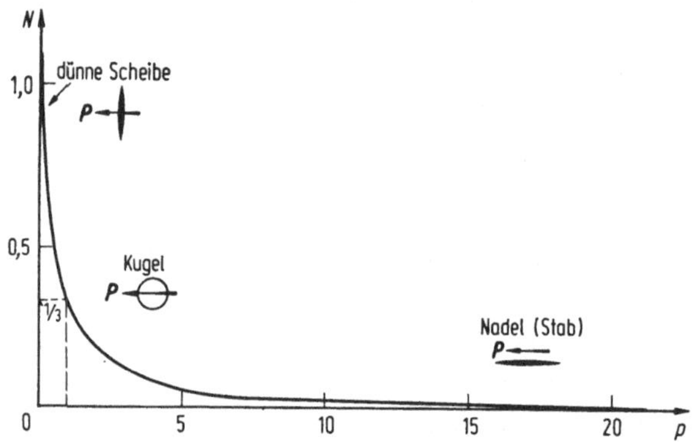


Abb. 2.23 Gestaltsfaktor des längselektrisierten Rotationsellipsoides als Funktion von $p = a/b$.

Ist $\varepsilon_1$ die Dielektrizitätskonstante des homogenen isotropen Nichtleiters außerhalb des Rotationsellipsoids und $\varepsilon_2$ dessen Dielektrizitätskonstante und liegt dieses im ursprünglich homogenen äußeren Felde $\boldsymbol{E}_0$ so, daß eine seiner Hauptachsen parallel zu dem Felde $\boldsymbol{E}_0$ gerichtet ist, so ergibt sich mit $\operatorname{Div} \boldsymbol{D} = 0$ für das Feld im Innern

$$E_i = \frac{1}{1 + N\left(\frac{\varepsilon_2}{\varepsilon_1} - 1\right)} E_0. \qquad (2.9\text{-}3)$$

Daher ist $E_i > E_0$ im Falle $\varepsilon_2 > \varepsilon_1$, jedoch $E_i > E_0$ im Falle $\varepsilon_2 < \varepsilon_1$. Es sei zum Beispiel der umgebende Raum mit Luft ausgefüllt; dann ist

$\varepsilon_1 \approx \varepsilon_0$ und es wird

$$E_i = \frac{1}{1 + N(\varepsilon_{2r} - 1)} E_0 < E_0 . \tag{2.9-4}$$

Ist andererseits $\varepsilon_2 \approx \varepsilon_0$ (Beispiel: Luftblase in einem Isolator), so ist

$$E_i = \frac{1}{1 - N\left(1 - \frac{1}{\varepsilon_{1r}}\right)} E_0 > E_0 ; \tag{2.9-5}$$

in diesem Falle ist $E_i$ im Vergleich zu $E_0$ um so größer, je größer $N$ und $\varepsilon_{1r}$ sind. (Die Benennung „Entelektrisierungsfaktor“ für $N$ ist insofern irreführend.)

Ist zum Beispiel das Ellipsoid eine Kugel, $N = 1/3$, so wird nach Gl. (3)

$$E_i = \frac{3}{2 + \frac{\varepsilon_2}{\varepsilon_1}} E_0 \tag{2.9-3a}$$

mit den Grenzfällen: $\varepsilon_1 = \varepsilon_0$ (Kugel im Vakuum oder in Luft)

$$E_i = \frac{3}{2 + \varepsilon_{2r}} E_0 < E_0 , \tag{2.9-4a}$$

und $\varepsilon_2 = \varepsilon_0$ (kugelförmiger Hohlraum im Isolator)

$$E_i = \frac{3}{2 + \frac{1}{\varepsilon_{1r}}} E_0 > E_0 , \tag{2.9-5a}$$

jedoch $E_i < 3E_0/2$.

Sind die Achsen des homogenen Ellipsoides beliebig zu $\boldsymbol{E}_0$ orientiert, so gilt für die Komponenten in den Richtungen der Achsen $2a$, $2b$, $2c$:

$$\begin{aligned}
(\boldsymbol{E}_i)_a &= \frac{1}{1 + N_{\parallel}\left(\frac{\varepsilon_2}{\varepsilon_1} - 1\right)} (\boldsymbol{E}_0)_a , \\
(\boldsymbol{E}_i)_b &= \frac{1}{1 + N_{\perp}\left(\frac{\varepsilon_2}{\varepsilon_1} - 1\right)} (\boldsymbol{E}_0)_b , \\
(\boldsymbol{E}_i)_c &= \frac{1}{1 + N_{\perp}\left(\frac{\varepsilon_2}{\varepsilon_1} - 1\right)} (\boldsymbol{E}_0)_c .
\end{aligned} \tag{2.9-6}$$

**Weiterführende Literatur zu Abschnitt 2.9**

Stille, U.: Arch. f. Elektrotechnik 38 (1947), S. 91–101. Dort auch Gleichungen für Gestaltsfaktoren und Zahlentafel für $N_{\parallel}$ und $N_{\perp}$ im Bereich $p = a/b$ von 0,001 bis 1000.

## 2.10 Das skalare elektrische Potential

Ist die elektrische Feldstärke wirbelfrei,

$$\operatorname{rot} \boldsymbol{E} = 0, \tag{2.10-1}$$

wie das beim statischen (wenigstens quasistatischen) elektrischen Felde der Fall ist, so kann sie aus einer skalaren Ortsfunktion $\varphi$ errechnet werden gemäß

$$\boldsymbol{E} = -\operatorname{grad} \varphi. \tag{2.10-2}$$

Sind die räumliche Ladungsdichte $\eta$ und die Permittivität $\varepsilon$ (Skalar) als stetige Ortsfunktionen gegeben und bestehen die allgemeinen Zusammenhänge

$$\operatorname{div} \boldsymbol{D} = \eta \tag{2.10-3}$$

und

$$\boldsymbol{E} = \boldsymbol{D}/\varepsilon, \tag{2.10-4}$$

so besteht zwischen $\eta$, $\varepsilon$ und $\operatorname{grad} \varphi$ die Gleichung

$$\begin{aligned} \eta &= \varepsilon \operatorname{div} \boldsymbol{E} + \boldsymbol{E} \cdot \operatorname{grad} \varepsilon \\ &= -\varepsilon \operatorname{div} (\operatorname{grad} \varphi) - \operatorname{grad} \varphi \cdot \operatorname{grad} \varepsilon \\ &= -\varepsilon \Delta\varphi - \operatorname{grad} \varphi \cdot \operatorname{grad} \varepsilon. \end{aligned} \tag{2.10-5}$$ [1]

Das Glied $\operatorname{grad} \varphi \cdot \operatorname{grad} \varepsilon$ verschwindet in dem besonderen Falle, daß die beiden Vektoren in jedem Feldpunkt senkrecht aufeinanderstehen und in dem allgemeineren, daß

$$\operatorname{grad} \varepsilon = 0 \tag{2.10-6}$$

ist. Die Permittivität muß also eine ortsunabhängige Konstante sein, das Dielektrikum muß nicht nur isotrop, es muß auch homogen sein. Nur unter dieser Voraussetzung gilt für $\varphi$ die Poissonsche Differentialgleichung[2]

$$\Delta\varphi = -\frac{\eta}{\varepsilon} \tag{2.10-7}$$

und im quellenfreien Feld $\eta = 0$ die Laplacesche[3]

$$\Delta\varphi = 0. \tag{2.10-8}$$

Die Voraussetzung $\operatorname{grad} \varepsilon = 0$ bedeutet zusätzlich für jedes nichthomogene Feld, daß $\varepsilon$ unabhängig sein muß von $E$ oder $D$, daß also ein nichtlinearer Zusammenhang zwischen $D$ und $E$ ausgeschlossen ist:

$$\frac{\partial \varepsilon}{\partial E} = 0. \tag{2.10-9}$$

---

[1] Vgl. hierzu Abschnitte A.7.15, 16, 18, 20.

[2] Siméon Denis Poisson, 1787—1840.

[3] Pierre Simon Marquis de Laplace, 1749—1827.

Die Voraussetzung für die Bestimmung von $\varphi$ aus der Poissonschen oder der Laplaceschen Gleichung lautet also: $\varepsilon$ muß orts- und feldunabhängig sein,

$$\varepsilon = \text{const}_{x_1, x_2, x_3, E}. \tag{2.10-10}$$

Die Gültigkeit der Poissonschen und der Laplaceschen Differentialgleichung und ihre Lösungen sind also auf die Proportionaltheorie beschränkt.

Sprunghafte örtliche Änderungen jedoch sind nicht ausgeschlossen. Grenzen zwei Dielektrika mit den Dielektrizitätskonstanten $\varepsilon_1$ und $\varepsilon_2$ aneinander, deren jede die genannte Voraussetzung Gl. (10) erfüllt, so gilt an der Trennfläche

$$\varphi_1 = \varphi_2 \quad \text{und} \quad \varepsilon_1 \left(\frac{\partial\varphi}{\partial n}\right)_1 = \varepsilon_2 \left(\frac{\partial\varphi}{\partial n}\right)_2, \tag{2.10-11}$$

die erste Beziehung wegen $\operatorname{Rot} \boldsymbol{E} = 0$, die zweite wegen $\operatorname{Div} \boldsymbol{D} = \varepsilon \operatorname{Div} \boldsymbol{E} = 0$. Im Innern homogener (!) Leiter ist die statische Feldstärke $\boldsymbol{E}_i = 0$, daher

$$\varphi_i = \text{const}, \tag{2.10-12}$$

und $\varphi$ ist stetig an der Leiteroberfläche wegen $\operatorname{Rot} \boldsymbol{E} = 0$. An dieser ist $\operatorname{Div} \boldsymbol{D} = \sigma$, daher $\varepsilon \operatorname{Div} \boldsymbol{E} = \sigma$ unter der Voraussetzung Gl. (9), also

$$-\frac{\partial\varphi}{\partial n} = \frac{\sigma}{\varepsilon}. \tag{2.10-13}$$

Zusammengefaßt: Im quellenfreien Feld ist das die Gleichung $\Delta\varphi = 0$ erfüllende Potential $\varphi$ stets eine stetige Ortsfunktion. Ferner ist $\boldsymbol{E} = -\operatorname{grad} \varphi$ eine stetige Ortsfunktion in jedem Volumen, dessen Dielektrizitätskonstante die Bedingung Gl. (10) erfüllt, an Trennflächen zweier solcher jedoch gilt Gl. (11), und an den Oberflächen homogener Leiter Gl. (13). Dies alles vorausgesetzt wird das Potential eindeutig durch vorgegebene Randwerte: das sind die an Oberflächen geladener und ungeladener Leiter und die im Unendlichen.

Lösungen der Laplaceschen Gleichung – bis auf jeweils eine nicht angeschriebene Integrationskonstante – sind:

a) Feld eines einzelnen punktförmigen Ladungsträgers der Ladung $Q$: Ist $r$ der Abstand des Feldpunktes $P$ vom Ladungsträger, so ist in $P$

$$\varphi_P = \frac{Q}{4\pi\varepsilon} \frac{1}{r}, \tag{2.10-14}$$

denn es ist $\Delta(1/r) = 0$.

Sind $n$ punktförmige Träger der Ladungen $Q_1, \ldots, Q_n$ vorhanden und sind deren Abstände vom Feldpunkt $P$ der Reihe nach $r_1, \ldots, r_n$, so ist das Potential in $P$ die Summe (die lineare Überlagerung) der Einzelpotentiale nach Gl. (14), denn die Laplacesche Differentialgleichung ist eine lineare Gleichung. Somit hier

$$\varphi_P = \frac{1}{4\pi\varepsilon} \sum_{k=1}^{n} \frac{Q_k}{r_k}. \tag{2.10-15}$$

Hiervon haben wir schon in Abschnitt 2.4 für die Berechnung der Feldenergie und in Abschnitt 2.5 bei der Berechnung des Feldes der geraden Linienquelle und des Feldes des Dipols Gebrauch gemacht. – Wegen der Voraussetzung punktförmiger Ladungsträger und des Abstandes $r$ siehe das zu Gl. (2.1-8,9) Gesagte.

b) Ist die Ladung linienhaft mit dem Ladungsbelag $Q'$ verteilt oder flächenhaft mit der Ladungsdichte $\sigma$ oder räumlich mit der Ladungsdichte $\eta$, so sind die infinitesimalen Ladungselemente die $Q'\,\mathrm{d}s$, $\sigma\,\mathrm{d}a$, $\eta\,\mathrm{d}\tau$. Die lineare Überlagerung der entsprechenden Beiträge $\mathrm{d}\varphi$ in $P$ kommt dann durch Integration zum Ausdruck:

$$\varphi = \frac{1}{4\pi\varepsilon} \int_s \frac{Q'\,\mathrm{d}s}{r}, \tag{2.10-16}$$

$$\varphi = \frac{1}{4\pi\varepsilon} \int_a \frac{\sigma\,\mathrm{d}a}{r}, \tag{2.10-17}$$

$$\varphi = \frac{1}{4\pi\varepsilon} \int_\tau \frac{\eta\,\mathrm{d}\tau}{r}, \tag{2.10-18}$$

wobei jeweils $r$ den Abstand des Ladungselementes vom Feldpunkt $P$ bedeutet.

Für $r \to \infty$ ergeben diese Ausdrücke $\varphi \to 0$, sofern die $Q, Q', \sigma, \eta$ im Endlichen liegen.

Der Faktor $4\pi$ ergibt sich in diesen Ausdrücken dadurch, daß rational definierte Größen benutzt werden. (Rationale und nichtrationale Größendefinitionen: siehe Gln. (2.3-26 bis 37).

Mit den Gln. (15) bis (18) wird das Potential aus gegebenen Ladungsverteilungen bestimmt. Kennt man umgekehrt das Potential, so folgt aus ihm durch Gl. (13) die Verteilung der Ladungen auf Oberflächen homogener Leiter. Oft ist auch die Aufgabe so gestellt, daß entweder die konstanten Potentiale der vorhandenen leitenden Körper gegeben sind, zum Beispiel des $k$-ten: $\varphi_k = \text{const}$, oder die Gesamtladung eines jeden, zum Beispiel des $k$-ten:

$$Q_k = -\varepsilon \int_{a_k} \frac{\partial\varphi}{\partial n}\,\mathrm{d}a. \tag{2.10-19}$$

Die Beziehung (13) gilt stets, auch für die Oberfläche eines die Gesamtladung Null tragenden, also nur polarisierten homogenen leitenden Körpers.

Da die Äquipotentialflächen eines im homogenen isotropen Nichtleiter bestehenden Feldes durch Oberflächen homogener Leiter ersetzt werden können, wie in Abschnitt 2.2 bemerkt wurde, ist oft folgendes Vorgehen erfolgreich: Zu einer Lösung $\varphi$ der Gleichung $\Delta\varphi = 0$ bestimmt man die Äquipotentialflächen $\varphi = \varphi_k = \text{const}$ und zugleich für eine jede dieser Flächen $a_k$ das Flächenintegral Gl. (19). Deutet man dann die Flächen $a_k$ um in Oberflächen homogener Leiter, die die Ladungen $Q_k$ tragen und die Potentialwerte $\varphi_k$ haben, so hat man für eben diese Anordnung homogener leitender Körper das Feld $\varphi$. Hiervon wird in Abschnitt 2.11 Gebrauch gemacht.

**Beispiele für Lösungen der Laplaceschen Gleichung**

a) *$\varphi$ hängt nur von einer Ortskoordinate ab*:

a1) Zwei ausgedehnte ebene zueinander parallele Leiteroberflächen begrenzen den Feldraum (idealisierter Plattenkondensator): Das Potential kann nur vom Abstande $x$ des Feldpunktes von einer Oberfläche abhängen, daher gilt hier

$$\Delta\varphi = \frac{\mathrm{d}^2\varphi}{\mathrm{d}x^2} = 0, \qquad (2.10\text{-}20)$$

wenn die $x$-Achse senkrecht auf den Oberflächen steht; $x = 0$ bezeichnet den Ort der einen, $x = d$ den der anderen. Das allgemeine Integral ist

$$\varphi(x) = k_1 x + k_2. \qquad (2.10\text{-}21)$$

Hieraus sieht man:

$$E = -\frac{\mathrm{d}\varphi}{\mathrm{d}x} = \text{const}_x, \qquad (2.10\text{-}22)$$

die elektrische Feldstärke ist ein linear-homogenes Feld. Die Integrationskonstanten sind bestimmt, wenn die Randwerte $\varphi(0)$ und $\varphi(d)$ gegeben sind, Mit diesen wird

$$\varphi(x) = \{\varphi(\mathrm{d}) - \varphi(0)\}\frac{x}{d} + \varphi(0),$$
$$E = -\frac{\varphi(d) - \varphi(0)}{d}. \qquad (2.10\text{-}23)$$

Es sei $\varphi(0) > 0$ und $\varphi(0) > \varphi(d)$. Wir führen noch die Spannung $U_{0d} = \varphi(0) - \varphi(d) > 0$ ein und betrachten $\varphi(d)$ als Bezugswert des Potentials, der gewählt werden kann; wir wählen $\varphi(d) = 0$. So wird

$$\varphi(x) = \left(1 - \frac{x}{d}\right)\varphi(0) = \left(1 - \frac{x}{d}\right)U_{0d}, \qquad E = \frac{\varphi(0)}{d} = \frac{U_{0d}}{d}, \quad \boldsymbol{E}_x = \boldsymbol{i}E. \tag{2.10-24}$$

Ist $\varphi(d) > 0$ und $\varphi(d) > \varphi(0)$, so ist $U_{d0} = \varphi(d) - \varphi(0) > 0$; mit dem Bezugswert $\varphi(0) = 0$ wird

$$\varphi(x) = \frac{x}{d}\varphi(d) = \frac{x}{d}U_{d0}, \qquad E = -\frac{\varphi(d)}{d} = -\frac{U_{d0}}{d}; \tag{2.10-24a}$$

das negative Vorzeichen bringt zum Ausdruck, daß die Feldstärke die Richtung von $x = d$ nach $x = 0$, also die Richtung $-\boldsymbol{i}$ hat: $\boldsymbol{E}_x = -\boldsymbol{i}E$.

a2) Zwei konzentrische Kugelflächen mit den Radien $r_1$ und $r_2 > r_1$ begrenzen den Feldraum. Das Potential kann nur eine Funktion des Abstandes $r$ vom Mittelpunkte sein, daher gilt hier (vgl. Abschnitt A.7.16)

$$\Delta\varphi = \frac{1}{r^2}\frac{\partial}{\partial r}\left(r^2\frac{\partial\varphi}{\partial r}\right) = 0 \tag{2.10-25}$$

und also

$$r^2\frac{\partial\varphi}{\partial r} = \text{const}; \tag{2.10-26}$$

die elektrische Feldstärke ist nach dieser Gleichung proportional zu $r^{-2}$, wie von Gl. (2.5-2) her bekannt ist. Das allgemeine Integral ist

$$\varphi(r) = \frac{k_1}{r} + k_2. \tag{2.10-27}$$

Durch die gegebenen Randwerte $\varphi(r_1)$ und $\varphi(r_2)$ sind die Integrationskonstanten $k_1$ und $k_2$ bestimmt. Es wird mit diesen

$$\varphi(r) = k\left(\frac{1}{r_1} - \frac{1}{r_2}\right), \qquad k = \frac{\varphi(r_1) - \varphi(r_2)}{\dfrac{1}{r_1} - \dfrac{1}{r_2}}. \tag{2.10-28}$$

Wieder kann man die Spannung $U_{12} = \varphi(r_1) - \varphi(r_2)$ einführen und $\varphi(r_2)$ als Bezugswert auffassen, der festgesetzt werden kann, zum Beispiel $\varphi(r_2) = 0$. Die elektrische Feldstärke ist

$$E(r) = -\frac{\mathrm{d}\varphi}{\mathrm{d}r} = k\frac{1}{r^2}. \tag{2.10-29}$$

a3) Die Oberfläche zweier unendlich langer koaxialer Zylinder mit den Radien $r_1$ und $r_2 > r_1$ begrenzen den Feldraum. Das Potential kann nur eine Funktion des Abstandes $r$ von der Zylinderachse sein, daher gilt hier (vgl. Abschnitt A.7.16)

$$\Delta\varphi = \frac{1}{r}\frac{\partial}{\partial r}\left(r\frac{\partial\varphi}{\partial r}\right) = 0 \tag{2.10-30}$$

und also

$$r\frac{\partial\varphi}{\partial r} = \text{const}; \tag{2.10-31}$$

die elektrische Feldstärke ist nach dieser Gleichung proportional zu $r^{-1}$, wie von Gl. (2.5-8) her bekannt ist. Das allgemeine Integral ist

$$\varphi(r) = k_1 \ln k_2 r. \tag{2.10-32}$$

Durch die gegebenen Randwerte $\varphi(r_1)$ und $\varphi(r_2)$ sind die Integrationskonstanten $k_1$ und $k_2$ bestimmt. Es wird mit diesen

$$\begin{aligned} \varphi(r) &= k \ln\frac{r_2}{r} + \varphi(r_2), \\ k &= \frac{\varphi(r_1) - \varphi(r_2)}{\ln\dfrac{r_2}{r_1}}. \end{aligned} \tag{2.10-33}$$

Wieder kann man die Spannung $U_{12} = \varphi(r_1) - \varphi(r_2)$ einführen und $\varphi(r_2)$ als Bezugswert auffassen, über den verfügt werden kann, zum Beispiel $\varphi(r_2) = 0$. Die elektrische Feldstärke ist

$$E(r) = -\frac{\mathrm{d}\varphi}{\mathrm{d}r} = k\frac{1}{r}. \tag{2.10-34}$$

b) *$\varphi$ hängt von zwei Ortskoordinaten ab.*

Felder, die diese Eigenschaft haben, kommen häufig vor. Man denke an sehr lang gestreckte leitende Körper und parallele Anordnungen mehrerer solcher (Leitungen): Je größer die Länge ist, um so ausgedehnter in dieser Richtung $Z$ ist der mittlere Längenabschnitt, in welchem in jeder Querschnittsebene $Z$ = const das Feld das gleiche ist wie in jeder anderen; $\partial Z = 0$. Man nennt daher solche Felder auch ebene Felder. Für sie lautet die Laplacesche Gleichung in kartesischen Koordinaten

$$\Delta\varphi = \frac{\partial^2\varphi}{\partial x^2} + \frac{\partial^2\varphi}{\partial y^2} = 0 \tag{2.10-35}$$

in jeder Ebene $Z = \text{const}$. Dieser Differentialgleichung genügt jede reguläre Funktion $f(\underline{z})$ der komplexen Veränderlichen $\underline{z} = x + \mathrm{j}y$. Man findet nämlich durch Differentiieren

$$\frac{\partial^2 f}{\partial y^2} = -\frac{\partial^2 f}{\partial x^2};$$

so daß Gl. (35) erfüllt ist. Im allgemeinen ist eine Funktion einer komplexen Veränderlichen komplex, so daß man sie ausdrücken kann durch

$$f(x + \mathrm{j}y) = u(x, y) + \mathrm{j}v(x, y), \qquad (2.10\text{-}36)$$

wobei $u$ und $v$ reelle Funktionen von $x$ und $y$ sind. Geht man mit diesem Ansatz in die Gleichung $\Delta f = 0$ ein, so erhält man

$$\frac{\partial^2 u}{\partial x^2} + \frac{\partial^2 u}{\partial y^2} + \mathrm{j}\left(\frac{\partial^2 v}{\partial x^2} + \frac{\partial^2 v}{\partial y^2}\right) = 0,$$

jede der beiden reellen Funktionen $u(x, y)$ und $v(x, y)$ erfüllt also für sich und unabhängig von der anderen die zweidimensionale Laplacesche Gleichung. Mit jeder die Gleichung $\Delta f = 0$ befriedigenden Funktion $f(\underline{z})$ erhält man also sogleich zwei Lösungen der Potentialgleichung (35).

Außerdem lehrt die Theorie der komplexen Funktionen, daß die Linien $u = \text{const}$ senkrecht stehen auf den Linien $v = \text{const}$, die beiden Kurvenscharen sind zueinander orthogonal. Stellen also die einen Linien konstanten Potentials dar, so bedeuten die anderen die Feldlinien.

Nur selten läßt sich eine Funktion $f(\underline{z})$ so bestimmen, daß sie die Randwerte einer speziellen gegebenen Anordnung erfüllt. Meist wird umgekehrt untersucht, welchen Randwerten, also welcher Anordnung, eine vorgegebene Funktion $f(\underline{z})$ genügt.

*Beispiele*:

$f(\underline{z}) = \ln c\underline{z}$, worin $c$ eine Konstante. Setzt man $\underline{z} = x + \mathrm{j}y = r\,\mathrm{e}^{\mathrm{j}\alpha}$ mit $r = \sqrt{x^2 + y^2}$ und $\alpha = \arctan(y/x)$, so folgt

$$u = \ln cr, \quad v = c\alpha. \qquad (2.10\text{-}37)$$

Die Linien $u = \text{const}$, also $r = \text{const}$ sind koaxiale Kreise, die Linien $v = \text{const}$, also $\alpha = \text{const}$ sind Strahlen durch den Nullpunkt. Betrachtet man $u$ als die Potentialfunktion, so liegt das Feld einer geraden unendlich langen Linienquelle mit konstantem Ladungsbelag vor, vgl. Gl. (2.5-11) und (33).

$f(\underline{z}) = c\underline{z}^2$, worin $c$ eine Konstante ist:

$$u = c(x^2 - y^2), \quad v = 2cxy. \qquad (2.10\text{-}38)$$

Betrachtet man $v$ als Potentialfunktion, so ist $xy = \text{const}$ die Gleichung der Äquipotentialkurven, diese sind also gleichseitige Hyperbeln mit $v = 0$ für $x = 0$ und für $y = 0$. Identifizieren wir diese beiden Achsen mit leitenden Begrenzungen des Feldes, so beschreibt die Funktion $f(\underline{z}) = c\underline{z}^2$ somit das Feld in einem einspringenden rechten Winkel, Abb. 2.24. Zur Kurvenschar $v = \text{const}$ orthogonal stehen die Kurven $u = \text{const}$, die die Feldlinien darstellen; sie sind gleichfalls Hyperbeln.

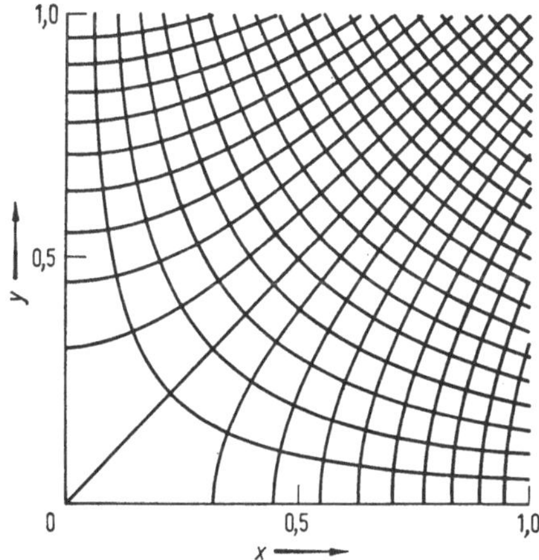


Abb. 2.24 Die Funktion $f(z) = cz^2$.

c) *$\varphi$ hängt von drei Ortskoordinaten ab.*

Für diesen, den allgemeinen Fall, lassen sich keine ähnlich allgemeinen Rechenmethoden angeben wie zum Beispiel im Falle b). Die Ergebnisse der potentialtheoretischen Behandlung des Ellipsoides im homogenen Feld sind in Abschnitt 2.9 angegeben und erörtert worden. Die geladene und die ungeladene leitende Kugel im homogenen Feld ist in Abschnitt 2.4 behandelt worden.

**Beispiel für die Poissonsche Gleichung**

Ruhende Raumladung zwischen zwei gegebenen Elektroden: Zwei ausgedehnte ebene Platten aus dem gleichen Metall stehen einander im Abstande $d$ gegenüber, der scheibenförmige Zwischenraum habe die Permittivitätszahl $\varepsilon_r = 1$ und sei mit einer ruhenden Raumladung gleichmäßig erfüllt, so daß also die räumliche Ladungsdichte $\eta$ eine ortsunabhängige Größe ist. Dann gilt die Poissonsche Gleichung

$$\frac{d^2\varphi}{dx^2} = -\frac{\eta}{\varepsilon_0} = \text{const}_x, \tag{2.10-39}$$

wenn die $x$-Achse senkrecht auf den Oberflächen steht; $x = 0$ bezeichnet den Ort der einen, $x = d$ den der anderen. Die Gleichung wird integriert durch

$$\varphi(x) = -\frac{\eta}{2\varepsilon_0} x^2 + k_1 x + k_2; \qquad (2.10\text{-}40)$$

die Integrationskonstanten $k_1$ und $k_2$ sind bestimmt durch die Randwerte $\varphi(0)$ und $\varphi(d)$. Wir setzen fest $\varphi(0) > \varphi(d)$ und führen gemäß Gl. (2.2-12) ein $U_{0d} = \varphi(0) - \varphi(d)$. Wir betrachten $\varphi(d)$ als die Integrationskonstante, über die verfügt werden kann, und setzen $\varphi(d) = 0$, so daß also die Klemmenspannung $U_{0d} = \varphi(0) > 0$ ist. Dann wird aus Gl. (40)

$$\frac{\varphi(x)}{U_{0d}} = \left(1 - \frac{x}{d}\right)\left(1 + u\frac{x}{d}\right) \qquad (2.10\text{-}41)$$

mit dem Parameter

$$u = \frac{\eta d^2}{2\varepsilon_0 U_{0d}}, \qquad (2.10\text{-}42)$$

dessen Vorzeichen durch das der Raumladungsdichte $\eta$ bestimmt wird. Die elektrische Feldstärke ist hier

$$E(x) = -\frac{\mathrm{d}\varphi}{\mathrm{d}x}, \qquad (2.10\text{-}43)$$

das ergibt

$$\frac{E(x)}{E_0} = 1 - u\left(1 - \frac{2x}{d}\right), \qquad (2.10\text{-}44)$$

wenn mit

$$E_0 = \frac{U_{0d}}{d} \qquad (2.10\text{-}45)$$

die Feldstärke im Falle $\eta = 0$ bezeichnet wird. Sie ist zugleich für $\eta \neq 0$ und unabhängig von Größe und Vorzeichen von $u$ die Feldstärke in der Mittelebene $x = d/2$, wie das auch physikalisch anschaulich ist. Abb. 2.25a, b zeigt Beispiele für positive und negative $u$, also $\eta$. Positive Raumladung zum Beispiel macht also an der positiven Elektrode die Feldstärke $E(0) < E_0$, an der anderen Elektrode $E(d) > E_0$; für $u > 1$ wird $E(0)$ negativ, für $u < -1$ wird $E(d)$ negativ. Dem entspricht ein Potentialmaximum für $u > 1$, ein Potentialminimum für $u < -1$.

Nach Gl. (42) ist die räumliche Ladungsdichte $\eta = u \cdot 2\varepsilon_0 U_{0d}/d^2$. Ist zum Beispiel $d = 1$ cm, $U_{0d} = 1000$ V, somit $E_0 = 1$ kV/cm, so ist mit $\varepsilon_0 = 0{,}885 \cdot 10^{-13}$ As/V cm die dem Wert $u = 1$ entsprechende Ladungsdichte $\eta = 1{,}77 \cdot 10^{-10}$ As/cm$^3$. Wird die Raumladung gebildet durch Träger der Elementarladung $e = 1{,}6 \cdot 10^{-19}$ As, so ist deren räumliche Dichte $n = \eta/e = 1{,}11 \cdot 10^9$/cm$^3$. Dieser Wert ist groß genug, um es zu rechtfertigen, daß makroskopisch die Raumladungsdichte als eine stetige Ortsfunktion angesehen wird. — Wenn die Ladungsträger nicht, wie hier angenommen wurde, an ihre Orte gefesselt sind, sondern den Feldkräften unbegrenzt nachgeben können, entsteht ein Strömungsvorgang, siehe Abschnitt 3.2.

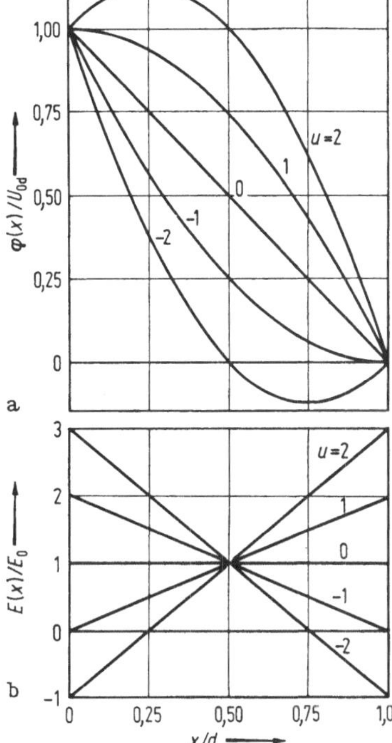


Abb. 2.25 Potential (a) und Feldstärke (b) zwischen ebenen Elektroden bei konstanter, unbeweglicher Raumladung im Zwischenraum.

### Weitere Lösungsmethoden

Im Vorangegangenen sind im Anschluß an die allgemeine Begriffsbildung nur wenige einfache Beispiele gegeben worden. Die Potentialtheorie ist ein besonderes Gebiet der mathematischen Physik. Hier kann nur auf Beispiele der ausgedehnten einschlägigen Literatur hingewiesen werden, so [1 bis 5].

**Numerische Verfahren.** Alle Verfahren zur Lösung von Randwertaufgaben bei partiellen Differentialgleichungen zweiter Ordnung kommen in Betracht, unter ihnen besonders Differenzenverfahren, vgl. zum Beispiel [6]; Relaxationsverfahren [6, 7], Teilflächenverfahren [8, 9]. Selbstverständlich können zur praktischen Durchführung moderne schnelle Rechenmaschinen eingesetzt werden, vgl. zum Beispiel [10], Zusammenfassende Darstellungen von Verfahren zum Beispiel [8, 9, 11].

**Experimentelle Verfahren** (Analogieverfahren). Hier handelt es sich in erster Linie um die Gewinnung von Näherungslösungen für

$$\frac{\partial^2 \varphi}{\partial x^2} + \frac{\partial^2 \varphi}{\partial y^2} = 0 \tag{2.10-46}$$

oder für

$$\frac{\partial^2\varphi}{\partial z^2} + \frac{\partial^2\varphi}{\partial\varrho^2} + \frac{1}{\varrho}\frac{\partial\varphi}{\partial\varrho} = 0. \qquad (2.10\text{-}47)$$

*Elektrolytischer Trog*: Wegen der Analogie zwischen elektrostatischen Feldern und stationären elektrischen Strömungsfeldern, siehe Abschnitt 3.1, können Lösungen der Gl. (46) durch Abtasten eines Strömungsfeldes im elektrolytischen Trog gefunden werden, oder auch mit einem entsprechenden Widerstandsnetzwerk. Ein solches kann auch so ausgebildet werden, daß es für Lösungen der Gl. (47) benutzt werden kann.

*Elastische Membran*: Wird eine waagerecht gleichmäßig gespannte dünne Gummimembran an bestimmten Stellen durch Unterstützen oder Eindrücken deformiert, so gilt für die Auslenkung $z$ aus der $x,y$-Ebene

$$\frac{\partial^2 z}{\partial x^2} + \frac{\partial^2 z}{\partial y^2} = 0$$

unter der Voraussetzung, daß die Neigungen $\left|\frac{\partial z}{\partial x}\right| \ll 1$ und $\left|\frac{\partial z}{\partial y}\right| \ll 1$ sind. Dann ergibt also die Membranfläche ein Reliefbild des ebenen Potentialfeldes, nachdem durch Unterstützen oder Eindrücken der Membran die Randbedingungen der Potentialaufgabe nachgebildet worden sind. – Diese Analogie ist von L. Prandtl[1] angegeben worden.

Die genannten experimentellen Verfahren sind auch schon in der Weise abgeändert worden, daß Lösungen der Poissonschen Gleichungen, die den Gln. (46) und (47) entsprechen, gefunden werden können (zum Beispiel [12]).

**Graphische Methoden.** *Ebene Felder* liegen vor bei Leiteranordnungen, die in Richtung einer Koordinatenachse $z$ sehr ausgedehnt sind und bei denen die Querschnittsfigur für alle parallelen Ebenen $z =$ const die gleiche ist. Gegeben seien zwei solche Leiter *1* und *2*, gesucht sei der Zusammenhang zwischen der Spannung $U_{12}$ zwischen den Leitern und dem elektrischen Fluß $\Psi$ von *1* nach *2*.

Denkt man sich zunächst im Feldraum zwischen den Leiteroberflächen, die Äquipotentialflächen sind, eine Anzahl $n$ von Äquipotentialflächen eingetragen, wobei zwischen jeder und jeder folgenden die Spannung $\Delta U$ besteht, so ist die Gesamtspannung $U_{12} = (n + 1)\,\Delta U$, und der (mit dem Ort variierende) Abstand zwischen jeder Fläche und jeder folgenden ist $\Delta l$. Bei genügender Anzahl $n$ (bei genügender Dichte) der Äquipotentialflächen ist dann genügend genau $\Delta U = E\,\Delta l$, wenn $E$ die (mittlere) örtliche Feldstärke ihrem Betrage nach ist. Diese

---

[1] Ludwig Prandtl, 1875–1953.

ist also

$$E = \frac{\Delta U}{\Delta l} = \frac{U_{12}}{(n+1)\,\Delta l}. \tag{2.10-48}$$

Der elektrische Fluß wird aus den Röhren des Feldes $D = \varepsilon E$ bestimmt: $\Delta z = h$ sei die Tiefe (sie ist für alle Feldröhren gleich, weil das Feld eben ist). Die mit dem Ort variierende Feldröhrenbreite sei $\Delta b$, so daß $h\,\Delta b$ der Querschnitt und somit $\varepsilon E h\,\Delta b$ der elektrische Fluß der betrachteten Feldröhre ist. Ist das gesamte Feld zwischen *1* und *2* in $m$ solcher Feldröhren eingeteilt, so ist der gesamte elektrische Fluß von *1* nach *2*

$$\Psi = m\varepsilon E h \cdot \Delta b = U_{12} \cdot \varepsilon h \frac{m}{n+1} \frac{\Delta b}{\Delta h}. \tag{2.10-49}$$

Der gesuchte Quotient, die Kapazität $C$, ist

$$\frac{\Psi}{U_{12}} = C = \varepsilon h \frac{m}{n+1} \frac{\Delta b}{\Delta l} \tag{2.10-50}$$

und der *Kapazitätsbelag* ist

$$C' = \frac{C}{h} = \varepsilon \frac{m}{n+1} \frac{\Delta b}{\Delta l}. \tag{2.10-51}$$

Für das praktische Vorgehen, nämlich den zeichnerischen Entwurf des ebenen Feldbildes, legt man noch als allgemeine Vorschrift fest

$$\frac{\Delta b}{\Delta l} = \text{const}, \tag{2.10-52}$$

wobei die Konstante gewählt werden kann, am einfachsten

$$\Delta b = \Delta l. \tag{2.10-53}$$

Damit liegt folgendes Verfahren fest: In der Querschnittsebene zeichnet man zwischen die Schnitte der begrenzenden Leiter zunächst nach qualitativer Schätzung einige Potentiallinien und die diese senkrecht schneidenden Feldlinien, und zwar so, daß der mittlere Abstand zweier Feldlinien $\Delta b$ gleich wird dem mittleren Abstand $\Delta l$ zweier Äquipotentiallinien. Mit dem Ziel, diese Vorschrift immer genauer zu erfüllen, korrigiert man laufend die gezeichneten Kurven. Die so gebildeten rechtwinkligen Kurvenvierseite werden Quadraten um so ähnlicher, je feiner man unterteilt (bei Verdoppelung der Anzahl $n + 1$ verdoppelt sich wegen der Vorschrift Gl. (52) auch die Anzahl $m$). Daher wird auch das Verfahren um so genauer, je feiner man die Unterteilung macht. Abb. 2.26 zeigt zwei Beispiele.

Bei *rotationssymmetrischen Feldern* sind die Äquipotentialflächen Rotationsflächen. Der örtliche Abstand $\Delta l$ zweier ausgewählter, einander benachbarter Äquipotentialflächen hängt nur vom Abstande $r$ von der Rotationsachse ab. Als Feldröhre wählt man daher zweckmäßig einen

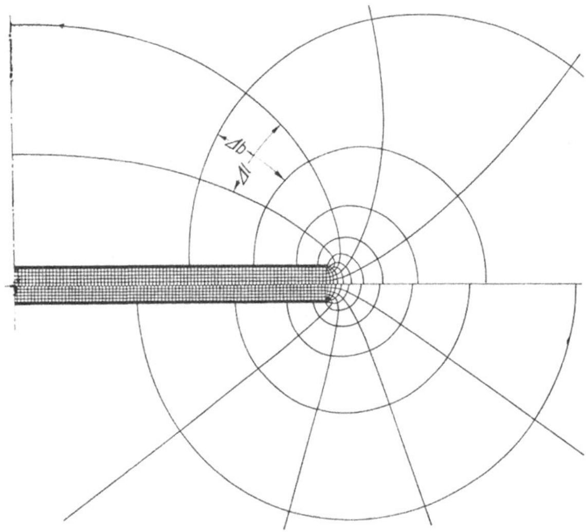


Abb. 2.26 Feldbild bei zwei senkrecht zur Zeichenebene unendlich langen parallelen leitenden Bändern (Parallelbandleitung). *Oben*: Breite zu Abstand = 20 : 1, Banddicke zu Abstand = 1 : 7. *Unten*: Breite zu Abstand = $\infty$, Feld zwischen Ebene und Halbebene.

koaxialen Kreisring von der Höhe $\Delta l$ und der ebenfalls mit dem Ort variierenden Breite $\Delta b$. Ihr Querschnitt ist $2\pi r\,\Delta b$, ihr elektrischer Fluß also $\varepsilon E \cdot 2\pi r\,\Delta b$. Ist das ganze Feld in $m$ solcher Feldröhren geteilt, so ist der gesamte elektrische Fluß zwischen den Elektroden *1* und *2*

$$\Psi = m\varepsilon E \cdot 2\pi r \cdot \Delta b = U_{12} \cdot 2\pi\varepsilon \frac{m}{n+1} \frac{r\Delta b}{\Delta l},$$

daher

$$\frac{\Psi}{U_{12}} = C = 2\pi\varepsilon \frac{m}{n+1} \frac{r\,\Delta b}{\Delta l}. \tag{2.10-54}$$

Für das praktische Vorgehen hat man also hier die Vorschrift

$$\frac{r\,\Delta b}{\Delta l} = \text{const} \tag{2.10-55}$$

einzuhalten, wobei die Konstante gewählt werden kann. Das Verfahren entspricht dem oben dargestellten: Man beginnt auch hier zweckmäßig damit, zunächst nach qualitativer Schätzung Äquipotentiallinien zu zeichnen. Ist die Konstante in Gl. (55) gewählt, so erhält man aus ihr am Orte $r$, an dem $\Delta l$ der Abstand der Potentiallinien ist, die Breite $\Delta b$ der Feldröhren (den Abstand der Feldlinien). Abb. 2.27 zeigt ein Beispiel.

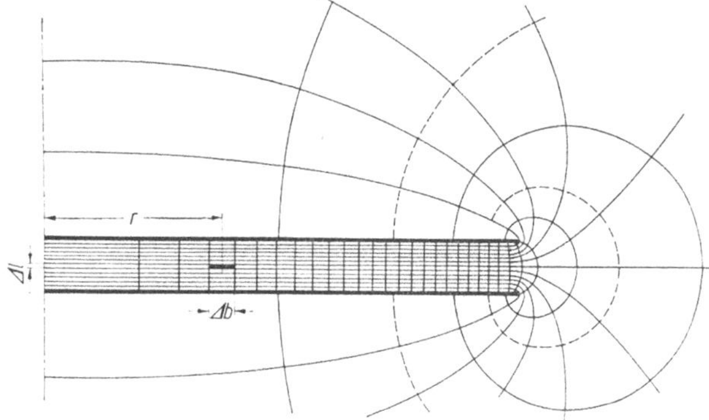


Abb. 2.27 Feldbild eines Kreisplattenkondensators, Durchmesser zu Abstand = 20 : 1.

**Das Teilflächenverfahren** ist eine allgemeine analytische Näherungsmethode zur Bestimmung von Kapazitäten, das bei beliebigen Leiteranordnungen angewendet werden kann. Wir beschreiben es für den Fall des isotropen, homogenen, proportional wirkenden Dielektrikums an Hand des Schemas Abb. 2.28:

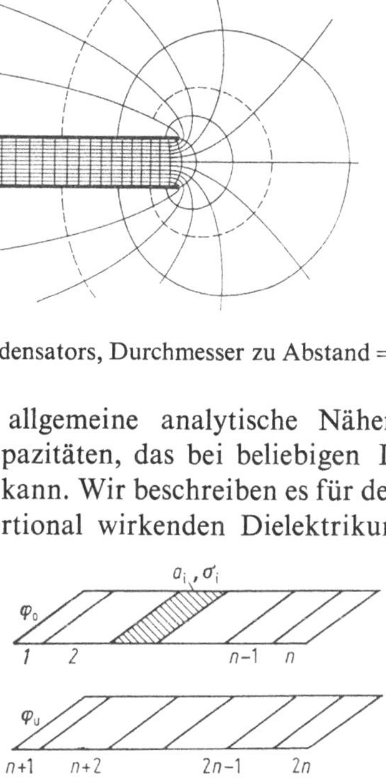

Abb. 2.28 Modell zur Beschreibung der Teilflächenmethode.

Die Oberfläche $a$ jeder der beiden den Feldraum begrenzenden Leiterflächen (Elektroden) wird in $n$ Teilflächen $a_i$ unterteilt (die Teilflächen brauchen nicht gleichgroß, sie brauchen auch nicht eben zu sein), und es wird angenommen, daß jede Teilfläche $a_i$ eine zunächst noch unbekannte, jedenfalls aber konstante (gleichmäßige) flächenhafte Ladungsdichte (einen gleichmäßigen Ladungsbelag) $\sigma_i$ aufweist. Dann ist in einem beliebigen Aufpunkt $P$ das Potential die Summe der $2n$ Potentiale der $2n$ Teilflächenladungen $\sigma_i a_i$. Kann man, was im gegebenen Fall eine Aufgabe der Potentialtheorie ist (vgl. zum Beispiel [8], Teil B und [1] Band 1, S. 365), die Teilpotentiale in der Form $\varphi_i = \alpha_i \sigma_i$ ausdrücken, so ist also im gewählten Aufpunkt das Potential

$$\varphi_P = \sum_{i=1}^{2n} \varphi_i = \sum_{i=1}^{2n} \alpha_i \sigma_i \,. \qquad (2.10\text{-}56)$$

Der Aufpunkt kann beliebig, er kann zum Beispiel auch in der Mitte der $j$-ten Teilfläche liegen; wir bezeichnen das dortige Potential mit $\varphi_j$, es ist

$$\varphi_j = \sum_{i=1}^{2n} \varphi_{ij} = \sum_{i=1}^{2n} \alpha_{ij}\sigma_i, \tag{2.10-57}$$

in Worten: Das Potential in der Mitte der $j$-ten Teilfläche setzt sich additiv zusammen aus den Potentialen der $2n$ Teilflächen an der Stelle $j$. Die Potentiale aller Teilflächen sind aber bekannt: Sie sind gleich den Potentialen des entsprechenden Leiters:

$$\begin{aligned} \varphi_1 &= \varphi_2 = \dots \varphi_j = \dots \varphi_n = \varphi_0, \\ \varphi_{n+1} &= \varphi_{n+2} = \dots \varphi_{2n} = \varphi_u. \end{aligned} \tag{2.10-58}$$

Die bis dahin unbekannten $\sigma_i$ lassen sich dann durch folgendes Gleichungssystem berechnen:

$$\begin{aligned} \varphi_0 &= \sum_{i=1}^{2n} \alpha_{ij}\sigma_i \quad \text{mit} \quad j = 1, 2, \dots, n; \\ \varphi_u &= \sum_{i=1}^{2n} \alpha_{ij}\sigma_i \quad \text{mit} \quad j = n+1, n+2, \dots, 2n. \end{aligned} \tag{2.10-59}$$

Das sind $2n$ Gleichungen für die $2n$ Unbekannten $\sigma_i$. Nach Auflösung kann sofort ein Näherungswert für die Kapazität $C$ angegeben werden:

$$C \approx \frac{\sum_{i=1}^{n} \sigma_i a_i}{\varphi_0 - \varphi_u} \tag{2.10-60}$$

Der Rechenaufwand besteht ausschließlich in der allgemeinen und zahlenmäßigen Bestimmung der Koeffizienten $\alpha_{ij}$ einerseits und der Auflösung des Gleichungssystems Gl. (59) andererseits. Er läßt sich verringern, wenn Symmetrieeigenschaften ausgenutzt werden können und wenn man die Teilflächen in geeigneter Weise ungleich groß macht (je größer die Feldstärke, desto kleiner die Teilfläche). Vgl. insbesondere [9] und [8], S. 79–83.

**Literatur zu Abschnitt 2.10**

1. Frank, Ph.; Mises, R. v.: Die Differentialgleichungen der Mechanik und der Physik. 2. vermehrte Aufl., unveränderter Nachdruck. New York, Braunschweig 1961.
2. Buchholz H.: Elektrische und magnetische Potentialfelder. Berlin, Göttingen, Heidelberg 1957.
3. Durand, E.: Électrostatique, Tome 1. Paris 1964, Tome 2 et 3. Paris 1966.
4. Ollendorff, Fr.: Technische Elektrodynamik, Band I: Berechnung magnetischer Felder. Wien 1952.
5. Wendt, G.: Statische Felder und stationäre Ströme, in: Handbuch der Physik, Hrsg. von S. Flügge, Band XVI. Berlin, Göttingen, Heidelberg 1958.

6. Collatz, L.: Numerische Behandlung von Differentialgleichungen. 3. Aufl. desgl. Numerical treatment of differential equations. Berlin, Göttingen, Heidelberg 1960, Kap. IV, Randwertaufgaben bei partiellen Differentialgleichungen.
7. Southwell, R. V.: Relaxation methods in theoretical physics. Oxford 1946.
8. Kessler, A.; Vlcek, A.; Zinke, O.: Methoden zur Bestimmung von Kapazitäten unter besonderer Berücksichtigung der Teilflächenmethode. Arch. el. Übertr. 16 (1962), S. 365—380.
Pflügel, D.: Zs. angew. Phys. 23 (1967), S. 79—83 (geschichtete Dielektrika) und S. 86—89 (beliebige Leiterformen).
9. Zinke, O.: Widerstände, Kondensatoren, Spulen und ihre Werkstoffe. Berlin, Heidelberg, New York 1965.
10. Beispiele in Boast, W. B.: Vector fields. New York 1964, S. 264–523.
11. Vitkovitch, D.: (Herausgeber) Field analysis. London 1966.
12. Hechtel, J. R.: In Fortschritte der Hochfrequenztechnik, hrsg. von Strutt, M. und Vilbig, F., Band 5. Frankfurt am Main 1960.

## 2.11 Spiegelung

Ersetzt man in einem bekannten Potentialfelde $\varphi$ eine Äquipotentialfläche $\varphi_i$ = const durch die Oberfläche eines homogenen Leiters, so erhält man, wie im Anschluß an Gl. (2.10-19) bemerkt wurde, das Feld $\varphi$ im nichtleitenden Raum, der durch die Oberfläche $a_i$ des leitenden Körpers vom Potential $\varphi_i$ begrenzt wird. Man kann also die Aufgabe, *dieses* Feld zu finden, dadurch lösen, daß man von einem bekannten Potentialfelde ausgeht, in welchem eine Äquipotentialfläche $a_i$ die vorausgesetzte geometrische Form hat. Beispiele für dieses sehr vielfältig anwendbare Verfahren sind:

### a) Punktförmiger Träger der Ladung $Q$ im Abstand $x$ vor der ungeladenen ebenen Oberfläche eines sonst unbegrenzten Leiters

Das Potentialfeld zweier punktförmiger Träger der Ladungen $Q$ und $-Q$, die den Abstand $2x$ voneinander haben, Abb. 2.29, ist nach Gl. (2.10-15)

$$\varphi = \frac{1}{4\pi\varepsilon}\left(\frac{Q}{\varrho} - \frac{Q}{\varrho'}\right). \tag{2.11-1}$$

Die Mittelebene $\varrho = \varrho' = x$ ist die Äquipotentialfläche $\varphi = 0$. Deuten wir sie um zur ebenen Leiteroberfläche, so haben wir damit die vor-

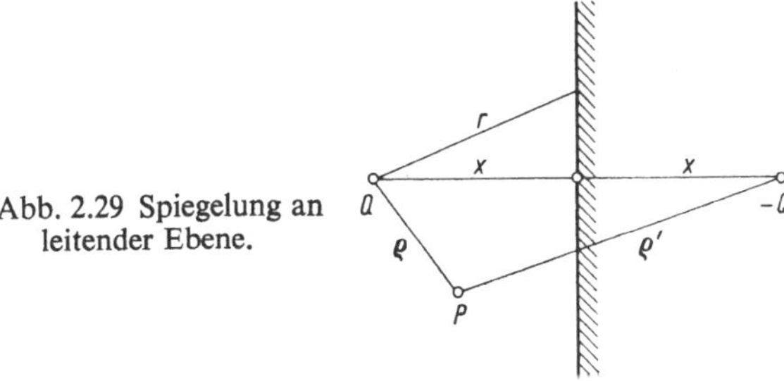

Abb. 2.29 Spiegelung an leitender Ebene.

gelegte Potentialaufgabe gelöst. ($\varphi$ nach Gl. (1) genügt der Laplaceschen Gleichung, verschwindet im Unendlichen und ist konstant auf der Leiteroberfläche.) In Beziehung zu der Mittelebene liegt der Träger der Ladung $-Q$ spiegelbildlich zu dem Träger der Ladung $Q$ im nichtleitenden Halbraum, in welchem das Feld gesucht war. Analog zur Ausdrucksweise der Strahlenoptik wird daher der Träger der Ladung $-Q$ das elektrische Bild des anderen Ladungsträgers genannt; man bezeichnet auch $Q$ als Gegenstandsladung und $-Q$ als Bildladung oder Spiegelladung. – Die Flächendichte der auf der Leiteroberfläche liegenden Influenzladung ist nach Gl. (2.10-13)

$$\sigma(r) = -\varepsilon \frac{\partial \varphi}{\partial n} = -\frac{Q}{2\pi} \frac{x}{r^3}; \tag{2.11-2}$$

das geometrische Bild dieser Verteilung ist also ein Hügel, dessen Höhenlinien Kreise sind, dessen Kuppe bei $r = x$ liegt und die Höhe

$$\sigma_{\max} = -\frac{Q}{2\pi} \frac{1}{x^2} \tag{2.11-3}$$

hat. Die gesamte Influenzladung ist selbstverständlich $\int\limits_{\infty} \sigma \, \mathrm{d}a = -Q$.

Auf den Träger der Ladung $Q$ wirkt eine Anziehungskraft $F$ in Richtung $x$. Sie braucht nicht durch Integration, sie kann vielmehr unmittelbar mit dem Coulombschen Gesetz Gl. (2.3-15) bestimmt werden:

$$F = \frac{Q^2}{16\pi\varepsilon x^2}. \tag{2.11-4}$$

Diese Kraft wird Spiegelkraft genannt. Wir haben sie in Abschnitt 2.1 als eine mögliche Fälschung bei Bestimmung der elektrischen Feldstärke durch Austasten des Feldraumes mit einem geladenen Prüfkörper erwähnt.

**b) Unendlich lange, gerade Linienquelle mit konstantem Ladungsbelag $Q'$ im Abstand $x$ vor der ungeladenen ebenen Oberfläche eines sonst unbegrenzten Leiters**

Das Potentialfeld zweier paralleler Linienquellen mit den Belägen $Q'$ und $-Q'$, die den Abstand $2x$ voneinander haben, Abb. 2.29 (mit $Q'$ und $-Q'$ an Stelle von $Q$ und $-Q$), ist gemäß Gl. (2.5-11)

$$\varphi = \frac{Q'}{2\pi\varepsilon} \ln \frac{\varrho}{\varrho'}. \tag{2.11-5}$$

Die Mittelebene $\varrho = \varrho' = x$ ist die Äquipotentialfläche $\varphi = 0$. Indem wir sie umdeuten zur ebenen unbegrenzten Leiteroberfläche, haben wir die vorgelegte Aufgabe gelöst. Die Flächendichte der auf der Leiteroberfläche liegenden Influenzladung ist nach Gl. (2.10-13)

$$\sigma(r) = -\frac{Q'}{\pi}\frac{x}{r^2}; \tag{2.11-6}$$

das geometrische Bild dieser Verteilung ist also ein gerader Wall, dessen Höhenlinien parallele Gerade sind und dessen Höhe

$$\sigma_{\max} = -\frac{Q'}{\pi}\frac{1}{x} \tag{2.11-7}$$

bei $r = x$ liegt. Die Kraft für den Längenabschnitt $l$ ist $F$ nach Gl. (4) mit $Q = Q'l$.

**c) Zwei punktförmige Träger der Ladungen $Q_1$ und $Q_2$ ungleichen Vorzeichens**

Im Feldpunkt, der den Abstand $r_1$ vom ersten und $r_2$ vom zweiten Ladungsträger hat, ist das Potential

$$\varphi = \frac{1}{4\pi\varepsilon}\left(\frac{Q_1}{r_1} + \frac{Q_2}{r_2}\right). \tag{2.11-8}$$

Für die Punkte der Äquipotentialfläche $\varphi = 0$ muß gelten

$$\frac{r_1}{r_2} = -\frac{Q_1}{Q_2}. \tag{2.11-9}$$

Bei gleichen Vorzeichen von $Q_1$ und $Q_2$ hat diese Beziehung keine geometrische Bedeutung, bei ungleichen Vorzeichen ist

$$\frac{r_1}{r_2} = k > 0, \quad k = \left|\frac{Q_1}{Q_2}\right|. \tag{2.11-10}$$

Die Äquipotentialfläche $\varphi = 0$ ist hiernach eine Kugel, die den Träger mit der Ladung vom kleineren Betrag einschließt. In der Ebene nämlich

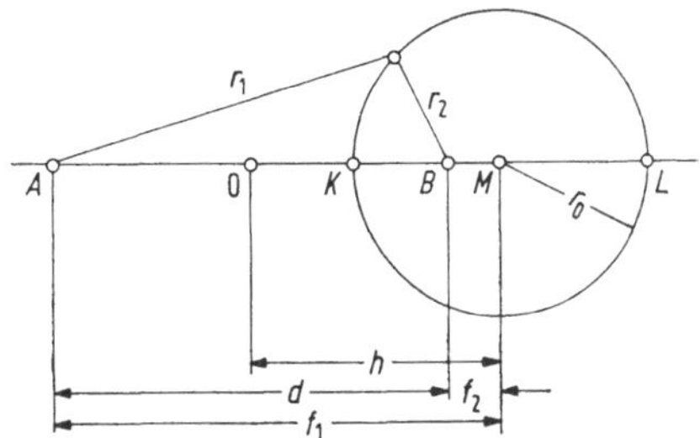

Abb. 2.30 Spiegelung, Bezeichnungen: a) Punktquellen $Q_1$ in $A$ und $Q_2$ in $B$; b) Linienquellen $Q'$ in $A$ und $-Q'$ in $B$.

ist der geometrische Ort der Punkte, für die das Verhältnis der Abstände von zwei festen Punkten dieser Ebene konstant ist, ein Kreis (Apollonius-Kreis). Abb. 2.30 stellt einen Achsenschnitt des Feldes dar. Abb. 2.31

zeigt einen Ausschnitt aus dem Feldbild zweier punktförmiger Träger, deren Ladungen sich wie $-1:2$ verhalten.

Bei gegebenem Ladungsverhältnis $k$ und Abstand $f_1 - f_2 = d$ kann man den Kugelradius $r_0$ und die Abstände $f_1$ und $f_2$ einzeln, daher den Kugelmittelpunkt, auf folgendem Weg erhalten:

Für den Feldpunkt $K$ ist

$$\frac{r_1}{r_2} = \frac{f_1 - r_0}{r_0 - f_2} = k, \tag{2.11-11}$$

für den Feldpunkt $L$ ist

$$\frac{r_1}{r_2} = \frac{f_1 + r_0}{f_2 + r_0} = k. \tag{2.11-12}$$

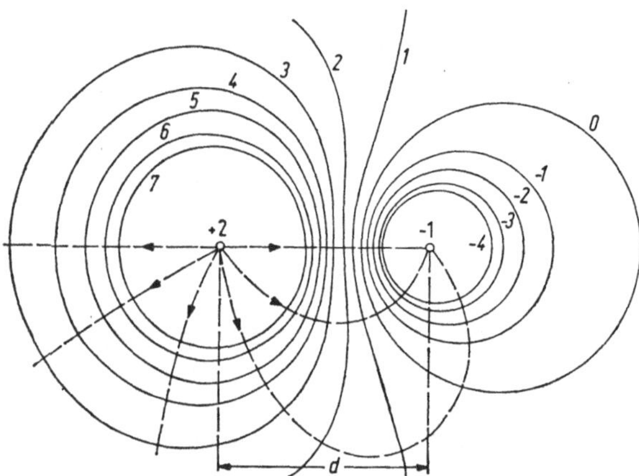


Abb. 2.31 Potentiallinien und Feldlinien (gestrichelt) des Feldes von zwei Punktquellen, Verhältnis der Ladung = 1 : 2.

Durch Gleichsetzen findet man

$$r_0^2 = f_1 f_2. \tag{2.11-13}$$

Geht man mit dieser Beziehung in eine der Gln. (11), (12) ein, so erhält man

$$f_1 = r_0 k, \quad f_2 = \frac{r_0}{k}. \tag{2.11-14}$$

Hieraus folgt der Kugelradius $r_0$ aus gegebenem Abstand $d = f_1 - f_2$ und Ladungsverhältnis $k$ zu

$$r_0 = \frac{d\,k}{k^2 - 1}, \tag{2.11-15}$$

und durch Rückgriff auf Gl. (14) auch

$$f_1 = \frac{d\,k^2}{k^2 - 1}, \quad f_2 = \frac{d}{k^2 - 1}. \tag{2.11-16}$$

Versteht man nun die Äquipotentialkugel $\varphi = 0$ als die Oberfläche eines Leiters, so sind folgende Aufgaben gelöst:

Befindet sich erstens im Feld eines punktförmigen Trägers der Ladung $Q_1$ eine leitende Kugel vom Radius $r_0$ und ist $f_1$ der Abstand zwischen dem Ladungsträger und dem Kugelmittelpunkt, so ist das Feld (außerhalb der Kugel) durch Gl. (8) gegeben mit $Q_2$ als Spiegelladung im Abstande $f_2$ vom Kugelmittelpunkt, wobei gilt

$$Q_2 = -\frac{Q_1}{k} = -Q_1\frac{r_0}{f_1}, \quad f_2 = \frac{r_0^2}{f_1} \tag{2.11-17}$$

nach Gl. (14) und (13). Somit ist das Feld

$$\varphi = \frac{Q_1}{4\pi\varepsilon}\left(\frac{1}{r_1} - \frac{1}{r_2}\frac{r_0}{f_1}\right). \tag{2.11-18}$$

Befindet sich zweitens ein punktförmiger Träger der Ladung $Q_2$ in einer Kugel vom Radius $r_0$, deren Oberfläche leitend ist, und ist $f_2$ der Abstand zwischen dem Ladungsträger und dem Kugelmittelpunkt, so ist das Feld (innerhalb der Kugel) durch Gl. (8) gegeben mit $Q_1$ als Spiegelladung im Abstande $f_1$ vom Kugelmittelpunkt, wobei gilt

$$Q_1 = -kQ_2 = -Q_2\frac{r_0}{f_2}, \quad f_1 = \frac{r_0^2}{f_2} \tag{2.11-19}$$

nach Gl. (13) und (14). Somit ist das Feld

$$\varphi = \frac{-Q_2}{4\pi\varepsilon}\left(\frac{1}{r_2} - \frac{1}{r_1}\frac{r_0}{f_1}\right). \tag{2.11-20}$$

Das geometrische Gesetz der Spiegelung an der leitenden Kugeloberfläche (von außen nach innen oder umgekehrt) kommt in den Gln. (17) und (19) zum Ausdruck. Je weiter zum Beispiel im Außenraum die Punktladung $Q_1$ vom Kugelmittelpunkt wegrückt, umso näher rückt die Bildladung $Q_2$ an den Kugelmittelpunkt heran; je weiter innerhalb der Kugel die Punktladung $Q_2$ vom Kugelmittelpunkt wegrückt, umso näher rückt die Bildladung $Q_1$ an die Kugeloberfläche heran. In der Strahlenoptik gelten die gleichen Beziehungen für die Spiegelung einer punktförmigen Lichtquelle an einer Kugel und in einer Hohlkugel. – Man kann natürlich auch ganze Systeme der Punktladungen im Außenraum in das Innere der Kugel abbilden und umgekehrt.

Es werde drittes im Kugelmittelpunkt eine Punktladung $Q_3$ angebracht. Dann hat die Kugel vom Radius $r_0$ nicht mehr das Potential Null, sondern das Potential $\varphi_3 = Q_3/4\pi\varepsilon r_0$. Damit hat man das Feld einer Punktladung $Q_1$ und einer die Ladung $Q_2 + Q_3$ tragenden Kugel vom Radius $r_0$, deren Mittelpunkt vom Träger der Ladung $Q_1$ die Entfernung $f_1$ hat und wobei $Q_2 = -Q_1 r_0/f_1$ ist:

$$\varphi = \frac{Q_1}{4\pi\varepsilon}\left(\frac{1}{r_1} - \frac{1}{r_2}\frac{r_0}{f_1}\right) + \frac{Q_3}{4\pi\varepsilon r_3}. \qquad (2.11\text{-}21)$$

Hat zum Beispiel die Kugel keine Ladung, $Q_2 + Q_3 = 0$, so ist

$$\varphi = \frac{Q_1}{4\pi\varepsilon}\left(\frac{1}{r_1} - \frac{1}{r_2}\frac{r_0}{f_1} + \frac{1}{r_3}\frac{r_0}{f_1}\right). \qquad (2.11\text{-}22)$$

Daher ist das Potential der Kugel ($r_3 = r_0$; für $r_1$ und $r_2$ wähle man beispielsweise die Werte in $K$ oder in $L$):

$$\varphi = \frac{Q_1}{4\pi\varepsilon f_1}. \qquad (2.11\text{-}23)$$

Dies ist aber auch der Wert des Potentials am Ort des Kugelmittelpunktes vor Einbringen der Kugel in das Feld der Punktladung $Q_1$. Wird also in dieses Feld eine leitende Kugel eingebracht, so nimmt sie das Potential an, das vorher am Ort des Kugelmittelpunktes bestand.

**d) Zwei zu einander parallele unendlich lange Linienquellen $a$ und $b$ mit den Ladungsbelägen $Q'_a = Q' = -Q'_b$ im Abstand $d$ von einander**

In einem Punkt, der den senkrechten Abstand $r_1$ von $a$ und $r_2$ von $b$ hat, ist das Potential

$$\varphi = \varphi_a - \varphi_b = \frac{Q'}{2\pi\varepsilon}\ln\frac{r_2}{r_1}. \qquad (2.11\text{-}24)$$

Die durch

$$\frac{r_1}{r_2} = \text{const} = k \qquad (2.11\text{-}25)$$

gegebenen Äquipotentialflächen sind Kreiszylinder, ihre Spuren in einer zu den Linienquellen senkrechten Querschnittsebene sind Kreise (Apollonius-Kreise), weil in der Ebene die Gl. (25) den geometrischen Ort aller Punkte beschreibt, für die das Verhältnis der Abstände von zwei festen Punkten dieser Ebene konstant ist. Abb. 2.30 stellt eine Querschnittsebene mit einem Äquipotentialkreis dar. Abb. 2.32 zeigt das Feldbild mit den kreisförmigen Äquipotentiallinien und den dazu orthogonalen Feldlinien.

Es gelten daher auch hier die geometrischen Beziehungen (13) bis (16). Für den Abstand $h$ der Kreiszylinderachse von der Mittelebene erhält man aus diesen Beziehungen

$$h = \frac{d}{2} + f_2 = \frac{1}{2}(f_1 + f_2) = \frac{d}{2}\frac{k^2+1}{k^2-1}; \qquad (2.11\text{-}26)$$

für den Radius des Zylinders findet man

$$r_0^2 = h^2 - \left(\frac{d}{2}\right)^2. \qquad (2.11\text{-}27)$$

Mit diesen Beziehungen ist aber das Feld schon vollständig beschrieben: Mit gewähltem $\varphi = \varphi_i = \text{const}$ ist $r_1/r_2 = k$ gegeben und umgekehrt, aus $k$ und gegebenem Abstand $d$ der Linienquellen voneinander folgt der Abstand $h$ der Achse und der Radius $r_0$ des Äquipotentialzylinders.

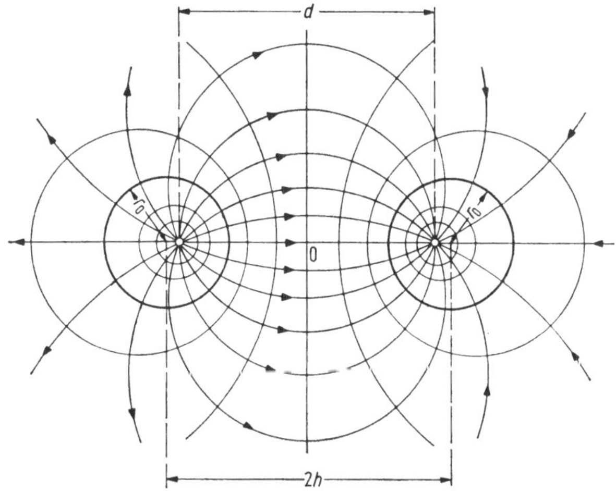


Abb. 2.32 Feldlinien und Äquipotentiallinien des ebenen Feldes zweier unendlich langer Linienquellen von gleich großem Betrag des Ladungsbelages.

Jeder Äquipotentialzylinder kann als Leiteroberfläche verstanden werden. In einem einfachen Beispiel nehmen wir *zwei gleiche Zylinder 1* und *2* an; dann liegt das Feld der langen Leitung vor, die aus zwei parallelen Drähten oder Stäben mit gleichem kreisförmigem Querschnitt besteht. Der eine Zylinder hat das Potential $\varphi = \varphi_1$, der andere das Potential $\varphi = \varphi_2 = -\varphi_1$, daher ist

$$\varphi_1 - \varphi_2 = \frac{Q'}{\pi\varepsilon} \ln k. \tag{2.11-28}$$

Nun sind aber hier der Radius $r_0$ und der Abstand $2h$ der Achsen voneinander die vorgegebenen Größen. Aus Gl. (26) und (27) erhält man

$$k^2 = \frac{h + d/2}{h - d/2} = \frac{(h + d/2)^2}{r_0^2} = \left\{\frac{h + \sqrt{h^2 - r_0^2}}{r_0^2}\right\}^2,$$

also schließlich

$$\varphi_1 - \varphi_2 = \frac{Q'}{\pi\varepsilon} \ln \left\{\frac{h}{r_0} + \sqrt{\left(\frac{h}{r_0}\right)^2 - 1}\right\}; \tag{2.11-29}$$

der Logarithmand wird $2h/r_0$ für $h^2 \gg r_0^2$. Die Mittelebene ist die Äquipotentialfläche $\varphi_0 = 0$. Wird diese zur Leiteroberfläche gemacht, so bleibt, bei unverändertem $Q'$, das Feld zwischen ihr und dem betrachteten Zylinder unverändert, die Spannung zwischen Zylinder und leitender Ebene ist aber nur halb so groß wie die zwischen den zwei Zylindern:

$$\varphi_1 - \varphi_0 = \tfrac{1}{2}(\varphi_1 - \varphi_2),$$

daher gilt mit dieser

$$\varphi_1 - \varphi_0 = \frac{Q'}{2\pi\varepsilon} \ln \left\{ \frac{h}{r_0} + \sqrt{\left(\frac{h}{r_0}\right)^2 - 1} \right\}. \tag{2.11-30}$$

In Gl. (29) und (30) hat man auch einfacher

$$\ln \left\{ \frac{h}{r_0} + \sqrt{\left(\frac{h}{r_0}\right)^2 - 1} \right\} = \operatorname{arcosh}\left(\frac{h}{r_0}\right), \tag{2.11-31}$$

vgl. Abb. 2.35.

**e) Zwei Zylinder mit ungleichen Radien $R_1$ und $R_2$, Achsenabstand $H$**

Mit den in Abb. 2.33 angegebenen Bezeichnungen gilt

$$U_{12} = \varphi_1 - \varphi_2 = \frac{Q'}{2\pi\varepsilon}\left(\ln \frac{r_2}{r_1} - \ln \frac{r_2'}{r_1'}\right) \tag{2.11-32}$$

$$= \frac{Q'}{2\pi\varepsilon} \ln \frac{r_2 r_1'}{r_1 r_2'} = \frac{Q'}{2\pi\varepsilon} \ln \frac{k'}{k}.$$

Dabei sind

$$\frac{r_1}{r_2} = k, \frac{r_1'}{r_2'} = k' \tag{2.11-33}$$

Konstante. Daher wird

$$x = \frac{k'}{k} \tag{2.11-34}$$

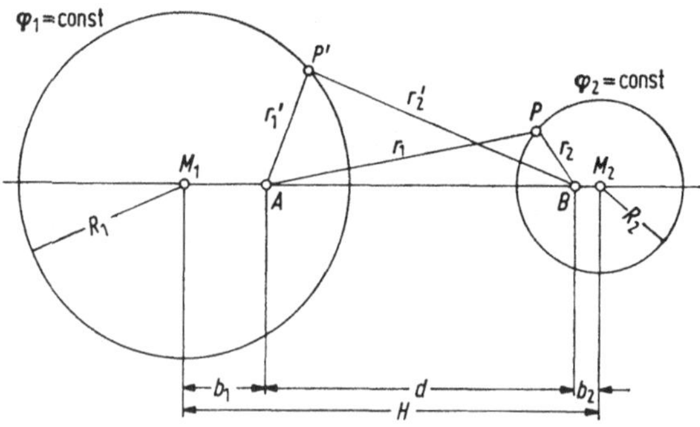


Abb. 2.33 Zwei ungleiche Zylinder nebeneinander. $A, B$ Spuren der Linienquellen.

durch vorgegebenes $U_{12}/Q'$ bestimmt, und umgekehrt. Zwischen der Konstanten $k$ eines Apollonius-Kreises, seinem Radius $r_0$ und den Abständen $f_1$ und $f_2$ seines Mittelpunktes zu den Ladungsträgern, vgl. Abb. 2.30, bestehen die in Gl. (12) und (13) angegebenen Beziehungen

$k = f_1/r_0 = r_0/f_2$ und $r_0^2 = f_1 f_2$. Diese lauten hier mit den Bezeichnungen der Abb. 2.33:

$$k = \frac{d + b_2}{R_2} = \frac{R_2}{b_2}, \quad k' = \frac{b_1}{R_1} = \frac{R_1}{d + b_1},$$

$$R_2^2 = b_2(b_2 + d), \quad R_1^2 = b_1(b_1 + d). \qquad (2.11\text{-}35)$$

Ferner ist bei dieser Anordnung der Abstand der Achsen der Zylinder voneinander

$$H = b_1 + b_2 + d. \qquad (2.11\text{-}36)$$

Sind die Radien $R_1$, $R_2$ und der Abstand $H$ gegeben, so liegt die Aufgabe vor, $x$ als Funktion nur dieser drei Größen zu bestimmen. Hierzu kann man so vorgehen:

Nach der ersten Zeile in Gl. (35) ist

$$x = \frac{k'}{k} = \frac{b_1 b_2}{R_1 R_2} = \frac{R_1 R_2}{(d + b_1)(d + b_2)},$$

also auch

$$(d + b_1)(d + b_2) = \frac{1}{x} R_1 R_2,$$

$$b_1 b_2 = x R_1 R_2.$$

Mit der zweiten Zeile in Gl. (35) und mit Gl. (36) wird

$$H^2 - R_1^2 - R_2^2 = (b_1 + d)(b_2 + d) + b_1 b_2.$$

Indem man diese Beziehung mit den zwei vorangegangenen vereinigt, erhält man

$$H^2 - R_1^2 - R_2^2 = R_1 R_2 \left(\frac{1}{x} + x\right);$$

dies ist eine quadratische Gleichung für $x$. Mit

$$\frac{H^2 - R_1^2 - R_2^2}{2 R_1 R_2} = K \geqq 0 \qquad (2.11\text{-}37)$$

schreiben wir sie $x^2 - 2Kx + 1 = 0$; ihre Wurzeln sind

$$x = K \pm \sqrt{K^2 - 1}. \qquad (2.11\text{-}38)$$

Obwohl zwei verschiedene Werte $x$ erhalten werden, ist trotzdem die Aufgabe eindeutig gelöst, denn das Produkt der beiden Wurzeln ist eins und daher ist

$$-\ln\left(K - \sqrt{K^2 - 1}\right) = \ln\left(K + \sqrt{K^2 - 1}\right).$$

Umschließt der eine Zylinder den anderen, Abb. 2.34, so gilt an Stelle von Gl. (35) und (36)

$$k = \frac{b_2 - d}{R_2} = \frac{R_2}{b_2}, \quad k' = \frac{b_1}{R_1} = \frac{R_1}{b_1 + d},$$

$$R_2^2 = b_2(b_2 - d), \quad R_1^2 = b_1(b_1 + d), \tag{2.11-35a}$$

$$H = b_1 - b_2 + d; \tag{2.11-36a}$$

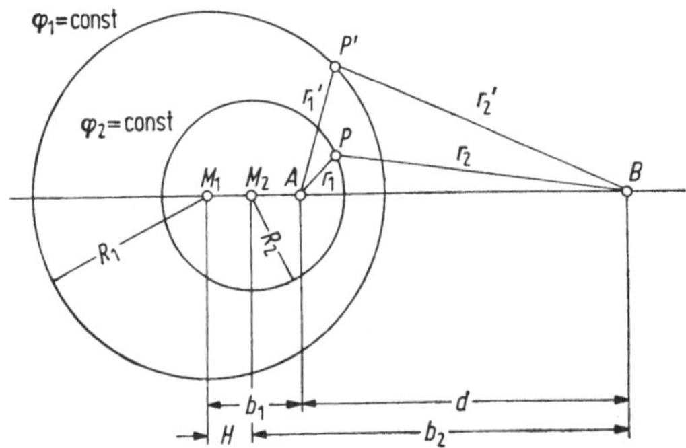


Abb. 2.34 Der eine Zylinder umschließt den anderen. *A*, *B* Spuren der Linienquellen.

die gleiche Rechnung führt auf

$$x = \overline{K} \pm \sqrt{\overline{K}^2 - 1} \tag{2.11-38a}$$

mit

$$\overline{K} = \frac{R_1^2 + R_2^2 - H^2}{2R_1R_2} = -K \geqq 0. \tag{2.11-37a}$$

Das gemeinsame Ergebnis lautet also

$$U_{12} = \frac{Q'}{2\pi\varepsilon} \ln\left(\pm K + \sqrt{K^2 - 1}\right) \tag{2.11-39}$$

oder einfacher

$$U_{12} = \frac{Q'}{2\pi\varepsilon} \operatorname{arcosh}(\pm K) \tag{2.11-40}$$

mit K nach Gl. (37); das obere Vorzeichen gilt, wenn die Anordnung nach Abb. 2.33, das untere, wenn die nach Abb. 2.34 betrachtet wird. Vgl. Abb. 2.35.

Sind die zwei Zylinder der Abb. 2.33 gleich dick, so muß naturgemäß $x$ nach Gl. (38) ein Quadrat sein; man findet

$$K + \sqrt{K^2 - 1} = \left\{\frac{h}{r_0} + \sqrt{\left(\frac{h}{r_0}\right)^2 - 1}\right\}^2,$$

wobei gesetzt ist $R_1 = R_2 = r_0$ und $h = H/2$. Aus Gl. (39) und (40) folgt also die Beziehung

$$U_{12} = \frac{Q'}{\pi\varepsilon} \ln \left\{ \frac{h}{r_0} + \sqrt{\left(\frac{h}{r_0}\right)^2 - 1} \right\}$$
$$= \frac{Q'}{\pi\varepsilon} \operatorname{arcosh}\left(\frac{h}{r_0}\right),$$

die aus Gl. (29), (31) bekannt ist.

Sind die Zylinder der Abb. 2.34 koaxial, $H = 0$, $R_1 > R_2$, so wird $x = R_1/R_2$ und daher

$$U_{12} = \frac{Q'}{2\pi\varepsilon} \ln \frac{R_1}{R_2},$$

wie aus Gl. (2.5-12) bekannt ist.

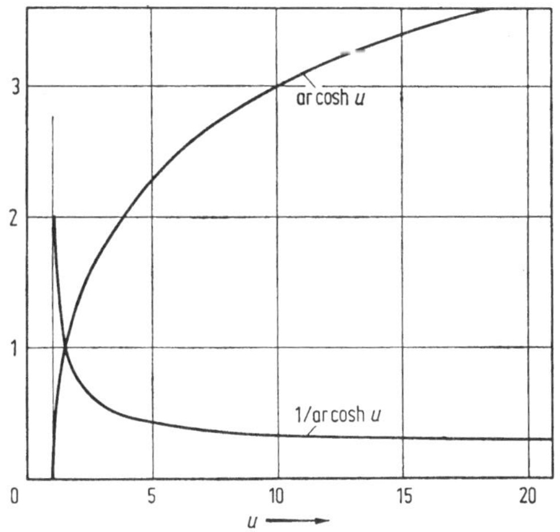


Abb. 2.35 arcosh *u* und 1/arcosh *u*.

## 2.12 Kapazität. Kondensator. Kapazitätskoeffizienten und Teilkapazitäten

Existiert im dielektrischen Feldraum für das elektrische Feld eine geschlossene Fläche $a$, deren Fluß verschwindet, $\mathring{\Psi} = \oint \boldsymbol{D} \cdot \mathrm{d}\boldsymbol{a} = 0$, so nennt man das Feld des von $a$ umschlossenen Volumens $\tau$ ein vollständiges Feld. Für ein solches ist nach dem Satz vom elektrischen Hüllenfluß also $\Sigma Q = 0$ in $\tau$. Die Hüllfläche $a$ kann auch im Unendlichen liegen. Ist die Hüllfläche die Oberfläche eines homogenen Leiters, so heißt das Feld geschlossen.

Wir betrachten zunächst das Feld im Dielektrikum, in welchem sich zwei leitende Körper als Träger der Ladungen $Q_1$ und $Q_2$ befinden. Diese nennen wir Elektroden und setzen voraus, daß sie aus der gleichen homogenen leitenden Substanz bestehen. Der durch die Elektroden und das Dielektrikum gebildete Gegenstand heißt Kondensator. Ist das Feld ein vollständiges Feld, und dies setzen wir voraus, so müssen die Ladungen entgegengesetzt gleich groß sein: $Q_2 = -Q_1$, denn nur dann läßt sich im Dielektrikum eine die beiden Ladungsträger umschließende geschlossene Fläche finden, deren Gesamtfluß $\mathring{\Psi}$ verschwindet. Die Spannung von dem einen zum anderen Ladungsträger ist auf beliebigem Wege $U_{12} = -U_{21}$. Wir nennen Kapazität des Kondensators den Quotienten

$$\frac{Q_1}{U_{12}} = \frac{Q_2}{U_{21}} = C. \qquad \textbf{(2.12-1)}^1$$

Diese Größe ist also nur dann scharf definiert, wenn das Feld ein vollständiges Feld ist. Sie ist dann und nur dann unabhängig von dem Betrag der Ladung und der Spannung, also unabhängig von $D$ und $E$, wenn die Permittivität $\varepsilon$ diese Eigenschaft hat, wenn also $\varepsilon = \text{const}_{D,E}$ ist. Dies setzen wir in diesem Abschnitt voraus. Dagegen sind geschichtete homogene Dielektrika, für deren jedes einzelne diese Voraussetzung zutrifft, zugelassen [vgl. Gln. (2.10-9, 10)]. Unter dieser Voraussetzung also ist die Kapazität $C$ eines Kondensators von der geometrischen Struktur des Feldes, aber nicht von seiner absoluten Größe (seinem Energieinhalt) abhängig.

### Die Berechnung von Kapazitäten

Die Berechnung von Kapazitäten wird dann besonders einfach, wenn man bei einem Feld von bekannter geometrischer Struktur zwei Äquipotentialflächen mit den Oberflächen der Elektroden identifizieren kann. Einfache Beispiele sind:

**a) Die Elektroden sind konzentrische Kugeln** mit den Radien $r_1$ und $r_2 > r_1$; das Feld ist also ein geschlossenes Feld.

In Gl. (2.5-4) ist der lineare Zusammenhang zwischen der Ladung $Q_1$ und der Spannung $U_{12}$ gefunden worden. Aus ihm folgt

$$C = \frac{4\pi\varepsilon}{\dfrac{1}{r_1} - \dfrac{1}{r_2}} \qquad (2.12\text{-}2)$$

oder auch

$$C = \frac{4\pi\varepsilon r_1 (r_1 + d)}{d} \qquad (2.12\text{-}3)$$

[1] Die kohärente Einheit der Kapazität ist daher $[C] = 1[Q]/[U]$, die SI-Einheit ist $[C]_{SI} = 1\ \text{As/V} = 1$ Farad (F). Diese Einheit ist in vielen Fällen um Zehnerpotenzen zu groß; praktische Einheiten sind dezimale Teile, zum Beispiel 1 μF, 1 nF, 1 pF.

mit $d = r_2 - r_1$; für $d \ll r_1$ also

$$C \approx \frac{4\pi\varepsilon r_1^2}{d} = \frac{\varepsilon a}{d} \tag{2.12-4}$$

mit der Kugeloberfläche $a = 4\pi r_1^2$. Schreibt man Gl. (2) in der Form

$$C = \frac{4\pi\varepsilon r_1}{1 - r_1/r_2}, \tag{2.12-5}$$

so sieht man, daß bei festgehaltenem $r_1$ und wachsendem $r_2$ die Kapazität gegen den Grenzwert

$$\lim_{r_2 \to \infty} C = 4\pi\varepsilon r_1 = C_\infty \tag{2.12-6}$$

geht, es ist also

$$C = \frac{C_\infty}{1 - r_1/r_2} > C_\infty . \tag{2.12-7}$$

Zum Beispiel ist $C = 1{,}01\, C_\infty$ für $r_2 = 100\, r_1$. Für $\varepsilon = \varepsilon_0$, $r_1 = 1$ cm wird $C_\infty = 1{,}11 \cdot 10^{-12}$ As/V).

**b) Die Elektroden sind zwei unendlich lange, koaxiale Kreiszylinder** mit den Radien $r_1$ und $r_2 > r_1$.

In Gl. (2.5-12) ist der lineare Zusammenhang zwischen dem Ladungsbelag $Q' = \Delta Q/\Delta l$ und der Spannung $U_{12}$ gefunden worden. Aus ihm folgt der Kapazitätsbelag $C' = \Delta C/\Delta l$ zu

$$C' = \frac{2\pi\varepsilon}{\ln \dfrac{r_2}{r_1}} \tag{2.12-8}$$

abhängig nur vom Verhältnis der Radien, nicht von deren Werten im einzelnen. Für $d = r_2 - r_1 \ll r_1$ wird

$$\begin{aligned} C' &\approx \frac{2\pi\varepsilon r_1}{d}\left(1 + \frac{d}{2r_1}\right) \\ &= C_0'\left(1 + \frac{d}{2r_1}\right) > C_0' = \frac{2\pi\varepsilon r_1}{d} . \end{aligned} \tag{2.12-9}$$

Betrachtet man die Kapazität $C = C'l$ eines endlichen Längenabschnittes $l$, so ist $2\pi r_1 l = a$ die Zylindermantelfläche, und es ist $C = \varepsilon a/d$.

Für $r_2 \to \infty$ bei $r_1 = \text{const}$ ergibt sich kein endlicher Grenzwert; $C'$ ist der Kapazitätsbelag des unendlich lang vorausgesetzten Kondensators; das Feld ist nicht geschlossen.

**c) Die Elektroden sind zwei konfokale gestreckte Rotationsellipsoide.** $2c$ sei der Abstand der Brennpunkte voneinander, $2a_1$ und $2a_2$ seien die großen, $2b_1$ und $2b_2$ die kleinen Achsen, Abb. 2.36. Es ist

$$c = \sqrt{a_1^2 - b_1^2} = \sqrt{a_2^2 - b_2^2}. \qquad (2.12\text{-}10)$$

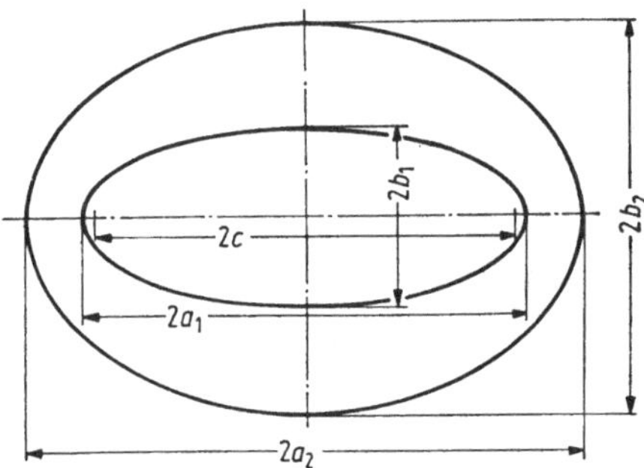


Abb. 2.36 Konfokale gestreckte Rotationsellipsoide als Elektroden.

In Abschnitt 2.5 waren die Äquipotentialflächen des Feldes der Linienquelle der Länge $2c$, die den Ladungsbelag $Q' = Q/2c = \text{const}_c$ hat, als konfokale Rotationsellipsoide gefunden worden; indem wir zwei solche, die die Halbachsen $a_1$ und $a_2$ haben, als die Elektrodenoberflächen verstehen, finden wir aus Gl. (2.5-14a) durch Einsetzen $U_{12} = \varphi(a_1; c) - \varphi(a_2; c)$ und daraus

$$C = \frac{2cQ'}{U_{12}} = \frac{8\pi\varepsilon c}{\ln\dfrac{a_1 + c}{a_1 - c} - \ln\dfrac{a_2 + c}{a_2 - c}}. \qquad (2.12\text{-}11)$$

Hier kann man sich beispielsweise auf $a_1$ und $b_1$ als gegebene Größen beziehen; mit der ersten Gl. (10) erhält man

$$\frac{a_1 + c}{a_1 - c} = \frac{a_1}{b_1} + \sqrt{\left(\frac{a_1}{b_1}\right)^2 - 1}.$$

Es ist zweckmäßig, außerdem einzuführen

$$a_2 = nc = na_1\sqrt{1 - (b_1/a_1)^2}, \qquad (2.12\text{-}12)$$

womit man erhält

$$\frac{a_2 + c_1}{a_2 - c_1} = \frac{n + 1}{n - 1}$$

und daher für die Kapazität

$$C = \frac{4\pi\varepsilon\sqrt{a_1^2 - b_1^2}}{\ln\left(\dfrac{a_1}{b_1} + \sqrt{\left(\dfrac{a_1}{b_1}\right)^2 - 1}\right) - \dfrac{1}{2}\ln\left(\dfrac{n + 1}{n - 1}\right)}. \qquad (2.12\text{-}13)$$

Ist zum Beispiel $n = 4$, so ist $\frac{1}{2} \ln \frac{n+1}{n-1} = 0{,}255$ und $b_2/a_2 = \sqrt{15/16} = 0{,}968$; mit wachsendem $n$ nähert sich das äußere Ellipsoid mehr und mehr der Kugel.

Da das Feld ein geschlossenes Feld ist, existiert bei festgehaltenem $a_1$ und $c$ für $a_2 \to \infty$ ein endlicher Grenzwert, der durch $n \to \infty$ aus Gl. (13) folgt zu

$$C_\infty = \frac{4\pi\varepsilon\sqrt{a_1^2 - b_1^2}}{\ln\left(\frac{a_1}{b_1} + \sqrt{\left(\frac{a_1}{b_1}\right)^2 - 1}\right)} < C. \tag{2.12-14}$$

Sind die Ellipsoide langgestreckt, insbesondere $a_1 \gg b_1$, so daß gesetzt werden kann $c = a_1$ und daher $n = a_2/a_1$, so wird aus Gl. (13)

$$C = \frac{4\pi\varepsilon a_1}{\ln\left(\frac{2a_1}{b_1}\right) - \frac{1}{2}\ln\left(\frac{n+1}{n-1}\right)}. \tag{2.12-15}$$

Je größer $a_1$ im Verhältnis zu $b_1$ ist, um so eher kann man das innere Ellipsoid einem Kreiszylinder mit dem ungefähren Radius $b_1$ und der ungefähren Länge $2a_1$ gleich achten. Rückt ferner das äußere Ellipsoid immer weiter hinaus, $a_2 \to \infty$, so wird mit $n \to \infty$ aus Gl. (15)

$$C_\infty = \frac{2\pi\varepsilon \cdot 2a_1}{\ln \frac{2a_1}{b_1}}, \tag{2.12-16}$$

was zugleich verstanden werden kann als Abschätzung für den Grenzwert der Kapazität eines nahezu kreiszylindrischen Leiters von der ungefähren Länge $2a_1$ und vom ungefähren Radius $b_1$ bei unendlich entfernter Gegenelektrode.

Führen wir in Gl. (11) den Unterschied der großen Achsen $d = a_2 - a_1$ ein, so kann man umformen in

$$C = \frac{8\pi\varepsilon c}{\ln \frac{1+x}{1-x}} \tag{2.12-17}$$

mit

$$x = \frac{d\sqrt{a_1^2 - b_1^2}}{da_1 + b_1^2}. \tag{2.12-18}$$

Für $x \ll 1$ gilt daher in guter Näherung

$$C = \frac{4\pi\varepsilon(b_1^2 + da_1)}{d}. \tag{2.12-19}$$

(Für $b_1 = 0{,}1a_1$ und $d = 0{,}001a_1$ zum Beispiel wird $x = 0{,}091$ und $b_1^2 + a_1 d = 1{,}1b_1^2$; für $a_1 = 2b_1$ und $d = 0{,}1b_1$ wird $x = 0{,}144$ und $b_1^2 + a_1 d = 1{,}2b_1^2$.)

**d) Die Elektroden sind zwei ebene, zu einander parallele, unendlich ausgedehnte Leiteroberflächen.** Der Abstand sei $d$. Wir betrachten zwei einander gegenüberstehende Teilflächen je von der Größe $a$, zwischen denen das elektrische Feld homogen ist. Dann ist $U_{12} = Ed$ und $\sigma_1 = -\sigma_2 = Q_1/a = \varepsilon E$. Daher ist

$$C = \frac{\varepsilon a}{d}. \tag{2.12-20}$$

Diese Beziehung gibt auch die *Kapazität eines Plattenkondensators* um so besser wieder, je ausgedehnter die Fläche $a$ ist, auf der das Feld als homogen angesehen werden kann, je weniger also die Randgebiete ins Gewicht fallen, in denen das Feld nicht homogen ist.

Befinden sich zwischen den Leiteroberflächen Nichtleiter mit den Dielektrizitätskonstanten $\varepsilon_i$ in planparallelen Schichten von den Dicken $d_i$, so ist

$$U_{12} = \sum E_i d_i$$

und

$$\sigma_1 = \varepsilon_1 E_1 = \varepsilon_i E_i = -\sigma_2 = \frac{Q_1}{a},$$

also ist

$$\frac{Q_1}{U_{12}} = C = \frac{a}{\dfrac{d_1}{\varepsilon_1} + \dfrac{d_2}{\varepsilon_2} + \cdots}. \tag{2.12-21}$$

Wird zum Beispiel in einen Kondensator der Fläche $a$, der Dicke $d$ und der Dielektrizitätskonstanten $\varepsilon$ eine Platte von der Dicke $d_1$ und der Dielektrizitätskonstanten $\varepsilon_1$ eingelegt, so verändert sich hiernach die Kapazität vom Werte $C_0 = a\varepsilon/d$ auf den Wert

$$C = \frac{a}{\dfrac{d_1}{\varepsilon_1} + \dfrac{d - d_1}{\varepsilon}} = \frac{C_0}{1 - \dfrac{d_1}{d}\left(1 - \dfrac{\varepsilon}{\varepsilon_1}\right)}. \tag{2.12-22}$$

Es wird also $C > C_0$ für $\varepsilon_1 > \varepsilon$ und $C < C_0$ für $\varepsilon_1 < \varepsilon$. Wird insbesondere die Platte ($\varepsilon_1$) in einen Luftkondensator eingeschoben, $\varepsilon = \varepsilon_0$, so wird

$$C = \frac{C_0}{1 - \dfrac{d_1}{d}\left(1 - \dfrac{1}{\varepsilon_{1r}}\right)} > C_0. \tag{2.12-23}$$

Wird in den Kondensator eine leitende Platte von der Dicke $d_1$ eingelegt, so wird

$$C = \frac{\varepsilon a}{d - d_1} = \frac{C_0}{1 - d_1/d}. \tag{2.12-24}$$

Der Vergleich mit Gl. (22) zeigt, daß die leitende Platte die gleiche Wirkung hat, wie eine gleich dicke nichtleitende Platte mit der Dielektrizitätskonstanten $\varepsilon_{1r} = \infty$.

**e) Die Elektroden sind zwei unendlich lange, parallele Kreiszylinder** vom Radius $r_0$ und dem Achsenabstand $2h$:

Nach Gl. (2.11-29) ist der Kapazitätsbelag

$$C' = \frac{Q'}{\varphi_1 - \varphi_2} = \frac{\pi\varepsilon}{\ln\left(\frac{h}{r_0} + \sqrt{\left(\frac{h}{r_0}\right)^2 - 1}\right)} = \frac{\pi\varepsilon}{\operatorname{arcosh}\left(\frac{h}{r_0}\right)}. \tag{2.12-25}$$

**f) Die eine Elektrode ist eine unendlich ausgedehnte, ebene Leiteroberfläche, die andere ein Kreiszylinder** vom Radius $r_0$, der Abstand der Zylinderachse von der Ebene ist $h$:

Nach Gl. (2.11-30) ist der Kapazitätsbelag

$$C' = \frac{Q'}{\varphi_1 - \varphi_0} = \frac{2\pi\varepsilon}{\ln\frac{h}{r_0} + \sqrt{\left(\frac{h}{r_0}\right)^2 - 1}} = \frac{2\pi\varepsilon}{\operatorname{arcosh}\left(\frac{h}{r_0}\right)}. \tag{2.12-25a}$$

Für $h^2 \gg r_0^2$ wird in Gl. (25) und (25a) der Logarithmand $2h/r_0$. Die Kapazitätsbeläge werden durch das Verhältnis $h/r_0$ bestimmt, nicht durch die Größen $h$ und $r_0$ einzeln.

**g) Die Elektroden sind zwei unendlich lange, parallele Kreiszylinder mit den Radien $R_1$, $R_2$ und dem Achsenabstand $H$**

Liegen die Zylinder nebeneinander, Abb. 2.33, so ist nach Gl. (2.11-39, 40 und 37) der Kapazitätsbelag

$$C' = \frac{2\pi\varepsilon}{\operatorname{arcosh}\left(\frac{H^2 - R_1^2 - R_2^2}{2R_1R_2}\right)}. \tag{2.12-26}$$

Wird der Zylinder vom Radius $R_2$ vom anderen umschlossen, Abb. 2.34, so ist nach Gl. (2.11-39, 40 und 37a) der Kapazitätsbelag

$$C' = \frac{2\pi\varepsilon}{\operatorname{arcosh}\left(\dfrac{R_1^2 + R_2^2 - H^2}{2R_1R_2}\right)}. \qquad (2.12\text{-}26\text{a})$$

Die in den Gln. (25, 25a, 26, 26a) auftretende Funktion $1/\operatorname{arcosh} u$ ist in Abb. 2.35 dargestellt.[1]

Aus Gl. (26a) wird mit $H = 0$ der Kapazitätsbelag koaxialer Zylinder $R_1$ und $R_2 < R_1$ erhalten; wir nennen ihn vorübergehend $C_0'$. Der Vergleich lehrt

$$C' > C_0',$$

der Kapazitätsbelag zweier paralleler Zylinder ist größer, wenn sie exzentrisch, er ist kleiner, wenn sie koaxial sind. – Für $H = 0$ kann man umformen zu

$$C_0' = \frac{2\pi\varepsilon}{\operatorname{arcosh}\left(\dfrac{R_1}{2R_2} + \dfrac{R_2}{2R_1}\right)} = \frac{2\pi\varepsilon}{\ln \dfrac{R_1}{R_2}}, \qquad (2.12\text{-}26\text{b})$$

was aus Gl. (8) bekannt ist.

**h) Auf die Bestimmung von Kapazitäten durch graphische Verfahren** oder durch kombinierte graphische und rechnerische Verfahren wird ausdrücklich hingewiesen, vgl. Abschnitt 2.10.

**Energiebeziehungen. Kräfte**

Wegen Gl. (1) und der zu ihr genannten Voraussetzung kann die Energie des vollständigen elektrischen Feldes des Kondensators der Kapazität $C$ angegeben werden durch

$$W_e = \frac{1}{2} Q_1 U_{12} = \frac{1}{2} U_{12}^2 C = \frac{1}{2} \frac{Q_1^2}{C}. \qquad (2.12\text{-}27)$$

Der Ausdruck ist typisch für die Fernwirkungstheorie, da er für die Energie nicht den felderfüllten nichtleitenden Raum verantwortlich macht, sondern die Ladung der Elektroden und die Spannung zwischen diesen.

Wird in einem quasistatischen Vorgang der Abstand der Elektroden voneinander verkleinert oder ihre wirksame Fläche vergrößert, so wird mechanische Arbeit verrichtet und die Kapazität vergrößert. (Wir neh-

[1] Schreibt man die Form $C' = 2\pi\varepsilon/\ln x$, die hier in den Gln. (25, 25a, 26, 26a) und auch später in den Gln. (2.12-72, 73, 79) auftritt, zur Auswertung um in $C' = 2\pi\varepsilon_r\varepsilon_0/\ln 10 \cdot \lg x$, so ist der universelle Faktor $2\pi\varepsilon_0/\ln 10 = 2{,}41 \cdot 10^{-11}$ As/Vm $= 24{,}1$ pF/m $= 24{,}1$ nF/km.

men hier der Einfachheit halber an, daß die Vorgänge durch die Veränderung nur eines Lageparameters beschrieben werden können.) Die Verhältnisse lassen sich in zwei Grenzfällen besonders einfach überblicken:

a) Der Kondensator ist isoliert, er ist, energetisch gesehen, ein abgeschlossenes System. Daher ist $Q = \text{const}$ während des Vorganges, Abb. 2.37.
Die Energie $W_e = Q_1 U_{12}/2$ und die Kapazität $C = Q_1/U_{12}$ werden am Anfang dargestellt durch das Dreieck $OAD$ und durch $\tan \alpha_1$, am Ende durch das Dreieck $OBD$ und durch $\tan \alpha_2$. Die auf Kosten der Energie $W_e$ und der Verkleinerung der Spannung während des Vorganges verrichtete mechanische Arbeit $A$ wird daher durch das Dreieck $OAB$ dargestellt. Allgemeiner: es ist

$$\mathrm{d}A = -\mathrm{d}W_e \quad \text{bei} \quad Q = \text{const} \tag{2.12-28}$$

und daher unter dieser Voraussetzung

$$F_s = -\frac{\partial W_e}{\partial s} = -\frac{Q^2}{2}\frac{\partial}{\partial s}\left(\frac{1}{C}\right), \tag{2.12-29}$$

wenn unter $s$ der den Bewegungsvorgang beschreibende Lageparameter verstanden wird. Zum Beispiel wird beim Plattenkondensator nach Gl. (20) bei Verkleinerung des Abstandes $d$

$$F_d = -\frac{Q_1^2}{2\varepsilon a} \tag{2.12-30}$$

unabhängig von $d$.

b) Der Kondensator wird während des Vorganges auf konstanter Spannung gehalten, $U = \text{const}$. Da durch den Vorgang die Kapazität vergrößert wird, nimmt auch die Ladung und die Energie zu; dieser Zuwachs muß also von außen aufgebracht werden: Der Kondensator ist an eine äußere Energiequelle angeschlossen, Abb. 2.38.

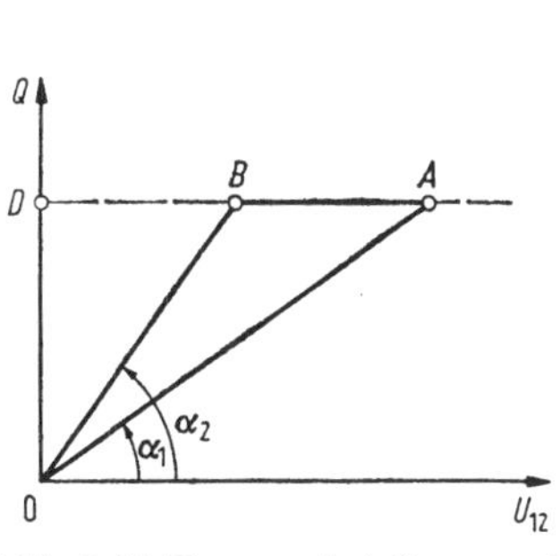

Abb. 2.37 Vorgang bei $Q = \text{const.}$

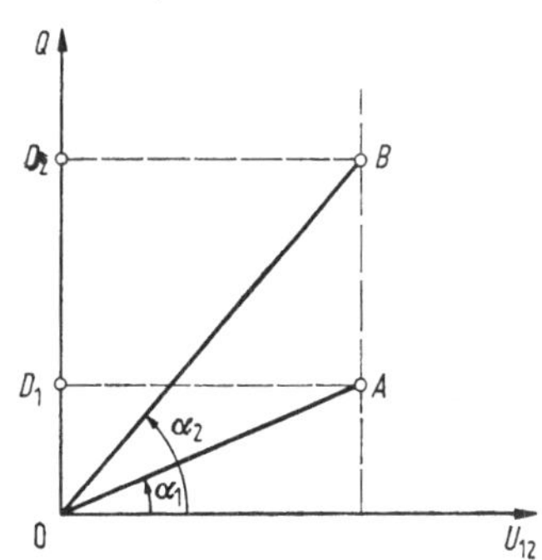

Abb. 2.38 Vorgang bei $U = \text{const.}$

Die Energie $W_e$ und die Kapazität $C$ werden am Anfang des Vorganges dargestellt durch das Dreieck $OAD_1$ und durch $\tan \alpha_1$, am Ende durch das Dreieck $OBD_2$ und durch $\tan \alpha_2$. Das Dreieck $OAB$ stellt die während des Vorganges verrichtete mechanische Arbeit $A$ als die Differenz der elektrischen Energie am Anfang und am Ende dar. Die gesamte zugeführte Energie aber wird durch das Rechteck $D_1D_2BA$ dargestellt, das doppelt so groß ist wie das Dreieck $OAB$. Die gesamte zugeführte Energie teilt sich also zu *gleichen* Teilen auf in Vergrößerung der elektrischen Energie und mechanische Arbeit. Allgemeiner: es ist

$$\mathrm{d}A = +\mathrm{d}W_e \quad \text{bei} \quad U = \text{const} \tag{2.12-31}$$

und daher unter dieser Voraussetzung

$$F_s = \frac{\partial W_e}{\partial s} = \frac{U^2}{2} \frac{\partial C}{\partial s}. \tag{2.12-32}$$

Zum Beispiel wird beim Plattenkondensator

$$F_d = -\frac{U_{12}^2 \varepsilon a}{2} \frac{1}{d^2} \tag{2.12-33}$$

proportional zu $d^{-2}$.

Den allgemeinen Vorgang, bei dem sich Ladung und Spannung ändern, kann man erfassen, wenn man die Übergangskurve vom Anfangs- zum Endzustand kennt, Abb. 2.39, indem man diese in elementare Stufen $Q$ = const und $U$ = const teilt. Die mechanische Arbeit zum Beispiel wird durch die Fläche dargestellt, deren Rand die Kurve $OABO$ ist.

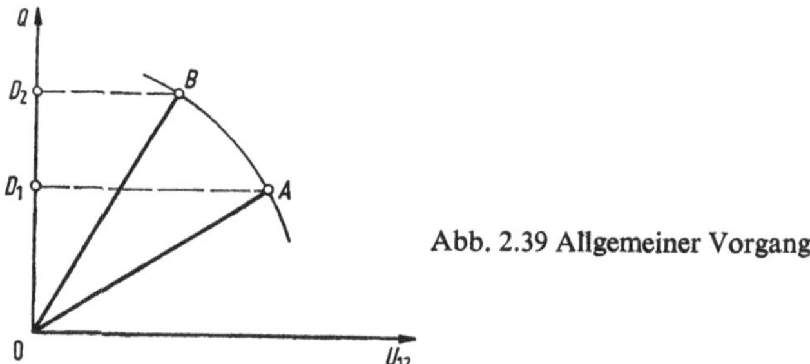

Abb. 2.39 Allgemeiner Vorgang.

**Teilkapazitäten**

Wir betrachten weiterhin vollständige Felder unter der Voraussetzung homogener isotroper linear wirkender Dielektrika, vgl. Abschnitt 2.10; Schichtungen solcher sind in der dort gezeigten Weise zugelassen. Wir verlassen die bisher gemachte Voraussetzung, daß das Feld nur zwei

Ladungsträger (Elektroden) enthalte, von denen also der eine die vollständige Quelle, der andere die vollständige Senke des elektrischen Flusses ist. In Wirklichkeit ist diese Voraussetzung nur selten erfüllt, in Strenge nur, wenn die eine Elektrode die andere vollständig umhüllt, wie das zum Beispiel beim Kugelkondensator der Fall ist.

Wir nehmen im beschriebenen Dielektrikum eingebettet $n$ Körper $L_1, L_2, \ldots, L_n$ aus gleichem, homogenem, leitendem Material an (die auch hier Elektroden genannt werden können). Ihre Potentiale bezeichnen wir mit $\varphi_1, \varphi_2, \ldots, \varphi_n$, ihre Ladungen mit $Q_1, Q_2, \ldots, Q_n$.

Eine Beschreibung der Verhältnisse erhalten wir auf folgende Weise: Es seien zunächst die Ladungen aller Leiter einzeln Null, ausgenommen die Ladung $Q_1$ des Leiters $L_1$. Dann sind die Potentiale aller Leiter proportional zu $Q_1$:

$$\varphi_1 = \alpha_{11} Q_1, \quad \varphi_2 = \alpha_{21} Q_1, \ldots, \quad \varphi_n = \alpha_{n1} Q_1.$$

Sind die Ladungen aller Leiter einzeln Null, ausgenommen die Ladung $Q_2$ des Leiters $L_2$, so sind die Potentiale der Leiter in der gleichen Reihenfolge

$$\varphi_1 = \alpha_{12} Q_2, \quad \varphi_2 = \alpha_{22} Q_2, \ldots, \quad \varphi_n = \alpha_{n2} Q_2.$$

Unter der gemachten Voraussetzung überlagern sich aber auch die Felder der einzelnen Ladungsträger und somit die Leiterpotentiale linear, die Potentiale sind linearhomogene Funktionen der Ladungen und umgekehrt. Wir können also schreiben

$$\begin{aligned} \varphi_1 &= \alpha_{11} Q_1 + \alpha_{12} Q_2 + \cdots + \alpha_{1n} Q_n, \\ \varphi_2 &= \alpha_{21} Q_1 + \alpha_{22} Q_2 + \cdots + \alpha_{2n} Q_n, \\ &\;\;\vdots \\ \varphi_n &= \alpha_{n1} Q_1 + \alpha_{n2} Q_2 + \cdots + \alpha_{nn} Q_n \end{aligned} \tag{2.12-34}$$

oder auch

$$\varphi_i = \sum_{k=1}^{n} \alpha_{ik} Q_k, \quad i = 1, 2, \ldots, n. \tag{2.12-34a}$$

Die Koeffizienten $\alpha$ heißen *Potentialkoeffizienten.* Sie sind ausnahmslos positiv, hängen nicht von den Ladungen und also nicht von der Ausbildung des Feldes im gegebenen einzelnen Falle ab, sie sind vielmehr gegeben durch die gegenseitigen Lagen und die Gestalten der einzelnen leitenden Körper: Sie sind, abgesehen von dem gemeinsamen Faktor $1/\varepsilon$, rein geometrisch bestimmte *Konstanten.*

Man kann, bei nicht verschwindender Determinante der Koeffizienten $\alpha$, das System der Gl. (34) auf bekannte Weise nach den Ladungen auflösen und erhält

$$\begin{aligned} Q_1 &= \beta_{11}\varphi_1 + \beta_{12}\varphi_2 + \cdots + \beta_{1n}\varphi_n, \\ Q_2 &= \beta_{21}\varphi_1 + \beta_{22}\varphi_2 + \cdots + \beta_{2n}\varphi_n, \\ &\cdot \\ &\cdot \\ &\cdot \\ Q_n &= \beta_{n1}\varphi_1 + \beta_{n2}\varphi_2 + \cdots + \beta_{nn}\varphi_n \end{aligned} \qquad (2.12\text{-}35)^1$$

oder auch

$$Q_i = \sum_{k=1}^{n} \beta_{ik}\varphi_k, \quad i = 1, 2, \ldots, n. \qquad \mathbf{(2.12\text{-}35a)}$$

Man nennt die Koeffizienten $\beta$ die *Kapazitätskoeffizienten.* Mit ihnen kann man zum Beispiel die aus Gl. (2.4-5) bekannte gesamte Energie

$$W_e = \tfrac{1}{2} \sum_{1}^{n} \varphi_k Q_k \qquad (2.12\text{-}36)$$

als homogene quadratische Funktion der Potentiale ausdrücken:

$$\begin{aligned} W_e &= \tfrac{1}{2} \sum_{1}^{n} \varphi_i \sum_{1}^{n} \beta_{ik}\varphi_k \\ &= \tfrac{1}{2}\beta_{11}\varphi_1^2 + \beta_{12}\varphi_1\varphi_2 + \cdots + \tfrac{1}{2}\beta_{nn}\varphi_n^2. \end{aligned} \qquad \mathbf{(2.12\text{-}37)}$$

In Gl. (35) und (37) ist

$$\beta_{ki} = \beta_{ik} \qquad \mathbf{(2.12\text{-}38)}$$

und deswegen auch in Gl. (34)

$$\alpha_{ki} = \alpha_{ik}. \qquad (2.12\text{-}38\text{a})$$

Es ist nämlich, wenn man $W_e$ als Funktion der $\varphi$ auffaßt,

$$\frac{\partial W_e}{\partial \varphi_k} = Q_k \qquad (2.12\text{-}39)$$

und also

$$\begin{aligned} \frac{\partial^2 W_e}{\partial \varphi_k \partial \varphi_i} &= \frac{\partial Q_k}{\partial \varphi_i} = \beta_{ki} = \frac{\partial Q_i}{\partial \varphi_k} = \beta_{ik}, \\ k = i\colon \quad \frac{\partial^2 W_e}{\partial \varphi_i^2} &= \frac{\partial Q_i}{\partial \varphi_i} = \beta_{ii}. \end{aligned} \qquad (2.12\text{-}39\text{a})$$

Aus dem System Gl. (35) sieht man auch: Haben alle Leiter das Potential Null mit Ausnahme des Leiters $L_i$ und hat dieser das Potential $\varphi$, so hat der beliebige Leiter $L_k$ die Ladung $Q_k = \beta_{ki}\varphi$; hat statt des Leiters $L_i$ der Leiter $L_k$ das Potential $\varphi$ und haben alle anderen Leiter, also

[1] Ist die ($n$-reihige) Determinante $\Delta$ der $\alpha_{ik}$ von Null verschieden und ist $\Delta_{ik}$ die zur Stelle $i, k$ gehörende Unterdeterminante, so ist $\beta_{ik} = \Delta_{ik}/\Delta$. Die Matrix der $\beta_{ik}$ ist die inverse Matrix der Matrix der $\alpha_{ik}$.

auch der Leiter $L_i$, das Potential Null, so ist dessen Ladung $Q_i = \beta_{ik}\varphi$. Sind nun im speziellen $L_i$ und $L_k$ punktförmige Ladungsträger, ist $r_{ik}$ ihr Abstand voneinander, so gilt

$$\varphi_k = \frac{1}{4\pi\varepsilon}\frac{Q_i}{r_{ik}}, \quad \varphi_i = \frac{1}{4\pi\varepsilon}\frac{Q_k}{r_{ik}};$$

es soll aber, wie gesagt wurde, $\varphi_k = \varphi_i = \varphi$ sein, daher ist notwendig $Q_i = Q_k$. Hieraus folgt wiederum Gl. (38).

Jedes der $n$ Potentiale $\varphi_1, \varphi_2, \ldots, \varphi_n$ der $n$ Elektroden dürfen und wollen wir verstehen als Differenz gegenüber einem gemeinsamen Bezugspotential $\varphi_0$, dem wir den Wert Null gegeben haben (zwar willkürlich, jedoch ohne daß dadurch die Allgemeinheit der physikalischen Aussagen beschränkt wird; vgl. (2.2-13) und Abschnitt 2.10). Der Ort, an dem der Bezugswert $\varphi_0 = 0$ besteht, kann gegebenenfalls auf einer im Unendlichen gelegenen Hüllfläche gedacht werden. In anderen Fällen kann man den gemeinsamen Bezugswert $\varphi_0$ einem Leiter erteilen, der dann Nulleiter genannt wird. Der Nulleiter kann zum Beispiel eine geschlossene leitende Fläche sein, die die im Dielektrikum eingebetteten Leiter umhüllt. Befinden sich Leiter in einem dielektrischen Halbraum, der von einer leitenden Ebene begrenzt wird, so wählt man diese als Nulleiter. Dann kann es für die Anschauung und für die Rechnung zweckmäßig sein, den Nulleiter nicht unter die eingangs genannten $n$ Leiter zu zählen. Seine Ladung ist dann

$$Q_0 = -\sum_1^n Q_i, \tag{2.12-40}$$

denn an der Voraussetzung, daß das Feld ein vollständiges Feld ist, muß festgehalten werden.

Läßt man nämlich, nach bisheriger Ausdrucksweise, das Leitersystem aus einer einzigen Elektrode bestehen, $n = 1$, so kann man den dann von Gl. (35) übrig bleibenden Ausdruck

$$Q_i = \beta_{ii}\varphi_i$$

so verstehen, daß man $\beta_{ii}$ auslegt als die Kapazität des Leiters $L_i$ gegen den Nulleiter. Dieser kann, wie das beim Kugelkondensator gefunden wurde, auch in unendlicher Entfernung liegen. Besteht die Anordnung nicht aus einem Leiter, sondern aus $n$ Leitern außer dem Nulleiter, so sind die $\beta_{ii}$ natürlich nicht etwa die Kapazitäten gegen den Nulleiter, die bestünden, wenn nur jeweils der Leiter $L_i$ vorhanden wäre ($i = 1, 2, \ldots, n$), vielmehr sind die $\beta_{ii}$ ebenso, wie die $\beta_{ik}$, gegeben durch die gegenseitigen Lagen und die Formen aller Leiter, den (im Endlichen liegenden) Nulleiter eingeschlossen.

Wir wollen nunmehr die Ladungen $Q_i$ ausdrücken als linearhomogene Funktionen von Potentialdifferenzen, die unmittelbar als elektrische Spannungen gemessen werden können. Die Gln. (35) können umgeformt werden in

$$\begin{aligned} Q_1 &= C_{11}\varphi_1 + C_{12}(\varphi_1 - \varphi_2) + \cdots + C_{1n}(\varphi_1 - \varphi_n), \\ Q_2 &= C_{21}(\varphi_2 - \varphi_1) + C_{22}\varphi_2 + \cdots + C_{2n}(\varphi_2 - \varphi_n), \\ &\;\;\vdots \\ Q_n &= C_{n1}(\varphi_n - \varphi_1) + C_{n2}(\varphi_n - \varphi_2) + \cdots + C_{nn}\varphi_n \end{aligned}$$

oder auch

$$Q_i = C_{ii}\varphi_i + \sum_k C_{ik}(\varphi_i - \varphi_k); \quad k \neq i. \qquad (2.12\text{-}41\,\mathrm{a})$$

Hier sind die $\varphi_i - \varphi_k$ die Spannungen von den Leitern $L_i$ zu den Leitern $L_k$, die $\varphi_i$ sind Spannungen von den Leitern $L_i$ zum Nulleiter, dessen Potential $\varphi_0 = 0$ gesetzt ist:

$$\varphi_i - \varphi_k = U_{ik}, \quad \varphi_i - 0 = U_{i0},$$

daher ist auch

$$Q_i = C_{ii}U_{i0} + \sum_k C_{ik}U_{ik}; \quad k \neq i. \qquad \mathbf{(2.12\text{-}41}\,\mathrm{b})$$

Die Koeffizienten $C_{ik}$ heißen *Teilkapazitäten* zwischen jeweils zwei Leitern: die $C_{ii}$ also zwischen den $L_i$ und dem Nulleiter (in endlicher oder in unendlicher Entfernung), die $C_{ik}$, $k \neq i$, zwischen den $L_i$ und den $L_k$. Ebenso wie die Potentialkoeffizienten und die Kapazitätskoeffizienten sind die Teilkapazitäten nicht abhängig von den $Q_i$ und $\varphi_i$, also nicht abhängig von der speziellen Ausbildung des durch die $Q_i$ und $\varphi_i$ gegebenen Feldes, sie sind nur bestimmt durch die gegenseitige Lage und die Formen der Elektroden und durch die Dielektrizitätskonstante. Ebenso wie alle Potentialkoeffizienten sind auch alle Teilkapazitäten positiv.

Durch Vergleich der Koeffizienten der Gln. (35a) und (41a) findet man die Teilkapazitäten aus gegebenen Kapazitätskoeffizienten

$$\begin{aligned} C_{ii} &= \sum_{k=1}^{n} \beta_{ik}, \quad i = 1, 2, \ldots, n, \\ C_{ik} &= -\beta_{ik}; \quad k \neq i, \quad k \neq 0 \end{aligned} \qquad (2.12\text{-}42)$$

und die Kapazitätskoeffizienten aus gegebenen (zum Beispiel gemessenen) Teilkapazitäten

$$\begin{aligned} \beta_{ii} &= \sum_{k=1}^{n} C_{ik}, \quad i = 1, 2, \ldots, n, \\ \beta_{ik} &= -C_{ik}, \quad k \neq i, \quad k \neq 0. \end{aligned} \qquad (2.12\text{-}42\,\mathrm{a})$$

Wegen $\beta_{ki} = \beta_{ik}$ nach Gl. (39a) ist auch

$$C_{ki} = C_{ik}. \tag{2.12-43}$$

Nach dem Satz vom elektrischen Hüllenfluß ist jedes $Q_i$ gleich mit dem gesamten elektrischen Fluß $\mathring{\Psi}$ des Leiters $L_i$. Ist also in einem ersten Beispiel $\varphi_i > 0$, aber jedes andere $\varphi_k = 0$, so ist

$$Q_i = (C_{i1} + C_{i2} + \cdots + C_{in})\,\varphi_i,$$
$$Q_k = -C_{ik}\varphi_i, \quad k \neq i;$$

der elektrische Fluß, der auf der Oberfläche des Leiters $L_i$ entspringt, mündet auf den Oberflächen aller anderen Leiter; wird unter diesen ein einziger, nämlich $L_k$, ins Auge gefaßt, so ist $Q_k$ der elektrische Fluß zwischen $L_i$ und $L_k$ ein Teil des gesamten Flusses $Q_i$ des Leiters $L_i$. Ist zweitens $\varphi_k \neq 0$, so ist $Q_{ki} = C_{ki}(\varphi_k - \varphi_i)$ der elektrische Fluß von $L_k$ nach $L_i$. Ist schließlich einzig $\varphi_h = 0$, wobei $h \neq i$, $h \neq k$, so besteht kein elektrischer Fluß zwischen $L_i$ und $L_k$, obwohl $Q_i \neq 0$, $Q_k \neq 0$ ist. – Die Teilkapazitäten sind somit einzeln meßbar.

Mit den Teilkapazitäten wird die gesamte elektrische Energie des Systems durch

$$W_e = \tfrac{1}{2}\sum_i C_{ii}U_{i0}^2 + \tfrac{1}{2}\sum_{i,k} C_{ik}U_{ik}^2 \tag{2.12-44}$$

ausgedrückt ($i = 1, 2, \ldots, n$, $k = 1, 2, \ldots, n$, $k \neq i$).

Für $n = 2$ wird aus Gl. (34) mit Rücksicht auf Gl. (38a)

$$\begin{aligned} \varphi_1 &= \alpha_{11}Q_1 + \alpha_{12}Q_2,\\ \varphi_2 &= \alpha_{12}Q_1 + \alpha_{22}Q_2, \end{aligned} \tag{2.12-45}$$

und aus Gl. (34) mit Rücksicht auf Gl. (38)

$$\begin{aligned} Q_1 &= \beta_{11}\varphi_1 + \beta_{12}\varphi_2,\\ Q_2 &= \beta_{12}\varphi_1 + \beta_{22}\varphi_2. \end{aligned} \tag{2.12-46}$$

Daher werden die $\beta$ aus gegebenen $\alpha$

$$\begin{aligned} &\beta_{11} = \alpha_{22}/A, \quad \beta_{22} = \alpha_{11}/A,\\ &\beta_{12} = -\alpha_{12}/A, \quad A = \alpha_{11}\alpha_{22} - \alpha_{12}^2, \end{aligned} \tag{2.12-47}$$

und die $\alpha$ aus gegebenen $\beta$

$$\begin{aligned} &\alpha_{11} = \beta_{22}/B, \quad \alpha_{22} = \beta_{11}/B,\\ &\alpha_{12} = -\beta_{12}/B, \quad B = \beta_{11}\beta_{22} - \beta_{12}^2 = 1/A. \end{aligned} \tag{2.12-48}$$

Für ein System, das aus den Leitern $L_1$ und $L_2$ mit den Ladungen $Q_1$ und $Q_2$ und dem Nulleiter mit der Ladung $Q_0$ besteht, gilt nach

Gl. (41), (43) und (40)

$$Q_1 = C_{11}\varphi_1 + C_{12}(\varphi_1 - \varphi_2),$$
$$Q_2 = C_{22}\varphi_2 + C_{12}(\varphi_2 - \varphi_1), \tag{2.12-49}$$
$$Q_0 = -(Q_1 + Q_2) = -C_{11}\varphi_1 - C_{22}\varphi_2,$$

nach Gl. (41a) gleichbedeutend mit

$$Q_1 = C_{11}U_{10} + C_{12}U_{12},$$
$$Q_2 = C_{22}U_{20} - C_{12}U_{12}, \tag{2.12-50}$$
$$Q_0 = -C_{11}U_{10} - C_{22}U_{20},$$

siehe das Schema Abb. 2.40. Für die drei Teilspannungen gilt

$$U_{12} + U_{20} - U_{10} = \mathring{U} = 0, \tag{2.12-51}$$

nur zwei Teilspannungen sind voneinander unabhängig.

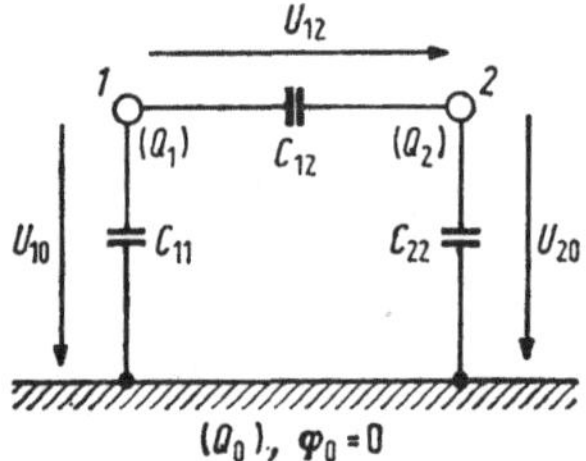


Abb. 2.40 Zwei Leiter und Nulleiter, Schema der Teilkapazitäten.

Aus gegebenen $\beta$ werden hier die $C$ nach Gl. (42)

$$C_{11} = \beta_{11} + \beta_{12}, \quad C_{22} = \beta_{22} + \beta_{12},$$
$$C_{12} = -\beta_{12}, \tag{2.12-52}$$

und nach Gl. (42a) die $\beta$ aus gegebenen $C$

$$\beta_{11} = C_{11} + C_{12}, \quad \beta_{22} = C_{22} + C_{12},$$
$$\beta_{12} = -C_{12}. \tag{2.12-53}$$

Nach Gl. (52) und (47) werden die $C$ aus gegebenen $\alpha$

$$C_{11} = \frac{\alpha_{22} - \alpha_{12}}{A}, \quad C_{22} = \frac{\alpha_{11} - \alpha_{12}}{A},$$
$$C_{12} = \frac{\alpha_{12}}{A} \tag{2.12-54}$$

und daher die $\alpha$ aus gegebenen $C$

$$\alpha_{11} = \frac{C_{22} + C_{12}}{D},$$
$$\alpha_{22} = \frac{C_{11} + C_{12}}{D}, \qquad (2.12\text{-}55)$$
$$\alpha_{12} = \frac{C_{12}}{D}; \quad D = C_{11}C_{22} + C_{11}C_{12} + C_{22}C_{12}.$$

Sind also die Teilkapazitäten positive Größen, so sind das auch die Potentialkoeffizienten.

Die elektrische Energie des Systems kann man nach Gl. (37) und (38) ausdrücken durch

$$W_e = \tfrac{1}{2}\beta_{11}\varphi_1^2 + \beta_{12}\varphi_1\varphi_2 + \tfrac{1}{2}\beta_{22}\varphi_2^2. \qquad (2.12\text{-}56)$$

Nur $W_e \geqq 0$ ist sinnvoll, vgl. Abschnitt 2.4. Hieraus folgt, indem man zuerst $\varphi_2 = 0$, $\varphi_1 \neq 0$, dann $\varphi_1 = 0$, $\varphi_2 \neq 0$ setzt,

$$\beta_{11} \geqq 0, \quad \beta_{22} \geqq 0. \qquad (2.12\text{-}57)$$

Betrachtet man hierauf $W_e$ bei beliebigem, aber konstantem Wert $\varphi_1$ in Abhängigkeit von $\varphi_2$, so liegt das Minimum dieser Funktion für

$$\varphi_2 = -\frac{\beta_{12}}{\beta_{22}}\varphi_1$$

vor und hat den Wert

$$(W_e)_{\min} = \frac{1}{2}\varphi_1^2\left(\beta_{11} - \frac{\beta_{12}^2}{\beta_{22}}\right).$$

Da dieses Minimum nach Voraussetzung nicht negativ sein kann, ist

$$B = \beta_{11}\beta_{22} - \beta_{12}^2 \geqq 0. \qquad (2.12\text{-}58)$$

Hieraus folgt erstens

$$0 \leqq \beta_{12}^2 < \beta_{11}\beta_{22}; \qquad (2.12\text{-}59)$$

der untere Wert Null ist trivial, die obere Schranke ist es nicht. Es ist daher sinnvoll, durch

$$\frac{|\beta_{12}|}{+\sqrt{\beta_{11}\beta_{22}}} = k = \frac{C_{12}}{+\sqrt{(C_{11} + C_{12})(C_{22} + C_{12})}} \qquad (2.12\text{-}60)$$

den Faktor der elektrischen Kopplung zu definieren; $0 \leqq k < 1$.

Es folgt zweitens $A > 0$ aus $B > 0$, denn es ist $A = 1/B$, und daher $\beta_{12} < 0$ aus positiven Potentialkoeffizienten.

Das in Abb. 2.40 veranschaulichte Leitersystem nennt man gegen den Nulleiter geometrisch symmetrisch, wenn $C_{22} = C_{11}$ ist. Dann ist nach Gl. (50)

$$\left.\begin{aligned} Q_1 &= C_{11}U_{10} + C_{12}U_{12}, \\ Q_2 &= C_{11}U_{20} - C_{12}U_{12}, \\ Q_0 &= -C_{11}(U_{10} + U_{20}). \end{aligned}\right\} \qquad (2.12\text{-}61)$$

Man nennt das Leitersystem gegen den Nulleiter spannungssymmetrisch, wenn

$$U_{10} = -U_{20} = \tfrac{1}{2}\, U_{12} \qquad (2.12\text{-}62)$$

ist, vgl. Gl. (51). Dann ist

$$\left.\begin{aligned} Q_1 &= (\tfrac{1}{2}\, C_{11} + C_{12})\, U_{12}, \\ Q_2 &= -(\tfrac{1}{2}\, C_{22} + C_{12})\, U_{12}, \\ Q_0 &= \tfrac{1}{2}\,(C_{22} - C_{11})\, U_{12}. \end{aligned}\right\} \qquad (2.12\text{-}63)$$

Liegen beide Symmetrien gegen den Nulleiter vor, so ist

$$\begin{aligned} Q_1 &= (\tfrac{1}{2}\, C_{11} + C_{12})\, U_{12}, \\ Q_2 &= -Q_1, \quad Q_0 = 0. \end{aligned} \qquad (2.12\text{-}64)$$

Daher ist in diesem Falle das elektrische Ersatzbild ein aus den Elektroden $L_1$ und $L_2$ gebildeter Kondensator, dessen Kapazität den Wert $\frac{1}{2}\, C_{11} + C_{12}$ hat.

**Beispiel für die Bestimmung von Teilkapazitäten.** Zwei sehr lange kreiszylindrische Leiter mit parallelen Achsen parallel zu einer sehr ausgedehnten ebenen Leiteroberfläche: Paralleldrahtleitung über Erde, Abb. 2.41. Die Durchmesser $d_1$ und $d_2$ der Drähte seien klein gegen $a$, $h_1$, $h_2$.

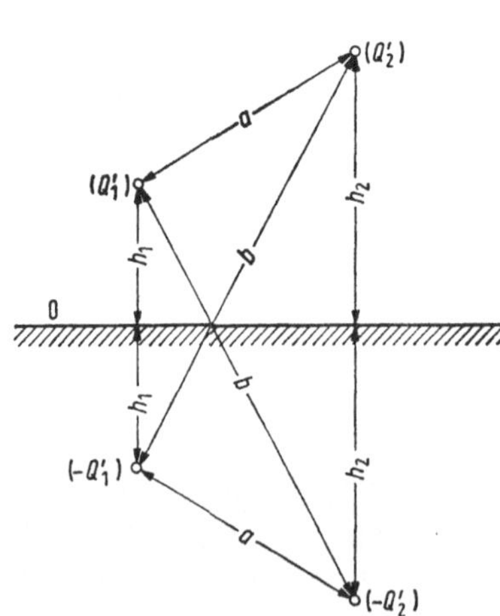


Abb. 2.41 Zwei parallele Drähte über ebenem, leitendem Erdboden und Spiegelbilder.

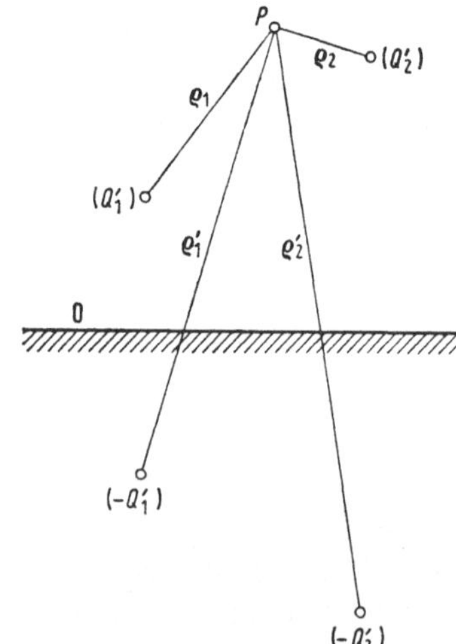


Abb. 2.42 Zwei parallele Linienquellen und ebene Leiteroberfläche sowie Spiegelgrößen.

Vorbereitend betrachten wir zwei Linienquellen an den Orten der Drahtachsen mit den Ladungsbelägen $Q_1'$ und $Q_2'$. In Abb. 2.42 sind diese und ihre Spiegelgrößen (vgl. Abschnitt 2.11) eingetragen. In einem beliebigen Feldpunkt $P$ ist dann das Potential als Summe der Beiträge der zwei Ladungsträger

$$\varphi_P = \frac{Q_1'}{2\pi\varepsilon} \ln \frac{\varrho_1'}{\varrho_1} + \frac{Q_2'}{2\pi\varepsilon} \ln \frac{\varrho_2'}{\varrho_2} \tag{2.12-65}$$

wegen Gl. (2.5-11). An der Oberfläche $(d_1/2)$ des Leiters *1* und mit den in Abb. 2.41 eingetragenen Längen wird

$$\varphi_1 = \frac{Q_1'}{2\pi\varepsilon} \ln \left(\frac{4h_1}{d_1}\right) + \frac{Q_2'}{2\pi\varepsilon} \ln \left(\frac{b}{a}\right), \tag{2.12-66}$$

an der Oberfläche $(d_2/2)$ des Leiters *2*

$$\varphi_2 = \frac{Q_2'}{2\pi\varepsilon} \ln \left(\frac{4h_2}{d_2}\right) + \frac{Q_1'}{2\pi\varepsilon} \ln \left(\frac{b}{a}\right). \tag{2.12-67}$$

Diese Gleichungen sind von der Form

$$\begin{aligned} \varphi_1 &= \alpha_{11}' Q_1' + \alpha_{12}' Q_2', \\ \varphi_2 &= \alpha_{12}' Q_1' + \alpha_{22}' Q_2'. \end{aligned} \tag{2.12-68}$$

Die gesuchte Form ist

$$\begin{aligned} Q_1' &= C_{11}' U_{10} + C_{12}' U_{12}, \\ Q_2' &= C_{22}' U_{20} - C_{12}' U_{12} \end{aligned} \tag{2.12-69}$$

gemäß Gl. (50). Die $C'$ ergeben sich aus den $\alpha'$ nach Gl. (54). Mit

$$A' = \alpha_{11}'\alpha_{22}' - \alpha_{12}'^2 = \frac{1}{2\pi\varepsilon} \left\{ \ln\left(\frac{4h_1}{d_1}\right) \ln\left(\frac{4h_2}{d_2}\right) - \ln^2\left(\frac{b}{a}\right) \right\} \tag{2.12-70}$$

wird unmittelbar erhalten

$$\left.\begin{aligned} C_{11}' &= \frac{\alpha_{22}' - \alpha_{12}'}{A'} = \frac{1}{2\pi\varepsilon A'} \left\{ \ln\left(\frac{4h_2}{d_2}\right) - \ln\left(\frac{b}{a}\right) \right\}, \\ C_{22}' &= \frac{\alpha_{11}' - \alpha_{12}'}{A'} = \frac{1}{2\pi\varepsilon A'} \left\{ \ln\left(\frac{4h_1}{d_1}\right) - \ln\left(\frac{b}{a}\right) \right\}, \\ C_{12}' &= \frac{\alpha_{12}'}{A'} = \frac{1}{2\pi\varepsilon A'} \ln\left(\frac{b}{a}\right). \end{aligned}\right\} \tag{2.12-71}$$

Liegen die zwei Drähte senkrecht übereinander, so ist in Gln. (66) bis (71) zu setzen

$$a = h_2 - h_1, \quad b = h_2 + h_1.$$

Liegen die Drähte waagerecht nebeneinander, so ist

$$h_1 = h_2 = h, \quad b = \sqrt{4h^2 + a^2}.$$

Sind außerdem noch die Durchmesser der Drähte gleich groß, $d_1 = d_2 = d$, so wird in diesem zweiten Fall

$$C'_{11} = C'_{22} = \frac{2\pi\varepsilon}{\ln\left(\frac{4hw}{d}\right)}, \tag{2.12-72}$$

$$C'_{12} = \frac{2\pi\varepsilon \ln w}{\ln\left(\frac{4hw}{d}\right)\ln\left(\frac{4h}{wd}\right)} \tag{2.12-73}$$

mit

$$w = \sqrt{\left(\frac{2h}{a}\right)^2 + 1}. \tag{2.12-74}$$

Es ist also – selbstverständlich – $C'_{11} = C'_{22}$ im allgemeinen wesentlich verschieden von dem Kapazitätsbelag des einzelnen Drahtes über Erde nach Gl. (25a), und ebenso $C'_{12}$ von dem Kapazitätsbelag der Doppeldrahtleitung nach Gl. (25).

Liegt noch zusätzlich Spannungssymmetrie gegen den Nulleiter vor, Gl. (62), so ist nach Gl. (64) das elektrische Ersatzbild der Leiteranordnung ein Kondensator mit dem Kapazitätsbelag

$$C'_{\text{sym}} = \tfrac{1}{2} C'_{11} + C'_{12}; \tag{2.12-75}$$

man nennt ihn den Betriebskapazitätsbelag der gegen Erde geometrisch symmetrischen Paralleldrahtleitung bei elektrisch symmetrischem Betrieb. Mit Gl. (72) bis (74) wird dieser

$$C'_{\text{sym}} = \frac{\pi\varepsilon}{\ln\left(\frac{4h}{dw}\right)}, \tag{2.12-76}$$

für $(2h/a^2) \gg 1$ daher auch

$$C'_{\text{sym}} = \frac{\pi\varepsilon}{\ln\left(\frac{2a}{d}\right)} \tag{2.12-77}$$

unabhängig von der Höhe $h$ der Drähte über Erde.

Sind die Drähte *1* und *2* miteinander leitend verbunden: $U_{12} = 0$, so ist

$$\frac{Q'_1}{U_{10}} = 2C'_{11} = C'_{\text{sim}} \tag{2.12-78}$$

der Betriebskapazitätsbelag dieses „Simultanbetriebes“, bei dem die Erde die Rückleitung ist. Wird nur ein Draht als Hinleitung, die Erde als Rückleitung benutzt, so hängt die Betriebskapazität davon ab, ob der zweite Draht isoliert oder geerdet ist. Im ersten Fall wird das Feld durch den zweiten Draht nicht wesentlich beeinflußt, der Betriebskapazitätsbelag ist daher angenähert gleich dem Kapazitätsbelag $C'$ der Eindrahtleitung über Erde nach Gl. (25a). Ist dagegen der zweite Draht geerdet, so ist $U_{20} = 0$ und daher

$$\frac{Q_1'}{U_{10}} = C_{10}' + C_{12}' = C_e' = \frac{2\pi\varepsilon \ln\left(\frac{4h}{d}\right)}{\ln\left(\frac{4hw}{d}\right)\ln\left(\frac{4h}{dw}\right)} \tag{2.12-79}$$

der Betriebskapazitätsbelag dieses „Eindrahtbetriebes". Er wird dem Wert $C'$ des Kapazitätsbelages der Eindrahtleitung über Erde nach Gl. (25a) um so ähnlicher, je mehr $w = \sqrt{(2h/a)^2 + 1}$ sich dem Wert Eins nähert, je weiter entfernt vom Draht *1* also der geerdete Draht *2* liegt. – Es ist $C_e' - C_{\text{sim}}'/4 = C_{\text{sym}}'$.

## 2.13 Inhomogene Leiter. Eingeprägte elektrische Feldstärke

Wir haben bisher homogene elektrische Leiter vorausgesetzt und dies auch überall betont. Aus dem stärksten Kennzeichen des elektrostatischen Feldes, nämlich der Wirbelfreiheit der elektrischen Feldstärke, ergab sich zwingend, daß das Innere homogener Leiter feldfrei ist, $\boldsymbol{E}_i = 0$ und deswegen $\varphi_1 = \text{const}$ (vgl. Abschnitt 2.2). Elektrisch leitende Körper können jedoch auch *inhomogen* sein: in chemischer Hinsicht, in thermischer Hinsicht und in beiderlei Hinsicht (einfachste Beispiele: galvanische Zelle, Thermoelement). Die dabei auftretenden Erscheinungen müssen in unserer makroskopischen Theorie ihren größenmäßigen Ausdruck finden.

Ein zusammenhängender, inhomogener leitender Körper, den wir uns in einem einfachen Beispiel aus Schichten verschiedener Substanzen gebildet denken, weist erfahrungsgemäß auf seinen beiden Endschichten, die also die Endflächen gegenüber dem nichtleitenden Außenraum bilden, permanente elektrische Ladungen von gleicher Größe und entgegengesetztem Vorzeichen auf und daher zwischen diesen Endflächen im nichtleitenden Außenraum ein andauerndes elektrisches Feld; zwischen den Endflächen besteht eine andauernde Potentialdifferenz. Es muß also das Linienintegral der elektrischen Feldstärke, von der einen zur anderen Endfläche *durch das Innere des leitenden Körpers* erstreckt, von Null verschieden sein, oder auch als verschärfte Aussage: Betrachten wir eine dünne Übergangsschicht, so muß in ihr die elektrische Feldstärke von Null verschieden und normal zur Trennfläche gerichtet sein. Es liegt daher nahe, anzunehmen, daß überall dort, wo die genannten

Eigenschaften eines Leiters sich örtlich ändern, die elektrostatische Feldstärke im Innern $\boldsymbol{E}_i$ gleich einer festen Vektorgröße $\boldsymbol{K}$ sei, die durch die Inhomogenität des leitenden Körpers gegeben und eine *an ihm haftende Eigenschaftsgröße* ist:

$$\boldsymbol{E}_i = \boldsymbol{K}. \tag{2.13-1}$$

Dies ist also eine Erweiterung der elektrostatischen Gleichgewichtsbedingung für leitende Körper.

Gl. (1) ist zunächst eine sehr allgemeine, eine pauschale Feststellung; über die örtliche Verteilung der Eigenschaftsgröße $\boldsymbol{K}$ ist nichts ausgesagt. Wir suchen zu einigen weniger allgemeinen Aussagen zu gelangen. Wenden wir den Satz vom elektrischen Hüllenfluß Gl. (2.3-9) auf das Innere des Leiters in der Weise an, daß die Hüllfläche eines Volumens ganz im Innern des Leiters liegt, so kommt mit $\boldsymbol{D} = \varepsilon \boldsymbol{E}$ und Gl. (1) zustande

$$\oint \varepsilon \boldsymbol{K} \cdot \mathrm{d}\boldsymbol{a} = (\Sigma Q)_\tau. \tag{2.13-2}$$

Über die Permittivität elektrischer Leiter, die im elektrostatischen Zustand nicht ermittelt werden kann, weiß man, daß sie größenordnungsmäßig nicht verschieden sein kann von den Permittivitäten homogener isotroper Dielektrika. Gl. (2) enthält somit die Aussage, daß das Innere homogener Leiter ($\boldsymbol{K} = 0$) frei von elektrischen Ladungen ist, und daß die Verteilung der Ladungen, die im Innern inhomogener leitender Körper vorhanden sind, dann angegeben werden kann, wenn die örtliche Verteilung der Eigenschaftsgrößen $\varepsilon$ und $\boldsymbol{K}$ bekannt sind. Sind also in einem einfachsten Beispiel zwei Leiter *1* und *2* durch eine sehr dünne Übergangsschicht der Dicke $d$ voneinander getrennt, sind in dieser $\varepsilon$ und $\boldsymbol{K}$ gegebene Größen und liegt $\boldsymbol{K}$ in der Richtung $s$ des kürzesten Weges von *1* nach *2*, so ist $\int_1^2 K_s \, \mathrm{d}s = \varphi_1 - \varphi_2$ der Potentialunterschied zwischen den Grenzflächen, $E_i = (\varphi_1 - \varphi_2)/d$ die Feldstärke in der Schicht, und auf den Grenzflächen liegen Ladungen mit den Flächendichten $\sigma = \pm(\varphi_1 - \varphi_2)\,\varepsilon/d$; es handelt sich also um eine elektrische Doppelschicht (vgl. Abschnitt 2.5), die eine *permanente Eigenschaft des Körpers* ist. Idealisierend spricht man bei den dünnen Übergangsschichten, die in der Natur vorkommen, auch von einem Sprung, also von einer unstetigen Änderung des Potentials. (Die Abstraktion der unendlich dünnen Schicht ist unbrauchbar, denn sie bedeutet eine unendlich große Feldstärke $\boldsymbol{E}_i = \boldsymbol{K}$ und damit unendlich große Feldenergiedichte.) Die Größen $\boldsymbol{K}$ und $\varphi_1 - \varphi_2$ sollen auch nicht etwa so verstanden werden, daß sie einzig und allein zur Beschreibung der Doppelschicht geeignet wären; wir haben vielmehr schon die Aussage Gl. (1) für eine *beliebige* Schichtung und also auch für eine kontinuierliche Änderung der örtlichen Eigenschaften gemacht. Befaßt man sich nur mit der elektrischen Wirkung des inhomogenen Leiters im nichtleitenden Außenraum, so ist $\boldsymbol{K}$ und daher $\boldsymbol{E}_i$ ein geeignet definierter Mittelwert zwischen den Endschichten des Körpers.

Wir rufen uns ins Gedächtnis zurück, daß das elektrische Feld, das wir voraussetzen, ein elektrostatisches und daher ein wirbelfreies Feld ist, rot $\boldsymbol{E} = 0$; unter dieser Voraussetzung mußte dem Innern inhomogener leitender Körper ein elektrisches Feld $\boldsymbol{E}_i$ zugeschrieben werden, wenn man mit der Erfahrung nicht in Widerspruch geraten wollte. Aber man hat auch schon, um die Aussage erhalten zu können, daß das elektrostatische Feld im Innern leitender Körper *ausnahmslos* Null ist, nicht die Feldstärke $\boldsymbol{E}$ unserer Definition (Abschnitt 2.1) als Feldstärke bezeichnet, sondern die Größe $\boldsymbol{E} - \boldsymbol{K} = \boldsymbol{E}^*$. Dann ist zwar im statischen Zustand $\boldsymbol{E}_i^* = 0$ sowohl für homogene, als auch für inhomogene leitende Körper, die Feldgröße $\boldsymbol{E}^*$ ist aber nicht wirbelfrei, auch nicht im statischen Zustand. Um dies einzusehen, denke man beispielsweise an einen zylindrischen leitenden Körper, dessen Eigenschaften sich in Richtung der Zylinderachse örtlich ändern, etwa einen aufgeschichteten. Dann ist am Zylinderumfang im Innern die Tangentialkomponente $\boldsymbol{E}_{ti}^* = 0$, außen ist sie $\boldsymbol{E}_{ta}^* = \boldsymbol{E}_{ta} \neq 0$. Am Zylinderumfang ist also die Tangentialkomponente nicht stetig, es besteht hier ein Flächenwirbel; die Feldgröße $\boldsymbol{E}^*$ des elektrostatischen Feldes ist nicht ausnahmslos wirbelfrei. Nun war aber die Wirbelfreiheit der elektrostatischen Feldstärke in unserer Begriffsbildung die erste und grundlegende Feststellung, sie konnte aus der Definition des statischen Zustandes Gl. (2.1-1) unmittelbar und zwingend gefolgert werden und hatte weitestreichende Folgen. Wir entscheiden uns daher an dieser Stelle dafür, nicht die Feldgröße $\boldsymbol{E}^*$, sondern *nur* $\boldsymbol{E}$ elektrische Feldstärke zu nennen. Dann und nur dann ist die einfache Aussage möglich: Wirbel der elektrischen Feldstärke treten *nur* dort auf, wo magnetische Felder zeitlich schwanken (Abschnitt 5.2); in *allen* anderen Fällen ist die elektrische Feldstärke wirbelfrei.

Die Eigenschaft der elektrostatischen Feldstärke $\boldsymbol{E}$, ein ausnahmslos wirbelfreies Feld zu sein, ist unabhängig davon, ob man für das Innere des leitenden Körpers die Vektorgröße $\boldsymbol{K}$ nach Gl. (1) oder die entgegengesetzt orientierte

$$-\boldsymbol{K} \equiv \boldsymbol{E}^e \qquad (2.13\text{-}3)$$

einführt. Tatsächlich wird am häufigsten die Größe $\boldsymbol{E}^e$ benutzt, sie wird *eingeprägte elektrische Feldstärke* genannt. (Dieser Vorzeichenwechsel kommt unter anderem der Anschauung vom stationären elektrischen Strömungsvorgang in Leitern entgegen, vgl. Abschnitt 3.1.) Somit gilt

$$\boldsymbol{E}_i = -\boldsymbol{E}^e. \qquad \mathbf{(2.13\text{-}4)}$$

In Abb. 2.43 sind die wirbelfreie Feldstärke im Innern und die eingeprägte elektrische Feldstärke $\boldsymbol{E}^{e}$ schematisch durch nebeneinander gezeichnete Pfeile angedeutet. – Die Abbildung ist so zu verstehen: Die Endflächen des schon mehrfach beschriebenen zylindrischen Körpers sind mit parallelen, ebenen, ausgedehnten Platten *1* und *2* leitend verbunden, die

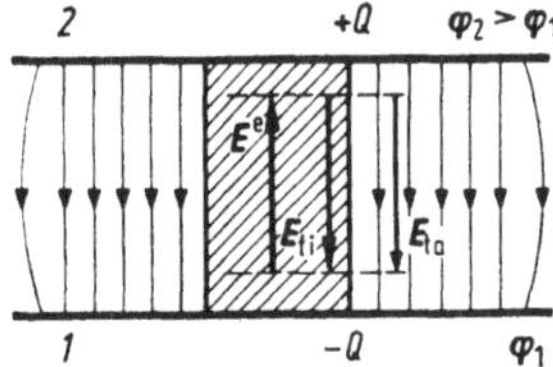


Abb. 2.43 Inhomogener leitender Körper, schematisch.

aus dem gleichen Metall bestehen, der übrige Außenraum ist ein homogenes isotropes Dielektrikum. Dann sind nur die zur Zylinderachse parallelen Komponenten von $\boldsymbol{E}^{e}$, $\boldsymbol{E}_{ti}$, $\boldsymbol{E}_{ta}$ wesentlich, und nur diese sind eingezeichnet. – Wegen der Wirbelfreiheit der elektrischen Feldstärke $\boldsymbol{E}$ ist

$$\boldsymbol{E}_{ti} = \boldsymbol{E}_{ta}, \tag{2.13-5}$$

und wegen Gl. (1) und (3) ist $-\boldsymbol{E}^{e} = \boldsymbol{E}_{ti}$. Die innere Eigenschaftsgröße $\boldsymbol{E}^{e}$ wird also nach Größe und Richtung dadurch festgestellt, daß man im Außenraum $\boldsymbol{E}_{ta}$ mißt.

Wir bilden ferner das Linienintegral der eingeprägten elektrischen Feldstärke von der einen Endfläche zur anderen auf einem Wege $\mathscr{S}$, dessen Elemente $\mathrm{d}\boldsymbol{s}$ mit $\boldsymbol{E}^{e}$ im wesentlichen gleich gerichtet sind, und definieren auf diese Weise die *eingeprägte elektromotorische Kraft*:

$$\mathscr{E}_{12} = \int_{1}^{2} \boldsymbol{E}^{e} \cdot \mathrm{d}\boldsymbol{s}; \tag{2.13-6}$$

sie ist also eine Größe von der Art einer elektrischen Spannung; wir beachten, daß sie nach dieser Definition eine Größe ist, die dem *Inneren* des inhomogenen Leiters eigentümlich ist: Sie ist eine Eigenschaftsgröße des Körpers. Das Linienintegral der elektrischen Feldstärke auf dem gleichen Wege durch das Leiterinnere ist die elektrische Spannung

$$U_{12} = \int_{1}^{2} \boldsymbol{E}_{i} \cdot \mathrm{d}\boldsymbol{s}. \tag{2.13-7}$$

Wegen der Wirbelfreiheit der elektrischen Feldstärke ist der Integrationsweg von *1* nach *2* gleichgültig; wir erhalten denselben Wert $U_{12}$, wenn wir den Integrationsweg von *1* nach *2* im nichtleitenden Außenraum wählen, und es ist $U_{12} = -U_{21}$. Wegen $\boldsymbol{E}_i = -\boldsymbol{E}^e$ nach Gl. (3), (4) ist also

$$\mathscr{E}_{12} = -U_{12} = U_{21}. \qquad \textbf{(2.13-8)}$$

Die innere Eigenschaftsgröße eingeprägte elektromotorische Kraft $\mathscr{E}_{12}$ wird also als elektrische Spannung $U_{21}$ im nichtleitenden Außenraum gemessen. (In dem Beispiel Abb. 2.43 ist also $\mathscr{E}_{12}$ positiv von *1* nach *2* und $U_{21}$ ist positiv von *2* nach *1*.)

Der Begriff der elektromotorischen Kraft wird bekanntlich häufig auch in einem verallgemeinerten Sinne verstanden und angewendet; dabei wird stets, wenn auch meist unausgesprochen, der Begriff des *elektrischen Zweipols* (Eintors) vorausgesetzt. Ein elektrischer Zweipol wird definiert als ein Gebilde (ein abgeschlossenes System), das nur an zwei Punkten *1* und *2* und an diesen nur in elektrischer Hinsicht mit dem Außenraum in Verbindung steht, und das auf seine elektrischen Wirkungen und Eigenschaften hin betrachtet wird. Wird zwischen diesen beiden Punkten (die Pole oder Klemmen genannt werden) im Außenraum eine elektrische Spannung $U_{21}$ festgestellt, so steht es selbstverständlich frei, diese Spannung als gleich mit einer inneren Spannungsgröße $\mathscr{E}_{12}$ des Zweipols zu erklären; dabei bleibt die Beschaffenheit des Inneren des Zweipols – wenn man so will, die physikalische Ursache der inneren Spannungsgröße $\mathscr{E}_{12}$ – unentschieden, sie bedeutet eine *zusätzliche* Kenntnis.

Zweipole sind die Elemente elektrischer Netze (vgl. Abschnitt 3.3,4). Wegen der Gleichheit von Klemmenspannung $U_{21}$ und elektromotorischer Kraft $\mathscr{E}_{12}$ in diesem verallgemeinerten Sinne liegt der Gedanke nahe, für die Berechnung und Beschreibung auf einen der beiden Begriffe völlig zu verzichten und also entweder nur elektromotorische Kräfte oder nur elektrische Spannungen zu benutzen. Dieses zweite Vorgehen findet sich in der Theorie elektrischer Netze häufiger als das erste.

Keinerlei Notwendigkeit besteht dafür, eine elektrische Umlaufspannung elektromotorische Kraft, eine magnetische Umlaufspannung magnetomotorische Kraft zu nennen, wie man das im Bereich des elektromagnetischen Induktionsgesetzes und des Durchflutungsgesetzes auch heute noch findet. Es sollte im Gegenteil dieser saloppe Wortgebrauch vermieden werden, weil er zu falschen Anschauungen verleitet und die physikalischen Zusammenhänge verdunkelt. Eine elektrische *Umlauf*spannung besteht entlang einer *geschlossenen* Kurve, eine elektromotorische Kraft ist eine Größe von der Art einer elektrischen Spannung, die *zwischen zwei nicht aufeinanderfallenden Punkten 1 und 2* besteht. Man verstößt gegen eine Grundregel der Verständigungstechnik, wenn man Unterschiedliches (Umlaufspannung und elektromotorische Kraft) mit dem gleichen Ausdruck (elektromotorische Kraft) benennt.

Die (aus dem vergangenen Jahrhundert stammende) Benennung „elektromotorische Kraft“ ist oft getadelt worden, weil $\mathscr{E}_{12}$ nicht eine Größe von der Art einer mechanischen Kraft, sondern von der Art einer elektrischen Spannung ist. Aber auch die Wörter Spannung, Widerstand, Verschiebung bedeuten in der Elektrizitätslehre andere Größen als in der Mechanik; die Wörter Feld, Fluß, Strom hat die Elektrizitätslehre aus der Erdbeschreibung übernommen; vgl. hierzu die grundsätzlichen Bemerkungen in Abschnitt 1.2.

# 3. Das elektrische Strömungsfeld

## 3.1 Elektrische Strömung, Definitionen und allgemeine Beziehungen. Stationäre Leitungsströmung

In Abschnitt 1.5 hatten wir erwähnt, daß elektrische Leitungsströmung nichts anderes ist als das Fließen der Elektrizität; Leiter werden diejenigen Substanzen genannt, in denen dieses Fließen dadurch ermöglicht wird, daß die in ihnen vorhandenen Ladungsträger leicht beweglich sind; es kommt zustande durch an diesen angreifende elektrische Feldkräfte. In der makroskopischen Theorie wird dieses Fließen zunächst wie die Bewegung eines Kontinuums vorgestellt (mechanisches Bild: Gas, Flüssigkeit).

Wir betrachten in dieser Strömung ein ortsfestes infinitesimales quaderförmiges Volumenelement $d\tau$, die Höhe des Quaders sei $ds$, seine

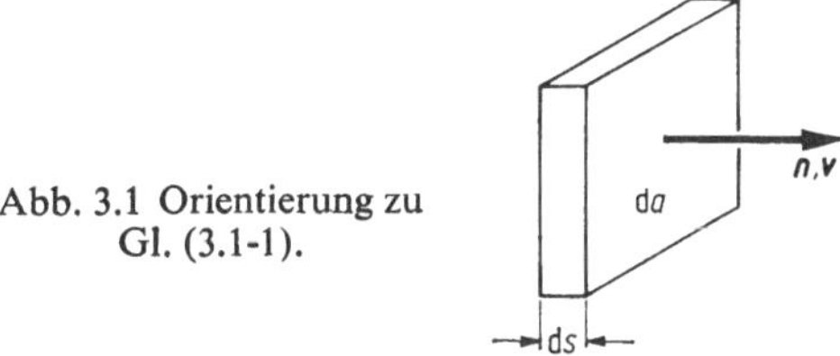


Abb. 3.1 Orientierung zu Gl. (3.1-1).

Querschnittsfläche $da$; diese wählen wir als Bezugsfläche. Die Strömungsgeschwindigkeit $\boldsymbol{v}$ vom Betrage $v = ds/dt$, die hier auch zutreffend als Driftgeschwindigkeit bezeichnet wird, sei parallel zur Flächennormale $\boldsymbol{n}$ der Fläche $da$, Abb. 3.1.
Ist $\eta$ die räumliche Dichte (Kontinuumsgröße!) der strömenden elektrischen Ladung, so ist

$$dQ = \eta\, d\tau = \eta\, ds\, da \tag{3.1-1}$$

die elektrische Ladung des Volumenelementes $d\tau$. Hat sich in der Zeit $dt$ das mit der Ladung $dQ$ erfüllte Volumen um die Strecke $ds = v\,dt$ verschoben, so ist die durch den ortsfesten Querschnitt $da$ gewanderte Ladung, bezogen auf die Zeitspanne $dt$,

$$\frac{d}{dt}\, dQ = \eta v\, da = dI; \tag{3.1-2}$$

der so definierte Strömungsdurchsatz durch die Fläche $da$ heißt die *elektrische Stromstärke* durch diese, ihre Flächendichte $S$ heißt Stromdichte: $\mathrm{d}I = S \cdot \mathrm{d}a$. Sind die Strömungsgeschwindigkeit $\boldsymbol{v}$ und die Normale $\boldsymbol{n}$ der Bezugsfläche $\mathrm{d}\boldsymbol{a} = \boldsymbol{n}\,\mathrm{d}a$ nicht parallel zueinander, wie bisher vorausgesetzt war, so ist ersichtlich

$$\mathrm{d}I = S_\mathrm{n}\,\mathrm{d}a = \boldsymbol{S} \cdot \mathrm{d}\boldsymbol{a}; \tag{3.1-3}$$

die Stromdichte ist ein Vektorfeld. Ihre Definition wird auch hinsichtlich des Vorzeichens eindeutig durch die Übereinkunft, daß $\boldsymbol{v}$ die Wanderungsgeschwindigkeit *positiver* Ladungsträger ist. Dies paßt zu der Festlegung (Abschnitt 2.1), daß die elektrische Feldstärke $\boldsymbol{E}$ durch die Feldkraft auf Träger *positiver* Ladung definiert ist. Die einander entsprechenden Festlegungen für $\boldsymbol{E}$ und $\boldsymbol{S}$ erleichtern ersichtlich die theoretische Darstellung. In Metallen geschieht bekanntlich die Leitungsströmung elektronisch, nämlich durch die Wanderung der leichtbeweglichen Träger *negativer* Elementarladung, ihre Driftgeschwindigkeit ist also zu $\boldsymbol{S}$ antiparallel.

Die Beziehungen (1) bis (3) gelten für jede durch wandernde Ladungsträger hervorgerufene Strömung. Wir verabreden ausdrücklich, daß wir im folgenden unter $\boldsymbol{S}$ die Leitungsstromdichte, unter $I$ die Leitungsstromstärke verstehen wollen. Die Erscheinungen des Leitungsstromes und des Konvektionsstromes unterscheiden sich dadurch voneinander, daß die Leitungsströmung innerhalb eines materiellen Trägers, eben des elektrischen Leiters, vor sich geht, und daß dieser Träger selbst sich nicht bewegt. – Wo es unmißverständlich ist, werden wir im folgenden kürzehalber die elektrische Leitungsstromdichte $\boldsymbol{S}$ die Strömung, die elektrische Leitungsstromstärke $I$ den Strom nennen.[1,2]

Um mit Hilfe eines einfachen Beispiels die allgemeinen Beziehungen zu erkennen, betrachten wir einen aufgeladenen isolierten Kondensator der Kapazität $C$, dessen aus dem gleichen Metall bestehende Elektroden *1* und *2* sich in einem idealen Dielektrikum befinden. Das elektrische Feld sei vollständig, auf den Elektroden liegen daher gleich große Ladungen $Q$ entgegengesetzten Vorzeichens, die Spannung zwischen den Elektroden ist $U_{12} = Q/C = \varphi_1 - \varphi_2$. Verbinden wir die Elektroden miteinander durch einen Leiter, wie in Abb. 3.2 schematisch dargestellt ist, so haben wir dadurch die Gleichgewichtsbedingung des elektrostatischen Feldes verletzt, die besagt, daß im statischen Zustand ein homogener leitender Körper in allen Teilen ein und dasselbe Potential hat, $\varphi_\mathrm{i} = \mathrm{const}$. Es ist also $\boldsymbol{E}_\mathrm{i} \neq \mathrm{const}$, es setzt ein Strömungsvorgang

---

[1] Kohärente Einheiten für $I$ und $S$ nach Gl (3.1.2, 3) sind $[I] = [Q]/[t]$ und $[S] = [I]/[l]^2$, ihre SI-Einheiten also $[I]_\mathrm{SI} = 1$ Ampere (A), vgl. Abschnitt A.3.1, und $[S]_\mathrm{SI} = 1\ \mathrm{A/m^2}$. Diese Einheit ist für praktische Bedürfnisse häufig viel zu klein, bequemer sind oft die Einheiten $1\ \mathrm{A/cm^2}$ und $1\ \mathrm{A/mm^2}$.

[2] Als Symbol für die elektrische Stromdichte findet man häufig in der physikalischen Literatur $i$ und $j$, in der elektrotechnischen $G$. Der Buchstabe $S$ entspricht internationalen und deutschen Empfehlungen (ISO, IEC, DNA).

ein. Man beobachtet erstens: Das elektrische Feld im Dielektrikum nimmt ab, es ist $\mathrm{d}W_e \neq 0$, $\mathrm{d}/\mathrm{d}t \neq 0$, jedoch bleibt es in jedem Augenblick des Vorganges ein vollständiges Feld: Die Ladungen der Elektroden haben in jedem Augenblick gleich großen Betrag. Man beobachtet zweitens, daß der Leiter sich erwärmt.[1]

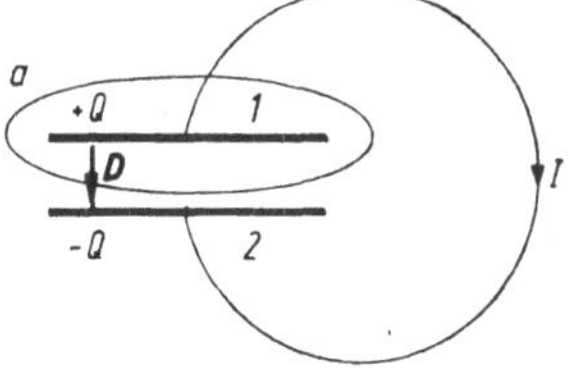

Abb. 3.2 Kondensatorentladung, Schema zur Ableitung der Kontinuitätsgleichung. $a$ Hüllfläche.

Aus der ersten Beobachtung folgt, da wir oben die Leitungsstromstärke $I$ durch die Bewegung der positiven Ladungsträger im Leiter definiert haben:

$$I = -\frac{\mathrm{d}Q}{\mathrm{d}t}, \tag{3.1-4}$$

unter $Q$ die positive Ladung verstanden. – Wir legen eine Hüllfläche $a$ um die positiv geladene Elektrode, vgl. Abb. 3.2, und stellen fest

$$\oint \boldsymbol{S} \cdot \mathrm{d}\boldsymbol{a} = -\left(\frac{\mathrm{d}Q}{\mathrm{d}t}\right)_\tau, \tag{3.1-5}$$

wenn $\tau$ das umhüllte Volumen ist. Diese Beziehung spricht allgemein den Zusammenhang aus zwischen der in einem Volumen $\tau$ befindlichen gesamten elektrischen Ladung und der durch seine Oberfläche austretenden elektrischen Strömung. Die gleiche *Kontinuitätsgleichung* besteht zwischen dem Flüssigkeitsinhalt eines Volumens und der durch seine Oberfläche austretenden Flüssigkeitsströmung. Mit dem Satz von Gauß wird hieraus

$$\operatorname{div} \boldsymbol{S} = -\frac{\mathrm{d}\eta}{\mathrm{d}t}, \quad \operatorname{Div} \boldsymbol{S} = -\frac{\mathrm{d}\sigma}{\mathrm{d}t} \tag{3.1-6, 7}$$

bei, wie vorausgesetzt, unbewegten Körpern. Die Gln. (5), (6) und (7) besagen: *Ladungsänderungen sind Quellen elektrischer Strömung.* Wir fügen sogleich hinzu: Es gibt keine anderen Quellen elektrischer Strömung als Ladungsänderungen.

---

[1] Man beobachtet ferner in der Umgebung des durchströmten Leiters magnetische Wirkungen. Diese nehmen wir als vernachlässigbar an. Ebenso schließen wir extreme Änderungsgeschwindigkeiten des Vorganges aus.

Aus der zweiten Beobachtung folgt

$$-\frac{\mathrm{d}W_e}{\mathrm{d}t} = -\frac{\mathrm{d}}{\mathrm{d}t}\left(\frac{Q^2}{2C}\right) = -\frac{\mathrm{d}Q}{\mathrm{d}t}\frac{Q}{C} = IU_{12}. \qquad (3.1\text{-}8)$$

Diese Leistung kann nur Stromwärmeleistung sein, da Bewegungen von Körpern nicht stattfinden und andere Energieumsätze ausgeschlossen worden sind:

$$P_{\mathrm{th}} = IU_{12}. \qquad (3.1\text{-}9)^1$$

Elektrische Strömung ist mit Energiebewegung verknüpft, elektrische Feldenergie wird in Wärme umgesetzt.

Betrachten wir im durchströmten Leiter eine Feldröhre der Strömung $\boldsymbol{S}$ von dem sehr kleinen Querschnitt $\mathrm{d}a$ und nehmen wir an, daß in sehr kleiner Entfernung $\mathrm{d}s$ die Querschnittsfläche die gleiche ist, so ist die Spannung von der einen zur anderen Querschnittsfläche $\mathrm{d}U = \boldsymbol{E}\cdot\mathrm{d}\boldsymbol{s}$ und die Stromstärke durch diese $\mathrm{d}I = \boldsymbol{S}\cdot\mathrm{d}\boldsymbol{a}$ und daher die Stromwärmeleistung im Volumenelement $\mathrm{d}\tau = \mathrm{d}s\,\mathrm{d}a$

$$\mathrm{d}P_{\mathrm{th}} = \boldsymbol{E}\cdot\boldsymbol{S}\,\mathrm{d}\tau,$$

also hat

$$\boldsymbol{E}\cdot\boldsymbol{S} = p_{\mathrm{th}} \qquad (3.1\text{-}10)^1$$

die Bedeutung der räumlichen Dichte der Stromwärmeleistung im durchströmten Leiter; für diese selbst gilt allgemein

$$P_{\mathrm{th}} = \int_\tau p_{\mathrm{th}}\,\mathrm{d}\tau = \int_\tau \boldsymbol{E}\cdot\boldsymbol{S}\,\mathrm{d}\tau. \qquad (3.1\text{-}11)^1$$

### Stationäre und quasistationäre Strömung

Da Strömung nach Gl. (11) mit Stromwärmeentwicklung verknüpft ist, da aber hier mit $\mathrm{d}/\mathrm{d}t = 0$ Feldenergieänderungen ausgeschlossen sind, kann zeitlich unveränderliche Strömung nur bestehen, wenn auf andere Art dem System die Energie zugeführt wird, die als Stromwärme $P_{\mathrm{th}}t$ das System verläßt. Wir wollen uns diese andauernde Energiezufuhr durch eine dem System eingeprägte elektrische Feldstärke $\boldsymbol{E}^{\mathrm{e}}$ repräsentiert (und pauschal lokalisiert) denken. Wir kennen diesen Begriff vom inhomogenen Leiter her (Abschnitt 2.13) als eine Körpereigenschaft. Wir können und dürfen diesen Begriff verallgemeinern, indem wir den inhomogen leitenden Körper als einen Sonderfall des elektrischen Zweipols betrachten (Abschnitt 2.13), der die nicht näher erklärte innere Eigenschaftsgröße $\boldsymbol{E}^{\mathrm{e}}$ und die Fähigkeit hat, Energiequelle zu sein; hier

[1] Kohärente Einheiten für die Stromwärmeleistung und ihre räumliche Dichte sind also $[P_{\mathrm{th}}] = 1[I]\,[U] = 1[W]\,[t]^{-1}$ und $[p_{\mathrm{th}}] = 1[W]\,[t]^{-1}\,[l]^{-3}$, die SI-Einheiten sind $[P_{\mathrm{th}}]_{\mathrm{SI}} = 1\,\mathrm{AV} = 1\,\mathrm{J/s} = 1\,\mathrm{W}$ und $[p_{\mathrm{th}}]_{\mathrm{SI}} = 1\,\mathrm{W/m^3}$.

bildet er einen Bestandteil des betrachteten Systems. Das *gesamte* System besteht also ohne Energieänderungen, ohne zeitliche Änderungen, ohne Bewegungen von Körpern. Daher gilt notwendig für das stationäre elektrische Feld ebenso wie für das elektrostatische

$$\oint \boldsymbol{E} \cdot \mathrm{d}\boldsymbol{s} = 0, \quad \operatorname{rot} \boldsymbol{E} = 0, \quad \operatorname{Rot} \boldsymbol{E} = 0, \quad \boldsymbol{E} = -\operatorname{grad} \varphi; \qquad (3.1\text{-}12)$$

für das elektrische Strömungsfeld wird wegen der Voraussetzung $\mathrm{d}/\mathrm{d}t = 0$ aus den Gln. (5), (6) und (7)

$$\oint \boldsymbol{S} \cdot \mathrm{d}\boldsymbol{a} = 0, \quad \operatorname{div} \boldsymbol{S} = 0, \quad \operatorname{Div} \boldsymbol{S} = 0; \qquad (\mathbf{3.1\text{-}13})$$

die stationäre elektrische Feldstärke ist wirbelfrei, die stationäre elektrische Strömung ist quellenfrei. Ladungs*änderungen* also gibt es beim stationären Strömungsvorgang nicht. An der Grenzfläche zweier Leiter ist

$$S_{1\mathrm{n}} = S_{2\mathrm{n}}, \qquad (3.1\text{-}14)$$

an der Grenzfläche eines Leiters gegen einen Nichtleiter ist

$$S_{\mathrm{n}} = 0. \qquad (3.1\text{-}14\mathrm{a})$$

Die Gleichgewichtsbedingung des elektrostatischen Zustandes, nach der im Innern eines homogenen leitenden Körpers kein elektrisches Feld besteht und daher alle Teile des Körpers das gleiche Potential haben, ist aber hier sicher nicht mehr eingehalten; den elektrischen Strömungsvorgang hatten wir ja eingangs eben dadurch erklärt, daß im Leiterinnern Feldkräfte auf die leicht verschiebbaren Ladungsträger wirken. Die dritte Gl. (12) sagt aus, daß an der Grenzfläche eines Nichtleiters gegen einen durchströmten Leiter die Tangentialkomponente der Feldstärke stetig ist:

$$\boldsymbol{E}_{\mathrm{ti}} = \boldsymbol{E}_{\mathrm{ta}}; \qquad (3.1\text{-}15)$$

diese Komponente ist grundsätzlich der Messung zugänglich. Andererseits kann auf Größe und Richtung der Stromdichte aus dem Experiment zwingend geschlossen werden; an der Grenzfläche ist sie, vgl.

Abb. 3.3 Veranschaulichung der Gln. (3.1-15, 16).

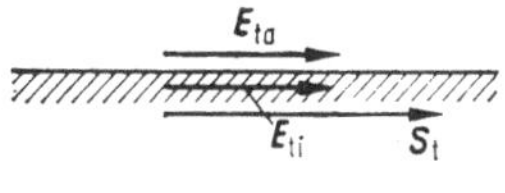

Gl. (14 a), tangential gerichtet. Dann sagt die Erfahrung zunächst, daß bei einem homogenen isotropen metallischen Leiter an der Grenzfläche $\boldsymbol{S}$ und $\boldsymbol{E}_{\mathrm{ti}} = \boldsymbol{E}_{\mathrm{ta}}$ gleich gerichtet und daß die Beträge zueinander proportional sind, vgl. Abb. 3.3:

$$\boldsymbol{S}_{\mathrm{t}} = \sigma \boldsymbol{E}_{\mathrm{t}}; \qquad (3.1\text{-}16)$$

es besteht aber keinerlei Grund dafür, anzunehmen, daß diese Beziehung nur an der Grenzfläche Leiter gegen Nichtleiter zutreffe, es gilt vielmehr an jeder Stelle im Innern des durchströmten, homogenen isotropen metallischen Leiters

$$\boldsymbol{S} = \sigma \boldsymbol{E}. \qquad \textbf{(3.1-17)}$$

Diese Beziehung ist das *Ohmsche Gesetz*[1] *für homogene, isotrope metallische Leiter*. Die wesentliche Aussage dieses Gesetzes ist also die, daß der Quotient $S/E$ der miteinander gleich gerichteten Feldvektoren $S$ und $E$ eine Konstante ist, also nicht etwa vom Betrag des einen oder des anderen abhängt:

$$\sigma = \text{const}_{E,S}. \qquad (3.1\text{-}18)^2$$

Nur aus diesem Grunde ist es gerechtfertigt, von einem physikalischen *Gesetz* zu sprechen. Die Konstante $\sigma$ ist der Leitersubstanz eigentümlich und heißt *elektrische Leitfähigkeit*, ihr Kehrwert

$$\varrho = \frac{1}{\sigma} \qquad (3.1\text{-}19)^2$$

heißt *spezifischer elektrischer Widerstand*.

Auf die Konstante $\sigma$ nehmen, ohne Änderung der Gl. (18), verschiedene *äußere* Parameter Einfluß, so insbesondere die Temperatur, vgl. Abschnitt 3.2. Ist der metallische Leiter anisotrop, so ist die elektrische Leitfähigkeit nicht ein positiver Skalar, sondern ein Tensor zweiter Stufe.

Für die Ableitung des Ohmschen Gesetzes Gl. 3.1-17) haben wir von den Voraussetzungen $S_n = 0$ und $\operatorname{Rot} \boldsymbol{E} = 0$ an der Grenzfläche Leiter gegen Nichtleiter Gebrauch gemacht. Für nichtstationäre Vorgänge

---

[1] Georg Simon Ohm, 1789–1854.

[2] Kohärente Einheiten für $\sigma$ und $\varrho$ sind $[\sigma] = [S]/[E] = [I]/[U]\,[l]$, $[\varrho] = 1/[\sigma] = [U]\,[l]/[I]$, daher sind die SI-Einheiten $[\sigma]_{SI} = 1$ A/Vm $= 1$ S/m, $[\varrho_{SI}] = 1$ Vm/A $= 1\,\Omega$m, 1A/V = S, 1 V/A = Ω = 1/S, S Siemens, Ω Ohm.

Gleichfalls gebräuchliche Einheiten sind für die elektrische Leitfähigkeit $\sigma$:

$$1\,\frac{\text{Sm}}{\text{mm}^2} = 10^6\,\frac{\text{S}}{\text{m}} = 1\,\frac{\text{MS}}{\text{m}} = 10^4\,\frac{\text{S}}{\text{cm}},$$

für den spezifischen elektrischen Widerstand $\varrho$:

$$1\,\frac{\Omega\,\text{mm}^2}{\text{m}} = 10^{-6}\,\Omega\text{m} = 1\,\mu\Omega\text{m} = 10^{-4}\,\Omega\text{cm},$$

$$1\,\mu\Omega\text{cm} = 10^{-6}\,\Omega\text{cm} = 10^{-8}\,\Omega\text{m}.$$

Beispiele: Bei 20 °C ist $\sigma/(\text{MS/m}) \approx 62$ für Silber, 57 für Kupfer, 10 für Platin und für Eisen, 2,4 für die Widerstandslegierung Manganin, 1,04 für Quecksilber, und $\varrho/\mu\Omega\text{m} \approx 0{,}016$ für Silber, 0,0175 für Kupfer, 0,1 für Platin und für Eisen, 0,42 für Manganin, 0,96 für Quecksilber.

ist $S_n \neq 0$ nach der zweiten Gl. (7); dann eben gilt an dieser Grenzfläche Gl. (16). – Von Flächenwirbeln der elektrischen Feldstärke kann man, wie später in Abschnitt 7.2 gezeigt werden wird, nur sprechen, wenn leitende Körper in einem magnetischen Feld (genauer: gegen einen körperlichen Erreger eines magnetischen Feldes) bewegt werden. Bewegungen der leitenden Körper haben wir aber hier ausgeschlossen. Das Ohmsche Gesetz Gl. (17) gilt somit nicht etwa nur im Bereich stationärer und quasistationärer Vorgänge.

Für nichtmetallische Leiter, zum Beispiel Halbleiter, Plasmen (Gasentladungen) u. dgl., gilt die Beziehung Gl. (3.1-18) nicht, vielmehr ist dann der Zusammenhang zwischen Stromdichte und Feldstärke nichtlinear, was man zum Ausdruck bringen kann, indem man $\sigma$ als Funktion von $S$ oder von $E$ einführt:

$$\boldsymbol{S} = \boldsymbol{E} \cdot \sigma(E) \qquad (3.1\text{-}17\text{a})$$

an Stelle von (3.1-17). (Man sollte aber dann nicht mehr von einem Gesetz, sondern besser von einer Beziehung sprechen.)

An der Grenzfläche zweier homogener isotroper metallischer Leiter mit den Leitfähigkeiten $\sigma_1$ und $\sigma_2$ gilt mit den beiden dritten Beziehungen in Gl. (12) und (13)

$$\begin{aligned} E_{2t} &= E_{1t}, \quad S_{2n} = S_{1n}, \\ E_{2n} &= \frac{\sigma_1}{\sigma_2} E_{1n}, \quad S_{2t} = \frac{\sigma_2}{\sigma_1} S_{1t} \end{aligned} \qquad (3.1\text{-}20)$$

zur Bestimmung der Feldvektoren auf der einen Seite der Trennfläche, wenn sie auf der anderen und dazu $\sigma_1$ und $\sigma_2$ gegeben sind; die Vektoren liegen zu beiden Seiten der Grenzfläche in der gleichen Ebene der Flächennormale, und die Tangenten ihrer Winkel mit der Normalen verhalten sich wie die Leitfähigkeiten:

$$\frac{\tan \alpha_1}{\tan \alpha_2} = \frac{\sigma_1}{\sigma_2}; \qquad \mathbf{(3.1\text{-}21)}$$

ist also zum Beispiel $\sigma_1 \gg \sigma_2$, so ist das Feld $\boldsymbol{S}$ entweder im Leiter *1* wesentlich tangential, oder im Leiter *2* wesentlich normal zur Trennfläche gerichtet.

Mit dem Ohmschen Gesetz Gl. (17) wird die örtliche Dichte der Stromwärmeleistung im homogenen isotropen durchströmten Leiter nach Gl. (9)

$$p_{th} = \boldsymbol{E} \cdot \boldsymbol{S} = \sigma E^2 = \varrho S^2; \qquad \mathbf{(3.1\text{-}22)}$$

man nennt $P_{th}$ auch die Joulesche Wärmeleistung[1].

---

[1] James Prescott Joule, 1818–1889.

Wir betrachten nunmehr einen *langgestreckten* metallisch leitenden isotropen homogenen Körper der Leitfähigkeit $\sigma$, der von stationärer Strömung durchflossen wird. Durch den Querschnitt *1* trete die Strömung normal ein, durch den entfernten Querschnitt *2* normal aus, dazwischen grenze der Leiter mit seiner Mantelfläche an einen Isolator. Die Längserstreckung des Leiters werde genügend genau durch eine Kurve $s$, seine Leitlinie, beschrieben. Die (stationär vorausgesetzte) Stromstärke $I = \int_a S_n \, da = Sa$ ist für alle Querschnitte $a$ dieselbe. Es wird

$$U_{12} = \int_1^2 \boldsymbol{E} \cdot d\boldsymbol{s} = \int_1^2 \frac{S_n}{\sigma} ds = \frac{I}{\sigma} \int_1^2 \frac{ds}{a} = IR_{12}. \qquad \textbf{(3.1-23)}$$

Hat der Leiter entlang $s$ konstanten Querschnitt $a$ („Draht"), so ist

$$R_{12} = \frac{1}{\sigma} \int_1^2 \frac{ds}{a} = \frac{l}{\sigma a} = \frac{\varrho l}{a}, \qquad \textbf{(3.1-24)}$$

wenn $l$ die Entfernung der Querschnitte *1* und *2* voneinander ist. Von einem *fadenförmigen* oder linearen Leiter spricht man dann, wenn für die durchzuführende Betrachtung der Querschnitt vernachlässigt und also der Leiter genügend genau durch die Leitlinie $s$ beschrieben werden kann. (Die Abstraktion des verschwindenden Querschnittes ist physikalisch unbrauchbar.)

Gilt Gl. (18), so nennt man die Beziehung

$$U_{12} = IR_{12} \qquad \textbf{(3.1-25)}^1$$

*das Ohmsche Gesetz für langgestreckte (fadenförmige) homogene isotrope Leiter.* (Die Begründung dafür, daß von einem Gesetz gesprochen werden kann, ist im Anschluß an Gl. (18) angegeben worden.) Man nennt die Größe $R_{12}$ in Gl. (23) und (24) *ohmschen Widerstand*, den Kehrwert

$$G_{12} = \frac{1}{R_{12}} \qquad (3.1\text{-}26)^1$$

*ohmschen Leitwert.* Häufig kann auf die Indizierung verzichtet, also $R$ an Stelle von $R_{12}$ und $G$ an Stelle von $G_{12}$ geschrieben werden. Man nennt $IR$ *Widerstandsspannung.* (Der Ausdruck Spannungsabfall bedeutet etwas anderes und sollte daher für $IR$ nicht benutzt werden.) Widerstandsspannung und Stromstärke haben denselben Richtungssinn, vgl. Abb. 3.4.

[1] Kohärente Einheiten, vgl. Anmerkung zu Gln. (18) und (19): $[R] = [U]/[I]$, $[G] = [I]/[U]$, SI-Einheiten: $[R]_{SI} = 1\,\text{V/A} = 1\,\Omega$, $[G]_{SI} = 1\,\text{A/V} = 1\,\text{S}$.

Was über Möglichkeiten des nichtlinearen Zusammenhangs zwischen Stromdichte und Feldstärke gesagt wurde, vgl. Gl. (17a), gilt sinngemäß auch hier; an Stelle des Ohmschen Gesetzes Gl. (25) kann man zum Beispiel einführen

$$U = IR(I) \quad \text{oder} \quad I = UG(U); \tag{3.1-25a}$$

man nennt dann $R$ und $G$ Widerstand und Leitwert, die graphische Darstellung der nichtlinearen Beziehung zwischen $U$ und $I$ Kennlinie des Leiters.

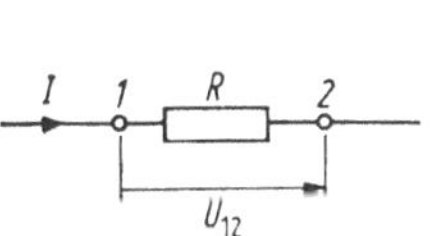

Abb. 3.4 Zu Gl. (3.1-25): Kennzeichnungen durch Bezugspfeile.

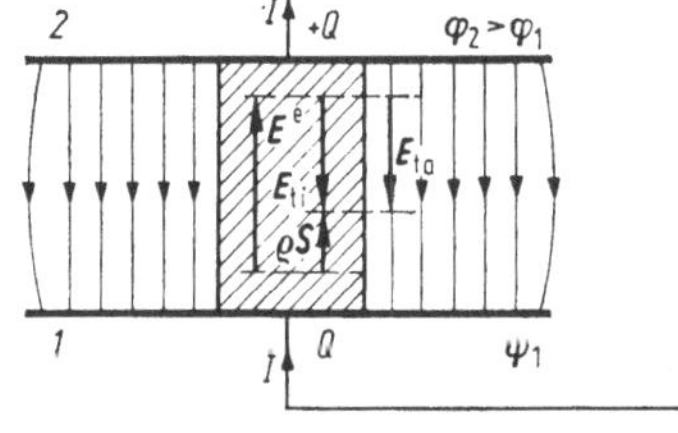

Abb. 3.5 Inhomogener leitender Körper, stationäre Leitungsströmung, schematisch.

Um die Beziehungen zu gewinnen, die für *inhomogene durchströmte Leiter* gelten müssen, gehen wir von der aus Abb. 2.43 bekannten schematischen Anordnung aus, jedoch sind jetzt die Leiter *1* und *2* miteinander leitend verbunden, Abb. 3.5. Wegen der durch die eingeprägte Feldstärke $\boldsymbol{E}^e$ aufrechterhaltenen Spannung $U_{21}$ fließt ein Strom von der Stärke $I$ durch den Verbindungsleiter; $\boldsymbol{S}$ ist die örtliche Stromdichte, zum Beispiel im Innern des inhomogenen leitenden Körpers. (Ist dieser isotrop, so wird man für die elektrische Leitfähigkeit ebenso, wie in Abschnitt 2.13 zur eingeprägten elektrischen Feldstärke ausgeführt worden ist, einen Mittelwert einzuführen haben.)

Weil die elektrische Feldstärke wirbelfrei ist, vgl. Gl. (12), gilt hier ebenso, wie im elektrostatischen Feld,

$$\boldsymbol{E}_{ti} = \boldsymbol{E}_{ta}, \tag{3.1-27}$$

jedoch kann im Innern nicht $\boldsymbol{S} = \sigma \boldsymbol{E}_{ti}$ sein, wie man aus Gl. (17) voreilig schließen könnte, denn das Strömungsfeld $\boldsymbol{S}$ ist ohne Ausnahme quellenlos, vgl. Gl. (13), daher normal zu jeder Trennfläche, also auch zu den Endflächen der inhomogenen Säule, also im Innern nicht parallel, sondern antiparallel zu $\boldsymbol{E}_{ti}$ gerichtet. Die drei Grundannahmen: $\boldsymbol{E}$ wirbelfrei, $\boldsymbol{S}$ quellenlos, $\varrho = 1/\sigma$ positiver Skalar, sind mit dem Ohmschen Gesetz $\boldsymbol{S} = \sigma \boldsymbol{E}$ nicht verträglich; in dieser Form, Gl. (17), war es ja ausdrücklich für homogene isotrope durchströmte Leiter abgeleitet worden. Aber die drei Grundannahmen werden erfüllt durch die Beziehung

$$\boldsymbol{S} = \sigma(\boldsymbol{E} + \boldsymbol{E}^{\mathrm{e}}) \quad \text{oder} \quad \varrho\boldsymbol{S} = \boldsymbol{E} + \boldsymbol{E}^{\mathrm{e}} \tag{3.1-28}$$

für das Innere des inhomogenen leitenden Körpers. In Abb. 3.5. sind die Vektoren $\boldsymbol{E}^{\mathrm{e}}$, $\boldsymbol{E}$, $\varrho\boldsymbol{S}$ durch Pfeile angedeutet.

Im Innern des inhomogenen leitenden Körpers (bei Schichtung: innerhalb jeder Übergangsschicht) hat die Stromdichte im wesentlichen die gleiche Richtung wie die eingeprägte elektrische Feldstärke $\boldsymbol{E}^{\mathrm{e}}$. (Dieser Umstand ist ein Grund dafür, daß man von jeher meist $\boldsymbol{E}^{\mathrm{e}}$ als Zusatzfeld gewählt hat und nicht $-\boldsymbol{E}^{\mathrm{e}} = \boldsymbol{K}$ nach Gl. (2.13-3): Es kommt der Anschauung entgegen, $\boldsymbol{E}^{\mathrm{e}}$ als einen Bewegungsantrieb aufzufassen, der positiv gerichtet ist in der Richtung der Bewegung positiver Ladungsträger, also in der Richtung der Strömung $\boldsymbol{S}$.)

Über die im nichtleitenden Außenraum meßbare Feldstärke $\boldsymbol{E}_{\mathrm{ta}}$ gilt somit: Es wird $\boldsymbol{E}_{\mathrm{ta}} = -\boldsymbol{E}^{\mathrm{e}}$ für $\boldsymbol{G} = 0$, und es wird $\boldsymbol{E}_{\mathrm{ta}} = 0$ für $\boldsymbol{S} = \sigma\boldsymbol{E}^{\mathrm{e}} = \boldsymbol{S}^{\mathrm{k}}$. Den ersten, den elektrostatischen Zustand, nennt man auch den Leerlaufzustand, den zweiten, bei verschwindendem äußeren Feld, den Kurzschlußzustand, und daher $\boldsymbol{S}^{\mathrm{k}}$ die Kurzschlußstromdichte. Da $\sigma$ und $\boldsymbol{E}^{\mathrm{e}}$ Körpereigenschaften sind, ist dies auch $\boldsymbol{S}^{\mathrm{k}}$, und man kann an Stelle von Gl. (28) den Sachverhalt auch durch

$$\boldsymbol{S} = \sigma\boldsymbol{E} + \boldsymbol{S}^{\mathrm{k}} \tag{3.1-29}$$

beschreiben.

Um die entsprechenden Integralgrößen zu erhalten, wählen wir einen Integrationsweg $s$ von der Endfläche *1 durch das Innere* des inhomogenen Leiters zur Endfläche *2* und erhalten aus der zweiten Gl. (28)

$$\int_1^2 \varrho\boldsymbol{S}\cdot \mathrm{d}\boldsymbol{s} = \int_1^2 \boldsymbol{E}\cdot \mathrm{d}\boldsymbol{s} + \int_1^2 \boldsymbol{E}^{\mathrm{e}}\cdot \mathrm{d}\boldsymbol{s}; \tag{3.1-30}$$

für das Linienintegral links vom Gleichheitszeichen dürfen wir hier annehmen, daß für die Stromdichte gesetzt werden kann $S = I/a$, wenn $a$ der Querschnitt des Leiters und $I$ die Stromstärke in ihm ist; diese ist von $a$ unabhängig, so daß entsteht

$$\int_1^2 \varrho\boldsymbol{S}\cdot \mathrm{d}\boldsymbol{s} = I\int_1^2 \frac{\varrho\,\mathrm{d}s}{a} = IR_{\mathrm{i}}. \tag{3.1-31}$$

Die Integrale rechts vom Gleichheitszeichen in Gl. (30) sind die Spannung $U_{12}$ und die eingeprägte elektromotorische Kraft $\mathscr{E}_{12}$ nach den Definitionen Gln. (2.13-7 und 6). Daher wird Gl. (30) mit Gl. (31) auch

$$IR_{\mathrm{i}} = U_{12} + \mathscr{E}_{12}. \tag{3.1-32}$$

Wegen der Wirbelfreiheit der elektrischen Feldstärke $\boldsymbol{E}$ ist für die Spannung $U_{12}$ die Lage des Integrationsweges gleichgültig; wir verlegen ihn in den nichtleitenden Außenraum und haben mit $U_{12} = -U_{21}$

$$IR_{\mathrm{i}} = \mathscr{E}_{12} - U_{21}. \tag{3.1-33}$$

In dem aus Abschnitt 2.13 bekannten elektrostatischen Zustand, $I = 0$, nennt man die zwischen *2* und *1* außen gemessene Spannung $U_{21}$ häufig die Leerlaufspannung:

$$I = 0\colon\quad U_{21} = U_{21}^{\mathrm{l}} = \mathscr{E}_{12}; \tag{3.1-34}$$

verschwindet die Spannung $U_{21}$, so spricht man häufig vom Kurzschlußfall und nennt die dann auftretende Stromstärke den Kurzschlußstrom:

$$U_{21} = 0\colon\quad I = \mathscr{E}_{12}/R_{\mathrm{i}} = U_{21}^{\mathrm{l}}/R_{\mathrm{i}} = I^{\mathrm{k}}. \tag{3.1-35}$$

Man kann daher auch $I^{\mathrm{k}}$ als die eingeprägte Eigenschaftsgröße auffassen und für Gl. (33) schreiben

$$\frac{U_{21}}{R_{\mathrm{i}}} = I^{\mathrm{k}} - I. \tag{3.1-36}$$

Wir bedenken noch die Möglichkeit, daß die eingeprägte Feldstärke $\boldsymbol{E}^{\mathrm{e}}$ und die Leitfähigkeit $\sigma$ nicht Konstanten sind, sondern von der Stromdichte mitbestimmt werden: $\boldsymbol{E}^{\mathrm{e}} = \boldsymbol{E}^{\mathrm{e}}(S)$, $\sigma = \sigma(S)$, und daß daher $\mathscr{E}_{12}$ und $R_{\mathrm{i}}$ Funktionen der Stromstärke $I$ sind: $\mathscr{E}_{12} = \mathscr{E}_{12}(I)$, $R_{\mathrm{i}} = R_{\mathrm{i}}(I)$. Dann ist zum Beispiel

$$\int_1^2 \boldsymbol{E}^{\mathrm{e}}(S) \cdot \mathrm{d}\boldsymbol{s} = \mathscr{E}_{12}(I) \mp U_{21}^{\mathrm{l}}, \tag{3.1-37}$$

denn nach Definition (34) ist $U_{21}^{\mathrm{l}} = \mathscr{E}_{12}(0)$. An die Stelle der linearen Beziehungen (24) und (28) treten die nichtlinearen

$$\boldsymbol{S} \cdot \varrho(S) = \boldsymbol{E}^{\mathrm{e}}(S) + \boldsymbol{E}, \tag{3.1-38}$$

$$IR_{\mathrm{i}}(S) = \mathscr{E}_{12}(I) - U_{21}. \tag{3.1-39}$$

Aus der Messung der außen auftretenden Größen $I$ und $U_{21}$ und ihres Zusammenhanges, der „äußeren Kennlinie“, allein können die Abhängigkeiten $\mathscr{E}_{12}(I)$ und $R_{\mathrm{i}}(I)$ nicht einzeln erkannt, und daher kann aus dieser nicht einmal auf das Zutreffen der Beziehung Gl. (39) geschlossen werden. Dazu bedarf es einer zusätzlichen Kenntnis, etwa der, daß entweder $\mathscr{E}_{12}$ oder daß $R_{\mathrm{i}}$ als unabhängig von $I$ angesehen werden kann.

**Elektrische Durchflutung.** Nach der zu Gl. (3) verabredeten engeren Auslegung ist der Strom $I$ durch eine Fläche $a$ in einem Stromleiter (also auch der Gesamtstrom durch den Querschnitt eines Stromleiters) der Fluß (im Sinne der Vektorrechnung) des Feldes $\boldsymbol{S}$ der Leitungsstromdichte:

$$I = \int_a \boldsymbol{S} \cdot \mathrm{d}\boldsymbol{a} = \int_a S_\mathrm{n} \, \mathrm{d}a. \tag{3.1-40}$$

Ist $\boldsymbol{S}$ ein quellenfreies Feld, div $\boldsymbol{S} = 0$, so kann für die Bestimmung des Flächenintegrals in eine gegebene starre geschlossene Kurve (Kontur, Randkurve) $s$ eine beliebige Fläche eingespannt werden; nur auf die Kontur $s$, nicht aber auf die Wahl der Fläche $a$ kommt es an. Diese Voraussetzung der stationären und quasistationären Strömung, Gl. (13), behalten wir hier bei. Man nennt im allgemeinen das Flächenintegral der Leitungsstromdichte immer dann einen Strom (Leitungsstrom), wenn alle Elemente d$a$ der von $s$ berandeten Fläche innerhalb des Stromleiters liegen. Dies ist zum Beispiel dann nicht der Fall, wenn die geschlossene Kurve $s$ eine Anzahl $\nu$ einzelner, in einem Nichtleiter eingebetteter langgestreckter Stromleiter (Drähte, Stäbe) umschlingt, die die Ströme $I_1, \ldots, I_\nu$ führen. Ein allgemeinerer (übergeordneter) Ausdruck für das Flächenintegral der Leitungsstromdichte ist daher zweckmäßig; man nennt es (elektrische) *Durchflutung*:

$$\int_a \boldsymbol{S} \cdot \mathrm{d}\boldsymbol{a} = \Theta \tag{3.1-41}$$

der von $s$ berandeten Fläche $a$, und nennt $s$ und $\Theta$ „miteinander verkettet". Liegen also alle Elemente d$a$ im Inneren des Stromleiters, so ist die Durchflutung gleich dem Strom der Fläche $a$ im Sinne der Gl. (40); ist $s$ mit $\nu$ diskreten Strömen verkettet, so ist

$$\Theta = \sum_1^\nu I_\nu; \tag{3.1-42}$$

haben im besonderen alle $\nu$ Ströme den gleichen Wert $I$ und das gleiche Vorzeichen, so ist

$$\Theta = \nu I; \tag{3.1-42a}$$

dies ist, bei entsprechender Wahl von $s$, zum Beispiel bei einer Wicklung (Spule) der Fall; $\nu$ ist dann die Anzahl der Windungen. Abb. 3.6.

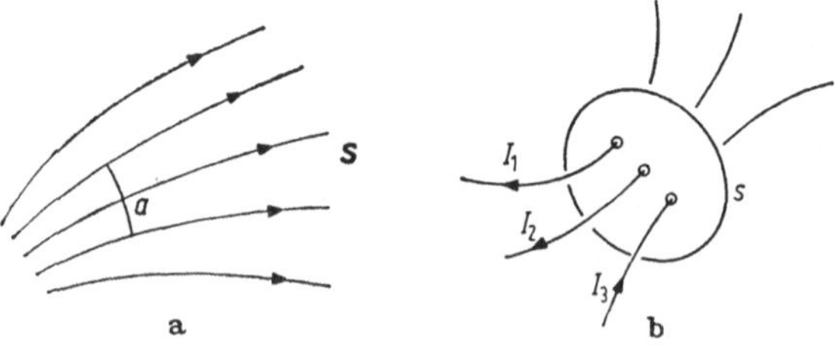


Abb. 3.6 Zum Begriff der Durchflutung: a) $\Theta = \int_a \boldsymbol{S} \cdot \mathrm{d}\boldsymbol{a}$, b) $\Theta = \sum_\nu I_\nu$.

**Flächenstromdichte, Strombelag.** Wir betrachten einen flachen, bandförmigen Stromleiter der Höhe $h$ (ein Blech); die Stromdichte sei nur senkrecht zu $h$ gerichtet (sie ist also mit $S_n = 0$, Gl. (14a), stationär oder quasistationär). Es werden $h$ verkleinert, $S$ vergrößert, derart, daß $hS$ konstant bleibt. Dann nennt man Flächenstromdichte den endlichen Grenzwert

$$\boldsymbol{A} = \lim_{\substack{h \to 0 \\ S \to \infty}} h \cdot \boldsymbol{S}; \qquad \textbf{(3.1-43)}^{1,2}$$

das Strömungsfeld ist geometrisch zweidimensional geworden. Ist es auf einer Trennfläche vorhanden, zum Beispiel auf der Oberfläche eines Körpers, so nennt man die Flächenstromdichte auch den *Strombelag*. Er wird also veranschaulicht durch eine unendlich dünne stromführende Schicht, sein Betrag ist gegeben durch den Grenzwert des Quotienten: Strom in der Schicht, geteilt durch Länge senkrecht zu den Strömungslinien.[1] Es sei zum Beispiel eine gerade kreiszylindrische Spule gleichmäßig dicht mit $N$ Windungen gewickelt, der Kreisdurchmesser sei klein gegen die axiale Länge $l$. Dann kann man für gewisse Zwecke die den Strom $I$ führende Wicklung ersetzen durch den gleichen kreiszylindrischen Körper, der auf der Mantelfläche den zirkularen Strombelag

$$A = \frac{NI}{l} = \frac{\Theta}{l} \qquad (3.1\text{-}44)$$

trägt. – Wicklungen der klassischen elektrischen Maschinen, die entlang dem Ständer und dem Läufer in bestimmter Weise verteilt sind und in bestimmter Weise durchströmt werden, können für bestimmte Zwecke ersetzt werden durch axial gerichtete Strombeläge, deren Beträge in bestimmter Weise vom Azimutwinkel abhängig sind.

**Analogie von Feldern.** Die Grundgesetze elektrostatischer Felder in linear wirkenden homogenen Dielektrika und stationärer elektrischer Strömungsfelder in linear wirkenden homogenen Leitern sind in formaler Hinsicht gleich gebaut. Es entsprechen einander die folgenden untereinander geschriebenen Größen

$$\begin{array}{llllll} \boldsymbol{E} & \varphi & \boldsymbol{D} & \Psi & \varepsilon & C \quad \text{Leiteroberflächen,} \\ \boldsymbol{E} & \varphi & \boldsymbol{S} & I & \sigma & 1/R \quad \text{Stromeintrittsflächen.} \end{array} \qquad (3.1\text{-}45)$$

[1] Die kohärente Einheit ist $[A] = [I]/[l]$, die SI-Einheit $[A]_{SI} = \text{A/m}$.

[2] Dasselbe Zeichen $\boldsymbol{A}$ wird sowohl für die Flächenstromdichte (den Strombelag), als auch für das vektorielle Potential der magnetischen Flußdichte, siehe Gln. (4.1-14 und 16), allgemein empfohlen (ISO, IEC, AEF im DIN, $\boldsymbol{A}$ für vektorielles Potential auch IUPAP). Beim Zusammentreffen beider Größen (in der Beschreibung stationärer magnetischer Felder, Abschnitt 8.2) verwenden wir für die Flächenstromdichte (den Strombelag) das Zeichen $\boldsymbol{g}$.

Rechenmethoden (ganz besonders der Potentialtheorie) und Ergebnisse können mit dieser Analogie vom einen auf das andere Gebiet übertragen werden. Man kann zum Beispiel Kapazitäten $C$ und Leitwerte $G = 1/R$ ineinander umrechnen vermöge

$$\frac{C}{\varepsilon} = \frac{G}{\sigma}. \tag{3.1-46}$$

Beispiele sind in Abschnitt 3.2 angegeben. – Die Analogie Gl. (45) ist die Grundlage für den elektrolytischen Trog als Hilfsmittel zur experimentellen Bestimmung von Feldstrukturen.

## 3.2 Ergänzungen und Beispiele

### Zum Vorgang der elektrischen Strömung im homogenen Leiter

Unter gewissen allgemeinen, hier nicht zu diskutierenden Voraussetzungen ist die Driftgeschwindigkeit $\boldsymbol{v}$ der freien beweglichen Ladungsträger im Leiterinnern proportional zur elektrischen Feldstärke, $\boldsymbol{v} = \mu \boldsymbol{E}$; der Proportionalitätsfaktor $\mu$ heißt Beweglichkeit – hier der Elektronen, da diese im metallischen Leiter die Ladungsbewegung ausmachen. Die Stromdichte ist $\boldsymbol{S} = \boldsymbol{v}\eta$ nach Gl. (3.1-2, 3), und nach dem Ohmschen Gesetz ist $\boldsymbol{S} = \sigma \boldsymbol{E}$ für den homogenen Leiter. Die elektrische Leitfähigkeit $\sigma$ ist daher in dieser summarischen Betrachtungsweise

$$\sigma = \frac{S}{E} = \mu\eta.$$

Die räumliche Ladungsdichte $\eta$ ist durch die räumliche Dichte $n$ der Träger der Elementarladung $e$ gegeben: $\eta = ne$; somit ist

$$\sigma = \mu n e. \tag{3.2-1}$$

Zum Beispiel ist für reines Kupfer $\mu \approx 42\,\text{cm}^2/\text{Vs}$ und $n \approx 8{,}5 \cdot 10^{22}\,\text{cm}^{-3}$, daher ist mit $e = 1{,}6 \cdot 10^{-19}\,\text{As}$ die Leitfähigkeit $\sigma \approx 5{,}7 \cdot 10^5\,\text{A/V cm} = 5{,}7 \cdot 10^3\,\text{S/m}$. Für reines Germanium ist $\mu \approx 4 \cdot 10^3\,\text{cm}^2/\text{Vs}$ und $n \approx 1{,}6 \cdot 10^{13}\,\text{cm}^{-3}$, also die Leitfähigkeit $\sigma \approx 1 \cdot 10^{-2}\,\text{A/V cm} = 1\,\text{S/m}$. Die Leitfähigkeit dieses Halbleiters ist trotz wesentlich größerer Trägerbeweglichkeit erheblich kleiner als die metallischer Leiter, weil die Trägerdichte wesentlich kleiner ist.

Mit dem praktisch nicht geringen Wert der Stromdichte $S = 1\,\text{A/mm}^2$ wird die Driftgeschwindigkeit in Kupfer

$$v = \frac{S}{ne} = 7{,}3 \cdot 10^{-3}\,\frac{\text{cm}}{\text{s}}$$

und die elektrische Feldstärke

$$E = \frac{v}{\mu} = \frac{S}{\sigma} = 0{,}176\,\frac{\mathrm{mV}}{\mathrm{cm}};$$

bei praktisch nicht kleinen Stromdichten sind also in metallischen Leitern die Driftgeschwindigkeiten und die Feldstärken recht klein, desgleichen die auf das Elektron ausgeübte Feldkraft; dies ist hier

$$F = eE = 2{,}8 \cdot 10^{-21}\,\mathrm{N} = 2{,}8 \cdot 10^{-16}\,\mathrm{dyn},$$

seine Beschleunigung $a$ ist dagegen sehr groß, da die Ruhemasse des Elektrons $m_0 = 9{,}11 \cdot 10^{-31}$ kg sehr klein ist; hier

$$a = \frac{F}{m_0} \approx 3 \cdot 10^9\,\frac{\mathrm{m}}{\mathrm{s}^2},$$

also etwa das $3 \cdot 10^8$fache der Fallbeschleunigung an der Erdoberfläche.

**Die Abhängigkeit der elektrischen Leitfähigkeit von der Temperatur**

Sie kann bei metallischen Leitern pauschal, über einen weiten Bereich gesehen, durch die Beziehung

$$\sigma(T) = \frac{1}{\varrho(T)} \approx \frac{\mathrm{const}}{T - T_a} \tag{3.2-2}$$

wiedergegeben werden. Hierin ist $T_a$ nicht die Sprungtemperatur[1], sondern eine dem Metall eigentümliche Konstante, deren Wert zum Beispiel empirisch durch Extrapolation ermittelt werden kann. Abb. 3.7. Hieraus folgt für zwei Temperaturen $T_1$ und $T_2 > T_1$

$$\frac{\varrho(T_2)}{\varrho(T_1)} = \frac{T_2 - T_a}{T_1 - T_a}. \tag{3.2-2a}$$

Wählt man $T_1$ als Bezugstemperatur und führt ein $\vartheta = T_2 - T_1$, so ist

$$\varrho(\vartheta + T_1) = \varrho(T_1)\left\{1 + \frac{\vartheta}{T_1 - T_a}\right\}; \tag{3.2-3}$$

man nennt die Größe

$$\frac{1}{T_1 - T_a} = \alpha_1 \tag{3.2-4}$$

---

[1] Bei Unterschreiten der Sprungtemperatur sinkt der spezifische elektrische Widerstand vieler Leiter plötzlich auf unmeßbar kleine Werte. In diesem Zustand der „Supraleitfähigkeit" ist das magnetische Feld das einzige (quantitative) Merkmal stationärer Leitungsströmung. Für die Erscheinungen (empirischen Sachverhalte) selbst, für ihre Deutung mit den Hilfsmitteln der Quantentheorie, für ihre gegenwärtige und ihre für die Zukunft erhoffte technische Bedeutung muß auf die Fachliteratur verwiesen werden, vgl. zum Beispiel W. Buckel, Supraleitung. Physik-Verlag Weinheim/Bergstraße, 1972.

den Temperaturkoeffizienten des spezifischen elektrischen Widerstandes. Sein Wert wird also durch die Wahl der Bezugstemperatur $T_1$ mitbestimmt.

Zum Beispiel ist für Kupfer $T_a \approx 40$ K, und ähnliche Werte weisen die meisten reinen Metalle auf. Wählt man als Bezugstemperatur die „Zimmertemperatur" $T_1 = 293$ K, so wird $\alpha_1 \approx 1/253$ K $\approx 4 \cdot 10^{-3}$ K$^{-1}$.

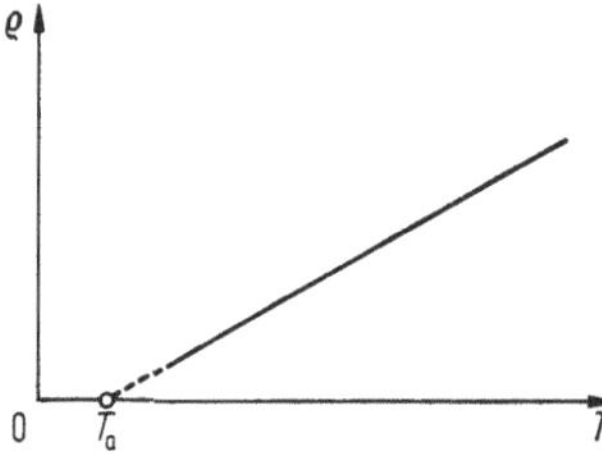


Abb. 3.7 Pauschale Abhängigkeit des spezifischen Widerstandes $\varrho$ metallischer Leiter von der absoluten Temperatur $T$.

Für Stoffe, die im Sinne des folgenden Abschnitts als Halbleiter bezeichnet werden können, gilt häufig in guter Näherung, daß die elektrische Leitfähigkeit mit wachsender Temperatur exponentiell zunimmt:

$$\sigma(T) = \sigma(T_1)\, e^{\gamma_1(T-T_1)}. \tag{3.2-3a}$$

Zum Beispiel ist bei vielen Isolierstoffen der Elektrotechnik größenordnungsmäßig $\gamma_1 \approx 0{,}1$ K$^{-1}$ in der Umgebung der Bezugstemperatur $T_1 = 293$ K.

**Feld im Halbleiter**

Wir bezeichnen eine Substanz dann als Halbleiter, wenn weder ihre Eigenschaften als Dielektrikum gegenüber den Eigenschaften als Leiter vernachlässigt werden können, noch auch umgekehrt. Besteht in einer solchen Substanz ein elektrisches Feld, so besteht zugleich damit in ihr ein instationärer Strömungsvorgang. Wir können den zeitlichen Ablauf einfach beschreiben, wenn der Stoff homogen und isotrop ist und sowohl als Dielektrikum wie auch als Leiter linear wirkt,

$$\varepsilon = \text{const}_E, \quad \sigma = \text{const}_E.$$

Der Vorgang besteht darin, daß in jedem Volumenelement elektrische Feldenergie in Stromwärme umgesetzt wird:

$$-\frac{\mathrm{d}w_e}{\mathrm{d}t} = p_{th}; \tag{3.2-5}$$

durch Einsetzen

$$-\frac{\mathrm{d}}{\mathrm{d}t}\left(\frac{\varepsilon}{2}E^2\right) = \sigma E^2, \tag{3.2-6}$$

und Integration, wenn $w_e(0)$ und $E(0)$ Werte sind, die zu einem willkürlich gewählten Zeitpunkt $t = 0$ vorliegen, wird erhalten

$$w_e(t) = w_e(0)\,\mathrm{e}^{-2t/\beta}, \quad E(t) = E(0)\,\mathrm{e}^{-t/\beta}. \tag{3.2-7}$$

Die Materialkonstante

$$\frac{\varepsilon}{\sigma} = \beta \tag{3.2-8}$$

wird die *Relaxationszeit* des Materials genannt. Für Gase ist $\beta$ außerordentlich groß, für Metalle winzig klein. Den idealen Isolator wird man durch $\beta \to \infty$, den idealen Leiter durch $\beta \to 0$ kennzeichnen. Kann man, jeweils durch zwei voneinander unabhängige Meßverfahren, für einen verhältnismäßig schlechten Leiter $\beta$ und $\varepsilon$ bestimmen, für einen verhältnismäßig guten $\beta$ und $\sigma$, so erhält man durch Gl. (8) den Wert $\sigma$ des verhältnismäßig schlechten, den Wert $\varepsilon$ des verhältnismäßig guten Leiters. Auf diese Weise kann man zum Beispiel zu Abschätzungswerten für die Permittivitäten guter Leiter gelangen.

**Berechnung von ohmschen Widerständen (Leitwerten)**

Nach Gl. (3.1-46) gilt

$$\frac{1}{R} = C\,\frac{\sigma}{\varepsilon} \tag{3.2-9}$$

unter dort angegebenen Voraussetzungen. Hierfür einige Beispiele:

a) Die Elektroden sind zwei unendlich lange, parallele Kreiszylinder mit den Radien $R_1$, $R_2$ und dem Achsenabstand $H$, der Zylinder vom Radius $R_2$ wird von dem anderen umschlossen, Abb. 2.34. Aus dem Kapazitätsbelag $C'$, der in Gl. (2.12-26a) angegeben ist, folgt der Leitwertbelag

$$\frac{1}{R'} = \frac{2\pi\sigma}{\operatorname{arcosh}\left(\dfrac{R_1^2 + R_2^2 - H^2}{2R_1R_2}\right)}. \tag{3.2-10}$$

Sind die Zylinder konzentrisch, $H = 0$, so wird

$$R' = \frac{\ln\left(\dfrac{R_1}{R_2}\right)}{2\pi\sigma} \tag{3.2-11}$$

gemäß Gl. (2.12-26b) oder Gl. (2.12-8).

b) Die Elektroden sind konzentrische Kugeln mit den Radien $r_1$ und $r_2 > r_1$. Aus der Kapazität $C$ nach Gl. (2.12-2) ergibt sich der

Leitwert der Hohlkugel zu

$$\frac{1}{R} = \frac{4\pi\sigma}{\frac{1}{r_1} - \frac{1}{r_2}} \tag{3.2-12}$$

und daher mit $r_2 \to \infty$ der Widerstand einer einzigen Kugel im unbegrenzten Medium der Leitfähigkeit $\sigma$

$$R_\infty = \frac{1}{4\pi\sigma r_1} \tag{3.2-13}$$

umgekehrt proportional zum Radius, nicht zur Oberfläche der Kugel. Die Beziehung gilt näherungsweise für den Übergangswiderstand eines kugelförmigen Tiefenerders. Sind zwei solche mit den Radien $r_a$ und $r_b$ in weiter Entfernung voneinander angebracht, so ist der gesamte Übergangswiderstand

$$R = \frac{1}{4\pi\sigma}\left(\frac{1}{r_a} + \frac{1}{r_b}\right) \tag{3.2-13a}$$

unabhängig vom Abstand.

**Beispiel einer Konvektionsströmung**

Im Abschnitt 2.10 haben wir als einfaches Beispiel für die Poissonsche Gleichung den Verlauf des Potentials und der elektrischen Feldstärke im scheibenförmigen Raum zwischen zwei ebenen, parallelen Leiteroberflächen ermittelt, wenn dieser von einer konstanten (ortsunabhängigen) ruhenden Ladung von der räumlichen Dichte $\eta$ erfüllt ist: Gln. (2.10-41, 44), Abb. 2.25. Wir betrachten jetzt den stationären Strömungsvorgang, wenn die Ladungsträger den angreifenden elektrischen Feldkräften beliebig nachgeben können. Der Raum zwischen den Elektroden

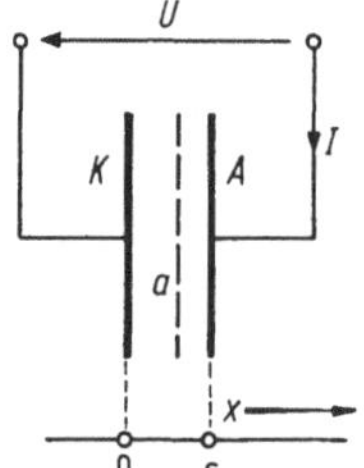


Abb. 3.8 Beispiel für eine Konvektionsströmung. *A* Anode, *K* Kathode.

sei sonst materiefrei. Träger des Konvektionsstromes sind dann die Elektronen, die an der Oberfläche $x = 0$ der einen Elektrode, der Kathode, zur Verfügung gestellt seien (Glühemission); sie wandern durch den Feldraum und werden an der Oberfläche $x = s$ der anderen Elektrode, der Anode, aufgenommen. Zwischen Anode und Kathode wird eine konstante Spannung

$$U = \varphi(s) - \varphi(0) > 0 \tag{3.2-14}$$

aufrechterhalten, $I$ sei der außen meßbare Gleichstrom. Abb. 3.8. Wir wählen das Potential der Kathode als Bezugspotential und setzen dieses $\varphi(0) = 0$. Einzelheiten der Vorgänge beim Auftreffen der Konvektionsstromträger auf die Anodenoberfläche und insbesondere beim Austreten dieser aus der Kathodenoberfläche bleiben unberücksichtigt. Wir vernachlässigen deren Anfangsgeschwindigkeit $v(x = 0)$ und nehmen an, daß sie in beliebiger Menge dort zur Verfügung stehen ($\eta \to \infty$ für $x = 0$). Dann ist aber auch

$$-\left(\frac{d\varphi}{dx}\right)_{x=0} = E(0) = 0. \tag{3.2-15}$$

Die Stromstärke des Konvektionsstromes ist

$$I = -\eta(x)\, va \tag{3.2-16}$$

nach Gl. (3.1-2), wenn $a$ der Querschnitt des Feldraumes ist; die Raumladungsdichte ist negativ und ortsabhängig. Am Orte $x$ ist die Energie des wandernden Elektrons

$$\frac{m}{2}\{v^2(x) - v^2(0)\} = e\{\varphi(x) - \varphi(0)\}, \tag{3.2-17}$$

also nach dem oben Gesagten

$$\frac{m}{2} v^2(x) = e\varphi(x) \tag{3.2-18}$$

($m$ Masse des Elektrons, $e$ Elementarladung). Für das Potential gilt die Poissonsche Gleichung, hier

$$\frac{d^2\varphi}{dx^2} = -\frac{\eta(x)}{\varepsilon_0}. \tag{3.2-19}$$

Mittels Gl. (16) und (18) wird daraus

$$\frac{d^2\varphi}{dx^2} = \varphi^{-1/2} \frac{I}{a\varepsilon_0 \sqrt{2e/m}}. \tag{3.2-20}$$

Die Lösung ist eindeutig wegen der zwei Randbedingungen, Gl. (14) und (15), nämlich

$$\varphi(x) = x^{4/3} \left(\frac{I}{ac}\right)^{2/3}; \tag{3.2-21}$$

$I/a$ ist die Stromdichte des Konvektionsstromes, $c$ die Konstante

$$c = \frac{4\varepsilon_0}{9} \sqrt{\frac{2e}{m}}, \tag{3.2-22}$$

die universell ist, solange als Elektronenmasse $m$ die Ruhemasse $m_0$ in Betracht kommt; dann ist

$$c = 2{,}34 \cdot 10^{-6} \frac{\mathrm{A}}{\mathrm{V}^{3/2}}. \tag{3.2-22a}$$

Führen wir mit Gl. (14) ein $\varphi(s) = U$, so wird das Potential

$$\frac{\varphi(x)}{U} = \left(\frac{x}{s}\right)^{4/3} \tag{3.2-23}$$

und die Feldstärke

$$E(x) = -\frac{\mathrm{d}\varphi}{\mathrm{d}x} = -\frac{4}{3}\frac{U}{s}\left(\frac{x}{s}\right)^{1/3}, \quad \boldsymbol{E}_x = -\boldsymbol{i}E(x); \tag{3.2-24}$$

Abb. 3.9. Im ladungsfreien Raum ($\eta = 0$) dagegen steigt das Potential proportional zu $x$ vom Werte Null bei $x = 0$ an auf den Wert $\varphi = U$ für $x = s$, die Feldstärke ist $E = U/s = \mathrm{const}_x$, vgl. Gl. (2.10-24a). Schließlich folgt aus Gl. (21) mit Gl. (14) durch Umstellen

$$I = U^{3/2} \frac{ac}{s^2}. \tag{3.2-25}$$

Diese als Raumladungsstromgesetz bekannte Beziehung ist durch Messung der äußeren Größen $I$, $U$ nachprüfbar.

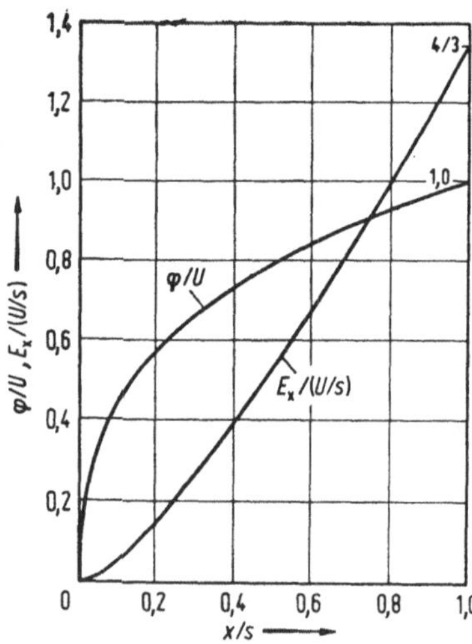


Abb. 3.9 Potential und Feldstärke in der ebenen, homogenen Konvektionsströmung nach Gl. (3.3-23, 24).

## 3.3 Lineare und nichtlineare Zweipole, Begriffe und Beziehungen

In den Betrachtungen der Abschnitte 2.13 und 3.1 hat sich der Begriff des elektrischen Zweipols fast von selbst ergeben. Als Beispiel denken wir an den Stromleiter mit einer gegebenen Stromeintritts- und einer gegebenen Stromaustrittsfläche, die beide in Normalenrichtung durchströmt werden, und der im übrigen an Nichtleiter grenzt. Die kennzeichnenden Größen haben sich als ganz verschieden erwiesen, je nachdem, ob der leitende Körper ein inhomogener oder ein homogener Leiter ist. Als homogener Leiter setzt er bei Leitungsströmung elektrische Energie in Wärmeenergie um, als inhomogener Leiter vermag er, bei konstanter eingeprägter Feldstärke, stationäre Leitungsströmung aufrechtzuerhalten und dadurch die Energie in Bewegung zu setzen, die insgesamt in Stromwärme umgesetzt wird. Auch einen Kondensator können wir als elektrischen Zweipol betrachten.

Kennzeichnend ist jedesmal, daß es sich um ein Gebilde handelt, das nur an zwei definierten Stellen (Punkten) und an diesen nur in elektrischer Hinsicht mit dem Außenraum in Verbindung steht (zugänglich ist oder zugänglich gedacht ist) und das von außen her auf seine elektrischen Eigenschaften und Wirkungen untersucht wird. Diese Kennzeichnung wählen wir als die allgemeine Definition des elektrischen Zweipols. Die zwei Verbindungspunkte werden auch Pole oder Klemmen genannt.

Die Kennzeichnung des Zweipols, nur an zwei Punkten elektrisch zugänglich zu sein, bedeutet schärfer gefaßt: Zwischen den zwei Punkten, die die normal durchströmten Endquerschnitte repräsentieren, muß die elektrische Spannung eindeutig sein, das elektrische Feld muß somit dort wirbelfrei sein. Wirbelfrei ist die elektrische Feldstärke bei stationären und noch bei quasistationären Vorgängen (demgemäß stellen sich dem Begriff des elektrischen Zweipols erst im Gebiet sehr hoher Frequenzen Schwierigkeiten entgegen).

Zweipole dieser allgemeinen Definition sind die einfachsten Elemente elektrischer Netze. Wir stellen im folgenden ihre wichtigeren Eigenschaften und Beziehungen zusammen.

*Leerlaufspannung* heißt die Spannung zwischen den Klemmen, wenn durch sie kein Strom fließt. *Kurzschlußstrom* heißt der Strom, der außerhalb vom Zweipol durch die Klemmen fließt, wenn zwischen diesen keine Spannung besteht. Als *passiv* oder *quellenlos* wird ein Zweipol bezeichnet, der keine Leerlaufspannung und keinen Kurzschlußstrom hat. Als *Zweipolquelle* oder als *aktiver Zweipol* wird ein Zweipol bezeichnet, der eine Leerlaufspannung oder einen Kurzschlußstrom oder beides aufweist.

Betrachtet man Zweipole hinsichtlich der Energiebewegung im Zeitmittel in einer hinreichend langen Zeitspanne, so nennt man einen Zweipol dann *Verbraucher*, wenn er Energie aufnimmt, *Generator* oder Erzeuger dann, wenn er Energie abgibt. (Die verschiedenen Betrachtungsweisen machen verschiedene Ausdrucksweisen notwendig: Ein quellenloser Zweipol zum Beispiel kann nur als Verbraucher wirken, dagegen ist nicht jeder Verbraucher ein quellenloser Zweipol. Man braucht nur an die elektrische Verbindung zweier Zweipolquellen zu denken: im allgemeinen wird die eine als Generator, die andere als Verbraucher wirken.)

*Linear wirkend* oder kurz *linear* heißt ein Zweipol dann, wenn der Zusammenhang zwischen Klemmenspannung und Strom durch die Klemmen, den wir auch die äußere Kennlinie nennen werden, eine lineare Funktion ist.

Ein *passiver* (*quellenloser*) *linearer Zweipol* ist somit durch seinen konstanten Widerstand (Leitwert) gekennzeichnet. (Ist der Zusammenhang nichtlinear und dabei die äußere Kennlinie in gewissen Bereichen fallend, so spricht man vom negativen Widerstand (Leitwert) in diesen Bereichen; in ihnen vermag der Zweipol aktiv zu wirken.)

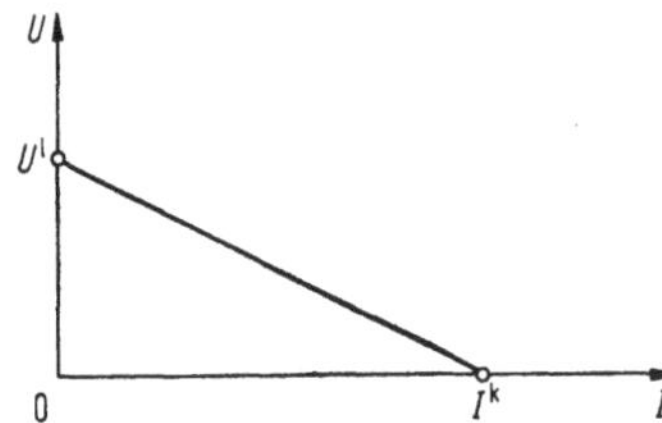


Abb. 3.10 Äußere Kennlinie der linearen Zweipolquelle. $U$ Spannung zwischen den Klemmen, $I$ Strom durch diese, $U^1$ Leerlaufspannung, $I^k$ Kurzschlußstrom.

Eine *lineare Zweipolquelle* hat somit eine äußere Kennlinie wie in Abb. 3.10 veranschaulicht ist. Ersichtlich ist

$$\begin{aligned} \frac{U^1 - U}{I} &= \text{const}_{U,I} = Z_i, \\ \frac{I^k - I}{U} &= \text{const}_{I,U} = Y_i = \frac{1}{Z_i}. \end{aligned} \tag{3.3-1}$$

Die Größen innerer Widerstand $Z_i$ und innerer Leitwert $Y_i$ der linearen Zweipolquelle sind also hier, entsprechend der Betrachtungsweise der Zweipoltheorie, durch *außen beobachtete* Größen definiert, über die materielle Verwirklichung im Innern ist nichts ausgesagt. Nach Gl. (1) ist

$$U = U^1 - IZ_i \quad \text{oder} \quad I = I^k - UY_i \tag{3.3-2}$$

die Gleichung der linearen äußeren Kennlinie. Hinsichtlich der elektrischen Wirkung nach außen kann daher die lineare Zweipolquelle durch zwei miteinander völlig gleichwertige Ersatzbilder dargestellt werden: Das Spannungsquellen-Ersatzbild ist die Serienschaltung eines konstanten Widerstandes $Z_i$ mit einem widerstandslosen Generator, der die Leerlaufspannung $U^1$ hat, Abb. 3.11; das Stromquellen-Ersatzbild ist die Parallelschaltung eines konstanten Leitwertes $Y_i$ mit einem leitwertlosen Generator, der den Kurzschlußstrom $I^k$ hat, Abb. 3.11b.

Zweipolquellen, die in guter Annäherung als linear gelten können, kommen praktisch selten vor; dem Ideal am nächsten kommt noch das Thermoelement aus metallischen Komponenten bei konstant gehaltener Temperaturdifferenz.

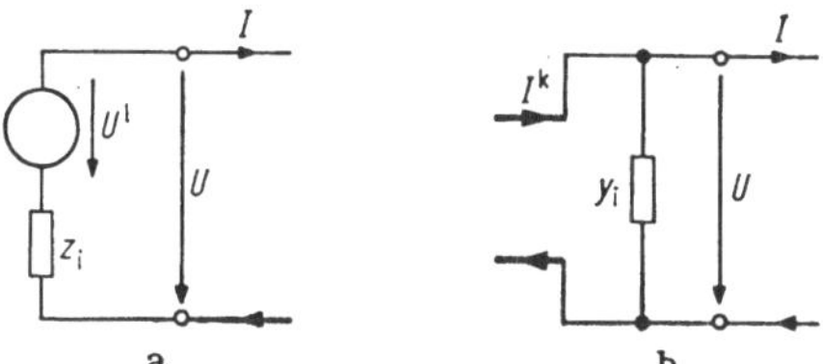


Abb. 3.11 Lineare Zweipolquelle: a) Spannungsquellen-Ersatzbild; b) Stromquellen-Ersatzbild.

Eine *nichtlineare Zweipolquelle* hat als äußere Kennlinie eine (zusammenhängende) Kurve an Stelle des Geradenstückes in Abb. 3.10. Viele technische Zweipolquellen sind nichtlinear (es gibt auch solche, die entweder eine sehr kleine Leerlaufspannung oder einen sehr kleinen Kurzschlußstrom haben; nicht alle Bereiche der äußeren Kennlinie müssen stabile Bereiche sein; vgl. die Beispiele in Abb. 3.12). Die äußere Kennlinie allein vermittelt dann, gemäß der Betrachtungsweise der

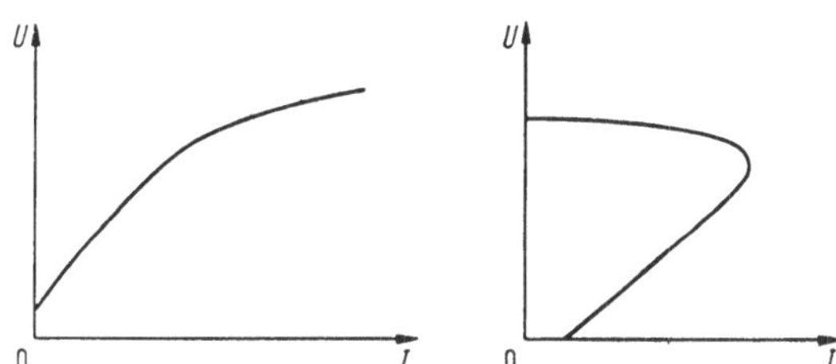


Abb. 3.12 Beispiele nichtlinearer äußerer Kennlinien (Gleichstromgeneratoren der Starkstromtechnik, schematisch).

Zweipoltheorie, keinerlei eindeutige Kenntnisse über die Zusammenhänge im Inneren des Zweipols. Will man an den Ersatzbildern der linearen Zweipolquelle Abb. 3.11a, b festhalten, so müssen die dort konstanten Größen $U^l$, $Z_i$; $I^k$, $Y_i$ hier als Veränderliche, nämlich als von $U$ und $I$ abhängige Größen verstanden werden. Daher kommt man zu eindeutigen Aussagen über Ersatzbilder hier *nur durch zusätzliche Kenntnisse* oder Annahmen über den Zweipol. In manchen Fällen ist die Annahme einer konstanten (von $I$ unabhängigen) Leerlaufspannung oder einer konstanten (von $U$ unabhängigen) Kurzschlußstromstärke berechtigt; dann wird die nichtlineare äußere Kennlinie allein dadurch erklärt, daß $Z_i$ von $I$ oder $Y_i$ von $U$ abhängt. In vielen anderen Fällen hat man Grund dazu, $Z_i$ und $Y_i$ als von $I$ und von $U$ unabhängig anzusehen. Dann wird die nichtlineare äußere Kennlinie dadurch erklärt, daß die von $I$ unabhängige Leerlaufspannung $U^l$ des Ersatzbildes der linearen Zweipolquelle ersetzt wird durch die von $I$ abhängige *Quellenspannung* $U_q$ oder dadurch, daß der von $U$ unabhängige Kurzschlußstrom $I^k$ des Ersatzbildes der linearen Zweipolquelle ersetzt wird durch den von $U$ abhängigen *Quellenstrom* $I_q$ also

$$\begin{aligned} U &= U_q - IZ_i, \quad & U_q &= U_q(I), \quad & Z_i &= \text{const}_I \\ I &= I_q - UY_i, \quad & I_q &= I_q(U), \quad & Y_i &= \text{const}_U \end{aligned} \tag{3.3-3}$$

an Stelle der linearen Funktionen Gln. (2).

Zur Kennzeichnung der Zweipolquelle kann man auch an Stelle der Quellenspannung die elektromotorische Kraft im verallgemeinerten Sinn verwenden; sie ist eine dem *Innern* der Zweipolquelle zugeschriebene Größe und hat dort den gleichen Richtungssinn wie die Stromstärke, wenn die Zweipolquelle aktiv wirkt.

Quellenspannung $U_q$ und Quellenstrom $I_q$ sind übergeordnete Begriffe, die auf jede Art von Zweipolquellen zutreffen; für die lineare Zweipolquelle also ist $U_q = U^l = \text{const}_I$ und $I_q = I^k = \text{const}_U$.

Wir betrachten noch die Zusammenschaltung einer Zweipolquelle mit einem passiven (quellenlosen) Zweipol: Sind beide Zweipole linear, so erfüllt die Zweipolquelle die Gl. (2), der passive Zweipol die Gleichung $U/I = Z = 1/Y = \text{const}$. Daher ist

$$I = \frac{U^l}{Z_i + Z}, \quad U = \frac{I^k}{Y_i + Y} \tag{3.3-4}$$

oder auch

$$\frac{I}{I^k} = \frac{1}{1 + Z/Z_i}, \quad \frac{U}{U^l} = \frac{1}{1 + Z_i/Z}, \tag{3.3-5}$$

vgl. Abb. 3.13. Ist dagegen die Zweipolquelle und der passive Zweipol oder einer von beiden nichtlinear, so wird der Zustandspunkt $I$, $U$ als gemeinsamer Punkt der äußeren Kennlinien der beiden Zweipole bestimmt (wenn mehr als ein gemeinsames Wertepaar $I$, $U$ auftritt, muß die Stabilität einzeln untersucht werden). – Zusammen mit Gl. (2) gilt: Ist $U = \text{const}_I$, so ist $Z_i = 0$, ist $I = \text{const}_U$, so ist $Y_i = 0$. Zweipolquellen, die diese Eigenschaften aufweisen, werden auch starre Zweipolquellen genannt, man spricht auch im ersten Falle von einer eingeprägten (oder: dem Verbraucher aufgedrückten) Spannung, im zweiten von einem eingeprägten (oder: dem Verbraucher aufgedrückten) Strom. Starre Zweipolquellen werden technisch durch Regeleinrichtungen realisiert. Nach Gl. (5) ist $U \approx \text{const}_I$ für $Z_i \ll Z$ und $I \approx \text{const}_U$ für $Y_i \ll Y$. Mit dem Wort „Einströmung" wird auch eine Ersatzstromquelle mit vernachlässigtem innerem Leitwert bezeichnet.

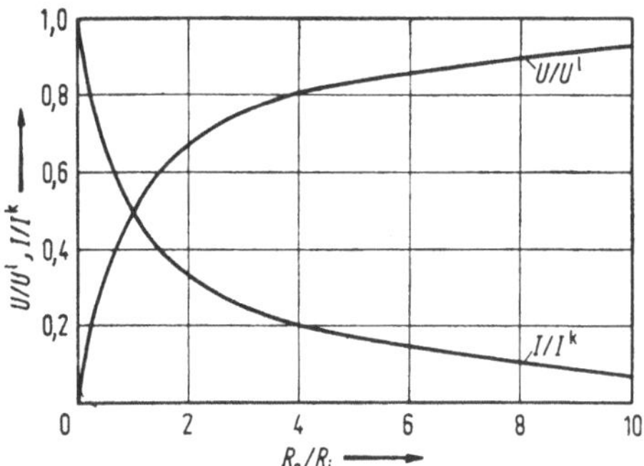


Abb. 3.13 $U/U^1$ und $I/I^k$ nach Gl. (3.3-4, 5).

Es sei nun im besonderen $Z = R$, $Z_i = R_i$. Dann bezeichnet man als Wirkungsgrad $\eta$ das Verhältnis der Leistung $UI$ des passiven quellenlosen Zweipols zur gesamten Leistung $U^1 I$ des Systems:

$$\eta = \frac{UI}{U^1 I} = \frac{1}{1 + R_i/R}, \tag{3.3-6}$$

vgl. Abb. 3.13. Die Leistung $P = UI$ des passiven quellenlosen Zweipols kann man mit $v = R/R_i$ auch schreiben

$$P = \frac{(U^1)^2}{R_i} \frac{1}{(1 + v)(1 + 1/v)}; \tag{3.3-7}$$

in Abhängigkeit von $v$ besteht für $v = 1$ ein flaches Maximum vom Wert

$$P_{\max} = \frac{(U^1)^2}{4R_i} \tag{3.3-7a}$$

man spricht dann von *Leistungsanpassung*. Die Aufgabe, die größte Leistung des Verbrauchers in Abhängigkeit von $v$ zu finden, kann dabei auf zwei verschiedene Weisen gestellt sein: Es kann entweder die Zweipolquelle ($U^1$, $R_i$) fest und gegeben, der Widerstand $R$ des quellenlosen Zweipols variabel sein; oder aber es kann umgekehrt der Widerstand $R$ des quellenlosen Zweipols fest und gegeben, die Größe $(U^1)^2/R_i$ eine die Zweipolquelle kennzeichnende, von $R_i$ unabhängige *Konstante* und $R_i$ variabel sein. Für $v = 1$ ist $\eta = 0{,}5$. – Als Verbraucher war hier ein passiver quellenloser Zweipol in jedem Falle vorausgesetzt. Dies aber ist ein Sonderfall; wichtiger ist oft der Verbraucher, der einen elektrisch-mechanischen Energiewandler enthält. Beruht dieser darauf, daß in einem magnetischen Felde stromdurchflossene Leiter bewegt werden, so weist der Energiewandler wegen des elektromagnetischen Induktionsgesetzes eine zur Geschwindigkeit der Leiterbewegung proportionale innere Gegenspannung $U_g$ auf, und die mechanische Leistung ist $IU_g$; diese, aber nicht die Stromwärmeleistung $I^2R$, soll möglichst groß gemacht werden. Die Lösung der Aufgabe hängt davon ab, welche Größen im gegebenen Fall unabhängige Variable sind und in welchen Bereichen.

**Weiterführende Literatur zur Leistungsanpassung bei Gleichstrom und bei Wechselstrom**

Aschoff, V.: Einführung in die Nachrichtenübertragungstechnik. Berlin, Heidelberg, New York 1968, S. 120—132.

## 3.4 Grundlagen der Berechnung von elektrischen Netzen

*Das allgemeine elektrische Netz besteht aus einzelnen Zweigen, die an Knotenpunkten miteinander verbunden sind.* Verfolgt man, von einem beliebigen Knotenpunkt ausgehend, einen zusammenhängenden Weg entlang Zweigen des Netzes, so kann man immer auf wenigstens einem solchen Wege zum Ausgangspunkt zurückkehren, ohne daß ein Zweig mehr als einmal durchlaufen wurde. Einen auf solche Weise aus einzelnen Zweigen gebildeten geschlossenen Weg nennt man eine *Masche* des Netzes. Für stationäre und für quasistationäre Vorgänge, die hier vorausgesetzt werden, gelten die grundlegenden Beziehungen Gl. (3.1-12, 13)

$$\oint \boldsymbol{E} \cdot d\boldsymbol{s} \equiv \mathring{U} = 0, \quad \oint \boldsymbol{S} \cdot d\boldsymbol{a} = 0. \tag{3.4-1}$$

Schließen wir einen Knotenpunkt, durch welchen $\nu$ stromführende Zweige miteinander verbunden sind, in eine Hüllfläche ein, so sagt die zweite Gl. (1) aus

$$\sum_{\nu} I_{\nu} = 0; \tag{3.4-2}$$

alle dem Knotenpunkt zufließenden Zweigströme rechnen positiv, alle von ihm abfließenden negativ. Dies ist der *erste Kirchhoffsche Satz.*[1]

Der zweite Kirchhoffsche Satz ist eine Anwendung der ersten Gl. (1) auf Maschen des Netzes: Auf einem geschlossenen Weg entlang den Zweigen einer Masche ist die Umlaufspannung $\mathring{U} = 0$. Nun können im allgemeinen Fall in den stromdurchflossenen Zweigen sowohl Widerstandsspannungen $IR$, als auch Quellenspannungen $U_q$ vorhanden sein, und die Gesamtspannung zwischen den Enden eines Zweiges, also zwischen den zwei durch den Zweig miteinander verbundenen Knotenpunkten, ist abhängig von den Vorzeichen der einzelnen $U_q$ und dem Vorzeichen der gesamten Widerstandsspannung $IR$ des Zweiges. Da man

[1] Gustav Robert Kirchhoff, 1824—1887.

die Richtungen (Vorzeichen) der Ströme in den Zweigen im allgemeinen nicht von vornherein kennt, muß man in den einzelnen Zweigen willkürliche Bezugsrichtungen („Zählrichtungen") für die Ströme festlegen; im Schaltbild stellt man die Bezugsrichtung durch eine Pfeilspitze dar, die zweckmäßig in die Linie gezeichnet wird, die den Zweig darstellt. Durch die Bezugsrichtung eines Stromes $I$ ist dann auch die Bezugsrichtung der zugehörigen Widerstandsspannung $IR$ gegeben: sie ist dieselbe. Auch den Quellenspannungen müssen Bezugsrichtungen gegeben werden; nach unserer Definition dieser Größe legt man sie vom positiven zum negativen Pol weisend fest. Dann sagt der *zweite Kirchhoffsche Satz* aus: Die Summe aller Spannungen, die man auf einem geschlossenen Weg entlang einer Masche vorfindet, ist Null, wenn man die auf dem Umlauf in positivem Sinn der Bezugsrichtung durchlaufenen Spannungen positiv, die anderen negativ einsetzt:

$$\sum_{\nu} (U_{q\nu} + I_{\nu} R_{\nu}) = 0 \tag{3.4-3}$$

oder abgekürzt

$$\sum_{\nu} U_{\nu} = 0. \tag{3.4-4}$$

An Stelle der Quellenspannungen $U_q$ kann man auch die elektromotorischen Kräfte $\mathscr{E}_q$ im verallgemeinerten Sinne, vgl. die Bemerkung zu Gl. (3.3-3), einführen; sie haben nach unserer Definition die entgegengesetzte Orientierung: $\mathscr{E}_q = -U_q$; dann steht an Stelle von Gl. (3) ohne Änderung der Aussage die andere Form

$$\sum_{\nu} \mathscr{E}_{q\nu} = \sum_{\nu} I_{\nu} R_{\nu}. \tag{3.4-3a}$$

Ohne Regeln über die Vorzeichen (Wahl von Bezugsrichtungen) sind die Kirchhoffschen Sätze keine eindeutigen Aussagen und daher für Netzberechnungen nicht anwendbar. Die Anwendung der beiden Sätze

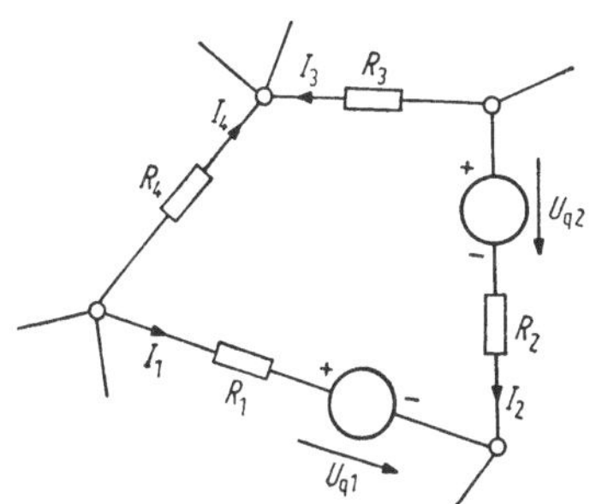


Abb. 3.14 Beispiel für eine Masche zwischen vier Knotenpunkten mit Bezugspfeilen in den Zweigen.

auf ein elektrisches Netz liefert in jedem Falle hinreichend viele Gleichungen für die Ströme, wenn die Widerstände und die Quellenspannungen gegeben sind. Die Gleichungen sind dann linear, wenn die

Quellenspannungen und die Widerstände von den Strömen unabhängige Konstanten sind. Dann nennt man auch das ganze Netz linear wirkend oder kurz: linear.

Wir betrachten noch die Leistung einer Masche, die keine Quellenspannungen enthält, für die also nach Gl. (3) gilt

$$\sum_\nu I_\nu R_\nu = 0; \tag{3.4-5}$$

die Leistung ist

$$P = \sum_\nu I_\nu^2 R_\nu . \tag{3.4-6}$$

Hätten die Zweigströme der Masche nicht die Werte $I_\nu$, sondern $I_\nu \pm \delta I$, was eine Fiktion ist, denn dann wäre die Umlaufspannung nicht Null, sondern

$$\sum_\nu (I_\nu \pm \delta I)\, R_\nu = \sum_\nu I_\nu R_\nu \pm \delta I \sum_\nu R_\nu \neq 0,$$

so wäre die Leistung der Masche

$$P' = \sum_\nu (I_\nu \pm \delta I)^2\, R_\nu = \sum_\nu I_\nu^2 R_\nu \pm 2\delta I \sum_\nu I_\nu R_\nu + (\delta I)^2 \sum_\nu R_\nu . \tag{3.4-7}$$

Hier ist rechts vom Gleichheitszeichen das erste Glied die Leistung $P$ nach Gl. (6), das zweite Glied Null wegen Gl. (5), das dritte Glied stets positiv, es ist also

$$P' > P . \tag{3.4-7a}$$

Nennen wir $I^2R$ verbrauchte Leistung, so können wir sagen: Die verbrauchte Leistung ist bei der geänderten Stromverteilung größer als vorher, oder: Die ursprüngliche Stromverteilung ist so, daß die verbrauchte Leistung ein Minimum ist. Dies gilt für jede Masche, daher für das ganze Netz.

*Zur Berechnung*: Jede Stromstärke tritt in zwei Knotenpunktsgleichungen auf, nämlich einmal als zufließender Strom mit positivem, einmal als abfließender Strom mit negativem Vorzeichen. Bei insgesamt $k$ Knoten kann man daher gerade $k - 1$ voneinander unabhängige Knotenpunktsgleichungen aufstellen. Schreibt man nämlich die Knotenpunktsgleichungen an, indem man immer von einem zu einem nächstbenachbarten Knotenpunkt fortschreitet, so enthält von der ersten bis zur $(k - 1)$ten Gleichung eine jede wenigstens einen Zweigstrom, der nicht in der vor dieser angeschriebenen Gleichung enthalten war. Der Strom in jedem Zweig hängt, bei gegebenen Elementen des Zweiges, stets über eine verhältnismäßig einfache Gleichung mit der Spannung zwischen den Enden des Zweiges (zwischen den Knotenpunkten, die durch den Zweig miteinander verbunden werden) zusammen. Deswegen ist die Anzahl der zu berechnenden Unbekannten (entweder alle Zweigströme oder alle Zweigspannungen) gleich der Anzahl $z$ der Zweige. Also müssen unabhängige Maschengleichungen in der Anzahl $m = z - (k - 1)$ aufgestellt werden, damit die erforderliche Anzahl von Gleichungen für die Bestimmung der $z$ Unbekannten erhalten wird. Die Anzahl der möglichen geschlossenen Umläufe ist meist erheblich größer; wählt man aber jeden neuen Umlauf so, daß in ihm wenigstens ein Zweig enthalten ist, der in vorher gewählten und berechneten Maschen nicht enthalten war, so erhält man Maschengleichungen genau in der erforderlichen Anzahl $m$.

Die Gln. (1 bis 3a) sind nicht unter der Voraussetzung aufgestellt worden, daß die durch die Größen $U_q$, $R$ oder $G$ (Wirkleitwert) gekennzeichneten Elemente linear wirkende Elemente sind. Macht man jedoch diese Annahme ($U_q = U^1 = \text{const}_I, R = \text{const}_I$ oder $G = \text{const}_U$, Ohmsches Gesetz), so heißt man das Netz linear und kann sich für gewisse vereinfachte Rechenmethoden auf das dann geltende Superpositionsprinzip stützen. Wir geben zwei Beispiele:

a) Enthält das lineare Netz beliebig viele konstante Quellenspannungen, also Leerlaufspannungen, so ist der Strom in einem Zweig gleich der Summe der Teilströme, die in ihm durch die einzelnen Quellenspannungen hervorgebracht werden. Bei der rechnerischen Anwendung dieses Satzes hat man also der Reihe nach jeweils alle Quellenspannungen bis auf eine gleich Null zu setzen (nur die Quellenspannungen, nicht die inneren Widerstände der Zweipolquellen). Netzberechnungen verlaufen auf diese Weise oft einfacher, auch ist häufig gerade nach den Teilströmen gefragt.

Als einfaches Beispiel werde die Schaltung nach Abb. 3.15 betrachtet. Erst nachdem Bezugsrichtungen angenommen sind, zum Beispiel die in der Abbildung vorgeschlagenen, kann gerechnet werden. Man bestimmt die Größen $I_1'$, $I_2'$, $I'$ unter

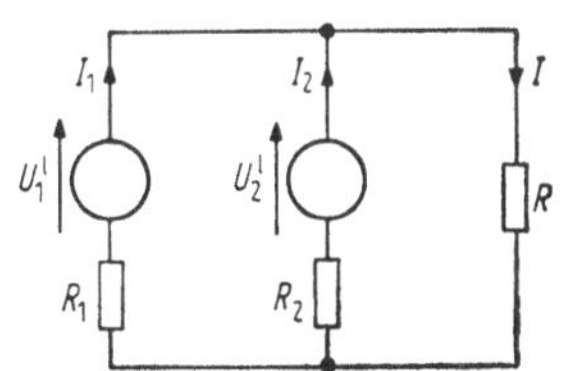


Abb. 3.15 Beispiel zur Anwendung des Superpositionsprinzips.

der Voraussetzung $U_2^1 = 0$ und die Größen $I_1''$, $I_2''$, $I''$ unter der Voraussetzung $U_1^1 = 0$; dann ist $I_1 = I_1' + I_1''$, $I_2 = I_2' + I_2''$, $I = I' + I''$. Die notwendige Kenntnis davon, ob $U_1^1$ und $U_2^1$ gleiches oder ungleiches Vorzeichen haben, kann man entweder schon bei der Wahl der Bezugsrichtungen berücksichtigen, oder man kann diese willkürlich setzen und diese Kenntnis erst im rechnerischen Ergebnis berücksichtigen.

b) *Der Satz von Helmholtz von der Ersatzquelle*: Es seien die sämtlichen $\nu$ Zweigströme eines gegebenen linearen Netzes durch Anwendung der Kirchhoffschen Sätze bestimmt; das Netz werde durch Hinzufügen eines Zweiges vom Widerstande $R_n$ zwischen zwei Knotenpunkten $a$ und $b$ geändert. Dadurch werden die Ströme in allen Zweigen des ursprünglichen Netzes geändert. Die $\nu+1$ Ströme des erweiterten Netzes können wiederum durch Anwendung der Kirchhoffschen Sätze bestimmt werden; häufig jedoch liegt die wesentlich kleinere Aufgabe vor, daß nur der Strom $I_n$ im neuen Zweig $R_n$ bestimmt werden soll. Nicht nur hierfür, sondern für die Bestimmung jedes Stromes in jedem beliebigen passiven Zweig eines Netzes, dient der von Helmholtz angegebene Satz, der wiederum aus dem Superpositionsprinzip hervorgeht: Der Strom $I_n$ des Zweiges $R_n$ wird berechnet als

$$I_n = \frac{U^1}{R_i + R_n}, \tag{3.4-8}$$

also so, wie wenn $R_n$ an eine lineare Zweipolquelle mit der Leerlaufspannung $U^1$ und dem inneren Widerstand $R_i$ angeschlossen wäre, vgl. Abb. 3.11a. Die Leerlaufspannung $U^1$ ist dabei die Spannung zwischen den Knotenpunkten $a$ und $b$, zwischen denen $R_n$ liegt, für den Fall $R_n = \infty$. Den inneren Widerstand $R_i$ erhält man entweder, indem man den Strom $I = I^k$ für $R_n = 0$ bestimmt: $R_i = U^1/I^k$, oder dadurch, daß man im Netz alle Quellenspannungen Null setzt (nicht die inneren Widerstände der Zweipolquellen) und den resultierenden Widerstand des ursprünglichen Netzwerkes zwischen den Punkten $a$ und $b$ (bei $R_n = \infty$) berechnet.

Als einfaches Beispiel werde die nach Wheatstone[1] benannte „Brückenschaltung“ behandelt; Abb. 3.16. Es seien, wie angegeben, $R_1, R_2, R_3, R_4$ die Widerstände der vier Zweige, es sei $R_g$ der Widerstand des Diagonalzweiges zwischen den Knotenpunkten $a$ und $b$, im Diagonalzweig zwischen den Knotenpunkten $c$ und $d$ liege die Quelle, die Klemmenspannung werde konstant gehalten: $U_{c,d} = \text{const}_t$;

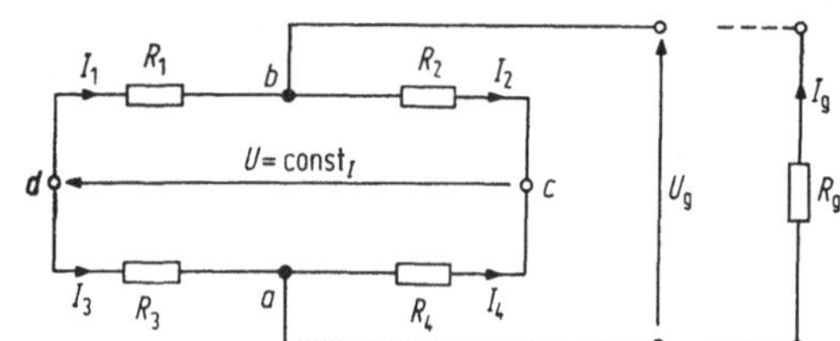


Abb. 3.16 Beispiel zur Anwendung des Helmholtzschen Satzes von der Ersatzstromquelle.

das Ersatzbild dieser Quelle ist daher wegen der ersten Gl. (3.3-2), vgl. auch Abb. 3.11a, das einer Quelle mit der Leerlaufspannung $U^1 = U_{cd}$ und dem inneren Widerstand null. — Nachdem die Bezugsrichtungen gewählt sind, bestimmt man zuerst die Ausgangsspannung $U_g$ zwischen den Knotenpunkten $a$ und b unter der Voraussetzung $R_g = \infty$. Dies ist überaus einfach, weil unter dieser Voraussetzung die Gleichungen für die Knotenpunkte $a$ und $b$ besonders einfach werden: $I_2 = I_1$, $I_4 = I_3$. Von den

[1] Christian Wheatstone, 1792—1875.

Maschengleichungen $U = I_1(R_1 + R_2) = I_3(R_3 + R_4)$ und $U_g = I_1 R_1 - I_3 R_3 = I_3 R_4 - I_1 R_2$ brauchen wir eine, die $U$, und eine zweite, die $U_g$ enthält. Eliminiert man die (nur) zwei Zweigströme, so erhält man

$$U_g = U \frac{R_1 R_4 - R_2 R_3}{(R_1 + R_2)(R_3 + R_4)}. \tag{3.4-9}$$

Dies ist die Leerlaufspannung der Ersatzstromquelle. Ihr innerer Widerstand $R_i$, das ist der Widerstand des Netzes zwischen den Knotenpunkten $a$ und $b$, läßt sich leicht angeben: Weil nach Voraussetzung der Widerstand zwischen den Knotenpunkten $c$ und $d$ null ist, ist $R_i$ die Serienschaltung zweier Parallelschaltungen, nämlich

$$R_i = \frac{1}{1/R_1 + 1/R_2} + \frac{1}{1/R_3 + 1/R_4}. \tag{3.4-10}$$

Daher ist für $0 \leqq R_g < \infty$ nach Gl. (8)

$$I_g = \frac{U_g}{R_i + R_g}. \tag{3.4-11}$$

Der Rechnungsgang ist ersichtlich viel weniger aufwendig, als bei unmittelbarer Anwendung der Kirchhoffschen Sätze. — In einer der vielen Anwendungen der Brückenschaltung wird aus erfolgtem „Abgleich" $R_1 R_4 = R_2 R_3$ heraus einer der Zweigwiderstände, zum Beispiel $R_1$, um einen kleinen Betrag $\Delta R_1 \ll R_1 = R_2 R_3 / R_4$ geändert („Ausschlagmeßbrücke"). Dann ist merklich $\Delta U_g = U \Delta R_1 \cdot R_4 / \{(R_1 + R_2)(R_3 + R_4)\}$ und entsprechend $\Delta I_g = \Delta U_g / (R_i + R_g)$.

Die Theorie der elektrischen Netze ist ein besonderes Gebiet der Elektrotechnik. Hier konnten nur die physikalischen Grundlagen und die einfachsten Folgerungen aus diesen gebracht werden.

**Weiterführende Literatur zur Theorie elektrischer Netze**

Küpfmüller, K.: Einführung in die theoretische Elektrotechnik, 10. Aufl. 4. Kap. Berlin, Heidelberg, New York 1973.
Schüssler, H. W.: Netzwerke und Systeme I. Mannheim, Wien, Zürich 1971.
Marko H:. Theorie linearer Zweipole, Vierpole und Mehrtore. Stuttgart 1971.
Rupprecht, W.: Netzwerksynthese. Berlin, Heidelberg, New York 1971.

## 3.5 Der Kondensator bei quasistationärer Leitungsströmung. Sinusförmig schwingende Ströme und Spannungen. Leistung. Komplexe Permittivität

Ändert sich die Spannung $U$ zwischen den Klemmen eines Kondensators, der die Kapazität $C$ hat, so ist der Strom durch die Klemmen

$$I(t) = \frac{dQ}{dt} = \frac{d}{dt}(CU) \tag{3.5-1}$$

Für das Folgende bleiben wir bei der zu Gl. (2.12-1) hervorgehobenen Voraussetzung $\varepsilon = \text{const}_E$, daher $C = \text{const}_U$. Dann ist

$$I(t) = C \frac{dU}{dt}. \tag{3.5-2}$$

Wir betrachten zunächst den *Aufladungsvorgang*: Es werde an die Klemmen der Serienschaltung einer Kapazität $C$ und eines ohmschen

Widerstandes $R$ im Zeitpunkt $t = 0$ eine Spannung $U_0$ gelegt, die von da an, $t \geqq 0$, beliebig lange konstant bleibt ($U_0$ ist also die Quellenspannung einer linearen Zweipolquelle, $R$ ist der Gesamtwiderstand des Kreises, von dem ein Teil der innere Widerstand der Quelle ist); für $t \leqq 0$ sei $Q = 0$. Abb. 3.17.

Dann gilt für $t \geqq 0$ nach dem zweiten Kirchhoffschen Satz $\mathring{U} = 0$, also $U_0 = U_C + IR$, mit der Spannung an den Klemmen des Kondensators $U_C = Q/C$ und dem Strom $I = \mathrm{d}Q/\mathrm{d}t$ also auch

$$U_0 = U_C + RC\frac{\mathrm{d}U_C}{\mathrm{d}t}. \tag{3.5-3}$$

Daher wird mit der angegebenen Anfangsbedingung

$$\left.\begin{aligned} U_C(t) &= U_0(1 - \mathrm{e}^{-t/T}), \quad Q(t) = CU_C(t), \\ I(t) &= C\frac{\mathrm{d}U_C}{\mathrm{d}t} = \frac{U_0}{R}\mathrm{e}^{-t/T}. \end{aligned}\right\} \tag{3.5-4}$$

Der zeitliche Ablauf wird allein durch die Größe

$$T = CR \tag{3.5-5}$$

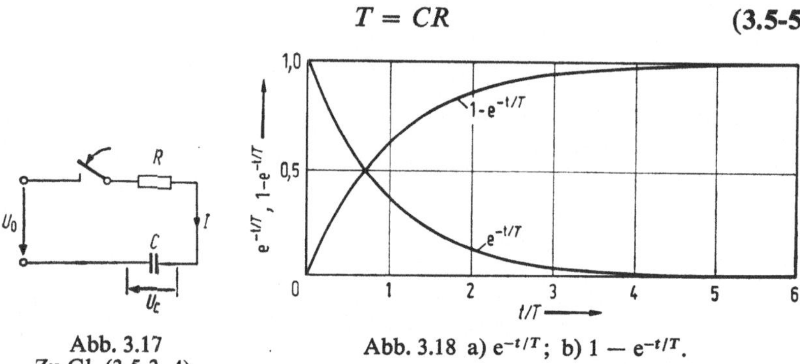


Abb. 3.17 Zu Gl. (3.5-3, 4).

Abb. 3.18 a) $\mathrm{e}^{-t/T}$; b) $1 - \mathrm{e}^{-t/T}$.

bestimmt, die die *Zeitkonstante* des Stromkreises heißt. Der Verlauf der Zeitfunktionen und einige Zahlenwerte sind in Abb. 3.18 und in Tabelle 3.1 wiedergegeben. Die *Meßgenauigkeit* entscheidet also, wann der Vorgang als beendet gelten kann.[1] Die insgesamt zugeführte Energie ist

$$W = \int_0^\infty U_0 I(t)\,\mathrm{d}t = U_0^2 C; \tag{3.5-6}$$

[1] Nach Ablauf einer gewissen Zeit $t_\varepsilon < \infty$ hat die relative Abweichung der Kapazitätsspannung $U_C$ von ihrem Endwert $U_C(t = \infty) = U_0$ den Wert $\varepsilon = (U_0 - U_C)/U_0$; diese Zeit ist $t_\varepsilon = T \ln(1/\varepsilon)$, und $\varepsilon$ ist dadurch gegeben, daß $1 - \varepsilon$ von 1 nicht mehr unterschieden werden kann oder soll.

für $t = \infty$ ist die im Kondensator gespeicherte Energie $W_e = U_0^2 C/2$. Die zugeführte Energie verteilt sich also zu gleichen (!) Teilen in Stromwärmeenergie ($R$) und Feldenergie ($C$).

Tabelle 3.1.

| $t/T$ | $e^{-t/T}$ | $1 - e^{-t/T}$ |
|---|---|---|
| 0 | 1 | 0 |
| 1 | 0,3679 | 0,632 |
| 2 | 0,1353 | 0,865 |
| 3 | 0,0498 | 0,9502 |
| 4 | 0,0183 | 0,9817 |
| 5 | 0,00674 | 0,9933 |
| 6 | 0,00248 | 0,9975 |
| 7 | 0,000912 | 0,9991 |
| 8 | 0,000335 | 0,9997 |

Bei $U_0 = 1{,}6$ V und $T = 1$ s würde nach Ausweis von Gl. (4) nach etwa 30 s am Endwert der Kondensatorladung gerade noch eine Elementarladung fehlen. (Unterschied zwischen mikroskopischer und makroskopischer Betrachtungsweise, die hier durch eine stetige, monotone Funktion der Zeit ihren Ausdruck findet.)

Wir betrachten ferner *stationäre sinusförmige Schwingungen.*[1] — Ist

$$U(t) = U_m \cos \omega t \tag{3.5-7}$$

die Spannung an der linear wirkenden Kapazität $C$, so ist der Strom durch diese

$$\begin{aligned} I(t) &= U_m \omega C \cos(\omega t + \pi/2) \\ &= U_m \omega C \cos \omega (t + T/4). \end{aligned} \tag{3.5-8}$$

Die Amplitude des Stromes ist also $I_m = U_m \omega C$, sodaß $\omega C$ kapazitiver Leitwert genannt werden kann, die Spannungsschwingung folgt der Stromschwingung nach um eine Zeitspanne von der Dauer einer Viertelperiode $T/4$, gleichbedeutend einem Phasenverschiebungswinkel $\pi/2$. Der Mittelwert der Leistung, genommen über eine ganze Periodendauer $T$, ist

$$\overline{P} = \frac{1}{T} \int_0^T I(t)\, U(t)\, dt = 0. \tag{3.5-9}$$

---

[1] Das Wort stationär bedeutet in diesem Zusammenhang, daß die Schwingungen als unendlich lange Zeit andauernd angenommen werden; von Anfangs- und von Endwerten kann also nicht gesprochen werden, das Frequenzspektrum (im Sinne des Fourierintegrales) ist eine einzige, scharfe Linie. Über die von hier an für stationäre Sinusschwingungen benutzte Ausdrucksweise — Benennungen, Symbole, Rechnung mit komplexen Größen — findet man das Wichtigste in Abschnitt A.6.

Gleichbedeutend mit Gl. (8) ist[1]

$$\underline{U}(t) = \underline{U}_{\mathrm{m}}\, \mathrm{e}^{\mathrm{j}\omega t}, \quad \underline{I}(t) = \underline{I}_{\mathrm{m}}\, \mathrm{e}^{\mathrm{j}\omega t}, \quad \underline{I}_{\mathrm{m}} = \underline{U}_{\mathrm{m}} \mathrm{j}\omega C. \tag{3.5-10}$$

Für die *Serienschaltung* der linearen Elemente $R$ und $C$, vgl. Abb. 3.19, erhält man

$$\frac{\underline{U}_{\mathrm{m}}}{\underline{I}_{\mathrm{m}}} = R + \frac{1}{\mathrm{j}\omega C} = \underline{Z}, \tag{3.5-11}$$

für die *Parallelschaltung der linearen Elemente* $G = 1/R$ *und* $C$, vgl. Abb. 3.20

$$\frac{\underline{I}_{\mathrm{m}}}{\underline{U}_{\mathrm{m}}} = G + \mathrm{j}\omega C = \underline{Y}. \tag{3.5-12}$$

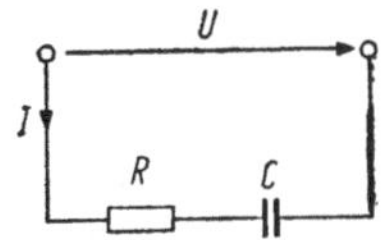


Abb. 3.19 Zu Gl. (3.5-11) und zu Gl. (3.5-28), dort $C_s$ an Stelle von $C$.

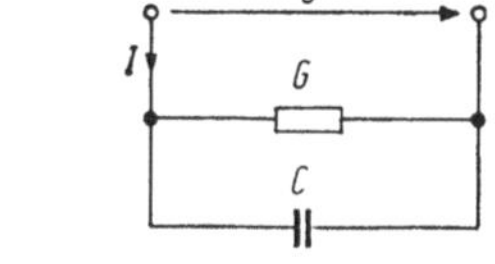


Abb. 3.20 Zu Gl. (3.5-12) und zu Gl. (3.5-26), dort $C_p$ an Stelle von $C$.

Man nennt $\underline{Z}$ den *komplexen Widerstand* (auch komplexen Scheinwiderstand oder *Impedanz*) der Serienschaltung des *Wirkwiderstandes* $R$ und des *kapazitiven Blindwiderstandes* $X = 1/\omega C$, also

$$\underline{Z} = R + \mathrm{j}X; \tag{3.5-11 a}$$

man nennt $\underline{Y}$ den *komplexen Leitwert* (auch komplexen Scheinleitwert oder *Admittanz*) der Parallelschaltung des *Wirkleitwertes* $G$ und des *kapazitiven Blindleitwertes* $B = \omega C$, also

$$\underline{Y} = G + \mathrm{j}B. \tag{3.5-11 b}$$

Die Ausdrücke Wirkwiderstand und Wirkleitwert sind dadurch gerechtfertigt, daß bei Wechselstromvorgängen der Wirkwiderstand größer ist als der Gleichstromwiderstand desselben Stromleiters, und zwar um so größer, je höher die Frequenz wird. (Näheres Abschnitte 9.2, 3, 4.) Schreibt man

$$\underline{Z} = |Z|\, \mathrm{e}^{\mathrm{j}\varphi}, \quad \underline{Y} = |Y|\, \mathrm{e}^{\mathrm{j}\psi}, \tag{3.5-13}$$

so nennt man $|\underline{Z}| = Z = {}_{+}\sqrt{R^2 + X^2}$ den *Scheinwiderstand*, $|\underline{Y}| = Y = {}_{+}\sqrt{G^2 + B^2}$ den *Scheinleitwert*; durch $\tan\varphi = X/R$ im ersten Fall, durch $\tan\psi = B/G$ im zweiten Fall wird die Phasenverschiebung zwischen den Schwingungen von Klemmenspannung und Strom bestimmt, und zwar als Winkel.

**Zur Schreibweise**

a) Die in der Elektrotechnik und der Schwingungstechnik weithin eingebürgerte Schreibweise $\hat{a}$ für die Amplitude einer Sinusschwingung ist in diesem Buch aus satztechnischen Gründen durch $a_\mathrm{m}$ ersetzt. Verwechslungen mit der Bedeutung „magnetisch" des Index m sind nicht zu befürchten.

b) Die Kennzeichnung einer komplexen Größe durch Unterstreichen des Buchstabensymbols kann unterbleiben, wenn dieser Informationsverlust nicht zu Irrtümern führen kann. Allgemein üblich geworden ist es, zu schreiben

$$Z = R + \mathrm{j}X \text{ an Stelle von } \underline{Z} = R + \mathrm{j}X,$$

daher $|Z| = \sqrt{R^2 + X^2}$, $|Y| = \sqrt{G^2 + B^2}$, usw., vgl. auch die Fußnote im Anschluß an Gl. (11.4-71f). — Ferner wird die Unterstreichung weggelassen im ganzen Bildbereich der Laplace-Transformation (siehe Abschnitt A.6).

*Wenn in diesem Buch in anderen Zusammenhängen auf die Unterstreichung verzichtet wird, so ist das jedes Mal ausdrücklich vermerkt.*

## Leistung

Wir betrachten sogleich die *Leistung eines linearen, passiven quellenlosen Zweipols*, wenn

$$I(t) = I_\mathrm{m} \sin \omega t, \quad U(t) = U_\mathrm{m} \sin(\omega t + \varphi) \tag{3.5-14}$$

der Strom durch die Klemmen und die Spannung zwischen den Klemmen sind. Dann wird

$$P(t) = I(t)\, U(t) = \tfrac{1}{2} I_\mathrm{m} U_\mathrm{m} \{\cos\varphi - \cos(2\omega t + \varphi)\}; \tag{3.5-15}$$

$P(t)$ ist also additiv zusammengesetzt aus einer *Sinusschwingung*, die die Kreisfrequenz $2\omega$ hat, und einem Gleichanteil

$$\frac{1}{2} I_\mathrm{m} U_\mathrm{m} \cos\varphi = \frac{1}{T} \int_0^T I(t)\, U(t)\, \mathrm{d}t = \overline{P} = P_p, \tag{3.5-16}$$

der als *Wirkleistung* bezeichnet wird, denn $P_p$ ist der Mittelwert der Leistung des Energiezuflusses zum Zweipol. Wir kennen $\varphi$ als spitzen Winkel; $0 \leqq \cos\varphi \leqq 1$. Daher wird $P(t)$ nach Ausweis von Gl. (15) in periodischer Wiederkehr zeitweise negativ; $P(t) > 0$ bedeutet Energiezufluß. Man überblickt den Vorgang besser, indem man diese Gleichung umformt in

$$P(t) = \tfrac{1}{2} I_\mathrm{m} U_\mathrm{m} \cos\varphi (1 - \cos 2\omega t) + \tfrac{1}{2} I_\mathrm{m} U_\mathrm{m} \sin\varphi \sin 2\omega t. \tag{3.5-17}$$

Die zwei ersten Summanden bilden miteinander einen Mischvorgang, der zu keinem Zeitpunkt negativ wird, der dritte Summand ist die Leistung einer Energiebewegung mit dem zeitlichen Mittelwert Null, also einer Energiependelung. Man nennt

$$P_\mathrm{q} = \tfrac{1}{2} I_\mathrm{m} U_\mathrm{m} \sin\varphi \tag{3.5-18}$$

die *Blindleistung*, $P_q \sin 2\omega t$ die Blindleistungsschwingung. Oft genügt es, den Betrag der Blindleistung zu kennen; wenn nicht, so gilt die Verabredung, daß das Vorzeichen der Blindleistung dasselbe ist wie das Vorzeichen des Phasenverschiebungswinkels der Klemmenspannung gegen den Strom, das ist das Vorzeichen des Winkels $\varphi$ in Gl. (14). Die Größe

$$P_s = \tfrac{1}{2} I_m U_m = \sqrt{P_p^2 + P_q^2} \tag{3.5-19}$$

heißt die *Scheinleistung*, sie ist die halbe Schwingungsbreite des Mischvorganges $P(t)$ nach Gl. (15) und (17); vgl. Abb. 3.21. Es ist also auch

$$P_p = P_s \cos\varphi, \quad P_q = P_s \sin\varphi. \tag{3.5-20}$$

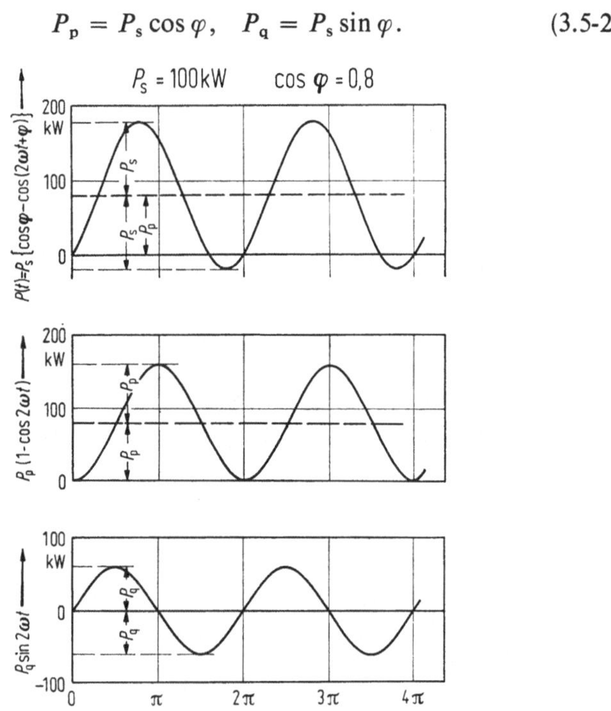


Abb. 3.21 Leistung des linearen Zweipols bei sinusförmigem Wechselstrom; Beispiel zu den Gln. (3.5-15 bis 19).

Die Begriffe Wirkleistung als Mittelwert der Leistung einer einseitig gerichteten Energiebewegung und Blindleistung als Amplitude der Leistung einer Energiependelung mit dem Mittelwert Null werden sich auch in größerem Zusammenhang, zum Beispiel bei der Betrachtung elektromagnetischer Strahlungsvorgänge, als höchst nützlich erweisen, vgl. Abschnitt 5.3 und spätere Anwendungen.

Ist $\underline{I}_m = I_m\, e^{j\varphi_i}$ die komplexe Amplitude des Stromes, $\underline{U}_m = U_m\, e^{j\varphi_u}$ die der Klemmenspannung, so ist

$$\tfrac{1}{2}\underline{I}_m \underline{U}_m^* = P_s\{\cos(\varphi_i - \varphi_u) + j\sin(\varphi_i - \varphi_u)\} = P_p + jP_q = \underline{P}, \tag{3.5-21}$$

$$\tfrac{1}{2}\underline{I}_m^* \underline{U}_m = P_s\{\cos(\varphi_u - \varphi_i) - j\sin(\varphi_u - \varphi_i)\} = P_p - jP_q = \underline{P}^*. \tag{3.5-22}$$

Die Größen $\underline{P}$ und $\underline{P}^*$ sind konjugiert komplex. Welche von beiden man schlechthin „*komplexe Leistung*" (auch: komplexe Scheinleistung) nennen will, hängt von der Verabredung darüber ab, ob man als Phasenverschiebungswinkel $\varphi_i - \varphi_u$ oder ob man $\varphi_u - \varphi_i$ wählt. – Auch der Begriff der komplexen Leistung wird sich bei der Betrachtung und vor allem der Berechnung elektromagnetischer Strahlungsvorgänge als vorteilhaft erweisen, vgl. Abschnitt 5.3 und spätere Anwendungen.

Wir definieren noch durch den Mittelwert der während einer Periodendauer hervorgebrachten Stromwärmeleistung

$$\overline{P} = \frac{R}{T}\int_0^T I^2(t)\,dt = RI_{\text{eff}}^2 \tag{3.5-22a}$$

den *Effektivwert* $I_{\text{eff}}$ des Wechselstromes; diese Definition gilt allgemein für periodische Schwingungen. Für den sinusförmig mit der Amplitude $I_m$ schwingenden Strom im besonderen gilt $I_{\text{eff}} = I_m/\sqrt{2}$.

*Andere* in der Elektrotechnik verbreitete *Formelzeichen* sind: für die Wirkleistung $P$ an Stelle von $P_p$, für die Blindleistung $Q$ an Stelle von $P_q$, für die Scheinleistung $S$ an Stelle von $P_s$.

Da wir das Zeichen $P$ für Leistung im allgemeinen, aber nicht nur in der eingeschränkten Bedeutung „Wirkleistung" nach Gl. (3.5-16) verwenden wollen und da die Zeichen $Q$ und vor allem $S$ mit anderen Bedeutungen belegt sind, haben wir für unsere Darstellung die Zeichen $P_p$, $P_q$, $P_s$ gewählt.

**Beispiel:** Für die Serienschaltung von $R$ und $C$, Abb. 3.19, wird mit Gl. (14)

$$U = U_R + U_C = RI_m \sin\omega t - \frac{I_m}{\omega C}\cos\omega t$$

und daher

$$IU = P(t) = \frac{I_m^2 R}{2}(1 - \cos 2\omega t) - \frac{I_m^2}{2\omega C}\sin 2\omega t$$

entsprechend Gl. (3.5-17). Hier ist also

$$P_p = \frac{I_m^2 R}{2} = \overline{P}, \quad |P_q| = \frac{I_m^2}{2\omega C},$$

$$P_s = \frac{I_m^2}{2}\sqrt{R^2 + (1/\omega C)^2} = \frac{I_m^2 Z}{2}$$

entsprechend Gl. (16), (18) und (19). Ferner ist

$$\tan\varphi = \frac{X}{R} = \frac{|P_q|}{|P_p|}$$

entsprechend Gl. (13) und (20).
Die elektrische Feldenergie

$$W_e(t) = \frac{CU_C^2}{2} = \frac{I_m^2}{4\omega^2 C}(1 + \cos 2\omega t) \tag{3.5-23}$$

hat den zeitlichen Mittelwert

$$\overline{W}_e = \frac{I_m^2}{4\omega^2 C}, \tag{3.5-24}$$

daher besteht die Beziehung

$$2\omega\overline{W}_e = |P_q|; \tag{3.5-25}$$

die Blindleistung, das ist nach zu Gl. (17) und (18) gegebener Erklärung die Amplitude der Leistung einer reinen Energiependelung, ist proportional zum Mittelwert der schwingenden Feldenergie. Auch diese Aussage wird später erweitert werden.

Zum *Kondensator als reellem Objekt* zurückkehrend wollen wir nunmehr die in Abb. 3.20 angegebene Parallelschaltung verstehen als die Ersatzschaltung für einen Kondensator, in dessen Feldraum nicht nur Energie als Feldenergie zeitweilig gespeichert, sondern in welchem auch Verlust in Form von Wärmeenergie entstehen kann, wobei die Ursache dieses Energieverlustes zunächst ausdrücklich offen gelassen bleibt. Gl. (12) schreiben wir

$$\underline{Y} = G + j\omega C_p = j\omega C_p(1 - j\tan\delta_p) \tag{3.5-26}$$

mit

$$\tan\delta_p = \frac{G}{\omega C_p}. \tag{3.5-27}$$

Aber auch die Serienschaltung in Abb. 3.19 ist als Ersatzschaltung für dasselbe Objekt zulässig; Gl. (11) schreiben wir

$$\underline{Z} = R + \frac{1}{j\omega C_s} = \frac{1}{j\omega C_s}(1 + j\tan\delta_s) \tag{3.5-28}$$

mit

$$\tan\delta_s = R\omega C_s. \tag{3.5-29}$$

Die in Gl. (27) und (29) angegebenen Größen werden *Verlustfaktoren* genannt. Wenn beide Schaltungen Ersatzschaltungen desselben Objektes sein sollen, muß $1/\underline{Z} = \underline{Y}$ sein. In dieser Gleichung kann man noch fordern, daß der Verlustfaktor unabhängig von der Wahl der Ersatzschaltung sein soll:

$$\tan\delta_s \overset{!}{=} \tan\delta_p = \tan\delta = d; \tag{3.5-30}$$

dann wird

$$C_s = C_p(1 + \tan^2\delta); \tag{3.5-31}$$

nur bei kleinem Wert des Verlustfaktors ist der Unterschied gering.

Bei einem Kondensator, in dessen „unvollkommenem" Dielektrikum Wärmeenergie entsteht, ist also der Phasenvoreilungswinkel der Stromschwingung gegenüber der Spannungsschwingung nicht $\pi/2$, wie beim verlustfreien Kondensator nach Gl. (8), sondern $\varphi = \pi/2 - \delta$ wegen Gl. (30). Unabhängig davon, ob die Parallel- oder die Serienschaltung als Ersatzschaltung gewählt wird, gilt daher

$$\frac{P_{\mathrm{p}}}{|P_{\mathrm{q}}|} = \cot\varphi = \tan\delta . \qquad (3.5\text{-}32)$$

Wir wollen von den Zweipolgrößen $U$ und $I$ auf die Größen Feldstärke $E$ und Flußdichte $D$ im Feldraum übergehen und wählen dazu einfachheitshalber und ohne daß dadurch die Allgemeinheit der Ergebnisse eingeschränkt wird, das linearhomogene Feld eines ebenen Plattenkondensators mit der Dicke $s$ und dem Querschnitt $a$ des Feldvolumens. Dann gilt

$$U = Es, \quad I = \frac{\mathrm{d}Q}{\mathrm{d}t} = a\frac{\mathrm{d}\sigma}{\mathrm{d}t} = a\frac{\mathrm{d}D}{\mathrm{d}t} \qquad (3.5\text{-}33)$$

nach bekannten Beziehungen. Aus $U = U_{\mathrm{m}} \cos\omega t$, $I = I_{\mathrm{m}} \cos(\omega t + \pi/2 - \delta)$ folgt daher

$$E = E_{\mathrm{m}} \cos\omega t, \quad D = D_{\mathrm{m}} \cos(\omega t - \delta); \qquad (3.5\text{-}34)$$

der Winkel $\delta = \pi/2 - \varphi$ beschreibt das Nachfolgen der Schwingung der Flußdichte $D$ hinter der Schwingung der Feldstärke $E$. Will man diese Erscheinung Hysterese nennen, so ist die Hystereseschleife eine Ellipse, denn $E$ und $D$ machen miteinander eine elliptisch polarisierte Schwingung aus; der Flächeninhalt der Ellipse ist

$$w_{\mathrm{h}} = \pi E_{\mathrm{m}} D_{\mathrm{m}} \sin\delta , \qquad (3.5\text{-}35)$$

das ist die räumliche Dichte der Verlustenergie bei *einem* Umelektrisierungszyklus. In Gl. (34) schreiben wir

$$\begin{aligned} D &= D_{\mathrm{m}} \cos(\omega t - \delta) \\ &= D_{\mathrm{m}}(\cos\delta \cos\omega t + \sin\delta \sin\omega t) \\ &= E_{\mathrm{m}}(\varepsilon_1 \cos\omega t + \varepsilon_2 \sin\omega t), \end{aligned} \qquad (3.5\text{-}36)$$

wobei gesetzt wurde

$$D_{\mathrm{m}} \cos\delta = E_{\mathrm{m}}\varepsilon_1, \quad D_{\mathrm{m}} \sin\delta = E_{\mathrm{m}}\varepsilon_2 . \qquad (3.5\text{-}37)$$

Daher wird Gl. (34) auch

$$\begin{aligned} E &= E_{\mathrm{m}} \mathrm{Re}\{\mathrm{e}^{\mathrm{j}\omega t}\}, \\ D &= E_{\mathrm{m}} \mathrm{Re}\{(\varepsilon_1 - \mathrm{j}\varepsilon_2)\, \mathrm{e}^{\mathrm{j}\omega t}\}. \end{aligned} \qquad (3.5\text{-}38)$$

Man nennt

$$\underline{\varepsilon} = \varepsilon_1 - \mathrm{j}\varepsilon_2 \qquad \mathbf{(3.5\text{-}39)}$$

die *komplexe Permittivität* (*Dielektrizitätskonstante*). Es ist also auch

$$\frac{\varepsilon_2}{\varepsilon_1} = \tan\delta \tag{3.5-40}$$

wegen Gl. (37) und daher

$$\left.\begin{aligned} \underline{\varepsilon} &= |\underline{\varepsilon}|\,(\cos\delta - \mathrm{j}\sin\delta) = |\underline{\varepsilon}|\,\mathrm{e}^{-\mathrm{j}\delta}, \\ |\underline{\varepsilon}| &= \varepsilon_1\sqrt{1+\tan^2\delta} = \frac{\varepsilon_1}{\cos\delta}, \\ \varepsilon_2 &= \varepsilon_1\tan\delta. \end{aligned}\right| \tag{3.5-41}$$

Die räumliche Dichte $w_h$ der Verlustenergie bei einem Umelektrisierungszyklus, Gl. (35), wird mit Gl. (37) und (40)

$$w_h = \pi E_m^2\varepsilon_2 = \pi E_m^2\varepsilon_1\tan\delta. \tag{3.5-42}$$

Erfolgt die zyklische Umelektrisierung mit der Frequenz $f = \omega/2\pi$, so ist die räumliche Dichte der Verlustleistung

$$p_h = f w_h + \frac{E_m^2}{2}\omega\varepsilon_2 = \frac{E_m^2}{2}\omega\varepsilon_1\tan\delta. \tag{3.5-43}$$

Es liegt nahe, einen formalen Vergleich zu ziehen mit der mittleren räumlichen Dichte der Stromwärmeleistung im durchströmten Leiter

$$\bar{p}_{th} = \sigma\frac{E_m^2}{2} \tag{3.5-44}$$

nach Gl. (3.1-22); der Leitfähigkeit $\sigma$ entspricht dann formal eine fiktive Leitfähigkeit

$$\sigma_h = \omega\varepsilon_2 = \omega\varepsilon_1\tan\delta, \tag{3.5-45}$$

die proportional zur Frequenz ist.

Ist die geometrische Form des felderfüllten Körpers gegeben, der aus dem verlustbehafteten Dielektrikum besteht, so kann man für ihn einen zu $\sigma_h$ proportionalen Wirkleitwert $G_h$ definieren, zum Beispiel ist beim Plattenkondensator $G_h = \sigma_h a/s$. Seine Kapazität ist $C = \varepsilon_1 a/s$. Daher muß der von außen (als $\delta = \pi/2 - \varphi$) meßbare Verlustfaktor $\tan\delta = G_h/\omega C$ unabhängig von $\omega$ sein, denn $G_h$ ist gemäß Gl. (45) proportional zu $\omega$. Eben dieses Frequenzverhalten,

$$\tan\delta = \mathrm{const}_\omega, \tag{3.5-45a}$$

zeigen erfahrungsgemäß die Verlustfaktoren vieler verlustbehafteter Dielektrika in oft weiten Frequenzbereichen.

Ist $\underline{E} = E_m\,\mathrm{e}^{\mathrm{j}\omega t}$ die Feldstärke an einem Ort in einem linear wirkenden Halbleiter, der die elektrische Leitfähigkeit $\sigma$ und die Dielektrizitätskonstante $\varepsilon_1$ hat, und geschehen in diesem Medium Umelektrisierungsverluste, so ist $\underline{S} = \sigma \underline{E}$ die Leitungsstromdichte, $\underline{D} = \underline{D}_m \, e^{j\omega t}$ die elektrische Flußdichte; am Ort der Feldstärke $\underline{E}$ ist

$$\underline{S} + \frac{d\underline{D}}{dt} = \underline{E}_m \, e^{j\omega t} (\sigma + j\omega\underline{\varepsilon})$$

$$= \underline{E}_m \, e^{j\omega t} (\sigma + \omega\varepsilon_1 \tan\delta + j\omega\varepsilon_1); \qquad (3.5\text{-}46)$$

die zwei reellen Größen in der Klammer sind Ausdrücke zweier ganz verschiedener physikalischer Erscheinungen.

Sind im verlustbehafteten isotropen Dielektrikum $\underline{E}_m$, $\underline{D}_m$, $\underline{G}_m$ die komplexen Amplituden der drei Feldvektoren an dem selben Ort, so kann man die komplexe Permittivität (Dielektrizitätskonstante) auch definieren durch

$$\underline{\varepsilon} = \frac{\underline{D}_m + \underline{G}_m / j\omega}{\underline{E}} = \frac{\underline{D}_m}{\underline{E}_m} - j\,\frac{\delta}{\omega} = \varepsilon' - j\varepsilon''.$$

Ist der Feldraum eines Kondensators mit einer homogenen Substanz dieser Art ausgefüllt und ist $\underline{Y}$ der gemessene komplexe Leitwert des Kondensators, so ist

$$\frac{\operatorname{Re}\underline{Y}}{\operatorname{Im}\underline{Y}} = \frac{\varepsilon''}{\varepsilon'} = \tan\delta$$

der gemessene Verlustfaktor im Sinne von Gl. (32).

# 4. Größen des magnetischen Feldes

## 4.1 Die magnetische Flußdichte und die Quellen des magnetischen Feldes

In der Natur findet man nicht nur Bewegungsantriebe (Kräfte), die an die Existenz elektrischer Ladungen auf Trägern gebunden sind und die wir Kräfte des elektrischen Feldes genannt haben, sondern auch ganz andersartige, die an die Existenz *bewegter* Träger elektrischer Ladungen gebunden sind. Diese nennen wir Kräfte des magnetischen Feldes; wir vereinbaren sogleich ausdrücklich, daß durch das Wort magnetisch nicht mehr gekennzeichnet und ausgedrückt werden soll als das soeben Gesagte. – Damit die vektorielle Größe, die für die Kraftwirkungen des elektrischen Feldes bestimmend ist, durch eine definierende Meßvorschrift bestimmt werden konnte, war nichts weiter erforderlich als der frei bewegliche kleine Träger einer kleinen elektrischen Ladung als Meßsonde; irgendeine Kenntnis über Erreger des Feldes war grundsätzlich nicht erforderlich. – Will man die Größe, die für die Kraftwirkungen des magnetischen Feldes bestimmend ist, durch eine definierende Meßvorschrift gewinnen, so wird man nach dem Gesagten zunächst an einen bewegten Träger einer elektrischen Ladung als Meßsonde denken. Hier sieht man schon, daß die Sache etwas weniger einfach ist als dort: Der Bewegungsvorgang muß ja durch eine physikalische Größe beschrieben werden; die Erfahrung zeigt, daß die bestimmende Bewegungsgröße die Relativgeschwindigkeit des Ladungsträgers gegenüber dem (materiellen) Erreger des magnetischen Feldes ist. Diese also muß bestimmt werden können. (Wäre nicht die Geschwindigkeit, sondern die Beschleunigung des Ladungsträgers die bestimmende Größe, so lägen ganz andersartige Verhältnisse vor.) Wenn also, wie das oft geschieht, von der Bewegung eines Ladungsträgers und seiner Geschwindigkeit „in einem magnetischen Felde“ gesprochen wird, so ist das eine abgekürzte Redeweise (die allerdings zu grundsätzlich falschen Vorstellungen verleiten kann). Feststellbar ist natürlich nicht die Geschwindigkeit relativ zum magnetischen Felde, sondern in Wirklichkeit zu dessen materiellem Träger. (Denken wir uns ein magnetisches Feld in großer Ausdehnung homogen, so hätte es physikalisch keinen Sinn, von dessen Bewegung relativ zu einem ruhenden Ladungsträger zu sprechen; sie wäre auf keine Weise feststellbar.)

Ist in einem Punkt des zu untersuchenden Feldraumes die soeben definierte Relativgeschwindigkeit $\boldsymbol{v}$ und $Q$ die Ladung des Trägers, so sagt die Erfahrung über die auf ihn ausgeübte Kraft: Ihr Betrag ist proportional zu $v$ und zu $Q$, ihre Richtung ist senkrecht zu $\boldsymbol{v}$:

$$F \sim vQ, \quad \boldsymbol{F} \cdot \boldsymbol{v} = 0; \tag{4.1-1}$$

ferner: Wird in ein und demselben Feldpunkt bei unverändertem $v$ und $Q$ die *Richtung* der Geschwindigkeit $\boldsymbol{v}$ geändert, so wird eine Richtung gefunden, für die $F$ ein (absolutes) Maximum wird. Abb. 4.1 möge diese besondere Lage darstellen.

Von ihr ausgehend verändern wir die Richtung von $\boldsymbol{v}$ nur noch senkrecht zur Ebene dieser Zeichnung; dabei wird gefunden: $F$ ist Funktion

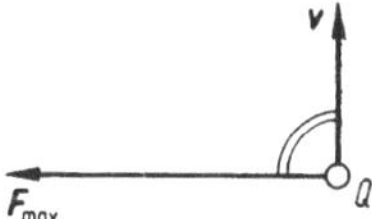


Abb. 4.1 Träger der Ladung $Q$, Geschwindigkeit $\boldsymbol{v}$ und Kraft $\boldsymbol{F}_{max}$ im Feldpunkt.

des Verdrehungswinkels des Vektors $\boldsymbol{v}$ in dem Sinne, daß $F = 0$ beobachtet wird, wenn die Richtung von $\boldsymbol{v}$ sich genau um den Winkel $\pi/2$ von der anderen Richtung unterscheidet, in der $F = F_{max}$ beobachtet worden war. Kennzeichnet man durch $\alpha = 0$ diejenige Richtung von $\boldsymbol{v}$, für die $F = 0$ ist und also durch $\alpha = \pi/2$ diejenige, in der $F_{max}$ beobachtet wird, so wird die Winkelabhängigkeit gefunden zu

$$F(\alpha) \sim \sin\alpha. \tag{4.1-2}$$

Die Erfahrungen über den Betrag der Kraft Gl. (1) und (2) finden also ihren Ausdruck in

$$F = BvQ \sin\alpha. \tag{4.1-3}$$

Hier ist $B$ der notwendige Proportionalitätsfaktor. Diese Größe ist *dem Feldpunkt eigentümlich*, sie ist unabhängig von $Q$, $v$, $\alpha$, sie ist daher eine das Feld eindeutig kennzeichnende Größe. Sie wird Betrag der *magnetischen Flußdichte* (*Induktion*) genannt; über die Namengebung wird noch im folgenden gesprochen. Wenn man noch die Erfahrung Gl. (1) über die Vektorrichtungen hinzunimmt und schreibt

$$\boldsymbol{F} = Q(\boldsymbol{v} \times \boldsymbol{B}), \tag{4.1-4}$$

so wird dadurch festgelegt, daß die magnetische Flußdichte (Induktion) ein Vektorfeld $\boldsymbol{B}$ ist. Die Kraft $\boldsymbol{F}$ steht senkrecht auf der Ebene, in der $\boldsymbol{v}$ und $\boldsymbol{B}$ liegen, ihr Betrag ist durch Gl. (3) gegeben. Zu der Formulierung Gl. (4) sind allerdings zwei Feststellungen wichtig:

1. Sie ist eine eindeutige Beziehung erst durch die Vereinbarungen: $Q$ ist positive Ladung, die drei Vektorgrößen eines Feldpunktes bilden

in der Reihenfolge $\boldsymbol{v}, \boldsymbol{B}, \boldsymbol{F}$ ein Rechtssystem. – Dadurch ist also der Richtungssinn des Vektors $\boldsymbol{B}$ festgelegt.

2. Die Gl. (4) bestimmt aus gegebenen Vektoren $\boldsymbol{v}$ und $\boldsymbol{B}$ den Vektor $\boldsymbol{F}$ des Feldpunktes eindeutig. Aus gemessenen Vektoren $\boldsymbol{F}_1$ und $\boldsymbol{v}_1$ eines Feldpunktes erhält man durch sie diejenige Vektorkomponente $\boldsymbol{B}_1$ der magnetischen Flußdichte, die senkrecht auf der Ebene steht, die durch $\boldsymbol{F}_1$ und $\boldsymbol{v}_1$ bestimmt wird: $\boldsymbol{F}_1 = Q(\boldsymbol{v}_1 \times \boldsymbol{B}_1)$. Um $\boldsymbol{B}$ zu bestimmen, braucht man also drei Messungen mit drei verschiedenen Richtungen der Geschwindigkeit $\boldsymbol{v}$, die nicht in einer Ebene liegen: $v_1 = v_2 = v_3 = v$, $[\boldsymbol{v}_1\boldsymbol{v}_2\boldsymbol{v}_3] \neq 0$.

Abb. 4.2 gibt einige Veranschaulichungen von Gl. (4). Aus ihr folgt: Feldlinien des Vektorfeldes $\boldsymbol{B}$ sind Linien, denen entlang ein Träger der Ladung $Q$ mit der Geschwindigkeit $\boldsymbol{v}$ bewegt werden kann, ohne daß dabei Arbeit verrichtet wird (denn an jedem Linienelement ist $\boldsymbol{F} = 0$).

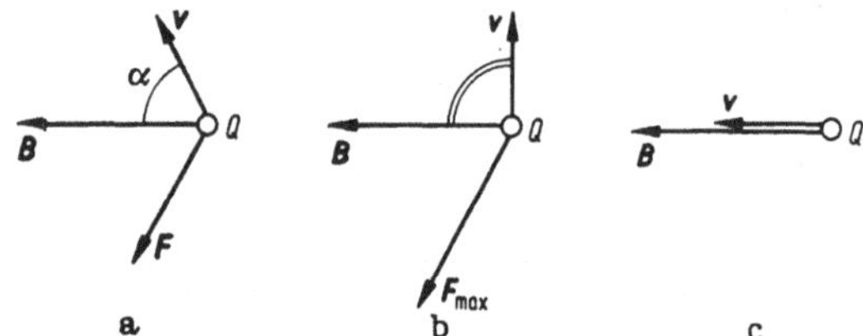


Abb. 4.2 Veranschaulichungen von Gl. (4.1-4): $Q$ positive Ladung des Trägers, $\boldsymbol{F}$ senkrecht nach vorne auf der durch $\alpha$ und $\boldsymbol{B}$ bestimmten Ebene.
a) $\alpha$ spitzer Winkel; b) $\alpha = \pi/2$, $F = F_{\max}$; c) $\alpha = 0$, $F = 0$.

Zur *Begriffsbildung* beachte man: Die physikalische Größe $\boldsymbol{E}$ hatten wir in Abschnitt 2.1 abgeleitet aus der elektrischen Ladung und der Kraft als vorgegebenen Größen. Ganz entsprechend haben wir hier die physikalische Größe $\boldsymbol{B}$ abgeleitet aus der elektrischen Ladung, der Kraft und der Geschwindigkeit als vorgegebenen Größen. Denken wir uns die Kraft abgeleitet aus den drei voneinander unabhängigen Größen Länge, Zeit und Masse, so sind also beide Feldgrößen, sowohl $\boldsymbol{E}$ als auch $\boldsymbol{B}$, aus genau vier voneinander unabhängigen Größen (Grundgrößen) abgeleitet: *Vier voneinander unabhängige Größen als Grundgrößen sind für die beiden Ableitungen nicht nur notwendig, sie sind auch hinreichend.*

Zur *Namengebung* von $\boldsymbol{B}$ erwähnen wir: Wegen der Gleichläufigkeit der Ableitungen der Größe $\boldsymbol{E}$, die elektrische Feldstärke heißt, und der Größe $\boldsymbol{B}$ (beide nämlich aus Feldkräften) ist immer wieder der Vorschlag gemacht (und in einzelnen Lehrbüchern durchgeführt worden), die Größe $\boldsymbol{B}$ magnetische Feldstärke zu nennen. Dieser Name aber haftet schon sehr lange an der magnetischen Feldgröße $\boldsymbol{H}$, die im folgenden Abschnitt 4.2 definiert werden wird. Er müßte also dieser Größe genommen und der Größe $\boldsymbol{B}$ gegeben werden. Wir schließen uns diesem

Vorgehen nicht an, unter anderem deswegen, weil dann die ausgedehnte ältere Literatur, die ohnehin weithin an mangelhaften Definitionen der Größen $\boldsymbol{B}$ und $\boldsymbol{H}$ leidet, noch schwerer lesbar würde. Der ältere Name der Größe $\boldsymbol{B}$ ist magnetische Induktion, der jüngere magnetische Flußdichte. Wir benutzen beide Namen.

Leitungsströmung ist Bewegung von Ladungsträgern mit im Mittel geordneter Geschwindigkeit, vgl. Abschnitt 3.2. Sie folgt der Leitlinie eines linearen Leiters, wenn sie stationär ist. Dann ist sie quellenlos – Gln. (3.1-12, 14) – und existiert daher nur in geschlossenen Bahnen (Stromschleifen). Zur Definition der Größe $\boldsymbol{B}$ müssen daher auch die Kraftwirkungen des Feldes dienen können, die an einem Leitungsstromträger beobachtet werden.

Es existiere ein Strom $I$ in einer einfachen geschlossenen Schleife eines fadenförmigen (linearen) Leiters; die Gestalt der Schleife sei unveränderlich und eben, sonst beliebig, Abb. 4.3. Das Längenelement $\mathrm{d}\boldsymbol{s}$

Abb. 4.3 Veranschaulichungen des Strom-Momentes $\boldsymbol{m}_I = I\boldsymbol{a}$ nach Gl. (4.1-5).

der Leitlinie $s$ des fadenförmigen Leiters sei überall parallel zur Strömung $\boldsymbol{S}$ in seinem Innern; $a$ sei die ebene (also kleinste) Fläche, deren Rand $s$ ist. Wir definieren durch

$$\boldsymbol{m}_I = I\boldsymbol{a} = Ia\boldsymbol{n} \tag{4.1-5}$$

das *Strommoment der (ebenen, starren) Schleife.*[1] Nun sei diese so klein, daß sie als Meßsonde dienen kann; an einem Feldort frei beweglich aufgestellt erfaßt sie bei beliebiger Kleinheit den Feldzustand dort beliebig genau. – Dann sagt die Erfahrung über das auf die Schleife ausgeübte Drehmoment: Sein Betrag ist proportional zu $a$ und zu $I$; der Vektor $\boldsymbol{T}$, durch den das Drehmoment dargestellt werden kann, ist senkrecht zum Vektor $\boldsymbol{m}_I$:

$$T \sim aI, \quad \boldsymbol{T}\cdot\boldsymbol{m}_I = 0; \tag{4.1-6}$$

der Vektor $\boldsymbol{T}$ liegt also in der Ebene der Schleife. Ferner: Wird in ein und demselben Feldpunkt bei unverändertem $m_I$, also $I$, die Richtung von $\boldsymbol{m}_I$ geändert, so wird eine Richtung gefunden, für die $\boldsymbol{T}$ ein (absolutes) Maximum wird. Wir denken uns die Ebene, die in dieser besonderen Lage durch $\boldsymbol{T}_{\max}$ und $\boldsymbol{m}_I$ bestimmt ist, gekennzeichnet

[1] Auch elektromagnetisches Moment oder Ampèresches magnetisches Moment genannt. – Die kohärente Einheit ist $[m_I] = [I]\,[l]^2$, die SI-Einheit ist $[m_I]_{\mathrm{SI}} = 1\,\mathrm{A\,m^2}$.

und ändern nun bei unverändertem $m_I$ die Richtung des Vektors $\boldsymbol{m}_I$ nur mehr senkrecht zu dieser Ebene; dabei wird gefunden: $T$ ist Funktion des Verdrehungswinkels des Vektors $\boldsymbol{m}_I$ in dem Sinne, daß $T = 0$ beobachtet wird, wenn die Richtung von $\boldsymbol{m}_I$ sich genau um den Winkel $\pi/2$ von der anderen Richtung unterscheidet, in der $T = T_{\max}$ beobachtet worden war. Kennzeichnet man durch $\alpha = 0$ diejenige Richtung von $\boldsymbol{m}_I$, für die $T = 0$ wird und also durch $\alpha = \pi/2$ diejenige, in der $T = T_{\max}$ wird, so wird die Winkelabhängigkeit gefunden zu

$$T(\alpha) \sim \sin\alpha . \tag{4.1-7}$$

Die Erfahrungen über den Betrag des Drehmomentes, Gl. (6) und (7), finden also ihren Ausdruck in

$$T = BaI \sin\alpha = Bm_I \sin\alpha . \tag{4.1-8}$$

Hierin ist $B$ der notwendige Proportionalitätsfaktor. Diese Größe ist *dem Feldpunkt eigentümlich*, sie ist unabhängig von $m_I$ und von $\alpha$, sie ist daher eine das Feld eindeutig kennzeichnende Größe. Auch hier ist es zweckmäßig, die Erfahrung Gl. (6) über die Vektorrichtungen hinzuzunehmen und zu schreiben

$$\boldsymbol{T} = \boldsymbol{m}_I \times \boldsymbol{B} = I(\boldsymbol{a} \times \boldsymbol{B}) = Ia(\boldsymbol{n} \times \boldsymbol{B}), \tag{4.1-9}$$

wodurch zunächst die Feldgröße, deren Betrag $B$ durch Gl. (8) gefunden worden war, als Vektor $\boldsymbol{B}$ festgestellt ist. Zu der Formulierung Gl. (9) sind zwei Feststellungen wichtig:

1. Sie ist eine eindeutige Beziehung erst durch die Vereinbarungen: Die Richtung von $\boldsymbol{S}$ ist die Richtung der Wanderungsgeschwindigkeit positiver Ladungsträger durch den Leiterquerschnitt ($\boldsymbol{m}_I$ ist $d\boldsymbol{s} \perp\!\!\perp \boldsymbol{S}$ rechtswendig zugeordnet); die drei Vektorgrößen eines Feldpunktes bilden in der Reihenfolge $\boldsymbol{m}_I$, $\boldsymbol{B}$, $\boldsymbol{T}$ ein Rechtssystem. – Dadurch ist also der Richtungssinn des Vektors $\boldsymbol{B}$ festgelegt. Abb. 4.4.

2. Die Gl. (9) bestimmt aus gegebenen Vektoren $\boldsymbol{m}_I$ und $\boldsymbol{B}$ den Vektor $\boldsymbol{T}$ des Feldpunktes eindeutig. Aber aus gemessenen Vektoren $\boldsymbol{T}_1$ und

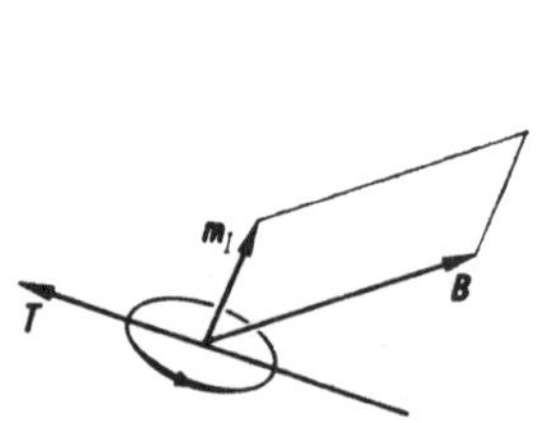


Abb. 4.4 Veranschaulichung der Gl. (4.1-9).

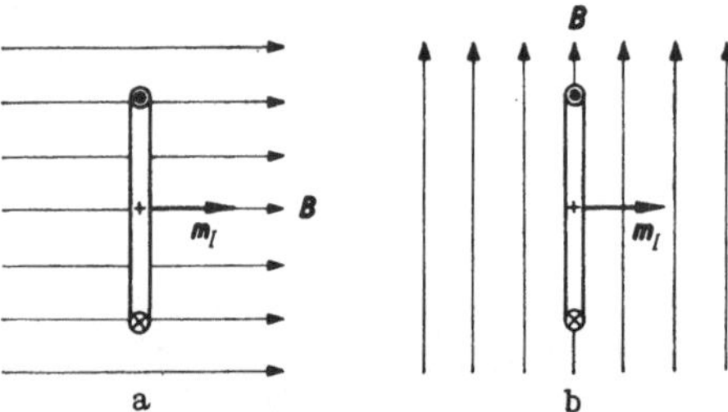


Abb. 4.5 Stromdurchflossene Drehspule im homogenen Feld $\boldsymbol{B}$ (Drehungsachse + senkrecht zur Zeichenebene)
a) $\boldsymbol{m}_I \times \boldsymbol{B} = 0$; b) $\boldsymbol{m}_I \times \boldsymbol{B} = (\boldsymbol{m}_I \times \boldsymbol{B})_{\max}$.

$\boldsymbol{m}_{I1}$ eines Feldpunktes erhält man durch sie diejenige Vektorenkomponente $\boldsymbol{B}_1$ der magnetischen Flußdichte, die senkrecht auf der Ebene steht, die durch $\boldsymbol{T}_1$ und $\boldsymbol{m}_{I1}$ bestimmt wird: $\boldsymbol{T}_1 = \boldsymbol{m}_{I1} \times \boldsymbol{B}_1$. Um $\boldsymbol{B}$ zu bestimmen, braucht man also drei Messungen mit drei verschiedenen Richtungen des Strommomentes $\boldsymbol{m}_I$, die nicht in einer Ebene liegen: $m_{I1} = m_{I2} = m_{I3} = m_I$, $[\boldsymbol{m}_{I1}\boldsymbol{m}_{I2}\boldsymbol{m}_{I3}] \neq 0$.

Nach Gl. (9) ist die Richtung von $\boldsymbol{B}$ gleich derjenigen Richtung des Strommomentes, in der das Drehmoment verschwindet, und das Drehmoment hat den größten auftretenden Betrag $T_{\max} = IaB$, wenn $\boldsymbol{m}_I \perp \boldsymbol{B}$. Vgl. Abb. 4.5.

Es ist naheliegend und zulässig, das Drehmoment, Gl. (9), als Ergebnis einer Aufsummierung elementarer Kräftepaare zu betrachten. Man kommt zum richtigen Ergebnis, wenn man als Kraft auf das Element $\mathrm{d}\boldsymbol{s}$ des fadenförmigen Leiters ansetzt

$$\mathrm{d}\boldsymbol{F} = I(\mathrm{d}\boldsymbol{s} \times \boldsymbol{B}). \qquad \textbf{(4.1-10)}$$

Damit ist allerdings zunächst nur die Zulässigkeit dieses Ansatzes gerechtfertigt. In der Tat enthält diese Beziehung eine Voraussetzung, die nicht gemacht werden darf, und deren Folgen daher nicht nachprüfbar sind, nämlich die Voraussetzung einzelner Elemente $I\,\mathrm{d}\boldsymbol{s}$ eines stationären Stromes $I$ von selbständigem Dasein; aber stationärer Strom existiert nur in geschlossenen Bahnen. Die entsprechende Beziehung

$$\boldsymbol{F} = I(\boldsymbol{l} \times \boldsymbol{B}), \qquad (4.1\text{-}11)$$

wobei der Längenvektor $\boldsymbol{l}$ Teil einer starren Leiterschleife ist, kann jedoch experimentell nachgeprüft werden. (Starre vom Strom $I$ durchflossene Leiterschleife, davon ein gerades Stück der Länge $l$ im magnetischen Felde $\boldsymbol{B}$ befindlich, Längenvektor $\boldsymbol{l} \upuparrows \boldsymbol{S}$, $\boldsymbol{B}$ Flußdichte an allen Elementen $\mathrm{d}\boldsymbol{l}$, $\boldsymbol{F}$ an $\boldsymbol{l}$ angreifende Kraft.)

Meist sind die Meßeinrichtungen so gebaut, daß zu einzeln bekannten Größen $I$, $\boldsymbol{l}$ und $\boldsymbol{B}$ die Kraft $\boldsymbol{F}$ ermittelt wird. Die Meßeinrichtungen werden also nicht, wie der bewegte Ladungsträger oder die Stromschleife, als Meßsonden verstanden; oder es wird aus Messungen indirekt auf die Beziehung (10) geschlossen.[1]

---

[1] Die kohärente Einheit der magnetischen Flußdichte (Induktion) ist

$$[B] = [F]/([v]\,[Q]) \text{ nach Gl. (4.1-3)},$$
$$[B] = [T]/([l]^2\,[I]) \text{ nach Gl. (4.1-8)},$$
$$[B] = [F]/([l]\,[I]) \text{ nach Gl. (4.1-11)}.$$

Die drei rechten Seiten sind untereinander gleich wegen der Einheitengleichungen $[v] = [l]/[t]$, $[T] = [F]\,[l]$, $[I] = [Q]/[t]$. Die SI-Einheit ist daher $[B]_{\mathrm{SI}} = 1\ \mathrm{N/A\,m} = 1\ \mathrm{Vs/m^2}$. Diese Einheit führt international den Namen Tesla, Kurzzeichen T. — Sehr verbreitet war die Einheit Gauß (G) in dem Sinne, daß $1\ \mathrm{G} = 10^{-8}\ \mathrm{Vs/cm^2}$ gesetzt wurde. Es ist dann $1\ \mathrm{G} = 10^{-4}\ \mathrm{T}$ und daher $1\ \mathrm{kG} = 0{,}1\ \mathrm{T} = 1\ \mathrm{dT}$.

**Die magnetische Flußdichte ist ein quellenloses Vektorfeld**

Diese höchst wichtige Feststellung kann hier nur durch Vorgriff auf Eigenschaften der Erreger des magnetischen Feldes, von denen bisher noch nicht die Rede war, erhärtet werden. Körperliche (gegenständliche) Erreger magnetischer Felder sind erfahrungsgemäß geschlossene stromführende Leiterschleifen (zum Beispiel Spulen). Befinden sie sich in einem in magnetischer Hinsicht einheitlichen Raum und wird diese Einheitlichkeit auch durch das Leitermaterial nicht merklich gestört, so besteht keine Möglichkeit, dem Felde $\boldsymbol{B}$ Quellen zuzuschreiben: Die Feldlinien, soweit sie im Endlichen verlaufen, sind geschlossene Kurven (dies gilt selbst unter weniger strengen Voraussetzungen). Für feste Körper als Magnetismusträger sagt die Erfahrung, daß sie sich immer nur als magnetisch polarisiert, niemals als magnetisch aufgeladen erweisen. Dies gilt, wie klein der Körper sein mag und unabhängig davon, ob die Polarisation temporär oder permanent ist. Mit anderen Worten: Es ist

$$\oint \boldsymbol{B} \cdot \mathrm{d}\boldsymbol{a} = 0 \qquad \textbf{(4.1-12)}$$

für jede Fläche, die einen Erreger entweder ganz einhüllt oder ganz außerhalb von ihm liegt. Hieraus schließt man

$$\operatorname{div} \boldsymbol{B} = 0, \qquad \textbf{(4.1-13)}$$

freilich zunächst nur für Feldpunkte außerhalb polarisierter Körper. (Welche Beziehungen zum Beispiel für das Innere und die Oberfläche permanentmagnetischer Körper gelten, kann erst später gezeigt werden, vgl. Kapitel 6.) Die angegebene Einschränkung ist gegenstandslos, wenn das Feld durch geschlossene elektrische Ströme erregt wird.

Soweit Gl. (13) gilt, existiert für das Feld $\boldsymbol{B}$ ein *vektorielles Potential* $\boldsymbol{A}$ gemäß

$$\boldsymbol{B} = \operatorname{rot} \boldsymbol{A}, \qquad \textbf{(4.1-14)}^{1-2}$$

vgl. hierzu Abschnitte A.7.15 und 17. (Für das wirbelfreie elektrische Feld $\boldsymbol{E}$ existiert ein skalares Potential $\varphi$, vgl. Abschnitte A.7.15 und 16.)

Die skalare Größe

$$\Phi = \int_{a} \boldsymbol{B} \cdot \mathrm{d}\boldsymbol{a} \qquad \textbf{(4.1-15)}$$

wird *magnetischer Fluß* genannt.[3] Für sie folgt aus den Gln. (12) und (13): Für beliebige Flächen $a$, die dieselbe Kontur (denselben Rand) $s$ haben,

---

[1] Die kohärente Einheit des vektoriellen Potentials ist daher $[A] = [B]\,[l]$, die SI-Einheit also $[A]_{\mathrm{SI}} = 1\ \mathrm{T\,m} = 1\ \mathrm{Vs/m}$.

[2] Zu $\boldsymbol{A}$ in der Bedeutung: Flächenstromdichte (Strombelag) siehe Anmerkung zu Gl. (3.1-43).

[3] Die kohärente Einheit des magnetischen Flusses ist daher $[\Phi] = [B]\,[l]^2$, die SI-Einheit also $[\Phi]_{\mathrm{SI}} = 1\ \mathrm{T\,m^2} = 1\ \mathrm{Vs}$. Die Einheit führt international den Namen Weber, Kurzzeichen Wb. — Verbreitet war die Einheit Maxwell (M) in dem Sinne, daß $1\ \mathrm{M} = 10^{-8}\ \mathrm{V\,s} = 1\ \mathrm{G\,cm^2}$ gesetzt wurde.

ist der magnetische Fluß $\Phi$ derselbe. Um diese Tatsache einzusehen, fasse man zwei Flächen ins Auge, die dieselbe Kontur $s$ haben. Diese zwei Flächen bilden zusammen miteinander die Oberfläche eines endlichen Volumens, und für diese verschwindet der Hüllenfluß nach Gl. (12). – (Entsprechend war für das wirbelfreie elektrische Feld in Abschnitt 2.2 gefunden worden: Für beliebige Wege zwischen zwei Punkten hat das Linienintegral der Feldstärke denselben Wert.) – Ist aber die Fläche gleichgültig und daher die Kontur die bestimmende Größe, so muß es möglich sein, $\Phi$ durch einen Ausdruck darzustellen, der von der Wahl der in $s$ eingespannten Fläche unabhängig ist. Setzt man Gl. (14) in Gl. (15) ein und beachtet den Satz von Stokes, so hat man

$$\Phi = \oint \boldsymbol{A} \cdot \mathrm{d}\boldsymbol{s}; \tag{4.1-16}$$

der von der geschlossenen Kurve $s$ berandete magnetische Fluß $\Phi$ ist gleich dem Randintegral des vektoriellen Potentials $\boldsymbol{A}$ der quellenfreien Flußdichte $\boldsymbol{B}$.

## 4.2 Die magnetische Feldstärke und die Wirbel des stationären magnetischen Feldes. Permeabilität. Magnetisierung

Nachdem wir im Abschnitt 2.1 aus den Kraftwirkungen des elektrischen Feldes den Vektor $\boldsymbol{E}$ abgeleitet und im Abschnitt 2.2 aus seiner Wirbelfreiheit im statischen Zustande Folgerungen gezogen hatten, haben wir im Abschnitt 2.3 den Feldvektor $\boldsymbol{D}$ bestimmt als eine Feldgröße, die mit den elektrischen Ladungen als Quellen (im Sinne der Vektorenrechnung) dieses Feldes begrifflich verknüpft ist. In einer ersten Ableitung hatten wir $\boldsymbol{D}$ ohne Rückgriff auf die Definition von $\boldsymbol{E}$, also unabhängig, durch eine Meßvorschrift definiert, in einer zweiten Ableitung hatten wir die Definition von $\boldsymbol{D}$ an die von $\boldsymbol{E}$ angeschlossen. – Wir gehen hier einen gleichlaufenden Weg: Im Abschnitt 4.1 war aus den Kraftwirkungen des magnetischen Feldes der Vektor $\boldsymbol{B}$ abgeleitet und aus seiner Quellenfreiheit waren Folgerungen gezogen worden. Die Aufgabe dieses Abschnittes besteht daher darin, den Feldvektor $\boldsymbol{H}$ zu bestimmen, der mit den (stationären) Erregern des magnetischen Feldes verknüpft ist. Diese müssen wir in den Leitungsströmen sehen; es wird sich zeigen, daß diese die *Wirbel* (im Sinne der Vektorenrechnung) der Feldgröße $\boldsymbol{H}$ sind. Für diese geben wir eine erste Definition durch eine Meßvorschrift ohne Rückgriff auf die Definition von $\boldsymbol{B}$ und eine zweite, durch die $\boldsymbol{H}$ an $\boldsymbol{B}$ angeschlossen wird.

### Erste Definition

Das der definierenden Messung dienende Gerät ist ein hinreichend kleines Röhrchen von der Gestalt eines schlanken Kreiszylinders als

Träger eines Strombelages $A$, der die Zylinderachse umkreist (*Miesches*[1] *Proberöhrchen*). – Über den Strombelag vgl. Gln. (3.1-43, 44). – Sondert man im vorgelegten $\boldsymbol{B}$-Felde an beliebigem Feldort in Gedanken ein ebensolches zylinderförmiges Volumen aus, dessen Mantelfläche mit

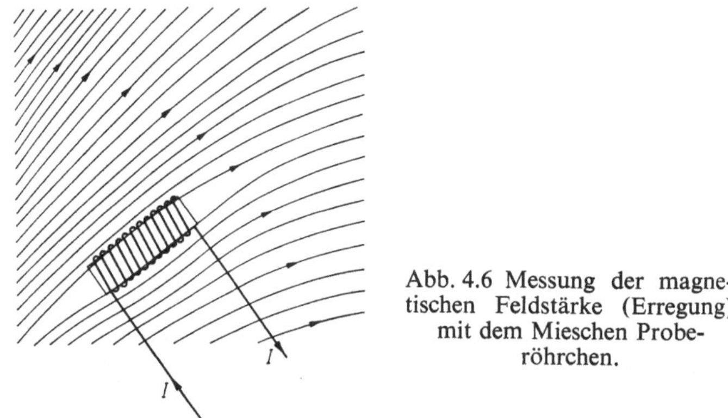


Abb. 4.6 Messung der magnetischen Feldstärke (Erregung) mit dem Mieschen Proberöhrchen.

den Feldlinien parallel ist, so kann man im Innern des (im feldfreien Raum aufgestellten) Röhrchens eine Kopie dieses Feldes herstellen: dazu muß die Achse des Röhrchens die gleiche Richtung haben wie die Feldlinien im untersuchten Volumen, und der Strombelag muß einen

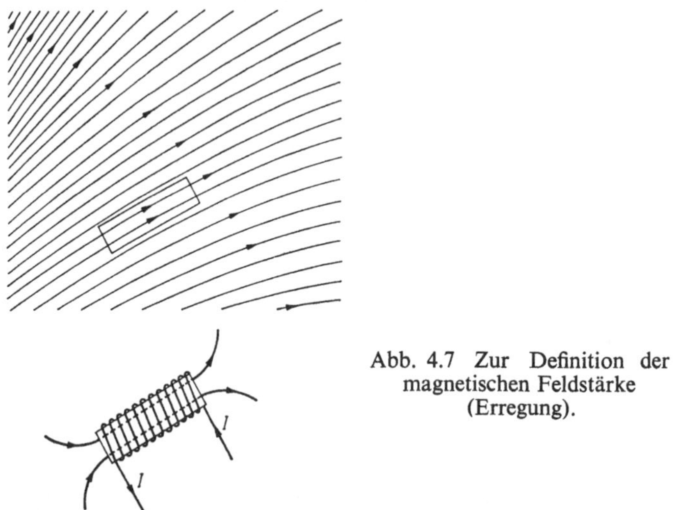


Abb. 4.7 Zur Definition der magnetischen Feldstärke (Erregung).

bestimmten Betrag haben. Dann sei der Feldvektor $\boldsymbol{H}$ des untersuchten Feldortes dadurch definiert, daß sein Betrag $H$ durch den Betrag von $A$ bestimmt wird, seine Richtung durch die Richtung der Achse des Röhr-

[1] Gustav Mie, 1868—1957.

chens rechtswendig zur Richtung von $\boldsymbol{A}$. Abb. 4.6 und 4.7. – Die definierende Meßvorschrift kann daher auch als Kompensationsmessung wie folgt gedacht werden: Das nunmehr als Meßsonde eingesetzteProberöhrchen enthält im Innern ein beobachtbares Anzeigegerät, mit dem das Verschwinden des Feldes in seinem Zentrum festgestellt werden kann. Am untersuchten Feldort muß der Achse des Röhrchens eine bestimmte Richtung und dem Strombelag ein bestimmter Betrag gegeben werden, damit das Feld in seinem Innern verschwindet. Dann sei, wie oben, der Feldvektor $\boldsymbol{H}$ dadurch definiert, daß sein Betrag durch den Betrag des Strombelages, seine Richtung durch die der Zylinderachse bei rechtswendiger Zuordnung zur Richtung des Strombelages gegeben sei:

$$\boldsymbol{H} = \boldsymbol{n}A. \tag{4.2-1}$$

Man kann den zirkularen Strombelag $A$ verwirklicht denken durch eine schlanke kreiszylindrische Spule der axialen Länge $l$, die gleichmäßig dicht aus $N$ Windungen eines fadenförmigen Leiters gewickelt ist[1] und den Strom $I$ führt; diese Verwirklichung ist in Abb. 4.6 und 4.7 zum Ausdruck gebracht. Dann ist genügend genau

$$A = \frac{NI}{l} \tag{4.2-2}$$

oder auch, wenn man die Spule ersetzt durch eine zylindrische Aufschichtung gleicher und den gleichen Strom führender Stromringe gemäß Abb. 4.3

$$A = \frac{NIa}{\tau} = \frac{Nm_I}{\tau}, \tag{4.2-2a}$$

wenn $a$ die Querschnittsfläche, $\tau$ das Volumen des Zylinders und $m_I$ der Betrag des Strommomentes des einzelnen Stromringes nach Gl. (4.1-5) ist. Dann ist auch

$$\boldsymbol{H} = \boldsymbol{n}\frac{NI}{l} = \frac{N\boldsymbol{m}_I}{\tau}. \tag{4.2-3}$$

Als Gerät für die definierende Meßvorschrift in gleicher Anwendung und entsprechender Auslegung wie das Miesche Proberöhrchen, kann auch eine *ebene kreisförmige Stromschleife* dienen; $I$ sei der Strom im fadenförmigen Leiter, $d$ der Kreisdurchmesser. Stimmt das magnetische Feld $\boldsymbol{B}$ im Kreismittelpunkt nach Größe und Richtung überein mit dem im untersuchten Feldpunkt, so sei definitionsweise

$$\boldsymbol{H} = \frac{\boldsymbol{n}I}{d}. \tag{4.2-4}$$

[1] Im allgemeinen bevorzugt man kleine Buchstaben als Symbole für Zahlen (zum Beispiel e, j, Zählungsindices bei Summen). Das Symbol $N$ für die Anzahl der Windungen wird allgemein empfohlen (ISO, IEC, IUPAP, AEF im DIN). $n$ bedeutet dann ein Windungszahlenverhältnis.

Der Feldvektor $\boldsymbol{H}$ wird von alters her *magnetische Feldstärke* oder auch im Hinblick auf seine hier gegebene Definition *magnetische Erregung* genannt.[1]

Vergleicht man miteinander die in demselben Feldpunkt unabhängig voneinander bestimmten Größen $H$ und $B$, so findet man im Vakuum strenge Proportionalität. Die Verabredungen über die Richtungen der zwei Vektoren sind so getroffen, daß sie gleich sind. Im Vakuum gilt also

$$\boldsymbol{H} = \frac{1}{\mu_0}\boldsymbol{B}. \tag{4.2-5}$$

Die physikalische Größe $\mu_0$ heißt *magnetische Feldkonstante*, sie ist eine universelle Konstante.[2]

Man hat früher gelegentlich die Gl. (5) so auslegen wollen, als enthielte sie die Behauptung, daß im Vakuum in ein und demselben Feldpunkt zwei verschiedene magnetische Felder existierten, und hat sie deswegen den Ausdruck einer „Zweifeldervorstellung" genannt. Aber diese Auslegung ist irrtümlich, sie beruht auf der unzulässigen Verwechslung (vgl. Abschnitt 1.2) von physikalischer Größe und physikalischem Phänomen. In Wirklichkeit handelt es sich hier nur darum, daß ein und dasselbe Phänomen durch zwei verschieden definierte Größen beschrieben wird.

**Zweite Definition**

Betrachtet werde in einem beliebigen, im Vakuum bestehenden Felde $\boldsymbol{B}$ eine starre, geschlossene Kurve $s$. An jedem ihrer Elemente $\mathrm{d}\boldsymbol{s}$ kann $\boldsymbol{B}$ auf eine der in Abschnitt 4.1 angegebenen Arten festgestellt und daher kann das Randintegral $\oint \boldsymbol{B}\cdot\mathrm{d}\boldsymbol{s}$ bestimmt werden. Es werde außerdem die Durchflutung $\Theta$ – Gln. (3.1-41 bis 42a) – der Fläche $a$ bestimmt, deren Rand $s$ ist. Die Durchflutung dieser Fläche ist dann eine eindeutige Größe, wenn die Stromdichte quellenlos ist; dann ist sie stationär oder quasistationär: Gl. (3.1-13). Dies also müssen wir hier voraussetzen. Vergleicht man miteinander die jeweils zusammen miteinander auftretenden, unabhängig voneinander bestimmten Werte der Durchflutung und des genannten Randintegrals, so ist es eine Tatsache der Erfahrung, daß Proportionalität besteht:

$$\frac{1}{\mu_0}\oint \boldsymbol{B}\cdot\mathrm{d}\boldsymbol{s} = \Theta \tag{4.2-6}$$

[1] Die kohärente Einheit ist $[H] = [A] = [I]/[l]$ nach Gl. (4.2-1 bis 4), die SI-Einheit ist $[\mathrm{H}]_{\mathrm{SI}} = 1\ \mathrm{A/m}$. Viel verwendet wird die Einheit $1\ \mathrm{A/cm} = 10^2\ \mathrm{A/m}$.

[2] Die kohärente Einheit ist $[\mu_0] = [B]/[H] = [F]/[I]^2 = [U]\,[t]/([I]\,[l])$, die SI-Einheit also $[\mu_0]_{\mathrm{SI}} = \mathrm{N/A^2} = \mathrm{Vs/A\,m}$.
In Bezug auf diese Einheit hat die magnetische Feldkonstante den Wert

$$\mu_0 = 4\pi/10^7\ \mathrm{N/A^2} = 4\pi/10^7\ \mathrm{Vs/(A\,m)} = 4\pi/10^7\ \mathrm{H/m}$$

genau, vgl. Abschnitt A.3.1. H ist die SI-Einheit Henry der Induktivitätskoeffizienten. $4\pi\cdot 10^{-7} = 1{,}25663706\cdots\cdot 10^{-6}$.

mit der universellen Konstanten $\mu_0$ als unerläßlich notwendiger physikalischer Größe.

Wir definieren willkürlich, aber zweckmäßig

$$\frac{\boldsymbol{B}}{\mu_0} = \boldsymbol{H} \tag{4.2-7}$$

und haben somit

$$\oint \boldsymbol{H} \cdot \mathrm{d}\boldsymbol{s} = \Theta. \tag{4.2-8}$$

In Gl. (7) wird eine *Definition* ausgesprochen: Der Vektor $\boldsymbol{H}$ ist so *definiert*, daß Gl. (8) erfüllt wird. (Man vergleiche die Analogie zu Gl. (2.3-4,5) und das dort über diese Gesagte.)

Man nennt das Linienintegral von $\boldsymbol{H}$, genommen entlang einer Kurve $s$ von einem Anfangspunkt *1* zu einem Endpunkt *2*, die *magnetische Spannung* von *1* nach *2*:

$$V_{12} = \int_1^2 \boldsymbol{H} \cdot \mathrm{d}\boldsymbol{s}, \tag{4.2-9}$$ [1]

und daher das Linienintegral längs einem geschlossenen Weg

$$\mathring{V} = \oint \boldsymbol{H} \cdot \mathrm{d}\boldsymbol{s} \tag{4.2-10}$$

die *magnetische Umlaufspannung oder Randspannung*.[2]

### Materie im Feldraum. Permeabilität

Wir nehmen nun an, daß der felderfüllte Raum mit Materie von isotroper Struktur erfüllt ist. Dann wird zum Beispiel mit dem gleichen Gedankenexperiment, das für den materiefreien Raum zu der Feststellung Gl. (6) führte, ein wesentlich anderer Sachverhalt gefunden; er läßt sich ausdrücken durch

$$\oint \frac{\boldsymbol{B}}{\mu} \cdot \mathrm{d}\boldsymbol{s} = \Theta; \tag{4.2-11}$$

die Durchflutung ist gleich dem Randintegral eines Feldvektors $\boldsymbol{B}/\mu$, wobei $\mu$ ein die Substanz in magnetischer Hinsicht kennzeichnender Skalar ist. Die nun die Gl. (7) ersetzende Definition

$$\frac{\boldsymbol{B}}{\mu} = \boldsymbol{H} \tag{\textbf{4.2-12}}$$

bedeutet aber viel mehr als jene Abkürzung, denn sie bringt zum Ausdruck, daß zwar hier wie dort $\boldsymbol{H}$ und $\boldsymbol{B}$ gleichgerichtet sind, daß jedoch

---

[1] Die kohärente Einheit der magnetischen Spannung ist daher $[V] = 1[H]\,[l]$, die SI-Einheit $[V]_{\mathrm{SI}} = 1\,\mathrm{A}$.

[2] Die Benutzung des Zeichens $F$ für die magnetische Umlaufspannung ist geeignet, Verwirrung zu stiften, der Ausdruck „magnetomotorische Kraft“ für sie ist begrifflich verfehlt; siehe dazu die Ausführungen am Ende des Abschnittes 2.13.

der Skalar $\mu$ eine (stetige) Ortsfunktion sein kann. Nur in dem besonderen Falle, daß $\mu$ eine ortsunabhängige Materialkonstante ist, gilt an Stelle der Gl. (11) die einfachere Beziehung

$$\frac{1}{\mu}\oint \boldsymbol{B}\cdot \mathrm{d}\boldsymbol{s} = \Theta. \tag{4.2-13}$$

Die Größe $\mu$ heißt *Permeabilität*, vielfach auch noch: absolute Permeabilität[1]. Ihr Verhältnis zur magnetischen Feldkonstante

$$\frac{\mu}{\mu_0} = \mu_r \tag{4.2-14}$$

hat den Namen *Permeabilitätszahl* (früher auch: relative Permeabilität). In Tabellenwerken über Materialeigenschaften werden durchweg die Zahlenwerte $\mu_r$ angegeben. Substanzen mit der Eigenschaft $\mu_r < 1$ heißen diamagnetisch, mit der Eigenschaft $\mu_r > 1$ paramagnetisch; dabei ist im allgemeinen $|\mu_r - 1| \ll 1$. Ganz abseits stehen die ferromagnetischen Stoffe; bei ihnen aber kann $\mu_r$ im allgemeinen auch nicht angenähert als von $\boldsymbol{B}$ unabhängige Konstante gelten; sie sind nichtlinear wirkend, vgl. Abschnitt A.8.

Wir haben somit folgende Auslegungen der Gl. (12):

$\mu = \mu_0$: Vakuum.

$\mu$ ortsunabhängige Konstante: In jedem Feldpunkt sind $\boldsymbol{H}$ und $\boldsymbol{B}$ gleichgerichtet, in allen Feldpunkten ist $B/H = \mu$ dasselbe; die Substanz ist homogen und isotrop, das Feld $\boldsymbol{B}/\mu$ unterscheidet sich von dem Vakuumfelde $\boldsymbol{B}/\mu_0$ nur durch eine in allen Feldpunkten gleiche Maßstabszahl $1/\mu_r$.

$\mu$ ortsabhängige Konstante: In jedem Feldpunkt sind $\boldsymbol{H}$ und $\boldsymbol{B}$ gleichgerichtet, $B/H = \mu$ ist eine Funktion des Ortes: Die Substanz ist isotrop.

In anisotropen Substanzen ist die Permeabilität nicht ein Skalar (hier $\mu$), sondern ein Tensor zweiter Stufe, vgl. hierzu Abschnitt A.7.21.

Die Beziehung (12) spricht eine Proportionalität aus, wenn die Permeabilität eine Eigenschaftsgröße ist, deren Wert im Feldpunkt nicht vom Wert der Flußdichte oder der Feldstärke dort abhängt:

$$\frac{B}{H} = \mu = \mathrm{const}_H. \tag{4.2-15}$$

Die Theorie, die diesen Sachverhalt voraussetzt, werden wir daher kürzehalber die *Proportionaltheorie* nennen. Sie ist ein Sonderfall der *allgemeinen Theorie*, die nicht empirisch gewonnene Material*konstanten* $\mu$,

[1] Die Einheit der Permeabilität ist die der magnetischen Feldkonstante, die SI-Einheit also $[\mu]_{\mathrm{SI}} = 1$ Vs/A m.

sondern empirisch gewonnene Material*funktionen* $H(B)$ oder $B(H)$ voraussetzt. Die Proportionaltheorie ist die historisch ältere und einfachere; in ihr kann zum Beispiel vom Superpositionsprinzip ohne Einschränkung Gebrauch gemacht werden. Die allgemeine Theorie kann erst später gegeben werden (Abschnitt 6.1 und folgende).

**Die Wirbel des stationären magnetischen Feldes**

Indem man $\boldsymbol{H}$ nach Gl. (12) in Gl. (11) einführt, erhält man

$$\oint \boldsymbol{H} \cdot \mathrm{d}\boldsymbol{s} = \Theta = \int_a \boldsymbol{S} \cdot \mathrm{d}\boldsymbol{a}. \qquad \textbf{(4.2-16)}$$

Diese Beziehung, die einen fundamental wichtigen Sachverhalt ausspricht, wird *Durchflutungsgesetz* genannt. Es wird in Abschnitt 5.1 näher behandelt. Im Durchflutungsgesetz ist die Aussage enthalten, daß stationäre, also geschlossene Leitungsströme ($\operatorname{div} \boldsymbol{S} = 0$) Wirbel des stationären magnetischen Feldes sind. Die Frage, welche Beziehung bei zeitlich veränderlichen Strömen an die Stelle des Durchflutungsgesetzes tritt, bleibt hier offen.

Indem wir das Randintegral des Vektors $\boldsymbol{H}$ mit dem Satz von Stokes umformen, erhalten wir zunächst

$$\int_a (\operatorname{rot} \boldsymbol{H}) \cdot \mathrm{d}\boldsymbol{a} = \int_a \boldsymbol{S} \cdot \mathrm{d}\boldsymbol{a}$$

und daraus, da es sich beiderseits um dieselbe Fläche $a$ handelt,

$$\operatorname{rot} \boldsymbol{H} = \boldsymbol{S}, \qquad \textbf{(4.2-17)}$$

in Worten: Die stationäre Leitungsstromdichte ist nach Betrag und Richtung gleich der Wirbelstärke der stationären magnetischen Feldstärke. Nur stationäre Leitungsströme sind Wirbel der stationären magnetischen Feldstärke, sonst ist diese wirbelfrei.

Hieraus folgt

$$\operatorname{Rot} \boldsymbol{H} = \boldsymbol{n}_{12} \times (\boldsymbol{H}_2 - \boldsymbol{H}_1) = \boldsymbol{A}, \qquad \textbf{(4.2-18)}$$

Strombeläge (Flächenstromdichten) sind Sprungwirbel des Feldes $\boldsymbol{H}$.

Es sei noch hervorgehoben: Die Ausdrücke (16) bis (18) sind nicht etwa Proportionalitäten, sondern sie sind definitionsweise Gleichungen,

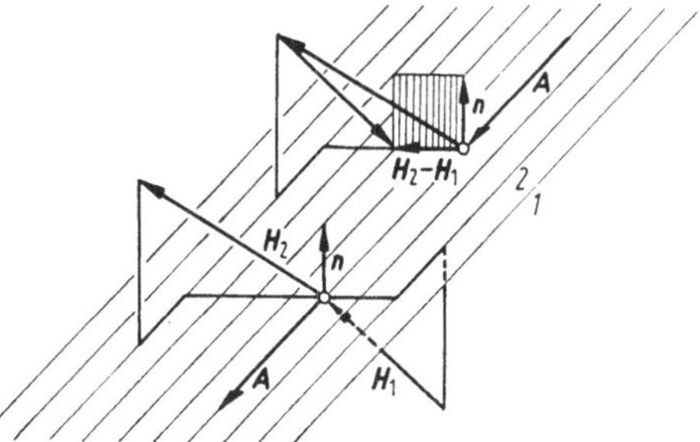


Abb. 4.8 Strombelag (flächenhafte Leitungsstromdichte) als Sprungwirbel der magnetischen Feldstärke, Gl. (4.2-18).

wegen der Definition der magnetischen Feldstärke vgl. das zu Gl. (7) und (12) Gesagte.

Ferner: Nach Abschnitt A.7.13 gilt mathematisch notwendig $\operatorname{div}(\operatorname{rot}\boldsymbol{H}) = 0$. Daher kann die Beziehung Gl. (17) nur bestehen, wenn $\operatorname{div}\boldsymbol{S} = 0$. Aber eben diese Voraussetzung war in der Tat gemacht worden: Nur stationäre Leitungsströmung ist quellenlos, Gl. (3.1-13).

**Magnetisierung und Suszeptibilität**

Gegeben sei ein magnetisches Feld $\boldsymbol{B}$ im materiefreien Raum, daher auch $\boldsymbol{H}_0 = \boldsymbol{B}/\mu_0$. Der felderfüllte Raum werde durch eine isotrope Substanz von der Permeabilität $\mu$ ausgefüllt. *Bei ungeändertem* (!) $\boldsymbol{B}$ ist nun $\boldsymbol{H} = \boldsymbol{B}/\mu$, und zwar ist $\boldsymbol{H} < \boldsymbol{H}_0$, wenn wir $\mu > \mu_0$ annehmen. Die Veränderung des Feldes von $\boldsymbol{H}_0$ zu $\boldsymbol{H}$ kann man makroskopisch beschreiben durch ein durch die Substanz bewirktes (hier schwächendes) *Zusatzfeld* $\boldsymbol{M}$:

$$\boldsymbol{H} = \boldsymbol{H}_0 - \boldsymbol{M}. \qquad \textbf{(4.2-19)}$$

Der Feldvektor

$$\boldsymbol{M} = \frac{\boldsymbol{B}}{\mu_0} - \boldsymbol{H} \qquad (4.2\text{-}20)^1$$

wird *Magnetisierung* genannt (oder auch Magnetisierungsstärke, wenn man mit dem Wort Magnetisierung einen Vorgang bezeichnen will). Wegen $\boldsymbol{H} = \boldsymbol{B}/\mu$ ist auch

$$\boldsymbol{M} = (\mu_r - 1)\boldsymbol{H} = \chi_m \cdot \boldsymbol{H}. \qquad (4.2\text{-}21)$$

Die Materialkonstante

$$\mu_r - 1 = \chi_m = \frac{M}{H} \qquad \textbf{(4.2-22)}$$

heißt *magnetische Suszeptibilität*. Substanzen mit $\chi_m > 0$ heißen paramagnetisch, mit $\chi_m < 0$ diamagnetisch. Für die paramagnetischen Substanzen ist also $\boldsymbol{M}$ parallel zu $\boldsymbol{H}$, für die diamagnetischen antiparallel.

Der Feldvektor

$$\boldsymbol{J} = \mu_0\boldsymbol{M} = \boldsymbol{B} - \mu_0\boldsymbol{H} \qquad \textbf{(4.2-23)}^1$$

heißt *magnetische Polarisation.*[2]

---

[1] Kohärente Einheiten $[M] = [H]$ und $[J] = [B]$, daher SI-Einheiten $[M]_{SI} = 1$ A/m und $[J]_{SI} = 1$ T.

[2] Da $\mu_0$ eine universelle Konstante ist, ist es häufig mehr eine Zweckmäßigkeits- und weniger eine Grundsatzfrage, ob man die Größe $\boldsymbol{J}$ oder die Größe $\boldsymbol{M}$ verwendet. Weder hinsichtlich der Namen dieser beiden Feldgrößen, noch hinsichtlich ihrer Symbole herrscht Einheitlichkeit in der früheren Literatur. Es ist deswegen vorgeschlagen worden, $\boldsymbol{B}_\mathrm{i}$ an Stelle von $\boldsymbol{J}$ nach Gl. (4.2-23) und $\boldsymbol{H}_\mathrm{i}$ an Stelle von $\boldsymbol{M}$ nach Gl. (4.2-20) zu schreiben. Der Index i weist auf das englische Wort intrinsic hin. Die Übersetzung „innere Flußdichte" (Feldstärke) ist irreführend, denn die Feldgrößen im Innern der Substanz sind $\boldsymbol{B}$ und $\boldsymbol{H}$, dagegen sind $\boldsymbol{B}_\mathrm{i}$ und $\boldsymbol{H}_\mathrm{i}$ Zusatzfelder, die der Substanz eigentümlich sind, also Teilfelder des Inneren.

Man beachte: $\boldsymbol{B}$, $\boldsymbol{H}$, $\boldsymbol{M}$ sind die an demselben Feldort in der Materie bestehenden Werte; $\mu_r - 1 = \chi_m$ ist eine Materialgröße. Es wäre somit zum Beispiel falsch, in Gl. (22) an Stelle der in der Materie bestehenden Feldstärke $\boldsymbol{H}$ die entsprechende Vakuumfeldstärke $\boldsymbol{H}_0$ zu setzen.

Erklärt man das Verhalten magnetisch polarisierter Körper durch elementare Magnete und beschreibt diese nach der Vorstellung Ampères durch Strommomente gemäß Gl. (4.1-5) und Abb. 4.3, so ist die Magnetisierung $\boldsymbol{M}$ deren räumliche Dichte im Sinne von

$$\mathrm{d}\boldsymbol{m}_I = \boldsymbol{M}\,\mathrm{d}\tau. \tag{4.2-24}$$

**Magnetische Feldenergie**

Die im magnetischen Feld enthaltene (gespeicherte) Energie ist (ebenso wie die im elektrischen Feld gespeicherte, vgl. Gl. (2.4-10a und 12b)) stetig im felderfüllten Raum verteilt, derart, daß für das felderfüllte Volumen $\tau$ gilt

$$W_m = \int_\tau w_m\,\mathrm{d}\tau. \tag{4.2-25}$$

Die räumliche Dichte $w_m$ der magnetischen Feldenergie ist allgemein

$$w_m = \int_0^H \boldsymbol{H}\cdot\mathrm{d}\boldsymbol{B} \tag{4.2-26}$$

wie später (Abschnitt 6.2) nachgewiesen werden wird. In einer isotropen Substanz bei gegebenem Zusammenhang $H = H(B)$ oder $\mu = \mu(H)$ ist also

$$w_m = \int_0^H H\,\mathrm{d}B \tag{4.2-27}$$

und in der Proportionaltheorie $\mu = \mathrm{const}_H$, Gl. (15), ist

$$w_m = \frac{BH}{2} = \frac{\mu H^2}{2} = \frac{B^2}{2\mu}; \tag{4.2-28}$$

schließlich gilt im materiefreien Raum

$$w_{m,0} = \frac{\mu_0 H^2}{2} = \frac{B^2}{2\mu_0}. \tag{4.2-29}$$

**Nichtrationale Größendefinitionen**

An Stelle der Größengleichung Gl. (16) findet man auch die andere

$$\oint \boldsymbol{H}\cdot\mathrm{d}\boldsymbol{s} = 4\pi\Theta = 4\pi\int_a \boldsymbol{S}\cdot\mathrm{d}\boldsymbol{a}, \tag{4.2-30}$$

daher auch

$$\mathrm{rot}\,\boldsymbol{H}' = 4\pi\boldsymbol{S} \tag{4.2-31}$$

an Stelle der Größengleichung (17). Man nennt die Größe $\boldsymbol{H}'$ die nichtrational definierte magnetische Feldstärke; zur rational definierten Feldstärke $\boldsymbol{H}$ besteht somit die Beziehung

$$\boldsymbol{H}' = 4\pi \boldsymbol{H}, \tag{4.2-32}$$

daher gilt auch für die nichtrational definierte magnetische Spannung

$$V' = 4\pi V. \tag{4.2-33}$$

Nicht nur für die elektrischen Größen $Q, \boldsymbol{E}$ und $\boldsymbol{S}$, vgl. Gl. (2.3-31), sowie für die geometrischen Größen und die Energiegrößen gibt es nur jeweils eine, nämlich die rationale Definition, sondern man hält auch (meist) an der in Gl. (4.1-4, 9, 10) zum Ausdruck kommenden Definition von $\boldsymbol{B}$ fest (es bestand kein Anlaß, in diese Gleichungen einen Zahlenfaktor, etwa $4\pi$, aufzunehmen). Aus

$$\boldsymbol{H}_0' = \frac{\boldsymbol{B}}{\mu_0'}, \qquad \boldsymbol{H}' = \frac{\boldsymbol{B}}{\mu'} \tag{4.2-34}$$

folgt dann notwendig

$$\mu_0' = \frac{\mu_0}{4\pi}, \qquad \mu' = \frac{\mu}{4\pi}, \tag{4.2-35}$$

es ist also

$$\frac{\mu'}{\mu_0'} = \frac{\mu}{\mu_0} = \mu_r. \tag{4.2-36}$$

Setzt man, wie es üblich ist,

$$4\pi \boldsymbol{M}' = \frac{\boldsymbol{B}}{\mu_0'} - \boldsymbol{H}', \tag{4.2-37}$$

so folgt aus dem Vergleich mit Gl. (20)

$$\boldsymbol{M}' = \boldsymbol{M} \tag{4.2-38}$$

und mit Gl. (34)

$$\boldsymbol{J}' = \mu_0' \boldsymbol{M}' = \frac{\boldsymbol{J}}{4\pi}. \tag{4.2-39}$$

Setzt man analog zu Gl. (22)

$$\frac{M'}{H'} = \chi_m', \tag{4.2-40}$$

so zeigt der Vergleich

$$\chi_m' = \frac{\chi_m}{4\pi} = \frac{\mu_r - 1}{4\pi}. \tag{4.2-41}$$

Vor allem in älteren Tabellenwerken werden Werte der nichtrational definierten magnetischen Suszeptibilität $\chi_m'$ angegeben.[1]

[1] Zum Beispiel hat dasselbe Material in demselben magnetischen Zustand, wenn man sich in rational definierten Größen ausdrückt, die Permeabilitätszahl $\mu_r = 100$, die Permeabilität $\mu = 100\,\mu_0$ und die Suszeptibilität $\chi_m = 99$; wenn man sich in nichtrational definierten Größen ausdrückt, dieselbe Permeabilitätszahl $\mu_r = 100$, die Permeabilität $\mu' = 100\,\mu_0' \approx 7{,}956\,\mu_0$ und die Suszeptibilität $\chi_m' \approx 7{,}876$.

Vorausgreifend führen wir noch an: Hält man an der Definition des magnetischen Flusses $\Phi$ nach Gl. (4.1-15) fest und nennt den Quotienten $\Lambda = \Phi / V_{12}$ den rational definierten, $\Lambda' = \Phi / V'_{12}$ den nichtrational definierten magnetischen Leitwert, so ist

$$\Lambda' = \frac{\Lambda}{4\pi}. \tag{4.2-42}$$

Die magnetische Energiedichte (der Proportionaltheorie) ist

$$w_m = \frac{1}{2} \boldsymbol{B} \cdot \boldsymbol{H} = \frac{1}{8\pi} \boldsymbol{B} \cdot \boldsymbol{H}' \tag{4.2-43}$$

und die Flächendichte der Strahlungsleistung

$$\mathfrak{S} = \boldsymbol{E} \times \boldsymbol{H} = \frac{1}{4\pi} \boldsymbol{E} \times \boldsymbol{H}', \tag{4.2-44}$$

schließlich gilt für den Gestaltsfaktor (Entmagnetisierungsfaktor)

$$N' + 4\pi N, \tag{4.2-45}$$

wenn $N$ der rational definierte Gestaltsfaktor (Entmagnetisierungsfaktor) ist.

Rationale und nichtrationale Größendefinitionen sind also gleich bei den Größen $\boldsymbol{B}$, $\boldsymbol{\Phi}$, $\boldsymbol{M}$, $\mu_r$, verschieden voneinander sind sie bei den Größen: magnetische Feldstärke, Feldkonstante, Permeabilität, Polarisation, Suszeptibilität, Leitwert, Gestaltsfaktor.

# 5. Grundgesetze der Elektrodynamik

## 5.1 Durchflutungsgesetz. Verschiebungsstrom. Erste Hauptgleichung für ruhende Körper

In Abschnitt 4.2 ist das Durchflutungsgesetz

$$\oint \boldsymbol{H} \cdot \mathrm{d}\boldsymbol{s} = \int_a \boldsymbol{S} \cdot \mathrm{d}\boldsymbol{a} = \Theta \tag{5.1-1}$$

und, damit physikalisch gleichbedeutend, die Beziehung über die Wirbel des magnetischen Feldes

$$\operatorname{rot} \boldsymbol{H} = \boldsymbol{S} \tag{5.1-2}$$

abgeleitet worden. Wir stellen die wichtigeren allgemeinen Aussagen zusammen, die hierzu gemacht werden können:

1. Zur Ableitung – Gln. (4.2-16, 17) – war schon hervorgehoben worden, daß Gl. (2) nur bestehen kann, wenn $\operatorname{div} \boldsymbol{S} = 0$ ist; nur dann ist die Durchflutung der Fläche $a$, deren Rand $s$ ist, eine eindeutige Größe und dadurch Gl. (1) eine eindeutige Aussage. Also sind die Gln. (1) und (2) an die Voraussetzung $\partial/\partial t = 0$ geknüpft – Gl. (3.1-13) –, sie gelten für *stationäre* Vorgänge.

2. Stationäre Leitungsströmung existiert nur in geschlossenen Bahnen: Ist eine beliebige magnetische Umlaufspannung $\mathring{V} = \oint \boldsymbol{H} \cdot \mathrm{d}\boldsymbol{s}$ von Null verschieden, so ist ihr Integrationsweg $s$ *verkettet* mit der geschlossenen Strombahn, deren Durchflutung $\Theta$ ist. (Strombahn und Integrationsweg hängen miteinander so zusammen wie zwei Glieder einer Kette.) – Betrachten wir zum Beispiel einen Stromring, der den Strom $I$ führt, und nennen $\tau$ den Raum, in dem keine Strömung vorhanden ist; seine Begrenzung ist also allein die Oberfläche des Stromringes. Für jede mit dem Ring nicht verkettete Randkurve $s$ gilt $\mathring{V} = 0$, für jede mit dem Ring verkettete gilt $\mathring{V} \neq 0$. Führen wir nun in $\tau$ eine weitere Begrenzung ein, die die Form einer an den Stromring gehefteten Membran hat, so ist ein neuer Raum $\tau'$ entstanden, der außer der Ringoberfläche noch die beiden Seiten der Membran als Begrenzungsfläche hat. Im Raum $\tau'$ gibt es keine Randkurve mehr, für die $\mathring{V} \neq 0$ ist, er ist einfach zusammenhängend. Der ursprüngliche Raum $\tau$, aus dem durch diesen Schnitt der Raum $\tau'$ entstanden ist, heißt demnach zweifach zusammen-

hängend. In $\tau'$ ist $\mathring{V} = 0$ für jede beliebige Randkurve $s$ und daher $\boldsymbol{H}$ durch ein skalares Potential darstellbar. Abb. 5.1.

3. Die magnetische Spannung $V_{12}$ von einem Feldpunkt *1* zu einem Feldpunkt *2* ist von der Wegkurve abhängig: Sei $V_{12}(s_1)$ die magnetische Spannung auf einem Weg $s_1$ und $V_{12}(s_2)$ die auf einem davon verschiedenen Weg $s_2$, dann ist $V_{12}(s_1) - V_{12}(s_2) = \mathring{V} = \Theta$. Man erhält für die Spannung $V_{12}$ stets und nur dann ein und denselben Wert,

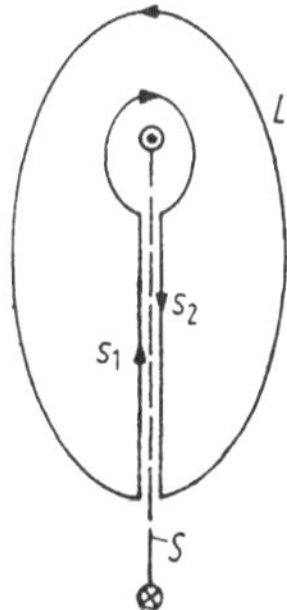


Abb. 5.1 Stromring und an ihn geheftete Membran (Sperrfläche) $S$. Die Teilstrecken $s_1$ und $s_2$ des geschlossenen Integrationsweges $L$ fallen auseinander.

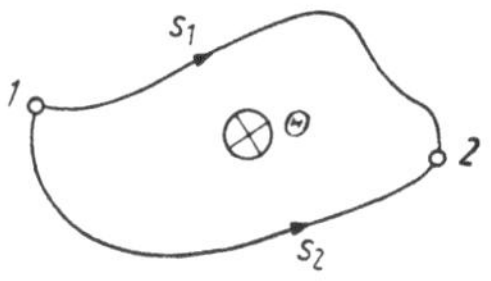


Abb. 5.2 Die magnetische Spannung ist vom Integrationsweg abhängig: $V_{12}(s_1) = V_{12}(s_2) + \Theta$.

wenn bei der Überführung der einen Integrationskurve durch eine stetige Bewegung ihrer Linienelemente in die andere keine Leitungsströmung (Durchflutung) durchquert wird. Abb. 5.2.

4. Die Beziehungen (1) und (2) gelten unabhängig von Materialeigenschaften: Die elektrischen und magnetischen Eigenschaften des Stromleiters spielen keine Rolle. Der Wert der Umlaufspannung $\mathring{V}$ ist unabhängig davon, welche magnetischen Eigenschaften entlang der Integrationskurve $s$ bestehen: Diese können sich auch entlang $s$ stetig oder unstetig (stückweise) ändern. Dies ist ein physikalisch und technisch gleich bedeutungsvoller Sachverhalt (Abschätzung des magnetischen Kreises, siehe Abschnitt 8.7).

5. Durch Gl. (2) wird $\boldsymbol{S}$ in jedem Fall durch bekanntes $\boldsymbol{H}$ bestimmt. Das Umgekehrte gilt nicht: Durch $\boldsymbol{S}$ ist die Wirbelstärke von $\boldsymbol{H}$ gegeben, nicht $\boldsymbol{H}$ selbst. Entsprechend: Durch gegebene Durchflutung $\Theta$ ist die magnetische Umlaufspannung $\mathring{V}$ bestimmt, nicht die magnetische Feldstärke $\boldsymbol{H}$. Wichtig sind die Ausnahmefälle, in denen man bei Vorkenntnissen über die geometrische Struktur des Feldes $\boldsymbol{H}$ den Integrationsweg so wählen kann, daß $\oint H_s \, \mathrm{d}s = H_s \oint \mathrm{d}s$ wird. Hierzu weiter unten Beispiele.

6. Die naive Vorstellung, die die Leitungsströmung als Ursache, das magnetische Feld als Wirkung hinstellt, findet keine Stütze in den Beziehungen (1) und (2). Diese enthalten in der Tat keine Aussage über Ursache und Wirkung. Sie können nur und müssen so verstanden werden, daß sie über zwei nicht voneinander trennbare Seiten ein und derselben Naturerscheinung quantitative Aussagen machen: Die magne-

tische Spannung entlang einer geschlossenen Randkurve und die von dieser umfaßte Durchflutung sind quantitative Ausdrücke für zwei Seiten ein und derselben Naturerscheinung. Ganz analog sind auch die Lichtwellen und die Lichtquanten zwei Seiten einer unteilbaren Naturerscheinung.

**Beispiele**

**a) Draht mit kreisförmigem Querschnitt.** Ein in einen Nichtleiter eingebetteter Stromkreis enthalte einen sehr langen geraden Draht von kreisförmigem Querschnitt mit dem Radius $b$ und dem Strcm $I$; wir betrachten diesen so, wie wenn er allein vorhanden wäre. Die Leitungsströmung in ihm ist ausschließlich axial gerichtet und gleichmäßig verteilt, $S = I/\pi b^2$, beides, weil sie stationär ist. Das magnetische Feld ist eben und hat axiale Symmetrie, die Feldlinien sind daher konzentrische Kreise um die Drahtachse. Für einen solchen Kreis vom Radius $r$ als Integrationskurve $s$ ist $\oint \boldsymbol{H} \cdot \mathrm{d}\boldsymbol{s} = H \oint \mathrm{d}s = H \cdot 2\pi r$. Für $r \geqq b$ ist $\Theta = I$, für $r \leqq b$ ist $\Theta = Ir^2/b^2$, daher ist

$$H(r) = \frac{Ir}{2\pi b^2} = \frac{r}{2} S \text{ für } r \leqq b,$$
$$H(r) = \frac{I}{2\pi r} \quad \text{für} \quad r \geqq b. \tag{5.1-3}$$

Hier ist $|\text{rot}\,\boldsymbol{H}| = \dfrac{1}{r}\dfrac{\partial}{\partial r}(rH)$ nach Abschnitt A.7.11.3, also $= S$ im Drahtinnern, $= 0$ im Außenfeldraum, wie es nach Gl. (2) sein muß. Abb. 5.3.

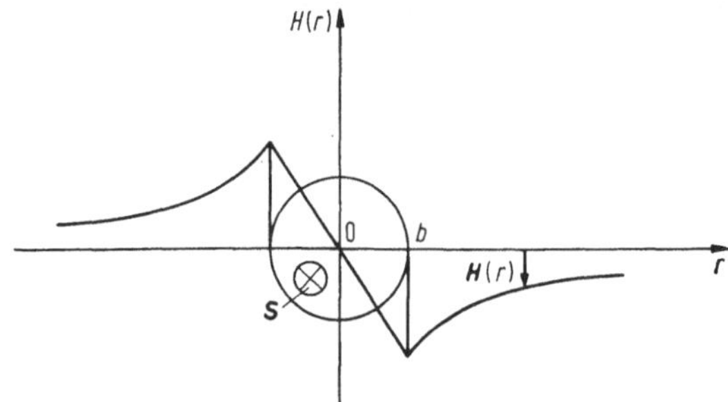


Abb. 5.3 Leitender Kreiszylinder, Radius $b$, axiales homogenes Strömungsfeld $S$, magnetische Feldstärke $\boldsymbol{H}$.

**b) Ebenes leitendes Blech** mit gegenüber Länge und Breite kleiner Dicke $h$. Abb. 5.4.

Die stationäre Stromdichte besteht nur in der Richtung der $z$-Achse, $\boldsymbol{S} = \boldsymbol{k}S_z$, die magnetische Feldstärke nur in der Richtung der $y$-Achse, $\boldsymbol{H} = \boldsymbol{j}H_y$. Aus Gl. (2) wird

$$\frac{\partial H_y}{\partial x} = S_z \tag{5.1-4}$$

nach Abschnitt A.7.11.3 und also

$$H_y(x) = xS_z, \tag{5.1-4a}$$

vgl. Abb. 5.4; der geometrisch eindimensionale Wirbel des magnetischen Feldes wird hier besonders deutlich. Will man Gl. (1) anwenden,

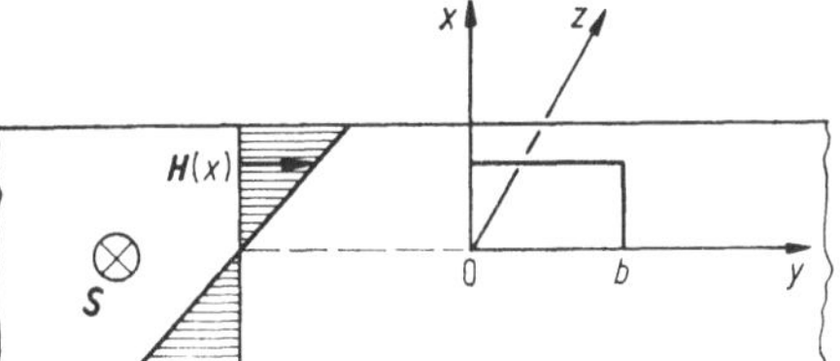


Abb. 5.4 Magnetische Feldstärke im durchströmten ebenen Blech.

so wählt man als Integrationsweg den Umfang eines Rechteckes mit den Seiten $b$ und $x$, wie in der Abbildung angedeutet ist (die Wegstücke in Richtung $\pm x$ geben keine Beiträge zur Umlaufspannung). An der Ober seite und an der Unterseite des Bleches ist

$$H_y\left(\pm\frac{h}{2}\right) = \pm\frac{h}{2}S_z.$$

Läßt man $h$ unbegrenzt abnehmen und dabei in der zu Gl. (3.1-43) gezeigten Weise $S_z$ zum endlichen Strombelag $g_z$ werden, so entsteht der Sprungwirbel

$$\boldsymbol{A} = \boldsymbol{n}_{12} \times (\boldsymbol{H}_2 - \boldsymbol{H}_1), \tag{5.1-5}$$

vgl. Abb. 5.5 und Gl. (4.2-18) sowie Fußnote 2 zu Gl. (3.1-43).

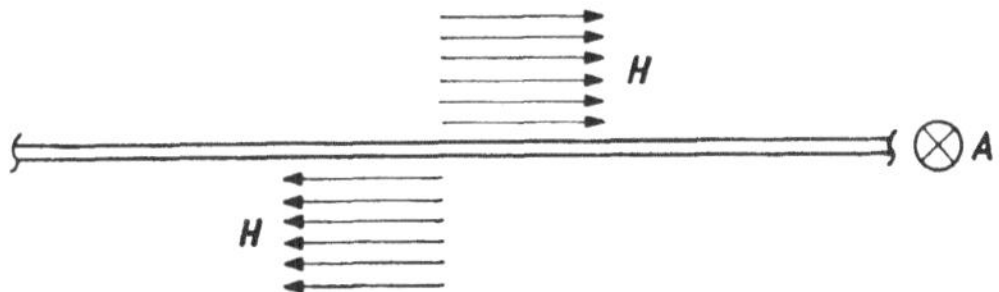


Abb. 5.5 Veranschaulichung des Strombelages als Sprungwirbel der magnetischen Feldstärke, Gl. (5.1-5).

c) **Ein ringförmiger Körper von beliebiger Querschnittsform** sei gleichmäßig dicht und vollständig mit $N$ Drahtwindungen bewickelt, die den Strom $I$ führen, der Wicklungsquerschnitt sei klein gegen den Ringquerschnitt, so daß man sich die stromführende Wicklung durch einen gleichmäßigen Strombelag ersetzt denken kann. Dann gilt in starker Annäherung: Außerhalb des Ringkörpers ist $\mathring{V} = 0$ auf allen denkbaren Wegen, der Außenraum ist feldfrei; innerhalb des Ringkörpers sind die magnetischen Feldlinien Kreise. Ist $l$ der Umfang eines solchen, so ist $\mathring{V} = Hl = NI$; die auf das Innere des Ringvolumens beschränkte magnetische Feldstärke

$$H = \frac{NI}{l} \tag{5.1-6}$$

hängt somit vom Kreisumfang $l$ ab. Bei dem in Abb. 5.6 dargestellten Ringkörper mit rechteckigem Querschnitt ist also

$$H(r) = \frac{NI}{2\pi r}, \tag{5.1-6a}$$

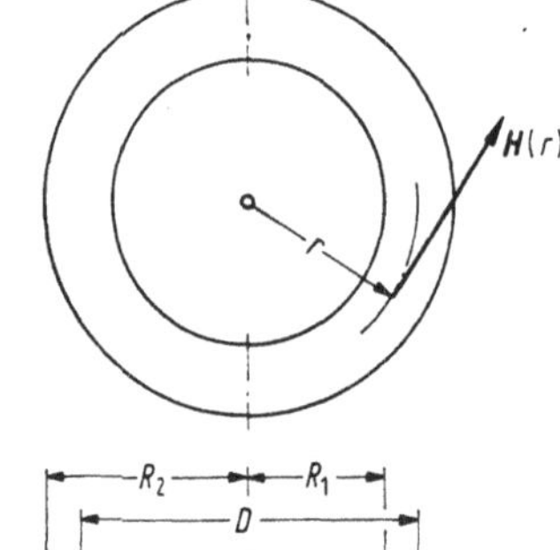


Abb.5.6 Ringkörper mit rechteckigem Querschnitt.

und mit den dort angegebenen geometrischen Maßen ist

$$\begin{aligned} H_{\max} &= \frac{NI}{2\pi R_1} = \frac{NI}{\pi(D-b)}, \\ H_{\min} &= \frac{NI}{2\pi R_2} = \frac{NI}{\pi(D+b)}. \end{aligned} \tag{5.1-6b}$$

Der Wert in der Mitte des Querschnittes $r = D/2$

$$H_{\mathrm{m}} = \frac{NI}{\pi D} \tag{5.1-6c}$$

ist kleiner als das arithmetische Mittel

$$(H_{\max} + H_{\min})/2 = \frac{NI}{\pi D} \frac{1}{1 - b^2/D^2}. \tag{5.1-6d}$$

Der magnetische Fluß bei $\mu = \mathrm{const}_H$ wird

$$\begin{aligned} \Phi &= \mu \int_{R_1}^{R_2} H(r)\, h \,\mathrm{d}r = \frac{IN\mu h}{2\pi} \ln \frac{R_2}{R_1} \\ &= \frac{IN\mu h}{2\pi} \ln\left(\frac{1 + b/D}{1 - b/D}\right), \end{aligned} \tag{5.1-6e}$$

daher für $b/D \leqq 1/3$

$$\Phi = \frac{IN\mu hb}{\pi D}\left\{1 + \frac{b^2}{3D^2} + \cdots\right\}. \tag{5.1-6f}$$

**d) Ein langer schlanker gerader Kreiszylinder** sei ebenso bewickelt. Für das Feldgebiet im Innern, das genügend weit von den Enden entfernt ist, kann er für den Teil eines Kreisringes von sehr großem Radius gelten. Dort wird also das Feld durch Gl. (6) berechnet, wenn man unter $l$ die axiale Länge des Zylinders versteht. Der Bereich, in welchem diese pauschale Berechnung brauchbar ist, wird oft überschätzt. Näheres über das Feld der Zylinderspule siehe Abschnitt 8.2.

Wir wenden uns nun der fundamental wichtigen Frage zu, welche *allgemeinen Gesetzmäßigkeiten bei beliebig zeitlich veränderlichen Vorgängen* an die Stelle der Gln. (1) und (2) treten.

Von zeitlich veränderlicher Leitungsströmung war in Abschnitt 3.1 die Rede; an dem Vorgang der Entladung eines Kondensators, Abb. 3.2, konnten die Zusammenhänge leicht erkannt werden: Aus den Definitionsgleichungen (3.1-3, 4) hatte sich die Kontinuitätsgleichung Gl. (3.1-5)

$$\oint \boldsymbol{S}\cdot \mathrm{d}\boldsymbol{a} = -\left(\frac{\mathrm{d}Q}{\mathrm{d}t}\right)_\tau \tag{5.1-7}$$

ergeben; nach Abb. 3.2 war $a$ die geschlossene Oberfläche (Hüllfläche) des Volumens $\tau$, in welchem die elektrische Ladung $Q$ vorhanden ist; zu dem Hüllenfluß von $\boldsymbol{S}$ tragen nur die Querschnittselemente durchströmter Leiter bei. Andererseits gilt für dieselbe Oberfläche $\boldsymbol{a}$ desselben Volumens nach dem Satz vom elektrischen Hüllenfluß (Gl. 2.3-9)

$$-\left(\frac{\mathrm{d}Q}{\mathrm{d}t}\right)_\tau = -\frac{\mathrm{d}}{\mathrm{d}t}\oint \boldsymbol{D}\cdot \mathrm{d}\boldsymbol{a}; \tag{5.1-8}$$

$\boldsymbol{D}$ ist die elektrische Flußdichte im Dielektrikum. Da keine Bewegungen im Spiele sind, ist auch

$$-\frac{\mathrm{d}}{\mathrm{d}t}\oint \boldsymbol{D}\cdot \mathrm{d}\boldsymbol{a} = -\oint \frac{\partial \boldsymbol{D}}{\partial t}\cdot \mathrm{d}\boldsymbol{a}. \tag{5.1-9}$$

Der Vergleich lehrt

$$\oint \boldsymbol{S}\cdot \mathrm{d}\boldsymbol{a} = -\oint \frac{\partial \boldsymbol{D}}{\partial t}\cdot \mathrm{d}\boldsymbol{a} \tag{5.1-10}$$

für die gleiche, unbewegte Hüllfläche. Also ist auch

$$\oint \left(\boldsymbol{S} + \frac{\partial \boldsymbol{D}}{\partial t}\right)\cdot \mathrm{d}\boldsymbol{a} = 0 \tag{5.1-11}$$

und mit dem Satz von Gauß

$$\operatorname{div}\left(\boldsymbol{S} + \frac{\partial \boldsymbol{D}}{\partial t}\right) = 0, \tag{5.1-12}$$

an Sprungflächen

$$\operatorname{Div}\left(\boldsymbol{S} + \frac{\partial \boldsymbol{D}}{\partial t}\right) = 0. \qquad (5.1\text{-}13)$$

Nennt man die lokale Änderungsgeschwindigkeit $\partial \boldsymbol{D}/\partial t$ der elektrischen Flußdichte die *Verschiebungsstromdichte* und ihren Fluß

$$\frac{\mathrm{d}\Psi}{\mathrm{d}t} = \int\limits_{a} \frac{\partial \boldsymbol{D}}{\partial t} \cdot \mathrm{d}\boldsymbol{a} \qquad (5.1\text{-}14)$$

den *Verschiebungsstrom*, so sprechen die Gln. (11) bis (13) zunächst nur die Erfahrungstatsache aus: *Leitungsstrom und Verschiebungsstrom setzen einander quellenlos fort*; das Feld

$$\boldsymbol{C} = \boldsymbol{S} + \frac{\partial \boldsymbol{D}}{\partial t} \qquad \mathbf{(5.1\text{-}15)}$$

ist ein *ausnahmslos quellenfreies Vektorfeld.* Dann ist eine *Möglichkeit* für die gesuchte allgemeine Gesetzmäßigkeit

$$\operatorname{rot} \boldsymbol{H} = \boldsymbol{S} + \frac{\partial \boldsymbol{D}}{\partial t}, \qquad \mathbf{(5.1\text{-}16)}$$

denn sie genügt der Forderung div (rot $\boldsymbol{H}$) = 0. Maxwells Ansatz lautet: (Diese Beziehung gilt *tatsächlich* allgemein für ruhende Körper.) „*Eine der hauptsächlichen Besonderheiten der Abhandlung ist die Doktrin, die behauptet, daß die wahre elektrische Strömung* $\boldsymbol{C}$, *von der die elektromagnetischen Erscheinungen abhängen, nicht mit der Leitungsströmung* $\boldsymbol{S}$ *identisch ist, sondern daß die zeitliche Änderung der elektrischen Verschiebung* $\boldsymbol{D}$ *bei der Bestimmung der gesamten elektrischen Bewegung mit in Rechnung gestellt werden muß*“ (Treatise Art. 610). Maxwell mußte diesen Satz, durch den sich seine Feldtheorie grundsätzlich und entscheidend von den Fernwirkungstheorien seiner Zeit unterscheidet, zunächst als Doktrin bezeichnen; die Behauptung mußte an den Folgerungen und an der Erfahrung geprüft werden.

Wirbel des magnetischen Feldes befinden sich hiernach nicht nur dort, wo Leitungsströmung fließt, sondern auch überall dort, wo das elektrische Feld im Dielektrikum zeitlich schwankt; die Wirbelstärke von $\boldsymbol{H}$ ist nicht die Leitungsstromdichte $\boldsymbol{S}$, sondern die wahre Stromdichte $\boldsymbol{C} = \boldsymbol{S} + \partial \boldsymbol{D}/\partial t$. Je stärker ein elektrisches Feld ist und je rascher es schwankt, um so größer ist die Wirbelstärke des magnetischen Feldes.

Wir nennen Gl. (16) die *erste Hauptgleichung für ruhende Körper.* Ihr entspricht mit dem Satz von Stokes

$$\oint \boldsymbol{H} \cdot \mathrm{d}\boldsymbol{s} = \int\limits_{a} \left(\boldsymbol{S} + \frac{\partial \boldsymbol{D}}{\partial t}\right) \cdot \mathrm{d}\boldsymbol{a}. \qquad (5.1\text{-}17)$$

Zur Auslegung bemerken wir:

Mit der wahren Stromdichte ist also die Wirbelstärke von $\boldsymbol{H}$, mit dem wahren Strom die magnetische Umlaufspannung $\mathring{V}$ gegeben, in beiden Fällen also nicht das Feld $\boldsymbol{H}$ selbst, wenigstens nicht unmittelbar.

Auch hier gilt (und mit noch größerer Evidenz als zu Gl. (1) und (2)), daß durch die Beziehungen (16), (17) keine Aussage über eine Wertung nach Ursache und Wirkung gemacht wird. Die einzig einwandfreie Auffassung ist die, daß es sich um eine quantitative Aussage über zwei voneinander nicht trennbare Seiten einer unteilbaren Naturerscheinung handelt.

Mit $\partial/\partial t = 0$ enthält die erste Hauptgleichung den bis in alle Einzelheiten schon behandelten Fall der stationären Vorgänge

$$\frac{\partial \boldsymbol{D}}{\partial t} = 0, \quad \boldsymbol{C} = \boldsymbol{S}, \quad \operatorname{rot} \boldsymbol{H} = 0, \quad \operatorname{div} \boldsymbol{S} = 0; \tag{5.1-18}$$

an der Grenzfläche eines durchströmten Leiters gegen Nichtleiter ist daher $S_n = 0$.

Hinzu tritt jetzt der allgemeine Fall nicht mehr stationärer, sondern zeitlich beliebig rasch veränderlicher Vorgänge

$$\boldsymbol{C} = \boldsymbol{S} + \frac{\partial \boldsymbol{D}}{\partial t}, \quad \operatorname{rot} \boldsymbol{H} = \boldsymbol{C}, \quad \operatorname{div} \boldsymbol{C} = 0, \tag{5.1-19}$$

daher auch

$$\operatorname{Div}\left(\boldsymbol{S} + \frac{\partial \boldsymbol{D}}{\partial t}\right) = 0 \tag{5.1-20}$$

an Grenzflächen; an der Oberfläche eines durchströmten Leiters gegen einen Nichtleiter also

$$S_n = -\frac{\partial D_n}{\partial t} = -\frac{\partial \sigma}{\partial t}; \tag{5.1-20a}$$

die wahre Stromdichte setzt sich mit stetiger Normalkomponente durch die Oberfläche fort, die zur Oberfläche normale Komponente der Leitungsströmung ist gleich der zeitlichen Abnahme der Flächendichte der Oberflächenladung.

Im idealen Nichtleiter schließlich wird

$$\boldsymbol{S} = 0, \quad \boldsymbol{C} = \frac{\partial \boldsymbol{D}}{\partial t},$$

also

$$\operatorname{rot} \boldsymbol{H} = \frac{\partial \boldsymbol{D}}{\partial t}, \tag{5.1-21}$$

$$\operatorname{div} \frac{\partial \boldsymbol{D}}{\partial t} = 0. \tag{5.1-22}$$

Die erste dieser Gleichungen besagt: Zeitliche Schwankungen des elektrischen Feldes im Nichtleiter sind die Wirbel des magnetischen Feldes, die zweite: Zeitlich schwankende elektrische Felder in Nichtleitern können ohne Quellen, also mit (im Endlichen) *geschlossenen* Feldlinien existieren. Bis hierher hatten wir ausschließlich elektrische Felder kennengelernt, deren Quellen die elektrischen Ladungen sind, so daß die Feldlinien auf einem Ladungsträger ihren Anfang und auf anderen oder im Unendlichen ihr Ende nehmen. Die geschlossenen Feldlinien eines schwankenden elektrischen Feldes hängen mit den geschlossenen Feldlinien des magnetischen Feldes so zusammen wie zwei Glieder einer Kette; sie sind, wie man sagt, miteinander verkettet.

Erst die Möglichkeit geschlossener Feldlinien eines schwankenden elektrischen Feldes, genauer gesagt: Erst die Gln. (21) und (22) ermöglichen es, die Existenz elektromagnetischer Wellen in Nichtleitern zu verstehen, aber auch, zusammen mit der zweiten Hauptgleichung, ihre geometrischen und physikalischen Eigenschaften anzugeben.

Führt man schließlich in die erste Hauptgleichung die elektrische Polarisation der nichtleitenden Materie nach Gl. (2.3-16) ein:

$$\operatorname{rot} \boldsymbol{H} = \boldsymbol{S} + \frac{\partial \boldsymbol{P}}{\partial t} + \varepsilon_0 \frac{\partial \boldsymbol{E}}{\partial t}, \qquad (5.1\text{-}23)$$

so kann man das Glied $\partial \boldsymbol{P}/\partial t$ noch, wenn auch mit Schwierigkeiten, als Bewegung von Ladungsträgern im Nichtleiter deuten, wie ja auch das Glied $\boldsymbol{S}$ eine, wenn auch ganz andersartige Bewegung im Leiter zum Ausdruck bringt. Maxwell selbst und viele nach ihm haben sich sehr um eine solche Deutung bemüht, und durch sie ist auch der Name Verschiebungsstrom inspiriert worden. Aber für das Vakuum,

$$\operatorname{rot} \boldsymbol{H} = \varepsilon_0 \frac{\partial \boldsymbol{E}}{\partial t}, \qquad \mathbf{(5.1\text{-}24)}$$

versagt dieser Deutungsversuch vollkommen, nämlich nach Definition. Man sieht deswegen heute mit Recht von derartigen Überlegungen völlig ab (vgl. dazu das im Abschnitt 1.1 Gesagte) und sieht die Rechtfertigung der ersten Hauptgleichung darin, daß innerhalb ihrer Voraussetzungen alle Folgerungen, die sich aus ihr ziehen lassen, auch und ganz besonders die Folgerungen über die elektromagnetischen Erscheinungen im Vakuum, in Übereinstimmung stehen mit absolut sichergestellten Sachverhalten der Erfahrung.

Wir bestimmen noch das Verhältnis der Verschiebungsstromdichte

$$\frac{\partial D}{\partial t} = \varepsilon \frac{\partial E}{\partial t} = S_{\mathrm{V}}$$

zur Leitungsstromdichte $S_{\mathrm{L}} = \sigma E$ einer isotropen Substanz, wenn die Feldgrößen sinusförmig mit der Kreisfrequenz $\omega = 2\pi f$ schwingen. Dann ist das Verhältnis der Beträge

$$\frac{S_V}{S_L} = \frac{\omega\varepsilon}{\sigma}. \tag{5.1-25}$$

Wie groß ist dieses Verhältnis bei metallischen Leitern? Die Leitfähigkeit $\sigma$ kann an Leitern jeder Art gemessen werden, die Dielektrizitätszahl $\varepsilon/\varepsilon_0$ an Leitern mit vergleichsweise kleinem $\sigma$, und für diese findet man sie in der Größenordnung $\approx 1$. Man hat keinen Grund anzunehmen, daß die Dielektrizitätszahl metallischer Leiter davon erheblich verschieden wäre. Für eine Abschätzung wählen wir $\varepsilon/\varepsilon_0 \approx 1$ und die Leitfähigkeit von Kupfer $\sigma \approx 0{,}6 \cdot 10^6$ A/V cm. Damit wird $\varepsilon_0/\sigma \approx 1{,}5 \cdot 10^{-19}$ s und

$$\frac{\varepsilon_0 \omega}{\sigma} = \frac{\varepsilon_0 \cdot 2\pi f}{\sigma} \approx f \cdot 10^{-18}\,\text{s}.$$

Verschiebungs- und Leitungsstromdichte nehmen also vergleichbare Beträge bei Schwingungsfrequenzen der Größenordnung $f \approx 10^{18}\,\text{s}^{-1}$ an; die zugehörige Vakuumwellenlänge ist $\lambda_0 = c_0/f \approx 3 \cdot 10^{-10}$ m. Dies ist das Gebiet der Röntgenstrahlung, es liegt weit außerhalb von dem Gebiet, in welchem die Eigenschaften der Materie makroskopisch betrachtet werden können. Die Schwingungsfrequenzen, bis zu denen die Ergebnisse der makroskopischen Theorie mit den experimentellen Erfahrungen verträglich sind, liegen bei den Metallen in der Größenordnung $f \approx 10^{14}\,\text{s}^{-1}$, die zugehörige Vakuumwellenlänge ist $\lambda_0 = 3 \cdot 10^{-6}$ m. Bei dieser Frequenz ist $\omega\varepsilon_0/\sigma \approx 10^{-4}$. Man kommt so zu der Abschätzung: Für kleinere Frequenzen als diese bedeutet die Vernachlässigung des Verschiebungsstromes gegenüber dem Leitungsstrom in Metallen einen relativen Fehler, der kleiner als $10^{-4}$ ist.

## 5.2 Induktionsgesetz. Zweite Hauptgleichung. Ruhende Körper

Faraday hat gefunden: In einer geschlossenen Stromschleife von fester Gestalt, die durch einen fadenförmigen Leiter aus homogenem Material gebildet ist, fließt ein Strom, während in benachbarten Leitern sich die Ströme ändern oder benachbarte stromführende Leiter oder magnetisch polarisierte Körper ihre Lage gegen die Stromschleife ändern; zusammengefaßt: während der von der Stromschleife umfaßte (berandete) magnetische Fluß sich ändert. Der Augenblickswert $I$ dieses Stromes, der induzierter Strom genannt wird, wird stets proportional der Änderungsgeschwindigkeit des von der Stromschleife umfaßten magnetischen Flusses und umgekehrt zum Widerstand $\mathring{R}$ der Stromschleife gefunden, andere Größen und Vorgänge sind ohne Einfluß. Wir bringen diesen

Befund durch

$$I\mathring{R} = -\frac{\mathrm{d}\Phi}{\mathrm{d}t} = -\frac{\mathrm{d}}{\mathrm{d}t}\int\limits_a \boldsymbol{B}\cdot\mathrm{d}\boldsymbol{a} \tag{5.2-1}$$

zum Ausdruck ($a$ Fläche, die von der Leitlinie $s$ der Schleife berandet wird) und bemerken zunächst, daß auch das negative Vorzeichen Bestandteil der experimentellen Erfahrung ist. Nun ist $I\mathring{R} = \mathring{U}$ die elektrische Umlaufspannung entlang der Leitlinie $s$ der Schleife; diese also wird durch $-\mathrm{d}\Phi/\mathrm{d}t$ bestimmt:

$$\mathring{U} = -\frac{\mathrm{d}\Phi}{\mathrm{d}t} = -\frac{\mathrm{d}}{\mathrm{d}t}\int\limits_a \boldsymbol{B}\cdot\mathrm{d}\boldsymbol{a}. \tag{5.2-2}$$

Durch das Experiment kann eine Proportionalität, aber niemals eine Gleichheit nachgewiesen werden. Es könnte also scheinen, daß in Gl. (1) und (2) ein notwendiger Proportionalitätsfaktor willkürlich unterdrückt sei. Um diese Frage zu entscheiden, wählen wir eine starre Leiterschleife in der Form eines langen schmalen Rechteckes, $l$ sei die Länge der kurzen Seiten; von diesen befinde sich die eine innerhalb, die andere außerhalb eines magnetischen Feldes $\boldsymbol{B}$, wie in Abb. 5.7 schematisch angedeutet ist. $\mathring{R}$ sei der Gesamtwiderstand der Schleife. Fließt in ihr ein Strom $I$, so wird auf die im Feld befindliche Seite $l$ nach Gl. (4.1-11) die Kraft

$$\boldsymbol{F} = I(\boldsymbol{l}\times\boldsymbol{B}) \tag{5.2-3}$$

ausgeübt. Die Schleife werde aus einer gegebenen Lage, in der sie stromlos ist, um eine Strecke $\mathrm{d}\boldsymbol{s}$ verschoben; $\mathrm{d}\boldsymbol{s} \perp \boldsymbol{l}$. Dann sagt die Erfahrung: Während der Bewegung fließt in ihr ein Strom. Für die Verschiebung muß also die mechanische Arbeit $\boldsymbol{F}\cdot\mathrm{d}\boldsymbol{s}$ aufgebracht werden ($\boldsymbol{F}\perp\boldsymbol{l}$), und im Leiter entsteht die Stromwärme $I^2\mathring{R}\,\mathrm{d}t = I\mathring{U}\,\mathrm{d}t$. Werden diese beiden Energien nach dem Energieerhaltungssatz einander gleichgesetzt, so erhält man

$$\mathring{U}\,\mathrm{d}t = (\boldsymbol{l}\times\boldsymbol{B})\cdot\mathrm{d}\boldsymbol{s} = -\boldsymbol{B}\cdot(\boldsymbol{l}\times\mathrm{d}\boldsymbol{s}) = -\mathrm{d}\Phi. \tag{5.2-4}$$

Wenn also die Beziehung Gl. (3) gilt – sie folgt unmittelbar aus der Definition des Feldvektors $\boldsymbol{B}$, vgl. Gl. (4.1-10) –, so gilt auch die

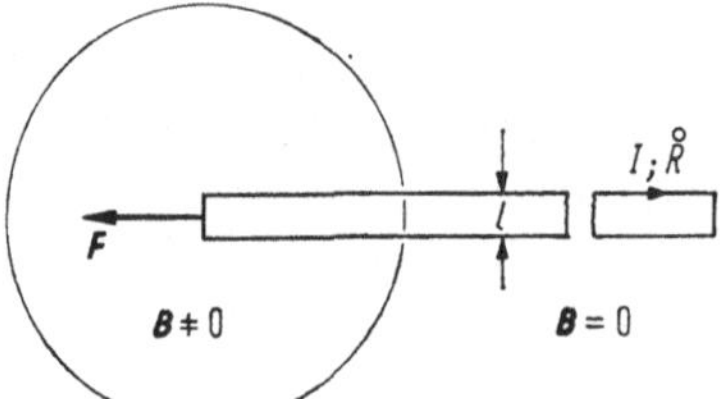


Abb. 5.7 Rechteckige Stromschleife, schematisch. Zum Induktionsgesetz.

Gl. (2). Ein Proportionalitätsfaktor in ihr ist nicht etwa unnötig, er wäre vielmehr unrichtig.

Wir hatten $\boldsymbol{B}$ als quellenfreies Vektorfeld gefunden, Gln. (4.1-12, 13); deswegen ist der magnetische Fluß für alle Flächen, die die gleiche Kontur $s$ haben, derselbe. Wäre diese Eigenschaft des Feldes $\boldsymbol{B}$ bis hierher nicht bekannt gewesen, so müßte sie an dieser Stelle gefolgert werden: Für die elektrische Umlaufspannung gemäß Gl. (2) kann es nicht darauf ankommen, welche Fläche man sich in die gegebene Leitkurve $s$ eingespannt denkt.

Die Beziehung Gl. (1), (2) ist zunächst nur der Ausdruck eines Erfahrungssachverhaltes, der an einer geschlossenen, starren Leiterschleife gefunden wurde. Da aber liegt die Annahme nahe, daß es sich in dieser Beziehung nur um eine besondere, nämlich für die lineare Stromschleife zutreffende Form eines *allgemeinen, nämlich für die Felder geltenden Zusammenhanges* handelt. Tragen wir die Definition der elektrischen Umlaufspannung $\mathring{U}$ ein, so erhalten wir

$$\oint \boldsymbol{E} \cdot \mathrm{d}\boldsymbol{s} = -\frac{\mathrm{d}}{\mathrm{d}t} \int_{a} \boldsymbol{B} \cdot \mathrm{d}\boldsymbol{a}. \qquad \textbf{(5.2-5)}$$

Wir verstehen diese Beziehung nun so, daß sie nicht etwa nur für die geschlossene lineare Leiterschleife zutrifft, sondern vielmehr allgemein für jede geschlossene Raumkurve $s$. In dieser Fassung und so aufgefaßt heißt diese Beziehung das (elektromagnetische) *Induktionsgesetz*: *Die Umlaufspannung des elektrischen Feldes längs einer beliebigen geschlossenen Kurve ist gleich der Abnahmegeschwindigkeit des von der Kurve umfaßten magnetischen Flusses.* Die geschlossene Kurve kann ganz in beliebig geformten Leitern oder ganz in Nichtleitern oder stückweise in diesen und jenen liegen. Dies wird durch die Erfahrung bestätigt.

Für *ruhende Körper*, und solche wollen wir hier annehmen, können wir noch schreiben

$$\oint \boldsymbol{E} \cdot \mathrm{d}\boldsymbol{s} = -\int_{a} \frac{\partial \boldsymbol{B}}{\partial t} \cdot \mathrm{d}\boldsymbol{a} \qquad (5.2\text{-}6)$$

und daraus mit dem Satz von Stokes

$$\operatorname{rot} \boldsymbol{E} = -\frac{\partial \boldsymbol{B}}{\partial t}. \qquad \textbf{(5.2-7)}$$

Wir nennen diese Beziehung die *zweite Hauptgleichung für ruhende Körper*.

Wir stellen einige wichtigere Aussagen über diese Beziehungen zusammen:

1. Sie gelten für beliebig schnelle zeitliche Änderungen.

2.Das Bestehen der zweiten ist an die Voraussetzung div $\partial \boldsymbol{B}/\partial t = 0$ geknüpft; diese ist gewährleistet durch div $\boldsymbol{B} = 0$.

3. Die erste besagt, daß anders als im elektrostatischen Felde die Spannung $U_{12}$ von einem Punkt *1* zu einem Punkt *2* von der Wegkurve abhängig ist; faßt man zwei solcher zu einer geschlossenen Kurve zusammen, so ist $\mathring{U} \neq 0$ nach Gl. (6). Man erhält für die Spannung $U_{12}$ stets und nur dann ein und denselben Wert, wenn bei der Überführung der einen Integrationskurve durch eine stetige Bewegung der Linienelemente in die andere kein schwankendes magnetisches Feld $\boldsymbol{B}$ durchquert wird. Das wirbelfreie elektrostatische Feld hatten wir in Abschnitt 2.8 als Feld im Gleichgewicht nachgewiesen. Das nicht wirbelfreie elektrische Feld Gl. (6), (7) ist also ein Feld außer Gleichgewicht. Wird ein Träger der Ladung $Q$ entlang einer geschlossenen Kurve durch ein elektrisches Feld bewegt, so ist für einen Umlauf die Arbeit der Feldkräfte $\mathring{A} = Q\mathring{U}$; diese ist Null für das wirbelfreie elektrostatische Feld, aber von Null verschieden für das hier vorliegende nicht wirbelfreie Feld.

4. Die geschlossenen Feldlinien des wirbelhaften Feldes $\boldsymbol{E}$ und die geschlossenen Feldlinien des quellenlosen Feldes $\partial \boldsymbol{B}/\partial t$ hängen so miteinander zusammen wie zwei Glieder einer Kette, sie sind, wie man sagt, miteinander verkettet.

5. Für die Abnahmegeschwindigkeit $-\mathrm{d}\Phi/\mathrm{d}t$ des magnetischen Flusses hat Fr. Emde[1] den Namen Schwund des magnetischen Flusses oder kurz *magnetischer Schwund* geprägt. Dann läßt sich das Induktionsgesetz Gl. (6) so aussprechen:

*Die elektrische Umlaufspannung längs einer beliebigen geschlossenen Kurve ist gleich dem von dieser Kurve umfaßten magnetischen Schwund.* Für bewegte Körper bedarf diese Formulierung eines verschärfenden Zusatzes.

6. Die Beziehung (7) nennt Ort, Größe und Richtung der Wirbelstärke des elektrischen Feldes $\boldsymbol{E}$: Sie ist gleich der Abnahmegeschwindigkeit der magnetischen Flußdichte $\boldsymbol{B}$.

7. Beide Beziehungen, Gln. (6) und (7), bestimmen das elektrische Feld $\boldsymbol{E}$ nicht unmittelbar, vielmehr die erste seine Umlaufspannung, die zweite seine Wirbelstärke.

8. Die Vorstellung, die die Schwankung des magnetischen Flusses als Ursache, die elektrische Umlaufspannung als Wirkung hinstellt (der schwankende magnetische Fluß bringt die elektrische Umlaufspannung hervor, er „macht" sie), findet keine Rechtfertigung in den Beziehungen Gln. (6) und (7). Diese enthalten keine Aussage über Ursache und Wirkung. Die einzig einwandfreie Auffassung ist die, daß es sich um eine

---

[1] Fritz Emde, 1873—1951.

quantitative Aussage über zwei voneinander nicht trennbare Seiten einer unteilbaren Naturerscheinung handelt.

**Beispiele**

**a) Unendlich langer Kreiszylinder.** In einem unendlich langen Kreiszylinder vom Radius $b$ sei ein axialgerichtetes zeitlich schwankendes magnetisches Feld $\boldsymbol{B}$ vorhanden, $\Phi$ sei der magnetische Fluß jedes Querschnittes $\pi b^2$, und außerhalb des Zylinders sei kein merkliches magnetisches Feld vorhanden. Diese Verhältnisse liegen in starker Annäherung vor, erstens, wenn der Kreiszylinder mit einer Substanz der Permeabilität $\mu \gg \mu_0$ ausgefüllt ist, zweitens, wenn der Zylinder als sehr lange gerade Spule verstanden wird (Strombelag $A = IN/l$ auf der Mantelfläche des Zylinders). Der Zylinder befinde sich in einem unendlich ausgedehnten homogenen Nichtleiter. Wir fragen nach dem elektrischen Feld. Quellen für dieses seien nicht vorhanden. Wegen der Symmetrie zur Zylinderachse sind die Feldlinien des elektrischen Feldes konzentrische Kreise in den Ebenen senkrecht zur Achse. Daher wird, wenn $r$ den senkrechten Abstand von dieser bedeutet, $\oint \boldsymbol{E} \cdot \mathrm{d}\boldsymbol{s} = E \oint \mathrm{d}s = E \cdot 2\pi r$ und also

$$E(r) = -\frac{1}{2\pi r}\frac{\partial \Phi}{\partial t} \quad \text{für} \quad r \geqq b; \tag{5.2-8a}$$

nehmen wir zu den beiden genannten Anordnungen an, daß im Innern des Zylinders das axiale Feld $\boldsymbol{B}$ homogen sei, so ist $\Phi = \pi r^2 B$ für jedes $r \leqq b$, somit ist

$$E(r) = -\frac{r}{2}\frac{\partial B}{\partial t} \quad \text{für} \quad r \leqq b. \tag{5.2-8b}$$

Hier ist $|\mathrm{rot}\,\boldsymbol{E}| = \dfrac{1}{r}\dfrac{\partial}{\partial r}(rE)$ nach Abschnitt A.7.11.3, also $= -\partial \boldsymbol{B}/\partial t$ im Innern des Zylinders, $=0$ im Außenfeldraum, wie es nach Gl. (7) sein muß, Abb. 5.8. Der Außenfeldraum ist nur durch den Zylindermantel begrenzt; für alle Randkurven, die den Zylinder umschlingen,

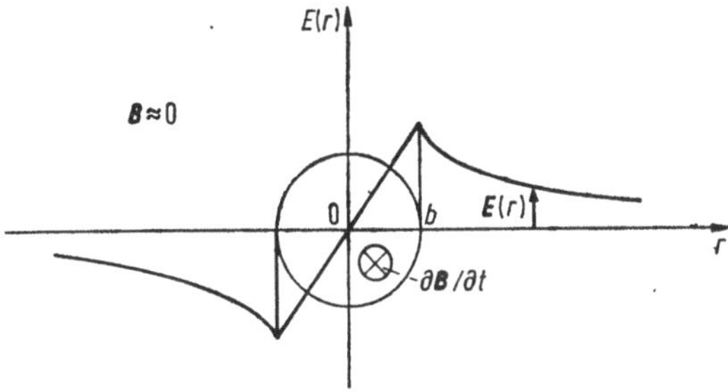


Abb. 5.8 Langer Kreiszylinder, Radius $b$, axiales Feld $\boldsymbol{B}$ für $r \leqq b$, $\boldsymbol{B} = 0$ für $r > b$. Elektrische Feldstärke $\boldsymbol{E}$.

ist $\mathring{U} \neq 0$, für alle anderen ist $\mathring{U} = 0$. Wir führen eine weitere Begrenzung ein durch eine Halbebene, die an die Zylinderachse angeheftet ist. In dem so hergestellten einfach zusammenhängenden Raum ist $\mathring{U} = 0$ für beliebige Randkurven und daher $\boldsymbol{E}$ aus einem skalaren Potential ableitbar. Die Äquipotentialflächen sind die Meridianebenen.

Um den Zylinder sei in einer zur Achse senkrechten Ebene ein kreisförmiger, fadenförmiger Leiter (Drahtring) so gelegt, daß sein Mittelpunkt in der Zylinderachse liegt; $r > b$ sei der beliebige Radius dieses Kreises, $\sigma$ sei die Leitfähigkeit, $a$ der konstante Querschnitt des fadenförmigen Leiters. Dann ist an seiner Oberfläche eine tangentiale elektrische Feldstärke vorhanden, deren Betrag durch Gl. (8a) gegeben ist, daher ist nach dem Ohmschen Gesetz die Stromdichte

$$S = -\frac{\sigma}{2\pi r}\frac{\partial\Phi}{\partial t}, \tag{5.2-9}$$

und $I = Sa$ ist der im fadenförmigen Leiter induzierte Strom, Abb. 5.9a. Nun ist aber $2\pi r/\sigma a = \mathring{R}$ der ohmsche Widerstand des Drahtringes, also ist

$$I\mathring{R} = \mathring{U} = -\frac{\partial\Phi}{\partial t} \tag{5.2-10}$$

wie Gl. (1). – Zu beachten ist, daß der Leitungsstrom nach dem Durchflutungsgesetz das magnetische Feld ändert; hier bedeutet $\Phi$ den bei $I \neq 0$ bestehenden magnetischen Fluß. Sofern man jedoch vom magnetischen Eigenfelde des induzierten Stromes absieht, ist nach oben gegebener Voraussetzung der Raum außerhalb des Zylinders magnetisch feldfrei, aber auch bei den genannten Realisierungen (Eisensäule, Zylinderspule) ist in jedem Fall das schwankende magnetische Feld außerhalb des Zylinders äußerst schwach. Für die Induktionswirkung bildet

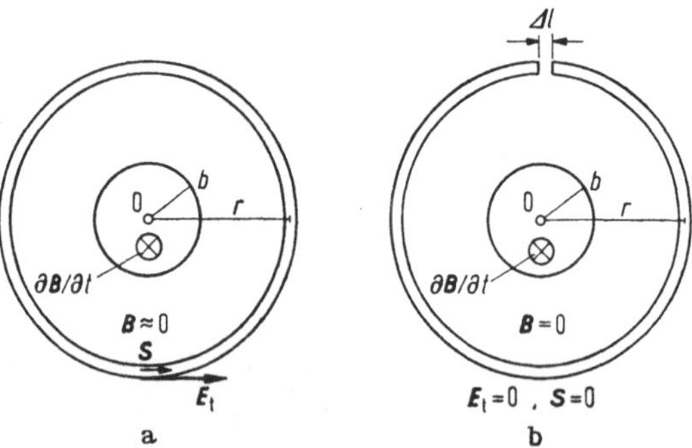


Abb. 5.9 Langer Kreiszylinder, $-\mathrm{d}B/\mathrm{d}t = \operatorname{rot} E \neq 0$ für $0 \leq r \leq b$. Koaxialer Drahtring.

a) Geschlossener Drahtring, Beispiel Gl. (5.2-9, 10);
b) Unterbrochener Drahtring, Beispiel Gl. (5.2-12).

das *elektrische* Feld die Brücke vom Zylinder (nur dort hat es Wirbel) zum Drahtring; *die Induktionswirkung wird nicht magnetisch übertragen, sondern elektrisch.* Am Ort des Leiters kommt es nicht auf das schwankende magnetische Feld (nicht auf die „vom Leiter geschnittenen magnetischen Kraftlinien“) an, sondern auf das elektrische Feld dort, nämlich auf die Tangentialkomponente der elektrischen Feldstärke entlang dem Leiter.

Völlig anders ist das wirbelfreie elektrische Feld, wenn der Drahtring durch einen Luftspalt unterbrochen ist, Abb. 5.9b. Seine Länge in Richtung der Leitlinie sei $\Delta l = r\,\Delta\alpha$, und es sei $\Delta\alpha$ klein, jedoch nicht verschwindend klein gegenüber $2\pi - \Delta\alpha$. Ist $\varepsilon$ die Permittivität des Dielektrikums, $\sigma$ die elektrische Leitfähigkeit des Drahtringes, so ist entlang einer Leitlinie der Länge $s = 2\pi r$ die Umlaufspannung

$$\oint \boldsymbol{E} \cdot \mathrm{d}\boldsymbol{s} = r\,\Delta\alpha \cdot E - r(2\pi - \Delta\alpha)\frac{S}{\sigma}, \qquad (5.2\text{-}11)$$

und an den Begrenzungsflächen des Luftspaltes ist nach Gl. (5.1-13, 20a) die Verschiebungsströmung die quellenlose Fortsetzung der Leitungsströmung:

$$\varepsilon\frac{\mathrm{d}E}{\mathrm{d}t} = -\sigma E.$$

Für $E(t)$ innerhalb des Luftspaltes $r\,\Delta\alpha$ besteht daher die Differentialgleichung

$$r\,\Delta\alpha \cdot E + r(2\pi - \Delta\alpha)\frac{\varepsilon}{\sigma}\frac{\partial E}{\partial t} = -\frac{\partial\Phi}{\partial t}.$$

Nehmen wir an, daß $E = 0$ für $t = 0$ ist und daß das Störungsglied während der (kurzen) Zeitdauer des Ausgleichvorganges konstant ist:

$$-\frac{\partial\Phi}{\partial t} = k = \mathrm{const}_t,$$

so wird

$$E(t) = \frac{k}{r\,\Delta\alpha}(1 - \mathrm{e}^{-t/T})$$

mit

$$T = \frac{\varepsilon}{\sigma}\frac{2\pi - \Delta\alpha}{\Delta\alpha} \approx \frac{\varepsilon}{\sigma}\frac{2\pi}{\Delta\alpha}.$$

Diese Zeitkonstante ist selbst unter der Voraussetzung $\Delta\alpha/2\pi \approx 10^{-3}$ und kleiner noch verschwindend klein im Vergleich zu den Periodendauern technischer Wechselfelder.[1] Für $t \gg T$ ist

$$E = E_\infty = \frac{k}{r\,\Delta\alpha} = \frac{k}{\Delta l}, \qquad (5.2\text{-}12)$$

[1] $\varepsilon/\sigma \approx 1{,}5 \cdot 10^{-19}$ s für $\varepsilon \approx \varepsilon_0$, $\sigma = \sigma_{\mathrm{cu}} = 0{,}6 \cdot 10^6$ A/V cm.

die Spannung von der einen Begrenzungsfläche *1* durch den Luftspalt zur anderen *2* ist also

$$U_{12} = r\,\Delta\alpha\,E = k = -\frac{\partial\Phi}{\partial t}, \tag{5.2-13}$$

die Spannung längs des Leiters ist Null geworden. Die Tangentialkomponente der elektrischen Feldstärke entlang dem Leiter ist verschwunden, daher ist dieser stromlos geworden. Die gesamte induzierte Spannung $U_{12}$ besteht zwischen Anfang und Ende des Luftspaltes. Das Beispiel entspricht weitgehend der offenen Sekundärwicklung eines

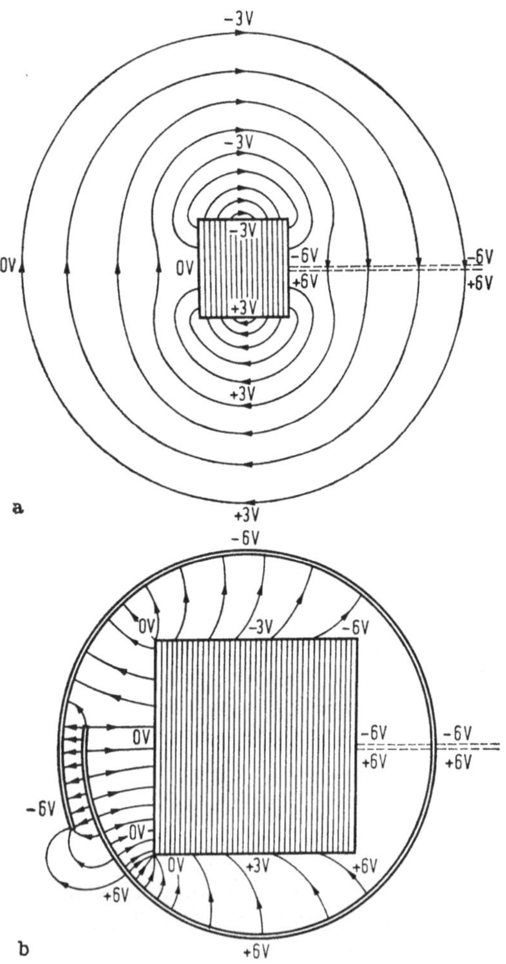


Abb. 5.10 Elektrisches Feld um einen rechteckigen geschichteten Transformatorkern.
a) ohne sekundäre Windungen;
b) mit einer offenen Sekundärwindung.

Transformators. Abb. 5.10 zeigt von Fr. Emde angegebene elektrische Feldbilder; hier ist die Eisensäule aus ebenen Blechen und isolierenden Zwischenlagen aufgeschichtet. Ohne Sekundärwindung (a) sind die geschlossenen elektrischen Feldlinien kreisähnliche Kurven, und dieses Feldbild wird kaum geändert, wenn in weiterer Entfernung um die Eisensäule ein kreisähnlicher geschlossener Drahtring gelegt wird. Ist dagegen der Drahtring unterbrochen, so ist das elektrische Feld ganz anders (b). Auf dem stromlosen Leiter stehen die elektrischen Feldlinien senkrecht.

**b) Ebenes Blech.** Ein ebenes Blech mit gegenüber Länge und Breite kleiner Dicke $h$ und mit großer Permeabilität $\mu \gg \mu_0$, Abb. 5.11, sei von einem schwankenden homogenen magnetischen Feld in Richtung der $z$-Achse durchsetzt, $\boldsymbol{B} = \boldsymbol{k}B_z$. Nach Gl. (7) besteht das elektrische Feld allein in Richtung der $y$-Achse, $\boldsymbol{E} = \boldsymbol{j}E_y$, und aus dieser Gleichung wird

$$\frac{\partial E_y}{\partial x} = -\frac{\partial B_z}{\partial t} \tag{5.2-14}$$

(nach Abschnitt A.7.11, 12). Hieraus

$$E_y(x) = -x\frac{\partial B_z}{\partial t}, \tag{5.2-15}$$

vgl. Abb. 5.11; der geometrisch eindimensionale Wirbel des elektrischen Feldes wird hier besonders deutlich. Will man Gl. (6) anwenden, so wählt man als Integrationsweg den Umfang eines Rechteckes mit den Seiten $b$ und $x$, wie in der Abbildung angedeutet ist (die Wegstücke in

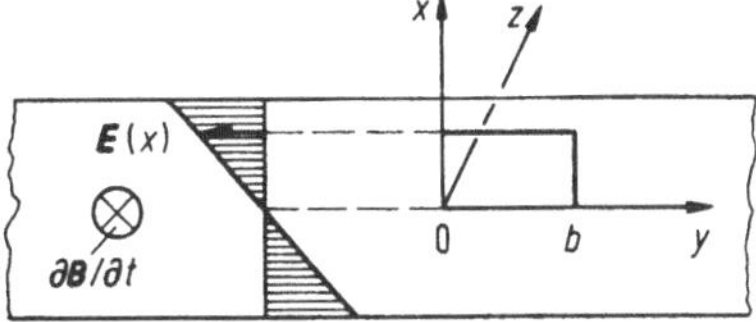


Abb. 5.11 Elektrisches Feld im ebenen Blech bei schwankendem magnetischem Feld in diesem.

Richtung $\pm x$ geben keinen Beitrag zur Umlaufspannung). Die elektrische Leitfähigkeit des Materials verändert sowohl die örtliche Verteilung $B_z(x)$ als auch $E_y(x)$.

Im Sinne und unter den besonderen Voraussetzungen der Gl. (1)

$$I = \frac{1}{\mathring{R}}\left(-\frac{\mathrm{d}\Phi}{\mathrm{d}t}\right)$$

kann die Stromstärke in dem geschlossenen, linearen Stromkreis von starrer Form so errechnet werden, wie wenn in ihm eine (allenfalls zusätzliche) Quellenspannung $U_q = -\mathrm{d}\Phi/\mathrm{d}t$ vorhanden wäre. In vielen

Fällen ist es sinnvoll und auch quantitativ möglich, den mit dem Stromkreis verketteten magnetischen Fluß aus zwei Bestandteilen zusammenzusetzen: einerseits dem Fremdfluß $\Phi_f$, der durch Vorgänge außerhalb des Stromkreises bestimmt wird, andererseits dem Eigenfluß $\Phi_e$, der als Folge des veränderlichen Stromes $I(t)$ in dem geschlossenen Stromkreis betrachtet wird: $\Phi = \Phi_f + \Phi_e$. Dann kann man *induzierte Spannung* die Größe

$$U_i = -\frac{d\Phi_f}{dt} \tag{5.2-16}$$

nennen, und *Spannung der Eigen- oder Selbstinduktion* die Größe

$$U_L = \frac{d\Phi_e}{dt}; \tag{5.2-17}$$

diese ist also eine Funktion von $dI/dt$ allein (zum Beispiel proportional zu dieser Stromschwankung).

Es wird oft nicht genügend beachtet, daß die Gleichsetzung von $-d\Phi/dt$ mit einer Quellenspannung durchaus nur dazu tauglich ist, die Stromstärke im starren, geschlossenen linearen Stromkreis zu berechnen; die örtliche Verteilung dieser Quellenspannung entlang dem Leiter zum Beispiel kann nicht angegeben werden. Durch den Begriff der induzierten Quellenspannung wird daher auch die Aussage des Induktionsgesetzes keineswegs erschöpft, vielmehr häufig geradezu verdunkelt. „Wenn man das induzierte elektrische *Feld* nicht beachtet, muß man überhaupt auf eine deutliche Vorstellung von dem Induktionsvorgang verzichten“ (Emde).

## 5.3 Energieströmung bei ruhenden Körpern

Das Fundament der Feldtheorie ist nach dem in Abschnitt 1.4 darüber Gesagten das Nahewirkungsprinzip: Das elektrische Feld, das magnetische Feld ist ein physikalischer Zustand des Raumes; der physikalische Raum ist Energieträger, derart, daß in jedem infinitesimalen Volumenelement $d\tau$ die Energie $dW = w\,d\tau$ vorhanden ist. Im materiefreien Raum zum Beispiel ist

$$dW_e = \tfrac{1}{2}\varepsilon_0 \boldsymbol{E}^2\,d\tau, \quad dW_m = \tfrac{1}{2}\mu_0 \boldsymbol{H}^2\,d\tau. \tag{5.3-1}$$

Wir betrachten nun ein endliches Volumen $\tau$, in dessen Innerem Körper mit den Eigenschaften $\varepsilon$, $\sigma$, $\mu$ vorhanden sind; sie mögen Träger von Ladungen und Leitungsströmen in beliebiger Verteilung sein. Die Körper seien gegeneinander und gegen die Oberfläche $a$ von $\tau$ in Ruhe (unbewegt). Energieänderungen in $\tau$ können dann nach dem Prinzip von der Erhaltung der Gesamtenergie nur durch zwei Vorgänge bewirkt werden: durch Umwandlung in andere Energieformen innerhalb von $\tau$ und durch Energieaustausch zwischen dem Raum außerhalb von $\tau$ und Körpern in diesem. Wir untersuchen zunächst diesen zweiten Vorgang. Nach dem Nahewirkungsprinzip kann keinesfalls die Energie von irgendeiner Stelle außerhalb von $\tau$ nach irgendeiner Stelle innerhalb von $\tau$ unvermittelt und augenblicklich springen, das Nahewirkungsprinzip fordert vielmehr, daß der Energieaustausch als *Bewegung der Energie in stetiger Strömung* vor sich geht, und zwar durch die Oberfläche von $\tau$, vergleichbar der Strömung einer inkompressiblen Flüssigkeit. Wir kennzeichnen am Flächenelement $\mathrm{d}a$ der Hüllfläche von $\tau$ den von außen nach innen in der Zeit $\mathrm{d}t$ hindurchgetretenen Energiebeitrag durch

$$\mathrm{d}W = \mathfrak{S} \cdot \boldsymbol{n}\,\mathrm{d}a\,\mathrm{d}t = \mathfrak{S} \cdot \mathrm{d}\boldsymbol{a}\,\mathrm{d}t \qquad (5.3\text{-}2)$$

und treten in die Aufgabe ein, die die Energieströmung kennzeichnende Vektorgröße $\mathfrak{S}$ zu bestimmen. Hierfür stehen die beiden Hauptgleichungen zur Verfügung, wie sie in Gl. (5.1-16) und (5.2-7) für ruhende Körper angegeben worden sind:

$$\operatorname{rot} \boldsymbol{H} = \boldsymbol{S} + \frac{\partial \boldsymbol{D}}{\partial t}, \qquad -\operatorname{rot} \boldsymbol{E} = \frac{\partial \boldsymbol{B}}{\partial t}. \qquad (5.3\text{-}3)$$

Multipliziert man die erste mit $\boldsymbol{E}$, die zweite mit $\boldsymbol{H}$ und addiert, so entsteht links vom Gleichheitszeichen $\boldsymbol{E} \cdot \operatorname{rot} \boldsymbol{H} - \boldsymbol{H} \cdot \operatorname{rot} \boldsymbol{E} = -\operatorname{div}(\boldsymbol{E} \times \boldsymbol{H})$ nach Abschnitt A.7.18.(2). Da unsere Aufmerksamkeit nach Gl. (2) auf die Hüllfläche des Volumens $\tau$ gerichtet ist, wenden wir den Satz von Gauß an, der hier geschrieben werden muß

$$-\int_\tau \operatorname{div}(\boldsymbol{E} \times \boldsymbol{H})\,\mathrm{d}\tau = \oint (\boldsymbol{E} \times \boldsymbol{H}) \cdot \mathrm{d}\boldsymbol{a}, \qquad (5.3\text{-}3a)$$

da, wie oben gesagt, die nach innen gerichtete Normale gewählt wurde. So entsteht

$$\oint (\boldsymbol{E} \times \boldsymbol{H})\,\mathrm{d}\boldsymbol{a} = \int_\tau \left(\boldsymbol{E} \cdot \boldsymbol{S} + \boldsymbol{E} \cdot \frac{\partial \boldsymbol{D}}{\partial t} + \boldsymbol{H} \cdot \frac{\partial \boldsymbol{B}}{\partial t}\right) \mathrm{d}\tau. \qquad (5.3\text{-}4)$$

Wenn das Volumenintegral eindeutig erklärt werden kann als die gesamte Energieänderung in $\tau$, so muß $(\boldsymbol{E} \times \boldsymbol{H})$ der gesuchte, die Energieströmung durch $a$ kennzeichnende Vektor $\mathfrak{S}$ sein:

$$\mathfrak{S} = (\boldsymbol{E} \times \boldsymbol{H}). \qquad \textbf{(5.3-5)}$$

Nun ist aber unter der Voraussetzung, daß die in $\tau$ befindlichen leitenden und durchströmten Körper homogen sind,

$$\mathrm{d}t \int_\tau \boldsymbol{E} \cdot \boldsymbol{S}\,\mathrm{d}\tau = P_{\mathrm{th}}\,\mathrm{d}t \qquad (5.3\text{-}6)$$

die gesamte Stromwärmeenergie in $\tau$ während der Zeitspanne $\mathrm{d}t$, also Energieumwandlung. Für die Deutung des zweiten Integrals nehmen wir an, daß an gegebenem Ort $x_1, x_2, x_3$ in $\tau$ der Wert der Permittivität $\varepsilon$ entweder vom Wert der Feldstärke an diesem Ort nicht abhängt (Proportionaltheorie) oder eine eindeutige Funktion des Feldstärkewertes an diesem Ort ist (allgemeine Theorie). Dann ist

$$\mathrm{d}t \int_\tau \boldsymbol{E} \cdot \frac{\partial \boldsymbol{D}}{\partial t} \mathrm{d}\tau = \mathrm{d}t \int \boldsymbol{E} \cdot \frac{\partial \varepsilon \boldsymbol{E}}{\partial t} \mathrm{d}\tau = \mathrm{d}W_\mathrm{e} \tag{5.3-7}$$

die Zunahme der gesamten elektrischen Feldenergie in $\tau$ während der Zeitspanne $\mathrm{d}t$. Unter der entsprechenden Annahme über die Permeabilität $\mu$ ist

$$\mathrm{d}t \int_\tau \boldsymbol{H} \cdot \frac{\partial \boldsymbol{B}}{\partial t} \mathrm{d}\tau = \mathrm{d}t \int_\tau \boldsymbol{H} \cdot \frac{\partial \mu \boldsymbol{H}}{\partial t} \mathrm{d}\tau = \mathrm{d}W_\mathrm{m} \tag{5.3-8}$$

die Zunahme der gesamten magnetischen Feldenergie in $\tau$ während der Zeitspanne $\mathrm{d}t$. Andere Energieänderungen als diese drei sind durch die Voraussetzung ruhender Körper ausgeschlossen, und daher kann die Beziehung

$$\oint (\boldsymbol{E} \times \boldsymbol{H}) \cdot \mathrm{d}\boldsymbol{a} = \left(P_\mathrm{th} + \frac{\partial W_\mathrm{e}}{\partial t} + \frac{\partial W_\mathrm{m}}{\partial t}\right)_\tau \tag{5.3-9}$$

keine andere Bedeutung haben als die der *Kontinuitätsgleichung für die Energieströmung*. Das Hüllenintegral ist, wenn es positiv ist, die Leistung der gesamten durch die Hüllfläche $a$ von außen in das Innere von $\tau$ eintretenden Energieströmung; in $\tau$ ist $P_\mathrm{th}$ die Wärmeverlustleistung, $\partial W_\mathrm{e}/\partial t$ die Zunahmegeschwindigkeit der elektrischen Feldenergie, $\partial W_\mathrm{m}/\partial t$ die der magnetischen. Daher ist $\mathfrak{S}$ die *Flächendichte der Leistung der Energieströmung*. Diese Zusammenhänge wurden 1884 von Poynting[1] gefunden. Der Feldvektor $\mathfrak{S}$ wird daher auch Poyntingscher Vektor genannt, oder auch kurz Energieströmungsvektor oder, im Gebiet der elektromagnetischen Wellen, Strahlungsvektor.[2,3]

Für die Auslegung der Gl. (9) hat man zu beachten, daß nach ihrer Herleitung nur von derjenigen Energieströmung die Rede ist, die in $\tau$

---

[1] John Henry Poynting, 1852—1914.

[2] Die kohärente Einheit ist $[S] = 1[E]\,[H] = 1[U]\,[I]/[l]^2 = 1[W]/[t]\,[l]^2$, die SI-Einheit ist $1\ \mathrm{VA/m^2} = 1\ \mathrm{W/m^2} = 1\ \mathrm{J/s\,m^2} = 1\ \mathrm{kg/s^3}$.

An dieser Stelle tritt es besonders kraß vor Augen, daß die Masse als physikalische Größe ein fremdes Element in der engeren Elektrodynamik ist. Man denke etwa an eine Energieströmung im materiefreien Raum: Es ist dann schwer einzusehen, daß ihre flächenhafte Leistungsdichte mit Hilfe einer Masseneinheit gemessen werden solle.

[3] Zur Wahl der Symbole $\mathfrak{S}$ für den Energieströmungsvektor und $\boldsymbol{S}$ für den Vektor der Leitungsstromdichte siehe unter „Durchgehend verwendete Formelzeichen" S. 472.

Senken und Quellen hat. Eine in $\tau$ quellenlose Komponente $\mathfrak{S}'$ trägt nichts bei, denn mit div $\mathfrak{S}' = 0$ ist

$$\oint (\mathfrak{S} + \mathfrak{S}') \cdot \mathrm{d}\boldsymbol{a} = \int \operatorname{div} \mathfrak{S} \cdot \mathrm{d}\tau = \oint \mathfrak{S} \cdot \mathrm{d}\boldsymbol{a};$$

eine quellenlose Komponente (deren im Endlichen verlaufende Feldlinien in sich geschlossen sind), bleibt also für die Deutung der Energieströmung gemäß Gl. (9) außer Betracht. (Befindet sich zum Beispiel ein Ladungsträger in einem stationären magnetischen Feld, so kann zwar in jedem Punkt des Feldraumes $\boldsymbol{E} \times \boldsymbol{H}$ gebildet werden, es ist jedoch $\oint (\boldsymbol{E} \times \boldsymbol{H})\, \mathrm{d}\boldsymbol{a} = 0$ für jede beliebige, auch jede den Ladungsträger einschließende Hüllfläche.)

Wir heben noch hervor: Erst durch die hier vorgebrachten Überlegungen und Ableitungen, Gln. (2) bis (9), ist nachgewiesen, daß der in Gl. (2.4-10 bis 12b) genannte Ansatz für die elektrische Feldenergie

$$W_\mathrm{e} = \int_\tau w_\mathrm{e}\, \mathrm{d}\tau, \quad w_\mathrm{e} = \int_0^E \boldsymbol{E} \cdot \mathrm{d}\boldsymbol{D} \quad \text{allgemein},$$

$$w_\mathrm{e} = \tfrac{1}{2} \boldsymbol{E} \cdot \boldsymbol{D} \quad \text{bei } \varepsilon = \mathrm{const}_E$$

und der in Gl. (4.2-25 bis 29) genannte Ansatz für die magnetische Feldenergie

$$W_\mathrm{m} = \int_\tau w_\mathrm{m}\, \mathrm{d}\tau, \quad w_\mathrm{m} = \int_0^B \boldsymbol{H} \cdot \mathrm{d}\boldsymbol{B} \quad \text{allgemein},$$

$$w_\mathrm{m} = \tfrac{1}{2} \boldsymbol{H} \cdot \boldsymbol{B} \quad \text{bei} \quad \mu = \mathrm{const}_H$$

mit den beiden Hauptgleichungen uneingeschränkt verträglich ist, daß also in diesem Sinn diese Ausdrücke allgemeine Gültigkeit haben.

Wir schreiben im folgenden den Hüllenfluß des Vektors $\boldsymbol{E} \times \boldsymbol{H} = \mathfrak{S}$ als die Leistung der durch $a$ in $\tau$ einströmenden Energie,

$$\oint \mathfrak{S} \cdot \mathrm{d}\boldsymbol{a} = \Omega. \qquad (5.3\text{-}10)$$

Die Hüllfläche $a$, die das starre System der Körper (Ladungs- und Leitungsstromträger) von endlicher Größe umschließt, werde größer und größer angenommen; im Grenzfall wird *im allgemeinen* das Hüllenintegral verschwinden:

$$\lim_{a \to \infty} \oint (\boldsymbol{E} \times \boldsymbol{H}) \cdot \mathrm{d}\boldsymbol{a} = 0, \qquad (5.3\text{-}11)$$

wenn die Körper im Endlichen liegen; dann nämlich, wenn $\boldsymbol{E} \times \boldsymbol{H}$ hinreichend stark auf der unendlich fernen Hüllfläche konvergiert. (Zur Veranschaulichung: Je größer die Hüllfläche angenommen wird, um so mehr kann sie als Kugel vom sehr großen Radius $R$ angenommen werden, in deren Zentrum das System der Körper liegt; mit wachsendem $R$

nimmt $|\boldsymbol{E} \times \boldsymbol{H}|$ stärker ab als die Kugeloberfläche zunimmt.) In diesem Falle also, aber auch in jedem anderen, in dem für seine Hüllfläche im Endlichen gefunden wird $\Omega = 0$, wird aus Gl. (9)

$$P_{\text{th}} = -\frac{\partial W_{\text{e}}}{\partial t} - \frac{\partial W_{\text{m}}}{\partial t}: \tag{5.3-12}$$

fließt dem System nicht von außen Energie zu, so ist die Verlustleistung gleich der Abnahmegeschwindigkeit der gesamten Feldenergie; die Felder verlöschen. Ohne Umwandlung von Energie in Wärmeenergie ist die gesamte Feldenergie zeitlich konstant:

$$0 = \frac{\partial W_{\text{e}}}{\partial t} + \frac{\partial W_{\text{m}}}{\partial t}; \tag{5.3-13}$$

Fließt dem System von außen Energie zu, $\Omega > 0$, so ist

$$\Omega - P_{\text{th}} = \frac{\partial W_{\text{e}}}{\partial t} + \frac{\partial W_{\text{m}}}{\partial t}; \tag{5.3-14}$$

der Überschuß der zugeführten Leistung über die Verlustleistung ist gleich der Zunahmegeschwindigkeit der gesamten Feldenergie. Ist diese zeitlich konstant, oder ist $W_{\text{e}}$ und $W_{\text{m}}$ einzeln konstant, so ist

$$\Omega = P_{\text{th}}; \tag{5.3-15}$$

die zugeführte Leistung ist in jedem Augenblick gleich der Verlustleistung.

Ist im besonderen das Volumen $\tau$ gänzlich ein metallischer Leiter (der Skalar $\sigma$ kann ortsabhängig sein), so gelten die Gln. (13) und (14) mit $\partial W_{\text{e}}/\partial t = 0$, denn nach den Ausführungen des Abschnitts 5.1 wir in Leitern mit Recht die Verschiebungsströmung $\partial D/\partial t$ gegenüber der Leitungsströmung $S$ vernachlässigt; die gesamte Feldenergie wird allein durch die magnetische gebildet. Also: Die in einen Leiter durch die Oberfläche eintretende Energie wird im Innern teils Zuwachs an magnetischer Feldenergie, teils Stromwärme:

$$\Omega = \frac{\partial W_{\text{m}}}{\partial t} + P_{\text{th}}, \tag{5.3-16}$$

im stationären Falle ist sie nur Stromwärme: $\Omega = P_{\text{th}}$.

In dem nichtleitenden Raum, in den der betrachtete Leiter eingebettet ist, wird man im allgemeinen mit zwei voneinander eindeutig unterscheidbaren Komponenten der Energieströmung zu rechnen haben: die eine in den Leiter durch die Oberfläche eindringende, die wir am Oberflächenelement d$\boldsymbol{a}$ durch $\mathfrak{S}_{\text{n}}$ kennzeichnen, und eine zweite, zu $\mathfrak{S}_{\text{n}}$ senkrechte Vektorkomponente $\mathfrak{S}_{\text{t}}$; diese kennzeichnet dann den an der Leiteroberfläche entlanggleitenden Energiestrom. Man kommt so zu der

Aussage, daß der nichtleitende felderfüllte Raum Leiter der Energieströmung ist. Für die Übertragung elektrischer Energie und elektrischer Signale mit Hilfe langgestreckter Leiter (Leitungen) ist die parallel zur Längserstreckung der Leiter gerichtete Energieströmung die nützliche Komponente, die in den Leiter eindringende ist Verlust. Abb. 5.12 veranschaulicht das Energieströmungsfeld entlang einer Paralleldrahtleitung.

Wir untersuchen das Feld eines sehr langen kreiszylindrischen Leiters; $\varrho = 1/\sigma$ sei der spezifische elektrische Widerstand, $b$ der Radius, $I$ der Strom, die Rückleitung sei sehr weit entfernt. Dann sind in der gewählten Querschnittsebene die Linien des magnetischen Feldes konzentrische Kreise. An der Oberfläche $r = b$ hat die magnetische Feldstärke ihren Höchstwert $H(b) = I/2\pi b$, und die elektrische Feldstärke

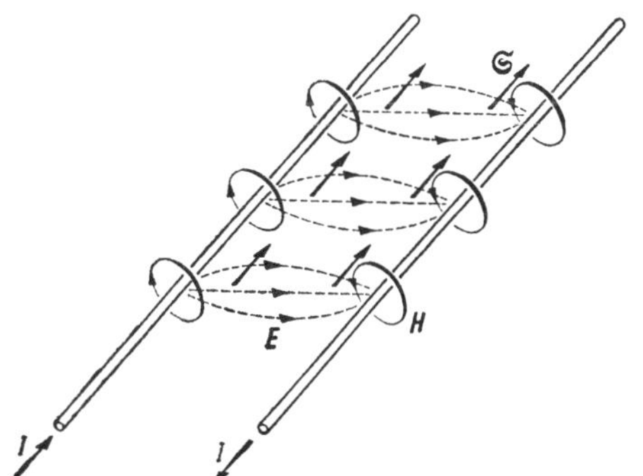


Abb. 5.12 Verdeutlichung des Energieströmungsvektors $\mathfrak{S} = \boldsymbol{E} \times \boldsymbol{H}$ entlang einer Paralleldrahtleitung.

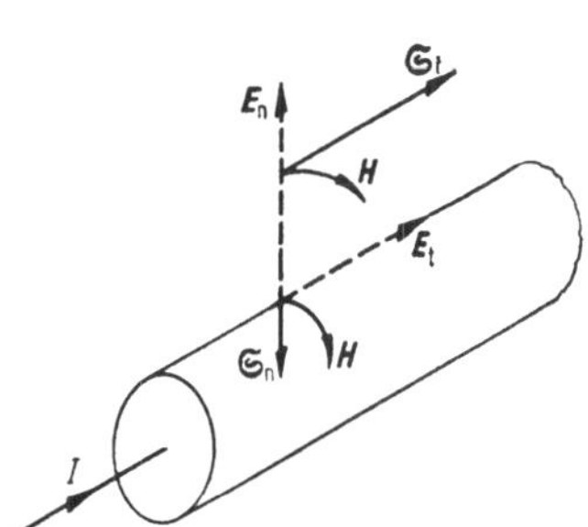


Abb. 5.13 Tangentiale und normale Komponente von $\mathfrak{S}$.

dort setzt sich aus zwei Vektorkomponenten zusammen: die eine, $\boldsymbol{E}_n$, ist radial gerichtet, die andere, $\boldsymbol{E}_t$, ist parallel zur Achse des Leiters gerichtet; nach dem Ohmschen Gesetz Gl. (3.1-16) ist sie $\boldsymbol{E}_t = \varrho \boldsymbol{S}(b)$. Dabei ist angenommen, daß die Stromdichte rein axial gerichtet ist. Der Energieströmungsvektor besteht daher für $r \geqq b$ aus einer achsenparallelen Vektorkomponente $\mathfrak{S}_t = \boldsymbol{E}_n \times \boldsymbol{H}$ und einer radial in das Leiterinnere gerichteten Komponente $\mathfrak{S}_n = \boldsymbol{E}_t \times \boldsymbol{H}$; beide haben ihre größten Beträge an der Oberfläche $r = b$. Abb. 5.13. Es ist also

$$\mathfrak{S}_n(b) = E_t(b)\, H(b) = \varrho S(b) \frac{I}{2\pi b}; \tag{5.3-17}$$

für stationäre Strömung ist $S = \text{const}_r = I/\pi b^2$ und daher

$$\mathfrak{S}_n(b) = \frac{b}{2} \varrho S^2 = \frac{b}{2} p_{th}. \tag{5.3-18}$$

Wir betrachten einen Abschnitt der axialen Länge $l$ des Leiters. Die Leistung der durch die Mantelfläche eindringenden Energieströmung ist

$$\Omega = 2\pi b l \cdot \mathfrak{S}_n(b) = \pi b^2 l \varrho S^2 = \tau p_{th} = P_{th} \qquad (5.3\text{-}19)$$

in Übereinstimmung mit Gl. (15). Der Verlauf der Energieströmung im Inneren $r \leqq b$ wird bei $S = \text{const}_r$ durch $H(r) = Sr/2$ zu

$$\mathfrak{S}_n(r) = \frac{r}{2} \varrho S^2 \qquad (5.3\text{-}20)$$

bestimmt, die Energieströmung versiegt im Innern durch Umwandlung in Stromwärme bis zum Wert Null in der Achse.

**Sommerfelds Beweis der Eindeutigkeit der Lösungen der Hauptgleichungen.** Mit Hilfe der Beziehung (9) kann man die Eindeutigkeit der Lösungen beweisen: Es sei $\boldsymbol{E}, \boldsymbol{H}$ eine Lösung der Hauptgleichungen (3) – ausführlich also geschrieben $\boldsymbol{E}(t, x_1, x_2, x_3)$, $\boldsymbol{H}(t, x_1, x_2, x_3)$ – mit bestimmten Anfangswerten, die wir einfachheitshalber zu Null annehmen: $\boldsymbol{E} = 0$, $\boldsymbol{H} = 0$, daher auch $w_e = 0$, $w_m = 0$ für $t = 0$; im unendlich Fernen mögen $\boldsymbol{E}$ und $\boldsymbol{H}$ verschwinden. Wir prüfen, ob eine davon verschiedene Lösung $\boldsymbol{E}', \boldsymbol{H}'$ existieren kann, die die gleichen Anfangswerte $\boldsymbol{E}' = 0$, $\boldsymbol{H}' = 0$, daher $w_e' = 0$, $w_m' = 0$ für $t = 0$ hat und gleichfalls im unendlich Fernen verschwindet. Dazu betrachten wir das Differenzfeld $\boldsymbol{E}'' = \boldsymbol{E} - \boldsymbol{E}'$, $\boldsymbol{H}'' = \boldsymbol{H} - \boldsymbol{H}'$; es muß gleichfalls eine Lösung der beiden Hauptgleichungen sein, denn diese sind lineare Gleichungen. Für das Differenzfeld lautet die Kontinuitätsgleichung der Energie Gl. (9)

$$\oint (\boldsymbol{E}'' \times \boldsymbol{H}'') \cdot \mathrm{d}\boldsymbol{a} = \left(P_{th}'' + \frac{\partial W_e''}{\partial t} + \frac{\partial W_m''}{\partial t}\right)_\tau ; \qquad (5.3\text{-}21)$$

für die im unendlich Fernen liegende Hüllfläche $a$ möge das Zutreffen von Gl. (11) gewährleistet sein, so daß gilt

$$\frac{\partial}{\partial t}(W_e'' + W_m'') = -P_{th}''. \qquad (5.3\text{-}22)$$

Nun ist aber die Verlustleistung $P_{th}'' \geqq 0$. Daher kann $W_e'' + W_m''$ für $t > 0$ zeitlich nicht zunehmen. Es ist aber auch $W_e'' \geqq 0$, $W_m'' \geqq 0$. Daher muß auch für jedes $t > 0$ sein

$$W_e'' = 0, \quad W_m'' = 0, \quad \boldsymbol{E}'' = 0, \quad \boldsymbol{H}'' = 0,$$

also

$$\boldsymbol{E}' = \boldsymbol{E}, \quad \boldsymbol{H}' = \boldsymbol{H}; \qquad (5.3\text{-}23)$$

die Lösung $\boldsymbol{E}', \boldsymbol{H}'$ der Hauptgleichungen ist für alle Zeiten $t \geqq 0$ im ganzen Raum identisch mit der Lösung $\boldsymbol{E}, \boldsymbol{H}$.

Es möge nun zweitens die Hülle im Endlichen liegen, für die Anfangswerte gelte wieder $\boldsymbol{E}' = \boldsymbol{E} = 0$, $\boldsymbol{H}' = \boldsymbol{H} = 0$ überall in $\tau$. Außerdem müssen $\boldsymbol{E}', \boldsymbol{H}'$ und $\boldsymbol{E}, \boldsymbol{H}$ auf der Hüllfläche den gleichen Randbedingungen genügen, denn beide sollen ja Lösung des gleichen Problems sein. Dazu genügt es, daß für jedes $t \geqq 0$ an jedem Element $\mathrm{d}\boldsymbol{a}$ der Hüllfläche $\boldsymbol{E}'$ und $\boldsymbol{E}$ die gleichen Tangentialkomponenten haben: $\boldsymbol{E}_\mathrm{t}' = \boldsymbol{E}_\mathrm{t}$, oder auch, daß $\boldsymbol{H}'$ und $\boldsymbol{H}$ die gleichen Tangentialkomponenten haben: $\boldsymbol{H}_\mathrm{t}' = \boldsymbol{H}_\mathrm{t}$. In jedem der beiden Fälle verschwindet der Hüllenfluß von $\boldsymbol{E}'' \times \boldsymbol{H}''$, so daß wiederum die Beziehung (22) für das von $a$ umhüllte endliche Volumen eintritt. Mit dem gleichen Gedankengang folgt $\boldsymbol{E}' = \boldsymbol{E}$, $\boldsymbol{H}' = \boldsymbol{H}$ für $t > 0$ innerhalb von $\tau$. Durch den Anfangszustand und durch eine der genannten Randbedingungen auf $a$ ist also das elektromagnetische Feld $\boldsymbol{E}, \boldsymbol{H}$ *eindeutig* bestimmt. – Dieser eindrucksvolle Beweis ist von A. Sommerfeld[1] gegeben worden. – Stationäre (periodische) Schwingungen elektromagnetischer Felder kann man als asymptotische Lösungen entsprechender Anfangswertaufgaben auffassen.

**Der komplexe (Emdesche) Energieströmungsvektor**

Sind die Feldgrößen an jedem Ort Sinusschwingungen mit der Kreisfrequenz $\omega$, so rechnet man wegen der Linearität der Hauptgleichungen zweckmäßig mit komplexen Amplituden, zum Beispiel

$$\boldsymbol{E}(t) = \underline{\boldsymbol{E}}\,\mathrm{e}^{\mathrm{j}\omega t}, \quad \boldsymbol{H}(t) = \underline{\boldsymbol{H}}\,\mathrm{e}^{\mathrm{j}\omega t} \tag{5.3-24}$$

(der Strich unter dem Formelzeichen für den Feldvektor bezeichnet dessen komplexe Amplitude).

Die beiden Hauptgleichungen für ruhende Körper Gl. (3) nehmen dann mit den Materialgleichungen $\boldsymbol{S} = \sigma\boldsymbol{E}$, $\boldsymbol{D} = \varepsilon\boldsymbol{E}$, $\boldsymbol{B} = \mu\boldsymbol{H}$ unter der Voraussetzung, daß $\sigma$, $\varepsilon$, $\mu$ von den Beträgen der Feldvektoren und der Frequenz unabhängige Materialkonstanten sind, die Form an

$$\operatorname{rot}\underline{\boldsymbol{H}} = (\sigma + \mathrm{j}\omega\varepsilon)\,\underline{\boldsymbol{E}}, \quad -\operatorname{rot}\underline{\boldsymbol{E}} = \mathrm{j}\omega\mu\underline{\boldsymbol{H}}. \tag{5.3-25}$$

Die erste von diesen Gleichungen schreiben wir für die konjugiert komplexen Größen als

$$\operatorname{rot}\underline{\boldsymbol{H}}^* = (\sigma - \mathrm{j}\omega\varepsilon)\,\underline{\boldsymbol{E}}^*. \tag{5.3-26}$$

Multipliziert man diese Gleichung mit $\boldsymbol{E}$, die zweite Gleichung (25) mit $\underline{\boldsymbol{H}}^*$ und addiert, so erhält man

$$\begin{aligned}\underline{\boldsymbol{E}}\cdot\operatorname{rot}\underline{\boldsymbol{H}}^* - \underline{\boldsymbol{H}}^*\cdot\operatorname{rot}\underline{\boldsymbol{E}} &= -\operatorname{div}(\underline{\boldsymbol{E}} \times \underline{\boldsymbol{H}}^*)\\ &= (\sigma - \mathrm{j}\omega\varepsilon)\,\underline{\boldsymbol{E}}\cdot\underline{\boldsymbol{E}}^* + \mathrm{j}\omega\mu\underline{\boldsymbol{H}}\cdot\underline{\boldsymbol{H}}^*,\end{aligned} \tag{5.3-27}$$

die erste dieser beiden Gleichungen nach der schon im Anschluß an Gl. (3) genannten Beziehung der Vektorenrechnung. Nun gilt aber

$$aa^* = |\underline{a}|^2 = a_\mathrm{m}^2 = 2\overline{a^2(t)} \quad \text{für} \quad a(t) = a_\mathrm{m}\cos(\omega t + \varphi).$$

[1] Arnold Sommerfeld, 1868–1951.

Daher ist

$$\tfrac{1}{2}\,\sigma \underline{E} \cdot \underline{E}^* = \bar{p}_{\mathrm{th}} \tag{5.3-28}$$

der zeitliche Mittelwert der räumlichen Dichte der Stromwärmeleistung,

$$\tfrac{1}{2}\,\varepsilon \underline{E} \cdot \underline{E}^* = 2\bar{w}_{\mathrm{e}} \tag{5.3-29}$$

der doppelte zeitliche Mittelwert der räumlichen Dichte der elektrischen Feldenergie,

$$\tfrac{1}{2}\,\mu \underline{H} \cdot \underline{H}^* = 2\bar{w}_{\mathrm{m}} \tag{5.3-30}$$

der doppelte zeitliche Mittelwert der räumlichen Dichte der magnetischen Feldenergie. – Wir definieren

$$\underline{\mathfrak{U}} = \tfrac{1}{2}\,\underline{E} \times \underline{H}^* \tag{5.3-31}$$

und nennen diese Größe kürzehalber den *komplexen Energieströmungsvektor*. Gl. (27) wird so

$$-\operatorname{div} \underline{\mathfrak{U}} = \bar{p}_{\mathrm{th}} + 2\mathrm{j}\omega(\bar{w}_{\mathrm{m}} - \bar{w}_{\mathrm{e}}). \tag{5.3-32}$$

Wir integrieren über das endliche Volumen $\tau$, wenden links vom Gleichheitszeichen den Satz von Gauß an und rechnen die Normale nach innen; es entsteht

$$\underline{\Omega} = \oint \underline{\mathfrak{U}} \cdot \mathrm{d}\boldsymbol{a} = [\bar{P}_{\mathrm{th}} + 2\mathrm{j}\omega(\bar{W}_{\mathrm{m}} - \bar{W}_{\mathrm{e}})]_{\tau}. \tag{5.3-33}$$

Hier ist

$$\bar{P}_{\mathrm{th}} = P_p \tag{5.3-34}$$

die gesamte Wirkleistung in $\tau$, daher notwendig

$$2\omega(\bar{W}_{\mathrm{m}} - \bar{W}_{\mathrm{e}}) = P_{\mathrm{q}} \tag{5.3-35}$$

die gesamte Blindleistung in $\tau$; der Hüllenfluß $\underline{\Omega}$ von $\underline{\mathfrak{U}}$ ist also die komplexe Leistung in $\tau$:

$$\underline{\Omega} = (P_{\mathrm{p}} + \mathrm{j}P_{\mathrm{q}})_{\tau}. \tag{5.3-36}$$

Diese von Emde gefundenen Zusammenhänge gewähren häufig zugleich beträchtliche rechnerische Erleichterungen: An die Stelle der dreifachen Integrale

$$\bar{P}_{\mathrm{th}} = \frac{1}{2}\int_{\tau} \varrho |\underline{S}|^2\,\mathrm{d}\tau, \quad 2\omega(\bar{W}_{\mathrm{m}} - \bar{W}_{\mathrm{e}}) = \frac{1}{2}\int_{\tau}\left(\frac{\mu}{2}|\underline{H}|^2 - \frac{\varepsilon}{2}|\underline{E}|^2\right)\mathrm{d}\tau \tag{5.3-37}$$

treten die zweifachen

$$\bar{P}_{\mathrm{th}} = \tfrac{1}{2}\operatorname{Re}\oint(\underline{E} \times \underline{H}^*)\cdot \mathrm{d}\boldsymbol{a}, \quad 2\omega(\bar{W}_{\mathrm{m}} - \bar{W}_{\mathrm{e}}) = \tfrac{1}{2}\operatorname{Im}\oint(\underline{E} \times \underline{H}^*)\cdot \mathrm{d}\boldsymbol{a}. \tag{5.3-38}$$

Als Beispiel betrachten wir wiederum einen Abschnitt der axialen Länge $l$ eines sehr langen, geraden kreiszylindrischen Leiters; $b$ sei der Radius, $\varrho$ der spezifische elektrische Widerstand, $\mu$ die Permeabilität, $I$ der Strom. Aber die im Anschluß an Gl. (17) eingeführte Annahme

$S = \text{const}_r$, die im stationären Fall gerechtfertigt ist, kann hier nicht mehr gemacht werden. Die radial nach innen gerichtete Vektorkomponente von $\underline{\mathfrak{U}}$ hat an der Oberfläche $r = b$ den Betrag

$$\underline{\mathfrak{U}}_n(b) = \frac{1}{2}\underline{E}_t(b)\,\underline{H}^*(b) = \frac{1}{2}\varrho\underline{S}(b)\frac{\underline{I}^*}{2\pi b}, \tag{5.3-39}$$

der Fluß durch die Mantelfläche eines Abschnittes der axialen Länge $l$ ist

$$\underline{\Omega} = 2\pi bl\,\underline{\mathfrak{U}}_n(b) = \tfrac{1}{2}\,l\underline{E}_t(b)\,\underline{I}^* \tag{5.3-40}$$

Hier ist

$$\underline{\Omega} = \bar{P}_{\text{th}} + 2\text{j}\omega\bar{W}_m = \underline{P}, \tag{5.3-41}$$

denn im metallischen Leiter ist, wie nachgewiesen wurde, $\bar{W}_e$ zu vernachlässigen. Nun ist sowohl $\bar{P}_{\text{th}}$ als auch $\bar{W}_m$ proportional zu $\bar{I}^2 = \frac{1}{2}\underline{I}\underline{I}^*$. Setzt man daher

$$\bar{P}_{\text{th}} + 2\text{j}\omega\bar{W}_m = \tfrac{1}{2}\underline{I}\underline{I}^*(R + \text{j}\omega L_i),$$

so wird mit Gl. (40) in einfachster Weise erhalten

$$R + \text{j}\omega L_i = \frac{l\underline{E}_t(b)}{\underline{I}}; \tag{5.3-42}$$

zur Berechnung des Wirkwiderstandes $R$ und des Koeffizienten der inneren Selbstinduktivität $L_i$ bedarf es der Kenntnis der gesamten Stromstärke $\underline{I}$ und der Tangentialkomponente der elektrischen Feldstärke $\underline{E}_t(b) = \varrho\underline{S}(b)$ am Umfang $r = b$, also nicht etwa der örtlichen Verteilung $\underline{S}(r)$ im Inneren; diese müßte dann bekannt sein, wenn man, im umständlicheren Rechnungsgang nach Gl. (37), über das Volumen integrieren würde, um dieselben Größen $R$ und $L_i$ zu erhalten.

Wir betrachten schließlich einen Kreisplattenkondensator. Die Höhe $l$ der dielektrischen Scheibe sei klein gegen den Radius $b$, das Dielektrikum sei homogen, isotrop, linear wirkend und ideal (verlustlos). Wegen des Verschiebungsstromes durch die dielektrische Scheibe ist in ihr ein magnetisches Feld vorhanden; die magnetischen Feldlinien sind Kreise, deren Mittelpunkte in der Achse der Scheibe liegen. Damit haben wir am Rande $r = b$ die gleichen geometrischen Verhältnisse wie beim vorangegangenen Beispiel; der Fluß $\underline{\Omega}$ von $\underline{\mathfrak{U}}$ durch die Mantelfläche $2\pi bl$ kann hier ebenso durch Gl. (40) ausgedrückt werden, jedoch hat diese Beziehung hier eine andere Auslegung, nämlich

$$\underline{\Omega} = \tfrac{1}{2}\,l\underline{E}_t(b)\,\underline{I}^* = 2\text{j}\omega(\bar{W}_m - \bar{W}_e) = \text{j}P_q; \tag{5.3-43}$$

die Leistung pendelt mit der Kreisfrequenz $2\omega$ durch die Mantelfläche hinein und heraus, ein einseitig gerichteter Energiestrom ist nicht vorhanden, die Amplitude der Pendelleistung $P_q$ wird durch die Spannung $l\underline{E}_t(b)$ am Rande bestimmt; $P_q$ kann positiv, negativ oder Null sein, denn $\bar{W}_m$ und $\bar{W}_e$ sind Funktionen der Frequenz. Die Erscheinungen werden in Abschnitt 11.6 näher behandelt.

# 6. Quasistationäre Elektrodynamik bei nichtlinearen dielektrischen und magnetischen Substanzen

## 6.1 Motivation und Grundzüge einer allgemeineren Theorie

Um das Folgende zu verstehen, wollen wir uns dessen erinnern, was in Abschnitt 1.3 über den grundsätzlichen Standpunkt der makroskopischen Elektrodynamik gesagt wurde: Sie ist eine phänomenologische Theorie; als solche nimmt sie die (makroskopischen) Eigenschaften der Materie als Erfahrungssachverhalte (Messungsergebnisse) hin: Sie legt „Modelle" zugrunde, die dem jeweiligen Stande des empirischen Wissens entsprechen. Das älteste und zugleich einfachste Modell, das auch unseren Ausgangspunkt gebildet hat, besteht in der Annahme, daß im elektrischen wie auch im magnetischen Feld an jedem Ort die je zwei (verschieden definierten, siehe Abschnitte 2.3 und 4.2) Feldvektoren in ihren Beträgen zueinander in Strenge proportional, in ihren Richtungen parallel sind:

$$\begin{aligned} \frac{D}{E} &= \varepsilon = \mathrm{const}_{\boldsymbol{E},\boldsymbol{D}}, \quad \boldsymbol{D} \times \boldsymbol{E} = 0, \\ \frac{B}{H} &= \mu = \mathrm{const}_{\boldsymbol{B},\boldsymbol{H}}, \quad \boldsymbol{B} \times \boldsymbol{H} = 0. \end{aligned} \tag{6.1-1}$$

Die Permittivität $\varepsilon$ und die Permeabilität $\mu$ sind hier positive Skalare und im strengen Sinne des Wortes *Konstante* des Materials, Abb. 6.1 a. Bei anisotropen Substanzen (Kristalle, Ionosphäre als ionisiertes Medium, Elektrobleche und Dauermagnete mit magnetischer Vorzugsrichtung) sind die Permittivität und die Permeabilität nicht Tensoren nullter, sondern zweiter Stufe, die je zwei Feldvektoren sind nicht parallel zueinander. Bei den Ferromagnetika und den Ferroelektrika ist es am augenfälligsten, daß die Permittivität und die Permeabilität nicht Konstante in Bezug auf $E$ (oder $D$) und $B$ (oder $H$) sind, sondern Funktionen dieser Größen. Diese Abhängigkeit und Anisotropie treten auch zusammen miteinander auf, zum Beispiel bei Ferromagnetika mit Vorzugsrichtung, und beide Eigenschaften können auch zusammen miteinander behandelt werden. Im folgenden werden wir, um die Darstellung, auch die formelmäßige, nicht mit einer oft unnötigen Allgemeingültigkeit zu belasten, Isotropie voraussetzen.[1]

Die Theorie, die die in Gl. (6.1-1) ausgesprochenen Beziehungen zur Voraussetzung hat, werden wir kürzehalber die *Proportionaltheorie* nennen. Aber nicht erst die nichtlinearen Eigenschaften der Ferromagnetika und der Ferroelektrika veranlassen uns, die Proportionaltheorie als erste Näherung aufzufassen, sondern vielmehr die Überzeugung, daß es eine gewagte Annahme ist, für die Proportionaltheorie, abgesehen von den vereinzelten Störenfrieden Ferromagnetika und Ferroelektrika, *Allgemeingültigkeit* in Anspruch zu nehmen. Eine allgemeiner gültige Theorie muß grundsätzlich, nämlich für die Begriffsbildungen, nicht Material*konstante*, sondern Material*funktionen* voraussetzen. Die empirisch gegebene Funktion $D = D(E)$ oder auch die inverse $E = E(D)$

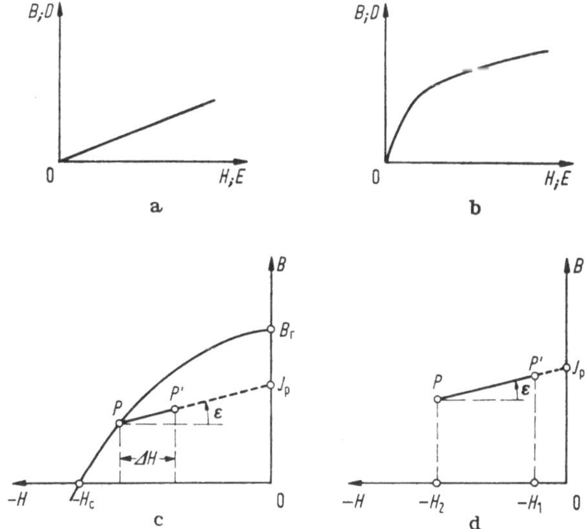


Abb. 6.1 a) Proportionaltheorie $B/H = \mu$, $D/E = \varepsilon$.
b) Magnetisch $(B, H)$ und elektrisch $(D, E)$ „weiche“ Substanzen.
c) Remanentmagnetische Zustandskurve ($B_r$ Remanentinduktion, $H_c$ Koerzitivfeldstärke, $P$ remanentmagnetischer Zustandspunkt). Reversibel durchlaufene sekundäre Schleife (Lanzette) durch das ihre Endpunkte $P, P'$ verbindende Geradenstück ersetzt; $\tan \varepsilon \triangleq \mu_{rev}$.
d) Zustandskurve eines stabilisierten Permanentmagneten, Stabilitätsbereich $|H_2 - H_1$. Reversibel durchlaufene Lanzette durch das ihre Endpunkte $P, P'$ verbindende Geradenstück ersetzt; $\tan \varepsilon \triangleq \mu_p$, permanente Polarisation $J_p$.

[1] Da dann $\varepsilon$ und $\mu$ Skalare sind, kommt man mit der koordinatenfrei oder symbolisch genannten Darstellung der Vektoren (Tensoren erster Stufe) aus, die wir auch bisher benutzt haben, vgl. Abschnitte 1.2.4 und A.7.21. — In vielen technischen Anwendungen zum Beispiel von Elektroblechen, von Dauermagneten, wird ausschließlich die „Vorzugsrichtung“ benutzt und in Betracht gezogen, die Eigenschaften in anderen Richtungen kümmern nicht.

wollen wir *Elektrisierungsfunktion*, die empirisch gegebene Funktion $H = H(B)$ oder auch die inverse $B = B(H)$ wollen wir *Magnetisierungsfunktion* nennen. Diese Funktionen sind genau ebenso legitime Grundlagen einer allgemeineren Theorie, wie dies die Konstanten $\varepsilon$ und $\mu$ der Proportionaltheorie sind, denn diese Funktionen sind genau ebenso wie jene Konstanten Ergebnisse der Empirie und können genau ebenso wie sie experimentell mit einem geforderten Grad von Genauigkeit ermittelt werden. Die Proportionaltheorie kann man dann so verstehen, daß für die genannten Materialfunktionen Taylor-Entwicklungen angesetzt und diese nach den linearen Gliedern abgebrochen werden; die allgemeinere Theorie darf man als eine stärkere Annäherung an die naturgegebene physikalische Wirklichkeit werten.

**Beschreibende Materialfunktionen.** Am besten bekannt und am auffälligsten ist das nichtlineare Verhalten der Ferromagnetika und Ferroelektrika. Ihre (makroskopischen) hysteretischen Eigenschaften sind vielfältig und kompliziert (die an sich schon vielgestaltigen Hysteresisschleifen bei zyklischer Ummagnetisierung (Umelektrisierung) sind nur ein besonders einfacher Spezialfall). *Eindeutige und überschaubare Ergebnisse setzen eindeutige Materialfunktionen voraus.* Aber gerade diese sind die praktisch wichtigsten: Man nennt zum Beispiel einen eisenartigen Stoff magnetisch weich, wenn $B = B(H)$ eine eindeutige Funktion ist (nämlich im Bereich der erstrebten Genauigkeit der quantitativen Beschreibung und der erreichbaren technologischen Reproduzierbarkeit). Gleiches gilt für elektrisch weiche Dielektrika. Der generelle Typus der Magnetisierungsfunktion (Elektrisierungsfunktion) wird dann durch Kurven von der Art der Abb. 6.1b wiedergegeben (wenn man von Einzelheiten und von Entartungen absieht). Ferner: Sowohl die bei genügender Kleinheit reversibel durchlaufenen sekundären Schleifen, als auch die im Stabilitätsbereich reversibel durchlaufenen Zustandskurven stabilisierter Permanentmagnete sind schräg liegende schlanke Lanzetten, die mit geringem (abschätzbarem) Fehler durch das die Endpunkte miteinander verbindende Geradenstück ersetzt werden können (Abb. 6.1c, d). Kann das Geradenstück als Darstellung der (somit eindeutigen) Magnetisierungsfunktion gelten, so hat diese die besonders einfache Gestalt $\boldsymbol{B} = \mu \boldsymbol{H} + \boldsymbol{J}_p$; dabei ist $\mu$ im Falle der Abb. 6.1c die reversible Permeabilität $\mu_{rev}$ und $J_p$ ist ein laut Abbildung extrapolierter Wert; im Falle der Abb. 6.1d wird $\mu = \mu_p$ die permanente Permeabilität genannt, sie ist eine Materialkonstante, und $J_p$ die permanente Polarisation, sie ist eine Körperkonstante.[1] Reversibel durchlaufene sekun-

---

[1] Einzelheiten hierzu siehe zum Beispiel Fischer, J.: Abriß der Dauermagnetkunde. Berlin, Göttingen, Heidelberg: Springer 1949, dort insbesondere S. 50 bis 52 und 124 und folgende.

däre Schleifen sind auch an Ferroelektrika gemessen worden, jedoch sind die Stabilitätsbereiche der permanenten Elektrete gegenwärtig offenbar noch nicht genügend erforscht.[1]

Der schon von E. Cohn[2,3] benutzte Ansatz

$$\boldsymbol{B} = \mu \boldsymbol{H} + \boldsymbol{J}_\mathrm{p} \tag{6.1-2}$$

ist daher offenbar als allgemeines Beschreibungsmittel ausreichend; er umfaßt

a) die Proportionaltheorie mit $\partial\mu/\partial H = 0$, $J_\mathrm{p} = 0$; Abb. 6.1a,

b) die magnetisch weichen Substanzen mit $J_\mathrm{p} = 0$, $B = B(H)$ eindeutige Funktion mit dem Punkte $(0, 0)$; $\mu = \mu(H)$ und $\partial B/\partial H = \mu_\mathrm{d}(H)$ positive Funktionen, Abb. 6.1b,

c) die stabilisierten Permanentmagnete mit $J_\mathrm{p} = \mathrm{const}_H$, $\mu = \mu_\mathrm{p} = \mathrm{const}_H$, Abb. 6.1d, und die sekundären Schleifen, Abb. 6.1c, mit $\mu = \mu_\mathrm{rev} = \mathrm{const}_H$,

d) die (eindeutigen) Zustandskurven im zweiten Quadranten $B = B(-H)$ im Bereich $-H_\mathrm{c} \leqq B \leqq 0$, $J_\mathrm{p} = 0$, $B/(-H) = \mu(-H)$ und $\partial B/\partial H = \mu_\mathrm{d}(-H)$ positive Funktionen, Abb. 6.1c.

Als weitere Beschreibungsmittel werden die Größen

$$\frac{B(H)}{H} = \mu(H), \quad \frac{\mathrm{d}B}{\mathrm{d}H} = \mu_\mathrm{d}(H) \tag{6.1-3}$$

nützlich sein; wir nennen die Funktion $\mu(H)$ Permeabilität, die Funktion $\mu_\mathrm{d}(H)$ differentielle Permeabilität. (In der Proportionaltheorie sind die beiden Größen ein und dieselbe Konstante.)

Der allgemeine Ansatz

$$\boldsymbol{D} = \varepsilon \boldsymbol{E} + \boldsymbol{P}_\mathrm{p} \tag{6.1-4}$$

läßt sich in ganz analoger Auslegung, wie zu Gl. (2) in a) bis d) geschehen, rechtfertigen; wir verzichten daher darauf, diese Auslegung lediglich mit geänderten Buchstabensymbolen ($D$, $\varepsilon$, $E$, $P_\mathrm{p}$ an Stelle von $B$, $\mu$, $H$, $J_\mathrm{p}$) zu wiederholen. Wir bemerken jedoch, daß der Stand der technologischen Entwicklung bei Abfassung dieses Buches einen geringeren Grad von Sicherheit und Differenziertheit aufwies als bei den nichtlinearen magnetischen Stoffen, vgl. Abschnitt A.8; es fehlt insbesondere an gesicherten Kenntnissen über die permanente Polarisation $P_\mathrm{p}$. — Auch hier werden die Größen

$$\frac{D(E)}{E} = \varepsilon(E), \quad \frac{\mathrm{d}D}{\mathrm{d}E} = \varepsilon_\mathrm{d}(E) \tag{6.1-5}$$

---

[1] Vgl. die pauschale Berichterstattung in Abschnitt A.8.

[2] Emil Georg Cohn, 1854—1944.

[3] Cohn, E.: Phys. Z. 13 (1923) 48—58; Das elektromagnetische Feld, insbes. 2. Aufl. Berlin 1927.

als weitere Beschreibungsmittel nützlich sein; wir nennen die Funktion $\varepsilon(E)$ Permittivität (hier wird deutlich, daß der Ausdruck Dielektrizitätskonstante nicht mehr angebracht ist) und die Funktion $\varepsilon_d(E)$ differentielle Permittivität. (In der Proportionaltheorie sind die beiden Größen ein und dieselbe Konstante.)

Sowohl im magnetischen als auch im elektrischen Falle lassen sich bei den „weichen" Substanzen, Abb. 6.1 b, besonders markante Unterschiede gegenüber der Proportionaltheorie, Abb. 6.1 a, erwarten.

Zur Ausdrucksweise merken wir noch an: Nennt man $\boldsymbol{B} = \boldsymbol{H}\mu$ magnetische Flußdichte (Induktion), so ist es zweckmäßig, die in Gl. (2) angeschriebene Größe vollständige oder totale magnetische Flußdichte (Induktion) zu nennen:

$$\boldsymbol{B}_{\text{tot}} = \mu \boldsymbol{H} + \boldsymbol{J}_{\text{p}}. \tag{6.1-6}$$

Nicht $\boldsymbol{H}\mu$, sondern vielmehr $\boldsymbol{B}_{\text{tot}}$ ist ein *ausnahmslos* quellenfreies Feld:

$$\operatorname{div} \boldsymbol{B}_{\text{tot}} = 0. \tag{6.1-7}$$

Dagegen hat das Feld $\boldsymbol{H}\mu$ dort Quellen, wo $\boldsymbol{J}_{\text{p}} \neq 0$ ist, vgl. Abschnitt 6.4, Gln. (6.4-10 bis 16). Kräfte auf Leitungsstromträger werden nicht durch $\boldsymbol{B}_{\text{tot}}$ bestimmt, sondern durch $\boldsymbol{H}\mu$, vgl. Abschnitt 6.4, Gl. (6.4-7).

**Aufgaben der allgemeinen Theorie**

Die wichtigsten Aufgaben, die die allgemeine Theorie erfüllen muß, sind:

1. Es müssen Ausdrücke für die Feldkräfte aufgestellt werden, wenn im Feld befindliche Körper nichtlineare elektrische oder magnetische Eigenschaften haben. Um diese Aufgabe zu lösen, gehen wir so vor, daß wir im elektrischen wie im magnetischen Falle allgemeine Ausdrücke für die räumliche Kraftdichte $\boldsymbol{f}$ aufsuchen, derart, daß

$$\delta A = \int_{\tau} \delta \boldsymbol{l} \cdot \boldsymbol{f} \, \mathrm{d}\tau \tag{6.1-8}$$

die Arbeit bei Verrückung $\delta \boldsymbol{l}$ des Volumenelementes ist, an dem die Kraft $\boldsymbol{f}\,\mathrm{d}\tau$ angreift. Aus Volumenkräften kann man eindeutig Oberflächenkräfte (mechanische Spannungen) ableiten, die die Volumenkräfte *ersetzen.* Gleichgewicht und Bewegung eines starren Körpers sind durch die resultierende Kraft $\boldsymbol{F} = \int_{\tau} \boldsymbol{f} \, \mathrm{d}\tau$ und das resultierende Drehmoment $\boldsymbol{T} = \int_{\tau} (\boldsymbol{r} \times \boldsymbol{f}) \, \mathrm{d}\tau$ bestimmt ($\boldsymbol{r}$ Fahrstrahl von der Drehungsachse zum Element $\mathrm{d}\tau$).

2. Es muß unter den angegebenen allgemeinen Voraussetzungen der Zusammenhang einerseits zwischen den elektrischen Flüssen, also den Ladungen auf Trägern, und den elektrischen Spannungen, andererseits der Zusammenhang zwischen den magnetischen Flüssen und den elek-

trischen Leitungsströmen in Trägern untersucht werden; das erste führt zu einer allgemeinen Definition der Kapazitätskoeffizienten, das zweite zu einer allgemeinen Definition der Induktivitätskoeffizienten. Aus der Änderung eines solchen Koeffizienten mit Änderung eines Lageparameters ergeben sich wiederum Ausdrücke für Kräfte (Bewegungsantriebe).

3. Die Sonderfälle $\varepsilon = \text{const}_E$ und $\mu = \text{const}_H$ müssen in der allgemeinen Theorie enthalten sein.

Wegen der Nichtlinearitäten kann die allgemeine Theorie das Superpositionsprinzip grundsätzlich nicht anwenden, sie muß vielmehr vom Energieprinzip ausgehen. Das bedeutet zugleich das Opfer einer bequemen und überaus stark eingewurzelten Denkgewohnheit: Einzelwirkungen können nicht einfach zur Gesamtwirkung aufaddiert (superponiert) werden.

## 6.2 Feldenergien und Arbeit der Feldkräfte

Wir haben in Abschnitt 5.3 ein endliches Volumen $\tau$ betrachtet, in welchem Träger von Ladungen und Leitungsströmungen in beliebiger Verteilung gegeben, jedoch gegeneinander und gegen die Hüllfläche $a$ von $\tau$ in Ruhe (unbewegt) waren; für dieses System hatten wir, die beiden Hauptgleichungen für ruhende Körper, Gl. (5.3-3), zugrunde legend, eine Energiebilanz aufgestellt: Gl. (5.3-9).

Wir wollen hier die Ausdrücke für die Funktionen, aus denen die Feldenergien, die Feldkräfte und die Kapazitäts- und die Induktivitätskoeffizienten bestimmt werden, wiederum feldtheoretisch, also durch die beiden Hauptgleichungen und aus dem Prinzip von der Erhaltung der Gesamtenergie eines geschlossenen Systems ableiten.

Hierfür nehmen wir in einem endlichen Volumen $\tau$ Träger von elektrischen Ladungen, Leitungsströmungen, permanenten Polarisationen sowie die Verteilungen der $\sigma$, $\varepsilon$ und $\mu$ als gegeben an.

Da wir Verrückungen der Körper als Folge der Arbeit verrichtenden Feldkräfte zu berücksichtigen haben, stehen in den Maxwellschen Gleichungen nicht die lokalen, sondern die substantiellen Änderungen[1], wie im 7. Kapitel ausgeführt werden wird:

$$\boldsymbol{S} + \frac{\mathrm{d}'\boldsymbol{D}}{\mathrm{d}t} = \operatorname{rot}\boldsymbol{H}, \quad \frac{\mathrm{d}'\boldsymbol{B}}{\mathrm{d}t} = -\operatorname{rot}\boldsymbol{E}. \tag{6.2-1}$$

---

[1] Zur „substantiellen Änderung“ (Änderung eines Feldvektors $\boldsymbol{A}$ in einem an der Materie haftenden „substantiellen“ Punkt, der die Geschwindigkeit $\boldsymbol{v}$ hat),

$$\mathrm{d}'\boldsymbol{A}/\mathrm{d}t = \partial\boldsymbol{A}/\partial t + \boldsymbol{v}\cdot\operatorname{div}\boldsymbol{A} - \operatorname{rot}(\boldsymbol{v}\times\boldsymbol{A})$$

(wobei $\partial\boldsymbol{A}/\partial t$ die lokale Änderung ist), und

$$\mathrm{d}'\boldsymbol{A} = \partial\boldsymbol{A} + \delta\boldsymbol{l}\cdot\operatorname{div}\boldsymbol{A} - \operatorname{rot}(\delta\boldsymbol{l}\times\boldsymbol{A})$$

mit $\delta\boldsymbol{l} = \boldsymbol{v}\cdot\mathrm{d}t$, siehe Abschnitt A.7.19.

Wir multiplizieren die erste Gleichung mit $\boldsymbol{E}$, die zweite mit $\boldsymbol{H}$ und addieren:

$$\boldsymbol{E} \cdot \boldsymbol{S} + \boldsymbol{E} \cdot \frac{\mathrm{d}'\boldsymbol{D}}{\mathrm{d}t} + \boldsymbol{H} \cdot \frac{\mathrm{d}'\boldsymbol{B}}{\mathrm{d}t} = \boldsymbol{E} \cdot \operatorname{rot} \boldsymbol{H} - \boldsymbol{H} \cdot \operatorname{rot} \boldsymbol{E} = \operatorname{div} (\boldsymbol{E} \times \boldsymbol{H}); \tag{6.2-2}$$

wir integrieren über das Volumen $\tau$, wenden den Satz von Gauß an und nehmen für diesen die Normale $\boldsymbol{n}$ jedes $\mathrm{d}\boldsymbol{a}$ nach innen:

$$\int\limits_{\tau} \left[\boldsymbol{E} \cdot \boldsymbol{S} + \boldsymbol{E} \cdot \frac{\mathrm{d}'\boldsymbol{D}}{\mathrm{d}t} + \boldsymbol{H} \cdot \frac{\mathrm{d}'\boldsymbol{B}}{\mathrm{d}t}\right] \mathrm{d}\tau = \oint\limits_{a} (\boldsymbol{E} \times \boldsymbol{H}) \, \mathrm{d}\boldsymbol{a}; \tag{6.2-3}$$

wir rücken die Hüllfläche $a$ ins Unendliche und erhalten, weil das System nach Voraussetzung im Endlichen liegt, in der Grenze

$$\lim_{a \to \infty} \oint (\boldsymbol{E} \times \boldsymbol{H}) \, \mathrm{d}\boldsymbol{a} = 0 \tag{6.2-4}$$

und daher als Energiebilanz des Systems

$$\int\limits_{\infty} \left[\boldsymbol{E} \cdot \boldsymbol{S} + \boldsymbol{E} \frac{\mathrm{d}'\boldsymbol{D}}{\mathrm{d}t} + \boldsymbol{H} \frac{\mathrm{d}'\boldsymbol{B}}{\mathrm{d}t}\right] \mathrm{d}\tau = 0. \tag{6.2-5}$$

Hierin ist bekannt

$$\mathrm{d}t \int\limits_{\infty} \boldsymbol{E} \cdot \boldsymbol{S} \, \mathrm{d}\tau = \mathrm{d}t \, P_{\mathrm{th}} \tag{6.2-6}$$

als der gesamte Energieverlust in $\tau$ durch Stromwärme in der Zeitspanne $\mathrm{d}t$ (also in allen Elementen $\mathrm{d}\tau$, in denen $S \neq 0$ die elektrische Leitfähigkeit $\sigma > 0$ ist). Schließen wir nichtquasistationäre Vorgänge aus, so können die zwei weiteren Integrale in Gl. (5) nur erklärt werden als

$$\mathrm{d}t \int\limits_{\infty} \boldsymbol{E} \cdot \frac{\mathrm{d}'\boldsymbol{D}}{\mathrm{d}t} \mathrm{d}\tau = \mathrm{d}W_{\mathrm{e}} + \mathrm{d}A_{\mathrm{e}}, \tag{6.2-7}$$

$$\mathrm{d}t \int\limits_{\infty} \boldsymbol{H} \cdot \frac{\mathrm{d}'\boldsymbol{B}}{\mathrm{d}t} \mathrm{d}\tau = \mathrm{d}W_{\mathrm{m}} + \mathrm{d}A_{\mathrm{m}}, \tag{6.2-8}$$

nämlich als infinitesimale Zunahmen $\mathrm{d}W_{\mathrm{e}}$ der elektrischen, $\mathrm{d}W_{\mathrm{m}}$ der magnetischen Feldenergie und als infinitesimale Arbeiten $\mathrm{d}A_{\mathrm{e}}$ der elektrischen, $\mathrm{d}A_{\mathrm{m}}$ der magnetischen Feldkräfte bei Verrückungen $\delta \boldsymbol{l}$ der Träger.

a) Solche schließen wir zunächst vorbereitend aus: $\delta \boldsymbol{l} = 0$, haben daher überall $\partial/\partial t$ an Stelle von $\mathrm{d}'/\mathrm{d}t$ zu setzen, und erhalten an Stelle der Gln. (7) und (8)

$$\mathrm{d}W_e = \mathrm{d}t \int_\infty \boldsymbol{E} \cdot \frac{\partial \boldsymbol{D}}{\partial t} \mathrm{d}\tau = \mathrm{d}t \int_\infty \frac{\partial w_e}{\partial t} \mathrm{d}\tau \tag{6.2-9}$$

$$\mathrm{d}W_m = \mathrm{d}t \int_\infty \boldsymbol{H} \cdot \frac{\partial \boldsymbol{B}}{\partial t} \mathrm{d}\tau = \mathrm{d}t \int_\infty \frac{\partial w_m}{\partial t} \mathrm{d}\tau; \tag{6.2-10}$$

$w_e$ ist die räumliche Dichte der elektrischen, $w_m$ die der magnetischen Feldenergie. Die Feldenergien haben wir also zu setzen

$$\begin{aligned} W_e &= \int_\infty \mathrm{d}\tau \int_0^{\boldsymbol{D}} \boldsymbol{E}(\boldsymbol{D}) \cdot \mathrm{d}\boldsymbol{D} = \int_\infty w_e \, \mathrm{d}\tau, \\ W_m &= \int_\infty \mathrm{d}\tau \int_0^{\boldsymbol{B}} \boldsymbol{H}(\boldsymbol{B}) \cdot \mathrm{d}\boldsymbol{B} = \int_\infty w_m \mathrm{d}\tau. \end{aligned} \tag{6.2-11}$$

(Wir dürfen hier unmißverständlich $\mathrm{d}\boldsymbol{D}$ an Stelle von $\partial \boldsymbol{D}$ und $\mathrm{d}\boldsymbol{B}$ an Stelle von $\partial \boldsymbol{B}$ schreiben.) $\boldsymbol{E}(\boldsymbol{D})$ ist die Elektrisierungsfunktion, $\boldsymbol{H}(\boldsymbol{B})$ die Magnetisierungsfunktion. Da diese nach den Ausführungen des 1. Abschnittes eindeutige Funktionen sind, können als obere Grenzen auch $E$ an Stelle von $D$ und $H$ an Stelle von $B$ geschrieben werden. Die Feldenergiedichten

$$\begin{aligned} w_e &= \int_0^{\boldsymbol{D}} \boldsymbol{E}(\boldsymbol{D}) \cdot \mathrm{d}\boldsymbol{D}, \\ w_m &= \int_0^{\boldsymbol{B}} \boldsymbol{H}(\boldsymbol{B}) \cdot \mathrm{d}\boldsymbol{B} \end{aligned} \tag{6.2-12}$$

sind bestimmte Integrale der Elektrisierungsfunktion und der Magnetisierungsfunktion, also Ausdrücke der allgemeineren Theorie.

b) Treten Verrückungen $\delta \boldsymbol{l}$ infolge der Feldkräfte auf, so müssen für die Bestimmung der $\mathrm{d}A_e$ und $\mathrm{d}A_m$ einige verschärfende Ausnahmen gemacht werden:

Wir nehmen an, daß bei Verrückungen die Permittivität, die Pemeabilität und die permanenten Polarisationen (falls überhaupt vorhanden) an der Materie haften. Hinsichtlich der permanenten Polarisationen ist diese Annahme Ausdruck einer Tatsache, hinsichtlich $\varepsilon$ und $\mu$ bedeutet sie Vernachlässigung der Elektrostriktion und der Magnetostriktion. Hinsichtlich der Strömungen in und der Ladungen auf leitenden Körpern können bei Verrückungen zwei Anteile unterschieden werden: Verschiebungen der Materie mit an ihr haftender Strömung (Ladung) und Verschiebung der Strömung (Ladung) gegen die Materie; nur der erste Anteil wird für die Arbeit der Feldkräfte in Betracht gezogen.

Mit diesen Voraussetzungen müssen in den Gln. (7) und (8) die $dW_e$ und $dW_m$ eindeutig die in den Gln. (9, 10) gefundenen Ausdrücke sein. Aus den Gln. (7) bis (10) sind daher die Arbeiten der Feldkräfte bestimmt zu

$$dA_e = dt \int_\infty \boldsymbol{E} \cdot \frac{d'\boldsymbol{D}}{dt} d\tau - d \int_\infty d\tau \int_0^{\boldsymbol{D}} \boldsymbol{E} \cdot d\boldsymbol{D}, \qquad (6.2\text{-}13)$$

$$dA_m = dt \int_\infty \boldsymbol{H} \cdot \frac{d'\boldsymbol{B}}{dt} d\tau - d \int_\infty d\tau \int_0^{\boldsymbol{B}} \boldsymbol{H} \cdot d\boldsymbol{B}. \qquad (6.2\text{-}14)$$

Die Ausrechnung ergibt (in zwei voneinander verschiedenen Rechnungsgängen)

$$dA_e = d \int_\infty d\tau \int_0^{\boldsymbol{E}} \boldsymbol{D}(E) \cdot d\boldsymbol{E}, \qquad (6.2\text{-}15)$$

$$dA_m = d \int_\infty d\tau \int_0^{\boldsymbol{H}} \boldsymbol{B}(H) \cdot d\boldsymbol{H}. \qquad (6.2\text{-}16)$$

Die Arbeiten $dA_e$ der elektrischen und $dA_m$ der magnetischen Feldkräfte bei Verrückungen wollen wir weiterhin als Änderungen der elektrischen und der magnetischen *Kräftefunktion*[1] $V_e$ und $V_m$ bezeichnen:

$$dA_e = dV_e, \quad dA_m = dV_m. \qquad (6.2\text{-}17)$$

Diese sind daher zu setzen

$$\left.\begin{aligned} V_e &= \int_\infty d\tau \int_0^{\boldsymbol{E}} \boldsymbol{D}(E) \cdot d\boldsymbol{E} = \int_\infty v_e \, d\tau, \\ V_m &= \int_\infty d\tau \int_0^{\boldsymbol{H}} \boldsymbol{B}(H) \cdot d\boldsymbol{H} = \int_\infty v_m \cdot d\tau \end{aligned}\right\} \qquad (6.2\text{-}18)$$

mit den räumlichen Dichten

$$\left.\begin{aligned} v_e &= \int_0^{\boldsymbol{E}} \boldsymbol{D}(E) \cdot d\boldsymbol{E}, \\ v_m &= \int_0^{\boldsymbol{H}} \boldsymbol{B}(H) \cdot d\boldsymbol{H}. \end{aligned}\right\} \qquad (6.2\text{-}19)$$

[1] E. Cohn (a. a. O.) hat die von ihm abgeleitete Funktion $V_m$ Kräftefunktion genannt, weil aus der Änderung dieser Funktion die räumlichen Dichten der (quasistationären) Feldkräfte abzuleiten sind, wie in Abschnitt 6.4 gezeigt wird. Der Ausdruck Co-Energie wurde ohne Bezugnahme auf Cohn später von C. Cherry, Phil. Mag. 42 (1951), S. 1162 angegeben. Weder die ältere, noch die jüngere Benennung ist wohl in jeder Hinsicht befriedigend. In Physik und Elektrotechnik wird jedoch oft dem erster Autor das Recht auf die Namengebung zuerkannt; dieser Sitte schließen wir uns hier an.

Ist also zum Beispiel $\mathrm{d}q$ die Änderung eines allgemeinen Lageparameters $q$, so ist die zugehörige verallgemeinerte Kraftkoordinate

$$F_\mathrm{e} = \frac{\partial V_\mathrm{e}}{\partial q}, \quad F_\mathrm{m} = \frac{\partial V_\mathrm{m}}{\partial q} \tag{6.2-18a}$$

bei sonst konstanten Parametern (Ladungen, Strömen).

Für die $W_\mathrm{e}$, $V_\mathrm{e}$ einerseits, die $W_\mathrm{m}$, $V_\mathrm{m}$ andererseits gilt nach Ausweis der Gln. (11, 12, 15 bis 19)

$$W_\mathrm{e} + V_\mathrm{e} = \int_\infty \boldsymbol{E} \cdot \boldsymbol{D}\,\mathrm{d}\tau, \quad W_\mathrm{m} + V_\mathrm{m} = \int_\infty \boldsymbol{B} \cdot \boldsymbol{H}\,\mathrm{d}\tau, \tag{6.2-20}$$

ferner ist wegen derselben Gleichungen

$$\begin{aligned} V_\mathrm{e} &= W_\mathrm{e} \quad \text{für} \quad \frac{D}{E} = \varepsilon = \mathrm{const}_E, \\ V_\mathrm{m} &= W_\mathrm{m} \quad \text{für} \quad \frac{B}{H} = \mu = \mathrm{const}_B: \end{aligned} \tag{6.2-21}$$

*In der Proportionaltheorie sind die Feldenergien die Kräftefunktionen.*

Wir heben noch *zwei Sonderfälle* hervor:

a) Ist $P_\mathrm{th}\,\mathrm{d}t = 0$ in der Energiebilanz Gl. (5) des abgeschlossenen Systems, so muß nach dem Energieerhaltungssatz sein

$$\mathrm{d}A_\mathrm{e} = -\mathrm{d}W_\mathrm{e}, \quad \mathrm{d}A_\mathrm{m} = -\mathrm{d}W_\mathrm{m}: \tag{6.2-22}$$

der Arbeitszuwachs der Feldkräfte ist gleich der Abnahme der Feldenergien.

b) Ohne permanente Polarisationen (also bei elektrisch, bei magnetisch weichen Substanzen) ist $\boldsymbol{D} = \boldsymbol{E} \cdot \varepsilon(E)$ und $\boldsymbol{B} = \boldsymbol{H} \cdot \mu(H)$; für die Feldenergien und die Kräftefunktionen kann also geschrieben werden

$$W_\mathrm{e} = \int_\infty \mathrm{d}\tau \int_0^E \boldsymbol{E} \cdot \mathrm{d}(\varepsilon \boldsymbol{E}), \quad V_\mathrm{e} = \int_\infty \mathrm{d}\tau \int_0^E \varepsilon \boldsymbol{E} \cdot \mathrm{d}\boldsymbol{E}, \tag{6.2-23}$$

$$W_\mathrm{m} = \int_\infty \mathrm{d}\tau \int_0^H \boldsymbol{H} \cdot \mathrm{d}(\mu \boldsymbol{H}), \quad V_\mathrm{m} = \int_\infty \mathrm{d}\tau \int_0^H \mu \boldsymbol{H} \cdot \mathrm{d}\boldsymbol{H}. \tag{6.2-24}$$

In den Fällen $\varepsilon = \mathrm{const}_E$ und $\mu = \mathrm{const}_H$ ist daher

$$\mathrm{d}A_\mathrm{e} = \mathrm{d}W_\mathrm{e}, \quad \mathrm{d}A_\mathrm{m} = \mathrm{d}W_\mathrm{m}: \tag{6.2-25}$$

die Arbeit ist ebensogroß wie der Zuwachs an Feldenergie: Wird dem linearen System von außen Energie zugeführt, so verteilt sich der Überschuß über die Stromwärmeverlustenergie zu *gleichen* Teilen auf die Arbeit der Feldkräfte und die Vermehrung der Feldenergie.

**Nachweis der elektrischen Kräftefunktion**[1]

In Gl. (7) war allgemein erhalten worden

$$\mathrm{d}W_e + \mathrm{d}A_e = \int_\infty \boldsymbol{E} \cdot \mathrm{d}'\boldsymbol{D}\, \mathrm{d}\tau;$$

der Ansatz Gl. (18) für $V_e$ hatte die Beziehung Gl. (20)

$$\mathrm{d}W_e + \mathrm{d}V_e = \mathrm{d}\int \boldsymbol{E} \cdot \boldsymbol{D}\, \mathrm{d}\tau$$

zur Folge. Er ist also, mit $\mathrm{d}A_e = \mathrm{d}V_e$, gerechtfertigt, wenn die Gleichheit

$$\mathrm{d}\int_\infty \boldsymbol{E} \cdot \boldsymbol{D}\, \mathrm{d}\tau = \int_\infty \boldsymbol{E} \cdot \mathrm{d}'\boldsymbol{D}\, \mathrm{d}\tau \tag{6.2-26}$$

nachgewiesen werden kann. Dies kann wie folgt geschehen: Wir schreiben das totale Differential links vom Gleichheitszeichen aus und berücksichtigen rechts vom Gleichheitszeichen die substantielle Änderung

$$\mathrm{d}'\boldsymbol{D} = \partial\boldsymbol{D} + \delta\boldsymbol{l} \cdot \operatorname{div} \boldsymbol{D} - \operatorname{rot}(\delta\boldsymbol{l} \times \boldsymbol{D});$$

wir erhalten

$$\int_\infty \boldsymbol{E} \cdot \partial\boldsymbol{D}\, \mathrm{d}\tau + \int_\infty \boldsymbol{D} \cdot \partial\boldsymbol{E}\, \mathrm{d}\tau = \int_\infty \boldsymbol{E} \cdot \partial\boldsymbol{D}\, \mathrm{d}\tau + \int_\infty \boldsymbol{E}\,\delta\boldsymbol{l} \cdot \operatorname{div} \boldsymbol{D}\, \mathrm{d}\tau - \int_\infty \boldsymbol{E} \cdot \operatorname{rot}(\delta\boldsymbol{l} \times \boldsymbol{D})\, \mathrm{d}\tau. \tag{6.2-27}$$

Hier ist aber das dritte Integral rechts vom Gleichheitszeichen

$$\int_\infty \boldsymbol{E} \cdot \operatorname{rot}(\delta\boldsymbol{l} \times \boldsymbol{D})\, \mathrm{d}\tau = \int_\infty (\delta\boldsymbol{l} \times \boldsymbol{D}) \cdot \operatorname{rot} \boldsymbol{E}\, \mathrm{d}\tau = 0,$$

die erste Gleichung wegen der eingangs genannten ersten Voraussetzung, daß das System nicht unendlich ausgedehnt ist,[2] die zweite wegen der Voraussetzung, daß das elektrische Feld ein quasistatisches ist, $\operatorname{rot} \boldsymbol{E} = 0$. Übrig bleiben die zweiten Integrale rechts und links vom Gleichheitszeichen in Gl. (27); ihre Gleichheit ist nachzuwiesen. Mit $\boldsymbol{E} = -\operatorname{grad} \varphi$ wegen $\operatorname{rot} \boldsymbol{E} = 0$ wird links vom Gleichheitszeichen

$$\int_\infty \boldsymbol{D} \cdot \partial\boldsymbol{E}\, \mathrm{d}\tau = -\int_\infty \boldsymbol{D} \cdot \partial \operatorname{grad} \varphi\, \mathrm{d}\tau = -\int_\infty \boldsymbol{D} \cdot \operatorname{grad}(\partial\varphi)\, \mathrm{d}\tau$$
$$= \int_\infty \partial\varphi \cdot \operatorname{div} \boldsymbol{D}\, \mathrm{d}\tau;$$

---

[1] Vgl. J. Fischer, Z. f. angew. Phys. 30 (1970) 184—189, insbes. S. 188/89.

[2] die $\oint \boldsymbol{E} \times (\delta\boldsymbol{l} \times \boldsymbol{D}) \cdot \mathrm{d}\boldsymbol{a} = 0$ für $a \to \infty$ zur Folge hat, vgl. Abschnitt A.7.18 (2).

die letzte Gleichung nach der in Abschnitt A.7.18 (3) angegebenen geometrischen Beziehung und wiederum wegen der eingangs genannten ersten Voraussetzung. Mit $\partial\varphi = -\delta \boldsymbol{l} \cdot \operatorname{grad} \varphi = \delta \boldsymbol{l} \cdot \boldsymbol{E}$ wird

$$\int_\infty \boldsymbol{D}\, \partial \boldsymbol{E}\, \mathrm{d}\tau = \int_\infty \delta \boldsymbol{l} \cdot \boldsymbol{E} \cdot \operatorname{div} \boldsymbol{D}\, \mathrm{d}\tau$$

in Übereinstimmung mit dem zweiten Ausdruck rechts vom Gleichheitszeichen in Gl. (27). Die in Gl. (26) behauptete Gleichheit ist nachgewiesen und damit die Berechtigung der in Gl. (17, 18) angegebenen Kräftefunktion $V_\mathrm{e}$.

### Nachweis der magnetischen Kräftefunktion

In Gl. (8) war allgemein erhalten worden

$$\mathrm{d}W_\mathrm{m} + \mathrm{d}A_\mathrm{m} = \int_\infty \boldsymbol{H} \cdot \mathrm{d}'\boldsymbol{B}\, \mathrm{d}\tau;$$

der Ansatz Gl. (18) für $V_\mathrm{m}$ hatte die Beziehung Gl. (20)

$$\mathrm{d}W_\mathrm{m} + \mathrm{d}V_\mathrm{m} = \mathrm{d} \int_\infty \boldsymbol{B} \cdot \boldsymbol{H}\, \mathrm{d}\tau$$

zur Folge. Er ist also, mit $\mathrm{d}A_\mathrm{m} = \mathrm{d}V_\mathrm{m}$, gerechtfertigt, wenn die Gleichheit

$$\mathrm{d} \int_\infty \boldsymbol{B} \cdot \boldsymbol{H}\, \mathrm{d}\tau = \int_\infty \boldsymbol{H} \cdot \mathrm{d}'\boldsymbol{B}\, \mathrm{d}\tau \tag{6.2-28}$$

besteht. Um sie nachzuweisen, muß man einen etwas anderen Weg gehen als im Falle der elektrischen Kräftefunktion, etwa den folgenden: Wir beginnen wieder damit, links vom Gleichheitszeichen das totale Differential auszuschreiben; rechts vom Gleichheitszeichen berücksichtigen wir $\mathrm{d}'\boldsymbol{B} = \partial \boldsymbol{B} - \operatorname{rot}(\delta \boldsymbol{l} \times \boldsymbol{B})$ und erhalten

$$\int_\infty \boldsymbol{H} \cdot \partial \boldsymbol{B}\, \mathrm{d}\tau + \int_\infty \boldsymbol{B} \cdot \partial \boldsymbol{H}\, \mathrm{d}\tau = \int_\infty \boldsymbol{H} \cdot \partial \boldsymbol{B}\, \mathrm{d}\tau - \int_\infty \boldsymbol{H} \cdot \operatorname{rot}(\delta \boldsymbol{l} \times \boldsymbol{B})\, \mathrm{d}\tau. \tag{6.2-29}$$

Die rechte Seite dieser Gleichung läßt sich umformen:

$$-\int_\infty \boldsymbol{H} \cdot \operatorname{rot}(\delta \boldsymbol{l} \times \boldsymbol{B})\, \mathrm{d}\tau = -\int_\infty (\delta \boldsymbol{l} \times \boldsymbol{B}) \cdot \operatorname{rot} \boldsymbol{H}\, \mathrm{d}\tau = -\int_\infty (\delta \boldsymbol{l} \times \boldsymbol{B}) \cdot \boldsymbol{S}\, \mathrm{d}\tau;$$

die erste Gleichung nach der in Abschnitt A.7.18 (2) angegebenen rein geometrischen Beziehung unter Berufung auf die eingangs genannte erste Voraussetzung, die zweite, weil ausdrücklich das Feld als quasistationär vorausgesetzt worden ist. Für die linke Seite von Gl. (29)

schreiben wir mit $\boldsymbol{B} = \operatorname{rot} \boldsymbol{A}$ wegen $\operatorname{div} \boldsymbol{B} = 0$ unter Benutzung der gleichen geometrischen und physikalischen Beziehungen

$$\int_\infty \boldsymbol{B} \cdot \partial \boldsymbol{H} \, \mathrm{d}\tau = \int_\infty \operatorname{rot} \boldsymbol{A} \cdot \partial \boldsymbol{H} \, \mathrm{d}\tau = \int_\infty \boldsymbol{A} \cdot \operatorname{rot} (\partial \boldsymbol{H}) \, \mathrm{d}\tau$$

$$= \int_\infty \boldsymbol{A} \cdot \partial \operatorname{rot} \boldsymbol{H} \, \mathrm{d}\tau = \int_\infty \boldsymbol{A} \cdot \partial \boldsymbol{S} \, \mathrm{d}\tau.$$

Nach oben genannter Voraussetzung haftet die Strömung $\boldsymbol{S}$ an der Materie:

$$\mathrm{d}'\boldsymbol{S} = \partial \boldsymbol{S} + \delta \boldsymbol{l} \cdot \operatorname{div} \boldsymbol{S} - \operatorname{rot} (\delta \boldsymbol{l} \times \boldsymbol{S}) = 0;$$

hierin ist $\operatorname{div} \boldsymbol{S} = 0$, weil das Feld quasistationär vorausgesetzt ist; also ist $\partial \boldsymbol{S} = \operatorname{rot} (\delta \boldsymbol{l} \times \boldsymbol{S})$ und somit unter Benutzung der bekannten Beziehungen

$$\int_\infty \boldsymbol{B} \cdot \partial \boldsymbol{H} \, \mathrm{d}\tau = \int_\infty \boldsymbol{A} \cdot \operatorname{rot} (\delta \boldsymbol{l} \times \boldsymbol{B}) \, \mathrm{d}\tau = \int_\infty (\delta \boldsymbol{l} \times \boldsymbol{S}) \cdot \operatorname{rot} \boldsymbol{A} \, \mathrm{d}\tau$$

$$= \int_\infty (\delta \boldsymbol{l} \times \boldsymbol{S}) \cdot \boldsymbol{B} \, \mathrm{d}\tau.$$

Indem wir nun diese linke Seite der Gl. (29) mit der umgeformten rechten Seite vergleichen, erhalten wir

$$\int_\infty (\delta \boldsymbol{l} \times \boldsymbol{S}) \cdot \boldsymbol{B} \, \mathrm{d}\tau = - \int_\infty (\delta \boldsymbol{l} \times \boldsymbol{B}) \cdot \boldsymbol{S} \, \mathrm{d}\tau;$$

die Integranden sind gleich nach dem Vertauschungssatz. Die in Gl. (28) behauptete Gleichheit ist nachgewiesen und damit die Berechtigung der in Gl. (17, 18) angegebenen Kräftefunktion $V_\mathrm{m}$.[1]

## 6.3 Nichtlineare Dielektrika: Feldkräfte, Kapazitätskoeffizienten, Kondensator

### Die Kräfte des quasistatischen elektrischen Feldes im allgemeinen Fall

Bei Lageänderungen der Körper ist nach Gl. (6.2-17, 18, 19) die Arbeit der Feldkräfte aus

$$\partial A_\mathrm{e} = \partial V_\mathrm{e} = \partial \int_\infty \mathrm{d}\tau \int_0^E \boldsymbol{D} \cdot \mathrm{d}\boldsymbol{E} \qquad (6.3\text{-}1)$$

[1] Läßt man in der ersten Maxwellschen Gleichung, hier Gl. (1), das Glied $\mathrm{d}'\boldsymbol{D}/\mathrm{d}t$ unberücksichtigt, so erhält man nur $V_\mathrm{m}$, also nur die stationären (quasistationären) magnetischen Feldkräfte. So ist Cohn a. a. O. vorgegangen. Daß $V_\mathrm{e}$ analog zu $V_\mathrm{m}$ gebaut ist, ist selbstverständlich keineswegs überraschend. Aber die feldtheoretischen Nachweise der beiden Kräftefunktionen sind, wie man sieht, verschieden voneinander.

zu bestimmen. Wir sehen zunächst von Trägern permanenter Polarisation ab: $\boldsymbol{P}_p = 0$ in Gl. (6.1-4). Bei Lageänderungen ändert sich im festen Raumelement die Permittivität $\varepsilon(E)$ auch bei konstantem $E$ eben infolge der Verrückungen, so daß im festen Raumpunkt gilt

$$\partial D = E\,\partial\varepsilon. \tag{6.3-2}$$

Damit wird

$$\partial A_e = \partial V_e = \int_\infty \boldsymbol{D}\cdot\partial\boldsymbol{E}\,\mathrm{d}\tau + \int_\infty \mathrm{d}\tau \int_0^E \partial\varepsilon\cdot\boldsymbol{E}\cdot\partial\boldsymbol{E}. \tag{6.3-3}$$

Für den ersten Ausdruck rechts vom Gleichheitszeichen kann man schreiben

$$\int_\infty \boldsymbol{D}\cdot\partial\boldsymbol{E}\,\mathrm{d}\tau = -\int_\infty \boldsymbol{D}\cdot\partial\,(\operatorname{grad}\varphi)\,\mathrm{d}\tau = -\int_\infty \boldsymbol{D}\cdot\operatorname{grad}(\partial\varphi)\,\mathrm{d}\tau$$

weil die Änderungen quasistatisch vor sich gehen. Nach dem Satz von Gauß und mit Gl. (A.7.18-3) ist

$$\int_\tau \{\boldsymbol{D}\cdot\operatorname{grad}(\mathrm{d}\varphi) + \partial\varphi\cdot\operatorname{div}\boldsymbol{D}\}\,\mathrm{d}\tau = \oint(\boldsymbol{D}\cdot\partial\varphi)\cdot\mathrm{d}\boldsymbol{a};$$

mit $\tau\to\infty$ verschwindet das Hüllenintegral, wenn, wie wir voraussetzen, alle Ladungsträger innerhalb eines *endlichen* Volumens liegen. Somit wird

$$\int_\infty \boldsymbol{D}\cdot\partial\boldsymbol{E}\,\mathrm{d}\tau = \int_\infty \partial\varphi\cdot\operatorname{div}\boldsymbol{D}\,\mathrm{d}\tau.$$

Mit $\partial\varphi = -\delta\boldsymbol{l}\cdot\operatorname{grad}\varphi$, vgl. Abschnitt A.7.19 (3), und $\boldsymbol{E} = -\operatorname{grad}\varphi$ wird also schließlich

$$\int_\infty \boldsymbol{D}\cdot\partial\boldsymbol{E}\,\mathrm{d}\tau = \int_\infty \delta\boldsymbol{l}\cdot\boldsymbol{E}\cdot\operatorname{div}\boldsymbol{D}\,\mathrm{d}\tau. \tag{6.3-3a}$$

Für den zweiten Ausdruck rechts vom Gleichheitszeichen in Gl. (3) beachten wir, daß die Eigenschaftsgröße $\varepsilon$ bei Verrückungen $\delta\boldsymbol{l}$ voraussetzungsgemäß an der Materie haftet:

$$\mathrm{d}\varepsilon = \partial\varepsilon + \delta\boldsymbol{l}\cdot\operatorname{grad}\varepsilon = 0,$$

daher wird

$$\int_\infty \mathrm{d}\tau \int_0^E \partial\varepsilon\cdot\boldsymbol{E}\cdot\partial\boldsymbol{E} = -\int_\infty \mathrm{d}\tau\,\delta\boldsymbol{l}\int_0^E \boldsymbol{E}\,\partial\boldsymbol{E}\operatorname{grad}\varepsilon. \tag{6.3-4}$$

Die Arbeit $\partial A_e$ können wir also schreiben

$$\partial A_e = \int_\infty \delta\boldsymbol{l}\cdot(\boldsymbol{f}_1 + \boldsymbol{f}_2)\,\mathrm{d}\tau \tag{6.3-5}$$

mit den räumlichen Kraftdichten

$$\boldsymbol{f}_1 = \boldsymbol{E}\operatorname{div}\boldsymbol{D}, \tag{6.3-6}$$

$$\boldsymbol{f}_2 = -\int_0^E \operatorname{grad}\varepsilon(E)\,\boldsymbol{E}\,\partial\boldsymbol{E} \tag{6.3-7}$$

nach Gl. (3a) und (4). Die Kraftdichte $\boldsymbol{f}_1$ hat die Richtung von $\boldsymbol{E}$ und tritt dort auf, wo $\boldsymbol{D}$ Quellen hat; mit $\boldsymbol{D} = \boldsymbol{E}\cdot\varepsilon(E)$ und $\operatorname{div}\boldsymbol{D} = \eta$ wird auch

$$\boldsymbol{f}_1 = \boldsymbol{E}\operatorname{div}(\boldsymbol{E}\cdot\varepsilon(E)) = \boldsymbol{E}\cdot\eta; \tag{6.3-8}$$

der aus der Proportionaltheorie her bekannte Ausdruck $\boldsymbol{f}_1 = \boldsymbol{E}\cdot\eta$ gilt also allgemein. Die Kraftdichte $\boldsymbol{f}_2$ hat die Richtung von $-\operatorname{grad}\varepsilon$, also der stärksten örtlichen Abnahme der Permittivität $\varepsilon(E)$. Für $\varepsilon = \text{const}_E$ wird

$$\boldsymbol{f}_2 = -\tfrac{1}{2}E^2\operatorname{grad}\varepsilon, \tag{6.3-9}$$

wie bekannt. Den räumlichen Kraftdichten $\boldsymbol{f}_1$ und $\boldsymbol{f}_2$ entsprechen flächenhafte Kraftdichten an Sprungflächen, dort also, wo $\operatorname{Div}\boldsymbol{D} = \sigma$ und dort, wo $\operatorname{Grad}\varepsilon(E) \neq 0$ ist.

Wenn man noch Träger permanenter Polarisation mit der für diese gegebenen Auslegung der Gl. (6.1-4) hinzunimmt, so steht

$$\partial\boldsymbol{D} = \boldsymbol{E}\cdot\partial\varepsilon + \partial\boldsymbol{P}_\mathrm{p} \tag{6.3-10}$$

an Stelle von Gl. (2); zu den zwei Ausdrücken links vom Gleichheitszeichen in Gl. (3) kommt additiv $\int_\infty \boldsymbol{E}\cdot\partial\boldsymbol{P}_\mathrm{p}\,\mathrm{d}\tau$ hinzu. Bezeichnet bei einer Verrückung $\mathrm{d}'\boldsymbol{P}$ die Änderung eines Vektors $\boldsymbol{P}$ im fixierten materiellen Punkt, $\partial\boldsymbol{P}$ die im festen Raumpunkt, so besteht rein geometrisch der Zusammenhang

$$\mathrm{d}'\boldsymbol{P} = \partial\boldsymbol{P} + \delta\boldsymbol{l}\cdot\operatorname{div}\boldsymbol{P} - \operatorname{rot}(\delta\boldsymbol{l}\times\boldsymbol{P}),$$

vgl. Abschnitt A.7.19 (8). Nun haftet bei einer Verrückung $\delta\boldsymbol{l}$ die permanente Polarisation an der Materie, $\mathrm{d}'\boldsymbol{P}_\mathrm{p} = 0$, daher wird

$$\int_\infty \boldsymbol{E}\cdot\partial\boldsymbol{P}_\mathrm{p}\,\mathrm{d}\tau = \int_\infty \operatorname{rot}(\delta\boldsymbol{l}\times\boldsymbol{P}_\mathrm{p})\cdot\boldsymbol{E}\,\mathrm{d}\tau - \int_\infty \boldsymbol{E}\cdot\delta\boldsymbol{l}\cdot\operatorname{div}\boldsymbol{P}_\mathrm{p}\,\mathrm{d}\tau.$$

Für das erste Integral rechts vom Gleichheitszeichen gilt

$$\int_\infty \operatorname{rot}(\delta\boldsymbol{l}\times\boldsymbol{P}_\mathrm{p})\cdot\boldsymbol{E}\,\mathrm{d}\tau = \int_\infty (\delta\boldsymbol{l}\times\boldsymbol{P}_\mathrm{p})\cdot\operatorname{rot}\boldsymbol{E}\,\mathrm{d}\tau.$$

Nach dem Satz von Gauß ist nämlich die Differenz der rechts und links vom Gleichheitszeichen stehenden Integrale der Hüllenfluß

$$\oint \boldsymbol{E}\times(\delta\boldsymbol{l}\times\boldsymbol{P}_\mathrm{p})\cdot\mathrm{d}\boldsymbol{a};$$

mit $\tau \to \infty$ verschwindet dieser, wenn, wie vorausgesetzt worden ist, alle Körper im endlichen Volumen liegen. Vgl. Abschnitt A.7.18(2). Mit $\operatorname{rot} \boldsymbol{E} = 0$ wegen der vorausgesetzten quasistatischen Änderungen verschwindet dieses Integral und es wird

$$\int_{\infty} \boldsymbol{E} \cdot \partial \boldsymbol{P}_{\mathrm{p}} \,\mathrm{d}\tau = -\int_{\infty} \delta \boldsymbol{l} \cdot \boldsymbol{E} \cdot \operatorname{div} \boldsymbol{P}_{\mathrm{p}} \,\mathrm{d}\tau = \int_{\infty} \delta \boldsymbol{l} \cdot \boldsymbol{f}_3 \,\mathrm{d}\tau \qquad (6.3\text{-}11)$$

mit der räumlichen Kraftdichte

$$\boldsymbol{f}_3 = -\boldsymbol{E} \operatorname{div} \boldsymbol{P}_{\mathrm{p}}; \qquad (6.3\text{-}12)$$

sie hat die Richtung $-\boldsymbol{E}$ und ist durch die Quellen der permanenten Polarisation $\boldsymbol{P}_{\mathrm{p}}$ bestimmt. Durch Rückgriff auf Gl. (6.1-4) ist also auch

$$\boldsymbol{f}_3 = -\boldsymbol{E} \operatorname{div} (\boldsymbol{D} - \varepsilon_{\mathrm{p}} \boldsymbol{E}); \qquad (6.3\text{-}13)$$

in der Differenz $\boldsymbol{D} - \varepsilon_{\mathrm{p}} \boldsymbol{E}$ erkennt man, daß die permanente Polarisation und also $\boldsymbol{f}_3$ in der Erscheinung der Hysterese die Ursache hat. Man kann schließlich durch

$$-\operatorname{div} \boldsymbol{P}_{\mathrm{p}} = \eta_{\mathrm{pp}} \qquad (6.3\text{-}14)$$

die räumliche Dichte der permanenten elektrischen Polarisationsladung definieren, um zu erhalten

$$\boldsymbol{f}_3 = \boldsymbol{E} \eta_{\mathrm{pp}}; \qquad (6.3\text{-}15)$$

dabei gilt natürlich

$$\int_{\tau} \eta_{\mathrm{pp}} \,\mathrm{d}\tau = \oint \boldsymbol{P}_{\mathrm{p}} \cdot \mathrm{d}\boldsymbol{a} = 0, \qquad (6.3\text{-}16)$$

wenn die Fläche $a$ den permanent polarisierten Körper (Elektret) ganz einhüllt. Bei polarisierten Körpern liegt es nahe, Oberflächen-Polarisationsladungen, hier mit der Flächendichte $\sigma_{\mathrm{pp}} = -\operatorname{Div} \boldsymbol{P}_{\mathrm{p}}$, einzuführen. (Man denke an die übliche Idealisierung des geraden, zylindrischen, längsmagnetisierten permanenten Stabmagneten.)

### Beziehungen zwischen elektrischen Ladungen (Flüssen) und Potentialen (Spannungen). Kapazitätskoeffizienten

Die Lage aller Körper und die Verteilung der Ladungen sei gegeben, einfachheitshalber sei $\boldsymbol{P}_{\mathrm{p}} = 0$ angenommen. Dann können die gesuchten allgemeinen Beziehungen gefunden werden, indem man die Änderung $\delta V_{\mathrm{e}}$ der Kräftefunktion $V_{\mathrm{e}}$ untersucht, die eintritt, wenn diese Verteilung bei festgehaltener gegenseitiger Lage der Körper eine unendlich kleine Veränderung erfährt. Es ist dann

$$\delta V_{\mathrm{e}} = \int_{\infty} \boldsymbol{D} \cdot \delta \boldsymbol{E} \,\mathrm{d}\tau. \qquad (6.3\text{-}17)$$

Teilen wir den felderfüllten Raum ein in Feldröhren mit jeweils der Leitlinie $s$ und dem Querschnitt $\mathrm{d}a$, so daß also $\mathrm{d}\tau = \mathrm{d}s\,\mathrm{d}a$ wird und der elektrische Fluß $\mathrm{d}\Psi = D_n\,\mathrm{d}a$ entlang jeder Leitlinie konstant ist, so wird

$$\delta V_e = \int_s \delta E_s\,\mathrm{d}s \int_a D_n\,\mathrm{d}a = \delta \int_s E_s\,\mathrm{d}s \int_a \mathrm{d}\Psi \tag{6.3-18}$$

oder auch, indem man von der Integralschreibweise zur Summenschreibweise übergeht,

$$\delta V_e = \sum_1^n \delta\varphi_k \Psi_k. \tag{6.3-19}$$

Jeden (Teil-)Fluß $\Psi_k$ aber kann man gleichsetzen mit der Gesamtladung $Q_k$ eines Ladungsträgers:

$$\delta V_e = \sum_1^n \delta\varphi_k Q_k; \tag{6.3-20}$$

$\varphi_k$ ist dann das Potential des $k$-ten von $n$ Ladungsträgern. Es wird also nicht nur $F_q$ nach Gl. (6.2-18a) durch $\delta V_e$ bestimmt, sondern es ist auch

$$\frac{\partial V_e}{\partial \varphi_k} = Q_k \quad \text{und} \quad \frac{\partial^2 V_e}{\partial \varphi_k^2} = \frac{\partial Q_k}{\partial \varphi_k}, \tag{6.3-21}$$

ferner

$$\frac{\partial^2 V_e}{\partial \varphi_k\,\partial q} = \frac{\partial Q_k}{\partial q} = \frac{\partial F_q}{\partial \varphi_k}, \tag{6.3-22}$$

die zweite Gleichung ist als grundlegender allgemeiner Zusammenhang bemerkenswert.

Unter der Voraussetzung proportional wirkender Dielektrika war in Abschnitt 2.12, Gln. (2.12-36, 37, 39, 39a) gefunden worden

$$\begin{aligned} W_e &= \tfrac{1}{2}\sum_1^n \varphi_k Q_k = \tfrac{1}{2}\sum_1^n \varphi_i \sum_1^n \beta_{ik}\varphi_k \\ &= \tfrac{1}{2}\beta_{11}\varphi_1^2 + \beta_{12}\varphi_1\varphi_2 + \cdots + \beta_{nn}\varphi_n^2, \end{aligned} \tag{6.3-23}$$

so daß, wenn man $W_e$ als Funktion der $\varphi$ auffaßt, die Beziehungen gelten:

$$\frac{\partial W_e}{\partial \varphi_k} = Q_k \tag{6.3-24}$$

und

$$\frac{\partial^2 W_e}{\partial \varphi_k\,\partial \varphi_i} = \frac{\partial Q_k}{\partial \varphi_i} = \beta_{ki} = \frac{\partial Q_i}{\partial \varphi_k} = \beta_{ik}, \quad k = i\colon \quad \frac{\partial^2 W_e}{\partial \varphi_i^2} = \frac{\partial Q_i}{\partial \varphi_i} = \beta_{ii}. \tag{6.3-25}$$

Die Kapazitätskoeffizienten $\beta$ sind dort *Konstanten*, unabhängig von den Ladungen und daher von den Potentialen. *Im allgemeinen Falle* werden also die $Q_k$ nicht nach Gl. (24) durch $\partial W_e/\partial\varphi_k$ bestimmt, sondern durch $\partial V_e/\partial\varphi_k$ nach Gl. (21).

Offensichtlich ist

$$\frac{\partial Q_i}{\partial\varphi_k} = \beta_{ik} \tag{6.3-26}$$

eine *allgemeine* (zudem anschauliche) und unmittelbare Definition der Kapazitätskoeffizienten $\beta$; sie ist nicht an die Ableitung aus $W_e$ nach Gl. (25) und damit an die Proportionaltheorie gebunden. Die Feldenergie kann man also so ausdrücken:

$$W_e = \frac{1}{2}\sum_1^n \varphi_i \sum_1^n \frac{\partial Q_k}{\partial\varphi_i}\varphi_k. \tag{6.3-27}$$

Im allgemeinen (nichtlinearen) Falle gilt für die Kapazitätskoeffizienten wegen der ersten Gl. (21) und der Definition Gl. (26)

$$\frac{\partial Q_i}{\partial\varphi_k} = \beta_{ik} = \frac{\partial^2 V_e}{\partial\varphi_k\,\partial\varphi_i} = \frac{\partial Q_k}{\partial\varphi_i} = \beta_{ki}, \quad k = i: \quad \frac{\partial^2 V_e}{\partial\varphi_i^2} = \beta_{ii}. \tag{6.3-28}$$

Die Kapazitätskoeffizienten sind also auch im allgemeinen Falle sinnvoll definiert, sie sind dann eindeutige Funktionen der Potentiale (Konstanten nur für $V_e = W_e$). Bemerkenswert ist, daß also auch die Beziehung $\beta_{ki} = \beta_{ik}$ allgemein gilt.

Für die auf diese Weise allgemein definierten Kapazitätskoeffizienten lassen sich noch einige wichtige Eigenschaften nachweisen:

Als allgemeines Charakteristikum der Elektrisierungskurven war der Erfahrungssachverhalt genannt worden, daß $D = E\varepsilon(E)$ sich immer gleichsinnig mit $E$ ändert (die Steigung der Elektrisierungskurven ist nicht negativ), siehe insbesondere Abb. 6.1b. Unter dieser Voraussetzung ist $\delta D\,\delta E$ eine Größe, die nicht negativ werden kann. Daher ist auch

$$\int_\infty \delta D\,\delta E\,\mathrm{d}\tau = \sum_1^n \delta\varphi_k\,\delta Q_k = \sum_k \delta\varphi_k \sum_i \frac{\partial Q_k}{\partial\varphi_i}\delta\varphi_i$$
$$= \beta_{11}(\delta\varphi_1)^2 + 2\beta_{12}\delta\varphi_1\delta\varphi_2 + \cdots + \beta_{nn}(\delta\varphi_n)^2 \geqq 0. \tag{6.3-29}$$

Diese Summe ist für willkürliche Werte der $\delta\varphi$ dann positiv, wenn alle $\beta_{ii}$ und alle symmetrischen Determinanten der $\beta$ positiv sind. Es ist also zum Beispiel

$$\beta_{11} \geqq 0, \quad \beta_{22} \geqq 0, \quad \beta_{11}\beta_{22} - \beta_{12}^2 \geqq 0. \tag{6.3-30}$$

Insbesondere die dritte Beziehung kann man kaum als naheliegend bezeichnen, wenn man bedenkt, daß die in ihr enthaltenen Größen Funktionen und nicht Konstanten sind. Aus ihr folgt, daß

$$(\beta_{12})_{\max} = +\sqrt{\beta_{11}\beta_{22}} \tag{6.3-31}$$

der größtmögliche Wert der Funktion $\beta_{12}$ ist.

Man kann die Beziehungen (30) auch wie folgt elementar beweisen: setzt man erstens alle $\delta\varphi = 0$, ausgenommen $\delta\varphi_1$, so muß, Gl. (29) vorausgesetzt, $\beta_{11} \geqq 0$ sein, und so fort. Setzt man zweitens alle $\delta\varphi = 0$, ausgenommen $\delta\varphi_1$ und $\delta\varphi_2$, so ist die Summe $\beta_{11}(\delta\varphi_1)^2 + 2\beta_{12}\,\delta\varphi_1\,\delta\varphi_2 + \beta_{22}(\delta\varphi_2)^2$ bei willkürlich angenommenem und konstant gehaltenem $\delta\varphi_1$ eine Funktion von $\delta\varphi_2$, deren Minimum für $\delta\varphi_2 = -(\beta_{12}/\beta_{22})\,\delta\varphi_1$ eintritt und den Wert

$$(\delta\varphi_1)^2 \left\{\beta_{11} - \frac{\beta_{12}^2}{\beta_{22}}\right\}$$

hat. Da dieses Minimum nach Voraussetzung nicht negativ werden kann, muß sein $\beta_{11}\beta_{22} - \beta_{12}^2 \geqq 0$.

## Kondensator. Arbeit der Feldkräfte

Die zwei Elektroden des Kondensators mögen aus der gleichen leitenden Substanz bestehen, das Feld sei vollständig, andere Ladungen als die auf der Oberfläche der Elektroden liegenden vom Betrage $Q$ seien nicht vorhanden, der Feldraum sei mit isotroper dielektrischer Substanz in beliebiger Verteilung ausgefüllt, jedoch so, daß in jedem Volumenelement

$$w_e = \int_0^E \boldsymbol{E} \cdot \mathrm{d}\boldsymbol{D}$$

bestimmt werden kann. Dann wird nach Gl. (6.2-11) die elektrische Feldenergie $W_e$ durch Integration von $w_e$ über das ganze felderfüllte Volumen gegeben. Es sei $\boldsymbol{P}_p = 0$. – Wir teilen das Feld zwischen den beiden Elektroden in Feldröhren ein, wählen eine von ihnen und betrachten in dieser ein unendlich kleines Volumenelement mit dem Querschnitt $\mathrm{d}a$ und der Höhe $\mathrm{d}s$; also $\mathrm{d}\tau = \mathrm{d}s\,\mathrm{d}a$. Dann ist die elektrische Spannung zwischen zwei um $\mathrm{d}s$ voneinander entfernten Querschnitten der Röhre $\mathrm{d}U = E_s\,\mathrm{d}s$; der elektrische Fluß durch den Querschnitt $\mathrm{d}a$ ist $D_n\,\mathrm{d}a = \mathrm{d}\Psi$, und es ist $\mathrm{d}\Psi = \mathrm{d}Q$, denn die Röhre endet auf den Elektrodenoberflächen. Die Ausführung der Integration ergibt dann

$$W_e = \int_0^Q U\,\mathrm{d}Q; \tag{6.3-32}$$

$U$ ist die Spannung zwischen den Elektroden, $Q$ deren Ladung. Die Kräftefunktion $V_e$ nach Gl. (6.2-17, 18) wird entsprechend gefunden zu

$$V_e = \int_0^U Q\,\mathrm{d}U; \tag{6.3-33}$$

es ist

$$W_e + V_e = UQ, \tag{6.3-34}$$

wie aus Gl. (6.2-20) bekannt ist. Abb. 6.2 veranschaulicht die Verhältnisse und zeigt zugleich die Größen $C(U) = Q/U$ und $C_d(U) = dQ/dU$.

Die gegenseitige Lage der Elektroden möge durch einen einzigen Lageparameter $q$ beschrieben werden können, zum Beispiel durch den Abstand paralleler, ebener Platten beim Plattenkondensator; $q$ sei

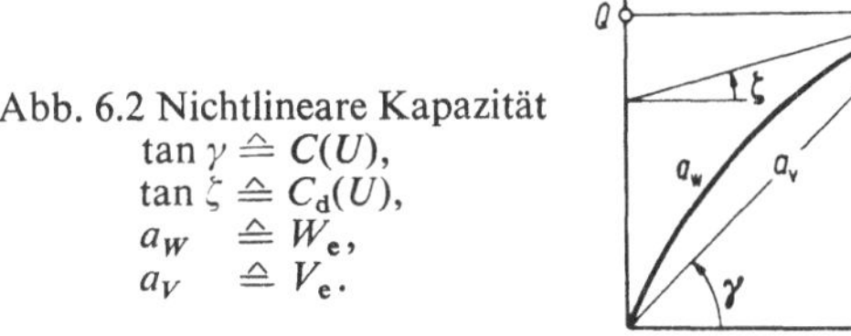

Abb. 6.2 Nichtlineare Kapazität
$\tan\gamma \triangleq C(U)$,
$\tan\zeta \triangleq C_d(U)$,
$a_W \triangleq W_e$,
$a_V \triangleq V_e$.

variabel. Zu jedem Wert des Lageparameters $q$ gehört eine Kurve $U = U(Q)$. In Abb. 6.3a sind zwei Kurven $Q(U)$ hervorgehoben, die zwei Werten $q_1, q_2$ des Lageparameters zugehören. Geschieht nun in einem quasistatischen Vorgang eine Veränderung von der Ausgangslage ($q_1$) in die Endlage ($q_2$), im Beispiel etwa eine Verkleinerung des Abstandes der Platten, so durchläuft der Zustandspunkt $(U, Q)$ vom Anfangswert $(U_1, Q_1)$, dem der Wert $W_{e1} = \int_0^{Q_1} U\,dQ$ der Energie entspricht, eine durch die Art der Lageänderung diktierte Übergangskurve zu einem Endwert $(U_2, Q_2)$, dem der Wert $W_{e2} = \int_0^{Q_2} U\,dQ$ der Energie entspricht. Während des Vorganges wird, da im allgemeinen weder $U$ noch $Q$ konstant bleiben, von der mit dem Kondensator verbundenen elektrischen Quelle die Energie

$$W = \int_{Q_1}^{Q_2} U\,dQ \tag{6.3-35}$$

zugebracht; das Integral ist entlang der Übergangskurve zu verstehen und ist in Abb. 6.3a durch die Fläche $a$ dargestellt. Diese Energie $W$ ist zum Teil Änderung der elektrischen Feldenergie $W_{e1} - W_{e2}$, zum Teil Arbeit der Feldkräfte $A_{12}$ bei der Lageänderung der Elektroden:

$$W = A_{12} + W_{e2} - W_{e1}; \tag{6.3-36}$$

die Differenz $W_{e2} - W_{e1}$ ist in Abb. 6.3b durch die Differenz $a_2 - a_1$ der Flächen $a_2$ und $a_1$ dargestellt, daher wird die Arbeit $A_{12}$ der Feldkräfte durch die Fläche $a_A$ in Abb. 6.3c dargestellt; es ist entstanden

$$A_{12} = \int_{Q_1}^{Q_2} U\,dQ - (W_{e2} - W_{e1}) \tag{6.3-37}$$

durch Integration von

$$d_q A = U\,dQ - dW_e. \tag{6.3-38}$$

Einfacher und schneller wird das Ergebnis mit Hilfe der Kräftefunktion $V_e$ erhalten, die ja eigens für Aufgaben dieser Art in Abschnitt 6.2 aus dem Energieprinzip abgeleitet wurde: Sie ist hier Funktion der Variabeln $U$ und $q$; das totale Differential von $V_e(U, q)$ ist

$$dV_e = \frac{\partial V_e}{\partial U}\,dU + \frac{\partial V_e}{\partial q}\,dq. \tag{6.3-39}$$

Nun ist $\frac{\partial V_e}{\partial U} = Q$ gemäß Gl. (21) und $\frac{\partial V_e}{\partial q}\,dq = d_q A$ wegen Gl. (6.2-18a), beides in voller Allgemeinheit. Also ist

$$d_q A = dV_e - Q\,dU \tag{6.3-40}$$

und für das vorliegende Beispiel integriert

$$A_{12} = V_{e2} - V_{e1} - \int_{U_1}^{U_2} Q\,dU. \tag{6.3-41}$$

Das dritte Integral ist entlang der Übergangskurve vom Zustandspunkt (1) zum Zustandspunkt (2) zu verstehen, die beiden ersten gemäß Gl. (33) mit den oberen Grenzen $U_2$ und $U_1$. – In Abb. 6.3c entspricht daher die Fläche mit dem Rand $\overline{0, U_2, (2), 0}$ dem Wert $V_{e2}$, die Fläche mit dem Rand $\overline{0, U_1, (1), 0}$ dem Wert $V_{e1}$, die Fläche mit dem Rand

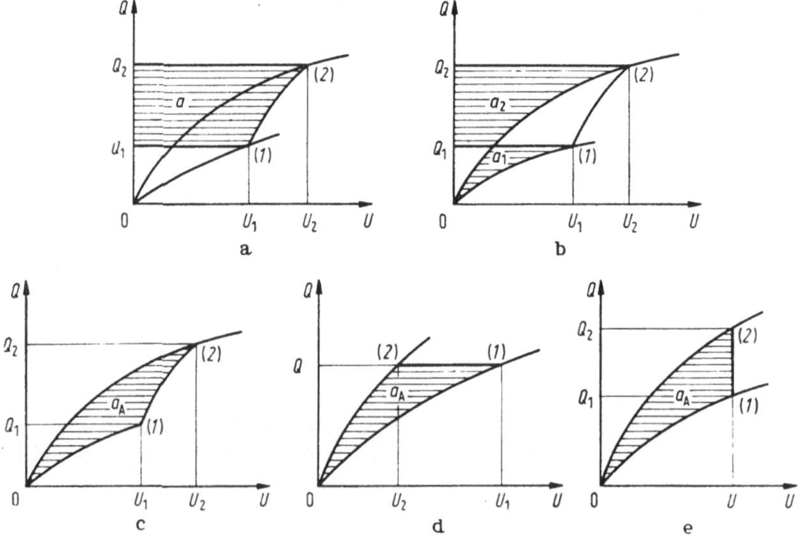


Abb. 6.3 Feldenergie und Arbeit der Feldkräfte.
a) $a \triangleq W$; b) $a_2 - a_1 \triangleq W_{e2} - W_{e1}$; c), d) und e) $a_A \triangleq A_{12}$.

$\overline{U_1, U_2, (2), (1), U_1}$ dem dritten Integral; daher wird, wie unmittelbar ersichtlich, die Arbeit $A_{12}$ durch die Fläche $a_A$ mit dem Rand $\overline{0, (1)}$, $\overline{(2), 0}$ dargestellt.

Die beiden Darstellungen, Gl. (37) und (41), von $A_{12}$ sind miteinander gleichbedeutend: Setzt man nämlich die beiden Ausdrücke Gln. (38) und (40) für $\mathrm{d}_q A$ einander gleich, so entsteht

$$\mathrm{d}V_\mathrm{e} + \mathrm{d}W_\mathrm{e} = Q\,\mathrm{d}U + U\,\mathrm{d}Q = \mathrm{d}(QU), \tag{6.3-42}$$

wie es hier nach Gl. (34) und allgemein nach Gl. (6.2-20) sein muß.

*Zwei Sonderfälle* sind bemerkenswert:

a) Ist $Q = \text{const}$, so ist nach Gl. (38)

$$\mathrm{d}_q A = -\mathrm{d}W_\mathrm{e}, \tag{6.3-43}$$

die allgemeine Kraftkoordinate also

$$F_q = -\frac{\partial W_\mathrm{e}}{\partial q}; \tag{6.3-44}$$

dieser Sachverhalt ist schon durch Gl. (6.2-22) bekannt. Gl. (37) wird hier

$$A_{12} = -(W_{\mathrm{e}2} - W_{\mathrm{e}1}), \tag{6.3-45}$$

vgl. Abb. 6.3d.

b) Ist $U = \text{const}$, so ist nach Gl. (40)

$$\mathrm{d}_q A = \mathrm{d}V_\mathrm{e}, \tag{6.3-46}$$

die allgemeine Kraftkoordinate also

$$F_q = \frac{\partial V_\mathrm{e}}{\partial q}; \tag{6.3-47}$$

dieser Sachverhalt ist schon durch Gl. (6.2-25) bekannt. Gl. (41) wird hier

$$A_{12} = V_{\mathrm{e}2} - V_{\mathrm{e}1}, \tag{6.3-48}$$

vgl. Abb. 6.3e.

Ist $Q(U)$ Ursprungsgerade, so wird in bekannter Weise $V_\mathrm{e} = W_\mathrm{e}$ und man erhält die Ergebnisse, die in Abschnitt 2.12 an der linearen Kapazität abgeleitet wurden, vgl. Gln. (2.12-28 bis 30) und Abb. 2.37 bis 2.39.

## 6.4 Nichtlineare Magnetika: Feldkräfte, Induktivitätskoeffizienten, magnetischer Kreis

### Die Kräfte des quasistationären Feldes im allgemeinen Fall

Bei Lageänderungen der Körper ist nach Gl. (6.2-17, 18, 19) die Arbeit der Feldkräfte aus

$$\partial A_\mathrm{m} = \partial V_\mathrm{m} = \partial \int_\infty \mathrm{d}\tau \int_0^H \boldsymbol{B} \cdot \mathrm{d}\boldsymbol{H} \tag{6.4-1}$$

zu bestimmen. Im festen Raumelement ändern sich infolge der Lageänderung $\mu$ um $\partial\mu$, $\boldsymbol{S}$ um $\partial\boldsymbol{S}$, $\boldsymbol{J}_\mathrm{p}$ um $\partial\boldsymbol{J}_\mathrm{p}$, denn $\mu$, $\boldsymbol{S}$, $\boldsymbol{J}_\mathrm{p}$ sind, wie im Anschluß an Gl. (6.2-12) bemerkt wurde, als an der Materie haftend vorausgesetzt. Wir legen die allgemeine Beziehung $\boldsymbol{B} = \mu\boldsymbol{H} + \boldsymbol{J}_\mathrm{p}$ mit den zu Gl. (6.1-5) angegebenen Auslegungen zugrunde und erhalten

$$\partial V_\mathrm{m} = \int\limits_\infty \boldsymbol{B}\cdot\partial\boldsymbol{H}\,\mathrm{d}\tau + \int\limits_\infty \boldsymbol{H}\cdot\partial\boldsymbol{J}_\mathrm{p}\,\mathrm{d}\tau + \int\limits_\infty \mathrm{d}\tau \int \boldsymbol{H}\cdot\partial\boldsymbol{H}\,\partial\mu\,. \qquad (6.4\text{-}2)$$

Das erste Integral rechts vom Gleichheitszeichen läßt sich auf dem zu Gl. (6.2-29) gezeigten Wege umformen in

$$\int\limits_\infty \boldsymbol{B}\cdot\partial\boldsymbol{H}\,\mathrm{d}\tau = \int\limits_\infty \boldsymbol{A}\cdot\partial\boldsymbol{S}\,\mathrm{d}\tau\,.$$

Hierin ist $\partial\boldsymbol{S}$ die Änderung im festen Raumpunkt; diese ist aber

$$\partial\boldsymbol{S} = \operatorname{rot}(\delta\boldsymbol{l}\times\boldsymbol{S}),$$

denn es gilt rein geometrisch $\mathrm{d}'\boldsymbol{S} = \partial\boldsymbol{S} + \delta\boldsymbol{l}\cdot\operatorname{div}\boldsymbol{S} - \operatorname{rot}(\delta\boldsymbol{l}\times\boldsymbol{S})$; es ist $\mathrm{d}'\boldsymbol{S} = 0$, weil voraussetzungsgemäß $\boldsymbol{S}$ an der bewegten Materie haftet, und $\operatorname{div}\boldsymbol{S} = 0$, weil voraussetzungsgemäß das Feld quasistationär ist. Somit ist

$$\int\limits_\infty \boldsymbol{A}\cdot\partial\boldsymbol{S}\,\mathrm{d}\tau = \int\limits_\infty \boldsymbol{A}\cdot\operatorname{rot}(\delta\boldsymbol{l}\times\boldsymbol{S})\mathrm{d}\tau = \int\limits_\infty \operatorname{rot}\boldsymbol{A}\cdot(\delta\boldsymbol{l}\times\boldsymbol{S})\,\mathrm{d}\tau$$

$$= \int\limits_\infty \boldsymbol{B}\cdot(\delta\boldsymbol{l}\times\boldsymbol{S})\,\mathrm{d}\tau = \int\limits_\infty \delta\boldsymbol{l}\cdot(\boldsymbol{S}\times\boldsymbol{B})\,\mathrm{d}\tau, \qquad (6.4\text{-}3)$$

die zweite dieser Gleichungen besteht nach der in Abschnitt A.7.18(2) angegebenen Beziehung unter Berufung darauf, daß die Körper (Stromträger und Permanenzträger) in einem endlichen Volumen liegen, die dritte Gleichung wegen $\operatorname{rot}\boldsymbol{A} = \boldsymbol{B}$, die vierte nach dem Vertauschungssatz. $\boldsymbol{B}$ hat hier die Bedeutung $\boldsymbol{B} = \boldsymbol{H}\cdot\mu(H)$.

Für das zweite Integral rechts vom Gleichheitszeichen in Gl. (2) beachten wir $\mathrm{d}'\boldsymbol{J}_\mathrm{p} = \partial\boldsymbol{J}_\mathrm{p} + \delta\boldsymbol{l}\cdot\operatorname{div}\boldsymbol{J}_\mathrm{p} - \operatorname{rot}(\delta\boldsymbol{l}\times\boldsymbol{J}_\mathrm{p}) = 0$ und erhalten

$$\int\limits_\infty \boldsymbol{H}\,\partial\boldsymbol{J}_\mathrm{p}\,\mathrm{d}\tau = \int\limits_\infty \boldsymbol{H}\cdot[\operatorname{rot}(\delta\boldsymbol{l}\times\boldsymbol{J}_\mathrm{p}) - \delta\boldsymbol{l}\cdot\operatorname{div}\boldsymbol{J}_\mathrm{p}]\,\mathrm{d}\tau.$$

Hier läßt sich das erste Integral rechts vom Gleichheitszeichen vereinfachen zu

$$\int\limits_\infty \boldsymbol{H}\cdot\operatorname{rot}(\delta\boldsymbol{l}\times\boldsymbol{J}_\mathrm{p})\,\mathrm{d}\tau = \int\limits_\infty (\delta\boldsymbol{l}\times\boldsymbol{J}_\mathrm{p})\cdot\operatorname{rot}\boldsymbol{H}\,\mathrm{d}\tau$$

$$= \int\limits_\infty (\delta\boldsymbol{l}\times\boldsymbol{J}_\mathrm{p})\cdot\boldsymbol{S}\,\mathrm{d}\tau = \int\limits_\infty \delta\boldsymbol{l}\cdot(\boldsymbol{J}_\mathrm{p}\times\boldsymbol{S})\,\mathrm{d}\tau\,.$$

Dieses Integral verschwindet (abgesehen vom Sonderfall $\boldsymbol{J}_\mathrm{p}\times\boldsymbol{S} = 0$), wenn nirgends im Feldraum permanente Magnete (Träger von $\boldsymbol{J}_\mathrm{p}$) und

Stromleiter (Träger von $\boldsymbol{S}$) zusammenfallen. Diese Annahme, die keine wesentliche Einschränkung bedeutet, wollen wir machen. Dann ist

$$\int_{\infty} \boldsymbol{H} \cdot \partial \boldsymbol{J}_{\mathrm{p}} \, \mathrm{d}\tau = -\int_{\infty} \delta \boldsymbol{l} \cdot \boldsymbol{H} \operatorname{div} \boldsymbol{J}_{\mathrm{p}} \, \mathrm{d}\tau. \tag{6.4-4}$$

Für das dritte Integral rechts vom Gleichheitszeichen in Gl. (2) beachten wir $\mathrm{d}\mu = \partial\mu + \delta\boldsymbol{l} \cdot \operatorname{grad} \mu = 0$ und erhalten

$$\int_{\infty} \mathrm{d}\tau \int_{0}^{H} \boldsymbol{H} \cdot \partial \boldsymbol{H} \, \partial\mu = -\int_{\infty} \mathrm{d}\tau \, \delta\boldsymbol{l} \int_{0}^{H} H \operatorname{grad} \mu \, \partial H. \tag{6.4-5}$$

Die drei Summanden Gl. (3), (4), (5) haben den Faktor $\delta\boldsymbol{l}\,\mathrm{d}\boldsymbol{\tau}$ gemeinsam, so daß man Gl. (2) schreiben kann

$$\partial A_{\mathrm{m}} = \partial V_{\mathrm{m}} = \int_{\infty} \delta\boldsymbol{l} \cdot (\boldsymbol{f}_1 + \boldsymbol{f}_2 + \boldsymbol{f}_3) \, \mathrm{d}\tau \tag{6.4-6}$$

mit den räumlichen Kraftdichten $\boldsymbol{f}_1, \boldsymbol{f}_2, \boldsymbol{f}_3$. Dabei ist

$$\boldsymbol{f}_1 = \boldsymbol{S} \times \boldsymbol{B} = \boldsymbol{S} \times \boldsymbol{H} \, \mu(H) \tag{\textbf{6.4-7}}$$

die Dichte der Kraft auf Leitungsstromträger. $\boldsymbol{B}$ hat also hier nicht die Bedeutung der totalen magnetischen Induktion Gl. (6.1-6). $\boldsymbol{f}_1$ ist die Dichte der Kraft auf die Träger der Wirbel $\boldsymbol{S} = \operatorname{rot} \boldsymbol{H}$ der magnetischen Feldstärke. Ferner ist

$$\boldsymbol{f}_2 = -\int_{0}^{H} H \, \partial H \operatorname{grad} \mu(H) \tag{\textbf{6.4-8}}$$

die Dichte einer Kraft, die auftritt, wo $\operatorname{grad} \mu \neq 0$ ist, unabhängig davon, ob der Körper durchströmt ($\boldsymbol{S}$) oder permanent-magnetisch ($\boldsymbol{J}_{\mathrm{p}}$) ist oder nicht. Sie hat die Richtung von $-\operatorname{grad} \mu$, also der stärksten örtlichen Abnahme der Permeabilität $\mu(H)$. Für $\mu = \mathrm{const}_H$ wird

$$\boldsymbol{f}_2 = -\tfrac{1}{2} H^2 \operatorname{grad} \mu. \tag{6.4-9}$$

Schließlich ist

$$\boldsymbol{f}_3 = -\boldsymbol{H} \cdot \operatorname{div} \boldsymbol{J}_{\mathrm{p}} \tag{\textbf{6.4-10}}$$

die Dichte der Kraft auf Träger von Quellen permanenter Polarisation, also auf permanente Magnete. Durch Rückgriff auf Gl. (6.1-6) wird also auch

$$\boldsymbol{f}_3 = -\boldsymbol{H} \cdot \operatorname{div} (\boldsymbol{B} - \mu_{\mathrm{p}} \boldsymbol{H}); \tag{6.4-10a}$$

in dieser Form kommt zum Ausdruck, daß $\boldsymbol{f}_3$ nur dort von Null verschieden ist, wo $\boldsymbol{B} - \mu_{\mathrm{p}} \boldsymbol{H} \neq 0$ ist, wo also infolge der Erscheinung der Hysterese diese Differenz einen permanenten (nicht einen temporären) Wert $\boldsymbol{J}_{\mathrm{p}}$ annehmen kann. Wegen $\operatorname{div} \boldsymbol{B} = 0$ ist

$$-\operatorname{div} \boldsymbol{J}_{\mathrm{p}} = \operatorname{div} (\mu_{\mathrm{p}} \boldsymbol{H}); \tag{6.4-11}$$

Quellen und Senken der permanenten Polarisation liegen dort, wo $\mu_p \boldsymbol{H}$ (nicht die Induktion) Senken und Quellen hat. Also ist auch

$$\boldsymbol{f}_3 = \boldsymbol{H} \cdot \operatorname{div}(\mu_p \boldsymbol{H}). \tag{6.4-12}$$

Man kann schließlich durch

$$-\operatorname{div} \boldsymbol{J}_p = \eta_{pm} \tag{6.4-13}$$ [1]

die räumliche Dichte der permanentmagnetischen Polarisationsladung definieren, um zu erhalten

$$\boldsymbol{f}_3 = \boldsymbol{H}\, \eta_{pm}; \tag{6.4-14}$$

dabei gilt natürlich

$$\int_\tau \eta_{pm}\, d\tau = \oint \boldsymbol{J}_p\, d\boldsymbol{a}, \tag{6.4-15}$$

wenn die Hüllfläche $a$ den permanent polarisierten Körper ganz einhüllt.

Zum Beispiel ist im längsmagnetisierten geraden zylindrischen permanenten Magnet das Feld $\boldsymbol{J}_p$ im wesentlichen axial gerichtet, die permanentmagnetischen Polarisationsladungen liegen im wesentlichen auf Boden- und Deckelfläche des Zylinders mit der Flächendichte

$$\sigma_{pm} = -\operatorname{Div} \boldsymbol{J}_p = \operatorname{Div}(\mu_p \boldsymbol{H}); \tag{6.4-16}$$ [2]

der räumlichen Kraftdichte $\boldsymbol{f}_3$ entspricht eine Flächenkraftdichte.

Ebenso entspricht der räumlichen Kraftdichte $\boldsymbol{f}_1$ eine Flächenkraftdichte, die dort wirksam wird, wo das vektorielle Produkt eines Strombelages $\boldsymbol{g}$ mit $\boldsymbol{H}\mu(H)$ von Null verschieden ist ($\boldsymbol{g} = \operatorname{Rot} \boldsymbol{H}$). Der räumlichen Kraftdichte $\boldsymbol{f}_2$ entspricht eine Flächenkraftdichte, die dort angreift, wo die Permeabilität sich sprunghaft ändert, wo $\operatorname{Grad} \mu(H) \neq 0$ ist.

### Beziehungen zwischen Induktionsflüssen und geschlossenen elektrischen Leitungsströmen. Induktivitätskoeffizienten

Wir behandeln einfachheitshalber den Fall $\boldsymbol{B} = \boldsymbol{H} \cdot \mu(H)$, $\boldsymbol{J}_p = 0$, schließen also linear wirkende Magnetika ein, die Anwesenheit von permanenten Magneten aus (es macht indessen keine grundsätzlichen Schwierigkeiten, die generelle Beziehung (6.1-2, 6) einzuführen). – Die Lage aller Körper und die Verteilung der Leitungsströmung $\boldsymbol{S}$ sei gegeben. Dann können die gesuchten allgemeinen Beziehungen gefunden werden, indem man die Veränderung $\delta V_m$ der Kräftefunktion $V_m$ untersucht, die eintritt, wenn diese Verteilung bei festgehaltener gegenseitiger

[1] Die kohärente Einheit der räumlichen Dichte $\eta_{pm}$ der magnetischen Ladung ist $[\eta_{pm}] = [J]/[l] = [B]/[l]$, die SI-Einheit ist $1[\eta_{pm}]_{SI} = 1\ \mathrm{Vs/m^3} = 1\ \mathrm{T/m}$.

[2] Die kohärente Einheit der Flächendichte $\sigma_{pm}$ der magnetischen Ladung ist $[\sigma_{pm}] = [J] = [B]$, die SI-Einheit ist $1[\sigma_{pm}]_{SI} = 1\ \mathrm{Vs/m^2} = 1\ \mathrm{T}$.

Lage der Körper eine unendlich kleine Veränderung erfährt. Es ist dann

$$\delta V_{\mathrm{m}} = \int_{\infty} \boldsymbol{B} \cdot \delta \boldsymbol{H} \,\mathrm{d}\tau. \qquad (6.4\text{-}17)$$

Indem man das vektorielle Potential $\boldsymbol{A}$ des nach angegebener Voraussetzung quellenfreien Feldes $\boldsymbol{B}$ durch $\boldsymbol{B} = \operatorname{rot} \boldsymbol{A}$ einführt, darauf nach der in Abschnitt A.7.18(2) angegebenen Beziehung umformt[1] und die Grundgleichung des quasistationären Feldes $\boldsymbol{S} = \operatorname{rot} \boldsymbol{H}$ berücksichtigt, erhält man der Reihe nach

$$\delta V_{\mathrm{m}} = \int_{\infty} \operatorname{rot} \boldsymbol{A} \cdot \delta \boldsymbol{H} \,\mathrm{d}\tau = \int_{\infty} \boldsymbol{A} \cdot \operatorname{rot}(\delta \boldsymbol{H}) \,\mathrm{d}\tau$$

$$= \int_{\infty} \boldsymbol{A} \cdot \delta(\operatorname{rot} \boldsymbol{H}) \,\mathrm{d}\tau = \int_{\infty} \boldsymbol{A} \cdot \delta \boldsymbol{S} \,\mathrm{d}\tau. \qquad (6.4\text{-}17\,\mathrm{a})$$

Nur Volumenelemente, für die $\boldsymbol{A} \cdot \delta \boldsymbol{S} \neq 0$ ist, tragen zum Integral bei. Wir teilen jetzt das Strömungsfeld ein in Feldröhren, also in *geschlossene* Stromfäden mit jeweils der Leitlinie $s$ und dem Querschnitt $\mathrm{d}a$, so daß also $\mathrm{d}\tau = \mathrm{d}s\,\mathrm{d}a$ wird und die Stromstärke jedes Fadens $\mathrm{d}I = S_{\mathrm{n}}\,\mathrm{d}a$ entlang der geschlossenen Kurve $s$ konstant ist. Dann ist auch

$$\delta V_{\mathrm{m}} = \int_{a} \delta S_{\mathrm{n}} \,\mathrm{d}a \oint A_{\mathrm{s}} \,\mathrm{d}s = \int_{a} \delta S_{\mathrm{n}} \,\mathrm{d}a\, \Phi, \qquad (6.4\text{-}17\,\mathrm{b})$$

denn es ist

$$\oint A_{\mathrm{s}} \,\mathrm{d}s = \oint \boldsymbol{A} \cdot \mathrm{d}\boldsymbol{s} = \int_{a} \boldsymbol{B} \,\mathrm{d}\boldsymbol{a} \qquad (6.4\text{-}17\,\mathrm{c})$$

der Induktionsfluß $\Phi$, der von der geschlossenen Kurve $s$, der Leitlinie des Stromfadens der Stromstärke $\mathrm{d}I$, umfaßt wird. Da die Stromfäden in der Materie festliegen, trifft die Beziehung Gl. (17b) auch dann zu, wenn man an die Stelle der geschlossenen Stromfäden des kontinuierlichen quellenfreien Feldes $\boldsymbol{S}$ eine endliche Anzahl geschlossener linearer Leiter von hinreichend kleinem Querschnitt setzt; der $k$-te führe den Strom $I_k$. Für diese Anordnung wird dann $\delta V_{\mathrm{m}}$ durch die Summe

$$\delta V_{\mathrm{m}} = \sum_{1}^{n} \delta I_k \Phi_k \qquad (6.4\text{-}18)$$

beschrieben. Es wird also nicht nur $F_q$ nach Gl. (6.2-18a) durch $\delta V_{\mathrm{m}}$ bestimmt, sondern es ist auch

$$\frac{\partial V_{\mathrm{m}}}{\partial I_k} = \Phi_k, \quad \frac{\partial^2 V_{\mathrm{m}}}{\partial I_k^2} = \frac{\partial \Phi_k}{\partial I_k}, \qquad (6.4\text{-}19)$$

---

[1] $$\int_{\infty} \operatorname{rot} \boldsymbol{A} \cdot \delta \boldsymbol{H} \,\mathrm{d}\tau = \int_{\infty} \boldsymbol{A} \cdot \operatorname{rot}(\delta \boldsymbol{H}) \,\mathrm{d}\tau + \oint_{a \to \infty} (\boldsymbol{A} \times \delta \boldsymbol{H}) \cdot \mathrm{d}\boldsymbol{a};$$

die Leitungsstromträger befinden sich in einem *endlichen* Volumen; mit wachsender Entfernung $R$ von den Körpern wird $\boldsymbol{A} \times \delta \boldsymbol{H} = 0$ wie $1/R^3$, daher verschwindet das Hüllenintegral für $R \to \infty$.

ferner

$$\frac{\partial^2 V_\mathrm{m}}{\partial I_k \partial q} = \frac{\partial F_q}{\partial I_k} = \frac{\partial \Phi_k}{\partial q}; \tag{6.4-20}$$

die zweite Gleichung ist als grundlegender allgemeiner Zusammenhang bemerkenswert. (Man denke an die Motoren und Generatoren des klassischen Elektromaschinenbaues.)

In Abschnitt 8.3, dort Gl. (8.3-16 bis 18) wird gezeigt werden, daß unter der Voraussetzung $\mu = \mathrm{const}_H$ die Beziehung gilt

$$\begin{aligned} W_\mathrm{m} &= \tfrac{1}{2}\sum_1^n I_k \Phi_k = \tfrac{1}{2}\sum_1^n I_i \sum_1^n L_{ik}\, I_k \\ &= \tfrac{1}{2} L_{11} I_1^2 + L_{12} I_1 I_2 + \cdots + \tfrac{1}{2} L_{nn} I_n^2; \end{aligned} \tag{6.4-21}$$

daher gelten, wenn man $W_\mathrm{m}$ als Funktion der $I$ betrachtet, die Beziehungen

$$\frac{\partial W_\mathrm{m}}{\partial I_k} = \Phi_k \tag{6.4-22}$$

und

$$\begin{aligned} \frac{\partial^2 W_\mathrm{m}}{\partial I_k \partial I_i} &= \frac{\partial \Phi_k}{\partial I_i} = L_{ki} = \frac{\partial \Phi_i}{\partial I_k} = L_{ik}, \\ i = k\colon \frac{\partial^2 W_\mathrm{m}}{\partial I_i^2} &= \frac{\partial \Phi_i}{\partial I_i} = L_{ii}. \end{aligned} \tag{6.4-23}$$

In dieser Proportionaltheorie sind die Induktivitätskoeffizienten $L$ Konstanten, unabhängig von den magnetischen Flüssen und daher von den elektrischen Stromstärken. In der allgemeinen Theorie werden also die $\Phi_k$ nicht nach Gl. (22) durch $\partial W_\mathrm{m}/\partial I_k$ bestimmt, sondern durch $\partial V_\mathrm{m}/\partial I_k$ nach Gl. (19).

Offensichtlich ist

$$\frac{\partial \Phi_i}{\partial I_k} = L_{ik} \tag{6.4-24}$$

eine *allgemeine* (zudem anschauliche) und unmittelbare Definition der Induktivitätskoeffizienten $L$; sie ist nicht an die Ableitung aus $W_\mathrm{m}$ nach Gl. (23) und damit an die Proportionaltheorie gebunden. Die Feldenergie kann man also so ausdrücken:

$$W_\mathrm{m} = \frac{1}{2}\sum_1^n I_i \sum_1^n \frac{\partial \Phi_i}{\partial I_k} I_k. \tag{6.4-25}$$

In der allgemeinen Theorie gilt für die Induktivitätskoeffizienten mit der allgemeinen Definition Gl. (24) wegen der ersten Gl. (19)

$$\begin{aligned} \frac{\partial \Phi_i}{\partial I_k} &= L_{ik} = \frac{\partial^2 V_\mathrm{m}}{\partial I_k \partial I_i} = \frac{\partial \Phi_k}{\partial I_i} = L_{ki}, \\ k = i\colon \frac{\partial^2 V_\mathrm{m}}{\partial I_i^2} &= L_{ii}. \end{aligned} \tag{6.4-26}$$

Die Induktivitätskoeffizienten sind also auch im allgemeinen Fall sinnreich definiert, sie sind dann eindeutige Funktionen der Stromstärken; sie werden zu von den Stromstärken unabhängigen Konstanten für $V_m = W_m$. Bemerkenswert ist, daß die Beziehung $L_{ki} = L_{ik}$ allgemein gilt, keineswegs nur für konstante Koeffizienten.

Die auf diese Weise allgemein definierten Induktivitätskoeffizienten haben einige bemerkenswerte Eigenschaften:

Als allgemeines Charakteristikum der Magnetisierungskurven war der Erfahrungssachverhalt genannt worden, daß $B = H\mu(H)$ sich gleichsinnig mit $H$ ändert (die Steigung der Magnetisierungskurven $B = B(H)$ ist erfahrungsgemäß nicht negativ), siehe insbesondere Abb. 6.1b. Unter dieser Voraussetzung ist $\delta B\,\delta H$ eine Größe, die nicht negativ werden kann. Daher ist auch

$$\int_\infty \delta B\,\delta H\,\mathrm{d}\tau = \sum \delta I_k\,\delta\Phi_k = \sum_k \delta I_k \sum_i \frac{\partial \Phi_k}{\partial I_i}\,\delta I_i$$
$$= L_{11}(\delta I_1)^2 + 2L_{12}\,\delta I_1\,\delta I_2 + \cdots + L_{nn}(\delta I_n)^2 \geqq 0\,. \qquad (6.4\text{-}27)$$

Diese Summe ist für willkürliche Werte der $\delta I$ dann positiv, wenn alle $L_{ii}$ und alle symmetrischen Determinanten der $L$ positiv sind. Es muß also zum Beispiel sein

$$L_{11} \geqq 0\,, \quad L_{22} \geqq 0\,, \quad L_{11}L_{22} - L_{12}^2 \geqq 0\,. \qquad (6.4\text{-}28)$$

Insbesondere die dritte Beziehung kann man kaum als naheliegend bezeichnen, wenn man bedenkt, daß die in ihr enthaltenen Größen Funktionen sind, nicht Konstante. Aus ihr folgt, daß

$$(L_{12})_{\max} = {}_{+}\sqrt{L_{11}L_{22}} \qquad (6.4\text{-}29)$$

der größtmögliche Wert der Funktion $L_{12}$ ist.

Man kann die Beziehungen Gl. (28) auch wie folgt elementar beweisen: Setzt man erstens alle $\delta I = 0$, ausgenommen $\delta I_1$, so muß, Gl. (27) vorausgesetzt, $L_{11} \geqq 0$ sein, und so fort. Setzt man zweitens alle $\delta I = 0$, ausgenommen $\delta I_1$ und $\delta I_2$, so ist die Summe $L_{11}(\delta I_1)^2 + 2L_{12}\,\delta I_1\,\delta I_2 + L_{22}(\delta I_2)^2$ bei willkürlich angenommenem und konstant gehaltenem $\delta I_1$ eine Funktion von $\delta I_2$, deren Minimum für

$$\delta I_2 = -\frac{L_{12}}{L_{22}}\,\delta I_1$$

eintritt und den Wert $(\delta I_1)^2\,\{L_{11} - L_{12}^2/L_{22}\}$ hat. Da dieses Minimum nach Voraussetzung nicht negativ sein kann, muß sein $L_{11}L_{22} - L_{12}^2 \geqq 0$.

**Magnetischer Kreis. Arbeit der Feldkräfte**

Wir betrachten als erstes eine vom Strom $I$ durchflossene Spule, in deren Feldraum sich ein ferromagnetischer Körper aus magnetisch weicher Substanz ($J_p = 0$) befindet. Der zum Spulenstrom $I$ gehörende magnetische Fluß $\Phi$ kann zum Beispiel bestimmt werden, wenn der Eisenkörper geschlossen oder durch relativ kurze Luftspalte unterbrochen ist, siehe Abschnitt 8.7, Gl. (8.7-15), Abschätzung des magnetischen Kreises. – Dann ist $\Phi(I)$ ein nichtlinearer Zusammenhang (der übrigens leicht experimentell ermittelt werden kann). Mit ihm läßt sich definieren: die (gewöhnliche) Selbstinduktivität

$$\frac{\Phi(I)}{I} = L(I) \tag{6.4-30}$$

und die differentielle Selbstinduktivität

$$\frac{\mathrm{d}\Phi(I)}{\mathrm{d}I} = L_{\mathrm{d}}(I); \tag{6.4-31}$$

diese letztere Definition ist schon aus Gl. (26) bekannt (dort $L_{ii}$ geschrieben). Beide Größen sind eindeutige Funktionen des Spulenstroms nach hier gemachter Voraussetzung, Abb. 6.4. Für die Kräftefunktion $V_{\mathrm{m}}$ und die Feldenergie $W_{\mathrm{m}}$ ergeben sich hier durch Ausführung der in Gl. (6.2-11, 12, 18, 19) vorgeschriebenen Integrationen die Ausdrücke

$$V_{\mathrm{m}} = \int_0^I \Phi \,\mathrm{d}I \tag{6.4-32}$$

und

$$W_{\mathrm{m}} = \int_0^{\Phi} I \,\mathrm{d}\Phi. \tag{6.4-33}$$

Zu diesem Ausdruck für $W_{\mathrm{m}}$ führt auch die folgende Überlegung: Die Klemmen der Wicklung seien mit einer Zweipolquelle verbunden, $U_{\mathrm{q}}$ sei deren Quellenspannung, $R$ der Gesamtwiderstand des Stromkreises. Dann ist in jedem Augenblick nach dem elektromagnetischen Induktionsgesetz die elektrische Umlaufspannung gleich der Abnahmegeschwindigkeit des magnetischen Flusses

$$IR - U_{\mathrm{q}} = -\frac{\mathrm{d}\Phi}{\mathrm{d}t} \tag{6.4-34}$$

und daher

$$U_{\mathrm{q}} I \,\mathrm{d}t - I^2 R \,\mathrm{d}t = I \,\mathrm{d}\Phi. \tag{6.4-35}$$

Links vom Gleichheitszeichen steht der Überschuß $\mathrm{d}W$ der von der Quelle abgegebenen Energie $U_{\mathrm{q}} I \,\mathrm{d}t$ über die gesamte Stromwärmeenergie $I^2 R \,\mathrm{d}t$, beides in der Zeitspanne $\mathrm{d}t$, eine positive Größe. Da andere Energieänderungen, insbesondere Bewegungen der Körper unter Einfluß der Feldkräfte, ausgeschlossen sind, kann dieser Überschuß nur gedeutet werden als Zunahme der Energie $W_{\mathrm{m}}$ des magnetischen Feldes:

$$I \,\mathrm{d}\Phi = \mathrm{d}W_{\mathrm{m}}. \tag{6.4-36}$$

Die gesamte magnetische Feldenergie, wenn der magnetische Fluß den Wert $\Phi$ hat, ist daher durch Gl. (33) gegeben. Damit ist zugleich der Ausdruck Gl. (32) für die Kräftefunktion durch $V_m + W_m = \Phi I$ entsprechend Gl. (6.2-20) bestätigt. Abb. 6.4.

Nun möge zweitens der magnetische Kreis aus magnetisch weicher Substanz einen ebensolchen beweglichen Körper enthalten, die Lageänderungen seien beschreibbar mit Hilfe eines einzigen Lageparameters $q$.

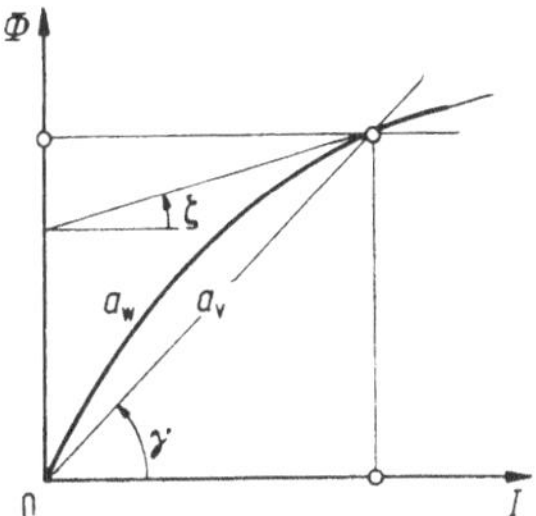


Abb. 6.4 Nichtlinearer magnetischer Kreis $\tan\gamma \triangleq L(I)$, $\tan\zeta \triangleq L_d(I)$, $a_W \triangleq W_m$, $a_V \triangleq V_m$.

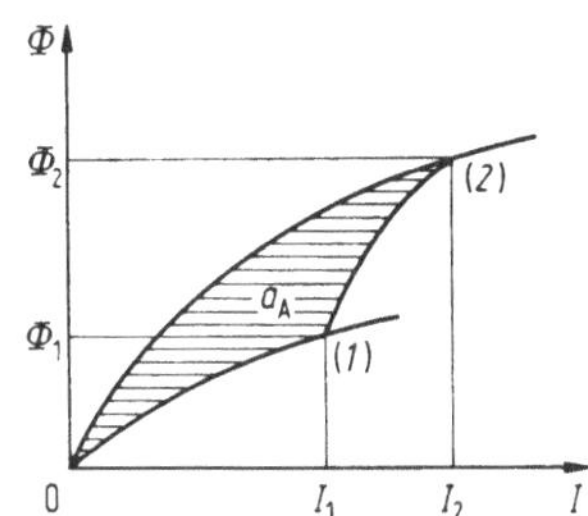


Abb. 6.5 Arbeit der Feldkräfte, $a_A \triangleq A_{12}$.

Als Beispiel denke man an einen Elektromagneten mit einem „Anker", dessen Lage durch eine Längenkoordinate oder eine Winkelkoordinate beschrieben wird. Der Zusammenhang $\Phi = \Phi(I; q)$ läßt sich experimentell bestimmen. In Abb. 6.5 sind zwei Kurven $\Phi(I; q_1)$ und $\Phi(I; q_2)$ gezeichnet. Geschieht nun in einem quasistationären Vorgang eine Lageänderung von einer Anfangsstellung $(q_1)$ in eine Endstellung $(q_2)$, so durchläuft der Zustandspunkt $(\Phi, I)$ eine von der Art der Lageänderung bestimmte Übergangskurve von dem Anfangspunkt $(\Phi_1, I_1)$ zu dem Endpunkt $(\Phi_2, I_2)$.

Zur Bestimmung der Arbeit $A$ der Feldkräfte dient die Kräftefunktion. Diese ist hier Funktion der Variablen $I$ und $q$; das totale Differential von $V_m(I, q)$ ist

$$dV_m = \frac{\partial V_m}{\partial I}\, dI + \frac{\partial V_m}{\partial q}\, dq. \tag{6.4-37}$$

Nun ist aber $\partial V_m/\partial I = \Phi$ gemäß Gl. (19) und $(\partial V_m/\partial q)\, dq = d_q A$ nach Gl. (6.2-18a), beides in voller Allgemeinheit. Also ist

$$d_q A = dV_m - \Phi\, dI \tag{6.4-38}$$

allgemein, und integriert

$$A_{12} = V_{m2} - V_{m1} - \int_{I_1}^{I_2} \Phi\, dI. \tag{6.4-39}$$

Das dritte Integral ist entlang der Übergangskurve vom Zustandspunkt $(\Phi_1, I_1)$ zum Zustandspunkt $(\Phi_2, I_2)$ zu verstehen, die beiden ersten gemäß Gl. (32) mit den oberen Grenzen $I_2$ und $I_1$. In Abb. 6.5 wird $A_{12}$ durch die Fläche $a_A$ mit dem Rand $\overline{0,(1),(2),0}$ dargestellt, denn $V_{m2}$ wird durch die Fläche mit dem Rand $\overline{0,(2),\Phi_2,0}$ dargestellt, $V_{m1}$ durch die Fläche mit dem Rand $\overline{0,(1),\Phi_1,0}$ und das dritte Integral durch die Fläche mit dem Rand $\overline{I_1,(1),(2),I_2,I_1}$.

Aus dem allgemeinen Zusammenhang

$$\mathrm{d}V_\mathrm{m} + \mathrm{d}W_\mathrm{m} = \mathrm{d}(\Phi I) = \Phi\,\mathrm{d}I + I\,\mathrm{d}\Phi \tag{6.4-40}$$

ergibt sich mit Gl. (38) für die Arbeit der Feldkräfte auch die Darstellung

$$\mathrm{d}_q A = I\,\mathrm{d}\Phi - \mathrm{d}W_\mathrm{m} \tag{6.4-41}$$

und integriert

$$A_{12} = \int\limits_{\Phi_1}^{\Phi_2} I\,\mathrm{d}\Phi - (W_{\mathrm{m}2} - W_{\mathrm{m}1}). \tag{6.4-42}$$

Das zweite und das dritte Integral sind gemäß Gl. (33) mit den oberen Grenzen $\Phi_2$ und $\Phi_1$, das erste ist entlang der Übergangskurve vom Zustandspunkt $(\Phi_1, I_1)$ zum Zustandspunkt $(\Phi_2, I_2)$ zu verstehen, es stellt die von der angeschlossenen elektrischen Zweipolquelle zugebrachte Energie $W$ dar, und daher ist Gl. (42) nichts anderes als die Energiebilanz

$$W = A_{12} + (W_{\mathrm{m}2} - W_{\mathrm{m}1}). \tag{6.4-42a}$$

Ersetzt man in Abb. 6.3a, b, c alle Symbole $U$ durch $I$ und alle Symbole $Q$ durch $\Phi$, so hat man in diesen Zeichnungen die graphische Darstellung des Ausdruckes Gl. (42).

Zwei Sonderfälle sind bemerkenswert:

a) Ist $\Phi = \mathrm{const}$, so ist nach Gl. (41)

$$\mathrm{d}_q A = -\mathrm{d}W_\mathrm{m}, \tag{6.4-43}$$

die allgemeine Kraftkoordinate also

$$F_q = -\frac{\partial W_\mathrm{m}}{\partial q}; \tag{6.4-44}$$

dieser Sachverhalt ist schon durch Gl. (6.2-22) bekannt, denn in diesem Fall ist das System energetisch isoliert (die elektrische Zweipolquelle deckt nur die Stromwärmeverluste des Stromkreises). Gl. (42) wird hier

$$A_{12} = -(W_{\mathrm{m}2} - W_{\mathrm{m}1}) \tag{6.4-45}$$

vgl. Abb. 6.6a. – Dieser Fall liegt angenähert vor bei mit konstanter Wechselspannung betriebenen Elektromagneten.

b) Ist $I = \text{const}$, so ist nach Gl. (38)

$$\mathrm{d}_q A = \mathrm{d} V_\mathrm{m}, \tag{6.4-46}$$

die allgemeine Kraftkoordinate also

$$F_q = \frac{\partial V_\mathrm{m}}{\partial q}; \tag{6.4-47}$$

dieser Sachverhalt ist schon durch Gl. (6.2-18a) bekannt. Gl. (39) wird hier

$$A_{12} = V_{\mathrm{m}2} - V_{\mathrm{m}1}, \tag{6.4-48}$$

vgl. Abb. 6.6b. – Dieser Fall liegt angenähert vor bei mit konstantem Gleichstrom betriebenen Elektromagneten.

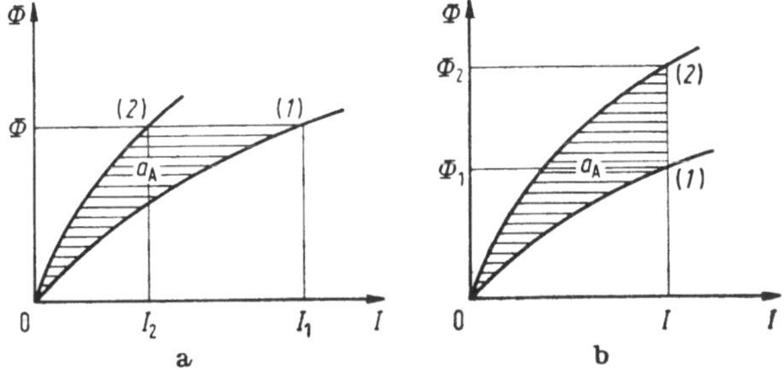


Abb. 6.6 Arbeit der Feldkräfte; $a_A \triangleq A_{12}$ a) $\Phi = \text{const}$; b) $I = \text{const}$.

# 7. Die Grundgleichungen für bewegte Körper

## 7.1 Ableitung der Grundgleichungen

Von der Bewegung materieller Körper war beim Induktionsversuch Faradays (Abschnitt 5.2) die Rede gewesen: Wird eine starre geschlossene Drahtschleife in geeigneter Weise in einem magnetischen Felde (genauer gesagt: relativ zu dessen Erreger) bewegt, so fließt in der Schleife ein Strom $I$, auch wenn das magnetische Feld stationär ist ($\partial/\partial t = 0$); die primäre Größe aber ist nicht dieser „induzierte" Strom, sondern die elektrische Umlaufspannung $\oint \boldsymbol{E} \cdot \mathrm{d}\boldsymbol{s} = I\mathring{R}$ entlang der Leitlinie $s$ der Schleife ($\mathring{R}$ ihr Widerstand). Bestimmend ist also diejenige elektrische Umlaufspannung, deren geschlossene Randkurve $s$ die Bewegung der Materie mitmacht, an der Materie haftet: Die Randkurve ist eine *substantielle* Kurve (vgl. Abschnitt A.7.19). Diese Feststellung erscheint als eine Selbstverständlichkeit, zum mindesten an dem betrachteten einfachen Beispiel. Würde sie in Zweifel gezogen, so würde eben dieser Versuch sie als Tatsache der Erfahrung erweisen. Bei ihm war die Form der Randkurve starr und diese verlief ganz in leitender Substanz. Von diesen beiden Einschränkungen wollen wir – zunächst versuchsweise – absehen und so verallgemeinern: Bei Bewegung materieller Körper, Leiter oder Nichtleiter, haften die Linienelemente $\mathrm{d}\boldsymbol{s}$ der Randkurve, die für die Umlaufspannung maßgebend ist, an der bewegten Materie, sie sind substantielle Linienelemente; ebenso haften Flächenelemente $\mathrm{d}\boldsymbol{a}$ an der bewegten Materie, sie sind substantielle Flächenelemente. (Bei der Bewegung können die ganze substantielle Fläche $a$ und die ganze Randkurve $s$ die Form ändern.) Diese Bestimmung treffen wir nach dem Vorgang von H. Hertz sowohl für das Induktionsgesetz als auch für das Durchflutungsgesetz; in

$$\oint \boldsymbol{H} \cdot \mathrm{d}\boldsymbol{s} = \frac{\mathrm{d}}{\mathrm{d}t} \int_a \boldsymbol{D} \cdot \mathrm{d}\boldsymbol{a} + \int_a \boldsymbol{S} \cdot \mathrm{d}\boldsymbol{a}, \qquad (7.1\text{-}1)$$

$$-\oint \boldsymbol{E} \cdot \mathrm{d}\boldsymbol{s} = \frac{\mathrm{d}}{\mathrm{d}t} \int_a \boldsymbol{B} \cdot \mathrm{d}\boldsymbol{a} \qquad (7.1\text{-}2)$$

ist also $a$ die substantielle von der substantiellen Kurve $s$ berandete Fläche. Formt man die linken Seiten mit dem Satz von Stokes in Flächenintegrale um und führt auf den rechten Seiten die Differentiationen der Flächenintegrale nach der Zeit auf die in Abschnitt A.7.19 Gl. (5) gezeigte Weise durch, so erhält man

$$\operatorname{rot} \boldsymbol{H} = \frac{\mathrm{d}'\boldsymbol{D}}{\mathrm{d}t} + \boldsymbol{S} = \frac{\partial \boldsymbol{D}}{\partial t} + \operatorname{rot}(\boldsymbol{D} \times \boldsymbol{v}) + \boldsymbol{v} \operatorname{div} \boldsymbol{D} + \boldsymbol{S}, \qquad \textbf{(7.1-3)}$$

$$-\operatorname{rot} \boldsymbol{E} = \frac{\mathrm{d}'\boldsymbol{B}}{\mathrm{d}t} = \frac{\partial \boldsymbol{B}}{\partial t} + \operatorname{rot}(\boldsymbol{B} \times \boldsymbol{v}) + \boldsymbol{v} \operatorname{div} \boldsymbol{B}, \qquad \textbf{(7.1-4)}$$

wobei $\partial/\partial t$ die Änderung im festen Raumpunkt (die lokale Änderung) und $\boldsymbol{v}$ die Geschwindigkeit der Materie bezeichnet. Über allenfalls vorhandene Träger permanenter magnetischer Polarisation und solche permanenter elektrischer Polarisation haben wir auch hier die bereits erläuterten Voraussetzungen

$$\frac{\mathrm{d}'\boldsymbol{J}_\mathrm{p}}{\mathrm{d}t} = 0, \quad \frac{\mathrm{d}'\boldsymbol{P}_\mathrm{p}}{\mathrm{d}t} = 0 \qquad (7.1\text{-}5)$$

gemacht. Man kann daher hier $\boldsymbol{D}$ durch $\varepsilon\boldsymbol{E}$ und $\boldsymbol{B}$ durch $\mu\boldsymbol{H}$ ersetzen ($\varepsilon = \varepsilon(E)$ und $\mu = \mu(H)$ eindeutige Funktionen oder Konstanten in Bezug auf $E$, auf $H$). So wird

$$\operatorname{rot} \boldsymbol{H} = \frac{\partial(\varepsilon\boldsymbol{E})}{\partial t} + \operatorname{rot}(\varepsilon\boldsymbol{E} \times \boldsymbol{v}) + \boldsymbol{v} \operatorname{div}(\varepsilon\boldsymbol{E}) + \boldsymbol{S}, \qquad (7.1\text{-}6)$$

$$-\operatorname{rot} \boldsymbol{E} = \frac{\partial(\mu\boldsymbol{H})}{\partial t} + \operatorname{rot}(\mu\boldsymbol{H} \times \boldsymbol{v}) + \boldsymbol{v} \operatorname{div}(\mu\boldsymbol{H}). \qquad (7.1\text{-}7)$$

Unverändert behalten Gültigkeit die Beziehungen

$$\operatorname{div} \boldsymbol{D} = \eta, \quad \operatorname{div} \boldsymbol{B} = 0, \qquad (7.1\text{-}8)$$

$$W = W_\mathrm{e} + W_\mathrm{m}, \quad W_\mathrm{e} = \int_\tau w_\mathrm{e}\, \mathrm{d}\tau, \quad W_\mathrm{m} = \int_\tau w_\mathrm{m}\, \mathrm{d}\tau,$$

mit

$$w_\mathrm{e} = \int_0^E \boldsymbol{E} \cdot \mathrm{d}\boldsymbol{D}, \quad w_\mathrm{m} = \int_0^H \boldsymbol{H} \cdot \mathrm{d}\boldsymbol{B}. \qquad (7.1\text{-}9)$$

Die Aussagen der Gln. (3) und (4) oder (6) und (7) sind nun an der Erfahrung zu prüfen. Davon handeln die nächsten Abschnitte. Ohne Beweis sei vermerkt, daß die Gleichungen nach der Aussage der speziellen Relativitätstheorie nur unter der Voraussetzung $v^2/c_0^2 \ll 1$, wobei $c_0$ die Vakuumwellengeschwindigkeit ist, die Vorgänge zutreffend wiedergeben können. Für $\boldsymbol{v} = 0$ ergeben sich die bekannten Grundgleichungen für ruhende Körper Gln. (5.1-16 und 5.2-7).

## 7.2 Aussagen und Anwendungen der Grundgleichungen

### Erste Grundgleichung

In der ersten Grundgleichung Gl. (7.1-3, 6)

$$\operatorname{rot} \boldsymbol{H} = \boldsymbol{S} + \frac{\partial \boldsymbol{D}}{\partial t} + \boldsymbol{v} \operatorname{div} \boldsymbol{D} + \operatorname{rot} (\boldsymbol{D} \times \boldsymbol{v}) \qquad (7.2\text{-}1)$$

betrachten wir die Glieder der rechten Seite. Die beiden ersten für sich ($\boldsymbol{v} = 0$) ergeben die bekannte erste Hauptgleichung für ruhende Körper (5.1-16). Man mag das erste Glied, die Leitungsstromdichte, mit den Namen von H. C. Oersted[1] und A. M. Ampère verknüpfen, den Entdeckern der Zusammenhänge zwischen Leitungsströmen und magnetischem Feld, das zweite, die Verschiebungsstromdichte, mit den Namen von J. C. Maxwell, der dieses Glied gefordert, und H. Hertz, der es durch künstliche Erzeugung elektromagnetischer Wellen nachgewiesen hat, vgl. das zu Gl. (5.1-21 bis 24) Gesagte.

Die beiden letzten Glieder geben den Einfluß der Bewegung materieller Körper wieder. Das dritte Glied

$$\boldsymbol{v} \operatorname{div} \boldsymbol{D} = \boldsymbol{v}\eta \qquad (7.2\text{-}2)$$

ist die Dichte der durch Bewegung materieller Ladungsträger hervorgerufenen Strömung, also der Konvektionsströmung: Diese ist nach Aussage der Gleichung in gleicher Weise mit einem magnetischen Felde verknüpft wie die Leitungsströmung. Diese Gleichartigkeit beider Strömungsarten für die magnetische Wirkung wurde erstmals durch H. Rowland[2] 1878 experimentell nachgewiesen, bevor noch Elektronenstrahlen im Vakuum zur Verfügung standen. Das letzte Glied handelt von bewegter elektrisch polarisierter nichtleitender Materie. Die magnetische Wirkung wurde erstmals von W. C. Röntgen[3] 1888 experimentell nachgewiesen. Man nennt daher

$$\operatorname{rot} (\boldsymbol{D} \times \boldsymbol{v}) = \boldsymbol{S}_{\mathrm{R}} \qquad (7.2\text{-}3)$$

die Dichte des Röntgenstroms. In dem fundamentalen Versuch rotiert im homogenen elektrischen Feld eines Plattenkondensators eine kreisförmige dielektrische unmagnetische Scheibe senkrecht zum Feld des Kondensators. Die magnetische Wirkung kann wieder, wie beim Versuch von Rowland, mit der eines Leitungstroms verglichen werden. Entsprechend Gl. (1) ist an der Oberfläche der bewegten Scheibe ein Flächenwirbel des magnetischen Feldes

$$\operatorname{Rot} \boldsymbol{H} = \boldsymbol{g}_{\mathrm{R}} = \boldsymbol{v}D = \boldsymbol{v}\varepsilon E \qquad (7.2\text{-}4)$$

[1] Hans Christian Oersted, 1777–1851.
[2] Henry Rowland, 1841–1901.
[3] Wilhelm Conrad Röntgen, 1845–1923.

in Richtung $\boldsymbol{v}$, also in tangentialer Richtung vorhanden, und $g_R$ ist die Flächendichte des Röntgenstroms. Genauere, von A. Eichenwald 1903 durchgeführte Messungen und Überlegungen ergeben an Stelle von Gl. (4)

$$g'_R = v(\varepsilon - \varepsilon_0) E = vP, \tag{7.2-5}$$

und diesen Ausdruck ergibt auch die spezielle Relativitätstheorie.

Trägt *ein einzelner isolierter kugelförmiger Leiter* vom Radius $r_0$ die Ladung $Q$, so ist sein elektrostatisches Feld symmetrisch zum Kugelmittelpunkt, für $r \geqq r_0$ hat die Flußdichte (Verschiebung) den Betrag $D = Q/4\pi r^2$; die elektrische Feldenergie ist, Vakuum vorausgesetzt, $W_e = Q^2/8\pi\varepsilon_0 r_0$ gemäß Gl. (2.5-1a, 6). Hat der Ladungsträger gegenüber einem Beobachtungsstandort (Bezugssystem) eine Bewegung mit der Geschwindigkeit $\boldsymbol{v}$, so geschieht in jedem zu diesem Beobachtungspunkt festen Raumpunkt eine Änderung des elektrischen Feldes, und daher besteht dort ein magnetisches Feld $\boldsymbol{H}$. Seine Feldlinien sind Kreise, deren Mittelpunkte auf der durch den Vektor $\boldsymbol{v}$ gegebenen Achse liegen, entlang der der Ladungsträger wandert. Das magnetische und das elektrische Feld stehen in jedem Raumpunkt senkrecht aufeinander. Wegen der genannten Symmetrie bestimmt man $\boldsymbol{H}$ am einfachsten mit Hilfe der Gl. (7.1-1), hier

$$\oint \boldsymbol{H} \cdot \mathrm{d}\boldsymbol{s} = \frac{\mathrm{d}}{\mathrm{d}t} \int_a \boldsymbol{D} \cdot \mathrm{d}\boldsymbol{a},$$

indem man die Änderung des elektrischen Flusses berechnet, der durch eine senkrecht zur Bewegung stehende Kreisscheibe vom Radius $R$ und der Höhe $v\,\mathrm{d}t$ hindurchtritt, Abb. 7.1. Auf ihrem Mantel ist $\boldsymbol{H}$ tangential und daher ist $\oint \boldsymbol{H} \cdot \mathrm{d}\boldsymbol{s} = H \cdot 2\pi R$. Die gesuchte Flußänderung ist

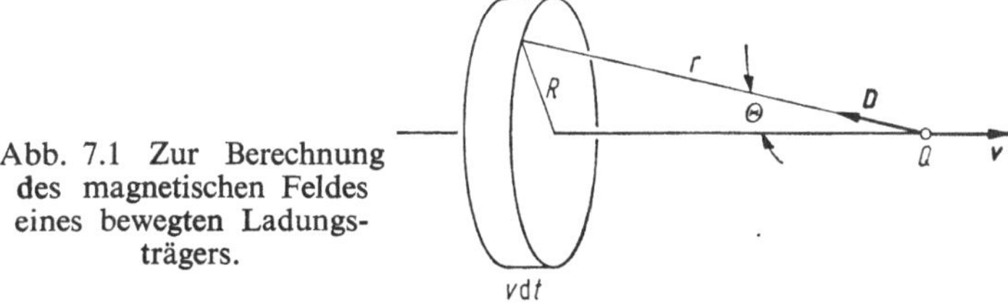


Abb. 7.1 Zur Berechnung des magnetischen Feldes eines bewegten Ladungsträgers.

nach der in Abschnitt A.7.19 gegebenen Ableitung der Fluß durch die Mantelfläche, also $\mathrm{d}_t\Psi = Dv\,\mathrm{d}t \cdot 2\pi R \sin\Theta$. So wird

$$H = vD \sin\Theta, \tag{7.2-6}$$

vektoriell

$$\boldsymbol{H} = \boldsymbol{v} \times \boldsymbol{D}. \tag{7.2-7}$$

Die magnetische Feldstärke steht rechtswendig senkrecht auf der Ebene des durch $\boldsymbol{v}$ und $\boldsymbol{D}$ gebildeten Parallelogramms, ihr Betrag wird durch dieses bestimmt ($H = 0$, wo $\boldsymbol{D}$ parallel und antiparallel zu $\boldsymbol{v}$ ist, $H = H_{\max} = vD$, wo $\boldsymbol{D} \perp \boldsymbol{v}$ ist). Ein Beobachter stellt also an seinem Standort, relativ zu dem die geladene Kugel die Geschwindigkeit $\boldsymbol{v}$ hat, das magnetische Feld $\boldsymbol{H} = \boldsymbol{v} \times \boldsymbol{D}$ fest, und zwar zusätzlich zu dem elektrischen Felde $\boldsymbol{D} = \boldsymbol{r}_0 Q/4\pi r^2$, wenn $r$ der augenblickliche Abstand der Kugel vom Standort des Beobachters ist. Die Beziehung (7) gilt für diesen Fall allgemein, auch wenn der bewegte Träger des elektrischen Feldes nicht Kugelgestalt hat.

Die Energie des magnetischen Feldes $H$, Gl. (6), im Vakuum ist

$$W_m = \frac{\mu_0}{2} \int\limits_{\infty} H^2 \, d\tau = \frac{\mu_0}{4\pi} \frac{Q^2}{3r_0} v^2 \qquad (7.2\text{-}8)$$

proportional zum Quadrat der Geschwindigkeit der materiellen Kugel, genau so, wie ihre kinetische Energie durch das Geschwindigkeitsquadrat gegeben wird. Die Energieanhäufung im magnetischen Feld der bewegten elektrisch geladenen Kugel kann daher auch gedeutet werden als eine Zunahme ihrer Masse um den Betrag

$$m' = \frac{\mu_0}{6\pi} \frac{Q^2}{r_0}; \qquad (7.2\text{-}9)$$

mit der später nachzuweisenden Beziehung $\mu_0 = 1/(\varepsilon_0 c_0^2)$, wo $c_0$ die Vakuumwellengeschwindigkeit (Lichtgeschwindigkeit) ist, wird auch

$$m' = \frac{1}{4\pi\varepsilon_0} \frac{2Q^2}{3r_0 c_0^2}. \qquad (7.2\text{-}9\text{a})$$

Es ist auch

$$W_m = W_e \frac{2}{3} \frac{v^2}{c_0^2}. \qquad (7.2\text{-}10)$$

An die angegebene Voraussetzung $v^2/c_0^2 \ll 1$ wird erinnert.

Für ein *stationäres elektrisches Feld ohne Leitungsströmung und ohne Konvektionsströmung* wird Gl. (7.1-3)

$$\operatorname{rot} \boldsymbol{H} = \operatorname{rot} (\boldsymbol{D} \times \boldsymbol{v}); \qquad (7.2\text{-}11)$$

die Vektoren $\boldsymbol{H}$ und $\boldsymbol{D} \times \boldsymbol{v}$ haben die gleiche Wirbelstärke. Also ist

$$\boldsymbol{H} = \boldsymbol{D} \times \boldsymbol{v} - \operatorname{grad} \psi, \qquad (7.2\text{-}12)$$

wobei $-\operatorname{grad} \psi$ ein wirbelfreier Teil des Feldes $\boldsymbol{H}$ ist. Seine Bestimmung ist eine potentialtheoretische Aufgabe bei zur besonderen Aufgabe gegebenen Randbedingungen. Für die magnetische Umlaufspannung ist er ohne Bedeutung, es ist

$$\oint \boldsymbol{H} \cdot d\boldsymbol{s} = \oint (\boldsymbol{D} \times \boldsymbol{v}) \cdot d\boldsymbol{s} \qquad (7.2\text{-}13)$$

für jede beliebige geschlossene Kurve $s$.

Die Beziehung

$$\boldsymbol{H} = \boldsymbol{D} \times \boldsymbol{v} \tag{7.2-14}$$

kann so verstanden werden: Bewegt sich ein Gerät, mit dem die magnetische Feldstärke nach Richtung und Betrag gemessen werden kann – wie wir kürzehalber sagen wollen: ein Magnetometer – mit der Geschwindigkeit $\boldsymbol{v}$ relativ zu dem körperlichen Erreger eines elektrischen Feldes, so wird am Ort des Magnetometers von diesem das magnetische Feld $\boldsymbol{H} = \boldsymbol{D} \times \boldsymbol{v}$ gemessen, wenn dort $\boldsymbol{D}$ der Ortswert des elektrischen Feldes des Erregers ist. (Der beim Magnetometer ruhende Beobachter erklärt das magnetische Feld dort durch die Geschwindigkeit $-\boldsymbol{v}$ des Erregers des elektrischen Feldes relativ zum Magnetometer, der beim Erreger des elektrischen Feldes ruhende Beobachter erklärt das magnetische Feld am Ort des Magnetometers durch dessen Geschwindigkeit $\boldsymbol{v}$ relativ zum Erreger; in beiden Fällen bleibt das magnetische Feld am Ort des Magnetometers unerklärt, wenn die Relativgeschwindigkeit nicht beobachtet werden kann.) Wird vom Magnetometer schon bei $\boldsymbol{v} = 0$ oder $\boldsymbol{D} = 0$ ein Feld $\boldsymbol{H}_0$ gemessen, so ist bei $\boldsymbol{v} \neq 0$ das Gesamtfeld am Ort des Magnetometers $\boldsymbol{H}^* = \boldsymbol{H}_0 + \boldsymbol{D} \times \boldsymbol{v}$. Dies schreibt man gewöhnlich, indem man den (dann unnötigen) Index wegläßt,

$$\boldsymbol{H}^* = \boldsymbol{H} - \boldsymbol{v} \times \boldsymbol{D}. \tag{7.2-15}$$

**Zweite Grundgleichung**

Die zweite Grundgleichung Gl. (7.1-4) schreiben wir nun

$$-\operatorname{rot} \boldsymbol{E} = \frac{\partial \boldsymbol{B}}{\partial t} + \operatorname{rot}(\boldsymbol{B} \times \boldsymbol{v}), \tag{7.2-16}$$

weil in diesem Zusammenhang ohne Einschränkung gilt $\operatorname{div} \boldsymbol{B} = 0$, vgl. Gl. (7.1-8). Das elektromagnetische Induktionsgesetz hatten wir im Anschluß an Gl. (5.2-6) so formuliert: Die elektrische Umlaufspannung entlang einer beliebigen geschlossenen Kurve $s$ ist gleich dem von dieser Kurve umfaßten magnetischen Schwund; diese Formulierung bedarf also nach dem zu Gl. (7.1-2) Gesagten notwendig des Zusatzes: Bei Bewegung von Körpern haften die Linienelemente $\mathrm{d}\boldsymbol{s}$ der geschlossenen Kurve $s$, die für den magnetischen Schwund maßgebend ist, an der Materie. – Die Randkurve $s$ kann also nicht etwa beliebig angenommen werden. – Schreibt man

$$\begin{aligned}\oint \boldsymbol{E} \cdot \mathrm{d}\boldsymbol{s} &= -\int_a \frac{\partial \boldsymbol{B}}{\partial t} \cdot \mathrm{d}\boldsymbol{a} - \int_a \operatorname{rot}(\boldsymbol{B} \times \boldsymbol{v}) \cdot \mathrm{d}\boldsymbol{a} \\ &= -\int_a \frac{\partial \boldsymbol{B}}{\partial t} \cdot \mathrm{d}\boldsymbol{a} - \oint (\boldsymbol{B} \times \boldsymbol{v}) \cdot \mathrm{d}\boldsymbol{s}, \end{aligned} \tag{7.2-17}$$

so ist $\boldsymbol{v}$ die Geschwindigkeit des substantiellen (an der Materie haftenden) Flächenelementes und Linienelementes relativ zum Erreger des magnetischen Feldes $\boldsymbol{B}$; trotzdem spricht man, meist unmißverständlich, von der „Bewegung in einem magnetischen Feld". Nennen wir auch hier die rechte Seite der Gleichung den magnetischen Schwund, so zeigt die Gleichung dessen Aufteilung in zwei Teile: Der erste Summand rührt von der lokalen zeitlichen Schwankung des magnetischen Feldes her, der zweite von der Bewegung substantieller Elemente durch das Feld. – Wir betrachten in Gl. (17) dieses zweite Integral für sich allein. Abb. 7.2 veranschaulicht den Integranden. Man kann hiernach so formulieren: Bei der Bewegung der geschlossenen substantiellen Kurve vermehrt oder vermindert sich der von ihr *umfaßte* magnetische Fluß um den von der bewegten substantiellen Kurve *durchquerten* magnetischen Fluß. Ist das magnetische Feld stationär, so ist dies der gesamte magnetische Schwund.

Die an sich willkürliche, nämlich vom Standort abhängige Aufteilung, die in Gl. (17) zum Ausdruck kommt, ist häufig höchst zweckmäßig. Es werde zum Beispiel eine starre geschlossene Leiterschleife (angenähert: eine Spule) so in einem zeitlich schwankenden magnetischen Felde bewegt, daß ihre Bewegung durch Angabe eines einzigen Lageparameters $q$ beschrieben wird, und der von ihr umfaßte Fluß $\Phi(t, q)$ sei definiert. Der magnetische Schwund ist dann

$$-\frac{\mathrm{d}\Phi}{\mathrm{d}t} = -\frac{\partial\Phi}{\partial t} - \frac{\partial\Phi}{\partial q}\frac{\mathrm{d}q}{\mathrm{d}t}, \tag{7.2-18}$$

also für eine Translationsbewegung entlang $x$ mit der Geschwindigkeit $v = \mathrm{d}x/\mathrm{d}t$

$$-\frac{\mathrm{d}\Phi}{\mathrm{d}t} = -\frac{\partial\Phi}{\partial t} - \frac{\partial\Phi}{\partial x}v, \tag{7.2-19}$$

und für eine Rotationsbewegung um den Winkel $\alpha$ mit der Winkelgeschwindigkeit $\omega = \mathrm{d}\alpha/\mathrm{d}t$

$$-\frac{\mathrm{d}\Phi}{\mathrm{d}t} = -\frac{\partial\Phi}{\partial t} - \frac{\partial\Phi}{\partial\alpha}\omega; \tag{7.2-20}$$

die Drehung einer Spule in einem stationären oder einem zeitlich schwankenden magnetischen Feld mag man als die Urform der klassischen elektrischen Generatoren ansehen.

Als Beispiel zu Gl. (18) betrachten wir einen geraden, leitenden Stab, der entlang leitenden Gleitschienen, die den Abstand $l$ voneinander haben, mit der Geschwindigkeit $\boldsymbol{v}$ durch ein homogenes magnetisches Feld $\boldsymbol{B}$ bewegt wird, das stationär und senkrecht zu $\boldsymbol{v}$ gerichtet ist; in gehöriger Entfernung seien die Gleitschienen miteinander leitend verbunden; Abb. 7.3. Hier ist, bei Verschiebung des Stabes um die Strecke $\mathrm{d}x$ in der Zeit $\mathrm{d}t$, die Flußänderung

$$\mathrm{d}_t \Phi = Bl\,\mathrm{d}x = Blv\,\mathrm{d}t \tag{7.2-21}$$

ein Flußzuwachs, wenn die leitende Verbindung der Schienen, wie in Abb. 7.3 angedeutet ist, links vom bewegten Stabe angenommen wird, dagegen eine Flußabnahme, wenn sie rechts angenommen wird. In *beiden* Fällen fließt daher der induzierte Strom $I$ in der angegebenen Pfeilrichtung, und es gilt $-\mathrm{d}\Phi/\mathrm{d}t = \mathring{U} = I\mathring{R}$, wenn $\mathring{R}$ der Gesamtwiderstand des Stromkreises ist, von dem der bewegte Stab einen Teil bildet.

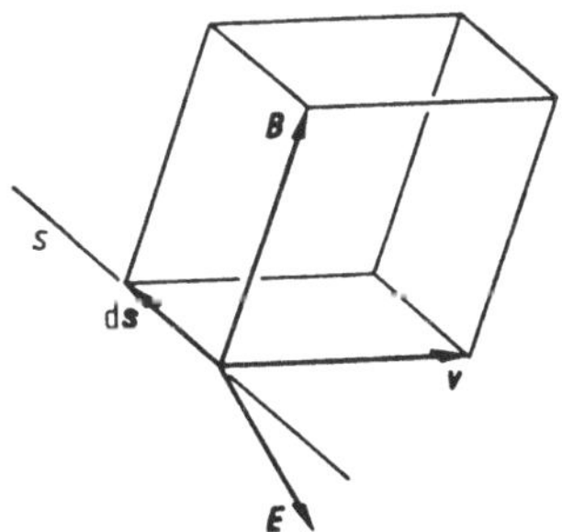


Abb. 7.2 Zum Induktionsgesetz für stationäre magnetische Felder.

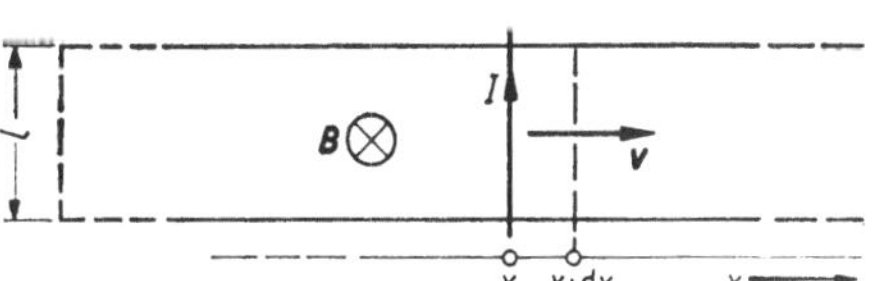


Abb. 7.3 Im stationären Feld $\boldsymbol{B}$ bewegter Leiterstab. Teil eines geschlossenen Stromkreises.

Im Anschluß an Gl. (5.2-10) war bemerkt worden, daß in Fällen wie diesem das Induktionsgesetz eine Aussage über die elektrische Umlaufspannung macht, aber nicht, wie irrtümlich oft erwartet wird, über den Ort einer induzierten Quellenspannung („induced emf"). Hier erwartet man diesen Ort vielleicht naiverweise im bewegten Leiterstab. Man braucht aber nur dessen Anteil $R_i$ am Gesamtwiderstand $\mathring{R}$ verschwindend klein zu machen, dann ist auch die Spannung $IR_i$ zwischen den Enden des bewegten Stabes verschwindend klein, und an den Teilen des geschlossenen Stromkreises, die die Geschwindigkeit Null haben, liegt der überwiegende Teil der induzierten Spannung.

Wir betrachten nunmehr die *zweite Grundgleichung für stationäre Felder* ($\partial \boldsymbol{B}/\partial t = 0$):

$$-\operatorname{rot} \boldsymbol{E} = \operatorname{rot}(\boldsymbol{B} \times \boldsymbol{v}); \tag{7.2-22}$$

die Vektoren $\boldsymbol{E}$ und $\boldsymbol{v} \times \boldsymbol{B}$ haben die gleichen Wirbel, können sich also voneinander nur durch einen wirbelfreien Vektor $-\operatorname{grad} \varphi$ unterscheiden:

$$\boldsymbol{E} = \boldsymbol{v} \times \boldsymbol{B} - \operatorname{grad} \varphi. \tag{7.2-23}$$

Nur für die elektrische Feldstärke, nicht für deren Umlaufspannung – Gl. (17), zweiter Summand rechts – spielt der wirbelfreie Anteil eine

Rolle; seine Bestimmung ist eine potentialtheoretische Aufgabe bei zur besonderen Aufgabe gegebenen Randbedingungen.

a) *Wird in einem stationären magnetischen Felde* $\boldsymbol{B}$ *ein homogener Leiter* der Leitfähigkeit $\sigma$ so *bewegt*, daß in ihm quasistationäre induzierte Ströme fließen, so gilt für diese zusammen mit Gl. (23)

$$\boldsymbol{S} = \sigma \boldsymbol{E} \quad \text{und} \quad \operatorname{div} \boldsymbol{S} = 0. \tag{7.2-24}$$

Am durchströmten Leiterelement $d\tau$ greift eine Kraft $\boldsymbol{f}\, d\tau$ an mit

$$\boldsymbol{f} = \boldsymbol{S} \times \boldsymbol{B} \tag{7.2-25}$$

nach Gl. (6.4-7); andere Kräfte seien nicht im Spiel (nirgends permanente magnetische Polarisation; Permeabilität des Leiters nicht merklich von der der Umgebung verschieden). Dann ist in der Zeit $dt$ die gesamte Verrückungsarbeit

$$\begin{aligned} d_t A &= dt \int_\tau \boldsymbol{v} \cdot (\boldsymbol{S} \times \boldsymbol{B})\, d\tau = -dt \int_\tau \boldsymbol{S} \cdot (\boldsymbol{v} \times \boldsymbol{B})\, d\tau \\ &= -dt \int_\tau \boldsymbol{S} \cdot \boldsymbol{E}\, d\tau + \int_\tau \boldsymbol{S} \cdot \operatorname{grad} \varphi\, d\tau. \end{aligned} \tag{7.2-26}$$

Im Integranden des zweiten Volumenintegrals ist $\boldsymbol{S}$ ein quellenfreier Vektor, grad $\varphi$ ein wirbelfreier. Es liegt ein einfach zusammenhängender Raum vor, deswegen verschwindet dieses Integral, vgl. Abschnitt A.7.18(1). Übrig bleibt

$$d_t A = -dt \int_\tau \boldsymbol{S} \cdot \boldsymbol{E}\, d\tau = -dt \int_\tau \frac{S^2}{\sigma}\, d\tau, \tag{7.2-27}$$

eine unter allen Umständen negative Größe. Also: *Fließen in einem Leiter infolge seiner Bewegung in einem magnetischen Feld induzierte Ströme, so entstehen zugleich Kräfte auf ihn, die somit der Bewegung entgegenwirken.* Dieser Satz ist als *Lenzsche Regel* bekannt.[1]

Für den geschlossenen linearen Stromkreis findet man sie wie folgt: Fließt in ihm infolge der Bewegung im stationären Felde ein induzierter Strom $I$, so ist dieser

$$I = -\frac{1}{\mathring{R}} \frac{d\Phi}{dt}, \tag{7.2-28}$$

wenn $\mathring{R}$ der Widerstand ist, und auf jedes Längenelement $d\boldsymbol{s}$ des linearen Leiters wird nach Gl. (4.1-10) die Kraft

$$d\boldsymbol{F} = I(d\boldsymbol{s} \times \boldsymbol{B}) \tag{7.2-29}$$

ausgeübt. Erfährt das substantielle Element $d\boldsymbol{s}$ eine Verschiebung $\delta\boldsymbol{l}$, so ist die zugehörige Arbeit

$$\delta A = d\boldsymbol{F} \cdot \delta\boldsymbol{l} = \delta\boldsymbol{l} \cdot I(d\boldsymbol{s} \times \boldsymbol{B}) = I\boldsymbol{B} \cdot (\delta\boldsymbol{l} \times d\boldsymbol{s}). \tag{7.2-30}$$

---

[1] Heinrich Friedrich Emil Lenz, 1804—1865.

Das Parallelogramm $\delta \boldsymbol{l} \times \mathrm{d}\boldsymbol{s}$ ist die Fläche, die das substantielle Element $\mathrm{d}\boldsymbol{s}$ bei der Verschiebung $\delta \boldsymbol{l}$ überstreicht, daher ist gemäß der zu Gl. (17) gegebenen Formulierung $\boldsymbol{B} \cdot (\delta \boldsymbol{l} \times \mathrm{d}\boldsymbol{s})$ der magnetische Fluß durch diese Fläche. Daher ist $\oint_s \boldsymbol{B} \cdot (\delta \boldsymbol{l} \times \mathrm{d}\boldsymbol{s}) = \delta \Phi$ der Zuwachs an magnetischem Fluß, der eintritt, wenn durch die Bewegung die geschlossene substantielle Kurve $s$, die Leitlinie des linearen Leiters also, aus der Lage $I$ in die Lage $II$ übergeht, Abb. 7.4, und die dabei verrichtete Arbeit ist

$$\delta A = I \delta \Phi . \tag{7.2-31}$$

Mit Gl. (28) folgt

$$\mathrm{d}A = I \,\mathrm{d}\Phi = -\frac{\mathrm{d}t}{\mathring{R}} \left( \frac{\mathrm{d}\Phi}{\mathrm{d}t} \right)^2 < 0, \tag{7.2-32}$$

mit der gleichen Auslegung wie oben zu Gl. (27).

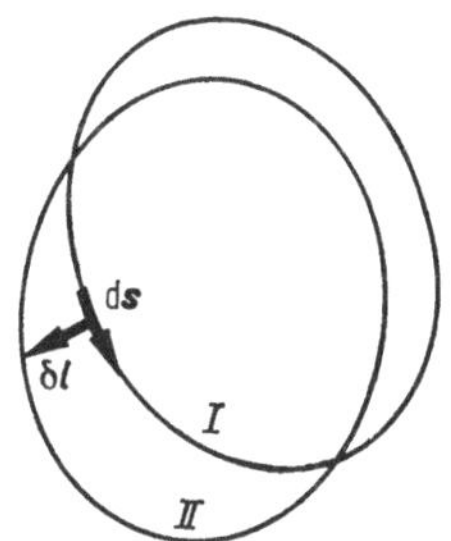


Abb. 7.4 Zur Bestimmung der Arbeit bei Bewegung eines geschlossenen linearen Leiters in einem magnetischen Feld.

Nach Gl. (31) ist unter den Voraussetzungen, die zu Gl. (25) angegeben worden sind, *die Arbeit*, die die magnetischen Feldkräfte *bei Verrückung einer geschlossenen linearen Leiterschleife* verrichten, *gleich dem Produkt aus der Stromstärke und dem Zuwachs des umfaßten magnetischen Flusses.*

Aus diesem Satz lassen sich mehrere wichtige Folgerungen ziehen: Ein frei beweglicher geschlossener linearer Stromkreis ändert im stationären magnetischen Felde so lange seine Lage und gegebenenfalls seine Form, als mit der Bewegung ein Flußzuwachs verbunden ist. In der Ruhelage ist der umfaßte magnetische Fluß ein Extremum; sie ist eine Stellung stabilen Gleichgewichtes, wenn der umfaßte Fluß ein Maximum ist, denn dann muß für jede Änderung der Stellung mechanische Arbeit von außen her aufgebracht werden. Der Stromkreis sucht eine solche Lage und gegebenenfalls eine solche Form anzunehmen, daß er den nach Umständen größten magnetischen Fluß umfaßt. Schließlich noch: Wird ein geschlossener linearer Leiterkreis im stationären Felde beliebig, aber so bewegt, daß die Endlage $II$ identisch wird mit der Anfangslage $I$, so ist erfahrungsgemäß die gesamte verrichtete Arbeit Null:

$$\delta A = I \oint \boldsymbol{B} \cdot (\delta \boldsymbol{l} \times \mathrm{d}\boldsymbol{s}) = 0 .$$

Jetzt ist aber $\delta \boldsymbol{l} \times \mathrm{d}\boldsymbol{s} = \mathrm{d}\boldsymbol{a}$ das Flächenelement der durch die Bewegung der Kurve beschriebenen geschlossenen Fläche (Hüllfläche), daher ist wegen $I \neq 0$ notwendig

$$\oint \boldsymbol{B} \cdot \mathrm{d}\boldsymbol{a} = 0 \quad \text{oder} \quad \operatorname{div} \boldsymbol{B} = 0;$$

die Quellenlosigkeit von $\boldsymbol{B}$ und die Beziehung (31) bedingen einander wechselseitig.

b) *Wird ein dielektrischer unmagnetischer Körper* in geeigneter Weise *in einem stationären magnetischen Felde bewegt,* so wird er elektrisch polarisiert. Bei dem von H. A. Wilson 1904 unternommenen Versuch befindet sich zwischen den Elektroden eines ungeladenen Zylinderkondensators ein koaxialer dielektrischer Hohlzylinder in einem stationären homogenen magnetischen Felde $\boldsymbol{B}$, das zur Achse parallel gerichtet ist. Wird der Hohlzylinder um die Achse gedreht, so wird er elektrisch polarisiert, der vorher ungeladene Kondensator wird dadurch aufgeladen. Der durch die Bewegung hervorgerufene Anteil der elektrischen Polarisation ist gemäß Gl. (16)

$$\boldsymbol{P} = \varepsilon_0(\varepsilon_r - 1) \cdot \boldsymbol{v} \times \boldsymbol{B}. \qquad (7.2\text{-}33)$$

Die elektrischen Wirbel liegen hier an der Oberfläche des bewegten dielektrischen Körpers (Näheres über elektrische Flächenwirbel siehe weiter unten); bei dem Versuch von Röntgen befinden sich magnetische Flächenwirbel, vgl. Gln. (4), (5), an der Oberfläche des im stationären elektrischen Felde bewegten dielektrischen Körpers.

c) Wir betrachten weiterhin die Beziehung Gl. (23) ohne den wirbelfreien Feldanteil, also

$$\boldsymbol{E} = \boldsymbol{v} \times \boldsymbol{B}. \qquad (7.2\text{-}34)$$

Sie kann so verstanden werden: Bewegt sich ein Gerät, mit dem die elektrische Feldstärke nach Betrag und Richtung gemessen werden kann –, wie wir kürzehalber sagen wollen: ein Elektrometer – mit der Geschwindigkeit $\boldsymbol{v}$ relativ zu dem körperlichen Erreger eines magnetischen Feldes, so wird am Ort des Elektrometers von diesem das elektrische Feld $\boldsymbol{E} = \boldsymbol{v} \times \boldsymbol{B}$ gemessen, wenn dort $\boldsymbol{B}$ der Ortswert des magnetischen Feldes des Erregers ist. Als Elektrometer dient in bekannter Weise ein Träger elektrischer Ladung $Q$, Meßgröße ist die Kraft

$$\boldsymbol{F} = Q\boldsymbol{E} = Q(\boldsymbol{v} \times \boldsymbol{B}). \qquad (7.2\text{-}35)$$

(Der beim Ladungsträger ruhende Beobachter erklärt das elektrische Feld $\boldsymbol{F}/Q$ dort durch die Geschwindigkeit $-\boldsymbol{v}$ des Magnetfelderregers relativ zum Ladungsträger, der beim Magnetfelderreger ruhende Beobachter erklärt das elektrische Feld am Ort des Ladungsträgers durch dessen Geschwindigkeit $\boldsymbol{v}$ relativ zum Erreger des magnetischen Feldes;

in beiden Fällen bleibt das elektrische Feld am Ort des Ladungsträgers unerklärt, wenn die Relativgeschwindigkeit nicht beobachtet werden kann.) Wird am Ort des Ladungsträgers schon bei $\boldsymbol{v} = 0$ oder $\boldsymbol{B} = 0$ ein elektrisches Feld $\boldsymbol{E}_0$ gemessen, so ist bei $\boldsymbol{v} \neq 0$ das Gesamtfeld am Ort des Ladungsträgers (Elektrometers) $\boldsymbol{E}^* = \boldsymbol{E}_0 + \boldsymbol{v} \times \boldsymbol{B}$. Dies schreibt man gewöhnlich, indem man den (dann unnötigen) Index wegläßt,

$$\boldsymbol{E}^* = \boldsymbol{E} + \boldsymbol{v} \times \boldsymbol{B}. \tag{7.2-36}$$

Das Zusammentreffen der Größen $\boldsymbol{E}$ und $\boldsymbol{B}$ ist hier ebenso typisch, wie das der Größen $\boldsymbol{H}$ und $\boldsymbol{D}$ in Gl. (15). In der Weiterführung der Feldtheorie durch H. A. Lorentz und A. Einstein spielen diese Beziehungen eine grundlegend wichtige Rolle.

Die Gl. (35) läßt sich noch vergleichen mit dem Ausdruck $\mathrm{d}\boldsymbol{F} = I(\mathrm{d}\boldsymbol{l} \times \boldsymbol{B})$ für die Kraft auf das (fiktive) Stromelement $I\,\mathrm{d}\boldsymbol{l}$ im magnetischen Felde $\boldsymbol{B}$. Auf ein in Richtung der Geschwindigkeit $\boldsymbol{v}$ des Trägers der Ladung $Q$ liegendes Stromelement $I\,\mathrm{d}\boldsymbol{l}$ wird bei gleichem $\boldsymbol{B}$ also die gleiche Kraft ausgeübt, wie auf den bewegten Ladungsträger. Man darf folgern: Leitungsströmung und Konvektionsströmung sind hinsichtlich der im Magnetfeld erlittenen Wirkung einander gleichwertig. Sie sind es aber auch hinsichtlich der von ihnen hervorgebrachten magnetischen Wirkung, wie im Anschluß an Gl. (2) und (3) gezeigt worden ist.

*Wird ein gerader linearer Stab* der Länge $l$ mit der Geschwindigkeit $\boldsymbol{v}$ *durch ein stationäres homogenes Feld* $\boldsymbol{B}$ *bewegt* und beschreiben wir den Leiter geometrisch durch einen vom Ende *1* zum Ende *2* gerichteten Vektor $\boldsymbol{l}$ vom Betrage $l$, so ist die elektrische Spannung vom einen Ende zum anderen nach Gl. (34)

$$U_{12} = \boldsymbol{l} \cdot (\boldsymbol{v} \times \boldsymbol{B}), \tag{7.2-37}$$

die Enden des Stabes laden sich zu entgegengesetzt gleich großen Ladungen auf, der Stab wirkt wie ein elektrischer Dipol. Die Spannung hat ihren maximalen Betrag $(U_{12})_{\max} = lvB$, wenn $\boldsymbol{l} \perp \boldsymbol{v} \perp \boldsymbol{B}$, und sie verschwindet erstens, wenn $\boldsymbol{l} \perp \boldsymbol{v} \times \boldsymbol{B}$ und zweitens, wenn $\boldsymbol{v} \parallel \boldsymbol{B}$ ist, wenn also die Bewegung in der Richtung der magnetischen Feldlinien erfolgt.

d) *Unipolare Induktion*: Dieser Ausdruck knüpft sich an einen erstmals von Faraday 1832 unternommenen Versuch, seine Abwandlungen und technischen Anwendungen: Ein permanenter Magnet habe die Gestalt eines Kreiszylinders, sei längsmagnetisiert und drehe sich um seine Achse. Eine leitende Drahtschleife berühre einerseits die Drehungsachse auf einer Stirnfläche und andererseits den Mantel (am besten, aber nicht notwendig, genau in der neutralen Zone, das ist in der Mitte der axialen Länge), Abb. 7.5. Dann fließt in der Drahtschleife ein zur Drehungsgeschwindigkeit proportionaler Strom (falls der Magnet hinreichend große elektrische Leitfähigkeit besitzt; es gibt heute permanent aufmagnetisierbare Ferromagnetika von sehr geringer elektrischer Leitfähigkeit). Dieser Strom ist natürlich ein induzierter Strom; an seine Deutung hat sich die Streitfrage geknüpft, ob der Magnet bei der Drehung das magnetische Feld mitnehme oder nicht. Man mag die Diskussion dieser Frage für interessant halten, obwohl die magnetischen Feldlinien gewiß nicht wie die Borsten einer Drehbürste wiedererkennbare Individuen sind. Die Entscheidung dieser Frage spielt für die Deutung dieses Vorganges mit Hilfe des elektromagnetischen Induktionsgesetzes nicht die geringste Rolle. Die von einer geschlossenen Kurve umfaßte (konturierte) Flußänderung wird, wie wir hervorgehoben haben, durch die Bewegung der an der Materie haftenden Linienelemente bestimmt. Die umfaßte Fläche hat sich also bei der Drehbewegung beispielsweise um die in Abb. 7.5 schraffierte Fläche vergrößert, der magnetische Fluß hat den dieser Fläche entsprechenden Zuwachs erfahren (hauptsächlich in dem Sektor der Stirnfläche). – Wird der Stabmagnet für sich allein, ohne Stromschleife, gedreht, so besteht in seiner Umgebung ein elektrisches Feld, dessen Quellen Flächenladungen sind (die Deckelflächen

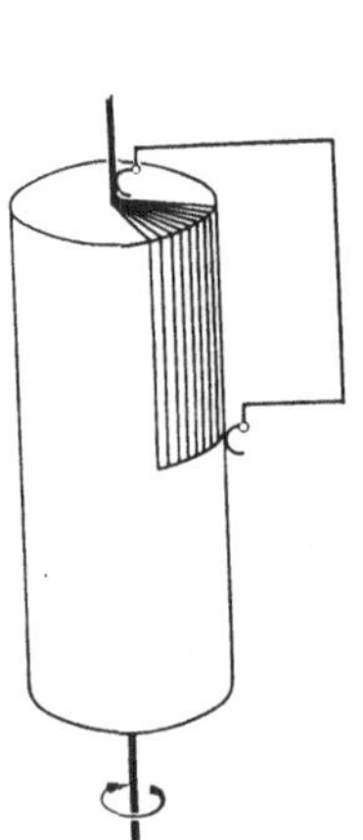

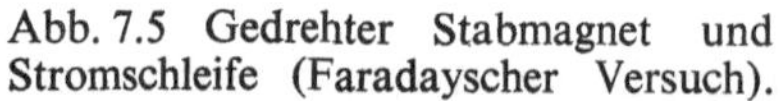

Abb. 7.5 Gedrehter Stabmagnet und Stromschleife (Faradayscher Versuch).

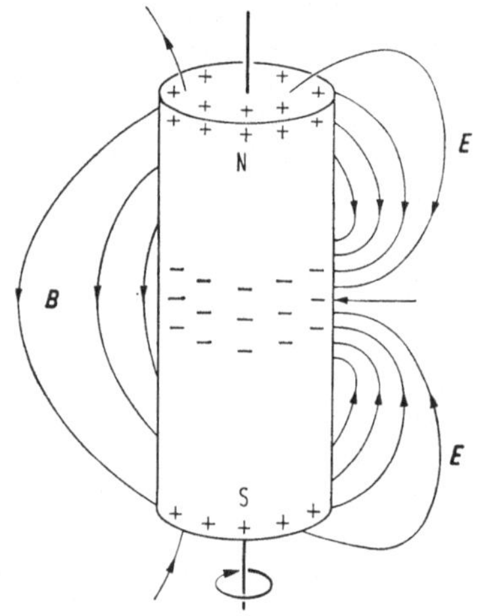


Abb. 7.6 Magnetisches und elektrisches Feld des gedrehten Stabmagneten.

des Zylinders tragen gleichnamige Ladungen, die sie zu Null ergänzenden ungleichnamigen liegen auf dem Mantel im Bereich der Mitte der axialen Länge), Abb. 7.6. Die Wirbel der elektrischen Feldstärke liegen hier auf der Oberfläche (siehe unten). Für den physikalischen Vorgang ist es nicht wesentlich, daß das stationäre magnetische Feld von einem Permanentmagneten hervorgebracht wird. Man errege zum Beispiel ein stationäres magnetisches Feld in einer mit Gleichstrom gespeisten Kreiszylinderspule und drehe in ihr einen koaxialen kreiszylindrischen leitenden Körper. Dann tritt eine elektrische Spannung zwischen der Mitte des leitenden Zylinders und jeweils einem Ende auf, ebenso

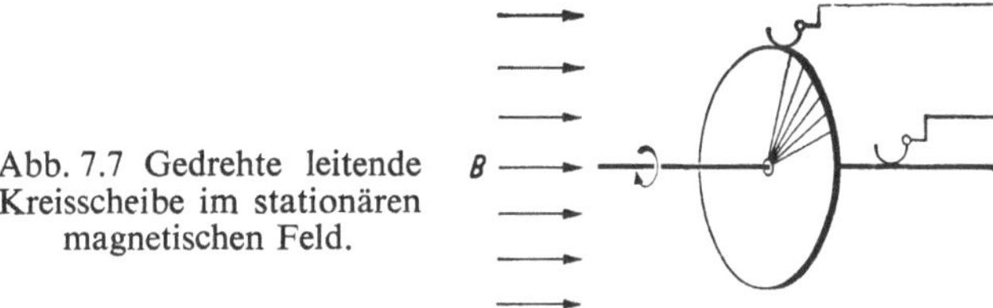


Abb. 7.7 Gedrehte leitende Kreisscheibe im stationären magnetischen Feld.

wie beim gedrehten Stabmagneten (Abb. 7.5). Eine Abwandlung dieser Anordnung ist in Abb. 7.7 angedeutet: Eine ebene leitende Kreisscheibe vom Radius $r$ wird in einem homogenen stationären magnetischen Felde $\boldsymbol{B}$ gedreht; die Drehungsachse ist parellel zu $\boldsymbol{B}$. Auch hier bestimmt sich der Flußzuwachs aus der Bewegung der substantiellen Elemente: Ist $\mathrm{d}\alpha$ der Drehungswinkel während der Zeit $\mathrm{d}t$, so ist

$$\mathrm{d}_t\Phi = \boldsymbol{B}\,\mathrm{d}_t a = B\frac{r^2\,\mathrm{d}\alpha}{2}$$

und daher mit $\omega = \mathrm{d}\alpha/\mathrm{d}t$ die Umlaufspannung

$$\mathring{U} = -\frac{\mathrm{d}\Phi}{\mathrm{d}t} = -B\frac{r^2}{2}\omega. \tag{7.2-38}$$

Nicht zur Erscheinung der unipolaren Induktion gehörig, jedoch in diesem Zusammenhang für die richtige Anwendung des Induktionsgesetzes sehr instruktiv, ist der in Abb. 7.8 veranschaulichte *Versuch von K. Hering* 1908. Ein geschlossener Drahtbügel umfasse eine lange Eisensäule, die den stationären magnetischen Fluß $\Phi$ führt ($\boldsymbol{B}$ senkrecht

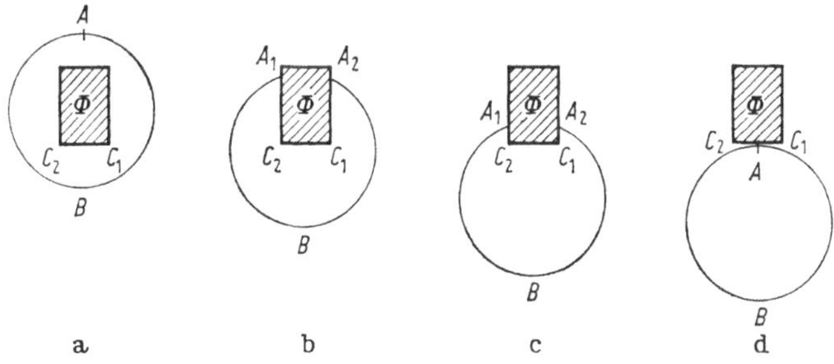


Abb. 7.8 Der Versuch von Hering.

zur Ebene der Zeichnung), außerhalb sei kein magnetisches Feld vorhanden. In der Abb. 7.8 ist der Querschnitt der Eisensäule rechteckig angenommen. Der Drahtbügel werde so in senkrechter Richtung abgezogen, daß er bei $A$ durchgeschnitten wird, daß er aber bei der Gleitbewegung über den Mantel der Eisensäule über diese leitend geschlossen bleibt, er möge also in allen Phasen der Bewegung von a) bis d) leitend geschlossen bleiben. In der Anfangsstellung a) umfaßt der Drahtkreis den Fluß $\Phi$, in der Endstellung d) den Fluß Null. Es wäre nun verfehlt, aus der Flußänderung $\Phi - 0$ auf einen von Null verschiedenen induzierten Strom zu schließen. Es fließt vielmehr erfahrungsgemäß während der Bewegung kein Strom. Das widerspricht deswegen nicht dem Induktionsgesetz, weil für dieses nicht eine beliebige, sondern vielmehr eine substantielle Kurve maßgebend ist: Wählt man als eine solche zum Beispiel die geschlossene Kurve $\overline{A_1BA_2C_1C_2A_1}$, wie aus b) und c) ersichtlich ist, so ist während der ganzen Bewegung der umfaßte magnetische Fluß Null; in den Phasen a) und d) fallen die Punkte $A_1$ und $A_2$ aufeinander (A). Das Induktionsgesetz spricht ja auch nicht etwa von einem Vergleich eines Endzustandes (d) mit einem Anfangszustande (a), sondern von einem *Vorgang*, der durch die Änderungsgeschwindigkeit des Flusses beschrieben wird.

e) *Orte der elektrischen Wirbel in und auf bewegten starren Körpern*: Im *Innern* eines bewegten starren Körpers ist $\operatorname{rot} \boldsymbol{E} \neq 0$ nach Gl. (16), wenn er sich in einem lokal schwankenden magnetischen Felde befindet ($\partial \boldsymbol{B}/\partial t \neq 0$), ferner, wenn er sich in einem magnetischen Felde verschiebt, wobei das Feld in der Fortschreitungsrichtung inhomogen sein muß, schließlich, wenn er sich in einem magnetischen Felde um eine Achse dreht, die nicht parallel zur Richtung der Feldlinien ist.

Flächenwirbel an der *Oberfläche* materieller starrer Körper bei ihrer Bewegung in stationären magnetischen Feldern werden durch die der Gl. (22) entsprechenden Beziehung

$$-\operatorname{Rot} \boldsymbol{E} = \operatorname{Rot} (\boldsymbol{B} \times \boldsymbol{v}) \tag{7.2-39}$$

beschrieben. Wir orientieren uns an Hand des Normalenvektors $\boldsymbol{n}_{12}$ vom Innern des Körpers *1* in den Außenraum *2*. Schreiben wir entsprechend für die Vektoren an der Oberfläche im Innern $\boldsymbol{E}_1$, $\boldsymbol{B}_1$, an der Oberfläche außen $\boldsymbol{E}_2$, $\boldsymbol{B}_2$, ferner, wie bisher, $\boldsymbol{v}$ für die Geschwindigkeit des Körpers relativ zum Erreger des Magnetfeldes. Dann nimmt Gl. (39) die Form an

$$-\boldsymbol{n}_{12} \times (\boldsymbol{E}_2 - \boldsymbol{E}_1) = \boldsymbol{v} B_\mathrm{n} + (\boldsymbol{B}_2 - \boldsymbol{B}_1)\, v_\mathrm{n}. \tag{7.2-40}$$

Wenn der Körper merklich die gleiche Permeabilität hat wie der Außenraum, so ist $\boldsymbol{B}_2 = \boldsymbol{B}_1$; ist der Körper feldfrei, so ist $\boldsymbol{E}_1 = 0$; ist er ein durchströmter homogener Leiter, so ist $\boldsymbol{E}_1 = \varrho_1 \boldsymbol{S}_1$; bei einer Drehbewegung ist $v_n = 0$. Wird also zum Beispiel ein Kupferstab durch ein homogenes stationäres Feld bewegt, so ist nach dem oben Gesagten sein Inneres wirbelfrei und an der Oberfläche ist

$$\boldsymbol{n}_{12} \times \boldsymbol{E}_2 = -\boldsymbol{v}B_n, \tag{7.2-41}$$

die Vektoren $\boldsymbol{E}_2$ und $\boldsymbol{B} \times \boldsymbol{v}$ haben gleiche und gleichgerichtete Tangentialkomponenten.

Bei der Drehung des stromlosen Stabmagneten, Abb. 7.6, sind die elektrischen Wirbel gleichfalls Flächenwirbel. Hier ist zwar $\boldsymbol{B}_2 \neq \boldsymbol{B}_1$, jedoch $v_n = 0$, so daß wiederum Gleichung (41) erhalten wird.

Wir betrachten schließlich das elektrische Feld an der Oberfläche eines homogenen nichtferromagnetischen Leiters. Das elektrostatische Feld steht senkrecht auf der geladenen Oberfläche: $\boldsymbol{E}_t = 0$. Wird er stationär oder quasistationär durchströmt, so ist nach dem Ohmschen Gesetz $\boldsymbol{E}_t = \varrho_1 \boldsymbol{S}_1$, also sind an der Oberfläche die Feldlinien in Richtung des Vektors $\boldsymbol{S}$ geneigt. Hat er schließlich relativ zu einem Magnetfelderreger die Geschwindigkeit $\boldsymbol{v}$, so ist nach Gleichung (40)

$$\boldsymbol{n}_{12} \times (\boldsymbol{E}_2 - \varrho_1 \boldsymbol{S}_1) = -\boldsymbol{v}B_n, \tag{7.2-42}$$

also

$$E_{2t} = \varrho_1 S_{1t} - vB_n. \tag{7.2-43}$$

Die Tangentialkomponente der elektrischen Feldstärke wird also nicht mehr allein durch das Ohmsche Gesetz bestimmt; der Vektor $\boldsymbol{E}_{2t}$ kann parallel oder antiparallel zu $\varrho_1 \boldsymbol{S}_1$ gerichtet sein, er kann auch bei $\boldsymbol{S}_1 \neq 0$ verschwinden. Abb. 7.9 veranschaulicht die drei besprochenen Fälle; für

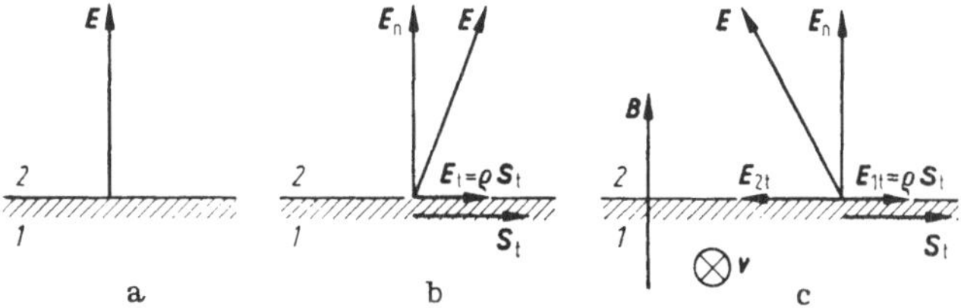


Abb. 7.9 Das elektrische Feld an einer Leiteroberfläche.

a) statisches Feld; b) nach dem Ohmschen Gesetz; c) nach dem Induktionsgesetz bei Bewegung in einem homogenen magnetischen Feld (Beispiel).

den dritten ist einfachheitshalber vorausgesetzt, daß $\boldsymbol{B}$ senkrecht auf der Oberfläche steht und $\boldsymbol{v} \perp \boldsymbol{B}$ in der Oberfläche liegt, und es ist als Beispiel angenommen, daß $\boldsymbol{E}_{2t}$ antiparallel zu $\boldsymbol{S}_1$ liegt.

## 7.3 Energiegleichung. Kräfte

Um die Kontinuitätsgleichung der Energie und aus dieser einen Ausdruck für die Feldkräfte zu erhalten, benutzen wir die Grundgleichungen in der Form Gl. (7.1-6, 7)

$$\operatorname{rot} \boldsymbol{H} = \boldsymbol{S} + \frac{\partial(\varepsilon \boldsymbol{E})}{\partial t} + \boldsymbol{v} \operatorname{div}(\varepsilon \boldsymbol{E}) + \operatorname{rot}(\varepsilon \boldsymbol{E} \times \boldsymbol{v}) \tag{7.3-1}$$

$$-\operatorname{rot} \boldsymbol{E} = \frac{\partial(\mu \boldsymbol{H})}{\partial t} + \boldsymbol{v} \operatorname{div}(\mu \boldsymbol{H}) + \operatorname{rot}(\mu \boldsymbol{H} \times \boldsymbol{v}). \tag{7.3-2}$$

Nach Multiplikation der ersten mit $\boldsymbol{E}$, der zweiten mit $\boldsymbol{H}$ und Addition steht in der Gleichung für die Summe links vom Gleichheitszeichen $-\operatorname{div}(\boldsymbol{E} \times \boldsymbol{H}) = -\operatorname{div} \mathfrak{S}$; wir nehmen das Volumenintegral über das ganze Feld, benutzen für das Volumenintegral links vom Gleichheitszeichen den Satz von Gauß und wählen die Normale nach innen, vgl. Gl. (5.3-3a, 5); es entsteht

$$\oint \mathfrak{S} \cdot \mathrm{d}\boldsymbol{a} = \int_\tau \left\{\boldsymbol{E} \cdot \boldsymbol{S} + \boldsymbol{E} \cdot \frac{\partial \boldsymbol{D}}{\partial t} + \boldsymbol{H} \cdot \frac{\partial \boldsymbol{B}}{\partial t}\right\} \mathrm{d}\tau + F(\boldsymbol{v}, \varepsilon \boldsymbol{E}, \mu \boldsymbol{H}) \tag{7.3-3}$$

mit $F(\ldots)$ haben wir abkürzungsweise das Volumenintegral geschrieben, das die vier von $\boldsymbol{v}$ abhängigen Anteile enthält. Die drei in Gl. (3) ausgeschriebenen Volumenintegrale sind aus Gl. (5.3-6 bis 8) bekannt: Das erste ist die gesamte Wärmeleistung $P$ in $\tau$, das zweite und dritte ist die zeitliche Zunahme der gesamten Feldenergie $W$ in $\tau$, so wie diese in Gl. (7.1-9) in Erinnerung gebracht ist, also $\mathrm{d}W/\mathrm{d}t$. Dann kann, da die linke Seite die Leistung der insgesamt in $\tau$ einströmenden Energie darstellt, das von $\boldsymbol{v}$ abhängige Glied $F(\boldsymbol{v}, \ldots)$ nur die zeitliche Zunahme der Arbeit $A$ der gesamten Feldkräfte sein; es ist also notwendig

$$\oint \mathfrak{S} \cdot \mathrm{d}\boldsymbol{a} = P + \frac{\mathrm{d}W}{\mathrm{d}t} + \frac{\mathrm{d}A}{\mathrm{d}t}. \tag{7.3-4}$$

Aus

$$\frac{\mathrm{d}A}{\mathrm{d}t} = F(\boldsymbol{v}, \ldots) \tag{7.3-5}$$

lassen sich die Volumenkräfte bestimmen, wenn man auch hier, vgl. Gl. (6.2-11), die Permittivität $\varepsilon$ und die Permeabilität $\mu$ als an der Materie haftende Eigenschaftsgrößen ansieht, also

$$\frac{\mathrm{d}\varepsilon}{\mathrm{d}t} = \frac{\partial \varepsilon}{\partial t} + \boldsymbol{v} \operatorname{grad} \varepsilon = 0 \quad \text{und} \quad \frac{\mathrm{d}\mu}{\mathrm{d}t} = \frac{\partial \mu}{\partial t} + \boldsymbol{v} \operatorname{grad} \mu = 0$$

setzt. Die Ausrechnung ergibt für die räumliche Kraftdichte

$$\boldsymbol{f} = \boldsymbol{E} \operatorname{div}(\varepsilon \boldsymbol{E}) - \int_0^E E \operatorname{grad} \varepsilon \, \mathrm{d}E - \varepsilon \boldsymbol{E} \times \operatorname{rot} \boldsymbol{E} + \boldsymbol{H} \operatorname{div}(\mu \boldsymbol{H})$$
$$- \int_0^H H \operatorname{grad} \mu \, \mathrm{d}H - \mu \boldsymbol{H} \times \operatorname{rot} \boldsymbol{H}. \tag{7.3-6}$$

Das erste und das zweite Glied sind die Kraftdichten des elektrischen Feldes, die aus den Gln. (6.3-6 bis 9) bekannt sind, das vierte und fünfte Glied sind Kraftdichten des magnetischen Feldes, die aus den Gln. (6.4-12 und 8) bekannt sind. Wir erhalten die Dichte der Kräfte auf ruhende Körper, wenn wir die dafür geltenden Werte für rot $\boldsymbol{H}$ und rot $\boldsymbol{E}$ einsetzen (sie folgen aus Gl. (1) und (2) mit $\boldsymbol{v} = 0$). Auf diese Weise wird aus Gl. (6) erhalten

$$\boldsymbol{f} = \boldsymbol{E} \operatorname{div}(\varepsilon \boldsymbol{E}) - \int_0^E E \operatorname{grad} \varepsilon \, \mathrm{d}E + \boldsymbol{H} \operatorname{div}(\mu \boldsymbol{H})$$
$$- \int_0^H H \operatorname{grad} \mu \, \mathrm{d}H + \boldsymbol{S} \times (\mu \boldsymbol{H}) + \boldsymbol{f}'. \tag{7.3-7}$$

Der vorletzte Summand ist aus Gl. (6.4-7) als Kraftdichte auf durchströmte Leiter bekannt, der letzte ist

$$\boldsymbol{f}' = \varepsilon \frac{\partial \boldsymbol{E}}{\partial t} \times (\mu \boldsymbol{H}) + (\varepsilon \boldsymbol{E}) \times \mu \frac{\partial \boldsymbol{H}}{\partial t} = \varepsilon\mu \frac{\partial(\boldsymbol{E} \times \boldsymbol{H})}{\partial t} = \varepsilon\mu \frac{\partial \mathfrak{S}}{\partial t}. \tag{7.3-8}$$

Diese Kraftdichte tritt also nur bei zeitlich veränderlichen Feldern auf. Hat der materielle Körper die gleiche Permittivität $\varepsilon$ und die gleiche Permeabilität $\mu$ wie die Umgebung, ist er ohne Ladung, Strömung, permanente magnetische und elektrische Polarisation, so wirkt keine Kraft auf ihn, wenn die Felder stationär sind ($\partial/\partial t = 0$); sind sie zeitlich veränderlich, so ist unter den gleichen Voraussetzungen $\boldsymbol{f} = \boldsymbol{f}' \neq 0$. Und für das Vakuum wird dann

$$\boldsymbol{f}_0' = \varepsilon_0 \mu_0 \frac{\partial \mathfrak{S}}{\partial t}; \tag{7.3-9}$$

das aber ist eine Aussage ohne physikalischen Sinn, denn das Vakuum ist definitionsgemäß der Raum, aus dem alle Materie, auf die eingewirkt werden kann, entfernt ist. An dieser Stelle versagt offensichtlich die Maxwell-Hertzsche Theorie. Die Weiterführung der Feldtheorie durch Lorentz und Einstein führt an Stelle von $\boldsymbol{f}'$ nach Gl. (8) zu dem physikalisch verständlichen Ausdruck

$$\boldsymbol{f}' = (\varepsilon\mu - \varepsilon_0 \mu_0) \frac{\partial \mathfrak{S}}{\partial t}. \tag{7.3-10}$$

*Weiterführende Literatur*: siehe zu Abschnitt A.2.2.

# 8. Das stationäre magnetische Feld

## A. Das stationäre magnetische Feld bei konstanter Permeabilität

### 8.1 Die Grundgesetze. Äquivalente Systeme. Magnetischer Dipol, Moment und Polstärke

**Grundgesetze. Äquivalente Systeme.** Im Falle $\mu = \text{const}_H$ sind die Grundgesetze des stationären magnetischen Feldes die Gl. (5.1-2; 6.1-6, 7)

$$\text{rot}\, \boldsymbol{H} = \boldsymbol{S}, \quad \boldsymbol{B} = \mu \boldsymbol{H} + \boldsymbol{J}_\text{p}, \quad \text{div}\, \boldsymbol{B} = 0 . \tag{8.1-1}$$

Hierin ist die permanente Polarisation $\boldsymbol{J}_\text{p}$ eine dem Innern des permanent polarisierten Körpers eigentümliche Größe, sie ist innerhalb des Stabilitätsbereiches eine von einem äußeren angelegten magnetischen Feld unabhängige Konstante, vgl. auch Abschnitt A.8, und für einen solchen permanenten Magneten ist die Permeabilität $\mu = \mu_\text{p}$ eine Materialkonstante. (Die „besten“ heutigen Magnetmaterialien kommen dem Wert $\mu \approx \mu_0$ sehr nahe, die älteren sind etwa um eine Zehnerpotenz größer; schon H. Hertz hat für das Innere permanenter Magnete $\mu \approx \mu_0$ angesetzt.) Dann kann man für den permanenten Magneten auch schreiben

$$\boldsymbol{B} = \mu_\text{p}(\boldsymbol{H} + \boldsymbol{H}^\text{e}), \tag{8.1-2}$$

indem man durch

$$\boldsymbol{J}_\text{p}/\mu_\text{p} = \boldsymbol{H}^\text{e} \tag{8.1-3}$$

die „eingeprägte magnetische Feldstärke“ als gleichfalls dem Inneren des permanenten Magneten eigentümliche Körperkonstante einführt. Man kann ferner gemäß Gl. (6.4-11, 13) durch

$$\eta_\text{pm} = -\text{div}\, \boldsymbol{J}_\text{p} = \text{div}\,(\mu_\text{p} \boldsymbol{H}) \tag{8.1-4}$$

die räumliche Dichte[1] der permanentmagnetischen Polarisationsladungen definieren, nach Gl. (6.4-16) durch

$$\sigma_\text{pm} = -\text{Div}\, \boldsymbol{J}_\text{p} = \text{Div}\,(\mu_\text{p} \boldsymbol{H}) \tag{8.1-5}$$

deren Flächendichte.[1]

Leiter elektrischer Strömung mit der Eigenschaft $\mu \gg \mu_0$ sind von der Betrachtung ausgeschlossen, soweit sie die Voraussetzung $\mu = \text{const}_H$ verletzen. Für fast alle anderen metallischen Leiter ist $\mu \approx \mu_0$.

---

[1] Zu den Einheiten von $\eta_\text{pm}$ und $\sigma_\text{pm}$ siehe Anmerkung 1) und 2) zu Gl. (6.4-13 16).

Die Gln. (1) bestimmen, wenn die Verteilungen der $\mu$, $\boldsymbol{J}_p$ und $\boldsymbol{S}$ gegeben sind, eindeutig das Feld $\boldsymbol{B}$; aus $\boldsymbol{B}$ folgt dann

$$\boldsymbol{H} = \frac{\boldsymbol{B} - \boldsymbol{J}_p}{\mu}. \tag{8.1-6}$$

Für ein System von Leitungsströmungen allein ($\boldsymbol{J}_p = 0$, $\boldsymbol{B} = \mu\boldsymbol{H}$) gilt also

$$\operatorname{div} \boldsymbol{B} = 0, \quad \operatorname{rot} \frac{\boldsymbol{B}}{\mu} = \boldsymbol{S} \tag{8.1-7}$$

und für ein System von permanenten Magneten allein ($\boldsymbol{S} = 0$)

$$\operatorname{div} \boldsymbol{B} = 0, \quad \operatorname{rot} \frac{\boldsymbol{B}}{\mu} = \operatorname{rot} \boldsymbol{H}^e. \tag{8.1-8}$$

Es besteht daher in beiden Systemen das gleiche Feld $\boldsymbol{B}$, wenn nur überall

$$\operatorname{rot} \boldsymbol{H}^e = \boldsymbol{S}, \quad \text{daher auch} \quad \operatorname{Rot} \boldsymbol{H}^e = \boldsymbol{A} \tag{\textbf{8.1-9}}$$

erfüllt ist. Systeme, die dieser Bedingung genügen, heißen *äquivalent*.

Sie haben nicht nur das gleiche Feld der Flußdichte $\boldsymbol{B}$, auch in den Kraftwirkungen läßt sich nicht unterscheiden, ob ein System von Leitungsstromträgern oder eines von Permanenzträgern vorliegt. Es ist deswegen auch im Grunde genommen gleichgültig, ob man die Kraftwirkungen mit Hilfe der Wirbel ($\boldsymbol{S}$, $\boldsymbol{A}$) der magnetischen Feldstärke oder mit Hilfe der Quellen ($\eta_{pm}$, $\sigma_{pm}$) der permanenten Polarisation beschreibt (abgesehen von den Kraftwirkungen, die auftreten, wo $\operatorname{grad} \mu \neq 0$, $\operatorname{Grad} \mu \neq 0$ ist).

Die Bedeutung der Gl. (9) erkennt man an folgendem einfachem Beispiel: Ein gerader kreiszylindrischer Körper habe in seinem Inneren ein rein axial gerichtetes homogenes Polarisationsfeld $\boldsymbol{J}_p$ (idealisierter Stabmagnet). Dann ist die Flächendichte der permanenten Polarisationsladungen nach Gl. (5), weil außerhalb des Körpers $\boldsymbol{J}_p = 0$ ist,

$$\sigma_{pm} = \boldsymbol{n}_{12}\boldsymbol{J}_p = \pm J_p = \pm \mu_p H^e \tag{8.1-10}$$

auf den Deckelflächen des Zylinders, und es ist $\sigma_{pm} = 0$ auf seiner Mantelfläche. Der *gleiche* Körper besitze nicht das beschriebene Polarisationsfeld, trage jedoch auf seiner Mantelfläche einen zirkularen Strombelag $\boldsymbol{A}$. Dann ist das Feld der Flußdichte $\boldsymbol{B}$ in beiden Fällen *dasselbe*, wenn gilt

$$\boldsymbol{A} = \operatorname{Rot} \boldsymbol{H}^e = \boldsymbol{n}_{12} \times \boldsymbol{H}^e; \tag{8.1-11}$$

die Vektoren $\boldsymbol{A}$ und $\boldsymbol{H}^e = \boldsymbol{J}_p/\mu_p$ sind einander rechtswendig zugeordnet, von gleichen Beträgen, $A = H^e$, auf den Deckelflächen ist $\boldsymbol{A} = 0$. Der den Flächenladungen auf den Deckelflächen äquivalente Leitungsstrombelag umkreist das homogene Polarisationsfeld $\boldsymbol{J}_p$ rechtswendig auf der

Mantelfläche. Ist $l$ die axiale Länge des Kreiszylinders, so kann man mit

$$A = \frac{I}{l} \tag{8.1-12}$$

gemäß Gl. (3.1-43, 44) den auf dem Mantel kreisenden Strom $I$ einführen und hat dann die Beziehung

$$\sigma_{\mathrm{pm}} = \pm J_{\mathrm{p}} = \mu_{\mathrm{p}} \frac{I}{l}. \tag{8.1-13}$$

Der Zylinder sei nun eine flache Scheibe der sehr geringen Höhe $\delta l$; auch die bisherige Voraussetzung, die Deckelflächen $a$ seien Kreisflächen, werde jetzt aufgehoben. Der permanente Magnet ist zu einer magnetischen Doppelschicht (einer „magnetischen Scheibe") geworden: Im geringen Abstand $\delta l$ stehen einander zwei Flächen gegenüber, die die magnetischen Ladungen $\pm\sigma_{\mathrm{pm}} a$ tragen. Dann liegt es nahe, der Scheibe ein gesamtes magnetisches Moment vom Betrage $a\,\delta l\,J_{\mathrm{p}}$ zuzuschreiben. (Das zu $\delta l$ parallele Polarisationsfeld $J_{\mathrm{p}}$ im Innern der Scheibe ist homogen.) Somit ist

$$a\delta l J_{\mathrm{p}} = a\delta l \sigma_{\mathrm{pm}} = \mu_{\mathrm{p}} I a, \tag{8.1-14}$$

vektoriell geschrieben

$$\delta\tau\, \boldsymbol{J}_{\mathrm{p}} = \mu_{\mathrm{p}} I \boldsymbol{a} = \mu_{\mathrm{p}} \boldsymbol{m}_I \tag{8.1-15}$$

mit dem aus Gl. (4.1-5) bekannten Strommoment $m_I = Ia$. Daraus folgt: Ein längs einer geschlossenen Kurve $s$ in einem fadenförmigen (linearen) Leiter umlaufender Strom $I$ ist äquivalent einer in axialer Richtung magnetisierten Scheibe der sehr geringen Höhe $\delta l$ und der Permeabilität $\mu_{\mathrm{p}}$; die Scheibe hat die Kurve $s$ zum Rande, die Zuordnung ist rechtswendig. Wegen $\boldsymbol{M} = \boldsymbol{J}_{\mathrm{p}}/\mu$ nach Gl. (4.2-23) kann man die Gl. (15) auch schreiben

$$\delta\tau\, \boldsymbol{M} = \boldsymbol{m}_I, \tag{8.1-16}$$

wie schon zu Gl. (4.2-24) bemerkt wurde. Im mikroskopischen Bereich verliert die makroskopische Konstante $\mu_{\mathrm{p}}$ ihren Sinn und ist durch die universelle Konstante $\mu_0$ zu ersetzen.

Die in den Gln. (15) und (16) formulierte Äquivalenz kann man als Ausdruck der ursprünglichen Erklärung Ampères des Magnetismus als Wirkung geschlossener „Elementarströme" verstehen, die ohne Energieumsatz dauernd fließen. Man könnte daher ganz allgemein bei den durch Gl. (11) gekennzeichneten äquivalenten Systemen von der *„Ampèreschen Äquivalenz"* sprechen.

**Magnetischer Dipol. Moment und Polstärke.** Vergegenwärtigt man sich die Definition des elektrischen Dipols und die für diesen geltenden Beziehungen, insbesondere Gln. (2.5-17, 20), so muß die Frage entschieden werden, ob das in einem homogenen Felde $\boldsymbol{B} = \boldsymbol{H}\mu$ auf einen Dipol ausgeübte Drehmoment $\boldsymbol{T}$ durch

$$\boldsymbol{T} = \boldsymbol{m}_B \times \boldsymbol{B} \tag{8.1-17}$$

oder durch

$$\boldsymbol{T} = \boldsymbol{m} \times \boldsymbol{H} \tag{8.1-18}$$[1]

auszudrücken sei. $\boldsymbol{m}_B$ und $\boldsymbol{m}$ sind zwei verschiedene Definitionen des Dipolmomentes, zwischen denen die Entscheidung zu treffen ist. Wir entscheiden uns für diejenige Größe, die eine von der Umgebung des Dipols, auch von der Permeabilität des umgebenden Raumes unabhängige, also dem Dipol eigentümliche „innere" Größe ist. Diese Eigenschaft hat die Größe $\boldsymbol{m}$ wegen des Zusammenhangs Gl. (4, 5) mit der permanenten Polarisation $\boldsymbol{J}_p$, vergleiche das über diese im Anschluß an Gl. (1) Gesagte.

Warum man diese Forderung erheben muß, sieht man an folgenden analogen Überlegungen und Begriffsbildungen: In der Mechanik spielt die Masse, wie man sagen kann, zwei Rollen: als felderzeugende (gravitierende) Masse und als Faktor der Kraft bei der Bewegung eines Körpers. Von diesem Faktor der Kraft verlangt man, daß er eine Eigenschaft des Körpers ganz allein sei, die in gar keiner Weise durch die Verteilung der Materie in der Umgebung des Körpers oder durch Veränderungen dieser Verteilung beeinflußt wird. – In der Elektrizitätslehre spielt die elektrische Ladung, wie man ebenso sagen kann, zwei Rollen: als felderzeugende Ladung und als Faktor der Kraft auf einen Ladungsträger, $\boldsymbol{F} = Q\boldsymbol{E}$. Auch hier verlangt man von dem Faktor $Q$ der Feldkraft, daß er unverändert derselbe bleibt, wenn in dem umgebenden felderfüllten Raum die isolierende Materie oder deren Verteilung in irgendeiner Weise geändert wird. – Desgleichen ist das Strommoment durch $\boldsymbol{m}_I = I\boldsymbol{a}$ definitionsweise unabhängig von Eigenschaften der Materie des umgebenden Raumes und deren Verteilung.

$\boldsymbol{m}$ und $\boldsymbol{m}_B$ sind durch die Beziehung

$$\boldsymbol{m}_B = \boldsymbol{m}/\mu \tag{8.1-19}$$

miteinander verknüpft. Den Unterschied zwischen den beiden Definitionen des Momentes kann man daher für nicht sehr bedeutungsvoll erachten, wenn entweder Vakuum vorliegt, $\mu = \mu_0$, oder wenn der ganze Raum in jedem Feldpunkt denselben Wert $\mu$ aufweist, der von dem Ortswerte $H$ nicht abhängt. Aber im allgemeinen Fall ist im Feldraum die Permeabilität $\mu$ als ein Skalarfeld aufzufassen, mit anderen Worten: Die Verteilung magnetisierbarer Materie bestimmt mit und deren Veränderung verändert das Moment $\boldsymbol{m}_B$, dieses ist keine den Dipol eindeutig kennzeichnende Größe.

---

[1] Die kohärente Einheit des Dipolmomentes $\boldsymbol{m}$ ist daher $[m] = [T]/[H]$, die SI-Einheit $1[m]_{SI} = 1\,\mathrm{Vs\,m} = 1\,\mathrm{Wb\,m}$.

Nachdem die Entscheidung für die Größe $\boldsymbol{m}$ gefallen ist, ist die dem Dipol zuzuschreibende *Polstärke p* durch die Kraft

$$\boldsymbol{F} = p\boldsymbol{H} \qquad (8.1\text{-}20)^1$$

zu definieren, und es muß verlangt werden, daß die Größe $p$ grundsätzlich gemessen werden kann, ohne daß Kenntnisse über das magnetische Feld im Innern des magnetisch polarisierten festen Körpers erforderlich werden. Daß dieser Forderung die Größe $p$ genügt, kann wie folgt gezeigt werden: Wir betrachten einen gestreckten, in Längsrichtung gleichmäßig magnetischen polarisierten Körper, etwa einen geraden Kreiszylinder (in Strenge: ein in Richtung der großen Achse magnetisiertes gestrecktes Rotationsellipsoid). Man findet an der Oberfläche eine gürtelartige Zone, in der die normal zur Oberfläche gerichtete Komponente des magnetischen Feldes sehr klein ist. Die „neutrale Zone", an deren Flächenelementen die Normalkomponente verschwindet, wird im allgemeinen unendlich schmal sein, wir nennen sie kürzehalber die neutrale Linie. Sie ist eine eindeutige, geschlossene Linie auf der Oberfläche des Körpers, sie teilt diese in zwei Teilflächen $a$ und $a'$ und sie ist die Kontur für eine (beliebige) Querschnittsfläche $q$ des Körpers. Dann ist durch

$$p = -\int_a J_{\text{pn}}\, \mathrm{d}a = \int_a B_{\text{n}}\, \mathrm{d}a \qquad (8.1\text{-}21)$$

die magnetische Polstärke eindeutig definiert: Sie wird gemessen durch den magnetischen Fluß der Teilfläche $a$, die ganz außerhalb des festen Körpers liegt. Kenntnisse über das magnetische Feld im Innern des Körpers ($q$) sind nicht erforderlich. (Sie würden erforderlich, wenn man vermittels $\boldsymbol{F} = p_B\boldsymbol{B}$ eine magnetische Polstärke $p_B$ definieren wollte.)

Schon *der klassische Versuch von Gauß* (1833)[2] geht von der Voraussetzung aus, daß das magnetische Moment der permanentmagnetisierten Nadel eine Eigenschaftsgröße ganz allein dieser selbst sei; der Versuch bestimmt also gemäß Gl. (18) einerseits das Moment $m$, andererseits die magnetische Feldstärke $H$. Er geht bekanntlich wie folgt vor sich:

1. Die frei bewegliche Nadel stellt sich im magnetischen Felde so ein, daß $\boldsymbol{T} = \boldsymbol{m} \times \boldsymbol{H} = 0$, daß also $\boldsymbol{m} \upuparrows \boldsymbol{H}$ wird. Wird sie aus dieser Lage um eine dazu senkrechte Drehungsachse um einen kleinen Winkel $\vartheta$ ausgelenkt, so schwingt sie um die Stellung $\vartheta = 0$, vgl. Abb. 8.1a, mit einer Periodendauer, die bei Vernachlässigung (oder Korrektur) von mechanischen Dämpfungs- und Torsionsmomenten den Wert $T = 2\pi\sqrt{K/mH}$ hat; $K$ ist das axiale Trägheitsmoment der Nadel. Da-

[1] Die kohärente Einheit der Polstärke $p$ ist daher $[p] = [F]/[H]$, die SI-Einheit ist $1\,[p]_{\text{SI}} = 1\ \text{V s} = 1\ \text{Wb}$.

[2] Carl Friedrich Gauß, 1777—1855.

her erhält man

$$mH = \frac{4\pi^2 K}{T} \tag{8.1-22}$$

aus ermittelten Größen $K$ und $T$.

2. Man legt die in 1. benutzte Nadel zum Beispiel so fest, daß sie senkrecht steht zu dem ausgedehnten homogenen Felde $\boldsymbol{H}$ des ersten Versuches und wählt in der Richtung von $\boldsymbol{m}$ in einem Abstande $r$, der

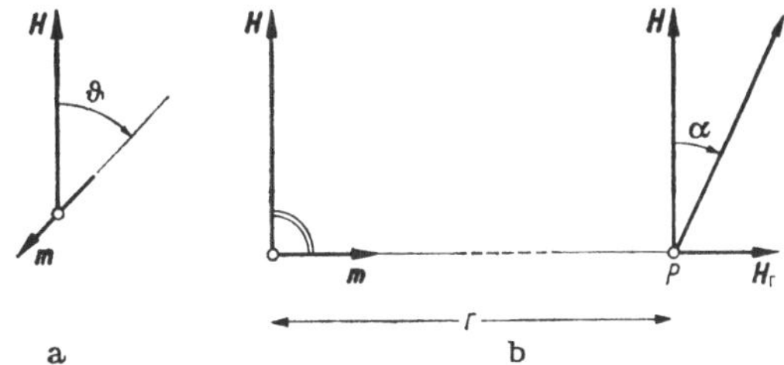


Abb. 8.1 Zum Versuch von Gauß
a) $K \cdot \mathrm{d}^2\vartheta/\mathrm{d}t^2 = -mH \sin\vartheta$, $\sin\vartheta \approx \vartheta$; b) $\tan\alpha = H_r/H$.

ein mehrfaches der Länge der Nadel beträgt, einen Meßpunkt $P$, vgl. Abb. 8.1b. Dort hat die von der Nadel verursachte Komponente $\boldsymbol{H}_r$ der magnetischen Feldstärke den Betrag $H_r = m/2\pi\mu_0 r^3$, so daß die Messung von $r$ und $\alpha$, weil $\tan\alpha = H_r/H$ ist, ergibt

$$\frac{m}{H} = 2\pi\mu_0 r^3 \tan\alpha. \tag{8.1-23}$$

Also hat man einzeln

$$m^2 = \frac{8\pi^3 K\mu_0 r^3 \tan\alpha}{T^2}, \quad H^2 = \frac{2\pi K}{T^2\mu_0 r^3 \tan\alpha} \tag{8.1-24}$$

aus ermittelten Größen $K, T, r$ und $\alpha$.

*Literatur* zur Definition des magnetischen Momentes und der magnetischen Polstärke: Sommerfeld, A.: Ann. d. Phys. 36 (1935) S. 336. Z. techn. Phys. 16 (1935) S. 420. Hallén, E.: Trans. Roy. Inst. Techn. Stockholm Nr. 6 (1937). Fischer, J.: Annalen der Physik 6. Folge, Bd. 8 (1950) S. 55—64. Arch. f. El. 43 (1960) S. 157 bis 161 und 49 (1964) S. 13—17. Stille, U.: Messen und Rechnen in der Physik. 2. Aufl. 1961, S. 195—197.

## 8.2 Das vektorielle Potential. Grundlagen und Anwendungen

Da die magnetische Flußdichte $\boldsymbol{B}$, wie bisher mehrfach gezeigt, ein ausnahmslos quellenfreies Vektorfeld ist,

$$\operatorname{div} \boldsymbol{B} = 0, \tag{8.2-1}$$

kann $\boldsymbol{B}$ aus einem Vektorfelde $\boldsymbol{A}$, das das vektorielle Potential genannt wird, durch

$$\boldsymbol{B} = \operatorname{rot} \boldsymbol{A} \tag{8.2-2}$$

abgeleitet werden,[1,2] und Gl. (2) ist ein eindeutiges Integral der Differentialgleichung Gl. (1), wenn $\boldsymbol{A}$ als quellenfreier Vektor festgesetzt wird:

$$\operatorname{div} \boldsymbol{A} = 0. \tag{8.2-3}$$

Um zu einer Differentialgleichung für das vektorielle Potential zu gelangen, berücksichtigen wir

$$\boldsymbol{S} = \operatorname{rot} \boldsymbol{H}, \quad \boldsymbol{H} = \boldsymbol{B}/\mu \tag{8.2-4}$$

und erhalten

$$\boldsymbol{S} = \operatorname{rot}\left(\frac{1}{\mu} \operatorname{rot} \boldsymbol{A}\right) = \frac{1}{\mu} \operatorname{rot}(\operatorname{rot} \boldsymbol{A}) - (\operatorname{rot} \boldsymbol{A}) \times \operatorname{grad} \frac{1}{\mu}. \tag{8.2-5}$$

Der zweite Summand verschwindet, wenn die Permeabilität nicht vom Ort und daher nicht von der Feldstärke abhängig ist:

$$\mu = \text{const}_{x1,x2,x3,H}. \tag{8.2-6}$$

(Wäre $\mu = \mu(H)$, was für das Teilkapitel 8A ausdrücklich ausgeschlossen worden ist, so wäre in jedem nichthomogenen Felde die Permeabilität ortsabhängig.)

Dann wird aus Gl. (5)

$$-\mu \boldsymbol{S} = \Delta \boldsymbol{A} - \operatorname{grad}(\operatorname{div} \boldsymbol{A}),$$

also wegen Gl. (3)

$$\Delta \boldsymbol{A} = -\mu \boldsymbol{S}. \tag{\textbf{8.2-7}}$$

Für Koordinaten (Skalare!) von $\boldsymbol{A}$ und $\boldsymbol{S}$ geschrieben ist dies die Poissonsche Differentialgleichung, zum Beispiel für $A_i$ und $S_i$

$$\Delta A_i = -\mu S_i, \tag{8.2-7a}$$

vgl. Gl. (2.10-7). Im nichtdurchströmten Feldraum ($\boldsymbol{S} = 0$) wird demgemäß das vektorielle Potential $\boldsymbol{A}$, nämlich jede Koordinate $A_i$, bestimmt durch die Laplacesche Differentialgleichung

$$\Delta \boldsymbol{A} = 0, \quad \Delta A_i = 0. \tag{8.2-8}$$

Wir können auf die Theorie des skalaren Potentials, vgl. Abschnitt 2.10, sinngemäß zurückgreifen. – Daher gilt analog zu Gl. (2.10-18)

$$A_i = \frac{\mu}{4\pi} \int_\tau \frac{S_i \, d\tau}{r} \tag{8.2-9}$$

---

[1] Für die Ableitung der Gln. (8.2-2 bis 7) beachte man die Abschnitte A.7.15, 17, 20.

[2] Zur Einheit des vektoriellen Potentials siehe Anmerkung 1 zu Gl. (4.1-14).

und wieder vektoriell zusammengefaßt

$$\boldsymbol{A} = \frac{\mu}{4\pi} \int_{\tau} \frac{\boldsymbol{S}\,\mathrm{d}\tau}{r}. \tag{8.2-10}$$

Hier ist $r$ der Abstand zwischen dem Aufpunkt, in dem $\boldsymbol{A}$ bestimmt werden soll, und dem Volumenelement $\mathrm{d}\tau$, in dem $\boldsymbol{S}$ die Leitungsstromdichte ist. Bei flächenhafter Leitungsströmung (Strombelag) $\boldsymbol{g}$[1] gilt

$$\boldsymbol{A} = \frac{\mu}{4\pi} \int_{a} \frac{\boldsymbol{g}\,\mathrm{d}a}{r} \tag{8.2-11}$$

in entsprechender Auslegung. Wir betrachten ferner eine Feldröhre des stationären Strömungsfeldes $\boldsymbol{S}$; wegen $\operatorname{div} \boldsymbol{S} = 0$ ist sie in sich geschlossen. Bei hinreichend kleinem Querschnitt $q$ wird sie geometrisch genügend genau beschrieben durch die Leitlinie $s$. Dann ist $Sq = I$ die Stromstärke und $\mathrm{d}\tau = q\,\mathrm{d}s$ und

$$I\,\mathrm{d}\boldsymbol{s} = \boldsymbol{S}\,\mathrm{d}\tau \tag{8.2-12}$$

ist das „Stromelement“ der vektoriellen Länge $\mathrm{d}\boldsymbol{s}$. Die beschriebene Anordnung kann man, muß aber nicht, sich durch eine die Stromstärke $I$ führende geschlossene Schleife eines linearen (fadenförmigen) Leiters verwirklicht denken. Aus Gl. (10) wird

$$\boldsymbol{A} = \frac{\mu I}{4\pi} \oint \frac{\mathrm{d}\boldsymbol{s}}{r} \tag{8.2-13}$$

für die geschlossene, lineare Strombahn.

Aus Gl. (1), (2), (4) und (6) folgt auch

$$\boldsymbol{H} = \int_{\tau} \frac{\boldsymbol{S}\,\mathrm{d}\tau \times \boldsymbol{r}^0}{4\pi r^2} \tag{8.2-14}$$

bei räumlicher Leitungsströmung $\boldsymbol{S}$ und für eine geschlossene lineare Strombahn

$$\boldsymbol{H} = \oint \frac{I\,\mathrm{d}\boldsymbol{s} \times \boldsymbol{r}^0}{4\pi r^2}. \tag{8.2-15}$$

Hier ist $\boldsymbol{r}^0$ der Einsvektor in Richtung von $\boldsymbol{S} \cdot \mathrm{d}\tau$ oder von $I\,\mathrm{d}\boldsymbol{s}$ zum Aufpunkt, und $r$ ist dessen Abstand von $\boldsymbol{S} \cdot \mathrm{d}\tau$ oder $I\,\mathrm{d}\boldsymbol{s}$.

Nach dieser letzten Gleichung scheint die Feldstärke im Aufpunkt bestimmt zu werden als Integral über Elementarbeiträge

$$\mathrm{d}\boldsymbol{H} = \frac{I\,\mathrm{d}\boldsymbol{s} \times \boldsymbol{r}^0}{4\pi r^2} \tag{8.2-16}$$

[1] Sonst mit $\boldsymbol{A}$ bezeichnet; vgl. Anmerkung 2 zu Gl. (3.1-43).

einzelner Stromelemente $I\,\mathrm{d}s$. Die Vektoren $\mathrm{d}\boldsymbol{H}$ stehen also rechtswendig senkrecht auf der durch $\mathrm{d}\boldsymbol{s}$ und $\boldsymbol{r}^0$ gelegten Ebene und haben die Beträge

$$\mathrm{d}H = \frac{I\,\mathrm{d}s}{4\pi r^2}\sin(\mathrm{d}\boldsymbol{s}, \boldsymbol{r}^0). \tag{8.2-17}$$

Diese Aussage wird die Biot-Savartsche Regel genannt.[1] Die verbreitete Bezeichnung als „Gesetz" ist irreführend, denn die enthaltene Annahme einzelner „Stromelemente" von selbständigem Dasein widerspricht auf das Schärfste der gemachten Voraussetzung des stationären Zustandes: stationäre Ströme existieren nach Definition immer nur in geschlossenen Bahnen. Demgemäß kann auch immer nur die gesamte Feldstärke gemäß Gl. (15) festgestellt werden, der Beitrag $\mathrm{d}\boldsymbol{H}$ eines einzelnen Stromelementes kann nicht isoliert gemessen werden. Als einen empfindlichen Nachteil kann man auch die Tatsache betrachten, daß die Gültigkeit (Anwendbarkeit) der Biot-Savartschen Regel an die sehr stark einschneidende Voraussetzung Gl. (6) über die Permeabilität gebunden ist, während wir beim Durchflutungsgesetz zu Gl. (5.1-1, 2) besonders hervorheben konnten, daß dieses unabhängig von Substanzeigenschaften, also zum Beispiel auch bei Anwesenheit von Eisenkörpern, gilt. Nicht nur das skalare, auch das vektorielle Potential ist ein Kind der Fernwirkungstheorie: Das magnetische Feld bei *beliebigem* Aufpunktsabstand ist bestimmt durch die *gleichzeitigen* Beträge der Stromelemente.

Das *„Ampèresche Elementargesetz"* der elektrodynamischen Kraft: Hält man an der Fiktion der Stromelemente fest, so kann man folgende Überlegung anstellen: Befindet sich in einem Punkte *1* ein Stromelement $I_1\,\mathrm{d}\boldsymbol{l}_1$, so ist die von diesem in einem Punkte *2* hervorgerufene Flußdichte $\mathrm{d}\boldsymbol{B}_2$, wenn wir einfachheitshalber Vakuum annehmen, nach Gl. (16)

$$\mathrm{d}\boldsymbol{B}_2 = \mu_0\,\frac{I_1\,\mathrm{d}\boldsymbol{l}_1 \times \boldsymbol{r}_{12}^0}{4\pi r^2}; \tag{8.2-18}$$

$\boldsymbol{r}_{12}^0$ ist wieder der Einsvektor in Richtung von *1* nach *2*, und $r$ ist der Abstand der Punkte *1* und *2* voneinander. Liegt im Punkt *2* ein Stromelement $I_2\,\mathrm{d}\boldsymbol{l}_2$, so ist nach Gl. (4.1-10) die auf dieses wirkende Kraft

$$\mathrm{d}\boldsymbol{F}_2 = I_2\,\mathrm{d}\boldsymbol{l}_2 \times \mathrm{d}\boldsymbol{B}_2 \tag{8.2-19}$$

oder ausgeschrieben

$$\mathrm{d}\boldsymbol{F}_2 = \mu_0\,\frac{I_2\,\mathrm{d}\boldsymbol{l}_2 \times (I_1\,\mathrm{d}\boldsymbol{l}_1 \times \boldsymbol{r}_{12}^0)}{4\pi r^2}. \tag{8.2-20}$$

Diese Beziehung heißt das Ampèresche Elementargesetz der elektrodynamischen Kraft. Abgesehen von der Fiktion der Stromelemente

[1] Jean Baptiste Biot, 1774—1862. Félix Savart, 1791—1841.

(stationärer Strömung!) ist sie vor allem deswegen anfechtbar, weil sie gegen das Prinzip der Mechanik verstößt, daß nämlich bei jeder Wechselwirkung Kraft und Gegenkraft gleiche Beträge haben und einander entgegengesetzt gerichtet sind (Newtons drittes Axiom). Aber dieser Mangel wird bedeutungslos angesichts der Tatsache, daß die wirklich meßbare Größe ja gar nicht diese Elementarkraft ist, sondern die Gesamtkraft, die von allen Elementen $I_1\,\mathrm{d}\boldsymbol{l}_1$ der geschlossenen starren Leiterschleife $s_1$ auf alle Elemente $I_2\,\mathrm{d}\boldsymbol{l}_2$ der geschlossenen, starren, ruhenden Leiterschleife $s_2$ ausgeübt wird; diese ist

$$\boldsymbol{F} = \mu_0 I_1 I_2 \oint_{s_1}\oint_{s_2} \frac{\mathrm{d}\boldsymbol{l}_2 \times (\mathrm{d}\boldsymbol{l}_1 \times \boldsymbol{r}_{12}^0)}{4\pi r^2}. \qquad (8.2\text{-}21)$$

Die *Verteilung* dieser gesamten Kraft auf einzelne Beiträge der einzelnen Stromelemente von (*1*) und (*2*) ist nicht nachweisbar. Abb. 8.2. Der an der Erfahrung nachprüfbare Ausdruck für die Gesamtkraft Gl. (21)

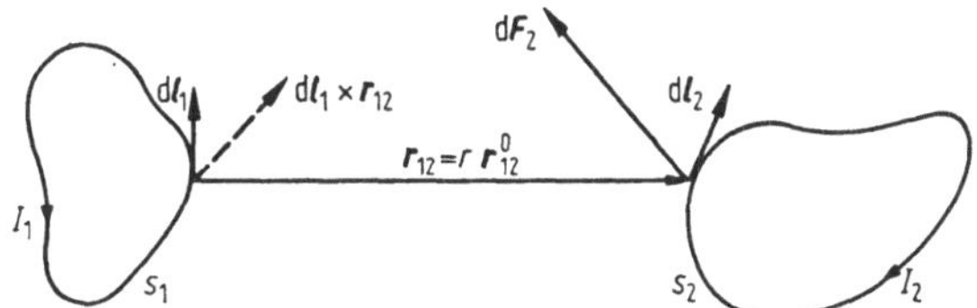


Abb. 8.2 Zum „Ampèreschen Elementargesetz" der elektrodynamischen Kraft und zur Berechnung der Gesamtkraft Gl. (8.2-21 bis 23).

verstößt nicht gegen das genannte Prinzip der Mechanik. Das sieht man ein, wenn man auf den Integranden den Entwicklungssatz der Vektorenrechnung, siehe Abschnitt A.7.7.3, anwendet; man erhält

$$\boldsymbol{F}_2 = \mu_0 I_1 I_2 \oint_{s_1}\oint_{s_2} \left\{\frac{(\mathrm{d}\boldsymbol{l}_2 \cdot \boldsymbol{r}_{12}^0)\,\mathrm{d}\boldsymbol{l}_1 - (\mathrm{d}\boldsymbol{l}_1 \cdot \mathrm{d}\boldsymbol{l}_2)\,\boldsymbol{r}_{12}^0}{4\pi r^2}\right\}. \qquad (8.2\text{-}22)$$

Bei Ausführung der Integration verschwindet das erste Glied und es bleibt

$$\boldsymbol{F}_2 = -\mu_0 I_1 I_2 \oint_{s_1}\oint_{s_2} \frac{(\mathrm{d}\boldsymbol{l}_1 \cdot \mathrm{d}\boldsymbol{l}_2)\,\boldsymbol{r}_{12}^0}{4\pi r^2}. \qquad (8.2\text{-}23)$$

Ersichtlich ist $\boldsymbol{F}_1 = -\boldsymbol{F}_2$ (weil $\boldsymbol{r}_{21}^0 = -\boldsymbol{r}_{12}^0$ und $\mathrm{d}\boldsymbol{l}_1 \cdot \mathrm{d}\boldsymbol{l}_2$ ein skalares Produkt ist).

Es sind auch schon andere „Elementargesetze" als das Ampèresche, Gl. (20), angegeben worden. Die Frage nach ihrer Richtigkeit ist verfehlt, nur die nach ihrer Zulässigkeit kann gestellt werden. Die Antwort kann nur lauten: Alle sind zulässig, haben aber nur mathematische Bedeutung in dem Sinne, daß sie bei Integration über geschlossene Strombahnen die experimentell nachprüfbare Gesamtkraft ergeben.

**Ebene (geometrisch zweidimensionale) Felder *B*.** In der Ebene, in der der Vektor $\boldsymbol{B}$ liegt, orientieren wir uns durch ein rechtwinkliges kartesisches Koordinatensystem $x, y$ (Einsvektoren $\boldsymbol{i}, \boldsymbol{j}$). Dann gilt hinsichtlich der dazu rechtswendig senkrechten $z$-Achse (Einsvektor $\boldsymbol{k}$), weil das Feld ein ebenes ist:

$$\frac{\partial}{\partial z} = 0, \quad B_z = 0. \tag{8.2-24}$$

Führt man mit diesen Voraussetzungen $\boldsymbol{B} = \operatorname{rot} \boldsymbol{A}$ aus, so findet man

$$B_x = \frac{\partial A_z}{\partial y}, \quad B_y = -\frac{\partial A_z}{\partial x}, \quad A_x = 0, \quad A_y = 0, \quad A_z \neq 0$$

und daher für $A_z$ außerhalb des Strömungsfeldes

$$\Delta A_z = \frac{\partial^2 A_z}{\partial x^2} + \frac{\partial^2 A_z}{\partial y^2} = 0 \tag{8.2-25}$$

in formaler Übereinstimmung mit Gl. (2.10-35); wir können somit die im Anschluß an diese Gleichung angedeuteten Methoden des komplexen Potentials sinngemäß anwenden, wollen jedoch hierzu hier keine weiteren Beispiele anführen.

In einfachen Fällen bedarf es dieser Methode nicht. Es sei zum Beispiel die $+z$-Achse die Leitlinie eines sehr langen fadenförmigen Leiters, der in Richtung $\boldsymbol{k}$ vom stationären Strom $I$ durchflossen wird. Hierfür wird

$$\boldsymbol{A} = \boldsymbol{k} A_z = -\boldsymbol{k} \frac{\mu I}{2\pi} \ln\left(\frac{r}{r_0}\right); \tag{8.2-26}$$

dabei ist $r = \sqrt{x^2 + y^2}$ der Abstand des Aufpunktes vom Koordinatenursprungspunkt, $r_0$ derjenige Betrag von $r$, für den $A_z$ verschwindet. Es ist

$$\operatorname{div}(\boldsymbol{k} A_z) = 0, \quad B = \frac{\mu I}{2\pi r}. \tag{8.2-27}$$

Liegen zwei parallel zur $z$-Achse verlaufende sehr lange lineare Leiter mit den Strömen $\boldsymbol{k}I$ und $-\boldsymbol{k}I$ vor, bezeichnen $r_1$ und $r_2$ die Entfernungen des (in der $x, y$-Ebene liegenden) Aufpunktes von den beiden geraden, fadenförmigen Leitern, so ist

$$\boldsymbol{A} = -\boldsymbol{k} \frac{\mu I}{2\pi} \ln\left(\frac{r_1}{r_2}\right). \tag{8.2-28}$$

**Magnetische Flüsse und Induktionskoeffizienten.** Wegen Gl. (1) und (2) ist der magnetische Fluß durch alle nur denkbaren Flächen $a$, die dieselbe Kontur $s$ haben,

$$\Phi = \int_a \boldsymbol{B} \cdot \mathrm{d}\boldsymbol{a} = \int_a (\operatorname{rot} \boldsymbol{A}) \cdot \mathrm{d}\boldsymbol{a} = \oint \boldsymbol{A} \cdot \mathrm{d}\boldsymbol{s}\,; \tag{8.2-29}$$

man muß nicht die $\boldsymbol{B} \cdot \mathrm{d}\boldsymbol{a}$, man muß nur die $\boldsymbol{A} \cdot \mathrm{d}\boldsymbol{s}$ kennen; das Flächenintegral ist durch ein Randintegral ersetzt. Daher wird zum Beispiel der magnetische Fluß, den eine lineare, geschlossene starre Stromschleife (Stromstärke $I$, Leitlinie $s_i$) durch eine ruhende, starre, geschlossene Kurve (Leitlinie $s_k$) hindurchschickt und der wegen Gl. (6) proportional zu $I$ ist, mit den Gln. (13) und (29) ausgedrückt durch

$$\Phi_{ik} = I \frac{\mu}{4\pi} \oint_{s_i} \oint_{s_k} \frac{\mathrm{d}\boldsymbol{s}_i \cdot \mathrm{d}\boldsymbol{s}_k}{r_{ik}} = I L_{ik}. \tag{8.2-30}$$

Hier ist $r_{ik}$ der Abstand der Linienelemente $\mathrm{d}\boldsymbol{s}_i$ und $\mathrm{d}\boldsymbol{s}_k$ voneinander, die miteinander den Winkel $\vartheta$ einschließen. Wird nicht $s_i$, sondern $s_k$ als die Leitlinie des den Strom $I$ führenden fadenförmigen Leiters angesehen, so ist ersichtlich $\Phi_{ki} = \Phi_{ik}$, also

$$L_{ki} = L_{ik}. \tag{8.2-31}$$

Man nennt diese Größe den *Koeffizienten der gegenseitigen Induktion* oder kurz die Gegeninduktivität und die Beziehung (30) die *Neumannsche*[1] *Formel* zur Berechnung der $L_{ik}$ linearer Stromkreise bei konstanter Permeabilität. Die Beziehung $L_{ki} = L_{ik}$ ist hier nicht nur für diese abgeleitet; man kann sie als allgemein gültig bewiesen erachten, indem man räumlich ausgedehnte Strömungen in einzelne sehr dünne (fadenförmige) Feldröhren – hier „Stromfäden" genannt – zerlegt. Ein allgemeiner feldtheoretischer Beweis für diese Relation ist in Abschnitt 6.4 angegeben worden (für $\mu = \text{const}_H$ gilt $V_\mathrm{m} = W_\mathrm{m}$ in Gl. (6.4-26), vgl. dazu Gln. (6.4-22, 23)).

Als Beispiel betrachten wir zwei zueinander parallele, kreisförmige lineare Leiter, die Radien seien $r_1$ und $r_2$, der Abstand der Kreismittelpunkte voneinander sei $z$, Abb. 8.3. Ist $\vartheta$ der Winkel, den die Elemente $\mathrm{d}\boldsymbol{s}_1$ und $\mathrm{d}\boldsymbol{s}_2$ miteinander bilden, so ist nach Gl. (30)

$$L_{ik} = \frac{\mu}{4\pi} \oint \oint \frac{\mathrm{d}s_1\, \mathrm{d}s_2 \cos\vartheta}{r}. \tag{8.2-32}$$

Der Abstand der Linienelemente voneinander ist

$$r = z^2 + r_1^2 + r_2^2 - 2 r_1 r_2 \cos\vartheta. \tag{8.2-33}$$

[1] Franz Ernst Neumann, 1798–1895.

Sind $\varphi_1$ und $\varphi_2$ die Winkel, welche $\mathrm{d}s_1$ und $\mathrm{d}s_2$ mit einer festen, durch die Achse gehenden Ebene bilden, so ist $\vartheta = \varphi_1 - \varphi_2$, $\mathrm{d}s_1 = r_1\,\mathrm{d}\varphi_1$, $\mathrm{d}s_2 = r_2\,\mathrm{d}\varphi_2$ und daher

$$L_{ik} = \frac{\mu}{4\pi} \int\limits_0^{2\pi}\int\limits_0^{2\pi} \frac{r_1 r_2 \cos\vartheta\,\mathrm{d}\varphi_1\,\mathrm{d}\varphi_2}{r}. \tag{8.2-34}$$

Die Integration ergibt

$$L_{ik} = \mu\sqrt{r_1 r_2}\,\frac{1}{k}\{(2-k^2)\mathsf{F} + 2\mathsf{E}\}; \tag{8.2-35}$$

hierin sind $\mathsf{E}$ und $\mathsf{F}$ die vollständigen elliptischen Integrale erster und zweiter Gattung vom Modul

$$k = \frac{2\sqrt{r_1 r_2}}{\sqrt{r_1^2 + r_2^2 + z^2}}. \tag{8.2-36}$$

Abb. 8.4 zeigt ein Feldbild.

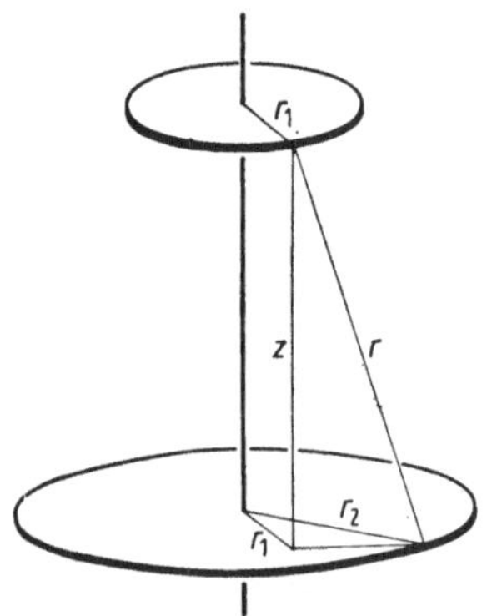


Abb. 8.3 Zur Berechnung des Koeffizienten der gegenseitigen Induktion zweier koaxialer Drahtringe.

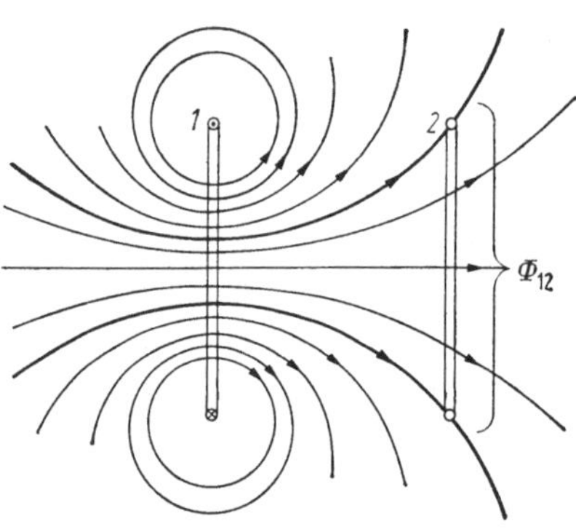


Abb. 8.4 Zwei gleich große koaxiale Drahtringe, $I_1 \neq 0$, $I_2 = 0$, $L_{12} = L_{21}$.

**Induktionsgesetz.** Die Beziehung zwischen magnetischem Fluß und vektoriellem Potential Gl. (29) bringt das Induktionsgesetz Gl. (5.2-5) in die Form

$$\oint \boldsymbol{E}\cdot\mathrm{d}\boldsymbol{s} = -\frac{\mathrm{d}}{\mathrm{d}t}\int\limits_{a} \boldsymbol{B}\cdot\mathrm{d}\boldsymbol{a} = -\frac{\mathrm{d}}{\mathrm{d}t}\oint \boldsymbol{A}\cdot\mathrm{d}\boldsymbol{s}, \tag{8.2-37}$$

für ruhende Körper mit der „lokalen Änderung" $\partial/\partial t$:

$$\oint \boldsymbol{E}\cdot\mathrm{d}\boldsymbol{s} = -\int\limits_{a} \frac{\partial \boldsymbol{B}}{\partial t}\cdot\mathrm{d}\boldsymbol{a} = -\oint \frac{\partial \boldsymbol{A}}{\partial t}\cdot\mathrm{d}\boldsymbol{s} \tag{8.2-37a}$$

und hieraus, da die beiden Umlaufintegrale dieselbe Kontur $s$ haben:

$$\operatorname{rot} \boldsymbol{E} = -\operatorname{rot} \frac{\partial \boldsymbol{A}}{\partial t},$$

also

$$\boldsymbol{E} = -\frac{\partial \boldsymbol{A}}{\partial t} - \operatorname{grad} \varphi. \tag{8.2-38}$$

Diese Gleichung läßt sich so verstehen: Sind sowohl das vektorielle Potential $\boldsymbol{A}$, als auch das skalare Potential $\varphi$ eindeutig gegebene Größen, so kann man sich die elektrische Feldstärke als vektorielle Summe eines „dynamischen“ und eines „quasistatischen“ Anteiles vorstellen; der erste ist quellenfrei und die Schwankungen des magnetischen Feldes sind als seine Wirbel seine Ursache, der zweite ist wirbelfrei und die elektrischen Ladungen sind als seine Quellen seine Ursache ($\varepsilon = \text{const}_E$ und $\mu = \text{const}_H$ sind vorausgesetzt).

**Magnetische Feldenergie.** Mit Gl. (2) wird

$$W_\mathrm{m} = \tfrac{1}{2} \int_\tau \boldsymbol{H} \cdot \boldsymbol{B} \, \mathrm{d}\tau = \tfrac{1}{2} \int_\tau \boldsymbol{H} \cdot \operatorname{rot} \boldsymbol{A} \, \mathrm{d}\tau. \tag{8.2-39}$$

Hieraus kommt mit der vektoranalytischen Umformung, die im Abschnitt A.7.18, Gl. (2) angegeben ist,

$$W_\mathrm{m} = \tfrac{1}{2} \int_\tau \boldsymbol{A} \cdot \operatorname{rot} \boldsymbol{H} \, \mathrm{d}\tau - \tfrac{1}{2} \int_\tau \operatorname{div} (\boldsymbol{A} \times \boldsymbol{H}) \, \mathrm{d}\tau.$$

Für das erste Integral beachten wir, daß $\operatorname{rot} \boldsymbol{H} = \boldsymbol{S}$ ist, das zweite formen wir mit Hilfe des Satzes von Gauß in ein Hüllenintegral um und erhalten

$$W_\mathrm{m} = \tfrac{1}{2} \int_\tau \boldsymbol{A} \cdot \boldsymbol{S} \, \mathrm{d}\tau - \tfrac{1}{2} \oint (\boldsymbol{A} \times \boldsymbol{H}) \cdot \mathrm{d}\boldsymbol{a}.$$

Liegen alle Leitungsstromträger im Endlichen und lassen wir die Hüllfläche ins Unendliche rücken (integrieren also über den unendlichen felderfüllten Raum), so verschwindet das Hüllenintegral und es bleibt

$$W_\mathrm{m} = \tfrac{1}{2} \int_\infty \boldsymbol{H} \cdot \boldsymbol{B} \, \mathrm{d}\tau = \tfrac{1}{2} \int_\infty \boldsymbol{A} \cdot \boldsymbol{S} \, \mathrm{d}\tau. \tag{8.2-40}$$

Nur Volumenelemente, in denen $\boldsymbol{S} \neq 0$ ist, können zu dem zweiten Integral beitragen, das Integral betrifft nicht mehr, wie das erste, den unendlichen felderfüllten Raum. Es ist ein typischer Ausdruck der Fernwirkungstheorie, denn es macht für die magnetische Energie nicht das magnetische Feld selbst in seiner ganzen räumlichen Ausdehnung verantwortlich, sondern die Leitungsstromdichte und das vektorielle Potential. Ganz analog dazu macht die Beziehung Gl. (2.4-7) für die Feldenergie des statischen (quasistatischen) elektrischen Feldes nicht dieses selbst in seiner ganzen räumlichen Ausdehnung verantwortlich, sondern die Raumladungsdichte und das skalare Potential.

Mit $\boldsymbol{A}$ nach Gl. (10) wird

$$W_m = \frac{\mu}{8\pi} \int_\tau \int_{\tau'} \frac{\boldsymbol{S}\,d\tau \cdot \boldsymbol{S}'\,d\tau'}{r}\,; \tag{8.2-41}$$

hier ist $r$ der Abstand der beiden durchströmten Volumenelemente $\boldsymbol{S}\,d\tau$ und $\boldsymbol{S}'\,d\tau'$. Bei flächenhafter Leitungsströmung $\boldsymbol{g}$ hat man entsprechend

$$W_m = \frac{\mu}{8\pi} \int_a \int_{a'} \frac{(\boldsymbol{g} \cdot d\boldsymbol{a})(\boldsymbol{g}' \cdot d\boldsymbol{a}')}{r} \tag{8.2-42}$$

und schließlich für lineare Leiter („Stromfäden")

$$W_m = \frac{\mu}{8\pi} \oint_s \oint_{s'} \frac{I\,d\boldsymbol{s} \cdot I'\,d\boldsymbol{s}'}{r}\,. \tag{8.2-43}$$

Teilt man ein Strömungsfeld $\boldsymbol{S}$ ein in Feldröhren von so kleinem Querschnitt $q$, daß deren jede durch ihre Leitlinie, die eine in sich geschlossene Kurve $s$ ist, ersetzt werden kann, so ist die Stromstärke der Röhre $I = qS$, und der Beitrag der betrachteten Röhre zur magnetischen Energie wird wegen Gl. (40)

$$\delta W_m = \tfrac{1}{2}\, qS \oint \boldsymbol{A} \cdot d\boldsymbol{s} = \tfrac{1}{2}\, I\delta\Phi;$$

hierin ist $\delta\Phi$ der Fluß der betrachteten Feldröhre. Die Summation aller Beiträge (in Strenge: die Integration) ergibt die gesamte magnetische Feldenergie zu

$$W_m = \sum_i I_i \delta\Phi_i. \tag{8.2-44}$$

Man kann diese Beziehung auch verstehen als Ausdruck für die gesamte magnetische Energie eines Systems, das aus $n$ geschlossenen Stromschleifen, die die Ströme $I_i$ führen, gebildet wird:

$$W_m = \sum_{i=1}^{n} I_i \Phi_i; \tag{8.2-45}$$

$\Phi_i$ ist der die $i$-te Leiterschleife durchsetzende magnetische Fluß.

**Drahtring und Zylinderspule.** Der ringförmige lineare Leiter vom Ringradius $R$ führe den stationären Strom $I$, Abb. 8.5. Zur Bestimmung der magnetischen Feldstärke im Aufpunkt $P$ auf der Achse in der Entfernung $z$ vom Mittelpunkt 0 ist die Biot-Savartsche Regel Gln. (16), (17) geeignet: in $P$ ist

$$dH = \frac{I\,ds}{4\pi r^2} \sin(ds, r) \quad \text{mit} \quad r^2 = R^2 + z^2,\ \sin(ds, r) = \frac{R}{r}\,, \tag{8.2-46}$$

und d$\boldsymbol{H}$ steht senkrecht auf der Ebene, in der d$\boldsymbol{s}$ und $\boldsymbol{r}$ liegen. Bei der Integration entlang der kreisförmigen Strombahn bleiben nur die in Richtung der $z$-Achse liegenden, also axial gerichteten Beiträge, die

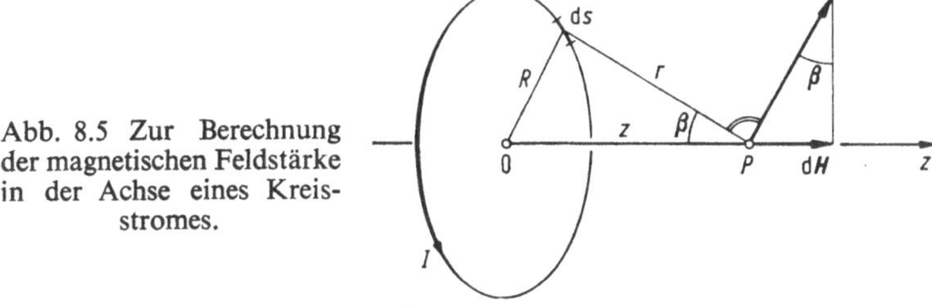


Abb. 8.5 Zur Berechnung der magnetischen Feldstärke in der Achse eines Kreisstromes.

nach außen gerichteten (in der Abb. 8.5 nur durch einen Pfeil ohne Formelzeichen angedeuteten) heben sich auf, so daß in $P$ wird

$$H_P = \oint \frac{I\,\mathrm{d}s}{4\pi r^2} \sin(\mathrm{d}s, r) = \frac{I}{2R}\left(\frac{R}{r}\right)^3 = \frac{I}{2R}\sin^3\beta\,. \qquad (8.2\text{-}47)$$

Die Feldstärke in der Achse hat hiernach in großer Entfernung, $z^2 \gg R^2$, den Wert

$$H = \frac{I}{2R}\left(\frac{R}{z}\right)^2 \qquad (8.2\text{-}48)$$

und im Mittelpunkt, $z = 0$,

$$H = \frac{I}{2R}\,. \qquad (8.2\text{-}48\,\mathrm{a})$$

Wir hatten diese Beziehung schon in Abschnitt 4.2 zu dem Vorschlag genannt, mit Hilfe des Kreisstromes eine definierte Meßvorschrift für die magnetische Feldstärke zu geben: Gl. (4.2-4). Einsetzen von $r$ in Gl. (47) ergibt

$$H_P = \frac{I}{2R}\,\frac{1}{[1 + (z/R)^2]^{3/2}}\,. \qquad (8.2\text{-}49)$$

Denselben Verlauf haben wir für die elektrische Feldstärke entlang der $z$-Achse einer kreisförmigen elektrischen Dipolscheibe bei gleichmäßigem Momentbelag gefunden: Gl. (2.5-32). Dem Stromring vom Radius $R$ ist also *äquivalent* eine magnetische Doppelschicht von gleicher Geometrie und gleichmäßigem Momentbelag. Dies wurde schon in Abschnitt 8.1 gefunden und mit den Gln. (8.1-13 bis 16) erläutert.

**Gleichmäßig dicht gewickelte Kreiszylinderspule.** Länge $l$, Radius $R$, Stromstärke $I$, Windungszahl $N$, axiale Windungsdichte $N_1 = N/l$. Die magnetische Feldstärke entlang der Zylinderachse $z$ läßt sich mit Hilfe der für den Drahtring gewonnenen Ergebnisse berechnen, indem man die Säule in einzelne bandförmige Stromringe zerlegt. Auch hier hat die magnetische Feldstärke in der $z$-Achse keine zu dieser geneigte Komponente. Wir orientieren uns an Hand der Abb. 8.6. Die Windungszahl für ein Element der axialen Länge $\mathrm{d}l = \mathrm{d}\xi$ ist $N_1\,\mathrm{d}\xi$; der am

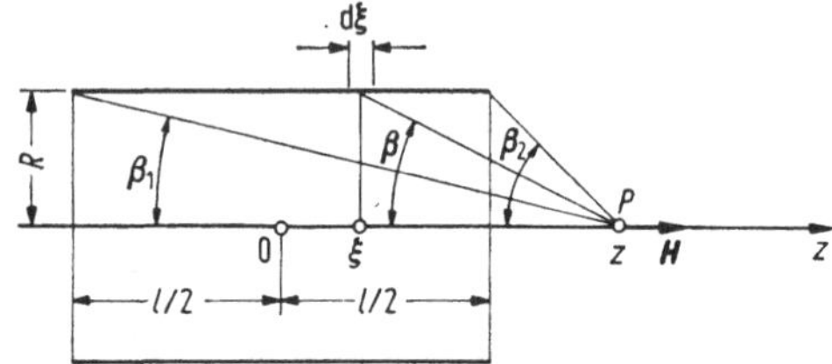


Abb. 8.6 Zur Berechnung der magnetischen Feldstärke in der Achse einer Zylinderspule.

Orte $z = \xi$ befindliche bandförmige Stromring vom Radius $R$ führt daher den Strom $IN_1\,\mathrm{d}\xi = IN\,\mathrm{d}\xi/l$. Sein Beitrag zur magnetischen Feldstärke im Punkte $P$ der $z$-Achse ist

$$\mathrm{d}H = \frac{IN\,\mathrm{d}\xi}{2Rl}\sin^3\beta. \tag{8.2-50}$$

Nun ist aber nach Ausweis der Abbildung

$$\cot\beta = \frac{z-\xi}{R}, \quad \text{daher} \quad \mathrm{d}\xi = \frac{R\,\mathrm{d}\beta}{\sin^2\beta}$$

und somit

$$\mathrm{d}H = \frac{IN}{2l}\sin\beta\,\mathrm{d}\beta.$$

Die gesamte Feldstärke in $P$ ist daher

$$H_P = \frac{IN}{2l}\int\limits_{\beta_1}^{\beta_2}\sin\beta\,\mathrm{d}\beta = \frac{IN}{2l}(\cos\beta_1 - \cos\beta_2). \tag{8.2-51}$$

(Der Aufpunkt $P$ kann also auch innerhalb der Spule liegen, $|z| < |l/2|$, denn die Cosinusfunktion ist eine gerade Funktion.) Indem man $\cos\beta_1$ und $\cos\beta_2$ einführt, erhält man

$$H_P = \frac{IN}{2l}\left(\frac{z+l/2}{\sqrt{R^2+(z+l/2)^2}} - \frac{z-l/2}{\sqrt{R^2+(z-l/2)^2}}\right). \tag{8.2-52}$$

In der Mitte der Spule, $z = 0$, ist die Feldstärke demnach

$$H_{\text{Mitte}} = \frac{IN}{l}\frac{1}{\sqrt{1+(2R/l)^2}} \tag{8.2-53}$$

und am Rande, $z = \pm l/2$, ist sie

$$H_{\text{Rand}} = \frac{IN}{l}\frac{1}{\sqrt{1+(R/l)^2}}. \tag{8.2-54}$$

Für gedrungene Spulen, $2R/l \geqq 8$, ist $H_{\mathrm{Rand}} \approx H_{\mathrm{Mitte}}$, für schlanke Spulen, $2R/l \leqq 0{,}5$, ist

$$\frac{H_{\mathrm{Rand}}}{H_{\mathrm{Mitte}}} \approx \frac{1}{2}\left[1 + \frac{3}{8}\left(\frac{2R}{l}\right)^2\right],$$

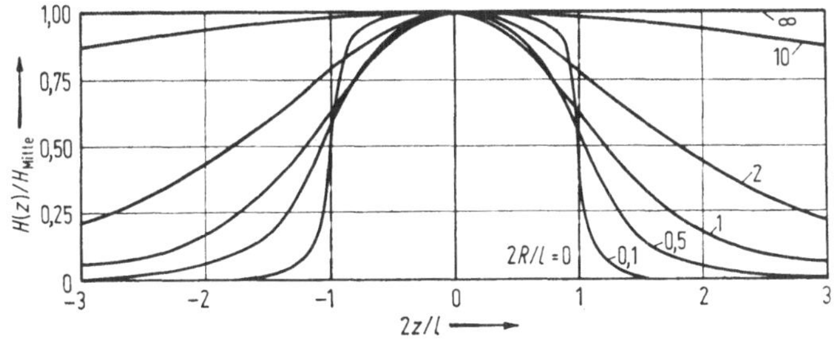

Abb. 8.7 Zylinderspule, Feldstärke in der Achse. Verhältnis der Feldstärke $H(z)$ zum Wert in der Mitte $H_{\mathrm{Mitte}}$, Parameter $2R/l$.

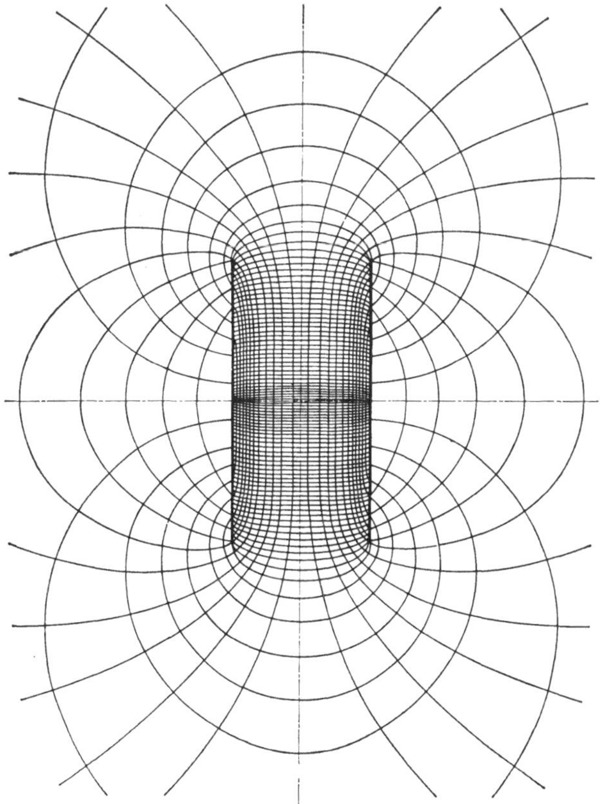

Abb. 8.8 Feldlinienbild einer Zylinderspule, $2R/l = 0{,}5$.

beides mit relativen Fehlern in der Größenordnung 0,01. Die Gl. (53) zeigt, daß die so beliebte Näherung

$$H_0 = \frac{IN}{l} \tag{8.2-55}$$

verhältnismäßig schlanke Spulen voraussetzt: für $l = 10R$ wird $H_{\text{Mitte}} = 0{,}92 H_0$, für $l = 14R$ wird $H_{\text{Mitte}} = 0{,}99 H_0$. Für gedrungene Spulen, $l \ll 2R$, wird dagegen $H_{\text{Mitte}} \approx IN/2R$ in Übereinstimmung mit der Feldstärke in der Mitte des Drahtringes bei der Stromstärke $IN$. Abb. 8.7 zeigt das Verhältnis der Feldstärke $H(z)$ gemäß Gl. (52) zur Feldstärke in der Mitte $H_{\text{Mitte}}$ gemäß Gl. (53) für verschiedene Parameter (Schlankheitsgrade) $2R/l$. Abb. 8.8 zeigt ein quantitatives Feldbild.

## 8.3 Induktionskoeffizienten. Flüsse. Kopplung und Streuung

**Induktionskoeffizienten**, auch kurz Induktivitäten genannt, sind Eigenschaftsgrößen von Trägern stationärer (quasistationärer) Leitungsströmung, ihrer Gestalt und ihrer gegenseitigen Anordnung, geradeso, wie Kapazitätskoeffizienten Eigenschaftsgrößen von in einen dielektrischen Raum eingebetteten Elektroden, ihrer Gestalt und ihrer gegenseitigen Anordnung sind. Dort hatten wir in Abschnitt 2.12 mit der aus zwei Elektroden bestehenden Anordnung begonnen und hatten unter der Voraussetzung $\varepsilon = \text{const}_E$ im ganzen Feldraum gefunden, daß die elektrische Feldenergie als $W_e = Q^2/2C$ ausgedrückt werden kann, daß also $C = 2W_e/Q^2$ ist, Gl. (2.12-27). Entsprechend beginnen wir hier mit einem geschlossenen, den Strom $I$ führenden Leiterkreis und definieren unter der Voraussetzung $\mu = \text{const}_H$ im ganzen Feldraum aus der magnetischen Feldenergie den *Selbstinduktionskoeffizienten* oder die Selbstinduktivität

$$L = \frac{2W_m}{I^2}. \tag{8.3-1}$$ [1]

Die gesamte magnetische Feldenergie $W_m$ kann man immer zerlegen in einen Anteil $W_i$ im Innern des stromführenden Leiters und einem Anteil $W_a$ des äußeren Feldes: $W_m = W_a + W_i$. Entsprechend unterscheidet man zweckmäßig voneinander die äußere Selbstinduktivität $L_a$ und die innere Selbstinduktivität $L_i$:

$$L_a = \frac{2W_a}{I^2}, \quad L_i = \frac{2W_i}{I^2}. \tag{8.3-2}$$

[1] Die kohärente Einheit ist $[L] = [W]/[I]^2$, die SI-Einheit $1\,[L]_{SI} = 1\,\text{J/A}^2 = 1\,\text{Vs/A} = 1\,\Omega\,\text{s} = 1\,\text{Henry} = 1\,\text{H}$.

Wir beginnen mit dem Feld im Außenraum $\tau_a$. Wir teilen ihn ein in Feldröhren, deren jede einen konstanten magnetischen Fluß $\delta\Phi = \boldsymbol{B}\cdot\delta\boldsymbol{a}$ führt. Wegen der Quellenfreiheit von $\boldsymbol{B}$ sind diese Röhren den stromführenden Leiter umschließende geschlossene Röhren (sie sind mit diesem „verkettet"). Mit dem Volumenelement $d\tau_a = d\boldsymbol{a}\cdot d\boldsymbol{s}$, wobei $d\boldsymbol{s}$ parallel zu $\boldsymbol{B}$ ist, wird der Energieinhalt der betrachteten geschlossenen Röhre

$$\delta W_a = \tfrac{1}{2}\,\boldsymbol{B}\cdot d\boldsymbol{a}\oint \boldsymbol{H}\cdot d\boldsymbol{s} = \tfrac{1}{2}\,d\Phi\, I;$$

die Summierung über den ganzen Außenraum ergibt

$$W_a = \tfrac{1}{2}\Phi I. \tag{8.3-3}$$

Der Vergleich mit Gl. (2) zeigt

$$\Phi = L_a I; \tag{8.3-4}$$

die *äußere* Selbstinduktivität ist durch den gesamten, mit dem Stromleiter verketteten Fluß $\Phi$ in $\tau_a$ und die Stromstärke $I$ gegeben. Daher ist $L_a$ nur für *geschlossene* Leiterkreise (Schleifen, Spulen) eine definierte Größe. Kennt man das vektorielle Potential $\boldsymbol{A}$ der Flußdichte (Induktion) $\boldsymbol{B}$, so kann man die äußere Selbstinduktivität wegen Gl. (8.2-29) auch durch

$$L_a = \frac{\Phi}{I} = \frac{1}{I}\oint \boldsymbol{A}\cdot d\boldsymbol{s} \tag{8.3-4a}$$

bestimmen, also durch ein Umlaufintegral an Stelle eines Flächenintegrals

Für die *innere* Selbstinduktivität $L_i$ von Leitungsstromträgern ist im allgemeinen die gleiche Überlegung nicht möglich, jedoch kann sie stets grundsätzlich aus der inneren magnetischen Feldenergie nach Gl. (2) bestimmt werden. Man könnte im Fall linearer (fadenförmiger) Leiter daran denken, sich von dem Begriff der inneren Selbstinduktivität dadurch zu befreien, daß man den Leiterquerschnitt nicht gegebenenfalls vernachlässigbar klein annimmt, sondern ihn gegen Null gehen läßt. Dann divergiert jedoch, auch bei endlichem Wert $I$, stets die gesamte Feldenergie. Man denke etwa an die magnetische Feldstärke $H = I/2\pi b$ eines runden Drahtes vom Radius $b$; mit $b \to 0$ divergiert $H$ und daher erst recht $W_a$. Die Fiktion des unendlich dünnen Leiters ist aus diesem Grunde ungeeignet. Bei weiten Leiterschleifen aus dünnen Drähten (mit $\mu \approx \mu_0$) kann der durch Vernachlässigung von $L_i$ begangene Fehler gering sein, nicht aber zum Beispiel bei Spulen mit großem Wicklungsquerschnitt.

Beispiele: Für das *Toroid mit rechteckigem Querschnitt* war mit den aus Abb. 5.6 ersichtlichen geometrischen Maßen in Gl. (5.1-6e, f) der magnetische Fluß des Querschnittes angegeben worden. Da die Wicklung $N$ Windungen hat, wird

$$L_a = \frac{N\Phi}{I} = \frac{N^2\mu h}{2\pi} \ln\left(\frac{1 + b/D}{1 - b/D}\right), \tag{8.3-5}$$

für $b/D \leqq 1/3$

$$L_a \approx \frac{N^2\mu h b}{\pi D}\left[1 + \frac{1}{3}\left(\frac{b}{D}\right)^2\right]. \tag{8.3.5 a}$$

**Paralleldrahtleitung.** Zwei sehr lange, parallele Runddrähte, Radius jedes Drahtes $r_0$, Abstand der Achsen voneinander $h$. Wir denken uns die Drähte in jeweils sehr weitem axialem Abstand von dem betrachteten Längenabschnitt $l$ miteinander zu einem geschlossenen Stromkreis verbunden; $I$ Stromstärke, $h \gg 2r_0$. Abb. 8.9. Wir bestimmen zunächst die äußere Selbstinduktivität nach Gl. (4), indem wir den Fluß durch

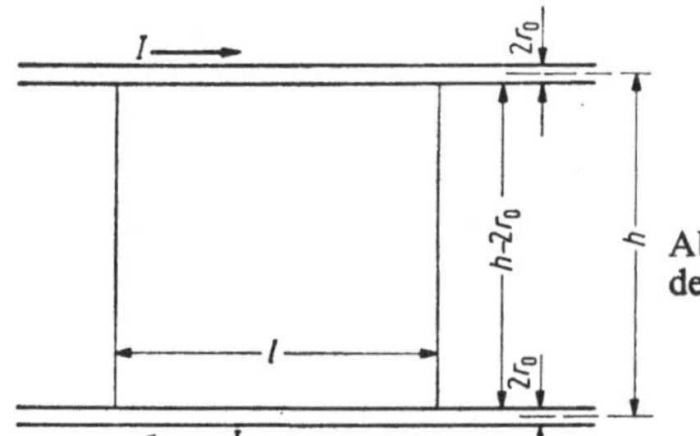


Abb. 8.9 Zur Berechnung der Selbstinduktivität einer Paralleldrahtleitung.

das Rechteck mit der Länge $l$ und der Höhe $h - 2r_0$ berechnen: In einem Punkt in der Zeichenebene der Abb. 8.9, der von der Achse des einen Drahtes den Abstand $r$ hat, ist die Feldstärke

$$H = \frac{I}{2\pi r} + \frac{I}{2\pi(h - r)}, \tag{8.3-6}$$

daher ist der beschriebene Fluß

$$\Phi = \frac{\mu_a I l}{2\pi} \int_{r_0}^{h-r_0} \left(\frac{1}{r} + \frac{1}{h - r}\right) dr = \frac{\mu_a I l}{2\pi} 2 \ln\left(\frac{h - r_0}{r_0}\right) \tag{8.3-7}$$

und somit

$$L_a = \frac{\Phi}{I} = \frac{\mu_a l}{\pi} \ln\left(\frac{h - r_0}{r_0}\right). \tag{8.3-7a}$$

Sowohl die Fiktion des „unendlich dünnen“ Drahtes ($r_0 \to 0$) als auch die Fiktion des „unendlich entfernten“ Rückleiters ($h \to \infty$) macht also $\Phi$, $L_a$, $W_a$ divergent, keine von beiden ist brauchbar. – Im Innern jedes der beiden Drähte von der konstanten Permeabilität $\mu_i$ sind wegen der Voraussetzung $h \gg 2r_0$ die magnetischen Feldlinien koaxiale Kreise, so daß gilt $H_i = Ir/2\pi r_0^2$ und

$$W_i = \frac{\mu_i}{2} \int_{\tau_i} H_i^2 \, d\tau .$$

Für das Volumenelement $d\tau$ wählen wir wegen der axialen Symmetrie

$$d\tau = l \cdot 2\pi r \, dr$$

und erhalten

$$W_i = \frac{\mu_i I^2 l}{16\pi}, \tag{8.3-8}$$

daher

$$L_i = \frac{\mu_i l}{16\pi}; \tag{8.3-9}$$

die innere Selbstinduktivität von Runddrähten ist bemerkenswerterweise unabhängig vom Radius, und für $\mu = \mu_0$, was mit sehr geringem Fehler für alle nichtferromagnetischen metallischen Leiter zutrifft, ist

$$\frac{L_i}{l} = \frac{\mu_0}{8\pi} = \frac{1}{2} 10^{-7} \frac{\text{H}}{\text{m}} = 0{,}05 \frac{\text{mH}}{\text{km}} \tag{8.3-9a}$$

exakt. Für die gesamte Selbstinduktivität $L$ der Doppeldrahtleitung ist dieser für den Einzeldraht gewonnene Wert doppelt zu nehmen. Sie wird

$$L = \frac{\mu_0 l}{\pi} \left\{ \mu_{ra} \ln \left( \frac{h - r_0}{r_0} \right) + \frac{1}{4} \mu_{ri} \right\}. \tag{8.3-10}$$

Für den Logarithmanden kann unter der gemachten Voraussetzung $h/r_0$ gesetzt werden. Für Drähte in Luft ist $\mu_{ra} \approx 1$ und für reine Metalle, ausgenommen die ferromagnetischen, ist desgleichen $\mu_{ri} \approx 1$. Die Größe $L/l = L'$ wird Selbstinduktivitätsbelag der homogenen Paralleldrahtleitung genannt.

**Dicht gewickelte Spulen.** Das Feld in der Achse einer Kreiszylinderspule haben wir in Abschnitt 8.2, vgl. insbesondere Abb. 8.6 und Gl. (8.2-52), dadurch gewonnen, daß wir, von der Schraubung der Wicklung absehend, die Spule aufgefaßt haben als eine lückenlose Aneinanderreihung gleich großer elementarer Stromringe auf der Zylinderachse. Zur Bestimmung der äußeren Selbstinduktivität ist dann die Kenntnis des gesamten Spulenflusses erforderlich. Aber ein Blick auf das Feldbild Abb. 8.8 genügt, um zu erkennen, daß bei einer Einteilung in $N$ gleich große Stromringe keineswegs alle diese Stromringe etwa den gleichen Fluß umfassen. Den Gesamtfluß der Spule kann man *nur* *durch Aufsummieren* erhalten:

$$\Phi = \sum_{j=1}^{N} \Phi_j \tag{8.3-11}$$

und hieraus, da alle $N$ Ringe denselben Strom $I$ führen,

$$L_a = \frac{1}{I} \sum_{j=1}^{N} \Phi_j. \tag{8.3-12}$$

Im Folgenden wird es sich zeigen, daß es rechnerisch vorteilhaft sein kann, durch

$$\frac{\Phi}{N} = \varphi = \frac{1}{N} \sum_{j=1}^{N} \Phi_j \tag{8.3-13}$$

eine Hilfsgröße $\varphi$ einzuführen; diese ist also dadurch definiert, daß ihr Produkt mit der Windungszahl den physikalisch vorhandenen gesamten Spulenfluß ergibt. Sie ist zunächst eine reine Rechengröße, die nichts mehr mit dem Feldbild der Spule zu tun hat. Ist die Spule die Wicklung eines geschlossenen Eisenkreises (Idealform: Toroid), so wird das Feldbild, je größer die Permeabilität des Eisens ist, um so stärker gegenüber dem Feldbild der „Luftspule" in dem Sinne geändert, daß näherungsweise alle $N$ Windungen mit dem *gleichen* magnetischen Fluß verkettet sind. Man nennt den rechnerischen Ersatzfluß $\varphi$ auch kurz den „Bündelfluß". Technisch realisierte Spulen haben selten einen vernachlässigbaren, häufig einen erheblichen Wicklungsquerschnitt, dessen innere Selbstinduktivität je nach Aufgabestellung berücksichtigt werden muß.

**Kräfte.** Ist die geschlossene Stromschleife nicht starr, sondern enthält sie bewegliche Teile, so treten Kräfte auf, die nach dem zu Gl. (7.2-32) Gesagten so wirken, daß sie den von der Stromschleife umfaßten magnetischen Fluß zu vergrößern suchen. (Bei der Paralleldrahtleitung zum Beispiel liegt die Richtung der Kraft in der Senkrechten zu den Achsen und ist eine abstoßende Kraft; sie wäre eine anziehende, wenn die Drähte gleichsinnige Ströme führen würden.) Im Fall $\mu = \text{const}_H$ ist die Kräftefunktion die magnetische Energie $W_\text{m}$ selbst, daher ist $\mathrm{d}A = \mathrm{d}W_\text{m}$, sofern $I = \text{const}$ ist. Die dem System insgesamt zugeführte Energie verteilt sich zu gleichen Teilen auf die Arbeit der Feldkräfte und die Vermehrung der Feldenergie, vgl. Gln. (6.2-21, 22) und den Text unter Gl. (6.2-25). Ist $\partial q$ die Änderung eines allgemeinen Lageparameters $q$, so ist die zugehörige allgemeine Kraftkoordinate

$$F_q = \frac{\partial A}{\partial q} = \frac{\partial W_\text{m}}{\partial q},$$

hier also

$$F_q = \frac{I^2}{2} \frac{\partial L}{\partial q}; \quad I = \text{const}. \tag{8.3-14}$$

Im Falle der Paralleldrahtleitung wird daraus die oben erwähnte Kraft erhalten zu

$$F = \frac{I^2}{2}\frac{\partial L}{\partial h} = \frac{\mu_a I^2 l}{2\pi h}. \qquad (8.3\text{-}15)$$

Diese Beziehung dient bekanntlich zur Definition der SI-Einheit der Stromstärke Ampere (A), vgl. Abschnitt A.3.1.

**Mehrere Stromkreise.** Wir setzen zunächst aus fadenförmigen Leitern gebildete und so angeordnete geschlossene Stromkreise voraus, daß die inneren Selbstinduktivitäten vernachlässigt werden können, und schreiben deswegen hier $L$ an Stelle von $L_a$ und $W_m$ an Stelle von $W_a$. Die gesamte magnetische Energie eines Systems von $n$ gegeneinander ruhenden starren linearen Stromkreisen wird unter der Voraussetzung $\mu = \text{const}_H$ dieses Kapitels durch Addition der $n$ Beiträge, deren jeder durch Gl. (3) gegeben ist, erhalten zu

$$W_m = \tfrac{1}{2}\sum_{\nu=1}^{n} \Phi_\nu I_\nu. \qquad (8.3\text{-}16)$$

Der Fluß jedes Stromkreises setzt sich additiv zusammen aus einem Anteil, der vom eigenen Strom herrührt, und aus $n-1$ Anteilen, die von den Strömen in den anderen Stromkreisen bestimmt werden; der Fluß des $j$-ten Stromkreises kann somit ausgedrückt werden durch

$$\Phi_j = \sum_{k=1}^{n} L_{jk} I_k. \qquad (8.3\text{-}17)$$

Man nennt, wie schon gesagt, die $L_{jj}$ die Koeffizienten der Selbstinduktion oder Selbstinduktivitäten, die $L_{jk}$, $j \neq k$, die *Koeffizienten der gegenseitigen Induktion* oder Gegeninduktivitäten. Die magnetische Feldenergie wird so

$$W_m = \tfrac{1}{2}\sum_{j=1}^{n}\sum_{k=1}^{n} L_{jk} I_j I_k = \tfrac{1}{2} L_{11} I_1^2 + L_{12} I_1 I_2 + \cdots + \tfrac{1}{2} L_{nn} I_n^2. \qquad (8.3\text{-}18)$$

Hieraus kann man, wie in Gl. (6.4-22, 23) gezeigt worden ist, die Beziehung

$$L_{kj} = L_{jk}, \quad k \neq j \qquad (8.3\text{-}19)$$

nachweisen (für $n = 2$ ist sie durch die Neumannsche Formel, Gl. (8.2-30), nachgewiesen worden).

Für $n = 2$ ist es vielfach üblich, abkürzend zu schreiben $L_{11} = L_1$, $L_{22} = L_2$, $L_{12} = L_{21} = M$. Mit diesen Symbolen erhält man aus Gl. (13) bis (19)

$$\begin{aligned} W_m &= \tfrac{1}{2}(\Phi_1 I_1 + \Phi_2 I_2) \\ &= \tfrac{1}{2} L_1 I_1^2 + M I_1 I_2 + \tfrac{1}{2} L_2 I_2^2, \end{aligned} \qquad (8.3\text{-}20)$$

$$\Phi_1 = L_1 I_1 + M I_2, \quad \Phi_2 = L_2 I_2 + M I_1. \qquad (8.3\text{-}21)$$

Man nennt sinngemäß $L_1 I_1 = \Phi_1^{(1)}$ und $L_2 I_2 = \Phi_2^{(2)}$ die Eigenflüsse der Kreise *1* und *2*, ferner $\Phi_1^{(2)} = M I_2$ den Fremdfluß des Kreises *1*, schließlich $\Phi_2^{(1)} = M I_1$ den des Kreises *2*.

Für den Koeffizienten $M$ gilt

$$0 \leqq M < \sqrt{L_1 L_2}; \tag{8.3-22}$$

ein elementarer Beweis ist im Anschluß an Gl. (6.4-28, 29) gegeben worden. Für den oberen Grenzwert $\sqrt{L_1 L_2}$ sagt man, es sei keine Streuung, und für den Wert Null, es sei keine Kopplung vorhanden. Man definiert demgemäß den totalen Streufaktor

$$\sigma = \frac{L_1 L_2 - M^2}{L_1 L_2}, \quad 0 < \sigma \leqq 1, \tag{8.3-23}$$

als die relative Abweichung der gegenseitigen Induktivität von ihrem oberen Grenzwert (also $M = \sigma\sqrt{L_1 L_2}$), und den Kopplungsfaktor durch

$$k = \sqrt{1 - \sigma} = \frac{M}{\sqrt{L_1 L_2}}, \quad 1 > k \geqq 0, \tag{8.3-24}$$

als das Verhältnis der gegenseitigen Induktivität zu ihrem oberen Grenzwert. Manchmal sind die Faktoren

$$k_1 = \frac{M}{L_1}, \quad k_2 = \frac{M}{L_2}, \quad k_1 k_2 = k^2 \tag{8.3-25}$$

nützlich.

**Beispiel: Gegeninduktivität zweier paralleler Doppeldrahtleitungen.** In Abb. 8.10 sind die Spuren der vier Drähte angedeutet, die Achse des Systems ist senkrecht zur Ebene der Zeichnung, die Drähte *1* und *2* mögen miteinander die Doppeldrahtleitung (*I*), die Drähte *3* und *4* die Doppeldrahtleitung (*II*) bilden. Um uns sogleich von Überlegungen über den Einfluß der magnetischen Felder im Innern der Drähte zu befreien, nehmen wir die Abstände der Drähte voneinander so groß an, daß die Drähte als lineare (fadenförmige) Leiter angesehen werden können. Dann bezeichnen die $r_{jk}$ in der Abbildung die Abstände der Drahtachsen voneinander, und wir können die gegenseitige Induktion dadurch bestimmen, daß wir den Fremdfluß $\Phi_I^{(II)}$ bestimmen, den die Stromschleife (*I*), die den Strom $I_1$ führt, durch die Stromschleife (*II*) schickt: $M = \Phi_I^{(II)}/I_1$. Ist $l$ die betrachtete Länge in axialer Richtung, so ist bei dem in Abb. 8.10 für die Leiter *1* und *2* angedeuteten Richtungssinn des Stromes $I_1$ der Anteil des vom Leiter *1* herrührenden Flusses

$$\Phi_1 = \frac{\mu I_1 l}{2\pi} \int_{r_{13}}^{r_{14}} \frac{\mathrm{d}r}{r} = \frac{\mu I_1 l}{2\pi} \ln\left(\frac{r_{14}}{r_{13}}\right), \tag{8.3-26}$$

der Anteil des vom Leiter *2* herrührenden Flusses ist

$$\Phi_2 = \frac{\mu I_1 l}{2\pi} \int_{r_{23}}^{r_{24}} \frac{\mathrm{d}r}{r} = \frac{\mu I_1 l}{2\pi} \ln\left(\frac{r_{24}}{r_{23}}\right), \tag{8.3-27}$$

insgesamt also

$$\Phi_I^{(II)} = \Phi_1 - \Phi_2 = \frac{\mu I_1 l}{2\pi} \ln\left(\frac{r_{14} r_{23}}{r_{13} r_{24}}\right). \tag{8.3-28}$$

Daher ist

$$M = \frac{\mu l}{2\pi} \left| \ln\left(\frac{r_{14} r_{23}}{r_{13} r_{24}}\right) \right|. \tag{8.3-29}$$

(Der Betrag des Logarithmus muß genommen werden, weil $M$ definitionsgemäß positiv ist.) – Drei Paralleldrähte, die die Ströme $I_1$, $I_2$ und $-(I_1 + I_2)$ führen, bilden miteinander drei Stromschleifen. Bei der Berechnung der drei gegenseitigen Induktivitäten kann dann die innere magnetische Energie je eines Runddrahtes nicht unberücksichtigt bleiben. – Man nennt $M/l = M'$ den Gegeninduktivitätsbelag.[1]

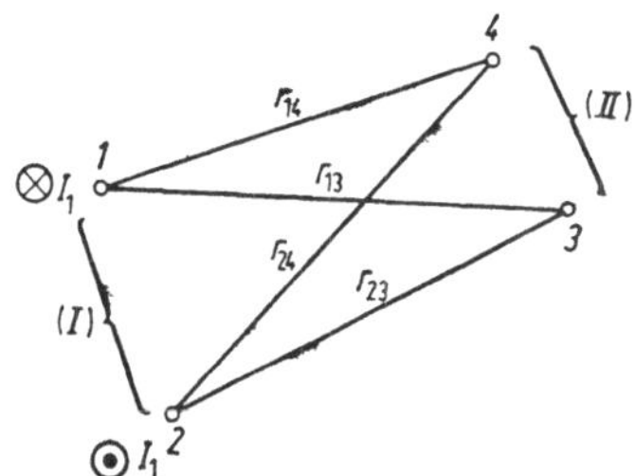


Abb. 8.10 **Zur Berechnung der gegenseitigen Induktivität zweier paralleler Doppeldrahtleitungen.**

### Hauptfluß und Streuflüsse

Für zwei magnetisch gekoppelte Kreise hatten wir in Gl. (21) den magnetischen Fluß jedes der beiden Kreise dargestellt als Summe aus Eigenfluß und Fremdfluß. Eine andere Auffassung teilt ein in Hauptfluß und Streufluß. Sie wurde ursprünglich für den Transformator entwickelt, bei dem zwei Spulen die Wicklungen eines geschlossenen Eisenkörpers bilden. Die diese Betrachtungsweise beschreibenden Induktivitätskoeffizienten sind naturgemäß andere, sie können jedoch eindeutig in die Koeffizienten $L_1$, $L_2$, $M$ überführt werden, mit denen die Eigenflüsse und die Fremdflüsse beschrieben werden. Insofern sind die beiden Auffassungen gleichwertig.

Bei der einzelnen dicht gewickelten Spule hatten wir mit Gl. (13) und ihrer Auslegung den Bündelfluß eingeführt. Analog dazu schematisiert

[1] Schreibt man die hier und bei vielen gleichgearteten Berechnungen von Induktivitätsbelägen auftretende Form $L'_{jk} = (\mu \ln x)/2\pi$ um in $L'_{jk} = (\mu_r \mu_0 \ln 10 \lg x)/2\pi$, so ist der universelle Faktor $(\mu_0 \ln 10)/2\pi = 4{,}606 \cdot 10^{-7}$ Vs/A m $= 0{,}4606 \cdot 10^{-6}$ H/m$=$ 0,4606 mH/km.

man bei zwei magnetisch gekoppelten Spulen *1* und *2* folgendermaßen: Ist nur die Wicklung *1* vom Strom $I_1$ durchflossen, die Wicklung *2* stromlos, so sei $\Phi_1$ der mit $I_1$ verkettete Fluß. Ein Teil $\Phi_{1s}$ von diesem umschlingt keine einzige Windung der Wicklung *2*. Diese beiden Flüsse ersetzt man durch die ihnen äquivalenten Bündelflüsse:

$$\Phi_1 = N_1\varphi_1, \quad \Phi_{1s} = N_1\varphi_{1s}. \tag{8.3-30}$$

Dann kann man schreiben

$$\varphi_{1h} = \varphi_1 - \varphi_{1s}; \tag{8.3-31}$$

dies ist ein Bündelfluß, der alle $N_1$ Windungen der Spule *1* und alle $N_2$ Windungen der Spule *2* umschlingt, denn $\varphi_{1s}$ ist der Bündelfluß, der keine einzige Windung der Spule *2* umschlingt, und $\varphi_1$ ist der gesamte Bündelfluß der Wicklung *1*, die mit der Wicklung *2* magnetisch gekoppelt ist. Denkt man sich zweitens nur die Wicklung *2* vom Strom $I_2$ durchflossen, die Wicklung *1* stromlos, so erhält man in gleichen Bedeutungen

$$\Phi_2 = N_2\varphi_2, \quad \Phi_{2s} = N_2\varphi_{2s}, \quad \varphi_{2h} = \varphi_2 - \varphi_{2s}; \tag{8.3-32}$$

dies ist, entsprechend $\varphi_1$ und aus dem gleichen Grunde, ein Bündelfluß, der alle $N_2$ Windungen der Spule *2* und alle $N_1$ Windungen der Spule *1* umschlingt. Dann ist der Bündelfluß

$$\varphi_h = \varphi_{1h} + \varphi_{2h} \tag{8.3-33}$$

allen $N_1$ Windungen der Spule *1* und allen $N_2$ Windungen der Spule *2* gemeinsam. Wir haben damit das Schema Abb. 8.11 gewonnen. Die geschlossenen Linien symbolisieren die Bündelflüsse. Sind beide Wicklungen von Strömen durchflossen, so setzt sich der Fluß jedes der beiden Kreise gemäß

$$\begin{aligned}\Phi_1 &= N_1\varphi_h + \Phi_{1s},\\ \Phi_2 &= N_2\varphi_h + \Phi_{2s}\end{aligned} \tag{8.3-34}$$

zusammen aus dem „Hauptfluß" und dem „Streufluß". (Wir haben bei den Gln. (33) und (34) linear superponiert, was beim Transformator mit geschlossenem Eisenkreis wegen der veränderlichen Eisenpermeabilität mit Sicherheit nicht in Strenge zutrifft. Aber das Denkmodell des

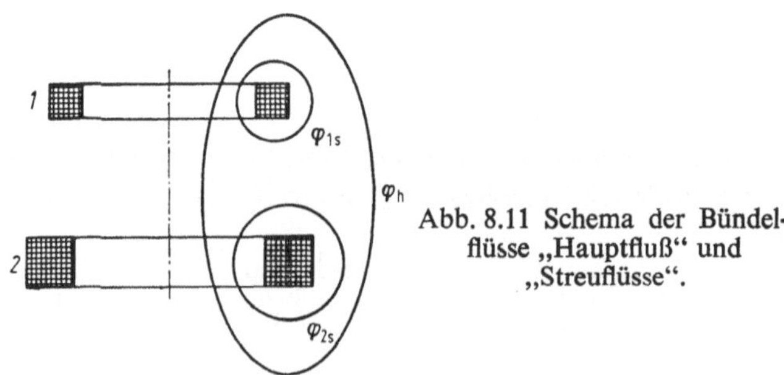


**Abb. 8.11** Schema der Bündelflüsse „Hauptfluß" und „Streuflüsse".

den Wicklungen gemeinsamen Hauptflusses und der Streuflüsse kommt der Vorstellung von den Verhältnissen, die beim Transformator mit geschlossenem Eisenkreis vorliegen, entgegen.) Wir setzen

$$\Phi_{1s} = I_1 L_{1s}, \quad \Phi_{2s} = I_2 L_{2s} \tag{8.3-35}$$

und nennen $L_{1s}$ die primäre, $L_{2s}$ die sekundäre Streuinduktivität. (Beim Transformator mit geschlossenem Eisenkreis verlaufen die Streuflüsse mit Sicherheit zum Teil außerhalb des Eisenkörpers, daher sind dort die Streuinduktivitäten nahezu Konstanten.) Da gefordert wird, daß die beiden Auffassungen über die Spulenflüsse $\Phi_1$ und $\Phi_2$ gleichwertig sein sollen, muß gelten

$$\begin{aligned} \Phi_1 &= L_1 I_1 + M I_2 = N_1 \varphi_h + L_{1s} I_1, \\ \Phi_2 &= L_2 I_2 + M I_1 = N_2 \varphi_h + L_{2s} I_2. \end{aligned} \tag{8.3-36}$$

Nun ist aber schließlich

$$\varphi_h = 0 \quad \text{für} \quad N_2 I_2 = -N_1 I_1, \tag{8.3-37}$$

in Worten: Ist die gesamte Durchflutung $\Theta = N_1 I_1 + N_2 I_2 = 0$, was durch Gegenschaltung experimentell verwirklicht werden kann und dem Fall des idealen Kurzschlusses eines Wechselstromtransformators entspricht, so existiert kein den Wicklungen *1* und *2* gemeinsamer Fluß. Die Gln. (36) und (37) machen die Relationen zwischen den Koeffizienten, durch die die beiden Auffassungen beschrieben werden, eindeutig; es wird

$$\begin{aligned} L_{1s} &= L_1 - \frac{N_1}{N_2} M, \quad L_{2s} = L_2 - \frac{N_2}{N_1} M, \\ \varphi_h &= \frac{M}{N_1 N_2}(N_1 I_1 + N_2 I_2). \end{aligned} \tag{8.3-38}$$

Man definiert als Hauptinduktivitäten

$$\begin{aligned} L_{1h} &= L_1 - L_{1s} = \frac{N_1}{N_2} M, \\ L_{2h} &= L_2 - L_{2s} = \frac{N_2}{N_1} M; \end{aligned} \tag{8.3-39}$$

daher ist auch

$$\sqrt{L_{1h} L_{2h}} = M, \quad \frac{L_{1h}}{L_{2h}} = \left(\frac{N_1}{N_2}\right)^2. \tag{8.3-40}$$

Man definiert ferner durch

$$\frac{L_{1s}}{L_{1h}} = \sigma_1, \quad \frac{L_{2s}}{L_{2h}} = \sigma_2 \tag{8.3-41}$$

den primären und den sekundären Streufaktor. Bei modernen Transformatoren mit geschlossenen Eisenkreisen haben $\sigma_1$ und $\sigma_2$ sehr geringe Beträge. Der Zusammenhang mit den in den Gln. (23) bis (25) definierten Größen $\sigma$, $k$, $k_1$, $k_2$ ist

$$\frac{1}{1+\sigma_1} = \frac{N_1}{N_2} k_1, \quad \frac{1}{1+\sigma_2} = \frac{N_2}{N_1} k_2,$$
$$(1+\sigma_1)(1+\sigma_2) = \frac{1}{k^2} = \frac{1}{1-\sigma}; \tag{8.3-42}$$

für $\sigma_1 \ll 1$ und $\sigma_2 \ll 1$ ist also $\sigma \approx \sigma_1 + \sigma_2$.

Im elektrischen Ersatzschaltbild zweier oder mehrerer magnetisch gekoppelter Spulen muß man, damit der Plan eindeutig gelesen werden kann, nicht nur Bezugsrichtungen für Ströme und Spannungen eintragen, sondern auch die Wicklungssinne kennzeichnen. Dies geschieht zweckmäßig durch einen dicht neben das Ende einer jeden Spule eingezeichneten Punkt („Wicklungspunkt"); dadurch soll festgelegt sein, daß, wenn man von diesem Punkte ausgeht, die gemeinsame magnetische Achse im *gleichen* Sinn umkreist wird. Abb. 8.12 zeigt Beispiele.

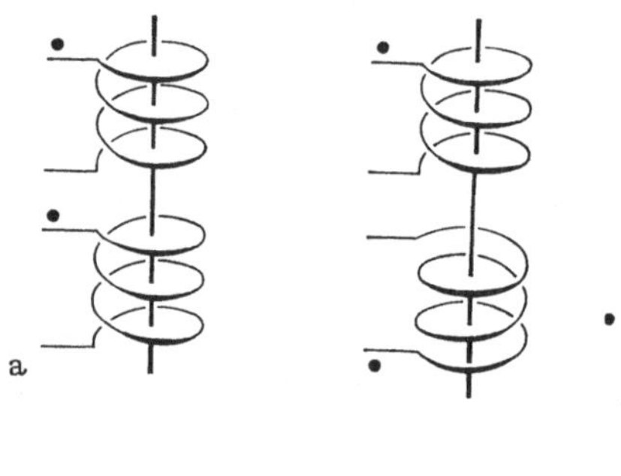




Abb. 8.12 Zum „Wicklungspunkt".
a) geometrisch (Schraubung und magnetische Achse); b) im elektrischen Ersatzschaltbild (Schaltungsplan).

**Kräfte bei Veränderungen der $L_{ik}$.** Auch hier gilt, daß wegen $\mu = \text{const}_H$ die Kräftefunktion die magnetische Energie $W_m$ und daß die differentielle Arbeit der Feldkräfte $dA = +dW_m$ ist, sofern alle Ströme konstant sind. Die gesamte dem System zugeführte Energie verteilt sich dann zu gleichen Teilen auf die Arbeit der Feldkräfte und die Vermehrung der magnetischen Energie. Also gilt insgesamt

$$dW_m = \tfrac{1}{2} \sum_{j=1}^{n} \sum_{k=1}^{n} I_j I_k \, dL_{jk} = dA. \tag{8.3-43}$$

Ist $\partial q$ die Änderung eines allgemeinen Lageparameters $q$, so ist daher die allgemeine Kraftkoordinate bei Veränderung einer Gegeninduktivität $L_{jk}$:

$$F_q = I_j I_k \frac{\partial L_{jk}}{\partial q}, \quad I_j = \text{const}, \quad I_k = \text{const}. \tag{8.3-44}$$

Der Fall $j = k$, Veränderung der Selbstinduktivität, ist mit Gl. (14) schon behandelt worden.

## 8.4 Analogien zum elektrostatischen Feld bei konstanter Permittivität

Ein wesentlicher Unterschied zwischen dem stationären (quasistationären) magnetischen Feld und dem statischen (quasistatischen) elektrischen Feld besteht darin, daß bei diesem die elektrischen Ladungen Quellen der elektrischen Flußdichte, bei jenem die Leitungsströme Wirbel der magnetischen Feldstärke sind. Dies zeigt auch die Gegenüberstellung in Tabelle 8.1. Jedoch sind viele Begriffsbildungen, Beziehungen und Ergebnisse analog. Einige wichtige Analogien, die in den vorangegangenen Abschnitten noch nicht behandelt wurden, sollen hier betrachtet werden.

Tabelle 8.1 Gegenüberstellung von Größen und von Beziehungen

| stationäres magnetisches Feld | statisches elektrisches Feld |
|---|---|
| $\boldsymbol{B}$ | $\boldsymbol{E}$ |
| $\boldsymbol{H} = \boldsymbol{B}/\mu$ | $\boldsymbol{D} = \varepsilon \boldsymbol{E}$ |
| $\operatorname{div} \boldsymbol{B} = 0$ | $\operatorname{div} \boldsymbol{D} = \eta$ |
| $\oint \boldsymbol{B} \cdot \mathrm{d}\boldsymbol{a} = 0$ | $\oint \boldsymbol{D} \cdot \mathrm{d}\boldsymbol{a} = \Sigma Q$ |
| $\operatorname{rot} \boldsymbol{H} = \boldsymbol{S}$ | $\operatorname{rot} \boldsymbol{E} = 0$ |
| $\oint \boldsymbol{H} \cdot \mathrm{d}\boldsymbol{s} = \Theta$ | $\oint \boldsymbol{E} \cdot \mathrm{d}\boldsymbol{s} = 0$ |
| $\boldsymbol{B} = \operatorname{rot} \boldsymbol{A}$ | $\boldsymbol{E} = -\operatorname{grad} \varphi$ |
| $\triangle \boldsymbol{A} = -\mu \boldsymbol{S}$ | $\nabla \varphi = -\eta/\varepsilon$ |
| $w_\mathrm{m} = \frac{1}{2} \boldsymbol{B} \cdot \boldsymbol{H}$ | $w_\mathrm{e} = \frac{1}{2} \boldsymbol{E} \cdot \boldsymbol{D}$ |
| $L = 2\, W_\mathrm{m}/I^2$ | $C = 2 W_\mathrm{e}/Q^2$ |

*Das magnetische Feld an Trennflächen* isotroper Substanzen *1* und *2*: Hier gilt

$$\operatorname{Div} \boldsymbol{B} = 0, \quad \text{also} \quad B_{2\mathrm{n}} = B_{1\mathrm{n}}, \tag{8.4-1}$$

weil die Flußdichte ein ausnahmslos quellenfreies Vektorfeld ist, und

$$\operatorname{Rot} \boldsymbol{H} = A, \quad \text{also} \quad H_{2\mathrm{t}} = H_{1\mathrm{t}} + A, \tag{8.4-2}$$

weil der Sprungwirbel der magnetischen Feldstärke nach Gl. (4.2-18) gleich dem Strombelag (der flächenhaften Stromdichte) $A$ der Trennfläche ist; in

$$\boldsymbol{B}_1 = \mu_1 \boldsymbol{H}_1, \quad \boldsymbol{B}_2 = \mu_2 \boldsymbol{H}_2 \tag{8.4-3}$$

sind die Permeabilitäten $\mu_1, \mu_2$ positive Skalare. – Hieraus

$$B_{2t} = \frac{\mu_2}{\mu_1} B_{1t} + \mu_2 A, \tag{8.4-4}$$

$$H_{2n} = \frac{\mu_1}{\mu_2} H_{1n}. \tag{8.4-5}$$

Die Gln. (1) bis (5) beschreiben vollständig das Verhalten des Feldes an der Trennfläche. Die Beziehungen sind deswegen bedeutungsvoll, weil erstens sehr häufig durch einen Strombelag eine stromführende Wicklung repräsentiert (idealisiert) wird,[1] und weil zweitens, beim gegenwärtigen Stande der Technologie, Unterschiede der Permeabilitäten von vielen Größenordnungen in Betracht gezogen werden müssen (Oberflächen von Körpern aus extrem weichmagnetischen Stoffen im Gebiet der Anfangspermeabilität). Also hintereinander:

a) Nicht nur der Betrag, sondern auch das Vorzeichen des Strombelages spielt eine Rolle. Beim Übergang von einem Stoff in einen anderen wird der Betrag der Tangentialkomponente der magnetischen Feldstärke um den Betrag des Strombelages vermindert oder vermehrt, je nachdem, ob die Tangentialkomponente im ersten Stoff dem Strombelag rechtswendig oder linkswendig zugeordnet ist. Abb. 8.13 vermittelt eine Anschauung. Ist der eine Stoff ein Ferromagnetikum mit

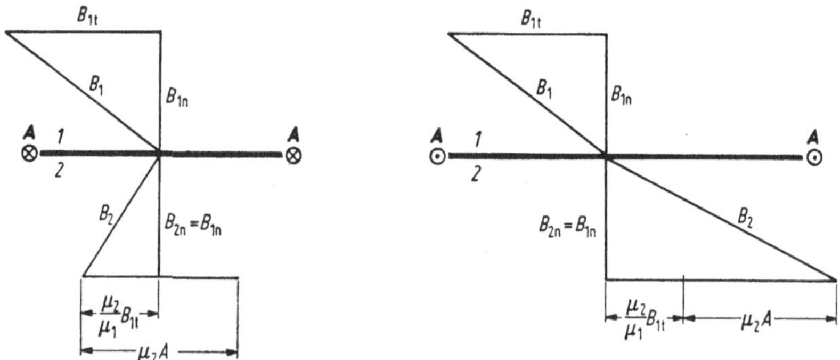


Abb. 8.13 Übergang des stationären magnetischen Feldes $\boldsymbol{B}$ an einer Trennfläche mit Strombelag $\boldsymbol{A}$.

[1] Im klassischen Elektromaschinenbau vorkommende Größenordnungen $\boldsymbol{A} \approx (70 \text{ bis } 140) \cdot 10^3$ A/m.

$\mu_E \gg \mu_0$, der andere Luft, wird $\boldsymbol{B}$ beiderseits der Trennfläche betrachtet, werden die Winkel $\alpha_E$ auf der einen Seite des Eisens und $\alpha_L$ auf der Seite der Luft gegen die Richtung der Normale genommen, so hat, verglichen mit dem Falle $A = 0$, bei konstantem Betrag von $A$ das Vorzeichen einen um so größeren Einfluß auf $\alpha_L$, je größer $\alpha_E$ und je größer $\mu_E/\mu_0$ sind.

b) Ist $A = 0$, so gilt

$$H_{2t} = H_{1t}, \quad B_{2n} = B_{1n}, \tag{8.4-6}$$

$$H_{2n} = \frac{\mu_1}{\mu_2} H_{1n}, \quad B_{2t} = \frac{\mu_2}{\mu_1} B_{1t}. \tag{8.4-7}$$

Werden die Winkel $\alpha_1$ und $\alpha_2$ gegen die Richtung der Normalen genommen, so folgt daraus

$$\frac{\tan \alpha_2}{\tan \alpha_1} = \frac{\mu_2}{\mu_1}. \tag{8.4-8}$$

Die Gln. (1 bis 5) entsprechen den Gln. (2.6-1 bis 6). Daher gilt hier auch die Abb. 2.17, nachdem man die $\varepsilon$, $\boldsymbol{D}$, $\boldsymbol{E}$ in dieser Reihenfolge durch $\mu$, $\boldsymbol{B}$, $\boldsymbol{H}$ ersetzt hat. Die Feldlinien werden bei Eintritt in den Stoff mit der kleineren Permeabilität zur Normalenrichtung hin gebrochen. Ist $\mu_2 \gg \mu_1$, so stehen die Feldlinien im Stoff *1* nahezu senkrecht auf der Oberfläche ($\alpha_1 \approx 0$), auch wenn $\alpha_2$ beträchtlich ist. Dies ist insbesondere dann der Fall, wenn ein Ferromagnetikum ($\mu_2 = \mu_E$) an Luft oder einen anderen nichtferromagnetischen Stoff ($\mu_1 = \mu_0$) grenzt und wenn $\mu_E/\mu_0 = \mu_{rE}$ um Größenordnungen größer ist als Eins. Aus

$$\tan \alpha_L = \frac{\mu_E}{\mu_0} \tan \alpha_E \tag{8.4-8a}$$

schließt man dann nicht nur das soeben Gesagte, sondern auch erst dann, wenn $\alpha_E$ sehr nahe an $\pi/2$ kommt, wenn also die Feldlinien im Ferromagnetikum nahezu parallel zur Oberfläche verlaufen, treten Feldlinien in Luft aus und dort verlaufen sie gleichfalls nahezu parallel zur Oberfläche. Zusammengefaßt: Verlaufen die Feldlinien im Ferromagnetikum etwa parallel zur Oberfläche, so treten sie praktisch überhaupt nicht aus dem ferromagnetischen Körper aus, andernfalls treten sie nahezu senkrecht aus; dieses Verhalten ist um so stärker ausgeprägt, je größer $\mu_E/\mu_0$ ist. Dies bedeutet, daß durch Verwendung hochpermeabler Ferromagnetika es möglich ist, den magnetischen Fluß mehr oder weniger stark in vorgeschriebene Bahnen zu zwingen. Insofern ist die Gl. (8a) von grundlegender Bedeutung für den Geräte- und Maschinenbau der klassischen Elektrotechnik. Abb. 8.14 zeigt quantitativ die beschriebenen Verhältnisse für kritische Bereiche von $\alpha_E$.

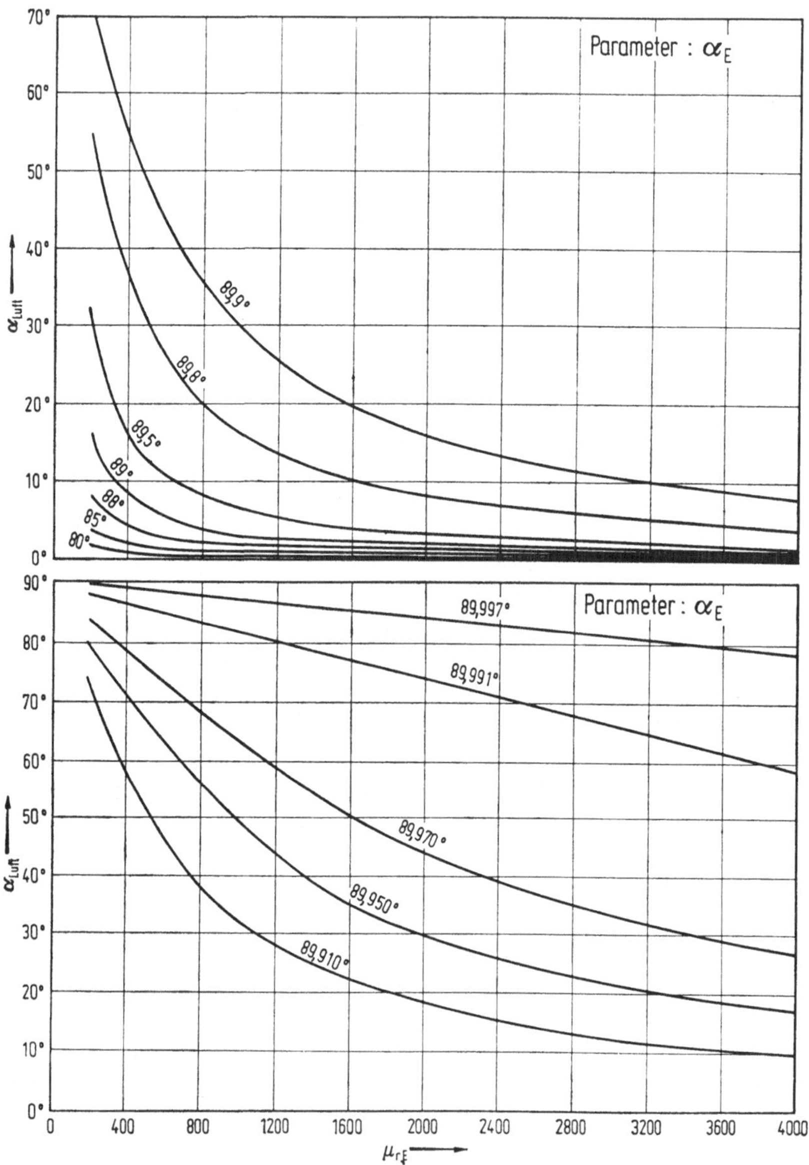


Abb. 8.14 Luftwinkel in Abhängigkeit von der Eisenpermeabilität bei großen Beträgen des Eisenwinkels.

## Die Faraday-Maxwellschen Spannungen. Kräfte, insbesondere an Trennflächen

Wir hatten den Begriff der Faraday-Maxwellschen Spannungen des statischen (quasistatischen) *elektrischen* Feldes unter der Voraussetzung, daß der Raum mit einem isotropen proportional wirkenden Dielektrikum, $\varepsilon = \text{const}_H$ erfüllt oder daß er materiefrei ist, in Abschnitt 2.7 vorgelegt und Folgerungen gezogen, die an der Erfahrung geprüft werden können. Für das stationäre (quasistationäre) *magnetische* Feld können unter der analogen Voraussetzung, daß der Raum mit einer isotropen magnetisch proportional wirkenden Substanz, $\mu = \text{const}_H$ ausgefüllt oder daß er materiefrei ist, analoge Begriffe gebildet und analoge Folgerungen gezogen werden. Formal haben wir lediglich die $\boldsymbol{E}, \varepsilon, \boldsymbol{D}$ dort in dieser Reihenfolge durch $\boldsymbol{H}, \mu, \boldsymbol{B}$ hier zu ersetzen. Wir verweisen daher ausdrücklich auf die dort gegebenen Erläuterungen einschließlich der Ableitungen und Abbildungen.

Der Ansatz lautet somit hier

$$\begin{aligned} \boldsymbol{p} &= \tfrac{1}{2}\boldsymbol{H}(\boldsymbol{B}\cdot\boldsymbol{n}) + \tfrac{1}{2}\boldsymbol{B}\times(\boldsymbol{H}\times\boldsymbol{n}) \\ &= \boldsymbol{H}(\boldsymbol{B}\cdot\boldsymbol{n}) - \boldsymbol{n}\tfrac{1}{2}(\boldsymbol{H}\cdot\boldsymbol{B}), \end{aligned} \tag{8.4-9}$$

$$|\boldsymbol{p}| = p = \tfrac{1}{2}\boldsymbol{H}\cdot\boldsymbol{B} = w_\mathrm{m} \tag{8.4-10}$$

entsprechend Gln. (2.7-1 bis 8) und Abb. 2.20. Zum Flächenelement $\mathrm{d}\boldsymbol{a}$ ist $\boldsymbol{p}$ stets normal gerichtet, mit den Sonderfällen $\boldsymbol{p} = \boldsymbol{n}w_\mathrm{m}$ „Längszug" und $\boldsymbol{p} = -\boldsymbol{n}w_\mathrm{m}$ „Querdruck" entsprechend Abb. 2.21.

An einer Trennfläche wird die wahrnehmbare Normalspannung

$$\boldsymbol{p}_2 - \boldsymbol{p}_1 = \frac{\boldsymbol{H}_1 + \boldsymbol{H}_2}{2}\,\mathrm{Div}\,\boldsymbol{B} - \frac{\boldsymbol{H}_1\boldsymbol{H}_2}{2}\,\mathrm{Grad}\,\mu + (\mathrm{Rot}\,\boldsymbol{H})\times\frac{\boldsymbol{B}_1 + \boldsymbol{B}_2}{2}, \tag{8.4-11}$$

wenn der Normalenvektor von der Seite *1* $(\boldsymbol{H}_1, \boldsymbol{B}_1)$ nach der Seite *2* $(\boldsymbol{H}_2, \boldsymbol{B}_2)$ gerichtet ist.

Oberflächenkräfte (mechanische Spannungen an Trennflächen) sind als ein Ersatz für an den Volumenelementen eines Körpers angreifende Kräfte zu verstehen und können eindeutig aus diesen abgeleitet werden. Die dem Ausdruck Gl. (11) entsprechende Beziehung für die räumliche Kraftdichte $\boldsymbol{f}$ (in dem Sinn, daß $\mathrm{d}\boldsymbol{F} = \boldsymbol{f}\,\mathrm{d}\tau$ die am Materieelement vom Volumen $\mathrm{d}\tau$ angreifende Kraft ist) lautet

$$\boldsymbol{f} = \boldsymbol{H}\,\mathrm{div}\,\boldsymbol{B} - \tfrac{1}{2}\boldsymbol{H}^2\,\mathrm{grad}\,\mu + (\mathrm{rot}\,\boldsymbol{H})\times\boldsymbol{B}. \tag{8.4-12}$$

Wir kommen zur Auslegung: hier ist voraussetzungsgemäß zu setzen $\boldsymbol{B} = \mu\boldsymbol{H}$, ferner gilt für das stationäre magnetische Feld $\mathrm{Rot}\,\boldsymbol{H} = \boldsymbol{A}$, $\mathrm{rot}\,\boldsymbol{H} = \boldsymbol{S}$; so wird die magnetische Spannung an einer Trennfläche

$$\begin{aligned} \boldsymbol{p}_2 - \boldsymbol{p}_1 &= \tfrac{1}{2}(\boldsymbol{H}_1 + \boldsymbol{H}_2)\,\mathrm{Div}\,\mu\boldsymbol{H} \\ &\quad - \tfrac{1}{2}\boldsymbol{H}_1\cdot\boldsymbol{H}_2\,\mathrm{Grad}\,\mu + \boldsymbol{A}\times\tfrac{1}{2}(\mu_1\boldsymbol{H}_1 + \mu_2\boldsymbol{H}_2) \end{aligned} \tag{8.4-13}$$

und die räumliche Kraftdichte

$$\boldsymbol{f} = \boldsymbol{H}\,\mathrm{div}\,\mu\boldsymbol{H} - \tfrac{1}{2}\boldsymbol{H}^2\,\mathrm{grad}\,\mu + \boldsymbol{S}\times\mu\boldsymbol{H}. \tag{8.4-14}$$

Schließen wir die Existenz permanenter magnetischer Polarisation aus, so ist Div $\mu\boldsymbol{H} = 0$ und div $\mu\boldsymbol{H} = 0$, die jeweils ersten Glieder in Gl. (13) und (14) entfallen. Lassen wir sie zu, so ist $\mu\boldsymbol{H} = \boldsymbol{B} - \boldsymbol{J}_\mathrm{p}$ und nach Gl. (6.4-16) ist

$$\mathrm{Div}\,(\mu\boldsymbol{H}) = \sigma_\mathrm{pm}$$

die Flächendichte der magnetischen Ladung, nach den Gln. (6.4-12,13) ist

$$\mathrm{div}\,(\mu\boldsymbol{H}) = \eta_\mathrm{pm}$$

ihre räumliche Dichte, beides nach Definition. Will man daher von Quellen des Feldes $\mu\boldsymbol{H}$ (nicht des Feldes $\boldsymbol{B}$!) sprechen, so drückt das erste Glied der Gl. (13), nämlich $\sigma_\mathrm{pm}(\boldsymbol{H}_1 + \boldsymbol{H}_2)/2$, die mechanische Spannung aus, die an einem flächenhaften Quellenbelag auftritt, und entsprechend drückt das erste Glied in Gl. (14), nämlich $\eta_\mathrm{pm}\boldsymbol{H}$, die räumliche Kraftdichte bei Existenz einer räumlichen Quellendichte aus. Es ist aber daran festzuhalten, daß bei Vorhandensein eines Strombelages $\boldsymbol{A}$ die mechanische Spannung nicht etwa durch $\boldsymbol{A} \times (\boldsymbol{B}_1 + \boldsymbol{B}_2)/2$ gegeben wird, sondern durch $\boldsymbol{A} \times (\mu_1\boldsymbol{H}_1 + \mu_2\boldsymbol{H}_2)/2$, und die entsprechende räumliche Kraftdichte ist nicht etwa $\boldsymbol{S} \times \boldsymbol{B} = \boldsymbol{S} \times (\mu\boldsymbol{H} + \boldsymbol{J}_\mathrm{p})$, sondern sie ist $\boldsymbol{S} \times \mu\boldsymbol{H}$, eine Kraftdichte $\boldsymbol{S} \times \boldsymbol{J}_\mathrm{p}$ existiert nicht. – Man hat auch schon in Gl. (14) das erste Glied die räumliche Dichte einer Quellenkraft, das zweite die einer Gefällskraft, das dritte die einer Wirbelkraft genannt.

Bei Ausschluß permanenter Polarisation und ohne Strombelag ist an einer Trennfläche die wahrnehmbare Spannung

$$\begin{aligned} \boldsymbol{p}_2 - \boldsymbol{p}_1 = \boldsymbol{p} &= -\tfrac{1}{2}\,(\boldsymbol{H}_1 \cdot \boldsymbol{H}_2)\,\mathrm{Grad}\,\mu \\ &= -\boldsymbol{n}_{12}\,\tfrac{1}{2}\,\boldsymbol{H}_1 \cdot \boldsymbol{H}_2\,(\mu_2 - \mu_1). \end{aligned} \tag{8.4-15}$$

Ihre Richtung ist senkrecht zur Fläche, unabhängig von den Richtungen der Vektoren $\boldsymbol{H}_1$ und $\boldsymbol{H}_2$ beiderseits der Trennfläche, und sie wirkt als Zugspannung auf den Körper mit der größeren Permeabilität. Dieser Ausdruck läßt sich noch umformen, wenn man die Winkel $\alpha_1$ und $\alpha_2$ einführt, die die Vektoren $\boldsymbol{H}_1$ und $\boldsymbol{H}_2$ mit der Normalenrichtung bilden. Dann ist der Betrag

$$p = \tfrac{1}{2}\,(\mu_2 - \mu_1)\,H_1 H_2 \cos(\alpha_1 - \alpha_2). \tag{8.4-16}$$

Nimmt man aus Gl. (6), (7) hinzu

$$H_{2\mathrm{t}} = H_{1\mathrm{t}} \quad \text{und} \quad H_{2\mathrm{n}} = \frac{\mu_1}{\mu_2} H_{1\mathrm{n}},$$

so erhält man

$$p = \frac{1}{2}(\mu_2 - \mu_1)\left(\frac{\mu_1}{\mu_2} H_{1\mathrm{n}}^2 + H_{1\mathrm{t}}^2\right). \tag{8.4-17}$$

Sind die Feldlinien senkrecht zur Trennfläche, also parallel oder antiparallel zur Zugspannung gerichtet, $H_{1t} = 0$, so ist mit $H_{1n} = H_1$

$$p = \frac{1}{2}(\mu_2 - \mu_1)\frac{\mu_1}{\mu_2} H_1^2; \tag{8.4-18}$$

sind die Feldlinien parallel zur Trennfläche, also senkrecht zur Zugspannung gerichtet, $H_{1n} = 0$, so ist mit $H_{1t} = H_1$

$$p = \tfrac{1}{2}(\mu_2 - \mu_1) H_1^2. \tag{8.4-18a}$$

Ist insbesondere $\mu_1 = \mu_0$, so kann man die Beziehung (8.4-17) umformen in

$$p = \frac{1}{2}\frac{\mu_{2r} - 1}{\mu_{2r}\mu_0}(B_{1n}^2 + \mu_{2r}B_{1t}^2). \tag{8.4-19}$$

Hieraus: Sind die Feldlinien senkrecht zur Trennfläche, also parallel oder antiparallel zur Zugspannung gerichtet, $B_{1t} = 0$, so ist mit $B_{1n} = B_{2n}$

$$p = \frac{B_{2n}^2}{2\mu_0}\left(1 - \frac{1}{\mu_{2r}}\right), \tag{8.4-20}$$

sind die Feldlinien parallel zur Trennfläche, also senkrecht zur Richtung der Zugspannung gerichtet, $B_{1n} = 0$, so ist mit $B_{1t} = B_{2t}/\mu_{2r}$ gemäß Gl. (7)

$$p = \frac{\mu_0 H_{2t}^2}{2}(\mu_{2r} - 1). \tag{8.4-21}$$

Alle diese Beziehungen, insbesondere also auch Gl. (15) bis (21), sind unter der Voraussetzung $\mu = \text{const}_H$ abgeleitet. Es wäre daher verfehlt, die Gln. (19) bis (21) als Aussagen über die Zugspannung anzusehen, die an der Trennfläche Ferromagnetikum gegen Luft auftreten, denn für ein solches gilt $\mu = \mu(H)$. Welche Ausdrücke in diesem Fall an deren Stelle treten, wird in Abschnitt 8.6 gezeigt werden.

### Polarisierbares Rotationsellipsoid im homogenen magnetischen Feld

Die Ausführungen und Ergebnisse des Abschnittes 2.9 können sinngemäß übernommen werden, wenn man davon ausgeht, daß der polarisierbare homogene isotrope Körper von konstanter Permeabilität, $\mu_2 = \text{const}_H$, in ein homogenes Feld $\boldsymbol{H}_0$ verbracht wird. Dann kann man für das Feld im Innern ansetzen

$$\boldsymbol{H}_i = \boldsymbol{H}_0 - N\boldsymbol{M}, \tag{8.4-22}$$

wobei $\boldsymbol{M} = \boldsymbol{J}/\mu_0$ die Magnetisierung ist:

$$\boldsymbol{M} = (\mu_r - 1)\boldsymbol{H}_i = \chi_m \boldsymbol{H}_i, \tag{8.4-23}$$

vgl. Gl. (4.2-21 bis 23). – Für den Gestaltsfaktor $N$, der in diesem Zusammenhang häufig Entmagnetisierungsfaktor genannt wird, gelten dann die Ausführungen des Abschnittes 2.9, wenn man wieder $\boldsymbol{E}, \varepsilon, \boldsymbol{D}$ dort in dieser Reihenfolge durch $\boldsymbol{H}, \mu, \boldsymbol{B}$ hier austauscht.

**Skalares magnetisches Potential.** In einem wirbelfreien Feld kann wegen $\operatorname{rot} \boldsymbol{H} = 0$ die magnetische Feldstärke $\boldsymbol{H}$ gemäß

$$\boldsymbol{H} = -\operatorname{grad} \varphi_{\mathrm{m}} \tag{8.4-24}$$

aus einem skalaren magnetischen Potential $\varphi_{\mathrm{m}}$ abgeleitet werden, für welches die Laplacesche Differentialgleichung

$$\Delta \varphi_{\mathrm{m}} = 0 \tag{8.4-25}$$

gilt, sofern man magnetische Ladungen ausschließt. Die Methoden der Potentialtheorie, die in Abschnitt 2.10 für die wirbelfreie elektrische Feldstärke genannt worden sind, können daher sinngemäß übernommen werden, wobei zu beachten bleibt, daß die einzelne (isolierte) magnetische Ladung eine Fiktion ist. Die dort genannten numerischen und graphischen Verfahren sind hier oft besonders erfolgreich. Im Anschluß an das Durchflutungsgesetz, Gl. (5.1-1, 2), ist gezeigt worden, wie man mittels einer „Sperrfläche" einen zweifach zusammenhängenden Raum zu einem einfach zusammenhängenden machen und in diesem mit einem skalaren Potential der magnetischen Feldstärke rechnen kann, vgl. dazu Abb. 5.1.

## B. Das stationäre magnetische Feld bei feldstärkeabhängiger Permeabilität

### 8.5 Die grundlegenden Beziehungen

Sie sind in den Abschnitten 6.1, 2 und 4 behandelt worden und werden hier nochmals kurz zusammengestellt: Aus dem Energieprinzip und dem Nahewirkungsprinzip wurde abgeleitet, daß die Kräftefunktion, aus der die Arbeit $A$ der Feldkräfte und daher die Kräfte auf materielle Körper zu bestimmen sind, nicht, wie im Falle $\mu = \mathrm{const}_H$, die magnetische Feldenergie, hier

$$W_{\mathrm{m}} = \int_{\infty} w_{\mathrm{m}} \, \mathrm{d}\tau, \quad w_{\mathrm{m}} = \int_0^{H} \boldsymbol{B}(H) \cdot \mathrm{d}\boldsymbol{H} \tag{8.5-1}$$

gemäß Gl. (6.2-11, 12) ist, sondern vielmehr

$$V_{\mathrm{m}} = \int_{\infty} v_{\mathrm{m}} \, \mathrm{d}\tau, \quad v_{\mathrm{m}} = \int_0^{B} \boldsymbol{H}(B) \cdot \mathrm{d}\boldsymbol{B} \tag{8.5-2}$$

gemäß Gl. (6.2-18, 19), somit

$$V_m + W_m = \int_\infty \boldsymbol{B} \cdot \boldsymbol{H} \, \mathrm{d}\tau \tag{8.5-3}$$

gemäß Gl. (6.2-20). – Also $\mathrm{d}A = \mathrm{d}V_m$ und $F_q = \partial V_m / \partial q$ nach den Gln. (6.2-19, 19a). – Die räumliche Dichte der Feldkräfte wurde in den Gln.(6.4-6 bis 16) gefunden zu

$$\boldsymbol{f} = -\boldsymbol{H} \operatorname{div} \boldsymbol{J}_{pm} - \int_0^H H \operatorname{grad} \mu(H) \, \mathrm{d}H + \boldsymbol{S} \times \boldsymbol{H} \cdot \mu(H). \tag{8.5-4}$$

Im Folgenden interessieren vornehmlich Magnetisierungsfunktionen vom generellen Typus der Abb. 6.1b, da die (stabilen) permanenten Magnete mit ihrer Zustandsfunktion gemäß Abb. 6.1d wegen ihrer konstanten (permanenten) Permeabilität, vgl. die Auslegung c) von Gl. (6.1-2), schon weithin in Teilkapitel 8A berücksichtigt werden konnten.

Die Induktionskoeffizienten von $n$ linearen Stromkreisen sind Funktion der $n$ Ströme und durch die Ableitungen von $V_m$ nach den Stromstärken eindeutig gegeben: Gl. (6.4-26). Für einen einzelnen geschlossenen Stromkreis zum Beispiel ist nach Gl. (6.4-32, 33) die Kräftefunktion und die magnetische Energie

$$V_m = \int_0^I \Phi(I) \, \mathrm{d}I, \quad W_m = \int_0^\Phi I(\Phi) \, \mathrm{d}\Phi, \quad V_m + W_m = I\Phi; \tag{8.5-5}$$

hieraus läßt sich die Arbeit der Feldkräfte bestimmen: Gln. (6.4-37 bis 48); Abb. 6.6.

Im Bereich des Induktionsgesetzes kann man für die Zunahmegeschwindigkeit des magnetischen Flusses $\Phi$ eines geschlossenen Stromkreises entweder schreiben

$$\frac{\mathrm{d}\Phi}{\mathrm{d}t} = \frac{\mathrm{d}(LI)}{\mathrm{d}t} = \left(L + I\frac{\mathrm{d}L}{\mathrm{d}t}\right)\frac{\mathrm{d}I}{\mathrm{d}t} \tag{8.5-6}$$

oder aber

$$\frac{\mathrm{d}\Phi}{\mathrm{d}t} = \frac{\mathrm{d}\Phi}{\mathrm{d}I}\frac{\mathrm{d}I}{\mathrm{d}t} = L_d \frac{\mathrm{d}I}{\mathrm{d}t}. \tag{8.5-7}$$

Im ersten Fall rechnet man mit der (gewöhnlichen) Selbstinduktivität

$$L(I) = \frac{\Phi(I)}{I}, \tag{8.5-8}$$

im zweiten mit der differentiellen Selbstinduktivität

$$L_d = \frac{\mathrm{d}\Phi(I)}{\mathrm{d}I} \tag{8.5-9}$$

vgl. die Gln. (6.4-30, 31) und Abb. 6.4. Entsprechendes gilt für durch Gegeninduktivitäten ausgedrückte Fremdflüsse.

## 8.6 Spannungen an der Oberfläche von ferromagnetischen und von ferroelektrischen Körpern

### Ferromagnetische Körper

(Kürzehalber bezeichnen wir im folgenden mit dem Wort Eisen jedes Ferromagnetikum mit $\mu = \mu(H)$, mit dem Wort Luft jeden Stoff mit $\mu = \mu_0$.)

Ist das Eisen magnetisch weich, $\boldsymbol{J}_p = 0$, und ist die Trennfläche ohne Strombelag, $\boldsymbol{A} = 0$, so ist nach Gl. (8.5-4) die räumliche Kraftdichte

$$\boldsymbol{f} = -\int_0^H H \operatorname{grad} \mu H \, dH. \tag{8.6-1}$$

Oberflächenkräfte ersetzen die Summe aller an den Volumenelementen des Eisenkörpers angreifenden Feldkräfte. Der räumlichen Kraftdichte $\boldsymbol{f}$ äquivalent an der Oberfläche des Eisenkörpers ist eine Zugspannung, die senkrecht auf jedem Oberflächenelement steht, vom Betrag

$$p = \int_0^H \mu H \, dH - \mu H_n^2 + \tfrac{1}{2}\mu_0 (H_{0n}^2 - H_{0t}^2); \tag{8.6-2}$$

hierin bezeichnet $H_n$ den Betrag der Normalkomponente der magnetischen Feldstärke im Eisen, $H_{0n}$ den Betrag der Normalkomponente der magnetischen Feldstärke in Luft, $H_{0t}$ den Betrag der Tangentialkomponente der magnetischen Feldstärke in Luft. Im folgenden bezeichnet der Index E Größen des Eisens.

**a) Stehen die magnetischen Feldlinien senkrecht auf der Eisenoberfläche,** ist also $H_{0t} = 0$, so können wir, indem wir überall den nun entbehrlichen, die Normalenrichtung kennzeichnenden, Index $\boldsymbol{n}$ weglassen, schreiben:

$$B_0 = \mu_0 H_0 = B_E = \mu_E H_E; \tag{8.6-3}$$

somit wird Gl. (2)

$$p = \int_0^{H_E} B_E \, dH_E - \mu_E H_E^2 + \frac{B_E^2}{2\mu_0}. \tag{8.6-4}$$

Es ist aber mit Gl. (8.5-1 bis 3)

$$\int_0^{H_E} B_E \, dH_E = B_E H_E - \int_0^{B_E} H_E \, dB_E. \tag{8.6-5}$$

Setzt man diese Beziehung ein, so erhält man

$$p = \frac{B_E^2}{2\mu_0} - \int_0^{B_E} H_E \, dB_E = \frac{B_E^2}{2\mu_0} - w_m(B_E). \tag{8.6-6}$$

$w_m(B_E)$ ist die Dichte der magnetischen Feldenergie nach Gl. (6.2-12). Für einen Stoff mit konstanter Permeabilität $\mu_0\mu_r = \text{const}_B$ wird

$$p = \frac{B_n^2}{2\mu_0}\left(1 - \frac{1}{\mu_r}\right), \tag{8.6-7}$$

wie schon aus Gl. (8.4-20) bekannt ist.

Die Magnetisierungsfunktion magnetisch weichen Eisens hat – mindestens pauschal – den in Abb. 6.1 b angegebenen Charakter. Daher ist ersichtlich

$$\frac{B_E^2}{2\mu_0} > w_m(B_E). \tag{8.6-8}$$

In vielen technisch interessanten Fällen ist diese Verschiedenheit groß. Man kann den zweiten Summanden in Gl. (6) abschätzen, indem man ihn mit $\mu_{rE} = B_E/\mu_0 H_E$ schreibt

$$w_m(B_E) = \frac{1}{\mu_0}\int_0^{B_E} \frac{B_E}{\mu_{rE}}\,\mathrm{d}B_E. \tag{8.6-9}$$

$\mu_{rE}$ ist eine Funktion der Flußdichte im Eisen. Ist $(\mu_{rE})_{min}$ der kleinste Wert im betrachteten Bereich der Flußdichte zwischen Null und $B_E$, so ist

$$\frac{1}{\mu_0}\int_0^{B_E} \frac{B_E}{\mu_{rE}}\,\mathrm{d}B_E < \frac{1}{(\mu_{rE})_{min}}\,\frac{B_E^2}{2\mu_0}. \tag{8.6-10}$$

Setzt man also für die Zugspannung näherungsweise

$$p \approx \frac{B_E^2}{2\mu_0}, \tag{8.6-11}$$

so ist der größtmögliche Fehler $1/(\mu_{rE})_{min}$.

Im Gebiet der Sättigung gilt, vgl. Abschnitt A.8, näherungsweise

$$B_E = J_s + \mu_0 H_E; \tag{8.6-12}$$

die Sättigungspolarisation $J_s$ ist eine Materialkonstante. Setzt man dies in Gl. (6) ein und berücksichtigt wieder die Beziehung Gl. (5), so erhält man

$$p = \frac{J_s^2}{2\mu_0} + J_s H_E; \tag{8.6-12a}$$

im Sättigungsgebiet ist $p$ eine steigende lineare Funktion der Feldstärke im Eisen.

**b) Stehen die magnetischen Feldlinien parallel zur Eisenoberfläche,** ist also $H_{0n} = 0$, so können wir, indem wir überall den nun entbehrlichen die Tangentialrichtung kennzeichnenden Index t weglassen, schreiben

$$H_0 = H_E, \quad B_0 = \mu_0 H_0 = \mu_0 H_E. \tag{8.6-13}$$

Somit wird

$$p = \int_0^{H_E} B_E \, dH_E - \frac{\mu_0 H_E^2}{2} = v_m(H_E) - \frac{\mu_0 H_E^2}{2}. \tag{8.6-14}$$

$v_m(H_E)$ ist die Dichte der magnetischen Kräftefunktion nach Gl. (6.2-12). Für einen Stoff mit konstanter Permeabilität $\mu_0 \mu_r = \text{const}_H$ wird

$$p = \frac{\mu_0 H_t^2}{2} (\mu_r - 1), \tag{8.6-15}$$

wie schon aus Gl. (8.4-21) bekannt ist.

Wegen des obengenannten Charakters der Magnetisierungsfunktion weichen Eisens ist ersichtlich

$$v_m(H_E) > \frac{\mu_0 H_E^2}{2}. \tag{8.6-14a}$$

Im Sättigungsgebiet wird mit Gl. (12) erhalten

$$p = J_s H_E, \tag{8.6-16}$$

im Sättigungsgebiet wächst $p$ proportional mit der Feldstärke im Eisen.

Diese eindrucksvollen Ergebnisse fand K. Küpfmüller[1].

## Ferroelektrische Körper

(Größen des Ferroelektrikums haben im folgenden den Index F, die der Luft, $\varepsilon = \varepsilon_0$, den Index 0.)

Ist das Ferroelektrikum elektrisch weich und ist die Trennfläche gegen Luft ohne elektrische Ladung, $\sigma = 0$, so ist, wie in Gl. (6.3-7) gefunden wurde, die räumliche Kraftdichte

$$f = -\int_0^E E \operatorname{grad} \varepsilon(E) \, dE \tag{8.6-17}$$

analog zur räumlichen Dichte der magnetischen Kraft Gl. (1). Es lassen sich daher die im 1. Teil dieses Abschnittes gemachten Aussagen und Ergebnisse sinngemäß auch für ferroelektrische Körper aussprechen. Dies geschieht im Folgenden, es werden jedoch Aussagen über

[1] Küpfmüller, K.: Die magnetischen Feldkräfte an Eisenkörpern. Arch. f. Elektrotech. 50 (1965) 133—143.

Kräfte im Sättigungsgebiet unterlassen, da echtes Sättigungsverhalten (Sättigungspolarisation als Materialkonstante $P_s = \text{const}_E$) bisher unterhalb der Durchbruchsfeldstärke nicht gefunden wurde.

Der räumlichen Kraftdichte nach Gl. (17) äquivalent ist eine Zugspannung, die senkrecht auf jedem Oberflächenelement steht, vom Betrag

$$p = \int_0^E \varepsilon E \,\mathrm{d}E - \varepsilon E_n^2 + \tfrac{1}{2}\varepsilon_0(E_{0n}^2 - E_{0t}^2). \tag{8.6-18}$$

Hierin bezeichnet $E_n$ den Betrag der Normalkomponente der elektrischen Feldstärke im Ferroelektrikum, $E_{0n}$ den Betrag der Normalkomponente der elektrischen Feldstärke in Luft, $E_{0t}$ den Betrag der Tangentialkomponente der elektrischen Feldstärke in Luft.

**a) Stehen die elektrischen Feldlinien senkrecht zur Oberfläche des dielektrischen Körpers,** $E_{0t} = 0$, so läßt sich, bei Weglassen des entbehrlichen Index n, schreiben

$$D_0 = \varepsilon_0 E_0 = D_F = \varepsilon_F E_F, \tag{8.6-19}$$

$$p = \int_0^{E_F} D_F \,\mathrm{d}E_F - \varepsilon_F E_F^2 + \frac{D_F^2}{2\varepsilon_0}, \tag{8.6-20}$$

mit den Gln. (8.5-1 bis 3) also

$$p = \frac{D_F^2}{2\varepsilon_0} - w_e(D_F); \tag{8.6-21}$$

$w_e(D_F)$ ist die Dichte der elektrischen Feldenergie nach Gl. (6.2-12). Für ein Dielektrikum mit konstanter Permittivität $\varepsilon_0\varepsilon_r = \text{const}_D$ wird

$$p = \frac{D_n^2}{2\varepsilon_0}\left(1 - \frac{1}{\varepsilon_r}\right), \tag{8.6-22}$$

wie schon aus Gl. (2.7-19) hervorgeht.

Die Elektrisierungsfunktion eines elektrisch weichen Ferroelektrikums hat – mindestens pauschal – den in Abb. 6.1b angegebenen Charakter, daher ist ersichtlich

$$\frac{D_F^2}{2\varepsilon_0} > w_e(D_F). \tag{8.6-22a}$$

Der größtmögliche Fehler der Näherung

$$p \approx \frac{D_F^2}{2\varepsilon_0} \tag{8.6-23}$$

ist $1/(\varepsilon_{rF})_{min}$, vgl. Gl. (10, 11).

**b) Stehen die elektrischen Feldlinien tangential zur Oberfläche des dielektrischen Körpers,** $E_{on} = 0$, so läßt sich, bei Weglassen des entbehrlichen Index t, schreiben

$$E_0 = E_F, \quad D_0 = \varepsilon_0 E_0 = \varepsilon_0 E_F. \tag{8.6-24}$$

Es wird

$$p = \int_0^{E_F} D_F \, dE_F - \frac{\varepsilon_0}{2} E_F^2 = v_e(E_F) - \frac{\varepsilon_0}{2} E_F^2. \tag{8.6-25}$$

$v_e(E_F)$ ist die Dichte der elektrischen Kräftefunktion nach Gl. (6.2-19). Für ein Dielektrikum mit konstanter Permittivität $\varepsilon_0 \varepsilon_r = \text{const}_E$ wird

$$p = \frac{\varepsilon_0 E_t^2}{2} (\varepsilon_r - 1), \tag{8.6-26}$$

wie schon aus Gl. (2.7-20) hervorgeht.

Wegen des oben genannten Charakters der Elektrisierungsfunktion ist

$$v_e(E_F) > \frac{\varepsilon_0 E_F^2}{2}. \tag{8.6-27}$$

## 8.7 Der magnetische Kreis

Der „magnetische Kreis" vieler Geräte und Maschinen der klassischen Physik und Elektrotechnik besteht aus einer geschlossenen Folge von Eisenkörpern und Lufträumen, wobei die Querschnitte der einzelnen Teile einander ähnlich und die Längen der Luftstrecken wesentlich kleiner sind als die Längen der Eisenstrecken. Das einfachste Modell ist eine Wicklung tragender ringartiger Körper aus magnetisch weichem Eisen, der durch einen kurzen Luftspalt unterbrochen ist; gefragt ist meist nach dem Zusammenhang zwischen dem magnetischen Fluß im Luftspalt $\Phi$ und der Durchflutung $\Theta = IN$. – Es kann sich dabei unter so allgemeinen Annahmen ersichtlich nur um Näherungsverfahren handeln.

Wir orientieren uns zunächst ganz grob an Hand des in Abb. 8.15 angedeuteten ringförmigen Körpers, der zum weitaus größeren Teil aus

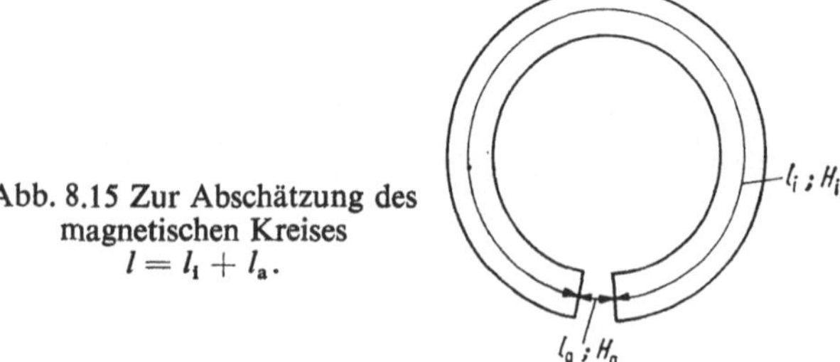


Abb. 8.15 Zur Abschätzung des magnetischen Kreises $l = l_i + l_a$.

Eisen, zum kleinsten Teil aus einem Luftspalt bestehe. Für diesen ist $\mu_a = \mu_0$. Für den Eisenkörper sei $\mu_i \gg \mu_0$; zunächst nehmen wir in unzutreffender Weise an, es sei $\mu_i = \text{const}_H$. Dann gilt nach den Ausführungen zu Gl. (8.4-8a): Aus dem Eisenkörper treten die magnetischen Feldlinien nur an den Flanken des Luftspaltes und aus diesen senkrecht aus. Es sei ferner erlaubt, mit geeignet (einleuchtend) gewählten mittleren Längen der Feldlinien zu rechnen und die Inhomogenität über den Querschnitt zu vernachlässigen. Diese Annahmen ermöglichen es, zu setzen

$$B_i = B_a, \quad \text{also} \quad H_a = \frac{\mu_i}{\mu_0} H_i, \qquad (8.7\text{-}1)$$

$$\Theta = \mathring{V} = H_i l_i + H_a l_a.$$

Also wird

$$H_i = \frac{\Theta}{l_i + \mu_{ri} l_a}, \quad H_a = \mu_{ri} H_i. \qquad (8.7\text{-}2)$$

Wäre der Ringkörper ohne Luftspalt, so würde gelten

$$H = H_0 = \frac{\Theta}{l_i + l_a} = \frac{\Theta}{l} \qquad (8.7\text{-}3)$$

unabhängig von seiner Permeabilität. Der Vergleich lehrt

$$H_a > H_0 > H_i; \qquad (8.7\text{-}4)$$

gegenüber $H_0$ ist die Feldstärke im Luftspalt größer, die im Eisenkörper kleiner geworden. Ferner zeigt Gl. (2), daß die Länge $l_a$ des Luftweges mit dem Faktor $\mu_{ri}$ eingeht. Ist dieser Wert groß, so sind also kleine Änderungen (Ungenauigkeiten) des Luftweges von großem Einfluß. Die angegebenen Voraussetzungen erlauben, für den Fluß durch jeden Querschnitt $a$ zu schreiben

$$\Phi = a\mu_i H_i = a\mu_a H_a, \qquad (8.7\text{-}5)$$

daher wird

$$\mathring{V} = H_a l_a + H_i l_i = \left(\frac{l_a}{a\mu_0} + \frac{l_i}{a\mu_i}\right)\Phi = \Theta. \qquad (8.7\text{-}6)$$

Die Summanden in der Klammer werden häufig als „magnetische Widerstände" $\mathscr{R}_m$ bezeichnet, $\mathscr{R}_{ma} = l_a/a\mu_0$ der des Luftspaltes $\mathscr{R}_{mi} = l_i/a\mu_i$ der des Eisenkörpers, hier also

$$(\mathscr{R}_{ma} + \mathscr{R}_{mi})\Phi = \Theta. \qquad (8.7\text{-}7)$$

Wegen der Voraussetzung $\mu_i \gg \mu_0$ ist $\mathscr{R}_{ma} \gg \mathscr{R}_{mi}$. Schreibt man

$$\mathscr{R}_{ma} + \mathscr{R}_{mi} = \frac{l_i}{a\mu_i}\left(1 + \frac{\mu_i}{\mu_0}\frac{l_a}{l_i}\right), \qquad (8.7\text{-}8)$$

so kann man die Beziehung (7) so auslegen: Der durch den Luftspalt unterbrochene Eisenring wirkt wie ein geschlossener Eisenring, dessen Permeabilität den Betrag

$$\mu_{\mathrm{eff}} = \frac{\mu_i}{1 + \dfrac{\mu_i}{\mu_0}\dfrac{l_a}{l_i}} \tag{8.7-9}$$

hat („Scherung"). Nach Voraussetzung ist stets $l_a \ll l_i$; für $\mu_i \gg \mu_0$ nähert sich daher $\mu_{\mathrm{eff}}$ dem Grenzwert

$$\mu_{\mathrm{eff}} = \mu_0 \frac{l_i}{l_a}, \tag{8.7-10}$$

der von $\mu_i$ unabhängig ist. Je stärker also die Forderung ist, die magnetischen Eigenschaften des Eisenkörpers zurücktreten zu lassen, um so größer muß man die genannten Ungleichheiten machen.

Der Kehrwert $\Lambda$ eines magnetischen Widerstandes $\mathscr{R}_m$

$$\frac{1}{\mathscr{R}_m} = \Lambda = \frac{\mu_a}{l} \qquad (8.7\text{-}11)^1$$

heißt *magnetischer Leitwert* (auch Reluktanz genannt). Man kann verallgemeinern: Liegen $\nu$ Teilabschnitte mit untereinander ähnlichen Querschnitten $a_\nu$, verschiedenen Permeabilitäten $\mu_\nu$ und Längenabschnitten $l_\nu$ vor, deren Summe die geschlossene Kurve für die Umlaufspannung $\mathring{V}$ ausmacht, so gilt unter den gegebenen Voraussetzungen

$$\Phi \sum_{j=1}^{\nu} \mathscr{R}_{mj} = \sum_{j=1}^{\nu} H_\nu l_\nu = \mathring{V} = \Theta. \tag{8.7-12}$$

Der gleiche Gedankengang führt zur Abschätzung des magnetischen Kreises, die J. Hopkinson angegeben hat.[2] Man teilt wieder die Leitlinie des magnetischen Kreises in Strecken $l_1, l_2 \ldots, l_\nu$ ein, entlang deren jeder die Feldstärke im Mittel konstant angesetzt wird: $\bar{H}_1, \bar{H}_2, \ldots, \bar{H}_\nu$. Dann wird die der Durchflutung $\Theta$ gleiche magnetische Umlaufspannung $\mathring{V}$

$$\mathring{V} = \bar{H}_1 l_1 + \bar{H}_2 l_2 + \cdots + \bar{H}_\nu l_\nu = \sum_{j=1}^{\nu} \bar{H}_j l_j. \tag{8.7-13}$$

Ist $a_j$ der Querschnitt eines Abschnittes, $l_j$ seine Länge, $\Phi_j$ der Fluß durch $a_j$, so ist $\bar{B}_j = \Phi_j/a_j$. Bei untereinander ähnlichen Querschnitten $a_j$ und vergleichsweise kurzen Luftstrecken sind in erster Annäherung die $\Phi_j$ aller Abschnitte untereinander gleich: $\Phi_1 = \Phi_2 = \cdots = \Phi_\nu = \Phi$.

---

[1] Die kohärente Einheit ist $[\Lambda] = [\mu]/[l]$, die SI-Einheit ist daher $1\,[\Lambda]_{\mathrm{SI}} = 1\,\mathrm{Vs/A} = 1\,\Omega\,\mathrm{s} = 1\,\mathrm{H}$ (Henry).

[2] John Hopkinson, 1849—1898.

Der zu jedem $\bar{B}_j$ gehörende Wert $\bar{H}_j$ läßt sich bestimmen: für jede Luftstrecke ist $\bar{H}_j = \bar{B}_j/\mu_0 = \Phi/a_j\mu_0$, für jede Eisenstrecke ist

$$\bar{H}_j = \frac{\bar{B}_j}{\mu_j(B_j)} = \frac{\bar{B}_j}{\mu_j(\Phi/a_j)};$$

mit $\mu_j(B_j)$ ist hier die Permeabilität $\mu_j$ als Funktion der Flußdichte $B_j = \Phi/a_j$ bezeichnet. – Daher ist

$$\Theta = \sum_{j=1}^{\nu} \bar{H}_j l_j = \Phi \sum_{j=1}^{\nu} \frac{l_j}{a_j\mu_j(\Phi/a_j)} = \Phi \sum_{j=1}^{\nu} \mathcal{R}_{\mathrm{m}j} \qquad \textbf{(8.7-14)}$$

mit der Maßgabe $\mu_j = \mu_0$ für alle Luftstrecken. Häufig liegt nur ein Luftspalt vor, dessen Querschnitt $a_{\mathrm{h}}$ und dessen Länge $l_{\mathrm{h}}$ sei, und auf den Fluß $\Phi_{\mathrm{h}}$ in diesem kommt es an. – In zweiter Näherung berücksichtigt man die Unterschiede der Flüsse in den Eisenstrecken vom Luftfluß $\Phi_{\mathrm{h}}$ und voneinander dadurch, daß man setzt $\Phi_j = \Phi_{\mathrm{h}}/\sigma_j$, wobei die $\sigma_j$ echte Brüche sind (sie bringen die magnetische Streuung zum Ausdruck und können rechnerisch oder graphisch oder empirisch ermittelt werden). Außerdem ist meist nicht der empirische Zusammenhang $\mu = \mu(B)$ gegeben, wie wir für Gl. (14) vorausgesetzt haben, sondern es liegt die Magnetisierungsfunktion $H = H(B)$ als Kurve vor. Man benutzt daher diese unmittelbar und addiert so

$$\Theta = \Phi_{\mathrm{h}} \frac{l_{\mathrm{h}}}{a_{\mathrm{h}}\mu_0} + \sum_{(\mathrm{Eisen})} l_j \bar{H}_j(\Phi_{\mathrm{h}}/\sigma_j a_j). \qquad \textbf{(8.7-15)}$$

Diese Beziehung liefert also die Durchflutung $\Theta = IN$ als Funktion des Flusses $\Phi_{\mathrm{h}}$ im Luftspalt. Man stellt sie zweckmäßig in einem Diagramm dar, vgl. zum Beispiel Abb. 6.4, mit dessen Hilfe man auch die inverse Aufgabe löst.

Die oft angezogene Analogie dieses sogenannten „Gesetzes vom magnetischen Kreis“ mit dem Ohmschen Gesetz für lineare Leiter bei Gleichstrom geht an dem Sinn dieses Gesetzes völlig vorbei. Dessen wesentliche Aussage ist nämlich die, daß bei sonst konstanten Parametern der Quotient $U/I$ der Klemmenspannung geteilt durch den Strom, eine *Konstante* und also eben gerade nicht vom Betrag von $U$ oder $I$ abhängig ist. Genau das Gegenteil ist beim magnetischen Widerstand einer Eisenstrecke, $\mathcal{R}_{\mathrm{m}} = l/a\mu_{\mathrm{E}}$, der Fall, denn die Eisenpermeabilität ändert sich unter Umständen um mehrere Größenordnungen; von einer Proportionalität zwischen $\Phi$ und $\Theta$ ist nicht die Rede.

**Die Berechnung von Dauermagneten** folgt grundsätzlich dem gleichen Gedankengang. Mit den bisher benutzten Beziehungen ergibt das Durchflutungsgesetz

$$H_{\mathrm{a}} l_{\mathrm{a}} = -H_{\mathrm{i}} l_{\mathrm{i}}; \qquad (8.7\text{-}16)$$

ferner setzen wir

$$\Phi_a = \sigma \Phi_i, \tag{8.7-17}$$

wobei, wie im Text vor Gl. (15) gesagt wurde, der echte Bruch $\sigma \leqq 1$ die magnetische Streuung berücksichtigt, daher

$$B_a a_a = \sigma B_i H_i. \tag{8.7-18}$$

Die Querschnitte $a_a$ und $a_i$ können verschieden voneinander sein. Wir bilden das Produkt der beiden Gln. (16) und (18) und erhalten

$$H_a B_a \tau_a = 2W_a = -\sigma H_i B_i \tau_i. \tag{8.7-19}$$

Der Quotient der beiden Gleichungen liefert die Beziehung

$$\frac{\mu_0 H_i}{B_i} = -\sigma \frac{l_a}{l_i} \frac{a_i}{a_a}. \tag{8.7-20}$$

Dies ist die Gleichung einer Nullpunktsgeraden im zweiten Quadranten, in welchem die Zustandskurven der Dauermagnete liegen; rechnen wir den Winkel $\alpha$ gegen die $+B$-Achse, so ist

$$\tan\alpha \mathrel{\hat{=}} \frac{\mu_0 H_i}{B_i} = -\sigma \frac{l_a a_i}{l_i a_a}. \tag{8.7-21}$$

Der Schnittpunkt dieser Geraden mit der magnetischen Zustandskurve $B_i = B_i(H_i)$ ist der Zustandspunkt, Abb. 8.16. Ist dieser ermittelt, so kann man, je nach gestellter Aufgabe, aus den Gln. (16) bis (20) entweder die magnetischen Größen im Luftspalt ermitteln:

$$B_a = \frac{\sigma a_i}{a_a} B_i, \quad H_a = -\frac{l_i}{l_a} H_i, \tag{8.7-22}$$

$$B_a = \mu_0 H_a = \sqrt{\frac{\sigma l_i a_i}{l_a a_a} \mu_0 H_i B_i},$$

oder die Abmessungen des Dauermagneten:

$$a_i = \frac{B_a a_a}{\sigma B_i}, \quad l_i = \frac{B_a l_a}{\mu_0 H_i}. \tag{8.7-23}$$

Häufig liegt die Aufgabe vor, das Verhältnis der Energie im Luftspalt zum Volumen des Dauermagneten, $W_a/\tau_i$, möglichst groß zu machen. Dies ist nach Gl. (19)

$$\frac{W_a}{\tau_i} = -\sigma \frac{H_i B_i}{2}. \tag{8.7-24}$$

Es soll also einerseits $\sigma$ seinem oberen Grenzwert Eins möglichst nahe gebracht werden (was eine konstruktive Aufgabe ist), andererseits soll das Produkt $H_i B_i$ entlang gegebener magnetischer Zusatzkurve möglichst groß gemacht werden.[1] Sind $B_{i\,opt}$ und $H_{i\,opt}$ die Koordinaten des Punktes, für den $B_iH_i = (B_iH_i)_{max}$ ist, so führt deren Einsetzen in Gl. (20) zu einer Anweisung für optimale geometrische Gestaltung, je nachdem, welche geometrischen Größen vorgegeben sind. Für die gestellte Aufgabe also ist die Meinung irrig, es käme allein auf möglichst große Koerzitivfeldstärke $H_c$ oder auf möglichst große Remanenzflußdichte $B_r$ an.

**Stabilisierte permanente Magnete** haben gemäß Gl. (6.1-2), vergleiche auch Abschnitt A.8, die Zustandskurve

$$B = J_p - \mu_{rp}\mu_0 H, \tag{8.7-25}$$

daher ist

$$(B_iH_i)_{max} = \frac{J_p^2}{4\mu_{rp}\mu_0}, \tag{8.7-26}$$

$$\left(\frac{\mu_0 H_i}{B_i}\right)_{opt} = \frac{1}{\mu_{rp}}, \tag{8.7-27}$$

$$B_{i\,opt} = \frac{J_p}{2}, \quad H_{i\,opt} = \frac{J_p}{2\mu_{rp}\mu_0}, \tag{8.7-28}$$

$$B_{a\,opt} = \mu_0 H_{a\,opt} = \frac{\sigma a_i}{a_a}\frac{J_p}{2} = \frac{l_i}{l_a}\frac{J_p}{2\mu_{rp}}. \tag{8.7-29}$$

Die Realisierbarkeit an gegebener Zustandskurve ($\mu_{rp}$, $J_p$) muß gegebenenfalls geprüft werden.

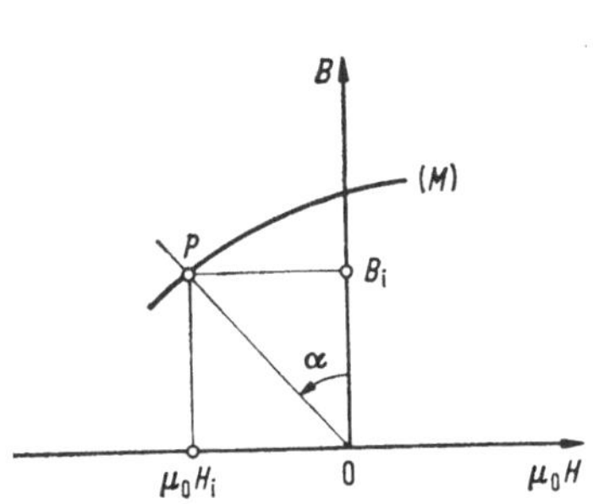


Abb. 8.16 Arbeitspunkt $P$ auf der Zustandskurve ($M$); zu Gl. (8.7-20, 21).

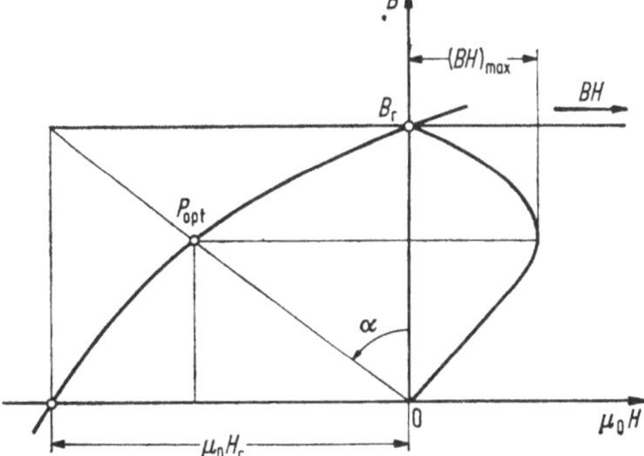


Abb. 8.17 Optimaler Arbeitspunkt $P_{opt}$ und seine näherungsweise Bestimmung.

[1] Der allgemeine Ausdruck für die Energiedichte im Dauermagneten ist $w_m = \int_0^{B_i} H_i\, dB_i$, aber nicht $H_iB_i/2$. Vielmehr ist dieser Ausdruck nach Ausweis von Gl. (8.7-24) im wesentlichen nichts anderes als der Quotient: Luftspaltenergie geteilt durch Magnetvolumen.

**Remanente Magnete** werden Dauermagnete genannt, deren Zustandskurve die äußerste Hysteresekurve im zweiten Quadranten ist, die im allgemeinen mit monotoner Krümmung zwischen den Achsenabschnitten Remanenzflußdichte $B_r$ und Koerzitivfeldstärke $H_c$ verläuft. Ihr entlang ist also der Punkt festzustellen, für den $B_i H_i$ seinen größten Wert annimmt; Abb. 8.17.

Vielfach ist die Annäherung ausreichend, daß der optimale Zustandspunkt $P_{opt}$ auf der Diagonalen des Rechteckes mit den Seiten $B_r$ und $H_c$ liegt, vgl. Abb. 8.17.

Diese Näherung ist um so besser, je genauer man die Zustandskurve durch einen Hyperbelast ersetzen kann. In einem Koordinatensystem $B/B_r = b$, $H/H_c = h$ ist die Zustandskurve eine aus der Schar gleichseitiger Hyperbeln

$$b = \frac{1-h}{1-h/a} \quad \text{oder} \quad h = \frac{1-b}{1-b/a}, \tag{8.7-30}$$

die also symmetrisch zur Mediane sind. Die Abstände der Asymptoten sind $b_\infty = a$ für $h \to \infty$ und $h_\infty = a$ für $b \to \infty$; Abb. 8.18. Die Bestwertkoordinaten sind

$$(bh)_{max} = \{a - \sqrt{a(a-1)}\}^2 = \gamma, \tag{8.7-31}$$

$$b_{opt} = h_{opt} = \sqrt{\gamma}\,. \tag{8.7-32}$$

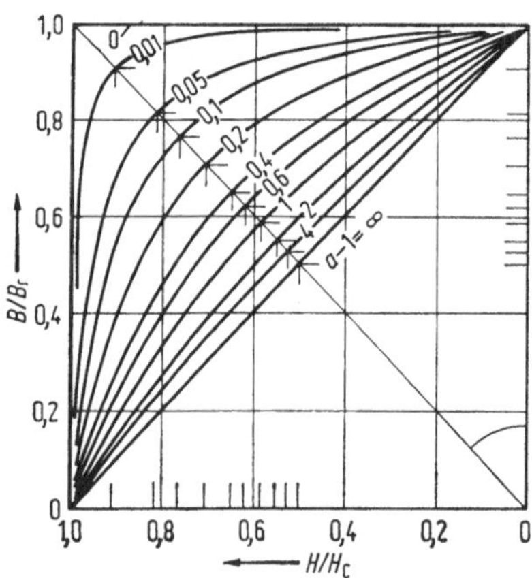


Abb. 8.18 Hyperbeln als Ersatz remanentmagnetischer Zustandskurven, vgl. Gln. (8.7-30 bis 34).

In der Praxis werden Magnetbaustoffe häufig durch Angaben der Werte $B_r$, $H_c$ und $(BH)_{max}$ gekennzeichnet. Damit sind $b$, $h$ und $\gamma = (BH)_{max}/B_r H_c$ gegeben. Der Kurvenparameter $a$ ist durch vorgegebenes $\gamma$ bestimmt, denn aus Gl. (31) folgt

$$\frac{1}{a} = 1 - \left(\frac{1}{\sqrt{\gamma}} - 1\right)^2 = \frac{2}{\sqrt{\gamma}} - \frac{1}{\gamma}. \tag{8.7-33}$$

Der Bereich ist also gekennzeichnet durch

$$\infty \geqq a \geqq +1, \quad \tfrac{1}{2} \leqq \sqrt{\gamma} \leqq 1. \tag{8.7-34}$$

Im Grenzfall $\sqrt{\gamma} = 1$ ist der Hyperbelast entartet zu einem geknickten Linienzug, der aus dem Geradenstück der Länge $b = 1$ parallel zur $h$-Achse und dem dazu rechtwinkligen Geradenstück der Länge $h = 1$ parallel zur $b$-Achse gebildet wird. Im anderen Grenzfall $\sqrt{\gamma} = 1/2$ ist der Hyperbelast entartet zu der schräg liegenden Geraden $b = 1 - h$ mit den Achsenabschnitten $b = 1$ und $h = -1$. (Diese Näherung reicht oft aus für oxydmagnetische Werkstoffe.)

**Weiterführende Literatur zu Abschnitt 8.7**

Fischer, J.: Abriß der Dauermagnetkunde. Berlin, Göttingen, Heidelberg 1949.
Schüler, K; Brinkmann, K.: Dauermagnete, Werkstoffe und Anwendungen, Kap. III, Der dauermagnetische Kreis. Berlin, Heidelberg, New York 1970.

## 8.8 Die Rayleigh-Schleife. Komplexe Permeabilität

In Abschnitt A.8 des Anhanges wird daran erinnert, daß bei genügend kleiner zyklischer Ummagnetisierung (Umelektrisierung) die Hystereseschleife die Gestalt einer schrägliegenden Lanzette annimmt. Dies fand an magnetisch weichem Eisen auf experimentellem Wege Rayleigh, weswegen diese Hystereseschleifen nach ihm genannt werden. Ihm folgend beschreibt man die Äste der Schleife durch quadratische Funktionen. Wir behandeln im folgenden Rayleighschleifen der Ferromagnetika; für Ferroelektrika können die Gleichungen leicht umgeschrieben, die Ergebnisse leicht umgedeutet werden.

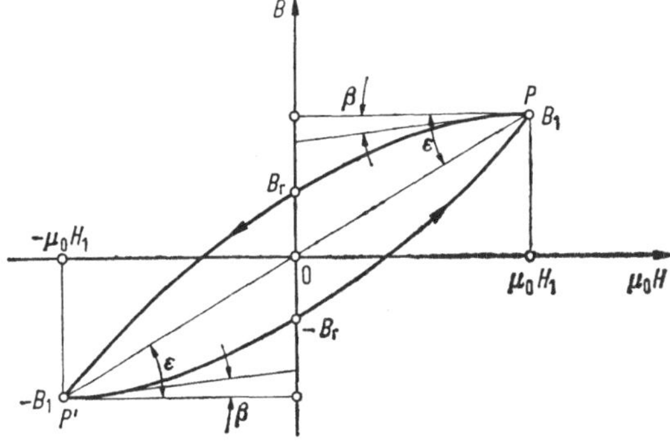


Abb. 8.19 Rayleigh-Schleife.

Mit den in Abb. 8.19 eingetragenen Bezeichnungen ist die Gleichung des oberen, absteigend durchlaufenen Kurvenastes

$$B = \mu_0(\mu_{ra} + 2b\mu_0 H_1)\,H + b\mu_0^2(H_1^2 - H^2), \tag{8.8-1}$$

die des unteren, aufsteigend durchlaufenen Kurvenastes ist

$$B = \mu_0(\mu_{ra} + 2b\mu_0 H_1)\,H - b\mu_0^2(H_1^2 - H^2). \tag{8.8-2}$$

Wir nennen $|H_1|$ die Aussteuerung, $\mu_{ra}$ die relative Anfangspermeabilität. Diese kann jeweils durch die kleinere Tangentensteigung in $P$ oder in $P'$ abgelesen werden:

$$\tan\beta \mathrel{\hat{=}} \mu_{ra}. \tag{8.8-3}$$

Die Steigung des durch den Nullpunkt gehenden Geradenstückes $\overline{P'P}$ ist

$$\tan\varepsilon \mathrel{\hat{=}} \frac{B_1}{\mu_0 H_1} = \mu_{ra} + 2b\mu_0 H_1 = \mu_{rm}. \tag{8.8-4}$$

Wir nennen diese Größe die mittlere wirksame relative Permeabilität, denn die jeweils größere Tangentensteigung in $P$ und $P'$ hat den Betrag $\mu_{ra} + 4b\mu_0 H_1$, so daß also entlang den Kurvenästen die relative Permeabilität reversibel zwischen dem größten und dem kleinsten Wert $\mu_{ra} \pm 2b\mu_0 H_1$ verläuft. Es ist $\mu_0\mu_{rm}$ der Koeffizient des in $H$ linearen Gliedes in Gl. (1) und (2). Die Remanenzflußdichte $B_r$ ist der Betrag der Flußdichte für $H = 0$:

$$B = B_r = b\mu_0^2 H_1^2 \quad \text{für} \quad H = 0. \tag{\textbf{8.8-5}}$$

Der Koeffizient $b$ wird dadurch erhalten durch

$$b = \frac{B_r}{\mu_0^2 H_1^2}; \tag{8.8-6}$$

$b\mu_0$ wirdhäufig Rayleigh-Konstante genannt. Aus den Gln. (4) und (6) ergibt sich auch

$$\mu_{ra} = \frac{B_1 - 2B_r}{\mu_0 H_1}, \tag{8.8-7}$$

so daß die Werte der kennzeichnenden Größen $\mu_{ra}$ und $b$ durch Ausmessen dreier Strecken an gegebener Schleife erhalten werden. Die räumliche Dichte der bei einem Zyklus der Ummagnetisierung als Wärme verlorenen Energie ist durch den Flächeninhalt der Schleife gegeben:

$$w_h = \oint B\,\mathrm{d}H;$$

dies ist hier

$$w_h = \frac{8}{3}b\mu_0^2 H_1^3 = \frac{8}{3}B_r H_1. \tag{\textbf{8.8-8}}$$

Die Beziehungen (4) und (8) sagen unter anderem aus: Mit wachsender Aussteuerung $|H_1|$ wird nicht nur die Fläche größer, sondern die Schleife richtet sich auch auf.

Ist $H_1$ die Amplitude einer sinusförmig schwingenden Feldstärke,

$$H(t) = H_1 \cos \omega t, \tag{8.8-9}$$

so ist die Hystereseverlustleistung im Volumen $\tau$ bei der Frequenz $f = \omega/2\pi$ der Wechselmagnetisierung

$$P_h = w_h f \tau = \frac{\tau\omega}{2\pi} \frac{8}{3} b\mu_0^2 H_1^3 \tag{8.8-10}$$

proportional unter anderem zur dritten Potenz der Amplitude $H_1$ und daher, falls die Feldstärke durch eine sinusförmige Wechseldurchflutung $NI(t) = NI_1 \cos \omega t$ einer Erregerspule bewirkt wird, proportional zu $I_1^3$. Ist der Eisenkörper ein geschlossener, dicht bewickelter Ring, so ist $H = NI/l$, wenn $l$ die mittlere Feldlinienlänge bezeichnet. Setzt man die Hystereseverlustleistung $P_h$ in Analogie zur Stromwärmeverlustleistung proportional zum Effektivwert des Wechselstromes,

$$P_h \overset{!}{=} \frac{I_1^2}{2} R_h, \tag{8.8-11}$$

so ist der Hystereseverlust-Wirkwiderstand

$$R_h = \frac{8}{3\pi} \left(\frac{N}{l}\right)^2 \tau\omega b\mu_0^2 |H_1| \tag{8.8-12}$$

proportional zur Aussteuerung $|H_1|$.

Verläuft $H(t)$ nach Gl. (9) rein cosinusförmig, so ist

$$B(t) = \mu_0(\mu_{ra} + 2b\mu_0 H_1) H_1 \cos \omega t \pm b\mu_0^2 H_1^2 \sin^2 \omega t; \tag{8.8-13}$$

das positive Vorzeichen des zweiten Gliedes gilt nach Gl. (1) für jede erste Halbperiode, $0 \leqq t \leqq T/2$, das negative nach Gl. (2) für jede zweite Halbperiode, $T/2 \leqq t \leqq T$. Man erhält dann

$$B(t) = \mu_0(\mu_{ra} + 2b\mu_0 H_1) H_1 \cos \omega t + \frac{8}{3\pi} b\mu_0^2 H_1^2 \left\{\sin \omega t - \frac{1}{5} \sin 3\,\omega t - \frac{1}{5 \cdot 7} \sin 5\omega t - \cdots\right\}. \tag{8.8-14}$$

In dem Faktor vor der geschweiften Klammer kann man, vielleicht anschaulicher, schreiben $b\mu_0^2 H_1^2 = B_r$ nach Gl. (5).

Die Oberschwingungen der Flußdichte, eine Folge der geometrischen Gestalt der Hystereseschleife (Lanzette, nicht Ellipse!), sind von ungeradzahliger Ordnung, ihre Amplituden sind proportional zur Remanenzflußdichte, daher zum Quadrat der Aussteuerung und nehmen mit wachsender Ordnungszahl verhältnismäßig rasch ab.

Die Grundschwingung der Flußdichte

$$B_1(t) = \mu_{rm}\mu_0 H_1 \cos\omega t + \frac{8}{3\pi} B_r \sin\omega t \tag{8.8-15}$$

eilt der Schwingung der Feldstärke nach; schreiben wir sie

$$B_1(t) = B_{1m} \cos(\omega t - \delta), \tag{8.8-16}$$

so ist

$$\tan\delta = \frac{8}{3\pi}\frac{B_r}{\mu_{rm}\mu_0 H_1} = \frac{8}{3\pi}\frac{(b/\mu_{ra})\,\mu_0 H_1}{1 + 2(b/\mu_{ra})\,\mu_0 H_1} \tag{8.8-17}$$

und

$$B_{1m} = \frac{\mu_{rm}\mu_0 H_1}{\cos\delta} = \mu_{rm}\,\mu_0 H_1 \sqrt{1 + \tan^2\delta}. \tag{8.8-18}$$

Der Hysterese-Nacheilungswinkel $\delta$ ist durch $b/\mu_{ra}$ und $H_1$ bestimmt. Meist ist

$$2\frac{b}{\mu_{ra}}\mu_0 H_1 \ll 1, \tag{8.8-19}$$

daher in guter Näherung

$$\tan\delta \approx \frac{8}{3\pi}\frac{b}{\mu_{ra}}\mu_0 H_1 \approx \delta \ll 1 \tag{8.8-20}$$

und

$$B_{1m} \approx \mu_{rm}\mu_0 H_1. \tag{8.8-21}$$

Der Vergleich mit Gl. (8) lehrt, daß in diesem Falle gilt

$$w_h \approx \delta\pi\mu_{ar}\mu_0 H_1^2, \tag{8.8-22}$$

weswegen man $\delta$ auch als Hystereseverlustwinkel bezeichnet.

Schreiben wir

$$\begin{aligned} B_1(t) &= \mu_{rm}\mu_0 H_1(\cos\delta\cos\omega t + \sin\delta\sin\omega t) \\ &= \mu_{rm}\mu_0 H_1(\mu_r'\cos\omega t + \mu_r''\sin\omega t), \end{aligned} \tag{8.8-23}$$

wobei gesetzt wurde

$$\mu_{rm}\cos\delta = \mu_r', \quad \mu_{rm}\sin\delta = \mu_r'', \tag{8.8-24}$$

so kann man auch schreiben

$$H(t) = H_1 \operatorname{Re}\{e^{j\omega t}\}, \quad B_1(t) = \mu_0 H_1 \operatorname{Re}\{(\mu_r' - j\mu_r'')\,e^{j\omega t}\}. \tag{8.8-25}$$

Man nennt dann

$$\underline{\mu}_r = \mu_r' - j\mu_r'' \tag{\textbf{8.8-26}}$$

die *komplexe relative Permeabilität*. Es ist also auch

$$\frac{\mu_r''}{\mu_r'} = \tan\delta \tag{8.8-27}$$

wegen Gl. (24) und

$$\underline{\mu}_{\mathrm{r}} = |\underline{\mu}_{\mathrm{r}}| (\cos\delta - j\sin\delta) = |\underline{\mu}_{\mathrm{r}}| \, \mathrm{e}^{-j\delta},$$

$$|\underline{\mu}_{\mathrm{r}}| = \mu_{\mathrm{r}}' \sqrt{1 + \tan^2\delta} = \frac{\mu_{\mathrm{r}}'}{\cos\delta}, \quad \mu_{\mathrm{r}}'' = \mu_{\mathrm{r}}' \tan\delta. \tag{8.8-28}$$

Daher wird die räumliche Dichte der Verlustenergie für einen Ummagnetisierungszyklus

$$w_{\mathrm{h}} = \pi H_1^2 \mu_0 \mu_{\mathrm{r}}'' = \pi H_1^2 \mu_0 \mu_{\mathrm{r}}' \tan\delta. \tag{8.8-29}$$

Erfolgt die zyklische Ummagnetisierung mit der Frequenz $f = \omega/2\pi$, so ist die räumliche Dichte der Verlustleistung

$$p_{\mathrm{h}} = f w_{\mathrm{h}} = \frac{H_1^2}{2} \omega \mu_0 \mu_{\mathrm{r}}'' = \frac{H_1^2}{2} \omega \mu_0 \mu_{\mathrm{r}}' \tan\delta. \tag{8.8-30}$$

Die für $\tan\delta \ll 1$ eintretenden Näherungen sind leicht zu übersehen und werden daher hier nicht angeschrieben. Den Begriff der komplexen Permeabilität haben wir zwar hier im Zusammenhang mit der Rayleigh-Schleife kennengelernt, er ist aber nicht an diese spezielle Form der Hystereseschleife gebunden. Er ist vielmehr überall dort anwendbar, wo zu einer Sinusschwingung der Feldstärke $H(t)$ nach Gl. (9) eine gleichfrequente Sinusschwingung der Flußdichte $B_1(t)$ gemäß Gl. (23) gehört. (Dabei hat $\mu_{\mathrm{rm}}$ nicht mehr die spezielle Bedeutung nach Gl. (4).)

**Spule mit Eisenkern.** Um das Wesentliche zu erkennen, nehmen wir wieder einen gleichmäßig dicht bewickelten ringförmigen Eisenkörper ohne Luftspalt an, $N$ sei die Windungszahl der Wicklung, $a$ der Querschnitt, $l$ die mittlere Feldlinienlänge, das Feld sei homogen angenommen, so daß für den Fluß durch den Querschnitt $a$ geschrieben werden kann $\Phi = NaB$, für die Feldstärke $H = NI_1/l$. Im Grade dieser Näherung gilt dann für die Selbstinduktivität, die im Gebiet der Anfangspermeabilität ($H \to 0$) gemessen wird, $L_{\mathrm{a}} = \mu_{\mathrm{ra}} \mu_0 N^2/l$. Schließlich sei $R_0$ der Wirkwiderstand der mittleren Stromwärmeleistung $P_{\mathrm{th}}$ in der Wicklung allein, ohne Einfluß des Eisens, $R_0 = 2P_{\mathrm{th}}/I_1^2$.

Verläuft im Eisenkern die magnetische Feldstärke rein cosinusförmig,

$$H(t) = \frac{N}{l} I_1 \cos\omega t = H_1 \cos\omega t, \tag{8.8-31}$$

so ist die Wechselspannung an den Klemmen der Spule

$$U(t) = I_1 R_0 + Na \frac{\mathrm{d}B}{\mathrm{d}t}, \tag{8.8-32}$$

mit $B(t)$ nach Gl. (14). Die Ausrechnung ergibt

$$U(t) = \left(R_0 + \frac{8}{3\pi}\frac{b\mu_0 H_1}{\mu_{ra}}\omega L_a\right) I_1 \cos\omega t$$
$$- \omega L_a \left(1 + 2\frac{b\mu_0 H_1}{\mu_{ra}}\right) I_1 \sin\omega t - \frac{8}{3\pi}\frac{b\mu_0 H_1}{\mu_{ra}} I_1 \omega L_a$$
$$\times \left(\frac{3}{5}\cos 3\omega t + \frac{1}{7}\cos 5\omega t + \frac{1}{9}\cos 7\omega t + \cdots\right). \qquad (8.8\text{-}33)$$

Es treten somit drei Wirkungen auf:

a) Die mit dem erregenden cosinusförmig verlaufenden Wechselstrom gleichphasige Komponente der Klemmenspannung ist zu einem Wirkwiderstand $R_0 + R_h$ proportional; der zweite Summand ist

$$R_h = \frac{8}{3\pi}\frac{b\mu_0 H_1}{\mu_{ra}}\omega L_a = \delta\omega L_a = \frac{8}{3\pi}\left(\frac{N}{l}\right)^2 \tau\omega b H_1 \qquad (8.8\text{-}34)$$

der Hystereseverlustwiderstand. Die letzte hier für ihn angegebene Form wurde auf anderem Wege schon gefunden: Gl. (12). Bemerkenswert ist, daß er hiernach von $\mu_{ra}$ unabhängig ist und durch das Produkt gemessener Größen $\delta$, $\omega$ und $L_a$ bestimmt wird.

b) Die wirksame Selbstinduktivität ist nicht der Anfangswert $L_a$, sondern sie ist

$$L_a\left(1 + \frac{2b\mu_0 H_1}{\mu_{ra}}\right) = L_a \frac{\mu_{rm}}{\mu_{ra}} > L_a. \qquad (8.8\text{-}35)$$

c) Die Amplituden der Teilschwingungen höherer Ordnung der Klemmenspannung sind proportional zu

$$\frac{8}{3\pi}\frac{b\mu_0 H_1}{\mu_{ra}}\omega L_a I_1 = \delta\omega L_a I_1, \qquad (8.8\text{-}36)$$

sie sind also proportional zu $I_1^2$. Sie nehmen mit wachsender Ordnungszahl ab, die Amplitude der Teilschwingung mit der Kreisfrequenz $3\omega$ ist erheblich größer als die jeder anderen.

## 8.9 Ersetzende Funktionen

Unbeschadet der Möglichkeit, für die Lösung spezieller Aufgaben schnelle Rechenmaschinen einzusetzen, kann das Bedürfnis auftreten, empirische Magnetisierungsfunktionen $B(H)$, oder auch $\Phi(I)$ vom Typus der Abb. 6.1 b oder A.7 des Abschnittes A.8 durch algebraische oder transzendente Funktionen in einem jeweils nachzuprüfenden Bereich zu ersetzen. Stellt man an diese die Minimalforderungen, daß sie, als Kurven dargestellt, durch den Punkt (0, 0) gehen und von der $H$-Achse her gesehen konkav sind, so bleiben im allgemeinen die Ergebnisse überschaubar, wenn man mit zweiparametrigen Ersatzfunktionen arbeitet. Zahlreiche Ansätze sind bekannt.[1] Unter ihnen erwähnen wir hier als ein oft zufriedenstellendes Beispiel die Hyperbel

$$B = \frac{\alpha H}{\beta + H}, \quad \text{also} \quad H = \frac{\beta B}{\alpha - B}. \tag{8.9-1}$$

Die Konstanten $\alpha$ und $\beta$ findet man aus empirisch gegebener Magnetisierungskurve $B(H)$, indem man aus dieser punktweise $\lambda = H/B$ bestimmt und über $H$ aufträgt. Nach der ersten Gl. (1) ist diese Kurve die Gerade

$$\lambda = \frac{H}{B} = \frac{\beta + H}{\alpha} \tag{8.9-1a}$$

mit dem Abszissenabschnitt $-\beta$ und dem Ordinatenabschnitt $\beta/\alpha$, vgl. Abb. 8.20. Aus Gl. (1) kommt

$$\mu = \frac{\alpha}{\beta + H}, \quad \mu_d = \frac{\alpha\beta}{(\beta + H)^2} = \mu \frac{\beta}{\beta + H}. \tag{8.9-2}$$

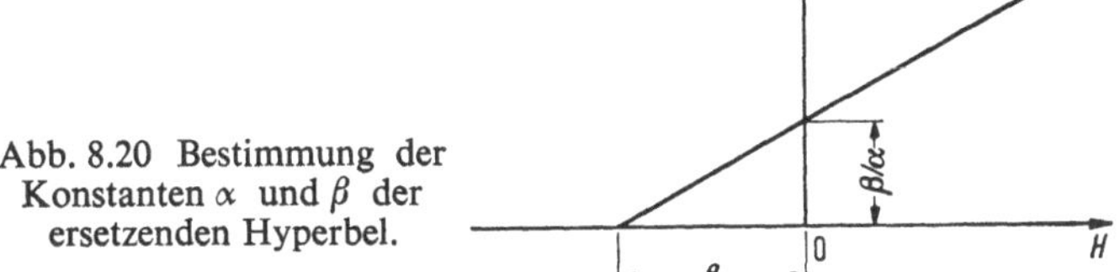

Abb. 8.20 Bestimmung der Konstanten $\alpha$ und $\beta$ der ersetzenden Hyperbel.

Da diese Ausdrücke monoton fallende Funktionen von $H$ sind, liegt also der Anwendungsbereich oberhalb des Betrages von $H$, für den die Permeabilität ihr Maximum durchläuft. Nennen wir $H_M$ und $B_M$ die Koordinaten, von denen an mit wachsendem $H$ und $B$ die Permeabilität eine mit wachsendem $H$ monoton fallende Funktion ist, so ist der mögliche Anwendungsbereich gegeben durch

$$B_M \leqq B < \alpha, \quad H_M \leqq H < \frac{\beta\alpha}{\alpha - B}, \tag{8.9-3}$$

[1] Vgl. zum Beispiel Moser, H.: Kritische Untersuchungen über die mathematische Näherung gegebener Magnetisierungskurven, Dissertation TH Karlsruhe 1955; Fischer, J. und Moser, H.: Die Nachbildung von Magnetisierungskurven durch einfache algebraische oder transzendente Funktionen, Arch. f. Elektrotechnik 42 (1956) 286–299.

die obere Schranke wegen Gl. (1). Der praktische Anwendungsbereich wird stets durch die Genauigkeitsforderungen mitbestimmt.[1] Die räumliche Dichte der Feldenergie wird

$$w_m = -\alpha\beta\left\{\frac{B}{\alpha} + \ln\left(1 - \frac{B}{\alpha}\right)\right\}$$

$$= -\alpha\beta\left\{\frac{H/\beta}{1 + H/\beta} - \ln\left(1 + \frac{H}{\beta}\right)\right\} > 0 \qquad (8.9\text{-}4)$$

und die räumliche Dichte der Kräftefunktion

$$v_m = \alpha\beta\left\{\frac{H}{\beta} - \ln\left(1 + \frac{H}{\beta}\right)\right\} > 0. \qquad (8.9\text{-}5)$$

Die Berechnung von Flußdichten, von Flüssen und Induktivitätskoeffizienten vereinfacht sich immer dann, wenn man aus rot $\boldsymbol{H} = \boldsymbol{S}$ oder aus $\oint \boldsymbol{H} \cdot d\boldsymbol{s} = \Theta$, vgl. Gln. (5.1-1, 2), die Feldstärke $\boldsymbol{H}$ explizit bestimmen kann, etwa unter Ausnutzung von Kenntnissen über die Feldgeometrie (hierzu Beispiele in Abschnitt 5.1), denn der so ermittelte Wert $H$ ist (in homogener Materie) grundsätzlich unabhängig von deren magnetischen Eigenschaften. Hinsichtlich verschiedener, zum Beispiel von verschiedenen Strömen herrührender Komponenten der magnetischen Feldstärke gilt daher, daß sie im gegebenen Feldpunkt sich linear superponieren. Aus der so resultierenden Feldstärke ist dann die Flußdichte zu bestimmen, zum Beispiel nach Gl. (1).

Für die Feldstärke der *Doppeldrahtleitung* zum Beispiel, Abb. 8.9, hatten wir in Gl. (8.3-6) für $r_0 \leqq r \leqq h - r_0$ angesetzt:

$$H = H_1 + H_2 \quad \text{mit} \quad H_1 = \frac{I}{2\pi r}, \quad H_2 = \frac{I}{2\pi(h - r)}. \qquad (8.9\text{-}6)$$

Nehmen wir an, der Feldraum sei von einem homogenen isotropen weichmagnetischen Stoff ausgefüllt, und wählen wir für die Beschreibung des nichtlinearen Zusammenhanges die Hyperbel Gl. (1), so ist

$$B = \frac{\alpha(H_1 + H_2)}{\beta + H_1 + H_2}; \qquad (8.9\text{-}7)$$

jeder der beiden Summanden von $B$ wird also durch die *gesamte* Feldstärke $H_1 + H_2$ mitbestimmt.

Das Flächenintegral $\Phi$ und daher die äußere Selbstinduktivität $\Phi/I = L_a$ wird ein unübersichtlicher Ausdruck.

[1] Für die in Abb. 7 des Abschnitts A.8 wiedergegebene Magnetisierungskurve einer im Elektromaschinenbau sehr häufig angewandten Eisen-Silizium-Legierung findet man so: $\alpha = 1{,}613$ T und $\beta = 1{,}425$ A/cm in einem Bereich von $H$ etwa zwischen 2 A/cm und 25 A/cm, entsprechend einem Bereich von $B$ etwa bis 1,5 T.

Das *Toroid mit rechteckigem Querschnitt* wurde in Gl. (5.1-6, 6a bis 6f) für $\mu = \text{const}_H$ behandelt. Mit den Bezeichnungen der Abb. 5.6 ist die Feldstärke im Ringkörper

$$H = \frac{IN}{2\pi r}, \quad R_1 \leqq r \leqq R_2, \tag{8.9-8}$$

und daher die Flußdichte

$$B = \frac{\alpha IN/2\pi}{\beta r + IN/2\pi}; \tag{8.9-9}$$

der Fluß durch den Querschnitt der Höhe $h$ wird demnach

$$\Phi = h \int_{R_1}^{R_2} B \, \mathrm{d}r. \tag{8.9-10}$$

Dieser Ausdruck läßt sich geschlossen integrieren; man findet

$$\Phi = \frac{\alpha INh}{\beta\pi} \ln \left( \frac{\beta R_2 + IN/2\pi}{\beta R_1 + IN/2\pi} \right). \tag{8.9-11}$$

Schreibt man dies

$$\Phi = \frac{\alpha INh}{\beta\pi} \left[ \ln \frac{R_2}{R_1} + \ln \left( \frac{1 + \dfrac{IN}{2\pi\beta R_2}}{1 + \dfrac{IN}{2\pi\beta R_1}} \right) \right], \tag{8.9-12}$$

so sieht man, daß $\Phi$ aus einer Summe besteht, deren erstes Glied von $IN$ unabhängig und analog zu dem Ausdruck (5.1-6e) gebaut ist, der dort für konstante Permeabilität gefunden worden war. Der Anwendungsbereich der Gl. (12) für den nichtlinearen Fall ist durch die Gl. (3) gegeben. Es kann also zum Beispiel nicht auf $I = 0$ extrapoliert werden, der kleinstmögliche Wert ist vielmehr $I_{\mathrm{M}} = H_{\mathrm{M}} \cdot 2\pi R_1$. Die Selbstinduktivität wird $L = N\Phi/I = L(I)$.

# 9. Quasistationäre Felder und Vorgänge

## 9.1 Kennzeichnung

Nach den Festlegungen des Abschnittes 1.6 sind Felder quasistationär, wenn die zeitlichen Änderungen so langsam verlaufen, daß in der betrachteten Zeitspanne und im betrachteten Raum mit genügender Genauigkeit die Gesetzmäßigkeiten stationärer Felder zutreffen. Unter dieser Voraussetzung ist zum Beispiel die magnetische Feldstärke elektrischer Leitungsströmung dieselbe, wie wenn diese zeitlich konstant wäre; nicht die erste (Maxwellsche) Hauptgleichung Gl. (5.1-16, 17) ist maßgebend, sondern das Durchflutungsgesetz Gl. (5.1-1, 2, 5)

$$\oint \boldsymbol{H} \cdot \mathrm{d}\boldsymbol{s} = \Theta, \quad \operatorname{rot} \boldsymbol{H} = \boldsymbol{S}, \quad \operatorname{Rot} \boldsymbol{H} = \boldsymbol{A}. \tag{9.1-1}$$

Die Zustandsänderungen geschehen also so langsam, daß für das magnetische Feld der Verschiebungsstrom keine Rolle spielt. Mit $\operatorname{rot} \boldsymbol{H} = \boldsymbol{S}$ notwendig verbunden ist, wie schon in Abschnitt 4.2 betont wurde, für die Leitungsstromdichte die in Gl. (3.1-13) genannte Relation

$$\oint \boldsymbol{S} \cdot \mathrm{d}\boldsymbol{a} = 0, \quad \operatorname{div} \boldsymbol{S} = 0, \quad \operatorname{Div} \boldsymbol{A} = 0, \tag{9.1-2}$$

in Worten: Die Leitungsstromdichte ist ein quellenloses Vektorfeld, die Strömung verläuft in geschlossenen Bahnen und an der Grenzfläche zu Nichtleitern tangential; Oberflächenladungen sind zeitlich konstant; längs unverzweigter, linearer Leiter ist in jedem Augenblick die Stromstärke an allen Orten die gleiche.

Die zweite Verknüpfung zwischen elektrischen und magnetischen Feldern ist durch das Induktionsgesetz Gl. (5.2-5, 7) gegeben:

$$\oint \boldsymbol{E} \cdot \mathrm{d}\boldsymbol{s} = -\frac{\mathrm{d}}{\mathrm{d}t} \int_a \boldsymbol{B} \cdot \mathrm{d}\boldsymbol{a}, \quad \operatorname{rot} \boldsymbol{E} = -\frac{\partial \boldsymbol{B}}{\partial t}, \tag{9.1-3}$$

womit notwendig die Eigenschaft der magnetischen Flußdichte verknüpft ist, ein quellenloses Vektorfeld zu sein, vgl. Gl. (4.1-13):

$$\operatorname{div} \boldsymbol{B} = 0. \tag{9.1-4}$$

Die allgemeinen Substanzgleichungen, nämlich $\boldsymbol{S} = \sigma(\boldsymbol{E} + \boldsymbol{E}^{\mathrm{e}})$ gemäß Gl. (3.1-28) und $\boldsymbol{B} = \mu \boldsymbol{H} + \boldsymbol{J}_{\mathrm{p}}$ gemäß Gl. (6.1-2) reduzieren sich hier im allgemeinen auf

$$S = \sigma E, \quad B = \mu H, \tag{9.1-5}$$

weil bei $E^e$ im allgemeinen, bei $J_p$ immer angenommen werden kann, daß diese Größen zeitlich unveränderlich sind. – Bei Bewegungen von Körpern sollen die Feldkräfte ebenso berechnet werden wie im Fall stationärer Felder

Wir nennen die wichtigsten Anwendungsbereiche:

a) Für das *Innere metallisch leitender Körper* hatten wir im Anschluß an Gl. (5.1-25) abgeschätzt, daß bei sinusförmig schwingenden Feldgrößen bis zu den höchsten Frequenzen, für die die makroskopische Elektrodynamik (als Kontinuumstheorie) noch zutrifft, die Verschiebungsstromdichte gegenüber der Leitungsstromdichte völlig vernachlässigt werden kann. Für quasistationäre Felder innerhalb metallischer Leiter also treffen die in Gl. (1) bis (5) angegebenen Kennzeichnungen voraussetzungslos zu, auch wenn diese Vorgänge Ausbreitungsvorgänge sind oder als Überlagerungen solcher gedeutet werden können.

b) Bei Stromkreisen „*mit konzentrierten Schaltelementen*“ zielt man nicht auf die Berechnung von Feldern, sondern von zeitlich veränderlichen Spannungen und Strömen. Konzentrierte Schaltelemente sind Gegenstände; als sie kennzeichnende physikalische Größen kennen wir: Wirkwiderstände $R$, Selbstinduktionskoeffizienten $L$, Kapazitäten $C$ (hinzu treten bei magnetischen Kopplungen Gegeninduktivitäten, bei elektrischen Kopplungen Teilkapazitäten). Man kann fragen, ob man einen Stromkreis im quasistationären Falle als geschlossen bezeichnen und behandeln kann, wenn er Kondensatoren enthält; denn dann ist ja die Strombahn durch das Dielektrikum zwischen den Elektroden unterbrochen. Hier gilt jedoch folgendes: Auch dann kann der Stromkreis als geschlossen gelten, wenn nur für die elektrische Energie *ausschließlich* der dielektrische Zwischenraum zwischen den Elektroden des Kondensators verantwortlich gemacht wird, und wenn dort das Feld ein quasistatisches ist (was für schnelle Wechsel wegen des dann in Wirkung tretenden magnetischen Feldes nicht mehr zutrifft, vgl. Abschnitt 11.6), mit anderen Worten: wenn die Spannung zwischen den Elektroden vom Weg durch den dielektrischen Zwischenraum nicht abhängt, wenn dort das elektrische Feld wirbelfrei ist. – Dann gelten natürlich für die Elektroden des Kondensators, aber nur für diese, die Gln. (2) nicht, sondern die allgemeinere Gl. (3.1-5) und die zweite Gl. (3.1-6). – Bei dieser Betrachtungsweise wird also alle magnetische Feldenergie im magnetischen Feld der Spule konzentriert gedacht, $W_m = LI^2/2$, alle elektrische Feldenergie wird im elektrischen Feld des Kondensators konzentriert gedacht, $W_e = CU^2/2$, alle Stromwärmeverlustleistung wird durch $P_{th} = I^2R = U^2/R$ zum Ausdruck gebracht.

## 9.2 Stromkreise mit konzentrierten Schaltelementen

### 9.2.1 Kennzeichnungen

Sind die Größen $L = 2W_m/I^2$, $C = 2W_e/U^2$, $R = P_{th}/I^2$ unabhängig von den jeweiligen Werten des Stromes $I$ oder der Spannung $U$, so spricht man von linear wirkenden Schaltelementen und kurz von linear wirkenden Stromkreisen. Sie werden durch gewöhnliche Differentialgleichungen mit konstanten Koeffizienten beschrieben. Im ganzen Abschnitt 9.2 werden linear wirkende Schaltelemente vorausgesetzt.

Dazu sei auf folgendes hingewiesen: Sind Gleichungen für andauernde $(-\infty \leqq t \leqq \infty)$ Sinusströme und Sinusspannungen für ein Netz mit konzentrierten Schaltelementen aufgestellt, so gibt die einseitige Laplace-Transformation die Möglichkeit an die Hand, in $t = +0$ einsetzende Ausgleichvorgänge (z. B. Schaltvorgänge) zu berechnen, wenn man nur die „komplexe Übertragungsfunktion" $G(\mathrm{j}\omega)$ bestimmt hat; sie ist der Quotient der gesuchten Größe geteilt durch die anregende Größe unter Voraussetzung andauernder (stationärer) Sinusschwingungen der beiden Größen, ihre Bestimmung erfordert nur geringe Rechenarbeit, da dann die Gleichungen des vorgelegten linearen Netzes lineare algebraische Gleichungen sind. In Abschnitt A.6 ist gezeigt, wie bei gegebenem $G(\mathrm{j}\omega)$ die Sprungreaktion und die Stoßreaktion bestimmt werden; aber auch andere Anregungsfunktionen werden durch die Laplace-Transformation beherrscht. Den Beziehungen, die unter der Voraussetzung andauernder Sinusschwingungen gefunden werden, kommt also die weitere Bedeutung zu, daß sie zugleich Hilfsmittel zur Bestimmung von Ausgleichvorgängen sind.

### 9.2.2 Stromkreise mit den Elementen R, C, L

Das Schaltelement „linearer Leiter", dessen kennzeichnende Größe der Widerstand $R$ ist, wurde für echt stationäre Strömung (Gleichstrom) mit den Gln. (3.1-35 bis 38) vorgestellt. Dort – beim Ohmschen Gesetz für lineare Leiter bei Gleichstrom – wurde $R$ ohmscher Widerstand oder Gleichstromwiderstand genannt. Bei quasistationären Wechselströmen ist der die Stromwärmeleistung kennzeichnende Widerstand stets größer, als der Gleichstromwiderstand $R_g$, aus in Abschnitt 9.3.2 geschilderten Gründen. Wir behalten das Symbol $R$ bei und nennen diesen Widerstand $R \geqq R_g$ den Wirkwiderstand.

Die Kapazität $C$ als eine kennzeichnende Größe des Schaltelementes „Kondensator" wurde für den Fall sinusförmig schwingender Ströme und Spannungen in Abschnitt 3.5, dort insbesondere in den Gln. (3.5-1, 7 bis 25) behandelt.

Eine Ergänzung ist daher einzig erforderlich hinsichtlich der Größe $L$ des Schaltelementes „Spule“. Bei der Behandlung des Induktionsgesetzes für ruhende Körper wurde durch Gl. (5.2-17) die Spannung der Eigen- oder Selbstinduktion eingeführt und erläutert. Unter den Voraussetzungen dieses Abschnittes ist sie

$$U_L = + \frac{\mathrm{d}(IL)}{\mathrm{d}t} = L\frac{\mathrm{d}I}{\mathrm{d}t}, \qquad (9.2.2\text{-}1)$$

also im Falle $\underline{I}(t) = \underline{I}_{\mathrm{m}}\,\mathrm{e}^{\mathrm{j}\omega t}$, $\underline{U}(t) = \underline{U}_{\mathrm{m}}\,\mathrm{e}^{\mathrm{j}\omega t}$

$$\underline{U}_{\mathrm{m}} = \underline{I}_{\mathrm{m}}\,\mathrm{j}\omega L. \qquad (9.2.2\text{-}2)$$

Die Stromschwingung folgt also der Spannungsschwingung nach um eine Zeitspanne von der Dauer einer Viertelperiode $T/4$, gleichbedeutend mit einem Phasenverschiebungswinkel $\pi/2$; die Größe $\omega L$ wird induktiver Blindwiderstand, ihr Kehrwert $1/\omega L$ wird induktiver Blindleitwert genannt.

Für die Serienschaltung der Elemente $L$ und $R$, Selbstinduktivität und Widerstand einer *Spule*, gilt:

a) im Falle, daß im Zeitpunkt $t = 0$ der Stromkreis durch eine Gleichspannungsquelle geschlossen wird, $U_0 = \mathrm{const}_t$ für $t \geqq 0$, erhält man einen exponentiell ansteigenden Strom

$$I(t) = \frac{U_0}{R}(1 - \mathrm{e}^{-t/T}); \qquad \mathbf{(9.2.2\text{-}3)}$$

hier ist

$$T = \frac{L}{R} \qquad (9.2.2\text{-}4)$$

die (magnetische) *Zeitkonstante* des Kreises, $R$ also dessen Gesamtwiderstand (Widerstand der Spule und innerer Widerstand der Spannungsquelle). Wird in einem Zeitpunkt $t_1 > 0$, in welchem $I_1$ der Wert des Stromes ist, die Spule kurzgeschlossen ($U_0 = 0$, $R$ Widerstand der Spule allein), so fließt der Strom weiter gemäß

$$I(t) = I_1\,\mathrm{e}^{-(t-t_1)/T}, \quad t \geqq t_1. \qquad (9.2.2\text{-}5)$$

Diese Verläufe sind aus Abschnitt 3.5 bekannt, vgl. insbesondere Tabelle 3.1 und Abb. 3.18.

Das plötzliche Abschalten einer bis zum Schaltaugenblick $t = 0$ von einem Gleichstrom $I_s$ durchflossenen Spule ($L$, $R$) läßt sich mit Hilfe der Laplace-Transformation ermitteln: Der Schaltvorgang geschehe so, daß der Strom unstetig vom Wert $I_s$ auf den Wert Null geht: $I = I_s > 0$ für $t \leqq -0$, $I = 0$ für $t \geqq +0$. Dann weist die Spannung am Schalter im Schaltaugenblick einen Dirac-Stoß $LI_s \cdot \delta(t)$ auf; sein Moment hat den Betrag des für $t < -0$ bestehenden stationären magnetischen Flusses $\Phi_s = LI_s$ („Induktivitätszacke").

b) Im Fall andauernder Sinusschwingungen erhält man

$$\frac{\underline{U}_m}{\underline{I}_m} = R + j\omega L = \underline{Z} \qquad \textbf{(9.2.2-6)}$$

($R$ Wirkwiderstand der Spulenwicklung). Die für den $C$, $R$-Kreis angeschriebenen Beziehungen Gln. (3.5-11, 11a, 12, 12a) gehen in die für den $L$, $R$-Kreis geltenden über, wenn man $1/j\omega C$ durch $j\omega L$ ersetzt; man kann auch für die Spule einen vom gewählten Ersatzbild unabhängigen Verlustfaktor

$$d = \frac{P_p}{|P_q|} = \tan\delta = \cot\varphi \qquad (9.2.2\text{-}7)$$

definieren. Die Leistungsdefinitionen Gl. (3.5-15 bis 22) gelten allgemein.

Das elektrische Wechselfeld im Dielektrikum einer Spule berücksichtigt man in erster Annäherung im Ersatzschaltbild durch die „Wicklungskapazität" $C$, die parallel zu der Serienschaltung $L$, $R$ liegt. Ihr Wert ist am gegebenen Objekt meßtechnisch erfaßbar. Der Scheinwiderstand der Spule ist dann

$$\underline{Z} = \frac{R + j\omega L}{1 - \omega^2 LC + j\omega CR}, \qquad (9.2.2\text{-}8)$$

die Wicklungskapazität bestimmt die Eigenschaften einer Spule in überraschend starkem Maße.

c) Kombinationen der drei Elemente $L$, $C$, $R$: Der Unterschied gegenüber den in Abschnitt 3.5 angeschriebenen Beziehungen besteht darin, daß für den Blindwiderstand gilt $X = \omega L - 1/\omega C$, für den Blindleitwert $B = \omega C - 1/\omega L$, für die Blindleistung

$$P_q = 2\omega(\bar{W}_m - \bar{W}_e), \qquad \textbf{(9.2.2-9)}$$

worin $\bar{W}_m$ der zeitliche Mittelwert der schwingenden magnetischen Feldenergie, $\bar{W}_e$ der der schwingenden elektrischen Feldenergie ist. Hier erst wird die volle physikalische Bedeutung der Blindleistung erkennbar: Nach Gl. (3.5-18), vgl. Abb. 3.21, ist sie definiert als Amplitude einer Leistungsschwingung mit dem zeitlichen Mittelwert Null, sie ist also Ausdruck reiner Energiependelung. Gl. (9) zeigt: Blindleistung ist dann vorhanden, wenn im zeitlichen Mittel magnetische und elektrische Feldenergie ungleich groß sind, und es ist $P_q > 0$, wenn $\bar{W}_m > \bar{W}_e$ ist. – Die Beziehung (9) gilt allgemein, auch in größerem (feldtheoretischen) Zusammenhang, siehe hierzu die Ausführungen über den komplexen Energieströmungsvektor Gl. (5.3-33 bis 38), insbesondere Gl. (5.3-35).

d) Mit komplexen Widerständen, Leitwerten, Quellenspannungen und Quellenströmen lassen sich die Wechselstromstärken und Wechselspannungen in linear wirkenden Netzen mit konzentrierten Schaltelementen nach den Methoden, die im Abschnitt 3.4 gezeigt worden sind oder diese zur Grundlage haben, berechnen (vgl. den Literaturhinweis dort).

Ist

$$\underline{Z} = R + jX = Z\,e^{j\zeta}, \quad \underline{Y} = G + jB = Y\,e^{j\xi}, \tag{9.2.2-10}$$

so ist $Y = 1/Z$ für

$$G = R/Z^2, \quad B = -X/Z^2, \quad R = G/Y^2, \quad X = -B/Y^2, \tag{9.2.2-11}$$ [1]

anders geschrieben: wenn

$$Y = 1/Z, \quad \xi = -\zeta \tag{9.2.2-12}$$

gilt.

### 9.2.3 Übertrager (Transformatoren)

Nach den Ausführungen des Abschnittes 8.3 über die Definitionen der *magnetischen* Größen bei Stromkreisen, die magnetisch miteinander gekoppelt sind, insbesondere Gln. (8.3-16 bis 42), stellt sich die Frage nach den äquivalenten elektrischen Ersatzbildern.

In den Schaltbildern dieses Abschnittes ist die an den Klemmen *1*, *1'* liegende Wechselstromquelle und die an den Klemmen *2*, *2'* liegende Belastung nicht eingezeichnet. Die Bezugspfeile für die Spannungen und die Ströme sind in allen Schaltbildern dieses Abschnittes die gleichen.

Für das Schaltbild Abb. 9.1a gelten mit den eingetragenen Bezugspfeilen die Gleichungen

$$\begin{aligned} \underline{U}_1 &= (R_1 + j\omega L_1)\underline{I}_1 - j\omega M\underline{I}_2, \\ -\underline{U}_2 &= (R_2 + j\omega L_2)\underline{I}_2 - j\omega M\underline{I}_1. \end{aligned} \tag{9.2.3-1}$$

Dieselben Gleichungen bestehen auch für das Ersatzschaltbild Abb. 9.1b mit den dort eingetragenen Größen. Wir verallgemeinern nun diese ersetzende Sternschaltung durch Einführen eines Zahlenparameters $n$ gemäß Abb. 9.1c, jedoch so, daß gelten soll

$$\underline{U}'_2 = \underline{U}_2 n, \quad \underline{I}'_2 = \frac{\underline{I}_2}{n},$$

daher

$$\frac{\underline{U}'_2}{\underline{I}'_2} = n^2\frac{\underline{U}_2}{\underline{I}_2}, \quad \underline{U}'_2\underline{I}'_2 = \underline{U}_2\underline{I}_2. \tag{9.2.3-2}$$

[1] Man beachte: Nach der ersten und dritten Gl. (11) ist der Zusammenhang zwischen Wirkwiderstand $R$ und Wirkleitwert $G$ ein anderer, als der zwischen ohmschem Widerstand $R$ und ohmschem Leitwert bei Gleichstrom; dieser ist $G = 1/R$ definitionsgemäß nach Gl. (3.1-26).

Dann gelten noch immer, wie man durch Einsetzen sich leicht überzeugt, die Gln. (1). Setzt man nun, was man tun kann, aber nicht tun muß, den Parameter $n$ gleich dem Verhältnis der Windungszahlen:

$$n = \frac{N_1}{N_2}, \tag{9.2.3-3}$$

so werden die in Abb. 9.1c eingetragenen Größen

$$R_1 + \mathrm{j}\omega L_1 - \mathrm{j}\omega M n = R_1 + \mathrm{j}\omega\left(L_1 - \frac{N_1}{N_2} M\right) = R_1 + \mathrm{j}\omega L_{1s}, \tag{9.2.3-4}$$

$$\begin{aligned}(R_2 + \mathrm{j}\omega L_2)\, n^2 - \mathrm{j}\omega M n &\\ = R_2\left(\frac{N_1}{N_2}\right)^2 + \mathrm{j}\omega\left(L_2 - \frac{N_2}{N_1} M\right)\left(\frac{N_1}{N_2}\right)^2 &\\ = (R_2 + \mathrm{j}\omega L_{2s})\left(\frac{N_1}{N_2}\right)^2, &\end{aligned}$$

$$\mathrm{j}\omega M n = \mathrm{j}\omega M \frac{N_1}{N_2} = \mathrm{j}\omega L_{1h} = \mathrm{j}\omega L_{2h}\left(\frac{N_1}{N_2}\right)^2;$$

mit dieser Wahl von $n$ erhält man also das Ersatzschaltbild Abb. 9.1d mit den in Gl. (8.3-38, 39) definierten Haupt- und Streuinduktivitäten. – Die vier gezeigten Ersatzschaltungen sind also einander äquivalent. (Der Elektrotechniker ergänzt durch Wirkwiderstände, die einerseits die Hysterese-, andererseits die Wirbelstromverluste des Eisenkreises zum Ausdruck bringen, ferner durch Wicklungskapazitäten, die dann Resonanzerscheinungen erklären können.)

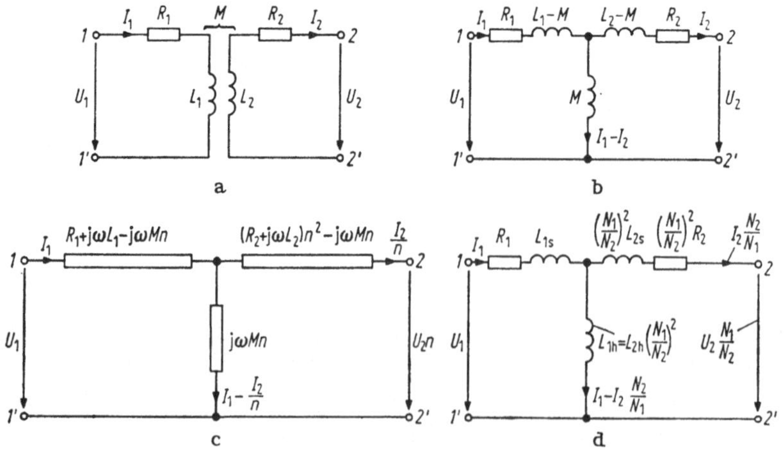


Abb. 9.1 Ersatzschaltbilder des Übertragers (Transformators).

### 9.2.4 Leistungen in einfachen Wechselstromkreisen

(Zu den Definitionen und Grundbegriffen vergleiche man die Abschnitte 3.3, 3.5 und 9.2.2.)

Um das leistungsmäßige Zusammenwirken eines Verbraucherwiderstandes $\underline{Z}_a$ mit einer Zweipolquelle zu beschreiben, wählen wir für diese das Spannungsquellenersatzbild ($U_1$, $\underline{Z}_i$) Abb. 9.2.

Zu den Widerständen

$$\begin{aligned} \underline{Z}_a &= Z_a\,e^{j\varphi_a} = R_a + jX_a, \\ \underline{Z}_i &= Z_i\,e^{j\varphi_i} = R_i + jX_i \end{aligned} \tag{9.2.4-1}$$

bemerken wir, daß für die Wirkwiderstände nur positive Werte in Betracht zu ziehen sind, für die Blindwiderstände jedoch sowohl positive als auch negative:

$$R_a \geqq 0, \quad R_i \geqq 0, \quad -\infty \leqq X_a \leqq \infty, \quad -\infty \leqq X_i \leqq \infty. \tag{9.2.4-2}$$

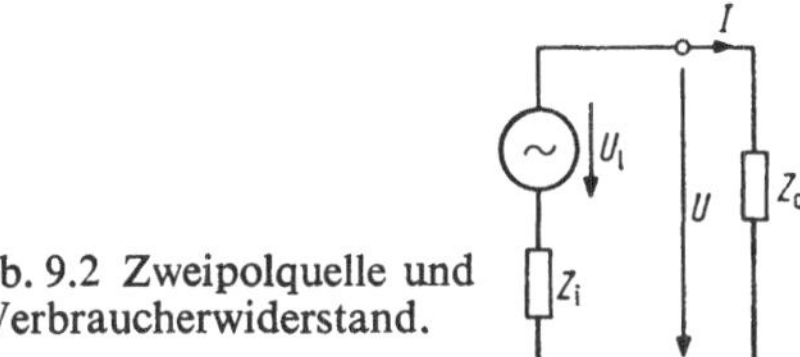

Abb. 9.2 Zweipolquelle und Verbraucherwiderstand.

Bei verschiedenem Vorzeichen von $X_a$ und $X_i$ ist also zum Beispiel $X_a > X_a + X_i$ und auch $|\underline{Z}_a| > |\underline{Z}_a + \underline{Z}_i|$ möglich. Wir wollen die Leistungen mittels

$$|\underline{I}|^2 = \frac{U_1^2}{|\underline{Z}_a + \underline{Z}_i|^2} \tag{9.2.4-3}$$

ausdrücken und erhalten

$$\begin{aligned} |\underline{I}|^2 &= \frac{U_1^2}{\underline{Z}_a^2 + \underline{Z}_i^2 + 2\underline{Z}_a\underline{Z}_i\cos(\varphi_a - \varphi_i)} \\ &= \frac{U_1^2}{(R_a + R_i)^2 + (X_a + X_i)^2}. \end{aligned} \tag{9.2.4-4}$$

Bezeichnet, wie bisher, der Index a den Verbraucher, der Index g den gesamten Stromkreis, so hat man folgende Verhältnisse der Wirkleistungen, Blindleistungen und Scheinleistungen

$$\begin{aligned} &\frac{P_{pa}}{P_{pg}} = \frac{R_a}{R_a + R_i}, \quad \frac{P_{qa}}{P_{qg}} = \frac{X_a}{X_a + X_i}, \\ &\frac{P_{sa}}{P_{sg}} = \frac{|\underline{Z}_a|}{|\underline{Z}_a + \underline{Z}_i|}, \end{aligned} \tag{9.2.4-5}$$

von denen die beiden letztgenannten nach dem zu Gl. (2) Gesagten *größer als Eins* werden können.

Wir betrachten ferner die Wirkleistung $P_{pa}$ des Verbrauchers und fragen, wie die Komponenten des Verbraucherwiderstandes zu gestalten sind, damit der Höchstwert von $P_{pa}$ erreicht wird (nähere Untersuchung zeigt, daß es nur einen solchen gibt). Wir nehmen dazu an, daß die Größen $U_1$ und $\underline{Z}_i$ der Zweipolquelle gegebene Parameter sind, und daß die Komponenten des Verbraucherwiderstandes unabhängig voneinander variiert werden können.

a) Wir schreiben

$$P_{pa} = \frac{U_1^2}{2} \frac{R_a}{(R_a + R_i)^2 + (X_a + X_i)^2} \qquad (9.2.4\text{-}6)$$

und erhalten

$$\begin{aligned} R_a^2 &\overset{!}{=} R_i^2 + (X_a + X_i)^2 \quad &&\text{aus} \quad \frac{\partial P_{pa}}{\partial R_a} = 0, \\ X_a &\overset{!}{=} -X_i &&\text{aus} \quad \frac{\partial P_{pa}}{\partial X_a} = 0, \end{aligned} \qquad (9.2.4\text{-}7)$$

oder zusammengefaßt: ist $\underline{Z}_i = R_i + jX_i$, so wird

$$P_{pa} = (P_{pa})_{max} = \frac{U_1^2}{2} \frac{1}{4R_i} \quad \text{für} \quad \underline{Z}_a = \underline{Z}_i^*. \qquad (9.2.4\text{-}8)$$

b) Wir schreiben

$$\begin{aligned} P_{pa} &= \frac{U_1^2}{2} \frac{Z_a \cos\varphi_a}{Z_a^2 + Z_i^2 + 2Z_aZ_i\cos(\varphi_a - \varphi_i)} \\ &= \frac{U_1^2}{2Z_i} \frac{\cos\varphi_a}{v + \dfrac{1}{v} + 2\cos(\varphi_a - \varphi_i)} \end{aligned} \qquad (9.2.4\text{-}9)$$

mit

$$v = \frac{Z_a}{Z_i} \qquad (9.2.4\text{-}10)$$

und erhalten

$$\begin{aligned} v &\overset{!}{=} +1 &&\text{aus} \quad \frac{\partial P_{pa}}{\partial v} = 0, \\ \sin\varphi_a &\overset{!}{=} -\frac{2\sin\varphi_i}{v + \dfrac{1}{v}} &&\text{aus} \quad \frac{\partial P_{pa}}{\partial \varphi_a} = 0, \end{aligned} \qquad (9.2.4\text{-}11)$$

oder zusammengefaßt: ist $\underline{Z}_i = Z_i\,e^{j\varphi_i}$, so wird

$$P_{pa} = (P_{pa})_{max} = \frac{U_1^2}{2} \frac{1}{4Z_i\cos\varphi_i} \quad \text{für} \quad \underline{Z}_a = \underline{Z}_i^*. \qquad (9.2.4\text{-}12)$$

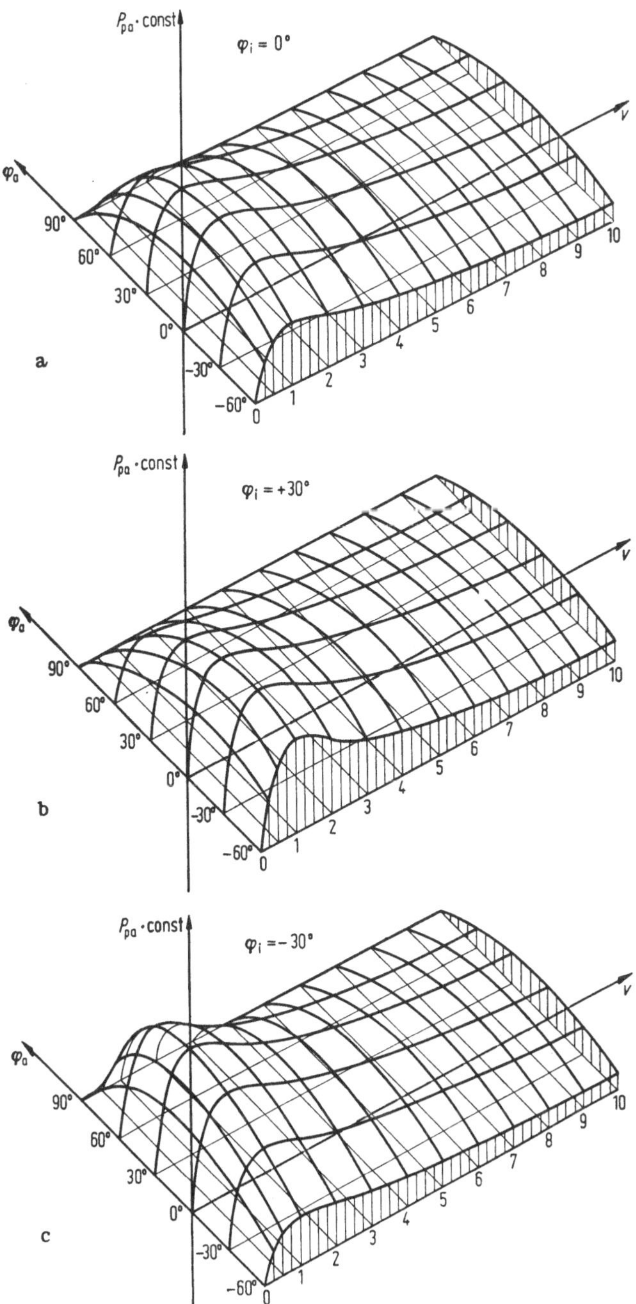


Abb. 9.3 Wirkleistung $P_{pa}$ als Funktion von $v = Z_a/Z_i$ und $\varphi_a$, Parameter $\varphi_i$.
a) $\varphi_i = 0°$; b) $\varphi_i = +30°$; c) $\varphi_i = -30°$.

Die Wirkleistung des Verbrauchers wird ein Maximum, wenn der Belastungswiderstand konjugiert komplex zum Innenwiderstand der Zweipolquelle ist.

Bemerkenswert ist, daß $P_{pa}$, wenn man $U_l$ als konstant vorgegeben ansieht, nach Gl. (9, 10) eine Funktion der drei Variabeln $v$, $\varphi_i$ und $\varphi_a$ ist. Die Reliefs Abb. 9.3 zeigen $P_{pa}$ als Funktion von $v$ und von $\varphi_a$, und zwar (a) für den Fall, daß der innere Widerstand der Quelle ein Wirkwiderstand ist, $\varphi_i = 0$, ferner (b) für den Fall $\varphi_i = +30°$ (der innere Widerstand hat eine induktive Komponente), schließlich (c) für den Fall $\varphi_i = -30°$ (der innere Widerstand hat eine kapazitive Komponente). Man liest hieraus zum Beispiel leicht den Verlust ab, der entsteht, wenn man in Richtung einer der Koordinaten $v$ oder $\varphi_a$ vom absoluten Maximum abweicht

Wir betrachten noch die Scheinleistung des Verbrauchers

$$P_{sa} = \frac{U_l^2}{2Z_i} \frac{1}{v + \frac{1}{v} + 2\cos(\varphi_a - \varphi_i)}. \tag{9.2.4-13}$$

Sie ist, bei gegebenem $U_l$, Funktion der nur zwei Variabeln $v$ und $\varphi_a - \varphi_i$, vgl. Abb. 9.4. Hier ist der durch

$$\underline{Z}_a = \underline{Z}_i \tag{9.2.4-14}$$

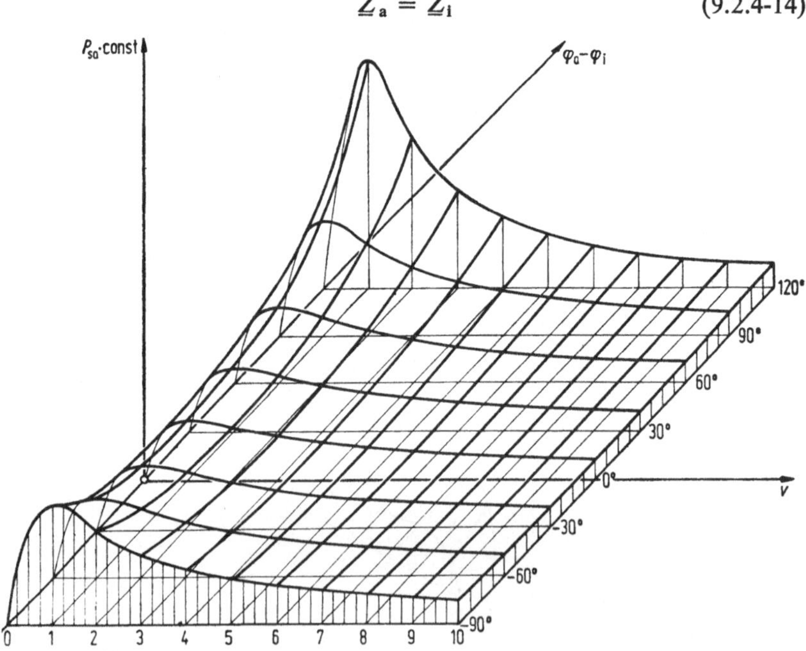


Abb. 9.4 Scheinleistung $P_{sa}$ als Funktion von $v = Z_a/Z_i$ und $\varphi_a - \varphi_i$.

ausgezeichnete Punkt des Reliefs ein Sattelpunkt, ein „echter Paß“. Nennt man die Relation $\underline{Z}_a \overset{!}{=} \underline{Z}_i^*$ die *Anpassungsbedingung* für die Übertragung größter Wirkleistung, so sollte man bei Gl. (14) besser von *Angleichung* sprechen. Im Falle der Angleichung ist

$$P_{pa} = (P_{pa})_{max} \cos^2 \varphi_i \leqq (P_{pa})_{max}. \qquad (9.2.4\text{-}15)$$

Die Angleichung hat in der Nachrichtenübertragungstechnik Bedeutung.

## 9.3 Quasistationäre Vorgänge in ausgedehnten Leitern

### 9.3.1 Eben begrenzter metallisch leitender Halbraum

Die in den Abschnitten 9.3.1 bis 5 behandelten quasistationären Vorgänge unterstehen der partiellen Differentialgleichung, die Wärmeleitungsgleichung und Diffusionsgleichung genannt wird und die für eine Koordinate $F$ eines Feldvektors die Form hat

$$\Delta F = \sigma\mu \frac{\partial F}{\partial t}, \qquad \mathbf{(9.3.1\text{-}1)}$$

worin $\sigma$ die elektrische Leitfähigkeit, $\mu$ die Permeabilität des Leiters ist. Einfache Lösungen ergeben sich, wenn sie linear, das heißt, wenn $\sigma\mu$ eine Konstante ist. Näheres zur Gl. (1) in Kapitel 10. Für $F = \underline{F}_m\, e^{j\omega t}$ wird sie zu der gewöhnlichen Differentialgleichung

$$\Delta \underline{F}_m = j\omega\sigma\mu \underline{F}_m. \qquad \mathbf{(9.3.1\text{-}2)}$$

Indem man hier $\underline{\mu}$ als komplexe Permeabilität $\underline{\mu}$ auffaßt, erfaßt man im Sinne von Gl. (8.8-23 bis 28) die Hysterese der Grundschwingung.[1]

Um uns in einem einfachen Beispiel über das Wesentliche zu orientieren, nehmen wir hier einen gegen einen Nichtleiter eben begrenzten, im übrigen unendlich ausgedehnten homogenen isotropen Metallkörper (Halbraum) an, die Trennebene sei durch $x = 0$ gekennzeichnet, die $+x$-Achse sei senkrecht dazu ins Innere gerichtet.

a) In der Trennebene bestehe ein sinusförmig schwingendes tangentiales elektrisches Feld $E(0, t) = \underline{E}_m\, e^{j\omega t}$, $\underline{E}_m = E_m\, e^{j\varphi}$. Diese Randbedingung liegt vor, wenn die Trennebene von einer andauernden,

[1] Der im folgenden im Argument von Funktionen auftretende Ausdruck $\underline{k} = \sqrt{\pm j\omega\sigma\mu}$ wird $\underline{k} = \sqrt{\omega\sigma\mu/2}\,(1 \pm j)$ für $\mu$ als reelle Größe, er wird für $\mu = \underline{\mu} = |\underline{\mu}|\, e^{-j\delta}$, vgl. Gln. (8.8-26, 28), im Falle $\delta \ll 1$ zu

$$\underline{k} = \sqrt{\omega\sigma\mu'/2}\ \{1 + \delta/2 \pm j\ (1-\delta/2)\}.$$

Der Tangens des Winkels der Größe $\underline{k}$ ist hier also $\pm(1 - \delta)$, bei reellem $\mu$ ist er 1

sinusförmig schwingenden ebenen elektromagnetischen Welle bei senkrechter Richtung des Strahlungsvektors $\mathfrak{S}$ bestrahlt wird. Um den Eindringvorgang zu beschreiben, setzen wir in Gl. (2) zum Beispiel

$$\mathrm{j}\omega\sigma\mu = -\underline{k}^2 \quad \text{und somit}$$

$$\underline{k} = (1 - \mathrm{j})\sqrt{\omega\sigma\mu/2}, \quad |\underline{k}| = p = \sqrt{\omega\sigma\mu/2} \tag{9.3.1-3}$$

und erhalten

$$E(x, t) = \mathrm{Re}\,\{\underline{E}_\mathrm{m}\,\mathrm{e}^{\mathrm{j}(\omega t - \underline{k}x)}\}$$

$$= E_\mathrm{m}\,\mathrm{e}^{-px}\cos(\omega t - px + \varphi), \tag{9.3.1-4}$$

also eine in der Richtung $+x$ fortschreitende, gedämpfte Welle. Wir definieren zunächst die Wellenlänge $\lambda$ als den Abstand zwischen zwei aufeinanderfolgenden gleichsinnigen Nulldurchgängen. Zwischen ihnen ändern sich die Phasenwerte der Cosinusfunktion um $2\pi$, es ist also

$$p\lambda = 2\pi \quad \text{oder} \quad \lambda = 2\pi\sqrt{\frac{2}{\omega\sigma\mu}}. \tag{9.3.1-5}$$

Die Nulldurchgänge des Cosinus bewegen sich in der Richtung $+x$ mit der Geschwindigkeit

$$V = \frac{\omega}{p} = \sqrt{\frac{2\omega}{\sigma\mu}}, \tag{9.3.1-6}$$

die wir auch hier Phasengeschwindigkeit nennen wollen. Beim Durchlaufen einer Strecke $\lambda$ treten sämtliche Schwingungsphasen auf, und die Amplitude, wenn man mit diesem Wort hier die Größe $E_\mathrm{m}\,\mathrm{e}^{-px}$ bezeichnen will, hat am Ende der Strecke $\lambda$ den $\mathrm{e}^{-2\pi}$-fachen Betrag des Anfangswertes, das ist $\mathrm{e}^{-2\pi} = 0{,}00187 \approx 1/500$. Dies ist die stärkste nach der Theorie mögliche Absorption, und diese extrem starke räumliche Dämpfung verunstaltet die Cosinuskurve bis zur Unkenntlichkeit (als eine „Welle“ kann der Vorgang kaum mehr erkannt werden). Man kann die Strecke

$$\lambda = \frac{2\pi}{p} \tag{9.3.1-7}$$

als „Eindringtiefe“ bezeichnen, denn nach Durchlaufen dieser Strecke ist die Welle bis auf 1/500 gedämpft, je nach Genauigkeitsansprüchen also praktisch ausgelöscht. – Hier ist also die Wellenlänge umgekehrt, die Phasengeschwindigkeit direkt proportional zur Wurzel aus der Frequenz. Bei der ungedämpften Welle in einem Nichtleiter ist die Phasengeschwindigkeit gleich der Fortschreitungsgeschwindigkeit und unabhängig von der Frequenz, die Wellenlänge umgekehrt proportional zur Frequenz. Die tiefgreifenden Unterschiede sieht man an den Zahlen in der Tabelle 9.1, für die Kupfer und $1/(\mu\sigma) \approx 135\ \mathrm{cm^2/s}$ angenommen worden ist.

Als eine universell brauchbare Kenngröße wird sich in den folgenden Unterabschnitten die Länge

$$\frac{\lambda}{2\pi} = \frac{1}{p} = \frac{1}{\sqrt{\omega\sigma\mu/2}} = \delta \qquad \textbf{(9.3.1-8)}$$

erweisen, deren Name „Dicke der äquivalenten Leitschicht" in Abschnitt 9.3.2 im Anschluß an Gl. (9.3.2-19) gerechtfertigt werden wird. Für die Zahlenrechnung bequem in den Fällen $\mu = \mu_0$ ist die Form

$$\delta = \frac{15{,}9}{\sqrt{\sigma f}} \quad \text{mit } \delta \text{ in mm,} \quad \sigma \text{ in} \frac{\text{Sm}}{\text{mm}^2}, \quad f \text{ in kHz,} \qquad (9.3.1\text{-}8\text{a})$$

für kaltes Kupfer also

$$\delta = 2{,}11/\sqrt{f}\,,$$

zum Beispiel $\delta \approx 0{,}94$ cm für $f = 50$ Hz $= 0{,}05$ kHz.

Tabelle 9.1.

| Frequenz | Kupfer | | Vakuum |
|---|---|---|---|
| $f$ | $\lambda$ | $V$ | $\lambda$ |
| 50 Hz | 63 mm | 3,2 m/s | 6000 km |
| 5 kHz | 6,3 mm | 32 m/s | 60 km |
| 500 kHz | 0,63 mm | 320 m/s | 0,6 km |
| | | | $V = c_0 = 3 \cdot 10^8$ m/s |

b) An die Trennebene werde im Augenblick $t = 0$ ein tangentiales magnetisches Feld angelegt, das in allen Punkten der Ebene $x = 0$ denselben Wert $H_0$ und dieselbe Richtung habe und darauf konstant bleibe: $H(0) = H_0 = \text{const}_t$ für $t \geqq 0$. Dann läßt sich der örtlich-zeitliche Verlauf des Eindringens $H(x, t)$ darstellen durch

$$\frac{H}{H_0} = F_1(\xi) = \frac{2}{\sqrt{\pi}} \int\limits_{\xi}^{\infty} \mathrm{e}^{-\lambda^2}\, \mathrm{d}\lambda \quad \text{mit} \quad \xi = \frac{x}{2\sqrt{\sigma\mu t}} \qquad (9.3.1\text{-}9)$$

oder durch

$$\frac{H}{H_0} = F_2(\tau) = \frac{2}{\sqrt{\pi}} \int\limits_{1/\sqrt{\tau}}^{\infty} \mathrm{e}^{-\lambda^2}\, \mathrm{d}\lambda \quad \text{mit} \quad \tau = \frac{4\pi\sigma\mu t}{x^2} = \frac{1}{\xi^2}\,. \qquad (9.3.1\text{-}10)$$

(Für beide Funktionen muß auf mathematische Lehrbücher und Tabellen verwiesen werden.) Die Funktion $F_1(\xi)$ stellt zum Beispiel die Feldverteilung in Abhängigkeit vom Orte $x$ in einem beliebigen Zeitpunkt $t$ dar, die Funktion $F_2(\tau)$ zeigt, wie an einem beliebigen Orte $x$

die Feldstärke anwächst bis zu ihrem stationären Wert. Die Funktion $F_2(\tau)$ steigt an beliebigem Orte $x$ anfänglich recht rasch, schließlich recht langsam. Abb. 9.5.

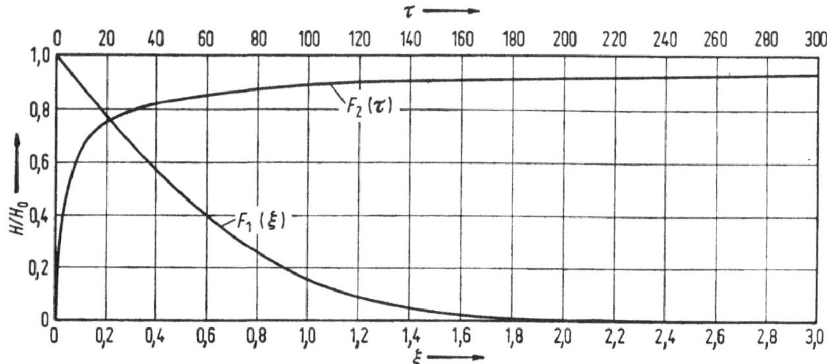


Abb. 9.5 Eindringen eines Feldes in einen eben begrenzten metallisch leitenden Halbraum. $F_1(\xi)$ nach Gl. (9.3.1-9), $F_2(\tau)$ nach Gl. (9.3.1-10).

## 9.3.2 Langer gerader Kreiszylinder

Der Radius sei $b$, der metallische Leiter sei homogen und isotrop, die elektrische Leitfähigkeit sei $\sigma$, die Permeabilität $\mu$.

**Stromverdrängung (Hautwirkung, Skineffekt)**

Bei quasistationärer Betrachtungsweise besteht das Strömungsfeld $\boldsymbol{S}$ einzig aus einer zur Zylinderachse $z$ parallelen Komponente, deren Betrag $S$ vom Abstand $r$ von der Achse abhängt. Die Linien des Feldes $\boldsymbol{H}$ sind zur Zylinderachse koaxiale Kreise, der Betrag von $H$ hängt desgleichen vom Abstand $r$ von der Achse ab. Die Felder sind eben. – Die Anwendung des Durchflutungsgesetzes, vgl. Abb. 9.6a, ergibt

$$2\pi r H(r, t) = \int_0^r S(r, t)\, 2\pi r\, \mathrm{d}r. \tag{9.3.2-1}$$

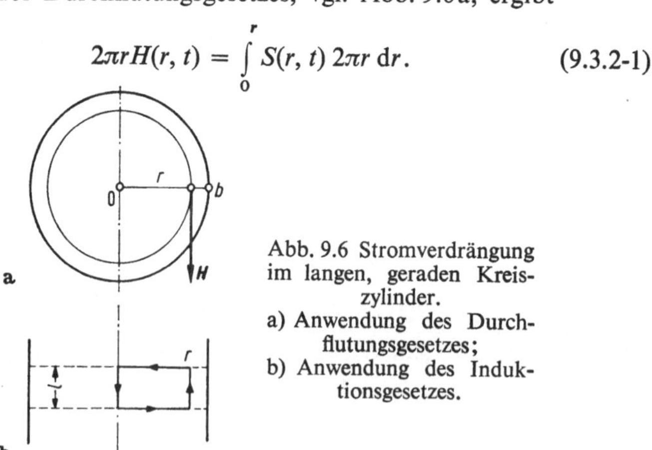


Abb. 9.6 Stromverdrängung im langen, geraden Kreiszylinder.
a) Anwendung des Durchflutungsgesetzes;
b) Anwendung des Induktionsgesetzes.

Indem man nach der oberen Grenze des Integrals ableitet, erhält man

$$\frac{\partial}{\partial r}\{rH(r,t)\} = rS(r,t)$$

oder

$$\frac{\partial}{\partial r}H(r,t) + \frac{1}{r}H(r,t) = S(r,t). \qquad (9.3.2\text{-}2)$$

Anwendung des Induktionsgesetzes, vgl. Abb. 9.6b, ergibt

$$l\{E(0,t) - E(r,t)\} = -l\int_0^r \frac{\partial B(r,t)}{\partial t}\,\mathrm{d}r. \qquad (9.3.2\text{-}3)$$

Durch Ableiten nach der oberen Grenze wird erhalten

$$\frac{\partial}{\partial r}E(r,t) = \frac{\partial}{\partial t}B(r,t). \qquad (9.3.2\text{-}4)$$

Durch Hinzunahme der Substanzgleichungen $E = S/\sigma$, $B = \mu H$ entsteht

$$\frac{\partial}{\partial r}S(r,t) = \sigma\mu\frac{\partial}{\partial t}H(r,t). \qquad (9.3.2\text{-}5)$$

Indem man Gl. (2) das eine Mal nach $r$, das andere Mal nach $t$ ableitet und beide Male aus Gl. (5) substituiert, erhält man

$$\begin{aligned}&\frac{\partial^2 H}{\partial r^2} + \frac{1}{r}\frac{\partial H}{\partial r} - \frac{1}{r^2}H = \sigma\mu\frac{\partial H}{\partial t},\\ &\frac{\partial^2 S}{\partial r^2} + \frac{1}{r}\frac{\partial S}{\partial r} = \sigma\mu\frac{\partial S}{\partial t}.\end{aligned} \qquad (9.3.2\text{-}6)$$

(Diese Gleichungen hätte man auch aus $\operatorname{rot}\boldsymbol{H} = \boldsymbol{S}$, $-\operatorname{rot}\boldsymbol{E} = \partial\boldsymbol{B}/\partial t$ $\boldsymbol{S} = \sigma\boldsymbol{E}$, $\boldsymbol{B} = \mu\boldsymbol{H}$ unter Berücksichtigung des Umstandes erhalten, daß das elektrische Feld nur eine axiale, das magnetische nur eine zirkulare Komponente besitzt.)

Bei sinusförmig schwingenden Feldgrößen

$$S(r,t) = \underline{S}_\mathrm{m}(r)\,\mathrm{e}^{\mathrm{j}\omega t}, \quad H(r,t) = \underline{H}_\mathrm{m}\,\mathrm{e}^{\mathrm{j}\omega t} \qquad (9.3.2\text{-}7)$$

entstehen aus Gl. (6) die gewöhnlichen Differentialgleichungen

$$\begin{aligned}&\frac{\mathrm{d}^2\underline{H}_\mathrm{m}}{\mathrm{d}r^2} + \frac{1}{r}\frac{\mathrm{d}\underline{H}_\mathrm{m}}{\mathrm{d}r} - \underline{H}_\mathrm{m}\left(\frac{1}{r^2} + \underline{k}^2\right) = 0,\\ &\frac{\mathrm{d}^2\underline{S}_\mathrm{m}}{\mathrm{d}r^2} + \frac{1}{r}\frac{\mathrm{d}\underline{S}_\mathrm{m}}{\mathrm{d}r} - \underline{k}^2\underline{S}_\mathrm{m} = 0,\end{aligned} \qquad (9.3.2\text{-}8)$$

wobei gesetzt ist

$$\underline{k}^2 = -\mathrm{j}\omega\sigma\mu,$$

daher

$$\underline{k} = (1 - \mathrm{j})\sqrt{\omega\sigma\mu/2} = (1 - \mathrm{j})\,|\underline{k}| = \frac{1 - \mathrm{j}}{\delta} \tag{9.3.2-9}$$

mit $\delta$ gemäß Gl. (9.3.1-8). Die vollständigen Lösungen sind

$$\begin{aligned} \underline{H}_\mathrm{m}(r) &= A\mathrm{J}_1(\underline{k}r) + B\mathrm{N}_1(\underline{k}r), \\ \underline{S}_\mathrm{m}(r) &= C\mathrm{J}_0(\underline{k}r) + D\mathrm{N}_0(\underline{k}r). \end{aligned} \tag{9.3.2-10}$$

Hierin sind $\mathrm{J}_0$ und $\mathrm{J}_1$ die Zylinderfunktionen erster Art (die Besselschen), $N_0$ und $N_1$ die Zylinderfunktionen zweiter Art (die Neumannschen) jeweils der nullten und der ersten Ordnung. Nun ist $\underline{H}_\mathrm{m} = 0$ für $r = 0$ und $\underline{H}_\mathrm{m} = I_\mathrm{m}/2\pi b$ für $r = b$, wenn $I_\mathrm{m}$ die Amplitude des Gesamtstromes ist. Daher kommen die Zylinderfunktionen zweiter Ordnung für die Lösung nicht in Frage. Es wird somit $2\pi bA\mathrm{J}_1(\underline{k}b) = I_\mathrm{m}$, also

$$\underline{H}_\mathrm{m}(r) = \frac{I_\mathrm{m}}{2\pi b}\,\frac{\mathrm{J}_1(\underline{k}r)}{\mathrm{J}_1(\underline{k}b)}; \tag{9.3.2-11}$$

aus Gl. (2) folgt mit der Differentiationsregel

$$\frac{1}{\underline{k}}\,\frac{\mathrm{d}\,\mathrm{J}_1(\underline{k}r)}{\mathrm{d}r} = \mathrm{J}_0(\underline{k}r) - \frac{1}{\underline{k}r}\,\mathrm{J}_1(\underline{k}r)$$

die Stromdichte zu

$$\underline{S}_\mathrm{m}(r) = \frac{I_\mathrm{m}}{2\pi b}\,\underline{k}\,\frac{\mathrm{J}_0(\underline{k}r)}{\mathrm{J}_1(\underline{k}b)}. \tag{9.3.2-12}$$

Wegen der Regel

$$\frac{1}{\underline{k}}\,\frac{\mathrm{d}\,\mathrm{J}_0(\underline{k}r)}{\mathrm{d}r} = -\mathrm{J}_1(\underline{k}r)$$

besteht also auch der Zusammenhang

$$\underline{H}_\mathrm{m} = -\frac{1}{\underline{k}^2}\,\frac{\partial \underline{S}_\mathrm{m}}{\partial r}. \tag{9.3.2-13}$$

*Wir werden von hier an die Unterstreichungen weglassen.*

Zur Auslegung der Gln. (11) und (12): Die Tatsache, daß das Argument $kr$ komplex ist, bedeutet, daß nicht nur die Beträge der Feldstärke und der Stromdichte, sondern daß auch deren jeweils zugehörige Phasenwinkel von $r$ abhängig sind (man kann nur entweder ein Momentanbild oder ein Betragsbild geben). Setzen wir

$$\mathrm{J}_0(kr) = B_0\,\mathrm{e}^{-\mathrm{j}\beta_0}, \quad \mathrm{J}_1(kr) = B_1\,\mathrm{e}^{-\mathrm{j}\beta_1}, \tag{9.3.2-14}$$

so sind die Beträge von Stromdichte und Feldstärke jeweils bis auf einen konstanten Faktor durch $B_0$ und $B_1$, die Phasenwinkel bis auf eine additive Konstante durch $\beta_0$ und $\beta_1$ gegeben, vgl. Abb. 9.7. Sowohl die elektrische Stromdichte, als auch die magnetische Feldstärke werden also mit wachsendem $|k|r$ nach außen gedrängt: „Hautwirkung". Abb. 9.8 zeigt $|S(kr)|$ für verschiedene Werte $|k|$. Für sehr große Argu-

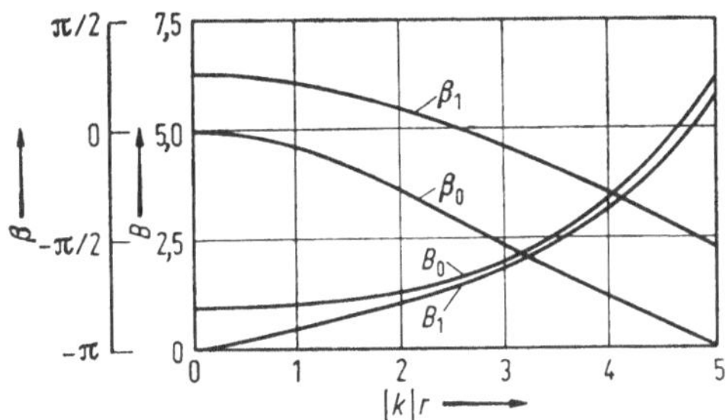


Abb. 9.7 $J_0(kr) = B_0 \exp^{-j\beta_0} \sim S(kr)$ und $J_1(kr) = B_1 \exp^{-j\beta_1} \sim H(kr)$.

mentbeträge gibt es asymptotische Darstellungen der Zylinderfunktion $J_0(kr)$ und $J_1(kr)$. Setzt man diese in Gl. (12) und (11) ein, so erhält man

$$|S_m| = \frac{I}{2\pi b}|k|\sqrt{\frac{b}{r}}\,e^{-|k|(b-r)/\sqrt{2}}, \quad |H_m| = |S_m|/|k|. \quad (9.3.2\text{-}15)$$

In diesem Fall ist also die Wechselströmung auf eine sehr dünne Schicht am Zylinderumfang beschränkt, das Innere des Zylinders ist praktisch ein elektrisch und magnetisch toter Raum. Diese mangelhafte Ausnutzung des Innenraumes kann aber nur bedeuten, daß der Wirkwiderstand $R$ vergrößert, die innere Selbstinduktivität $L_i$ verkleinert wird.

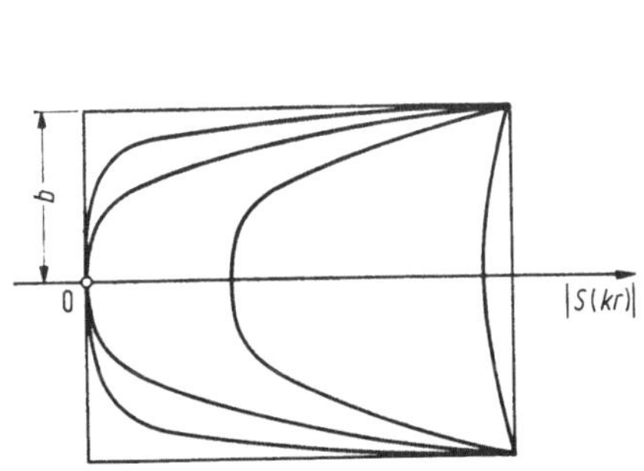


Abb. 9.8 Stromdichte im Kreiszylinder („Hautwirkung").

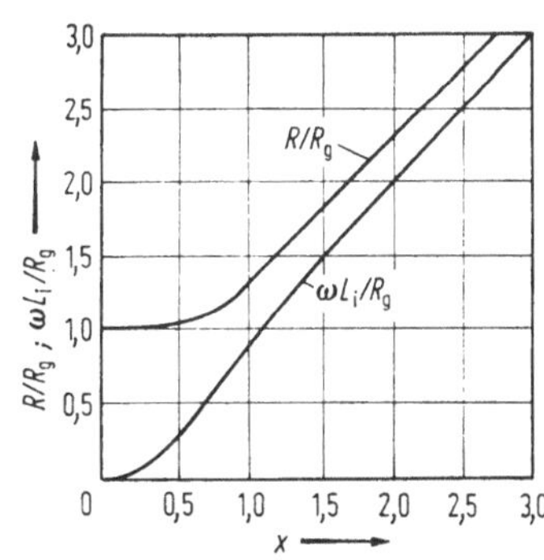


Abb. 9.9 $R/R_g$ und $\omega L_i/R_g$ als Funktionen von $x = b/2\delta$ nach Gl. (9.3.2-18).

Bei der Behandlung des komplexen (Emdeschen) Energieströmungsvektors hatten wir in Gl. (5.3-42) gezeigt, daß gerade für das hier behandelte Beispiel des wechselstromdurchflossenen Kreiszylinders vom

Längenabschnitt $l$ gilt

$$\frac{lS_m(b)}{\sigma I_m} = R + j\omega L_i;$$

das Verhältnis zum Gleichstromwiderstand $R_g = l/\sigma\pi b^2$ wird daher, wenn wir $S_m(b)$ nach Gl. (12) einsetzen,

$$\frac{R + j\omega L_i}{R_g} = \frac{kb}{2}\frac{J_0(kb)}{J_1(kb)}. \qquad (9.3.2\text{-}16)$$

Setzt man vorübergehend mit Gl. (9)

$$\frac{kb}{2} = (1 - j)\frac{b}{2}\sqrt{\omega\sigma\mu/2} = (1 - j)\frac{b}{2}|k| = (1 - j)\frac{b}{2\delta} = (1 - j)x,$$

so ergibt die Reihenentwicklung von Gl. (16), die für $x < 1$ konvergent ist, die Anfangsglieder

$$\frac{R + j\omega L_i}{R_g} = \left(1 + \frac{x^4}{3}\right) + jx^2\left(1 - \frac{x^4}{6}\right), \qquad (9.3.2\text{-}17)$$

also

$$\frac{R}{R_g} = 1 + \frac{1}{48}b^4(\omega\sigma\mu/2)^2, \quad \frac{\omega L_i}{R_g} = \frac{1}{4}b^2(\omega\sigma\mu/2). \qquad (9.3.2\text{-}18)$$

Den allgemeinen Verlauf zeigt Abb. 9.9. Für $x \gg 1$ wird

$$\frac{R}{R_g} = \frac{\omega L_i}{R_g} = x = \frac{b}{2\delta}, \qquad (9.3.2\text{-}19)$$

also

$$\frac{R}{R_g} = \frac{b}{2}\sqrt{\omega\sigma\mu/2}, \qquad (9.3.2\text{-}20)$$

$$\frac{L_i}{R_g} = \frac{b}{2}\sqrt{\frac{\sigma\mu}{2\omega}}; \qquad (9.3.2\text{-}21)$$

mit wachsendem $\omega$ wächst der Wirkwiderstand unbegrenzt, die innere Selbstinduktivität verschwindet. Bemerkenswert in Gl. (19) ist die Tatsache, daß nicht das Verhältnis des Radius zur Dicke der äquivalenten Leitschicht, sondern das zur doppelten äquivalenten Leitschicht bestimmend ist.

Eicht man einen Strommesser, dessen Anzeige durch die Stromwärme verursacht wird, mit Gleichstrom, und mißt mit hochfrequentem Wechselstrom, so ist der relative Fehler $\varepsilon = \sqrt{R/R_g - 1}$, das ist

$$\varepsilon \approx \frac{1}{96}\left(\frac{b}{\delta}\right)^4 \quad \text{für} \quad \frac{b}{2\delta} < 1. \qquad (9.3.2\text{-}22)$$

Der Begriff der *Dicke der äquivalenten Leitschicht* $\delta = 1/\sqrt{\omega\sigma\mu/2}$, der in Gl. (9.3.1-8) vorgestellt wurde, wird am Beispiel der Gl. (19) anschaulich, die in dem Falle gilt, daß der Strom im wesentlichen nur in dünner Schicht an der Oberfläche des Zylinders fließt: Gegeben sei ein Kreiszylinderrohr von demselben äußeren Radius $b$ und demselben Metall ($\sigma$) wie der betrachtete Vollzylinder, jedoch mit der kleinen Wandstärke $b - b' = d \ll b$. Sein Gleichstromwiderstand ist dann

$$R_g = \frac{l}{\sigma\pi(b^2 - b'^2)} \approx \frac{l}{\sigma 2\pi b d}; \qquad (9.3.2\text{-}23)$$

er stimmt mit dem Hochfrequenzwirkwiderstand nach Gl. (19)

$$R = R_g \frac{b}{2\delta} = \frac{l}{\sigma 2\pi b \delta} \qquad (9.3.2\text{-}24)$$

dann überein, wenn die Wandstärke des Zylinderrohres gleich der Dicke der äquivalenten Leitschicht ist:

$$d = \delta: \qquad (9.3.2\text{-}25)$$

bei extremer Stromverdrängung ist der Wirkwiderstand des Vollzylinders ($b, \sigma$) ebenso groß wie der Gleichstromwiderstand eines Rohres ($b, \sigma$) mit der Wandstärke $\delta$.

Berechnet man nach der gleichen Methode den Wechselstromwiderstand eines Kreiszylinderrohres, so ergibt sich, wenn die Wandstärke $d$ klein ist gegenüber dem äußeren Radius $b$,

$$\frac{R}{R_g} \approx 1 + \frac{1}{45}\left(\frac{d}{\delta}\right)^4 \quad \text{für hinreichend kleines } d/\delta,$$

$$\frac{R}{R_g} \approx \frac{d}{\delta} \quad \text{für} \quad \frac{d}{\delta} \gg 1. \qquad (9.3.2\text{-}26)$$

**Verdrängung des magnetischen Feldes, Wirbelströmung**

Am Umfang $r = b$ des langen Kreiszylinders bestehe fortwährend eine rein axial gerichtete, sinusförmig schwingende magnetische Feldstärke $H(b, t) = H_m \cos \omega t$. Dann sind die Linien des Stromdichtefeldes $S$ koaxiale Kreise, Abb. 9.10. Sowohl die magnetische Feldstärke, als auch

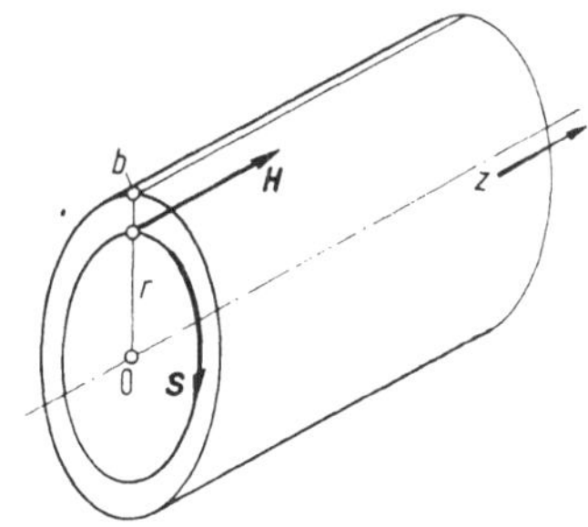


Abb. 9.10 Verdrängung des magnetischen Feldes, Wirbelströmung im Kreiszylinder.

die elektrische Stromdichte sind Funktionen der senkrechten Entfernung $r$ von der Achse $r = 0$. Denkt man sich in diesem Falle den Kreiszylinder als den Eisenkern einer langen Kreiszylinderspule, so hat man zu beachten, daß die folgenden Überlegungen Näherungen sind, da sie eine konstante Permeabilität voraussetzen.

Die Berechnung (aus den beiden Grundgleichungen entweder in der Integral- oder in der Differentialform und aus den beiden Substanzgleichungen) ist der in a) gezeigten analog. Da hier $\boldsymbol{H}$ rein axial, $\boldsymbol{S}$ rein zirkular verläuft, wird unter Beibehaltung von Gl. (9)

$$k^2 = -\mathrm{j}\omega\sigma\mu, \quad k = \frac{1-\mathrm{j}}{\delta}, \quad \delta = \frac{1}{\sqrt{\omega\sigma\mu/2}}$$

erhalten:

$$H(r, t) = H_\mathrm{m} \operatorname{Re}\left\{\frac{\mathrm{J}_0(kr)}{\mathrm{J}_0(kb)} \mathrm{e}^{\mathrm{j}\omega t}\right\}, \tag{9.3.2-27}$$

$$S(r, t) = -\frac{\partial H}{\partial r}. \tag{9.3.2-28}$$

Sowohl die magnetische Feldstärke als auch die elektrische Stromdichte, die hier Wirbelströmung genannt wird, nehmen mit wachsendem $|k|r$ zu, werden also nach außen gedrängt.

Der magnetische Fluß ist

$$\begin{aligned} \Phi(t) &= \operatorname{Re} \underline{\Phi}_\mathrm{m} \mathrm{e}^{\mathrm{j}\omega t} \\ &= \mu H_\mathrm{m} \operatorname{Re}\left\{\mathrm{e}^{\mathrm{j}\omega t} \int_0^b \frac{\mathrm{J}_0(kr)}{\mathrm{J}_0(kb)} 2\pi r \,\mathrm{d}r\right\} \\ &= \pi b^2 \mu H_\mathrm{m} \operatorname{Re}\left\{\frac{2}{kb} \frac{\mathrm{J}_1(kb)}{\mathrm{J}_0(kb)} \mathrm{e}^{\mathrm{j}\omega t}\right\}. \end{aligned} \tag{9.3.2-29}$$

Wirbelströmung und Flußverdrängung lassen sich also durch eine komplexe Permeabilität

$$\underline{\mu} = \mu \frac{2}{kb} \frac{\mathrm{J}_1(kb)}{\mathrm{J}_0(kb)} = \mu\, \underline{\Omega}(kb) \tag{9.3.2-30}$$

charakterisieren, wobei

$$\underline{\Omega}(kb) = \frac{2}{kb} \frac{\mathrm{J}_1(kb)}{\mathrm{J}_0(kb)} = \Omega_1(kb) - \mathrm{j}\Omega_2(kb) \tag{9.3.2-31}$$

gesetzt ist; $\Omega_1$ und $\Omega_2$ sind reelle Funktionen.

Liegt eine sehr lange, schlanke Zylinderspule oder ein weiter, dünner Ring vor, ist $N$ die Windungszahl der gleichmäßig dichten Wicklung, ist $l$ die mittlere Länge der magnetischen Feldlinien, $\pi b^2$ der Querschnitt des Feldraumes, $I_m$ die Stromstärke der Wicklung und somit $I_m N = H_m l$, so ist

$$L = \frac{N^2 \underline{\Phi}_m}{I_m} = L_g \underline{\Omega}(kb), \tag{9.3.2-32}$$

wenn $L_g$ die Gleichstrom-Selbstinduktivität ist.

Dann ist mit Gl. (31) der Wechselstromwiderstand der Spule

$$\underline{Z} = R + j\omega L = R + \omega L_g \Omega_2(kb) + j\omega L_g \Omega_1(kb). \tag{9.3.2-33}$$

Der Wirkwiderstand ist also um den Wirbelstromanteil

$$R_W = L_g \Omega_2(kb) \tag{9.3.2-34}$$

gegenüber $R$ vergrößert, die wirksame Selbstinduktivität ist

$$L = L_g \Omega_1(kb). \tag{9.3.2-35}$$

Die Anfangsglieder der Reihenentwicklung von $\underline{\Omega}(kb)$ ergeben

$$R_W \approx \omega L_g \left(\frac{b}{2\delta}\right)^2 = \omega^2 L_g \frac{b^2 \sigma\mu}{8}, \quad L \approx L_g. \tag{9.3.2-36}$$

Für $b|k| = b/\delta \gg 1$ wird

$$R_W = \omega L = L_g \frac{2}{b} \sqrt{\frac{2\omega}{\sigma\mu}}. \tag{9.3.2-37}$$

Von der komplexen Permeabilität wird also, in ganz verschiedenen Bedeutungen, einerseits bei der Hysterese gesprochen, Gln. (8.8-23 bis 30), als auch bei der Wirbelströmung und Feldverdrängung, Gl. (30). Der Hystereseverlust-Wirkwiderstand $R_h$ ist nach Gl. (8.8-12) proportional zu $\omega L_g I_m$, der Wirbelstromverlust-Widerstand $R_w$ ist nach Gl. (36) proportional zu $\omega L_g$, nach Gl. (37) proportional zu $L_g \sqrt{\omega}$ und in beiden Fällen unabhängig von $I$. Die beiden Verlustwirkwiderstände können daher grundsätzlich mühelos voneinander meßtechnisch getrennt werden.

**Abbau (Erlöschen) und Aufbau (Eindringen) eines Feldes**

Wir nehmen zunächst an: Innerhalb und außerhalb des zylindrischen Leiters bestehe ein zeitlich konstantes, homogenes magnetisches Feld, seine Richtung sei die der Zylinderachse, sein (von $r$ und $t$ unabhängiger) Betrag sei $H_0$. Zur Zeit $t = 0$ werde das äußere Feld plötzlich auf den Wert Null gebracht und behalte diesen bei. Dann setzt ein Ausgleichsvorgang ein, bei welchem die Vektoren $\boldsymbol{H}$ und $\boldsymbol{S}$ die in Abb. 9.10 eingezeichneten Richtungen haben. Die Aufgabe wird also wie folgt beschrieben:

a) für $t \leqq 0, \quad 0 \leqq r \leqq b, \quad$ ist $\quad H = H_0,$ (9.3.2-38)

b) für $t \geqq 0, \quad r = b, \quad$ ist $\quad H = 0,$ (9.3.2-39)

c) für $t \geqq 0$, $0 \leqq r \leqq b$, gilt

$$\frac{\partial^2 H}{\partial r^2} + \frac{1}{r}\frac{\partial H}{\partial r} = \sigma\mu\frac{\partial H}{\partial t}. \tag{9.3.2-40}$$

Diese Differentialgleichung entsteht aus den beiden Grundgleichungen, entweder in Differential- oder in Integralform, wenn man berücksichtigt, daß $\boldsymbol{H}$ nur axial, $\boldsymbol{S}$ nur zirkular gerichtet ist, und den beiden Substanzgleichungen. Wie geschieht der räumlich-zeitliche Abbau $H(r, t)$?

Ein partikuläres Integral der Gl. (40) ist

$$H(r, t) = A\mathrm{J}_0(kr)\,\mathrm{e}^{-k^2\sigma\mu t} \tag{9.3.2-41}$$

mit zwei noch zu bestimmenden Konstanten $A$ und $k$. Nun ist wegen Gl. (39)

$$H(b, 0) = A\mathrm{J}_0(kb) = 0;$$

da $A = 0$ sinnlos wäre, muß also sein

$$\mathrm{J}_0(kb) = \mathrm{J}_0(g) = 0. \tag{9.3.2-42}$$

Diese transzendente Gleichung hat unendlich viele Wurzeln, deren Werte mit wachsender Ordnungszahl $\nu$ zunehmen; Tabelle 9.2. Wir haben also $k = g_\nu/b$ und daher

$$H(r, t) = \sum_{\nu=1}^{\infty} A_\nu \mathrm{J}_0\left(\frac{g_\nu r}{b}\right)\mathrm{e}^{-\frac{g_\nu^2 t}{b^2\sigma\mu}}. \tag{9.3.2-43}$$

Zur Bestimmung der Konstanten $A_\nu$ ziehen wir die Gl. (38) heran:

$$H(r, 0) = \sum_{\nu=1}^{\infty} A_\nu \mathrm{J}_0\left(\frac{g_\nu r}{b}\right) = H_0. \tag{9.3.2-44}$$

Tabelle 9.2. Wurzeln $g_\nu$ der Gleichung $\mathrm{J}_0(g_\nu) = 0$ und zugehörige Werte $\mathrm{J}_1(g_\nu)$

| $\nu$ | $g_\nu$ | $\mathrm{J}_1(g_\nu)$ |
|---|---|---|
| 1 | 2,405 | +0,519 |
| 2 | 5,520 | −0,340 |
| 3 | 8,634 | +0,271 |
| 4 | 11,791 | −0,232 |
| 5 | 14,931 | +0,206 |
| 6 | 18,071 | −0,188 |

Aus dieser Relation lassen sich durch Ausnutzen der Orthogonalitätseigenschaften der Besselschen Zylinderfunktionen die Konstanten $A_\nu$ bestimmen; man erhält

$$A_\nu = \frac{2H_0}{g_\nu \mathrm{J}_1(g_\nu)}. \tag{9.3.2-45}$$

Der räumlich-zeitliche Feldabbau wird also beschrieben durch

$$H(r, t) = H_0 \cdot 2 \sum_{\nu=1}^{\infty} \frac{J_0\left(g_\nu \frac{r}{b}\right)}{g_\nu J_1(g_\nu)} e^{-g_\nu^2 \tau}, \quad \tau = \frac{t}{b^2 \sigma \mu}. \qquad (9.3.2\text{-}46)$$

Wir bestimmen noch das Abklingen $\Phi(t)$ des magnetischen Flusses. Sein stationärer Wert ist $\Phi_0 = \mu \pi b^2 H_0$. Es wird

$$\Phi(t) = \int_0^b H(r, t) \, \mu \cdot 2\pi r \, dr. \qquad (9.3.2\text{-}47)$$

Vermöge des Integrals

$$\int_{x=0}^{1} J_0(g_\nu x) \, x \, dx = \left| \frac{x}{g_\nu} J_1(g_\nu x) \right|_0^1$$

wird erhalten

$$\frac{\Phi(t)}{\Phi_0} = \sum_{\nu=1}^{\infty} \frac{4}{g_\nu^2} e^{-g_\nu^2 \tau}. \qquad (9.3.2\text{-}48)$$

Ist, im Gegensatz zu Gl. (38), (39) die Aufgabe so gestellt, daß im Zeitpunkt $t = 0$ am Umfang des vorher feldfreien Zylinders ($H = 0$ für $0 \leqq r \leqq b$, $t < 0$) plötzlich das Feld $H_0$ entsteht und von da an dort erhalten bleibt ($H = H_0$ für $r = b$, $t \geqq 0$), so wird der räumlich-zeitliche Aufbau des Feldes beschrieben durch

$$\frac{H(r, t)}{H_0} = 1 - 2 \sum_{\nu=1}^{\infty} \frac{J_0\left(g_\nu \frac{r}{b}\right)}{g_\nu J_1(g_\nu)} e^{-g_\nu^2 \tau} \qquad (9.3.2\text{-}49)$$

und das Anschwellen des magnetischen Flusses durch

$$\frac{\Phi(t)}{\Phi_0} = 1 - \sum_{\nu=1}^{\infty} \frac{4}{g_\nu^2} e^{-g_\nu^2 \tau}. \qquad (9.3.2\text{-}50)$$

Von den Kurven in Abb. 9.11 zeigt die unterste das Anschwellen der magnetischen Feldstärke in der Achse, $H(0, t)/H_0$, die mittlere ihr Anschwellen am Ort $r = b/2$, also $H(b/2, t)/H_0$, die oberste das Anschwellen des magnetischen Flusses $\Phi(t)/\Phi_0$.

Die Anfangsglieder der Reihe in Gl. (49) und (50) sind

$$\frac{H(0, t)}{H_0} = 1 - 1{,}602 \, e^{-5{,}783\tau} + 1{,}065 \, e^{-30{,}471\tau} + \cdots - \cdots,$$

$$\frac{H(b/2, t)}{H_0} = 1 - 1{,}073 \, e^{-5{,}783\tau} - 0{,}1793 \, e^{-30{,}471\tau} + \cdots - \cdots,$$

$$\frac{\Phi(t)}{\Phi_0} = 1 - 0{,}692 \, e^{-5{,}783\tau} - 0{,}1313 \, e^{-30{,}471\tau} - \cdots.$$

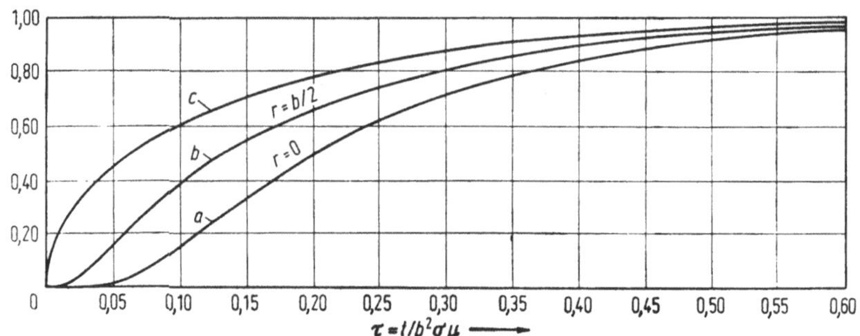


Abb. 9.11 Räumlich-zeitlicher Aufbau eines magnetischen Feldes in einem Kreiszylinder.
a) $H/H_0$ für $r=0$; b) $H/H_0$ für $r=b/2$; c) $\Phi/\Phi_0$.

Die Feldstärke beginnt in einem Punkt um so später merklich zu wachsen und erreicht einen bestimmten Wert um so später, je weiter der Punkt von der Oberfläche entfernt ist. Der magnetische Fluß steigt anfangs sehr rasch, später um so langsamer, je mehr er sich dem stationären Wert nähert.

### 9.3.3 Ebenes Blech im tangentialen magnetischen Feld

Wir orientieren uns an Hand der Abb. 9.12. Man kann den dargestellten Gegenstand zum Beispiel verstehen als ein einzelnes Eisenblech des Blechpaketes einer Drosselspule oder eines Transformators bei Wechselstrombetrieb, hat dann allerdings zu bedenken, daß in diesem Fall die Annahme konstanter Permeabilität, die in der folgenden Rechnung

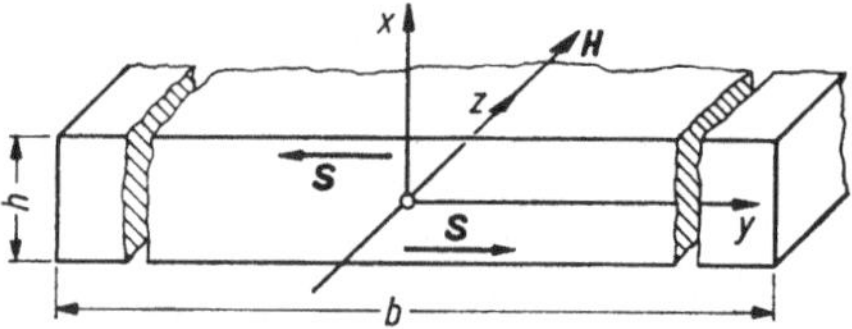


Abb. 9.12 Ebene Metallplatte (Blech). $\boldsymbol{H}=\boldsymbol{k}H_z$, $\boldsymbol{S}=\boldsymbol{j}S_y$. $x=\pm h/2$: $H_z=H_a$ gegeben.

gemacht wird, nicht zutrifft. Das magnetische Feld besteht nur aus einer Komponente in Richtung der $z$-Achse, $\boldsymbol{H}=\boldsymbol{k}H_z$ mit an der Oberfläche vorgegebenem Wert $H_z=H_a$ für $x=\pm h/2$. Je kleiner die Höhe $h$ gegenüber der Breite $b$ der Platte ist, um so mehr ist, abgesehen von Randzonen $y\approx\pm b/2$, die Wirbelstromdichte nur in einer nur von $x$ abhängigen Komponente in Richtung der $y$-Achse vertreten, $\boldsymbol{S}=\boldsymbol{j}S_y(x)$ in antimetrischer Verteilung in Bezug auf die Mittelebene ($S_y=0$ für $y=0$).

Hier ist es angebracht, die beiden Hauptgleichungen in kartesischen Koordinaten anzuschreiben; dann wird aus der ersten

$$-\frac{\partial H_z}{\partial x} = S_y \tag{9.3.3-1}$$

und aus der zweiten, indem wir sogleich die beiden Substanzgleichungen $\boldsymbol{E} = \boldsymbol{S}/\sigma$ und $\boldsymbol{B} = \boldsymbol{H}\mu$ einsetzen,

$$-\sigma\mu\frac{\partial H_z}{\partial t} = \frac{\partial S_y}{\partial x}. \tag{9.3.3-2}$$

Indem man zum Beispiel Gl. (1) nach $x$ differentiiert und Gl. (2) einsetzt, erhält man

$$\frac{\partial^2 H_z}{\partial x^2} = \sigma\mu\frac{\partial H_z}{\partial t} \tag{9.3.3-3}$$

und auf entsprechendem Wege

$$\frac{\partial^2 S_y}{\partial x^2} = \sigma\mu\frac{\partial S_y}{\partial t}. \tag{9.3.3-4}$$

Wir können von hier an ohne Gefahr von Mißverständnissen die Indizes $z$ und $y$ weglassen.

**Wirbelströme im ebenen Eisenblech**

Wir setzen zunächst sinusförmig schwingende Wechselfelder voraus,

$$\underline{H}(x, t) = \underline{H}_{\mathrm{m}}\,\mathrm{e}^{\mathrm{j}\omega t}, \quad \underline{S}(x, t) = \underline{S}_{\mathrm{m}}\,\mathrm{e}^{\mathrm{j}\omega t} \tag{9.3.3-5}$$

und erhalten damit aus Gl. (3)

$$\frac{\mathrm{d}^2 \underline{H}_{\mathrm{m}}}{\mathrm{d}x^2} = \underline{k}^2 \underline{H}_{\mathrm{m}}, \tag{9.3.3-6}$$

wobei gesetzt ist

$$\underline{k}^2 = \mathrm{j}\omega\sigma\mu, \quad \text{daher} \quad \underline{k} = (1 + \mathrm{j})\,m, \qquad m = \sqrt{\omega\sigma\mu/2} = \frac{1}{\delta}. \tag{9.3.3-7}$$

*Wir werden von hier an die Unterstreichungen weglassen.* Dann kann die vollständige Lösung von Gl. (6) mit zwei Integrationskonstanten $A$ und $B$ geschrieben werden

$$H_{\mathrm{m}} = \mathrm{A}\cosh kx + B\sinh kx. \tag{9.3.3-8}$$

Die zweite oben im Text genannte Randbedingung

$$S_{(x=0)} = -\left(\frac{\partial H}{\partial x}\right)_{x=0} = 0$$

bewirkt $B = 0$; durch die erste, nämlich $H(x = \pm h/2) = H_{\mathrm{a}}$, ist $A$

bestimmt, so daß die den Randbedingungen genügenden Lösungen lauten:

$$H_{\mathrm{m}} = H_{\mathrm{a}} \frac{\cosh kx}{\cosh \frac{kh}{2}}, \qquad (9.3.3\text{-}9)$$

$$S_{\mathrm{m}} = -H_{\mathrm{a}}k \frac{\sinh kx}{\cosh \frac{kh}{2}}. \qquad (9.3.3\text{-}10)$$

Für die Beträge gilt also

$$|H_{\mathrm{m}}| = H_{\mathrm{a}} \sqrt{\frac{\cosh 2mx + \cos 2mx}{\cosh mh + \cos mh}}, \qquad (9.3.3\text{-}11)$$

$$|S_{\mathrm{m}}| = H_{\mathrm{a}} m \sqrt{2} \sqrt{\frac{\cosh 2mx - \cos 2mx}{\cosh mh + \cos mh}}, \qquad (9.3.3\text{-}12)$$

siehe Abb. 9.13 und 9.14. In diesen Beziehungen können bei hinreichend großen Beträgen der Argumente der hyperbolischen Funktionen die

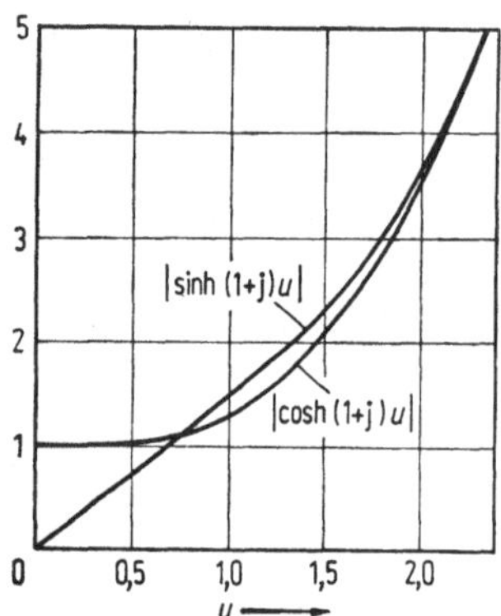


Abb. 9.13 Kennzeichnende Funktionen: $\sinh(1+j)u \sim S_m$; $\cosh(1+j)u \sim H_m$ Gl. (9.3.9, 10); hier: $u = mx$.

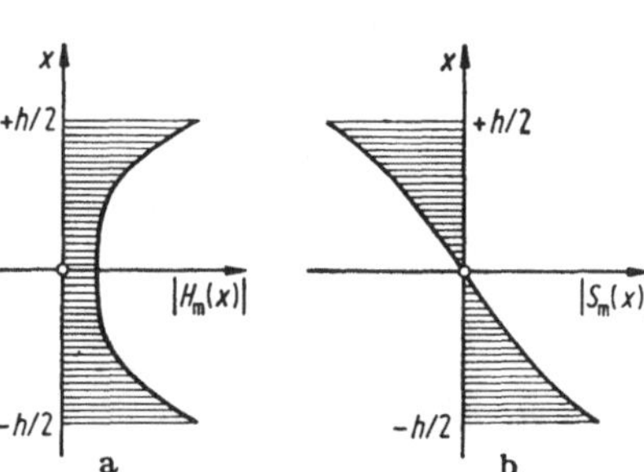


Abb. 9.14 Ebene Metallplatte im homogenen magnetischen Wechselfeld. Magnetische Feldstärke und Wirbelstromdichte im Innern.

Beträge der trigonometrischen Funktionen vernachlässigt werden: man erhält dann

$$|S_{\mathrm{m}}| = H_{\mathrm{a}}|k|\, \mathrm{e}^{-\left(\frac{h}{2} - x\right)\frac{|k|}{\sqrt{2}}}, \quad |H_{\mathrm{m}}| = \frac{|S_{\mathrm{m}}|}{|k|}. \qquad (9.3.3\text{-}13)$$

In diesem Falle haben also die Wirbelstromdichte und die magnetische Feldstärke erhebliche Werte nur in unmittelbarer Nähe der Oberfläche $x = \pm h/2$.

Wir betrachten eine Platte der Höhe $h$, der Länge $l$ und der Breite $b' < b$ (innerhalb der die Voraussetzung unserer Rechnung $\boldsymbol{S} = \boldsymbol{j}S_y$, $\boldsymbol{H} = \boldsymbol{k}H_z$ gilt). Die in ihr verlorene mittlere Wärmeleistung der Wirbelströmung ist

$$P_{\mathrm{p}} = lb' \int\limits_{-h/2}^{h/2} \frac{|\underline{S}_{\mathrm{m}}|^2}{2\sigma}\,\mathrm{d}x = \frac{H_{\mathrm{a}}^2}{2}\,\frac{lb'}{\sigma h}\,\psi(mh), \tag{9.3.3-14}$$

wobei

$$\psi(mh) = 2mh\frac{\sinh mh - \sin mh}{\cosh mh + \cos mh}, \tag{9.3.3-15}$$

vgl. Abb. 9.20. Die Entwicklung

$$\psi(mh) = \frac{(mh)^4}{3}\left\{1 - \frac{17}{420}(mh)^4 + \cdots - \cdots\right\} \tag{9.3.3-16}$$

konvergiert für $mh < 1$, und es wird

$$\psi(mh) \to 2mh \quad \text{für} \quad mh \to \infty. \tag{9.3.3-17}$$

$\bar{P}_{\mathrm{p}}$ steigt also mit von Null anwachsender Frequenz zunächst proportional mit $\omega^2$, schließlich mit $\sqrt{\omega}$ unbegrenzt.

Wir bestimmen noch den magnetischen Wechselfluß

$$\underline{\Phi}_{\mathrm{m}} = \mu b \int\limits_{-h/2}^{h/2} \underline{H}(x)\,\mathrm{d}x = \mu H_{\mathrm{a}} bh \frac{\tanh\dfrac{kh}{2}}{\dfrac{kh}{2}}. \tag{9.3.3-18}$$

Wäre $H_{\mathrm{a}}$ nicht die Amplitude des außen anliegenden Wechselfeldes, sondern der Betrag $H_{\mathrm{a}}$ eines Gleichfeldes, so wäre der Gleichfluß $\Phi_{\mathrm{g}} = \mu H_{\mathrm{a}} bh$, so daß erhalten wird

$$\frac{\underline{\Phi}_{\mathrm{m}}}{\Phi_{\mathrm{g}}} = \frac{\tanh\dfrac{kh}{2}}{\dfrac{kh}{2}}. \tag{9.3.3-19}$$

Es liegt daher nahe, durch

$$\frac{\underline{\mu}}{\mu} = \frac{\tanh\dfrac{kh}{2}}{\dfrac{kh}{2}} \tag{9.3.3-19a}$$

eine komplexe Permeabilität $\underline{\mu} = \mu' - \mathrm{j}\mu''$ zu definieren; ihre Ortskurve ist in Abb. 9.15 gezeigt.

Da das äußere magnetische Wechselfeld durch die Wicklung einer wechselstromdurchflossenen Spule hervorgebracht wird, muß die Verdrängung des magnetischen Feldes in der Selbstinduktivität der Spule, die Wirbelstromverlustleistung im Wirkwiderstand der Spule sich bemerklich machen. Es sei der Kern der Spule aus $n$ Blechen aufgeschichtet, die axiale Länge und zugleich damit die mittlere Länge der Linien

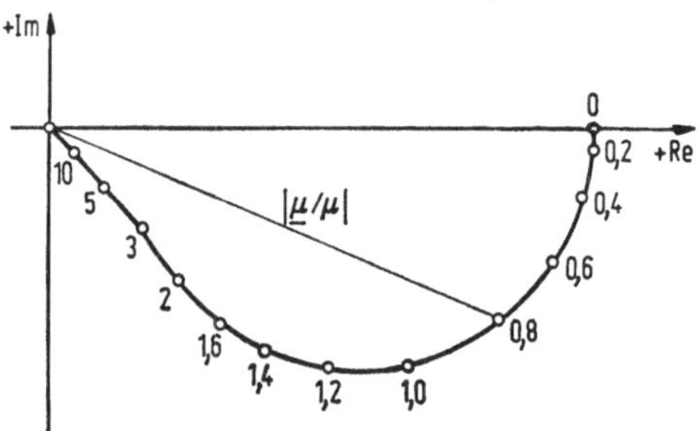


Abb. 9.15 Verlauf von $\underline{\mu}/\mu = \tanh(kh/2)/(kh/2)$; Parameter der Kurvenpunkte: $mh/2$, vgl. Gl. (9.3.3-20).

des Feldes $H$ sei $l$ (lange schlanke Zylinderspule oder dünnes Toroid mit geringem Querschnitt), die Windungszahl der gleichmäßig dicht bewikkelten Spule sei $N$ und $I$ der Spulenstrom. Dann ist, wenn man von der Stärke der Isolationsschichten zwischen den einzelnen Blechen absieht, die Selbstinduktivität bei Gleichstrom

$$L_g = \mu bhnN^2/l,$$

wie bekannt ist. Ist der Erregerstrom ein Wechselstrom $I_m$, so erhalten wir mittels Gl. (19) eine *komplexe* Selbstinduktivität

$$\frac{nN\Phi_m}{I_m} = L_g \frac{\tanh \frac{kh}{2}}{\frac{kh}{2}} = L_g\{F_1(mh) - jF_2(mh)\}; \qquad (9.3.3\text{-}20)$$

die Funktionen $F_1$ und $F_2$ von $mh = h\sqrt{\omega\sigma\mu/2} = h/\delta$ sind reelle Funktionen, nämlich

$$\begin{aligned} F_1(mh) &= \frac{1}{mh}\,\frac{\sinh mh + \sin mh}{\cosh mh + \cos mh}, \\ F_2(mh) &= \frac{1}{mh}\,\frac{\sinh mh - \sin mh}{\cosh mh + \cos mh}, \end{aligned} \qquad (9.3.3\text{-}21)$$

vgl. Abb. 9.16. Das bedeutet: Die wirksame Selbstinduktivität ist nicht die Gleichstromselbstinduktivität $L_g$, sondern sie ist

$$L = L_g F_1(mh); \qquad (9.3.3\text{-}22)$$

zum Wirkwiderstand der Spulenwicklung tritt ein durch die Wirbelstromverluste im Kern verursachter Anteil

$$R_W = \omega L_g F_2(mh). \tag{9.3.3-23}$$

Mit von Null anwachsendem $mh$ tritt also zunächst kaum eine Verkleinerung von $L$ gegenüber $L_g$ ein; bei $mh = 1$ ist $L \approx 0{,}96 L_g$. Man kann darum die den Wert $mh = 1$ ergebende Kreisfrequenz $\omega = 2/\sigma\mu h^2 = \omega_1$ „Grenzkreisfrequenz" nennen. (Zum Beispiel ist für ein Eisen-

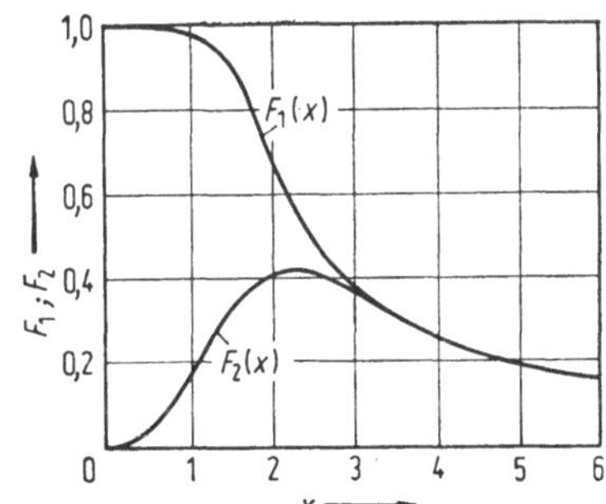


Abb. 9.16 $F_1(x)$, $F_2(x)$ nach Gl. (9.3.3-21); hier: $x = mh = h/\delta$.

blech mit $1/\sigma = 8{,}6 \cdot 10^{-6}$ Vcm/A, $\mu_r = 100$, $h = 0{,}4$ mm diese Frequenz $\omega_1/2\pi = 1370$ Hz.)

Für kleine Argumentwerte, etwa $mh \leqq 0{,}5$, ergeben die Anfangsglieder der beiden Entwicklungen von Gl. (21)

$$L \approx L_g,$$

$$R_W \approx \omega L_g \frac{m^2 h^2}{6} = \vartheta_w \omega^2 L_g \tag{9.3.3-24}$$

mit

$$\vartheta_W = \frac{1}{12} h^2 \sigma\mu.$$

Der Koeffizient $\vartheta_W$ wird also verkleinert, indem man die Blechstärke $h$ verkleinert und indem man einen ferromagnetischen Leiter mit möglichst kleinem $\mu\sigma$ benutzt.

Für große Argumentwerte, etwa $mh \geqq 4$, wird ersichtlich

$$F_1(mh) = F_2(mh) = \frac{1}{mh}, \tag{9.3.3-25}$$

$$R_W = \omega L = \frac{\omega L_g}{mh} = L_g \frac{1}{h} \sqrt{\frac{2\omega}{\mu\sigma}}. \tag{9.3.3-26}$$

Wegen der meßtechnischen Trennung der Wirbelstromverluste von den Hystereseverlusten gilt auch hier das unter Gl. (9.3.2-37) Gesagte. Man beachte außerdem die Parallelität der Gln. (9.3.2-36, 37) mit den Gln. (24), (26).

**Abbau und Aufbau eines tangentialen magnetischen Feldes**

Wir orientieren uns wieder an Hand der Abb. 9.12. Wir nehmen an: innerhalb und außerhalb der Platte bestehe ein zeitlich konstantes homogenes magnetisches Feld, seine Richtung sei die der $z$-Achse, sein Betrag sei $H_0$. Zur Zei $t = 0$ werde das äußere Feld plötzlich auf den Wert Null gebracht und behalte diesen Wert weiterhin bei. Dann setzt ein Ausgleichsvorgang ein, in welchem die Vektoren $\boldsymbol{H}$ und $\boldsymbol{S}$ die in Abb. 9.12 angedeuteten Richtungen haben. Die Aufgabe wird also wie folgt beschrieben:

$$\text{a) für } t \leqq 0, \quad -\frac{h}{2} \leqq x \leqq \frac{h}{2}, \quad \text{ist} \quad H = H_0, \tag{9.3.3-27}$$

$$\text{b) für } t \geqq 0, \quad x = \pm\frac{h}{2}, \quad \text{ist} \quad H = 0, \tag{9.3.3-28}$$

$$\text{c) für } t \geqq 0, \quad -\frac{h}{2} \leqq x \leqq \frac{h}{2}, \quad \text{gilt} \quad \frac{\partial^2 H}{\partial x^2} = \sigma\mu\frac{\partial H}{\partial t} \tag{9.3.3-29}$$

gemäß Gl. (3). – Ein partikuläres Integral ist ersichtlich

$$H(x, t) = A \cos kx\, \mathrm{e}^{-\frac{k^2 t}{\sigma\mu}}, \tag{9.3.3-30}$$

wobei $A$ und $k$ noch zu bestimmende Konstanten sind und wegen der Symmetrie des Vorganges zur Mittelebene $x = 0$ nur die gerade Ortsfunktion $\cos kx$ in Frage kommt. Aus Gl. (30) kommt, da nach Gl. (28) im Zeitpunkt $t = 0$ plötzlich das Feld weggenommen wird,

$$\cos\left(\pm\frac{kh}{2}\right) = 0, \tag{9.3.3-31}$$

es hat also $k$ die unendlich vielen Werte

$$k_\nu = \frac{\nu\pi}{h} \quad \text{mit} \quad \nu = 1, 3, 5 \ldots \tag{9.3.3-32}$$

Daher ist

$$H(x, t) = \sum_{\nu=1}^{\infty} A_\nu \cos\left(\frac{\nu\pi x}{h}\right) \mathrm{e}^{-\left(\frac{\nu\pi}{h}\right)^2 \frac{t}{\sigma\mu}}. \tag{9.3.3-33}$$

Zur Bestimmung der unendlich vielen Konstanten $A_\nu$ gehen wir auf Gl. (27) zurück, sie ergibt für $t = 0$

$$\sum_{\nu=1}^{\infty} A_\nu \cos\left(\frac{\nu\pi x}{h}\right) = H_0. \tag{9.3.3-34}$$

Dieser Gleichung können wir mit Hilfe der Orthogonalitätseigenschaften der trigonometrischen Funktionen genügen, mit dem Ergebnis

$$A_\nu = \pm\frac{1}{\nu\pi} 4H_0, \tag{9.3.3-35}$$

so daß die vollständige Lösung nunmehr lautet

$$H(x, t) = H_0 \frac{4}{\pi} \sum_{\nu=1}^{\infty} \frac{\pm 1}{\nu} \cos\left(\frac{\nu \pi x}{h}\right) e^{-\nu^2 \tau}, \qquad \tau = \frac{\pi^2 t}{h^2 \sigma \mu}. \quad (9.3.3\text{-}36)$$

Der magnetische Fluß hat im stationären Fall den Wert $\Phi_0 = bh\mu H_0$, während des Feldabbaues ist er

$$\Phi(t) = \mu b \int_{-h/2}^{h/2} H(x, t)\,\mathrm{d}x = \Phi_0 \frac{8}{\pi^2} \sum_{\nu=1}^{\infty} \frac{1}{\nu^2} e^{-\nu^2 \tau}. \quad (9.3.3\text{-}37)$$

Der Feldaufbau wird demnach beschrieben durch

$$\frac{H(x, t)}{H_0} = 1 - \frac{4}{\pi} \sum_{\nu=1}^{\infty} \frac{\pm 1}{\nu} \cos\left(\frac{\nu \pi x}{h}\right) e^{-\nu^2 \tau}, \quad (9.3.3\text{-}38)$$

$$\frac{\Phi(t)}{\Phi_0} = 1 - \frac{8}{\pi^2} \sum_{\nu=1}^{\infty} \frac{1}{\nu^2} e^{-\nu^2 \tau}, \quad (9.3.3\text{-}39)$$

Abb. 9.17. Hiernach geht in einem gewählten Punkte die Feldstärke zunächst rasch, dann langsamer gegen ihren stationären Wert, sie beginnt um so früher merklich zu wachsen und nimmt einen bestimmten

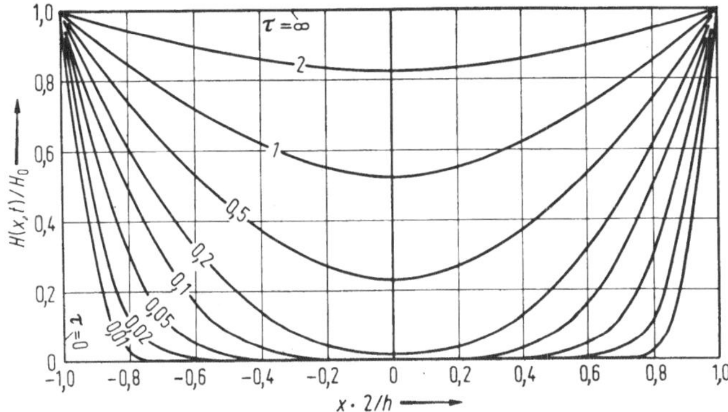


Abb. 9.17 Eindringen eines magnetischen Feldes in eine ebene Metallplatte. $\tau = \pi^2 t/(h^2 \sigma \mu.)$

Wert um so früher an, je näher an der Oberfläche der gewählte Punkt liegt. Der magnetische Fluß wächst anfänglich recht rasch, wenn er aber dem stationären Wert nahe gekommen ist, nur noch sehr langsam.

### 9.3.4 Einseitige Strom- und Feldverdrängung

Bei zahlreichen Bauarten elektrischer Maschinen des klassischen Elektromaschinenbaues enthält der Eisenkörper Nuten in axialer Richtung, in denen wechselstromführende Leiterstäbe von oft nicht geringer Höhe (senkrecht zur Achse) eingebettet sind. Wir nehmen hier die einfachste geometrische Ausgestaltung an: Nut und Leiterstab sind prismatisch, vgl. Abb. 9.18. Kann für das Eisen in der Nachbarschaft der Nutwände angenommen werden $\mu_E/\mu_0 \gg 1$, so treten die magnetischen Feldlinien praktisch senkrecht aus der einen Nutflanke aus und in die andere ein;

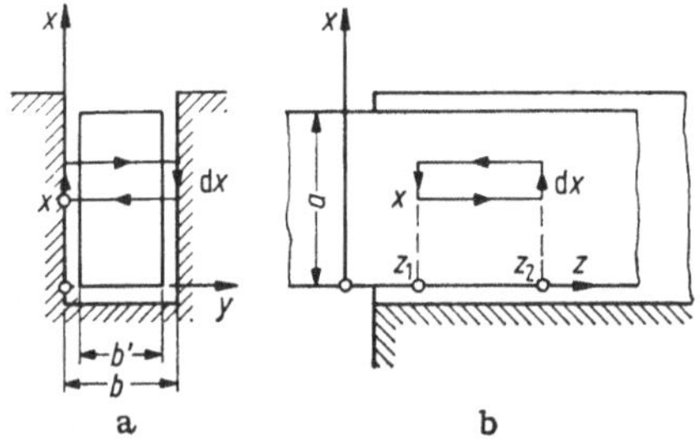


Abb. 9.18 Einseitige Strom- und Feldverdrängung im prismatischen Leiterstab.
a) zur Anwendung des Durchflutungsgesetzes; b) des Induktionsgesetzes.

ist die Nut nicht zu breit, so gilt praktisch in der Nut $\boldsymbol{H} = \boldsymbol{j}H_y(x, t)$, nnd bei Anwendung des Durchflutungsgesetzes kann für die magnetische Spannung der Anteil des Eisenweges vernachlässigt werden, so daß die magnetische Spannung quer durch die Nut an jeder Stelle $x$ gleich dem darunterliegenden Strom ist. Die elektrische Stromdichte besteht einzig aus der axialen Komponente $\boldsymbol{S} = \boldsymbol{k}S_z(x, t)$.

Wir wenden zunächst das Durchflutungsgesetz

$$\oint \boldsymbol{H} \cdot \mathrm{d}\boldsymbol{s} = \int_a \boldsymbol{S} \cdot \mathrm{d}\boldsymbol{a}$$

auf den in Abb. 9.18a angedeuteten Integrationsweg an und erhalten

$$b[H_y(x + \mathrm{d}x, t) - H_y(x, t)] = b' \,\mathrm{d}x\, S_z(x, t). \qquad (9.3.4\text{-}1)$$

Wir wenden ferner das Induktionsgesetz

$$\oint \boldsymbol{E}\, \mathrm{d}\boldsymbol{s} = -\frac{\mathrm{d}}{\mathrm{d}t} \int_a \boldsymbol{B} \cdot \mathrm{d}\boldsymbol{a}$$

auf den in Abb. 9.18b angedeuteten Integrationsweg an, führen sogleich die Substanzgleichungen $\boldsymbol{S}/\sigma = \boldsymbol{E}$ und $\boldsymbol{B} = \mu \boldsymbol{H}$ ein und erhalten

$$(z_2 - z_1)\{-S_z(x + \mathrm{d}x, t) + S_z(x, t)\}$$
$$= -(z_2 - z_1)\,\mu\, \mathrm{d}x \frac{\partial H_y(x, t)}{\partial t}. \qquad (9.3.4\text{-}2)$$

Hieraus folgt

$$\frac{\partial H_y}{\partial x} = \frac{b'}{b} S_z, \quad \frac{\partial S_z}{\partial x} = \sigma\mu \frac{\partial H_y}{\partial t} \qquad (9.3.4\text{-}3)$$

und hieraus durch Substitutionen

$$\frac{\partial^2 H_y}{\partial x^2} = \frac{b'}{b} \sigma\mu \frac{\partial H}{\partial t}, \quad \frac{\partial^2 S_z}{\partial x^2} = \frac{b'}{b} \sigma\mu \frac{\partial S_z}{\partial t}. \qquad (9.3.4\text{-}3\text{a})$$

Die Randbedingungen können hier hinsichtlich $H_y$ besonders einfach formuliert werden: es ist

$$H_y(x = 0, t) = 0, \qquad H_y(x = h, t) = \frac{I(t)}{b}, \tag{9.3.4-4}$$

wenn $I(t)$ der gesamte Stabstrom ist. Die Größen schwingen sinusförmig; wir rechnen mit komplexen Größen:

$$\underline{I}(t) = I_m e^{j\omega t}, \quad \underline{H}_y(x, t) = H_m e^{j\omega t}, \quad \underline{S}_z(x, t) = \underline{S}_m e^{j\omega t}, \tag{9.3.4-5}$$

und *verzichten von hier ab sowohl auf die Indizes y und z als auch au die Kennzeichnung komplexer Größen durch Unterstreichung des Formelzeichens.* Aus Gl. (4) und (5) wird

$$\frac{d^2 H}{dx^2} = k^2 H, \quad \frac{d^2 S}{dx^2} = k^2 S, \tag{9.3.4-6}$$

wobei wir setzen wollen

$$k^2 = j\omega\mu\sigma \frac{b'}{b}, \quad k = (1 + j)\, m, \qquad m = \sqrt{\frac{b'}{b}\,\omega\mu\sigma/2} = \frac{1}{\delta'}; \tag{9.3.4-7}$$

wir nennen

$$\delta' = \frac{1}{m} = \frac{1}{\sqrt{\omega\mu\sigma/2}} \sqrt{\frac{b}{b'}} \tag{9.3.4-8}$$

die korrigierte Dicke der äquivalenten Leitschicht. – Mit den beiden Randbedingungen Gl. (4) erhält man aus Gl. (6) sogleich

$$H_m = \frac{I_m}{b} \frac{\sinh kx}{\sinh kh}. \tag{9.3.4-9}$$

Zur Bestimmung von $S_m$ zieht man am einfachsten die erste Gl. (3) heran und erhält

$$S_m = \frac{I_m}{b'h} kh \frac{\cosh kx}{\sinh kh}. \tag{9.3.4-10}$$

Der Betrag $|S_m|$ ist also proportional zu $|\cosh kx|$, der Betrag $|H_m|$ ist proportional zu $|\sinh kx|$; für beide Funktionen vgl. Abb. 9.13. – Genauer:

$$|H_m| = \frac{|I_m|}{b} \sqrt{\frac{\cosh 2mx - \cos 2mx}{\cos 2mh - \cos 2mh}}, \tag{9.3.4-11}$$

$$|S_m| = \frac{|I_m|}{b'h} mh\sqrt{2} \sqrt{\frac{\cosh 2mx + \cos 2mx}{\cosh 2mh - \cos 2mh}}, \tag{9.3.4-12}$$

vgl. Abb. 9.19. Hieraus erhält man den zeitlichen Mittelwert der in einem Stabstück der Länge $l$ entwickelten Stromwärmeleistung zu

$$\overline{P}_{\text{th}} = \int_0^h \frac{|S_{\text{m}}|^2}{2\sigma} b' l \, \mathrm{d}x = \frac{|I_{\text{m}}|^2 l}{2\sigma b' h} \varphi(mh). \qquad (9.3.4\text{-}13)$$

Ein Gleichstrom von der Größe $I_{\text{g}}^2 = |I_{\text{m}}|/\sqrt{2}$ würde in diesem Körper eine Stromwärmeleistung $P_{\text{g}} = I_{\text{g}}^2 l/\sigma b' h$ hervorbringen, es ist somit

$$\frac{\overline{P}_{\text{th}}}{P_{\text{g}}} = \varphi(mh) = mh \frac{\sinh 2mh + \sin 2mh}{\cosh 2mh - \cos 2mh}, \qquad (9.3.4\text{-}14)$$

vgl. Abb. 9.20. Die Reihenentwicklung für $\varphi(ma)$ beginnt mit

$$\varphi(mh) = 1 + \frac{4}{45}(mh)^4 - \frac{104}{14175}(mh)^8 + \cdots - \cdots; \qquad (9.3.4\text{-}15)$$

schließlich wird

$$\varphi(mh) \to mh \quad \text{für} \quad mh \to \infty. \qquad (9.3\text{-}4\text{-}16)$$

Die Vergrößerung der Wärmeleistung gegenüber der Gleichstromwärmeleistung wächst mit $mh$, ist also anfänglich proportional zu $\omega^2$, schließlich proportional zu $\sqrt{\omega}$. – Maßgebend ist also überall die

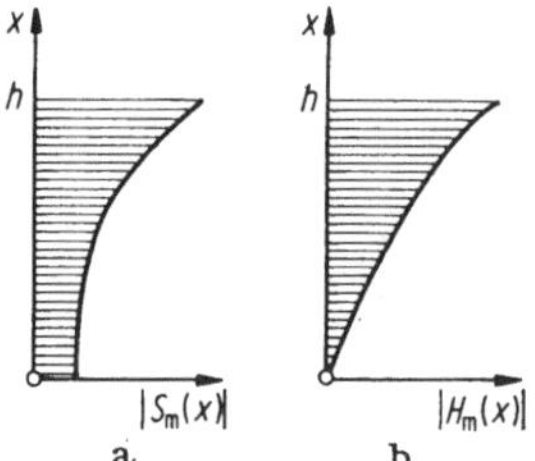


Abb. 9.19 Einseitige Strom- und Feldverdrängung im prismatischen Leiterstab. a) $S_m(x)$; b) $H_m(x)$.

Größe $mh = h/\delta'$, also das Verhältnis der Höhe $h$ des Stabes zur korrigierten Dicke der äquivalenten Leitschicht. Da häufig $b'/b \approx 1$ ist und anschließend an Gl. (9.3.1-8 und 8a) für Kupfer bei $f = 50$ Hz gefunden wurde $\delta \approx 0{,}94$ cm, kann man ungefähr veranschlagen $\delta = 1$ cm und hat damit für die Abschätzung der Strom- und der Feldverdrängung und der Verlustleistung die einfache Beziehung

$$mh \approx \frac{h}{\text{cm}}. \qquad (9.3.4\text{-}17)$$

Liegen mehrere Leiterstäbe übereinander in einer Nut und wird nur dem untersten der Strom $I_1(t) = I_{1\text{m}} \, \mathrm{e}^{\mathrm{j}\omega t}$ zugeführt, so befinden sich die darüberliegenden, nicht nach außen angeschlossenen Stäbe in einem tangentialen Felde $H_{\text{a}} = I_{1\text{m}}/b$, und es liegt für sie genau die in Abschnitt 9.3.3 behandelte Aufgabe vor: es tritt Wirbelströmung und Feldverdrängung auf. Wir haben in den dort angegebenen Beziehungen lediglich an Stelle von $m = \sqrt{\omega\sigma\mu/2} = 1/\delta$ nach Gl. (9.3.3-7) zu setzen $m = \sqrt{(b/b')\,\omega\sigma\mu/2} = 1/\delta'$ nach Gl. (7). Abb. 9.21 zeigt ein Beispiel: Zur Stromverdrängungsverlustleistung des unteren Stabes – $\varphi(mh)$ nach

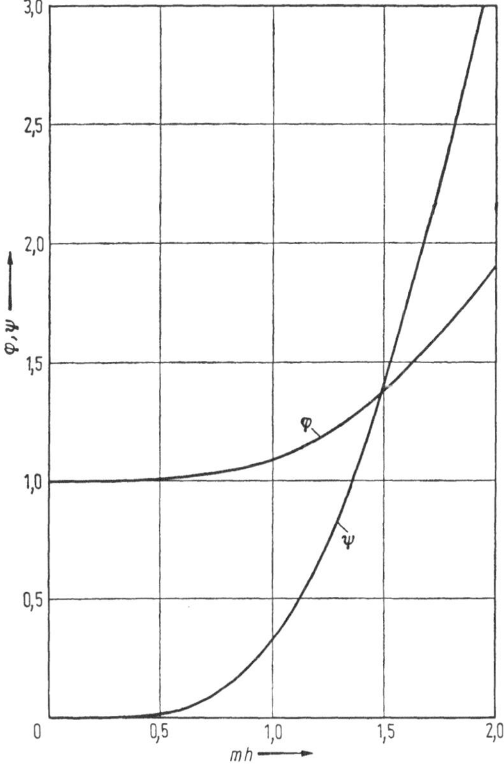


Abb. 9.20 Funktion $\psi(mh)$, Gl. (9.3.3-15), Wirbelstromwärme-Verlustleistung und Funktion $\varphi(mh)$, Gl. (9.3.4-14), Stromverdrängungs-Verlustleistung.

Gl. (14) – tritt zusätzlich Wirbelstromverlustleistung im darüber liegenden Stabe, $\psi(ma)$ nach Gl. (9.3.3-15), vgl. Abb. 9.20.

Werden die zwei Stäbe in Serie geschaltet, also von demselben Gesamtstrom gleichphasig durchflossen, so entsteht in dem oberen durch

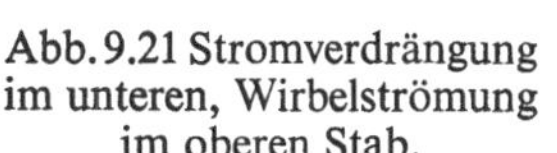
Abb. 9.21 Stromverdrängung im unteren, Wirbelströmung im oberen Stab.

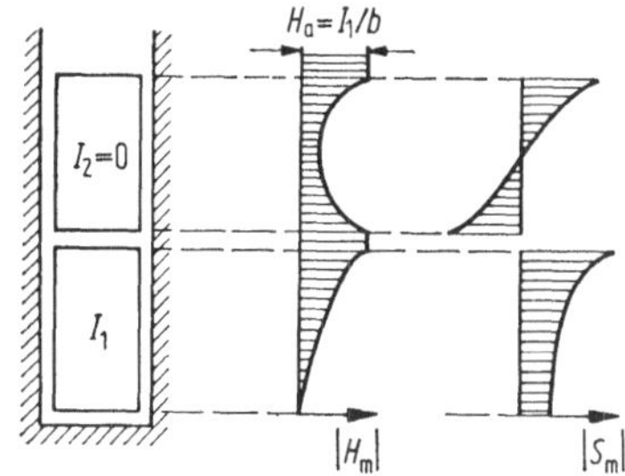

Überlagerung von einseitiger Stromverdrängung mit Wirbelströmung eine zweiseitige, ungleichmäßige Stromverdrängung, vgl. Abb. 9.22.

Mit denselben Funktionen wie die einseitige Stromverdrängung im einzelnen prismatischen Stab werden auch die Erscheinungen und Eigenschaften der Parallelschienenleitung beschrieben. Ganz ähnlich liegen die Verhältnisse bei einer langen geraden Zylinderspule, die gleichmäßig dicht mit einem Draht mit rechteckigem Querschnitt bewickelt ist, und bei einem langen kreiszylindrischen Rohr.

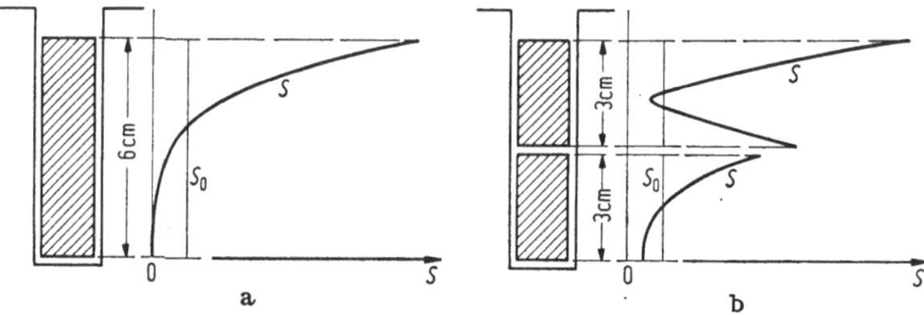


Abb. 9.22 Effektivwert $S$ der Stromdichte über der Leiterhöhe bei einer einlagigen (a) und einer zweilagigen (b) Kupferwicklung; $f = 50\,\text{Hz}$, $1/\sigma = 0{,}02\,\text{mm}^2/\text{m}$, $m = 0{,}89\,\text{cm}^{-1}$. $S_0$ Stromdichte bei gleichmäßiger Verteilung über den Leiterquerschnitt.

### 9.3.5 Anfänge der Magnetohydrodynamik

Wird in einem stationären (quasistationären) magnetischen Felde $\boldsymbol{B}$ ein Körper der elektrischen Leitfähigkeit $\sigma$ so bewegt, daß in ihm induzierte quasistationäre Ströme fließen, so folgt aus den diesen Vorgang beherrschenden Gleichungen

$$\boldsymbol{S} = \sigma(\boldsymbol{v} \times \boldsymbol{B}), \quad \operatorname{div} \boldsymbol{S} = 0, \quad \mathrm{d}\boldsymbol{F} = (\boldsymbol{S} \times \boldsymbol{B})\,\mathrm{d}\tau,$$

daß die Verrückungsarbeit unter allen Umständen negativ ist, mit anderen Worten, daß Kräfte auf den bewegten leitenden Körper entstehen, die der Bewegung entgegenwirken. Wir hatten diesen Sachverhalt in voller Allgemeinheit in Abschnitt 7.2, vgl. Gl. (7.2-23 bis 27), für feste, metallisch leitende Körper nachgewiesen; die dort gegebenen Beziehungen bilden die theoretische Grundlage für das elektrotechnische Gerät „Wirbelstrombremse“ jeglicher Bauart.

Ist der im magnetischen Felde bewegte leitfähige Körper jedoch ein (verformbares) Fluid (Flüssigkeit, Plasma), so werden die Vorgänge durch das Zusammenwirken der Gesetze der Elektrodynamik und der Hydrodynamik beschrieben. Die hieraus sich ergebende Theorie wird Magnetohydrodynamik genannt, und zwar deswegen, weil sie primär den Zusammenhang zwischen Bewegungsvorgängen und magnetischen Feldern zum Gegenstand hat; sie beschreibt das elektrische Strömungsfeld nicht explizit, sondern durch das zugeordnete (verkettete) magnetische Feld. Die Magnetohydrodynamik hat sich zunächst als tragfähige Theorie für die Beschreibung gewisser Vorgänge des Makrokosmos erwiesen: Plasmen bewegen sich im magnetischen Felde von Himmelskörpern. Hierbei sind die geometrischen Erstreckungen vergleichsweise sehr groß, die Leitfähigkeiten vergleichsweise klein. Bei physikalischen und technischen Anwendungen unter irdischen Verhältnissen sind dagegen die geometrischen Erstreckungen des Plasmas vergleichsweise klein, die Leitfähigkeiten dagegen größer.

Wir werden zunächst (A) die Gesetze der Elektrodynamik allein zu Rate ziehen, dann (B) zur Magnetohydrodynamik übergehen.

**Elektrodynamik**

Wir betrachten vorbereitend einen besonders einfachen Modellfall: Ein ausgedehntes magnetisches Feld $\boldsymbol{B}$ mit zueinander parallelen Feldlinien (es braucht nicht homogen zu sein) sei gegeben, senkrecht zu den Feldlinien werde ein ebenes metallisches Blech der Dicke $d$, der Leitfähigkeit $\sigma$ und der Permeabilität $\mu_0$ mit der konstanten Geschwindigkeit $\boldsymbol{v}$ bewegt; die Erstreckung senkrecht zu $\boldsymbol{B}$ und zu $\boldsymbol{v}$ sei sehr groß, Abb. 9.23. Dann sind die Feldlinien in der Nachbarschaft der Oberfläche der metallischen Scheibe in Richtung der Bewegung vorwärts geneigt, das Feld wird „mitgenommen". Dies läßt sich grob pauschal wie folgt einsehen: Nach dem Ohmschen und dem Induktionsgesetz ist im bewegten dünnen Blech die Stromdichte

$$\boldsymbol{S} = \sigma \boldsymbol{E} = \sigma(\boldsymbol{v} \times \boldsymbol{B})$$

senkrecht zur Zeichenebene der Abb. 9.23. Markiert der Index n die Richtung senkrecht zur Geschwindigkeit, also parallel zur Richtung des

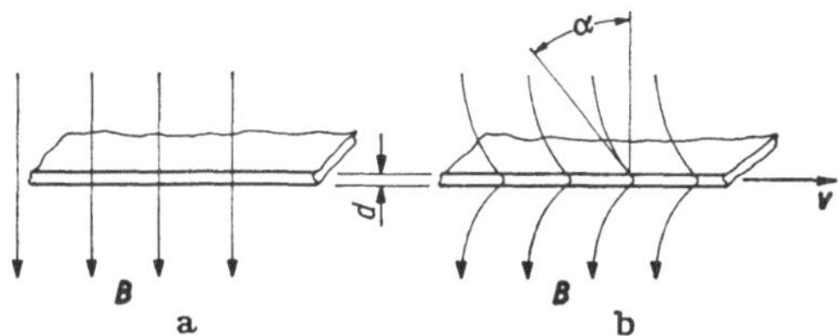


Abb. 9.23 Ebenes Blech im magnetischen Feld $\boldsymbol{B}$: a) unbewegt relativ zum Feld; b) senkrecht zu $\boldsymbol{B}$ mit der Geschwindigkeit $\boldsymbol{v}$ bewegt.

magnetischen Feldes $\boldsymbol{B}$ für $v = 0$, der Index t die Richtung parallel zur Geschwindigkeit $\boldsymbol{v}$, so ist hier

$$S = \sigma v B_{\mathrm{n}};$$

nach Gl. (5.1-4a) ist das Tangentialfeld an der Oberfläche des Bleches

$$B_{\mathrm{t}} = \mu_0 H_{\mathrm{t}} = \mu_0 S d/2.$$

Der Neigungswinkel $\alpha$ der Feldlinien an der Blechoberfläche, Abb. 9.23b, ist bestimmt durch

$$\tan \alpha = \frac{B_t}{B_n} = \mu_0 \sigma v d/2. \tag{9.3.5-1}$$

Das gewählte Modell entspricht der scheibenförmigen Wirbelstrombremse der Elektrotechnik und ungefähr dem als „Waltenhofensches Pendel" bekannten Demonstrationsapparat der Experimentalphysik. Würde man das magnetische Feld und die Wirbelstromwärme in der Scheibe nicht zur Kenntis nehmen, so könnte man sagen, daß die Bewegung der Scheibe so vor sich ginge, wie wenn sie durch ein zähes Medium geschoben würde.

Da die eingangs genannten Beziehungen nicht auf das gewählte Modell beschränkt sind, vielmehr allgemein gelten, müssen wir eine entsprechende Verzerrung des magnetischen Feldes (Mitnahme in Richtung der Bewegung des leitenden Körpers) auch bei jeder anderen Konfiguration erwarten; an die Stelle der Scheibendicke $d$ tritt dann eine andere Kennzeichenlänge $l$ des leitenden Körpers, so daß als generelle Kenngröße für die Erscheinung die Größe

$$\mu_0 \sigma v l = Re_m \tag{9.3.5-2}$$

gelten kann; sie wird häufig als magnetische Reynoldsche Kenngröße bezeichnet. In der Hydro- und der Thermodynamik nämlich wird mit Vorteil Gebrauch gemacht von der Reynoldschen Kenngröße $Re = vl/\nu$, wobei $l$ eine kennzeichnende Länge, $v$ eine kennzeichnende Geschwindigkeit und $\nu$ die kinematische Zähigkeit ist. Ihr entspricht also die Größe $1/(\mu_0\sigma)$. Der Bereich der Magnetohydrodynamik ist durch

$$Re_m = \mu_0 \sigma v l \gg 1 \tag{9.3.5-2a}$$

gekennzeichnet.

Um zu allgemeinen Beziehungen zu gelangen, gehen wir aus von den Grundgleichungen

$$\operatorname{rot} \mu_0 \boldsymbol{H} = \operatorname{rot} \boldsymbol{B} = \mu_0 \boldsymbol{S}, \tag{9.3.5-3a}$$

$$\operatorname{rot} \boldsymbol{E} = -\frac{\partial \boldsymbol{B}}{\partial t}, \tag{9.3.5-3b}$$

zu denen notwendig gehört

$$\operatorname{div} \boldsymbol{S} = 0, \quad \operatorname{div} \boldsymbol{B} = 0, \tag{9.3.5-3c}$$

und der Gleichung für die Stromdichte in einem leitenden Medium, das sich in einem elektrischen Feld $\boldsymbol{E}$ und einem magnetischen Felde $\boldsymbol{B}$ mit der Geschwindigkeit $\boldsymbol{v}$ bewegt:

$$\boldsymbol{S} = \sigma[\boldsymbol{E} + (\boldsymbol{v} \times \boldsymbol{B})]. \tag{9.3.5-3d}$$

Wenn man Gl. (3d) in Gl. (3a) einführt und von der so entstandenen Gleichung die Rotation bildet, erhält man mit Rücksicht auf die zweite Gl. (3c)

$$-\Delta \boldsymbol{B} = \mu_0 \sigma \operatorname{rot} \boldsymbol{E} + \mu_0 \sigma (\boldsymbol{v} \times \boldsymbol{B}),$$

daher wird wegen Gl. (3b)

$$\frac{\partial \boldsymbol{B}}{\partial t} = \operatorname{rot} (\boldsymbol{v} \times \boldsymbol{B}) + \frac{1}{\mu_0 \sigma} \Delta \boldsymbol{B}. \qquad \textbf{(9.3.5-4)}$$

Diese partielle Differentialgleichung beschreibt vollständig das magnetische Feld $\boldsymbol{B}$ in Abhängigkeit von der Geschwindigkeit $\boldsymbol{v}$ und von der Konstanten $\mu_0 \sigma$ der Materie. Zwei Grenzfälle treten hervor:

a) $|(\Delta \boldsymbol{B})/\mu_0 \sigma| \ll |\operatorname{rot} (\boldsymbol{v} \times \boldsymbol{B})|$. Diese Ungleichheit wird ersichtlich um so größer, je größer, bei sonst festgehaltenen Werten der vorliegenden Größen, die elektrische Leitfähigkeit $\sigma$ angenommen wird. Für $\sigma \to \infty$, also für den „idealen" Leiter, wird Gl. (4) zu

$$\frac{\partial \boldsymbol{B}}{\partial t} = \operatorname{rot} (\boldsymbol{v} \times \boldsymbol{B}). \qquad (9.3.5\text{-}5)$$

Für die Änderungsgeschwindigkeit des magnetischen Flusses einer substantiellen, das heißt an der bewegten Materie haftenden Fläche erhalten wir in Gl. (5) des Abschnittes A.7.19, vgl. auch Gl. (7.1-4):

$$\frac{\mathrm{d}}{\mathrm{d}t} \int\limits_{a} \boldsymbol{B} \cdot \mathrm{d}\boldsymbol{a} = \int\limits_{a} \left[ \frac{\partial \boldsymbol{B}}{\partial t} - \operatorname{rot} (\boldsymbol{v} \times \boldsymbol{B}) \right] \cdot \mathrm{d}\boldsymbol{a}. \qquad (9.3.5\text{-}6)$$

Dieser Ausdruck verschwindet, wenn die Beziehung (5) besteht. Also: Ist die Leitfähigkeit des bewegten Leiters unendlich groß, so ist der magnetische Fluß durch jede substantielle Fläche zeitlich konstant, mit anderen Worten: Das magnetische Induktionsfeld $\boldsymbol{B}$ wird bei der Bewegung *unverändert mitgenommen*, es haftet unverändert an jedem Volumenelement des bewegten Leiters von unendlich großer Leitfähigkeit. (Für diesen idealisierten Sachverhalt findet man auch den Ausdruck, das magnetische Feld sei im Leiter „eingefroren". Dieser Ausdruck ist unglücklich gewählt, denn er vergleicht das magnetische Feld mit einer in den leitenden Körper eingedrungenen Flüssigkeit, die bei einer bestimmten Temperatur in den festen Aggregatzustand übergeht. Noch abwegiger ist es, von eingefrorenen Linien des Feldes zu sprechen.) Daß im Idealfall diese Erscheinung eintreten muß, läßt sich leicht physikalisch einsehen: Die im Volumenelement $\mathrm{d}\tau$ auftretende Verlustleistung $(\boldsymbol{S}^2 \, \mathrm{d}\tau)/\sigma$ verschwindet mit der Idealisierung $\sigma = \infty$, es findet keine Änderung magnetischer Feldenergie statt, das magnetische Feld muß notwendigerweise unverändert bleiben.

b) $|\operatorname{rot} (\boldsymbol{v} \times \boldsymbol{B})| \ll |(\Delta \boldsymbol{B})/\mu_0 \sigma|$. Diese Ungleichheit wird ersichtlich um so größer, je kleiner, bei sonst festgehaltenen Werten der vorliegenden

Größen, die Geschwindigkeit $\boldsymbol{v}$ wird, aber auch dann, wenn $\boldsymbol{v}$ und $\boldsymbol{B}$ nahezu parallel oder antiparallel zueinander stehen, wenn also die Bewegung wesentlich in Richtung $\pm\boldsymbol{B}$ erfolgt. Aus Gl. (4) wird dann

$$\frac{\partial \boldsymbol{B}}{\partial t} = \frac{1}{\mu_0 \sigma} \Delta \boldsymbol{B}. \tag{9.3.5-7}$$

Dies ist die Gleichung, die in anderen Gebieten der makroskopischen Physik Wärmeleitungsvorgänge in festen Körpern und Diffusionsvorgänge, in der Elektrodynamik den (allmählichen) Aufbau und Abbau zum Beispiel magnetischer Felder in festen leitfähigen Körpern beschreibt. Sie wird zwar erst im 10. Kapitel eingehender besprochen, Beispiele für Lösungen sind jedoch im Abschnitt 9.3.2 – Aufbau und Abbau eines axial gerichteten magnetischen Feldes in einem leitenden Kreiszylinder vom Radius $b$ – und im Abschnitt 9.3.3 – Aufbau und Abbau eines tangential gerichteten magnetischen Feldes in einem leitenden ebenen Blech der Dicke $h$ – gegeben worden. Partikuläre Integrale der Gl. (7) sind hiernach Produkte von Ortsfunktionen mit Exponentialfunktionen der Zeit,

$$\boldsymbol{B} = \boldsymbol{f}(x_1, x_2, x_3)\, \mathrm{e}^{-t/\tau},$$

wobei nach Ausweis der Gln. (9.3.2-43) und (9.3.3-33) die Zeitkonstante $\tau$ die Form

$$\tau = \mu_0 \sigma l^2 \zeta \tag{9.3.5-8}$$

aufweist; $l$ ist eine charakteristische Länge des Körpers (Radius des Kreiszylinders, Dicke des Bleches), und $\zeta$ ist eine Zahl. Die nicht unendlich große elektrische Leitfähigkeit des Körpers bewirkt also in an sich bekannter Weise durch Energieumwandlung in Stromwärme eine Veränderung des magnetischen Feldes.

Die Gl. (4) dürfen wir daher so verstehen, daß ihre Lösungen *Mitnahme des magnetischen Feldes, verbunden mit dessen Veränderung während der Bewegung*, beschreiben.

**Magnetohydrodynamik**

Zu A. treten hinzu die Gleichungen der Hydrodynamik, das sind die Erhaltungssätze für die Masse und für die Energie, die Bewegungsgleichung sowie die thermodynamischen Zustandsgleichungen. Hiervon erwähnen wir besonders die Bewegungsgleichung für eine kompressible Flüssigkeit:

$$\varrho \frac{\mathrm{d}\boldsymbol{v}}{\mathrm{d}t} = -\operatorname{grad} p + \boldsymbol{f}. \tag{9.3.5-9}$$

Hier ist $\varrho$ die Dichte (Massendichte), die eine Funktion des Ortes und der Zeit sein kann: $\varrho = \varrho(x_1, x_2, x_3, t)$, ferner ist $p$ der Druck, $\boldsymbol{f}$ die räumliche Dichte aller äußeren auf ein Volumenelement wirkenden Kräfte. Solche können sein: die Schwerkraft, die Kraft auf Träger elektrischer Ladungen, die Reibungskraft, die Kraft auf Träger elektrischer Leitungsströme. Wird die Schwerkraft vernachlässigt und ist das Plasma elektrisch neutral, so bleiben nur Reibungskräfte und die Stromkraft. In einem hochionisierten Plasma hoher Temperatur ist die elektrische Leitfähigkeit vergleichsweise groß, die Reibungskräfte können vernachlässigt werden, so daß aus Gl. (9) wird

$$\varrho \frac{\mathrm{d}\boldsymbol{v}}{\mathrm{d}t} = -\operatorname{grad} p + (\boldsymbol{S} \times \boldsymbol{B}). \tag{9.3.5-10}$$

Wir beachten noch

$$\frac{\mathrm{d}\boldsymbol{v}}{\mathrm{d}t} = \frac{\partial \boldsymbol{v}}{\partial t} + (\boldsymbol{v} \operatorname{grad})\, \boldsymbol{v}; \tag{9.3.5-11}$$

erfolgt die Bewegung nur in einer Richtung, so verschwindet das zweite Glied, vgl. Abschnitt A.7.18 (6f).

In Gl. (10) wollen wir, dem eingangs erwähnten Konzept der Magnetohydrodynamik folgend, die Stromdichte durch das ihr zugeordnete magnetische Feld $\boldsymbol{B}$ ausdrücken. Hierzu steht Gl. (3a) zur Verfügung:

$$\boldsymbol{S} \times \boldsymbol{B} = \frac{1}{\mu_0} (\operatorname{rot} \boldsymbol{B}) \times \boldsymbol{B}; \tag{9.3.5-12}$$

führt man das vektorielle Produkt nach Gl. (6i) im Abschnitt A.7.18 aus, so wird Gl. (10)

$$\varrho \frac{\mathrm{d}\boldsymbol{v}}{\mathrm{d}t} = -\operatorname{grad} p - \operatorname{grad} (B^2/2\mu_0) + \frac{1}{\mu_0} (\boldsymbol{B} \cdot \operatorname{grad})\, \boldsymbol{B}. \tag{9.3.5-13}$$

Verläuft das Feld $\boldsymbol{B}$ nur in einer Richtung, so verschwindet das dritte Glied rechts vom Gleichheitszeichen und es bleibt die Bewegungsgleichung in der Form

$$\varrho \frac{\mathrm{d}\boldsymbol{v}}{\mathrm{d}t} = -\operatorname{grad} (p + B^2/2\mu_0). \tag{9.3.5-14}$$

Die Größe $B^2/2\mu_0$ wird daher kurz und unmißverständlich magnetischer Druck genannt. Zum Beispiel ist $B^2/2\mu_0 \approx 0{,}4\ \mathrm{N/cm^2}$ bei $B = 1\ \mathrm{T} = 1\ \mathrm{Vs/m^2}$. Am Umfang eines leitenden Kreiszylinders vom Radius $b$ ist $B = \mu_0 I/(2\pi b)$, wenn $I$ die Stromstärke im Zylinder ist, daher ist der magnetische Druck dort

$$\frac{B^2}{2\mu_0} = \frac{\mu_0}{8\pi} \frac{I^2}{b^2} = \frac{\mu_0}{8} S^2; \tag{9.3.5-15}$$

die Kraft ist allseits radial nach innen gerichtet, sie wirkt im Sinne einer Verkleinerung des Radius.

Ist $\mathrm{d}\boldsymbol{v}/\mathrm{d}t = 0$, so ist nach Ausweis der Gl. (14)

$$p + \frac{B^2}{2\mu_0} = \text{const.} \tag{9.3.5-16}$$

Wird überall der Gradient des Gasdruckes $p$ durch einen gleich großen, entgegengesetzt gerichteten Gradienten des magnetischen Druckes $B^2/2\mu_0$ kompensiert, so herrscht statisches Gleichgewicht.

Der *magnetohydrodynamische Generator* besteht im Prinzip aus einer Brennkammer, in welcher ein heißes, elektrisch leitendes Gas erzeugt wird, aus einer Düse, durch welche das heiße Gas mit hoher Geschwindigkeit ausströmt, und aus zwei Elektroden, die in diesen Gasstrom eintauchen, Abb. 9.24. Durch ein magnetisches Feld senkrecht zur Zeichenebene werden die positiven und negativen elektrischen Ladungsträger in Richtung der Elektroden (Auffangplatten) $P$ getrieben, diese sind die Pole (Klemmen) des Generators. Die elektrischen Eigen-

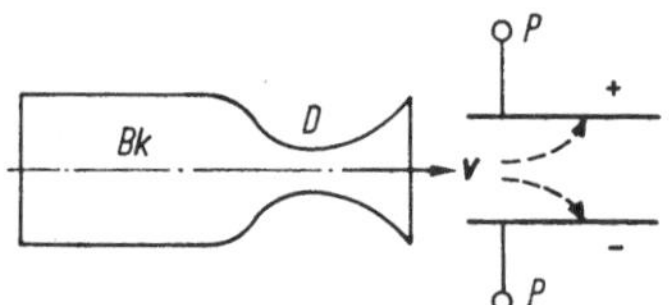


Abb. 9.24 Prinzip des magnetohydrodynamischen Generators. Bk Brennkammer, D Düse, P Elektroden. Magnetisches Feld senkrecht zur Zeichenebene.

schaften dieses Energiewandlers kann man wie folgt abschätzen: Bezeichnet $v$ die Ausströmgeschwindigkeit der Ladungsträger, $B$ die magnetische Flußdichte, $Q$ die Trägerladung, so ist die auf die Träger wirkende Kraft $\boldsymbol{F} = Q(\boldsymbol{v} \times \boldsymbol{B})$, hier $F = QvB$, weil $\boldsymbol{v}$ senkrecht zu $\boldsymbol{B}$ ist. Die Aufladung der Platten stellt zwischen diesen ein elektrisches Feld der Stärke $\boldsymbol{E}$ her, dessen Feldkraft $QE$ der Kraft $QvB$ entgegenwirkt. Der Aufladungsvorgang der isolierten Elektroden ist beendet, wenn die beiden Kräfte einander das Gleichgewicht halten. Dann ist die Leerlaufspannung

$$U^{\mathrm{l}} = vBd, \tag{9.3.5-17}$$

wenn $d$ der Abstand der Elektroden voneinander und wenn die Spannung gleich dem Produkt aus Feldstärke und Plattenabstand ist. Verbindet man die Elektroden miteinander durch eine äußere leitende Verbindung, so ist bei Kurzschluß die Stromdichte im Plasma $\boldsymbol{S}^{\mathrm{k}} = \sigma(\boldsymbol{v} \times \boldsymbol{B})$, hier

$$S^{\mathrm{k}} = \sigma vB. \tag{9.3.5-18}$$

Der durch die Gasstrecke gegebene innere Widerstand des Generators ist also, wenn $a$ die Fläche einer Auffangplatte bezeichnet,

$$R_{\mathrm{i}} = \frac{U^{\mathrm{l}}}{aS^{\mathrm{k}}} = \frac{d}{a\sigma}. \tag{9.3.5-19}$$

Die erreichbaren Stromdichten werden also wesentlich bestimmt durch die elektrische Leitfähigkeit $\sigma$ des Plasmas, durch die Strömungsgeschwindigkeit $v$ und durch die magnetische Flußdichte $\boldsymbol{B}$. Die Leitfähigkeit hängt stark von der Temperatur ab. Ist die leitende Verbindung zwischen den Elektroden nicht ein Kurzschluß, sondern ein Widerstand von endlicher Größe, so bedingt der Strom im äußeren Kreis eine Stromkraft im Plasma von der Dichte $\boldsymbol{S} \times \boldsymbol{B}$, die entgegengesetzt gerichtet ist zur Strömungsgeschwindigkeit und die die Strömung abbremst. Der Gasströmung wird dadurch gerade so viel an kinetischer Energie entzogen, wie dem Stromkreis an elektrischer Energie zugeführt wird. Der magnetohydrodynamische Generator wandelt also Wärmeenergie direkt in elektrische Energie um, ohne daß mechanisch (und meist auch thermisch) hochbelastete bewegliche Teile wie bei den konventionellen elektrischen Maschinen gebraucht werden.

Zur Abschätzung diene folgendes Beispiel: Bei $T = 3000$ K lassen sich gegenwärtig Leitfähigkeiten in der Größenordnung $\sigma = 1$ S/cm erreichen. Bei einer Strömungsgeschwindigkeit $v = 100$ m/s, einer Flußdichte $B = 1$ T $= 1$ Vs/m$^2$ und einem Elektrodenabstand $d = 10$ cm ist dann nach Gl. (17) die Leerlaufspannung $U^1 = 10$ V, nach Gl. (18) die Kurzschlußstromdichte $S^k = 1$ A/cm$^2$. Bei einer Auffangfläche $a = 100$ cm$^2$ wird die Kurzschlußstromstärke $I^k = aS^k = 100$ A und nach Gl. (19) der innere Widerstand der Gasstrecke $R_i = 0{,}1\ \Omega$. – Eine große technische Schwierigkeit liegt gegenwärtig in der Herstellung eines Gases mit ausreichend großer elektrischer Leitfähigkeit, wozu vergleichsweise hohe Temperaturen (Größenordnung 3000 K) erforderlich werden; dies hat wiederum technologische Schwierigkeiten zur Folge.

Für magnetohydrodynamische Schwingungen und Wellen und weitere magnetohydrodynamische Erscheinungen muß auf die Fachliteratur verwiesen werden.

**Weiterführende Literatur zu Abschnitt 9.3.5**

Cowling, T. G.: Magnetohydrodynamics. New York und London 1953.
Ferraro, V. C. A.; Plumpton, G.: Magnetofluid mechanics. Oxford 1961.
Alfvén, H.; Fälthammar, C. G.: Cosmical electrodynamics. Oxford 1963;
Harris, L. P.: Hydromagneticchannel flows, New York und London 1960.
Arzimowitsch, L. A.: Gesteuertet hermonukleare Reaktionen. Berlin 1965.

## 10. Die partiellen Differentialgleichungen der Proportionaltheorie

Wir haben für ruhende Körper die Grundgleichungen

$$\operatorname{rot} \boldsymbol{H} = \boldsymbol{S} + \frac{\partial \boldsymbol{D}}{\partial t}, \tag{10-1a}$$

$$\operatorname{rot} \boldsymbol{E} = -\frac{\partial \boldsymbol{B}}{\partial t}, \tag{10-1b}$$

$$\operatorname{div} \boldsymbol{D} = \eta, \tag{10-1c}$$

$$\operatorname{div} \boldsymbol{B} = 0 \tag{10-1d}$$

abgeleitet. In isotropen Stoffen sind in den Substanzgleichungen

$$\boldsymbol{D} = \varepsilon \boldsymbol{E}, \tag{10-2a}$$

$$\boldsymbol{S} = \sigma \boldsymbol{E}, \tag{10-2b}$$

$$\boldsymbol{H} = \boldsymbol{B}/\mu \tag{10-2c}$$

die Permittivität $\varepsilon$, die elektrische Leitfähigkeit $\sigma$ und die Permeabilität $\mu$ skalare Größen. Wir werden hier nicht nur dies voraussetzen, sondern überdies noch, daß *im ganzen felderfüllten Raum* diese Stoffwerte nicht von Feldstärkewerten abhängen, sondern in Bezug auf diese *Stoffkonstanten* sind. Nur unter dieser nicht selbstverständlichen und keineswegs allgemein zutreffenden Annahme, vgl. die Kapitel 6 und 8B, werden lineare partielle Differentialgleichungen mit konstanten Koeffizienten erhalten, und nur deren Theorie ist mathematisch weitgehend erforscht und ausgebaut.

Im einfachsten Falle haben $\varepsilon, \sigma, \mu$ in jedem Punkt des unendlich ausgedehnten felderfüllten Raumes jeweils dieselben Werte. Liegen endliche (abgegrenzte) Raumgebiete vor, in deren jedem $\varepsilon, \sigma, \mu$ gegebene Stoffkonstanten sind, so müssen die jeweiligen Randbedingungen (Flächenwirbel und Flächenquellen) gleichfalls bekannt sein, zum Beispiel hinsichtlich $\boldsymbol{E}$ und $\boldsymbol{D}$ gemäß Abschnitt 2.6, hinsichtlich $\boldsymbol{B}$ und $\boldsymbol{H}$ gemäß Abschnitt 8.4. Von eingeprägten elektrischen Feldstärken $\boldsymbol{E}^{e}$, elektrischen und magnetischen permanenten Polarisationen $\boldsymbol{P}_\mathrm{p}$ und $\boldsymbol{J}_\mathrm{p}$ werden wir lediglich einfachheitshalber absehen.

Mit den angegebenen Voraussetzungen über $\varepsilon, \sigma, \mu$ lassen sich die Gln. (1a bis d) so schreiben, daß zum Beispiel nur die Feldgrößen $\boldsymbol{E}$ und $\boldsymbol{H}$ auftreten. Indem man aus der Gl. (1a) bildet rot (rot $\boldsymbol{H}$) = grad (div $\boldsymbol{H}$) − $\Delta\boldsymbol{H}$, aus Gl. (1b) substituiert und Gl. (1d) einsetzt, erhält man

$$\Delta\boldsymbol{H} = \sigma\mu\frac{\partial\boldsymbol{H}}{\partial t} + \varepsilon\mu\frac{\partial^2\boldsymbol{H}}{\partial t^2}, \qquad \textbf{(10-3)}$$

ferner, indem man aus Gl. (1b) bildet rot(rot $\boldsymbol{E}$), aus (1a) substituiert und (1c) einsetzt,

$$\Delta\boldsymbol{E} = \sigma\mu\frac{\partial\boldsymbol{E}}{\partial t} + \varepsilon\mu\frac{\partial^2\boldsymbol{E}}{\partial t^2} + \mathrm{grad}\,\frac{\eta}{\varepsilon}. \qquad \textbf{(10-4)}$$

Nach dieser Gleichung wird die Feldstärke $\boldsymbol{E}(x_1, x_2, x_3, t)$ wesentlich mitbestimmt durch die *vorgegebene* räumliche Ladungsdichte $\eta(x_1, x_2, x_3, t)$. Nicht nur einfacher, sondern auch häufiger sind die durch $\eta = 0$ gekennzeichneten Probleme. Die für diese geltende Gleichung

$$\Delta\boldsymbol{E} = \sigma\mu\frac{\partial\boldsymbol{E}}{\partial t} + \varepsilon\mu\frac{\partial^2\boldsymbol{E}}{\partial t^2} \qquad \textbf{(10-5)}$$

stimmt formal mit Gl. (3) überein. Also: Für jede Koordinate (skalar genommene Komponente) $F(x_1, x_2, x_3, t)$ eines der Feldvektoren $\boldsymbol{E}, \boldsymbol{D}, \boldsymbol{B}, \boldsymbol{H}$ gilt die Gleichung

$$\Delta F = \sigma\mu\frac{\partial F}{\partial t} + \varepsilon\mu\frac{\partial^2 F}{\partial t^2}; \qquad \textbf{(10-6)}$$

sie heißt *Telegraphengleichung*.[1] Wir merken noch zwei nützliche Umformungen an: Indem wir neben der aus Gl. (3.2-8) bekannten Relaxationszeit

$$\beta = \frac{\varepsilon}{\sigma} \qquad (10\text{-}7)$$

noch die Größe

$$v^2 = \frac{1}{\varepsilon\mu}, \qquad (10\text{-}8)$$

[1] Die Gleichung

$$\frac{\partial^2 F}{\partial x^2} = a\frac{\partial^2 F}{\partial t^2} + b\frac{\partial F}{\partial t} + cF$$

mit konstanten Koeffizienten $a$, $b$, $c$ ist erstmals in der Theorie linearer homogener Nachrichtenübertragungsleitungen eingehend behandelt worden ($F$ entweder in der Bedeutung des Stromes $I(x, t)$ oder der Spannung $U(x, t)$), vgl. Gl. (11.4-4).

also $\beta v^2 = 1(\sigma\mu)$ einführen, erhalten wir

$$v^2 \Delta F = \frac{1}{\beta}\frac{\partial F}{\partial t} + \frac{\partial^2 F}{\partial t^2}, \tag{10-9}$$

$$\beta v^2 \Delta F = \frac{\partial F}{\partial t} + \beta\frac{\partial^2 F}{\partial t^2}. \tag{10-10}$$

Die Telegraphengleichung ist eine lineare partielle Differentialgleichung mit konstanten Koeffizienten von zweiter Ordnung sowohl hinsichtlich der Ortskoordinaten als auch der Zeit. Sie bestimmt eindeutig den Wert, den $F$ in einem betrachteten Raumpunkt zu einem betrachteten Zeitpunkt annimmt, wenn als „Anfangswerte" die Werte von $F$ und $\partial F/\partial t$ für jeden Raumpunkt in einem gegebenen Zeitpunkt gegeben sind, den man zweckmäßig durch $t = 0$ kennzeichnet. Dann ist im allgemeinen der Gültigkeitsbereich durch $t \geqq 0$ gegeben (die Gleichung beschreibt das „zukünftige" örtlich-zeitliche Geschehen, sie läßt zum Beispiel nicht eine unbeschränkte Extrapolation in die „Vergangenheit" zu). Ferner müssen für eine vollständige Lösung Randwerte vorgegeben sein, zum Beispiel an den Grenzen des betrachteten endlichen Raumgebietes, oder im Unendlichen.

Bemerkenswerte Entartungen (Sonderfälle) der Telegraphengleichung sind:

**1. Keine zeitlichen Änderungen,** $\partial/\partial t = 0$: Aus Gl. (3) wird

$$\Delta \boldsymbol{H} = 0; \tag{10-11}$$

wegen Gl. (1d) ist diese Gleichung erfüllt für rot $\boldsymbol{H} = 0$, daher ist $\boldsymbol{H}$ berechenbar aus einem skalaren magnetischen Potential gemäß $\boldsymbol{H} = -\text{grad}\,\varphi_\text{m}$, und für dieses gilt wegen Gl. (1d) die Laplacesche Differentialgleichung $\Delta\varphi_\text{m} = 0$. Dieser Sachverhalt ist aus Abschnitt 8.4 bekannt. Aus Gl. (4) wird

$$\Delta \boldsymbol{E} = \text{grad}\,\frac{\eta}{\varepsilon}, \tag{10-12}$$

falls $\eta$ zeitlich konstant ist. Andernfalls und wenn $\eta$ verschwindet, wird

$$\Delta \boldsymbol{E} = 0. \tag{10-13}$$

Wegen der erwähnten Bedeutung des Laplaceschen Operators und der Gl. (1c) ist jede dieser beiden Gleichungen erfüllt für rot $\boldsymbol{E} = 0$, daher ist $\boldsymbol{E}$ berechenbar aus einem skalaren elektrischen Potential $\varphi$ gemäß $\boldsymbol{E} = -\text{grad}\,\varphi$, und für dieses gilt wegen Gl. (1c) die Poissonsche Differentialgleichung

$$\Delta\varphi = \frac{\eta}{\varepsilon} \tag{10-14}$$

und im Falle $\eta = 0$ die Laplacesche

$$\Delta\varphi = 0. \tag{10-15}$$

Dieser Sachverhalt ist aus Abschnitt 2.10 bekannt.

**2. Der ideale Nichtleiter** ist durch unbegrenzt große Relaxationszeit gekennzeichnet. Für $\beta = \infty$ wird aus Gl. (9) die *Wellengleichung*

$$v^2\,\Delta F = \frac{\partial^2 F}{\partial t^2}. \tag{\textbf{10-16}}$$

Das von Poisson gefundene allgemeine Integral läßt sich wie folgt konstruieren: Um in einem Punkte $p$ den im Zeitpunkte $t$ vorhandenen Wert $F_{pt}$ zu finden, wenn für $t = 0$ die Werte $F = F_0$ und $(\partial F/\partial t)_0$ in jedem Raumpunkte gegeben sind, betrachte man eine Kugelfläche vom Radius $vt$ um $p$ als Mittelpunkt und bestimme aus den Anfangswerten $F_0$ deren Mittelwert $\bar{F}_0$ auf der Kugeloberfläche, entsprechend aus den Anfangswerten $(\partial F/\partial t)_0$ deren Mittelwert $\overline{(\partial F/\partial t)}_0$ auf der Kugeloberfläche. Dann ist im Punkte $p$ zur Zeit $t$

$$F_{pt} = \frac{\partial}{\partial t}(t\bar{F}_0) + t\overline{\left(\frac{\partial F}{\partial t}\right)}_0. \tag{10-17}$$

Wir übergehen hier den mathematischen Nachweis, daß dieses $F_{pt}$ ein Integral der Gl. (16) ist. Aus Gl. (17) folgt: *Der Wert der Größe $F$ im Punkt $p$ wird in jedem Zeitpunkt $t$ durch die Werte bestimmt, die um eine Zeitspanne $t$ vorher in allen von $p$ um die Strecke $vt$ entfernten Raumpunkten geherrscht haben.* Daher ist die durch Gl. (8) eingeführte Größe

$$v = \frac{1}{\sqrt{\varepsilon\mu}} \tag{\textbf{10-18}}$$

die Geschwindigkeit, mit der die „Störung", das heißt die von Null verschiedenen Werte $F$, sich fortpflanzen.

Zur Zeit $t = 0$ seien in einem endlich begrenzten Raumteil $S$ die Größen $F$ und $\partial F/\partial t$ von Null verschieden, außerhalb überall Null. Dann liefern zu $F_{pt}$, falls $p$ außerhalb von $S$ liegt, nur diejenigen Punkte $p'$ des „ursprünglichen" Störungsgebietes $\mathscr{S}$ Beiträge, die auf einer um den Punkt $p$ mit dem Radius $vt$ beschriebenen Kugelfläche liegen. Ist also $r_1 = vt_1$ der kürzeste, $r_2 = vt_2$ der weiteste Abstand zwischen $p$ und den Punkten $p'$ in $\mathscr{S}$, so *beginnt* die Störung in $p$ zur Zeit $t_1 = r_1/v$ und *endet* zur Zeit $t_2 = r_2/v$, *nur* innerhalb der Zeitspanne $t_2 - t_1$ ist $F_{pt}$ von Null verschieden, für $t < t_1$ und $t > t_2$ ist $F_{pt} = 0$. Ein bestimmter Punkt $p'$ in $\mathscr{S}$ liefert zur Störung in $p$ im Zeitpunkte $\overline{pp'}/v$ einen Beitrag: die Störung breitet sich also vom Punkte $p'$ mit der Geschwindigkeit $v$ aus. (Auf die gleiche Art und Weise breiten sich elastische Verschiebungen in idealen festen Substanzen aus.) Für den leeren Raum ist die Ausbreitungsgeschwindigkeit $v = c_0$ mit

$$c_0 = \frac{1}{\sqrt{\varepsilon_0 \mu_0}}, \quad \text{daher} \quad v = \frac{c_0}{\sqrt{\varepsilon_r \mu_r}}. \tag{10-19}$$

Die ersten diesbezüglichen Messungen unternahmen 1856 W. Weber und R. Kohlrausch[1], es ergab sich für $c_0$ der (zum Beispiel aus astronomischen Messungen bekannte) Wert der Lichtgeschwindigkeit im Vakuum. Dieses damals sehr überraschende Ergebnis gab einen ersten starken Hinweis auf den Zusammenhang zwischen Lichterscheinungen und elektrischen Erscheinungen und war eine der wichtigsten Stützen Maxwells für seine 1865 gemachte Aussage, daß „Licht eine elektromagnetische Störung ist, die sich nach elektromagnetischen Gesetzen ... fortpflanzt".

Nach der Wellentheorie ist die Lichtgeschwindigkeit in verschiedenen Stoffen umgekehrt proportional zu deren Brechungsexponenten $n$. Die Permeabilitäten durchsichtiger Stoffe sind wenig voneinander und wenig von $\mu_0$ verschieden. Dann müßte wegen Gl. (19) der Brechungsexponent eines durchsichtigen Stoffes mit $\sqrt{\varepsilon_r}$ übereinstimmen. Indem man diese „Maxwellsche Beziehung" mit Lichtwellen verschiedener Frequenzen prüft, findet man unter anderem die Grenze, bis zu der die makroskopische Feldtheorie zureichend ist.

**3. Metallische Leiter** sind durch extrem kleine Werte der Relaxationszeit gekennzeichnet. Mit $\beta = 0$ („idealer Leiter") wird aus Gl. (10) die *Wärmeleitungs- und Diffusionsgleichung*

$$b\,\Delta F = \frac{\partial F}{\partial t}, \tag{10-20}$$

wobei wir

$$b = \frac{1}{\sigma\mu} \tag{10-21}$$

die *Leiterkonstante* nennen wollen. Durch die Gl. (20) wird der Wert $F$ in jedem Punkte $p$ zu jeder Zeit $t$ eindeutig bestimmt aus der für $t = 0$ gegebenen Anfangsverteilung $F_0$ und der Bedingung, daß $F$ in unendlicher Entfernung verschwindet. – Ist der unendliche Raum ausgefüllt mit einer homogenen Substanz der Leiterkonstante $b$, und ist in jedem

[1] Wilhelm Weber, 1804–1894, Rudolf Kohlrausch, 1801–1858. – Da damals die physikalischen Größen $\varepsilon_0$ und $\mu_0$ noch nicht explizit bekannt waren, war die Meßaufgabe gänzlich anders formuliert; über den klassischen Versuch von Weber und Kohlrausch und seine einfache Auslegung mittels erweiterter CGS-Einheiten siehe Abschnitt A.4.

Punkte der Anfangszustand $F_0$ gegeben, so ist das von Fourier[1] gefundene allgemeine Integral der Gl. (20)

$$F_{pt} = \int\limits_{\infty} F_0 \frac{\exp\left(-\frac{r^2}{4bt}\right)}{(\pi\, 4bt)^{3/2}}\, d\tau, \tag{10-22}$$

wobei $r$ der Abstand zwischen dem Punkte $b$ und dem Volumenelement $d\tau$ ist. Wir übergehen hier den Nachweis, daß Gl. (22) ein Integral der Gl. (20) ist. Das Integral zeigt: Zu dem Werte $F_{pt}$ im Punkte $p$ zur Zeit $t$ tragen *alle* Volumenelemente $d\tau$ bei, ein jedes mit dem Gewicht

$$u = \frac{\exp\left(-\frac{r^2}{4bt}\right)}{(\pi\, 4bt)^{3/2}}, \tag{10-23}$$

dessen Wert durch den Abstand $r$ zwischen $p$ und $d\tau$ und durch die Zeit $t$ bestimmt wird. $u$ ist aber Null nur für $t = 0$ und $t = \infty$ und hat dazwischen zur Zeit $t = r^2/6b$ seinen Höchstwert, der umgekehrt proportional zu $r^3$ ist.

Ist also zur Zeit $t = 0$ überall $F = 0$ mit Ausnahme eines „ursprünglichen Störungsgebietes" $\mathscr{S}$, so tragen alle Punkte $p'$ in $\mathscr{S}$ zur Störung in $p$ bei, und zwar in jedem (noch so großen) Abstand $\overline{pp'}$ und zu jeder (noch so kleinen sowie unbegrenzt großen) Zeit $t$. Der Maximalbetrag aber, den $p'$ zur Störung in $p$ liefert, ist nach Gl. (23) um so kleiner und trifft um so später ein, je größer die Entfernung $r$ ist. Die Zeit, nach welcher er eintrifft, ist proportional zu $r^2$, aber nicht proportional zu $r$, wie bei der Wellenausbreitung. *Es gibt daher keine bestimmte Geschwindigkeit, die man* (analog zur Wellengeschwindigkeit) *als Ausbreitungsgeschwindigkeit bezeichnen könnte.* Wollte man diese dadurch bestimmen, daß man die Zeit mißt, nach welcher in gegebener Entfernung eine Störung von gewählter Stärke eintrifft, so würde man eine um so größere Geschwindigkeit finden, je kleiner man die zu konstatierende Störung gewählt hat. (Je empfindlicher ein am Meßort aufgestelltes Empfangsgerät ist, um so früher zeigt es eine Störung an.) Der Ausbreitungsvorgang, der durch die Wärmeleitungs- und Diffusionsgleichung beschrieben wird, ist also grundverschieden von dem, der durch die Wellengleichung beschrieben wird.

Wie die thermischen und die elektromagnetischen Größen in festen Körpern einander entsprechen, zeigt die folgende Gegenüberstellung; in ihr bedeuten $\boldsymbol{q}$ die Wärmestromdichte, $\vartheta$ die Temperatur, $\lambda$ die Wärmeleitfähigkeit, $c$ die spezifische Wärmekapazität, $\gamma$ die Dichte. Aus

[1] Joseph Fourier, 1768—1830.

den jeweiligen Verknüpfungsgleichungen (links die thermischen, rechts die elektromagnetischen)

$$\begin{array}{rl|rl} \boldsymbol{q} = & -\lambda \operatorname{grad} \vartheta, & \boldsymbol{E} = & \dfrac{1}{\sigma} \operatorname{rot} \boldsymbol{H}, \\ \operatorname{div} \boldsymbol{q} = & -c\gamma \dfrac{\partial \vartheta}{\partial t}, & \operatorname{rot} \boldsymbol{E} = & -\mu \dfrac{\partial \boldsymbol{H}}{\partial t} \end{array} \tag{10-24}$$

ergeben sich die partiellen Differentialgleichungen

$$\begin{array}{rl|rl} \dfrac{\lambda}{c\gamma} \Delta \vartheta = & \dfrac{\partial \vartheta}{\partial t}, & \dfrac{1}{\sigma\mu} \Delta \boldsymbol{H} = & \dfrac{\partial \boldsymbol{H}}{\partial t}, \\ \dfrac{\lambda}{c\gamma} \Delta \boldsymbol{q} = & \dfrac{\partial \boldsymbol{q}}{\partial t}, & \dfrac{1}{\sigma\mu} \Delta \boldsymbol{E} = & \dfrac{\partial \boldsymbol{E}}{\partial t}; \end{array} \tag{10-25}$$

es entsprechen einander die folgenden untereinander geschriebenen Größen:

$$\begin{array}{ccccc} \vartheta & \boldsymbol{q} & \lambda & c\gamma & \lambda/(c\gamma) \\ H & \boldsymbol{E} & 1/\sigma & \mu & 1/(\sigma\mu) \end{array} \tag{10-26}$$

($H$ ist hier eine der Aufgabe entsprechende Koordinate von $\boldsymbol{H}$.) Der Leiterkonstante $b = 1/(\sigma\mu)$ entspricht also die Temperaturleitfähigkeit $\lambda/(c\gamma)$. Besondere Beachtung verdient, daß der Wärmeleitfähigkeit $\lambda$ nicht etwa die elektrische Leitfähigkeit $\sigma$ entspricht, sondern ihr Kehrwert, der spezifische elektrische Widerstand $\varrho = 1/\sigma$. – Vergleich in runden Zahlen:

| | Eisen | Kupfer | Blei | |
|---|---|---|---|---|
| $c\gamma/\lambda =$ | 5,5 | 0,9 | 4 | $\mathrm{s \cdot cm^{-2}}$ |
| $\sigma\mu =$ | 2,5 | 0,0074 | 0,0006 | $\mathrm{s \cdot cm^{-2}}$. |

Abgesehen von Eisen sind die Metalle ersichtlich in thermischer Hinsicht viel träger als in elektromagnetischer; Temperaturdifferenzen gleichen sich viel langsamer aus als magnetische Felder ihre stationäre Verteilung annehmen; nur die elektromagnetische Trägheit von Eisen kommt in die Größenordnung der thermischen Trägheit.

Zur Telegraphengleichung (6) merken wir noch an:

a) Ist die Feldgröße $F$ an gegebenem Orte eine unbegrenzt ($-\infty \leqq t \leqq \infty$) andauernde Sinusschwingung der Kreisfrequenz $\omega$, so daß gesetzt werden kann

$$F(x_1, x_2, x_3, t) = \operatorname{Re}\{\underline{F}_{\mathrm{m}}(x_1, x_2, x_3)\, \mathrm{e}^{\mathrm{j}\omega t}\}, \tag{10-27}$$

so wird aus der partiellen Differentialgleichung (6) die gewöhnliche

$$\Delta \underline{F}_{\mathrm{m}} = (\mathrm{j}\omega\sigma\mu - \omega^2 \varepsilon\mu)\, \underline{F}_{\mathrm{m}}, \tag{10-28}$$

aus der Wellengleichung Gl. (16) wird also

$$\Delta \underline{F}_{\mathrm{m}} = -\omega^2 \varepsilon \underline{\mu} \underline{F}_{\mathrm{m}}, \tag{10-29}$$

aus der Wärmeleitungs- und Diffusionsgleichung Gl. (20) wird

$$\Delta \underline{F}_{\mathrm{m}} = \mathrm{j}\omega\sigma\underline{\mu}\underline{F}_{\mathrm{m}}; \tag{10-30}$$

sie ist als Grundgleichung für zeitlich sinusförmig verlaufende quasistationäre Vorgänge in ausgedehnten metallischen Leitern in Abschnitt 9.3.1 genannt worden. Zur Lösung einer speziellen Aufgabe bedarf es dann nur noch der ihr entsprechenden zwei Randwerte als Vorgaben, wie in den Abschnitten 9.3.1 bis 4 gezeigt wurde.

b) Liegt die geometrisch eindimensionale Telegraphengleichung

$$\frac{\partial^2 F}{\partial x^2} = \frac{1}{b}\frac{\partial F}{\partial t} + \frac{1}{v^2}\frac{\partial^2 F}{\partial t^2}; \quad t > +0 \tag{10-31}$$

vor, so führt die eindimensionale, einseitige Laplace-Transformation auf folgendem Wege zur Lösung $F(x, t)$: Die vorgegebenen Anfangswerte seien

$$F(x, +0) = F_0(x), \quad \left(\frac{\partial F}{\partial t}\right)_{x=+0} = F_0'(x); \tag{10-32}$$

der linke Rand sei durch $x = +0$, der rechte durch $l - 0$ gekennzeichnet, die vorgegebenen Randwerte seien

$$F(+0, t) = R_0(t), \quad F(l-0, t) = R_l(t). \tag{10-33}$$

Die Bildgleichung zu Gl. (31) wird, indem wir uns der in Abschnitt A.6 angegebenen Definitionen und Schreibweisen bedienen,

$$\frac{\mathrm{d}^2 f(x,s)}{\mathrm{d}x^2} = \left(\frac{s^2}{v^2} + \frac{s}{b}\right) f(x, s) - \left(\frac{s}{v^2} + \frac{1}{b}\right) F_0(x) - \frac{1}{v^2} F_0'(x); \tag{10-34}$$ [1]

die Bildgleichung der Telegraphengleichung ist eine gewöhnliche inhomogene Differentialgleichung, die Anfangswerte des Originals sind in der Bildgleichung enthalten. Die Bilder der Randwerte (die Randwerte im Bildbereich) sind

$$\begin{aligned} \mathscr{L}\{F(+0, t)\} &= \mathscr{L}\{R_0(t)\} = r_0(s), \\ \mathscr{L}\{F(l-0, t)\} &= \mathscr{L}\{R_l(t)\} = r_l(s). \end{aligned} \tag{10-35}$$

Man löst nun zum Beispiel zuerst die inhomogene Differentialgleichung Gl. (34) unter Annahme verschwindender Randwerte, $r_0(s) = 0$, $r_l(s) = 0$. Darauf löst man die aus Gl. (34) durch die Annahme ver-

---

[1] $\mathscr{L}\left\{\frac{\partial^2 F}{\partial x^2}\right\} = \frac{\partial^2}{\partial x^2}\mathscr{L}\{F\} = \frac{\partial^2 f}{\partial x^2}.$

schwindender Anfangswerte $F_0(x) = 0$, $F_0'(x) = 0$ hergestellte homogene Differentialgleichung für die gegebenen Randwerte $r_0(s)$ und $r_1(s)$. Die Überlagerung beider Lösungen, die man zweckmäßig im Originalbereich vornimmt, ist dann ersichtlich die Lösung $F(x, t)$ für die vorgegebenen Anfangs- und Randwerte. – Als Beispiele vorgegebener Anfangswerte erwähnen wir die Möglichkeiten $F_0(x) = 0$ und $F_0'(x) = 0$; verschwinden beide Anfangswerte, so ist das System für $t \leqq +0$ im Ruhezustand (es ist „völlig entspannt"), die Bildgleichung ist von vornherein eine homogene Differentialgleichung. Als Beispiele vorgegebener Randwerte erwähnen wir die Möglichkeit $R_1(t) = 0$, $R_0(t) \neq 0$. Dann hat $R_0(t)$ die Bedeutung einer beliebigen Anregungsgröße am linken Rand, zum Beispiel ein Diracstoß $J\delta(t)$ vom Impulsmoment $J$, oder ein Sprung $h\varepsilon(t)$ von der Sprunghöhe $h$, u. a. m.

# 11. Nichtquasistationäre Vorgänge. Elektromagnetische Wellen. Strahlung

## 11.1 Kennzeichnung

Nichtquasistationär nennen wir elektromagnetische Vorgänge (Felder), bei deren Ausbildung die Verschiebungsstromdichte eine maßgebende Rolle spielt. Dies sind vornehmlich Ausbreitungsvorgänge in ausgedehnten Medien und im leeren Raum. Eine Sonderstellung nehmen dabei allerdings die Ausbreitungsvorgänge in metallischen Leitern ein: Wir mußten sie deswegen zu den quasistationären Vorgängen (Abschnitt 9.3) rechnen, weil in metallischen Leitern die Verschiebungsstromdichte gegenüber der Leitungsstromdichte vernachlässigbar ist, vgl. Kapitel 5, dort insbesondere das zu Gl. (5.1-25) Gesagte (sie sind eine Entartung der Vorgänge in Halbleitern, wenn deren Relaxationszeit verschwindend klein angenommen wird). Zu den nichtquasistationären Vorgängen rechnen wir nicht nur die elektromagnetischen Wellen im freien Raum, in Dielektrika und in Halbleitern, sondern auch die leitungsgeführten Wellen, zum Beispiel entlang homogenen Doppelleitungen und in Hohlleitern und (hier nicht behandelt) entlang einem einzelnen Draht (Sommerfeld-Leitung) und entlang einem Bündel aus Leitern mit parallelen Achsen (K. W. Wagner)[1], Antennen der Hochfrequenztechnik u. a. m. Am Beispiel des elektromagnetischen Feldes eines Kreisplattenkondensators zeigt sich der tiefgreifende Unterschied zwischen quasistatischem und nichtquasistationärem Verhalten des gleichen physikalischen Objektes. Besonders wichtig und aufschlußreich ist das elektromagnetische Verhalten hochfrequentschwingender elektrischer und magnetischer Dipole und deren Strahlungsfelder.

*Das ganze Kapitel 11 steht, soweit Substanzeigenschaften eingehen, auf dem Boden der Proportionaltheorie.* Die Grundlagen sind daher die des 10. Kapitels, insbesondere Gl. (10-1) und (10-2) und das zu diesen Gesagte; hinzu treten die Ausdrücke der Proportionaltheorie für die elektrische und die magnetische Feldenergie Gln. (2.4-10 bis 12) und Gln. (4.2-25, 28, 29) sowie die Ausführungen über die Energieströmung in Abschnitt 5.3.

---

[1] Karl Willy Wagner, 1883—1953.

## 11.2 Ebene elektromagnetische Wellen im homogenen isotropen Nichtleiter

Aus Kapitel 10 kennen wir schon die partielle Differentialgleichung, die das zeitlich-örtliche Geschehen, hier elektromagnetische Welle genannt, beschreibt: Gl. (10-16) sowie wesentliche Eigenschaften dieses Vorganges aus dem zu den Gln. (10-17 bis 20) Gesagten. Im vorliegenden Abschnitt beschäftigt uns die physikalisch-geometrische Struktur der *ebenen* elektromagnetischen Welle, wobei wir zunächst die Frage nach ihrer Entstehung (Erregung zum Beispiel durch einen unendlich weit entfernt gelegenen Strahler) nicht stellen.

*Eben* nennen wir eine Welle (einen Ausbreitungsvorgang) dann, wenn in einem bestimmten Zeitpunkt der Zustand in allen Punkten einer bestimmten Ebene der gleiche ist und wenn dasselbe für alle zu dieser Ebene parallel gelegenen Ebenen gilt. Da nach Gl. (10-18) die Ausbreitungsgeschwindigkeit eine von Ort und Zeit nicht abhängige Größe ist, ist das genannte Kennzeichen für jeden beliebigen Zeitpunkt erfüllt. Einen solchen Vorgang nennen wir Ausbreitung einer Welle mit ebenen Fronten, die parallelen Ebenen nennen wir Wellenebenen, ihre Normale Wellennormale.

Bevor wir uns der Integration der Grundgleichung zuwenden, verschaffen wir uns einen kaum durch Rechnung belasteten Einblick in die Physik und Geometrie des ebenen Ausbreitungsvorganges, indem wir von einem besonders einfachen elektromagnetischen Feld ausgehen:

Gegeben sei ein homogenes, ebenes elektrisches Feld $\boldsymbol{E}_0$ und ein ebenes magnetisches homogenes Feld $\boldsymbol{H}_0$; diese beiden Felder sollen in jedem Raumpunkt senkrecht aufeinander stehen. Sie sollen zudem gleiche räumliche Energiedichten haben,

$$\frac{\varepsilon}{2} E_0^2 = \frac{\mu}{2} H_0^2. \tag{11.2-1}$$

Dieses homogene „elektromagnetische" Feld möge im Zeitpunkt $t = 0$ den ganzen Halbraum links von einer Trennebene $Q \dots Q$ ausfüllen, der rechte Halbraum sei feldfrei. Die positive $x$-Achse rechnen wir von links nach rechts mit $x = 0$ in $Q \dots Q$ zur Zeit $t = 0$. Wir fragen, ob dieser Zustand bestehen bleiben kann; wenn nicht, in welcher Weise die Veränderungen nach den elektromagnetischen Gesetzen vor sich gehen müssen. Diese benutzen wir in ihren Integralformen.

Wir wenden zunächst das Induktionsgesetz

$$\oint \boldsymbol{E} \cdot \mathrm{d}\boldsymbol{s} = -\frac{\partial}{\partial t} \int\limits_{a} \mu \boldsymbol{H} \cdot \mathrm{d}\boldsymbol{a} \tag{11.2-2}$$

auf den in Abb. 11.1 angegebenen geschlossenen rechteckigen Integrationsweg $\overline{ABCDA}$ an, dessen Seite $\overline{AD} = l$ links von der Trennebene noch eben im felderfüllten Halbraum liegt und daher als einziger Weganteil einen Beitrag zur elektrischen Umlaufspannung liefert. Die Länge der Rechteckseite $\overline{AB}$ bezeichnen wir mit $\Delta x$. Der vom angegebenen Integrationsweg umfaßte magnetische Fluß durchsetzt also die

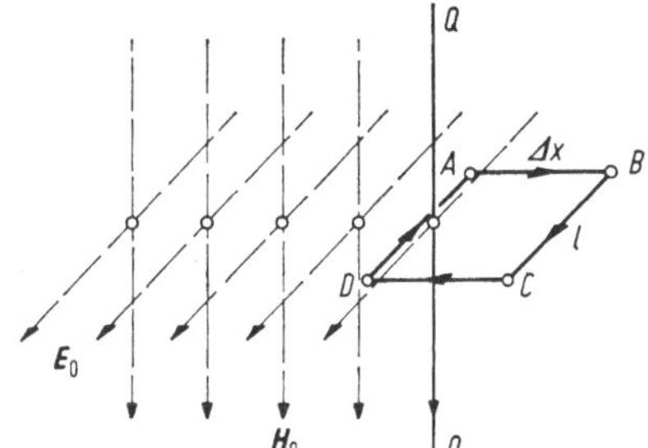


Abb. 11.1 Ausbreitung einer ebenen Welle. Anwendung des Induktionsgesetzes.

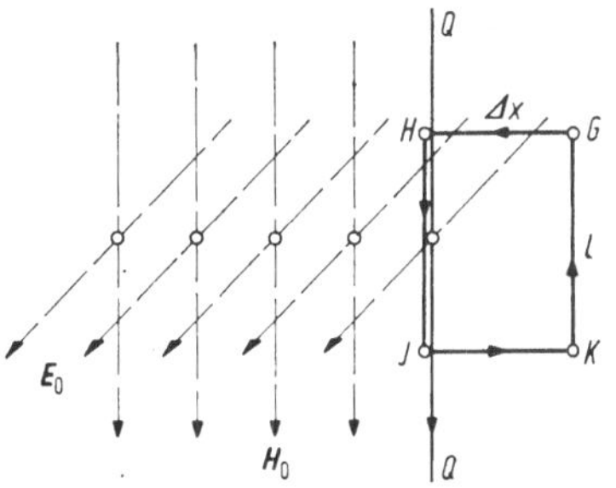

Abb. 11.2 Ausbreitung einer ebenen Welle. Anwendung des Durchflutungsgesetzes.

rechteckige Fläche $l\,\Delta x$, und sein Wert ist $\Delta\Phi = l\,\Delta x\,\mu H$, wenn $H \neq H_0$ die magnetische Feldstärke ist. Das Induktionsgesetz erbringt also die Aussage

$$-lE_0 = -l\,\Delta x\,\mu\frac{\partial H}{\partial t}, \qquad E_0 = \Delta x\,\mu\frac{\partial H}{\partial t}; \tag{11.2-3}$$

es fordert also, da ja $E_0 > 0$ ist, daß die magnetische Feldstärke rechts von der Ebene $Q \dots Q$ von dem für $t = 0$ bestehenden Wert Null zeitlich zunimmt: $\partial H/\partial t > 0$. Wir wollen die Zeit, die das Feld braucht, um in der Entfernung $\Delta x$ vom Werte Null auf den Wert $H_0$ anzuschwellen, $(\Delta t)_1$ nennen. Diese läßt sich durch Integration der Gl. (3) ermitteln: aus

$$E_0\int\limits_0^{(\Delta t)_1} \mathrm{d}t = \Delta x\,\mu\int\limits_0^{H_0} \mathrm{d}H$$

folgt

$$(\Delta t)_1 = \mu\frac{H_0}{E_0}\Delta x; \tag{11.2-4}$$

in dieser Zeit ist also die magnetische Feldstärke $H_0$ um die Strecke $\Delta x$ in den rechten Halbraum hineingewandert.

Wir wenden ferner das Durchflutungsgesetz

$$\oint \boldsymbol{H}\cdot \mathrm{d}\boldsymbol{s} = \frac{\partial}{\partial t}\int\limits_a \varepsilon\boldsymbol{E}\cdot \mathrm{d}\boldsymbol{a} \tag{11.2-5}$$

auf den in Abb. 11.2 angegebenen geschlossenen rechteckigen Integrationsweg $\overline{GHJKG}$ an, dessen Seite $\overline{HJ} = l$ links von der Trennebene noch eben im felderfüllten Halbraum liegt und daher als einziger Weganteil einen Beitrag zur magnetischen Umlaufspannung liefert. Die Länge der Rechteckseite $\overline{GH}$ sei wieder $\Delta x$. Der vom angegebenen Integrationsweg umfaßte elektrische Fluß durchsetzt also die rechteckige Fläche $l\,\Delta x$, und sein Wert ist $\Delta\Psi = l\,\Delta x\,\varepsilon E$, wenn $E \neq E_0$ die elektrische Feldstärke ist. Das Durchflutungsgesetz erbringt also die Aussage

$$lH_0 = l\,\Delta x\,\varepsilon\frac{\partial E}{\partial t}, \tag{11.2-6}$$

es fordert also, da ja $H_0 > 0$ ist, daß die elektrische Feldstärke rechts von der Trennebene vom für $t = 0$ bestehenden Anfangswerte Null an zeitlich zunimmt: $\partial E/\partial t > 0$. Wir wollen die Zeit, die das Feld braucht, um in der Entfernung $\Delta x$ vom Werte Null auf den Wert $E_0$ anzuschwellen, $(\Delta t)_2$ nennen. Diese läßt sich durch Integration der Gl. (6) ermitteln: aus

$$H_0\int\limits_0^{(\Delta t)_2} \mathrm{d}t = \Delta x\varepsilon\int\limits_0^{E_0} \mathrm{d}E$$

folgt

$$(\Delta t)_2 = \varepsilon\frac{E_0}{H_0}\Delta x. \tag{11.2-7}$$

In dieser Zeit ist also die elektrische Feldstärke $E_0$ um die Strecke $\Delta x$ in den rechten Halbraum hinein gewandert. Wir vergleichen die Wanderungszeiten $(\Delta t)_1$ und $(\Delta t)_2$ miteinander und finden

$$(\Delta t)_2 = (\Delta t)_1 = \Delta x\sqrt{\varepsilon\mu} = \Delta t, \tag{11.2-8}$$

denn es ist

$$\frac{\varepsilon E_0}{H_0} = \frac{\mu H_0}{E_0} = \sqrt{\varepsilon\mu}$$

nach der Voraussetzung Gl. (1). Die ebene Stirn des magnetischen Feldes verschiebt sich nach rechts mit derselben Geschwindigkeit wie die des elektrischen Feldes. Somit besteht die gesamte Feldänderung darin, daß die Trennebene $Q \ldots Q$ sich in den vorher feldfreien rechten Halbraum hinein parallel zu sich selbst vorwärts schiebt mit der Geschwindigkeit

$$\frac{\Delta x}{\Delta t} = \frac{1}{\sqrt{\varepsilon\mu}} = v; \tag{11.2-9}$$

Abb. 11.3. Bei diesem Vorlaufen der Wellenstirn wird durch ein Flächenstück $a$ der Wellenstirn, also der Trennebene $Q \ldots Q$, ein quaderförmiger Raum $\Delta\tau = a\,\Delta x = av\,\Delta t$ überstrichen. In diesem Volumen war zur Zeit $t = 0$ die Feldenergie Null, zur Zeit $t = \Delta t$ ist in ihm die

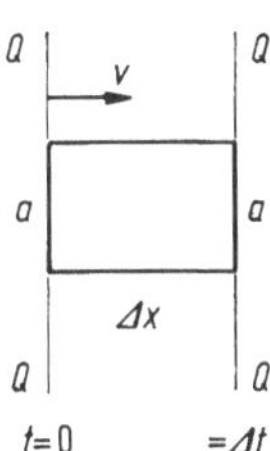


Abb. 11.3 Vorlaufen der Wellenstirn; Energieströmung.

elektrische Feldstärke von Null auf $E_0$ und die magnetische Feldstärke von Null auf $H_0$ angeschwollen. Daher ist die in der Zeitspanne $\Delta t$ in $\Delta\tau$ insgesamt aufgebaute (abgelagerte) elektromagnetische Feldenergie

$$\Delta W = av\,\Delta t(w_e + w_m) = \frac{a\,\Delta t}{\sqrt{\varepsilon\mu}}\left(\frac{\varepsilon}{2}E_0^2 + \frac{\mu}{2}H_0^2\right). \qquad (11.2\text{-}10)$$

Der Energiezuwachs während der Zeitspanne $\Delta t$, bezogen auf diese Zeitdauer und bezogen auf das Flächenstück $a$ der Wellenstirn, also die Flächendichte der Leistung der Energieströmung, ist hiernach

$$\frac{1}{a}\frac{\Delta W}{\Delta t} = \mathfrak{S} = \frac{1}{\sqrt{\varepsilon\mu}}\left(\frac{\varepsilon}{2}E_0^2 + \frac{\mu}{2}H_0^2\right)$$
$$= E_0 H_0 = \frac{E_0^2}{\Gamma} = H_0^2\Gamma; \qquad (11.2\text{-}11)$$

Energie vom Betrage $\Delta W = \mathfrak{S}a\,\Delta t$ ist also beim Vorlaufen der Wellenstirn um die Strecke $\Delta x$ in die *linke* Deckelfläche des Quaders $\Delta\tau$ *eingeströmt*.

Die Konstante

$$\Gamma = \sqrt{\frac{\mu}{\varepsilon}} \qquad \mathbf{(11.2\text{-}12)}$$

heißt *Feld-Wellenwiderstand*. Sie ist ebenso wie die Wellengeschwindigkeit $v$ weder vom Ort noch von der Zeit abhängig. Für den materiefreien Raum ist $\varepsilon = \varepsilon_0$ und $\mu = \mu_0$ und

$$v = \frac{1}{\sqrt{\varepsilon_0\mu_0}} = c_0 \qquad \mathbf{(11.2\text{-}13)}$$

die Vakuumwellengeschwindigkeit, vgl. Gl. (10-19), und der Vakuum-Feldwellenwiderstand ist

$$\Gamma = \sqrt{\frac{\mu_0}{\varepsilon_0}} = \Gamma_0. \qquad \mathbf{(11.2\text{-}14)}$$

Die derzeit als beste Werte empfohlenen Werte dieser *universellen Konstanten* sind

$$c_0 \approx 299\,792\,458\,\mathrm{m/s}, \quad \Gamma_0 \approx 376{,}730\,313\,\mathrm{V/A}, \tag{11.2-15}$$

vgl. Abschnitt A.3.1.

Wenn zur Zeit $t = 0$, entgegen der bisher gemachten Voraussetzung Gl. (1), die Felder $\boldsymbol{E}_0$ und $\boldsymbol{H}_0$ ungleiche Energiedichten haben:

$$t = 0: \quad \frac{\varepsilon}{2} E_0^2 \neq \frac{\mu}{2} H_0^2, \quad \Gamma H_0 \neq E_0, \tag{11.2-16}$$

so entstehen für $t > 0$ zwei elektromagnetische Wellen, nämlich eine Welle mit den Feldstärken $E_1$ und $H_1 = E_1/\Gamma$, die nach rechts läuft, und eine Welle mit den Feldstärken $E_2$ und $H_2 = -E_2/\Gamma$, die nach links läuft. Im Anfangszeitpunkt $t = 0$ ist

$$E_1 + E_2 = E_0, \quad H_1 + H_2 = H_0,$$

dann ($t > 0$) laufen die Wellen auseinander; für die Rechtswelle gilt

$$E_1 = \tfrac{1}{2}(E_0 + H_0\Gamma), \quad H_1 = \tfrac{1}{2}(H_0 + E_0/\Gamma), \tag{11.2-17}$$

für die Linkswelle

$$-E_2 = \tfrac{1}{2}(E_0 - H_0\Gamma), \quad -H_2 = \tfrac{1}{2}(H_0 - E_0/\Gamma) \tag{11.2-18}$$

bei gegebenen Anfangswerten $E_0, H_0$.

Zu der hier gegebenen Ableitung ist noch bemerkenswert: Zum Durchflutungsgesetz und zum Induktionsgesetz und den diesen entsprechenden beiden Hauptgleichungen hatten wir in den Abschnitten 5.1 und 5.2 ausdrücklich betont, daß sie keine Aussage über Ursache und Wirkung enthalten. Von der landläufigen Auffassung, daß ein elektrischer Strom ein magnetisches Feld und daß eine Änderung des magnetischen Flusses eine elektrische Umlaufspannung „bewirke", haben wir uns hier offensichtlich befreit: Nach unserer Ableitung „bewirkt" umgekehrt eine elektrische Umlaufspannung eine Änderung des magnetischen Flusses und eine magnetische Umlaufspannung eine Änderung des elektrischen Flusses.

Wir schreiben nun die Gleichungen

$$\begin{aligned} \varepsilon \frac{\partial \boldsymbol{E}}{\partial t} &= \operatorname{rot} \boldsymbol{H}, \quad -\mu \frac{\partial \boldsymbol{H}}{\partial t} = \operatorname{rot} \boldsymbol{E}, \\ 0 &= \mu \operatorname{div} \boldsymbol{H}, \quad 0 = \varepsilon \operatorname{div} \boldsymbol{E} \end{aligned} \tag{11.2-19}$$

für einen ebenen elektromagnetischen Vorgang in rechtwinkligen kartesischen Koordinaten $x, y, z$ an und wählen die $x$-Achse parallel (oder antiparallel) zur Wellennormale. Nach dem eingangs Gesagten verschwinden dann in jeder Wellenebene und daher überall Ableitungen nach den Koordinaten $y$ und $z$. Wir erhalten das System

$$\varepsilon \frac{\partial E_x}{\partial t} = 0, \tag{11.2-20a}$$

$$\varepsilon \frac{\partial E_y}{\partial t} = -\frac{\partial H_z}{\partial x}, \tag{11.2-20b}$$

$$\varepsilon \frac{\partial E_z}{\partial t} = \frac{\partial H_y}{\partial x}, \tag{11.2-20c}$$

$$0 = \mu \frac{\partial H_x}{\partial x}; \tag{11.2-20d}$$

$$-\mu \frac{\partial H_x}{\partial t} = 0, \tag{11.2-20e}$$

$$-\mu \frac{\partial H_y}{\partial t} = -\frac{\partial E_z}{\partial x}, \tag{11.2-20f}$$

$$-\mu \frac{\partial H_z}{\partial t} = \frac{\partial E_y}{\partial x}, \tag{11.2-20g}$$

$$0 = \varepsilon \frac{\partial E_x}{\partial x}. \tag{11.2-20h}$$

Nach (20a) und (20h) ist $E_x$, und nach (20e) und (20d) ist $H_x$ zeitlich und örtlich konstant. Diese unveränderlichen Feldanteile haben daher mit den örtlich-zeitlichen elektromagnetischen Vorgängen nichts zu tun und können weiterhin außer Betracht bleiben, zum Beispiel zu Null angenommen werden. Die *elektromagnetischen Wellen* haben also keine zur Wellennormalen parallelen, „longitudinalen“Komponenten, *sie sind rein transversale Wellen*. Die Richtung sowohl der elektrischen als auch der magnetischen Feldstärke liegt in der Wellenebene. Die restlichen vier Gleichungen in (20) sind zwei voneinander unabhängige Paare von simultanen partiellen Differentialgleichungen: einerseits sind $E_y$ und $H_z$ durch (20b) und (20g), andererseits sind $E_z$ und $H_y$ durch (20c) und (20f) miteinander verknüpft. Wir können daher die Gln. (20) nach Aussonderung der örtlich und zeitlich konstanten Felder $E_x$ und $H_x$ als die Beschreibung der linearen Überlagerung zweier voneinander unabhängiger Vorgänge auffassen, deren Differentialgleichungen einander völlig entsprechen. Es ergibt sich zum Beispiel aus (20b) und (20g)

$$\frac{\partial^2 E_y}{\partial x^2} = \varepsilon\mu \frac{\partial^2 E_y}{\partial t^2}, \tag{11.2-21a}$$

$$\frac{\partial^2 H_z}{\partial x^2} = \varepsilon\mu \frac{\partial^2 H_z}{\partial t^2}, \tag{11.2-21b}$$

und aus (20c) und (20f) erhält man die gleichen Gleichungen für $E_z$ und $H_y$. Die von d'Alembert[1] gegebene Lösung der Wellengleichung (vgl. Abschnitt 10, Gl. (10-16))

$$v^2 \frac{\partial^2 F}{\partial x^2} = \frac{\partial^2 F}{\partial t^2}$$

lautet

$$F(x, t) = f_1(x - vt) + f_2(x + vt); \qquad (11.2\text{-}22)$$

dabei sind $f_1$ und $f_2$ beliebige Funktionen. $f_1(x - vt)$ ist eine Welle, die ohne Formänderung mit der Geschwindigkeit $v$ in Richtung zunehmender Werte $x$ wandert, eine „*Rechtswelle*". An gegebenem Orte $x$ zu gegebener Zeit $t$ hat nämlich $f_1$ einen bestimmten Wert, und dieser Wert hat um eine Zeitspanne $\Delta t$ *vorher* an einem anderen Orte bestanden, der um die Strecke $\Delta x = v\,\Delta t$ *zurückliegt*:

$$f_1(x - vt) = f_1\{x - \Delta x - v(t - \Delta t)\}.$$

In entsprechender Auslegung ist $f_2(x + vt)$ eine „*Linkswelle*"; Abb. 11.4. Wir schreiben demgemäß die Lösung der Gl. (21a)

$$E_y(x, t) = E_1(x - vt) + E_2(x + vt). \qquad (11.2\text{-}23)$$

Für die zugehörige magnetische Feldstärke kommt aus Gl. (20b) und (20g)

$$H_z(x, t) = \frac{1}{\Gamma}\{E_1(x - vt) - E_2(x + vt)\} \qquad (11.2\text{-}23\text{a})$$

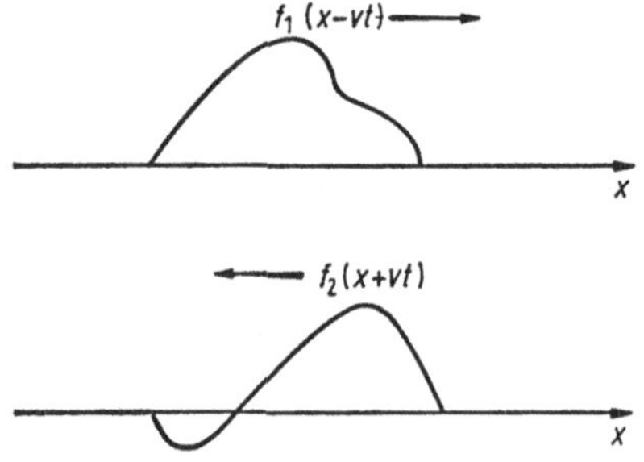


Abb. 11.4 Zur d'Alembertschen Lösung Gl. (11.2-22): Rechtswelle und Linkswelle.

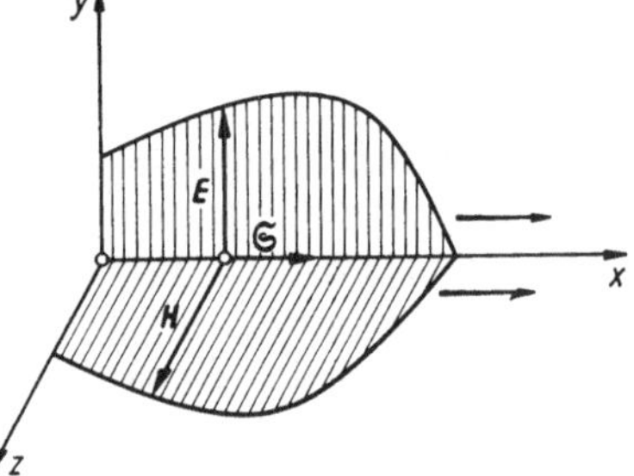


Abb. 11.5 Schematische Darstellung einer ebenen elektromagnetischen Rechtswelle.

mit dem Feldwellenwiderstand $\Gamma = \sqrt{\mu/\varepsilon}$ und der Wellengeschwindigkeit $v = 1/\sqrt{\varepsilon\mu}$ nach Gl. (9) und (12). Die Formen der beiden Wellen sind bestimmt, wenn zu einem beliebigen Zeitpunkt, zum Beispiel $t = 0$, die Verteilungen $E_y(x, 0)$ und $H_z(x, 0)$ gegeben sind, denn dann

[1] Jean le Rond d'Alembert, 1717—1783.

ist nach Gl. (23), (23a)

$$\begin{aligned} E_1(x,0) &= \tfrac{1}{2}\{E_y(x,0) + \Gamma H_z(x,0)\},\\ E_2(x,0) &= \tfrac{1}{2}\{E_y(x,0) - \Gamma H_z(x,0)\}. \end{aligned} \tag{11.2-24}$$

Das besondere Kennzeichen dieser (ebenen) Welle besteht darin, daß die elektrische Feldstärke eine feste Richtung im Raum hat, nämlich die der $y$-Achse, und daß die magnetische Feldstärke ebenso eine feste Richtung im Raume, nämlich die der $z$-Achse hat; Wellen dieser Art nennt man „linear polarisiert". Die elektrische und die magnetische Feldstärke stehen rechtswendig senkrecht aufeinander und laufen mit unveränderter Form in der dazu rechtswendig senkrechten Richtung mit der Geschwindigkeit $v$, vgl. die schematische Darstellung einer Rechtswelle in Abb. 11.5. Wir bestimmen *für die Rechtswelle* ($E_2 = 0$ in Gl. (23), (23a)) die elektrische und die magnetische Feldenergiedichte durch Quadrieren und finden

$$\frac{\varepsilon}{2}E_y^2 = \frac{\mu}{2}H_z^2, \quad \text{also} \quad w_e = w_m. \tag{11.2-25}$$

Diese Gleichheit ist eine kennzeichnende und notwendige Eigenschaft dafür, daß elektromagnetische Wellen sich ohne Formänderung fortpflanzen; $\Gamma H_z(x - vt) = E_y(x - vt)$. Beim Vorlaufen der Welle in Richtung $+x$ strömt Energie in der zu Gl. (10), (11) und in Abb. 11.5 gezeigten Weise. Schreiben wir $\boldsymbol{v} = \boldsymbol{i}v$, $\boldsymbol{E} = \boldsymbol{j}E_y$, $\boldsymbol{H} = \boldsymbol{k}H_z$, so ist die Flächendichte der Leistung der Energieströmung

$$\boldsymbol{\mathfrak{S}} = \boldsymbol{E} \times \boldsymbol{H} \tag{11.2-26}$$

gleichgerichtet mit $\boldsymbol{v}$. Wegen $\mathfrak{S} = E_y^2/\Gamma$ kann $\boldsymbol{\mathfrak{S}}$ zu keinem Zeitpunkt negativ werden, die Energie bewegt sich beständig in der Richtung $\boldsymbol{v}$. Wir heben nochmals hervor: Die elektrische und die magnetische Energie ist hier also nicht etwa gebunden an Träger elektrischer Ladungen und Ströme (vom Erreger der Wellen war überhaupt nicht die Rede); im physikalischen, auch materiefreien, Raum kann Energie sowohl gespeichert als auch bewegt werden.

*Periodische Wellen* können wegen der Linearität der Wellengleichung (21), (22) als linear superponierte Sinuswellen aufgefaßt werden. Wir betrachten eine andauernde sinusförmige Rechtswelle der Kreisfrequenz $\omega$. Die sie beschreibende partikuläre Lösung der Wellengleichung ist

$$\begin{aligned} E_y(x,t) &= A\cos\left\{\frac{2\pi}{\lambda}(x - vt) + \varphi\right\} = A\cos\left\{\omega\left(\frac{x}{v} - t\right) + \varphi\right\},\\ H_z(x,t) &= \frac{1}{\Gamma}E_y(x,t); \end{aligned} \tag{11.2-27}$$

$A$ und $\varphi$ sind Integrationskonstanten. – Man sieht: An festgehaltenem Orte $x = \text{const}$ ändert sich $E_y$ zeitlich sinusförmig mit der Kreisfrequenz $\omega = 2\pi v/\lambda$; in einem festgehaltenen Zeitpunkte $t = \text{const}$ ist $E_y$ in Richtung $x$ örtlich sinusförmig verteilt und weist denselben Wert auf in Abständen von je einer Wellenlänge

$$\lambda = \frac{2\pi v}{\omega} = \frac{v}{f} = vT; \tag{11.2-28}$$

in jeder Zeitspanne $T$ hat sich diese Sinusfigur nach rechts um die Strecke $\lambda$ verschoben, und die Wanderung der Phasen des Cosinus, die „Phasengeschwindigkeit", ist *gleich* der Ausbreitungsgeschwindigkeit $v$. An jedem Ort treten zu derselben Zeit *gleiche* Phasen der elektrischen und der magnetischen Feldstärke auf.

Einer einfachen ebenen transversalen Sinuswelle, bei welcher das elektrische und das magnetische Feld in zueinander senkrechten Ebenen schwingen, entspricht ein Strahl ebenen, polarisierten Lichtes, Abb. 11.6.

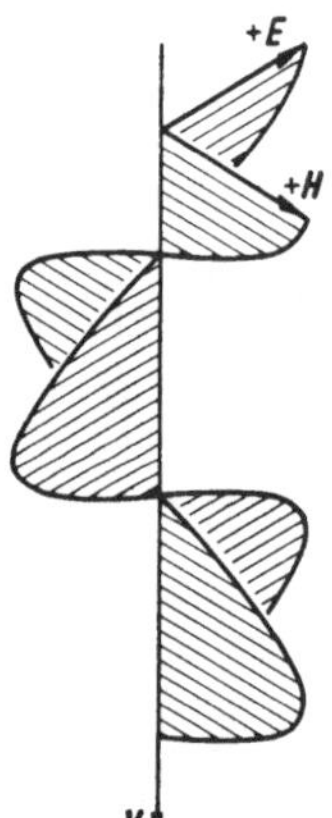


Abb. 11.6 Veranschaulichung eines ebenen, polarisierten Lichtstrahls.

Wir fassen zusammen: Es ist eine notwendige Folge der *Feldtheorie*, daß Störungen des elektrischen und magnetischen Gleichgewichtes sich in einem Nichtleiter als Wellen mit der endlichen Geschwindigkeit $v = 1/\sqrt{\varepsilon\mu}$ ausbreiten; im materiefreien Raum stimmen Ausbreitungsgeschwindigkeit $v$ und Lichtgeschwindigkeit $c_0$ miteinander überein. $\boldsymbol{E}$ und $\boldsymbol{H}$ haben keine Komponenten senkrecht zur Wellenebene. Ebenso war schon vor Maxwell gesichertes Ergebnis, daß das Licht sich als reine Transversalwelle ausbreitet. Beide Tatsachen, zusammen mit den aus weiteren Rechnungen zu ziehenden Folgerungen über Ausbreitung, Reflexion und Absorption elektromagnetischer Wellen, bestimmten Maxwell zu seiner Feststellung (1865), daß „Licht ein elektromagnetischer Vorgang sei, der sich nach elektromagnetischen Gesetzen ausbreitet". Mit dieser elektromagnetischen Theorie des Lichtes stieß er die elastische (also mechanische) Lichttheorie um, welche das Licht beschrieben hatte mit Hilfe der Annahme eines unendlich feinen Mediums „Äther", das alle Materie und auch den materiefreien Raum stetig durchsetzen sollte; um erklären zu können, daß Lichtwellen Transversalwellen sind, mußte aber dieses unendlich feine Medium die elastischen Eigenschaften eines idealen festen Körpers haben; die kennzeichnenden Stoffeigenschaften des Äthers können indessen aus keinerlei physikalischen Messungen ermittelt werden. Die kennzeichnenden Konstanten der elektromagnetischen Lichttheorie sind $v$ und $\Gamma$, also auch $\varepsilon$ und $\mu$, und deren Werte können auch, nämlich als universelle Konstante, für den materiefreien Raum durch das Experiment ermittelt werden. Die elektromagnetische Lichttheorie macht keinerlei Annahmen oder Aussagen über ein Hilfsmedium „Äther", sie gibt aber trotzdem über den elektromagnetischen Vorgang bis in jede Einzelheit seiner physikalisch-geometrischen Struktur Aufschluß.

Das grundsätzlich Neue der „elektromagnetische Welle" genannten Erscheinung wird durch einen Blick auf die Ausgangsgleichungen (19) deutlich: Die Feldstärken sind quellenlos, haften also nicht an Ladungen und Strömen als primären Erregern, und nach den beiden ersten Gleichungen sind die beiden Feldstärken in der Weise miteinander verkettet, daß jeweils die zeitliche Änderung der einen Feldstärke der Wirbel (die in bestimmter Weise, vgl. Gl. (20), festgelegte Queränderung) der anderen ist.

## 11.3 Ebene elektromagnetische Wellen im homogenen isotropen Halbleiter

Wir betrachten, wie im vorangegangenen Abschnitt 11.2, eine ebene elektromagnetische Welle, deren Wellennormale parallel (oder antiparallel) zur $x$-Achse ist. Wie dort, haben wir also auch hier $\partial/\partial y = 0$ und $\partial/\partial z = 0$ zu setzen. Die Ausgangsgleichungen sind die Gln. (11.2-19) mit Ausnahme der ersten dort angeschriebenen; diese haben wir zu ersetzen durch

$$\sigma \boldsymbol{E} + \varepsilon \frac{\partial \boldsymbol{E}}{\partial t} = \operatorname{rot} \boldsymbol{H}, \tag{11.3-1}$$

da nach unserer Annahme in dem Medium zugleich miteinander Leitungsströmung (elektrische Leitfähigkeit $\sigma$) und Verschiebungsströmung

(Permittivität $\varepsilon$) bestehen sollen. Wir erhalten so das System

$$\varepsilon\frac{\partial E_x}{\partial t} + \sigma E_x = 0, \tag{11.3-2a}$$

$$\varepsilon\frac{\partial E_y}{\partial t} + \sigma E_y = -\frac{\partial H_z}{\partial x}, \tag{11.3-2b}$$

$$\varepsilon\frac{\partial E_z}{\partial t} + \sigma E_z = \frac{\partial H_y}{\partial x}, \tag{11.3-2c}$$

$$0 = \mu\frac{\partial H_x}{\partial x}; \tag{11.3-2d}$$

$$-\mu\frac{\partial H_x}{\partial t} = 0, \tag{11.3-2e}$$

$$-\mu\frac{\partial H_y}{\partial t} = -\frac{\partial E_z}{\partial x}, \tag{11.3-2f}$$

$$-\mu\frac{\partial H_z}{\partial t} = \frac{\partial E_y}{\partial x}, \tag{11.3-2g}$$

$$0 = \varepsilon\frac{\partial E_x}{\partial x}. \tag{11.3-2h}$$

Wiederum zeigen die Gln. (2e) und (2d), daß $H_x$ zeitlich und örtlich konstant ist und daher für den veränderlichen Vorgang belanglos ist. Die Gl. (2h) zeigt, daß $E_x$ örtlich konstant ist; den Wert können wir bestimmen, indem wir (2a) integrieren:

$$E_x(t) = E_x(0)\,\mathrm{e}^{-t/\beta}; \tag{11.3-3}$$

$\beta = \varepsilon/\sigma$ ist die Relaxationszeit des Stoffes. Das Ergebnis ist, daß in jedem Raumpunkt $E_x$ von einem für $t = 0$ bestehenden Werte $E_x(0)$ an nach einer von irgendwelchen anderen Vorgängen gänzlich unabhängigen, ausschließlich durch den Stoffwert $\beta$ gegebenen Exponentialfunktion der Zeit abklingt; nach hinreichend langer Zeit ist $E_x(t)$ unmerklich klein. Dieser Vorgang hat wiederum mit der Wellenausbreitung im Medium nichts zu tun und kann zu deren Untersuchung unberücksichtigt bleiben. Die restlichen vier Gln. (2) bilden wiederum zwei gleichgebaute, voneinander unabhängige Paare von simultanen partiellen Differentialgleichungen: Durch das Paar (2b) und (2g) werden $E_y$ und $H_z$, durch das Paar (2c) und (2f) werden $E_z$ und $H_y$ miteinander verknüpft. Wir legen weiterhin, wie in Abschnitt 11.2, das Paar (2b) und (2g) zugrunde. Aus ihm ergibt sich die Telegraphengleichung

$$\frac{\partial^2 E_y}{\partial x^2} = \sigma\mu\frac{\partial E_y}{\partial t} + \varepsilon\mu\frac{\partial^2 E_y}{\partial t^2} \tag{11.3-4}$$

und dieselbe Gleichung für $H_z$. Wir beschränken uns von hier an auf zeitlich unbeschränkt lange bestehende Sinusvorgänge der Kreisfrequenz $\omega$, setzen also

$$E_y(x,t) = \mathrm{Re}\{\underline{E}_{ym}(x)\,\mathrm{e}^{\mathrm{j}\omega t}\}, \quad H_z(x,t) = \mathrm{Re}\{\underline{H}_{zm}(x)\,\mathrm{e}^{\mathrm{j}\omega t}\} \tag{11.3-5}$$

und erhalten aus den Gln. (2b) und (2g)

$$(\mathrm{j}\omega\sigma + \varepsilon)\,\underline{E}_{ym} = -\frac{\mathrm{d}\underline{H}_{zm}}{\mathrm{d}t}, \quad -\mathrm{j}\omega\mu\underline{H}_{zm} = \frac{\mathrm{d}\underline{E}_{ym}}{\mathrm{d}x}, \tag{11.3-6}$$

desgleichen aus Gl. (4)

$$\frac{\mathrm{d}^2\underline{E}_{ym}}{\mathrm{d}x^2} = (\mathrm{j}\omega\sigma\mu - \omega^2\varepsilon\mu)\,\underline{E}_{ym}. \tag{11.3-7}$$

Da wir ohnehin mit komplexen Größen rechnen, können wir den Geltungs- und Anwendungsbereich der weiteren Untersuchungen dieses Abschnittes beträchtlich erweitern, indem wir die Permittivität und die Permeabilität als komplexe Größen ansetzen; wir erfassen dann gemäß Gl. (3.5-39) durch

$$\underline{\varepsilon} = \varepsilon' - \mathrm{j}\varepsilon'' = \varepsilon'(1 - \mathrm{j}\tan\delta_\varepsilon) \tag{11.3-8}$$

an Stelle von $\varepsilon$ noch die Umelektrisierungsverluste, die oft die Stromwärmeverluste überwiegen, und gemäß Gl. (8.8-26) durch

$$\underline{\mu} = \mu' - \mathrm{j}\mu'' = \mu'(1 - \mathrm{j}\tan\delta_\mu) \tag{11.3-9}$$

an Stelle von $\mu$ noch die Ummagnetisierungsverluste der jeweiligen Grundschwingungen.[1]

Wir schreiben Gl. (7)

$$\frac{\mathrm{d}^2\underline{E}_{ym}}{\mathrm{d}x^2} = -\underline{\gamma}^2\underline{E}_{ym}, \tag{11.3-10}$$

also

$$\underline{\gamma}^2 = \omega^2\varepsilon\mu - \mathrm{j}\omega\sigma\mu, \tag{11.3-11a}$$

$$\underline{\gamma} = \pm(\beta - \mathrm{j}\alpha), \tag{11.3-11b}$$

$$\beta = \frac{\omega\sqrt{\varepsilon\mu}}{\sqrt{2}}\sqrt{1 + \sqrt{1 + \left(\frac{\sigma}{\omega\varepsilon}\right)^2}}, \tag{11.3-11c}$$

$$\alpha = \frac{\omega\sqrt{\varepsilon\mu}}{\sqrt{2}}\sqrt{-1 + \sqrt{1 + \left(\frac{\sigma}{\omega\varepsilon}\right)^2}}. \tag{11.3-11d}$$

Die vollständige Lösung von Gl. (10) ist daher

$$\underline{E}_{ym}(x) = \underline{E}_{1m}\,\mathrm{e}^{-\mathrm{j}\underline{\gamma}x} + \underline{E}_{2m}\,\mathrm{e}^{+\mathrm{j}\underline{\gamma}x}. \tag{11.3-12}$$

Hierzu gehört gemäß Gl. (2g)

$$\underline{H}_{zm} = -\frac{1}{\mathrm{j}\omega\mu}\frac{\mathrm{d}\underline{E}_{ym}}{\mathrm{d}x} = \frac{\underline{\gamma}}{\omega\mu}\{\underline{E}_{1m}\,\mathrm{e}^{-\mathrm{j}\underline{\gamma}x} - \underline{E}_{2m}\,\mathrm{e}^{\mathrm{j}\underline{\gamma}x}\}. \tag{11.3-13}$$

[1] $\mathrm{j}\omega\sigma\underline{\mu} - \omega^2\underline{\varepsilon}\underline{\mu} = \mathrm{j}\omega\sigma\mu'\,\{1 + \omega\varepsilon'\,(\tan\delta_\varepsilon + \tan\delta_\mu)\} - \omega^2\varepsilon'\mu'\,(1 - \tan\delta_\varepsilon\cdot\tan\delta_\mu)$; die imaginäre Komponente ist vergrößert, die reelle (meist unwesentlich) verkleinert.

Man kann die komplexe Größe

$$\frac{\omega\mu}{\underline{\gamma}} = \sqrt{\frac{\mu}{\varepsilon}} \frac{1}{\sqrt{1 - \mathrm{j}\dfrac{\sigma}{\omega\varepsilon}}} = \underline{Z}_{\mathrm{w}} \tag{11.3-14}$$

auch hier „Wellenwiderstand" nennen; sie ist einerseits durch den aus Gl. (11.2-12) bekannten Feldwellenwiderstand $\Gamma = \sqrt{\mu/\varepsilon}$ bestimmt, andererseits durch die Konstante $\sigma/\omega\varepsilon$.

Setzen wir

$$\underline{E}_{1\mathrm{m}} = E_1\,\mathrm{e}^{\mathrm{j}\varphi_1}, \quad \underline{E}_{2\mathrm{m}} = E_2\,\mathrm{e}^{\mathrm{j}\varphi_2}, \tag{11.3-15}$$

so wird aus Gl. (12) durch Rückgriff auf Gl. (5) erhalten

$$E_y(x, t) = E_1\,\mathrm{e}^{-\alpha x}\cos(\omega t - \beta x + \varphi_1) + E_2\,\mathrm{e}^{\alpha x}\cos(\omega t + \beta x + \varphi_2). \tag{11.3-16}$$

Die trigonometrischen Funktionen je für sich allein beschreiben Sinuswellen, im ersten Summanden eine in Richtung der positiven $x$-Achse, also eine Rechtswelle, im zweiten eine in Richtung der negativen $x$-Achse, also eine Linkswelle. Die Geschwindigkeit, mit der die Phasen der Cosinusfunktion fortschreiten, ergibt sich in bekannter Weise, indem man einen bestimmten festen Wert einer Wellenphase betrachtet. Aus

$$\omega t - \beta x = \mathrm{const}, \quad \omega t + \beta x = \mathrm{const}$$

folgt

$$\omega\,\mathrm{d}t - \beta\,\mathrm{d}x = 0, \quad \omega\,\mathrm{d}t + \beta\,\mathrm{d}x = 0,$$

also die Phasengeschwindigkeit

$$\frac{\mathrm{d}x}{\mathrm{d}t} = \frac{\omega}{\beta} = u \tag{11.3-17}$$

für die Rechtswelle, $-u$ für die Linkswelle. Man nennt $\beta$ die Phasenkonstante. Die Ortsfunktion $\mathrm{e}^{-\alpha x}$ bedeutet für die Rechtswelle ein exponentielles Abnehmen mit wachsendem $x$, die Ortsfunktion $\mathrm{e}^{\alpha x}$ bedeutet für die Linkswelle ein gleiches exponentielles Abnehmen mit wachsendem $-x$. Man nennt daher $\alpha$ Dämpfungskonstante oder Schwächungskonstante oder Absorptionskonstante. Die Zusammenfassung $\beta - \mathrm{j}\alpha = \underline{\gamma}$ heißt Wellenkonstante oder Fortpflanzungskonstante, Abb. 11.7. Bei der örtlich ungedämpften Welle im idealen Nichtleiter, $\sigma = 0$, ist nach Gl. (11.2-27, 28) die Phasengeschwindigkeit *u gleich* der Ausbreitungsgeschwindigkeit $v$, die Wellenlänge ist als Abstand zweier gleicher Phasenwerte bestimmt, beides sind dort frequenzunabhängige Größen. Definiert man allgemein als Wellenlänge den Abstand zweier gleichsinniger Nulldurchgänge (was auch für die ungedämpfte Welle zutrifft), so wird hier

$$\lambda = \frac{2\pi}{\beta}, \tag{11.3-18}$$

denn von einer Nullstelle bis zur gleichsinnigen nächsten ändert sich die Phase um $2\pi$, es ist also $\beta\lambda = 2\pi$. Die Phasengeschwindigkeit läßt sich allgemein definieren als die Geschwindigkeit, mit denen die Nullstellen der Welle sich bewegen.

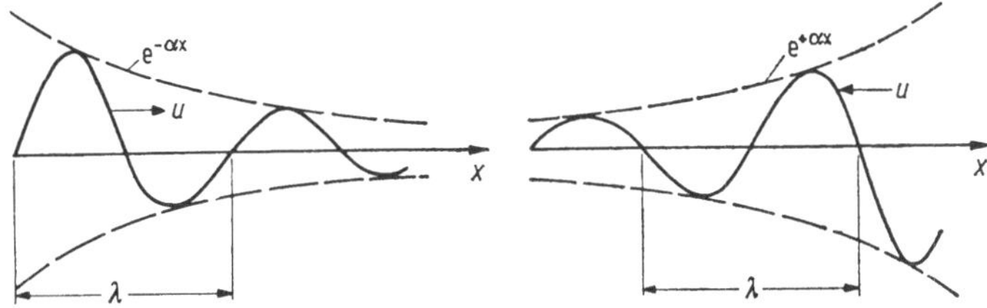


Abb. 11.7 Gedämpft fortschreitende periodische Wellen.

Wir beachten noch, daß sowohl die Dämpfungskonstante als auch die Phasengeschwindigkeit $u$ mit wachsender Frequenz zunimmt. Ist also etwa zu einer gewählten Zeit $t = 0$ die Wellenform nicht eine Sinusfunktion des Ortes, sondern eine periodische Ortsfunktion, so folgt aus deren Darstellung als Fourier-Summe, daß die Summanden höherer Ordnungszahl auch eine entsprechend größere Dämpfungskonstante und Phasengeschwindigkeit haben, die gesamte Welle ändert beim Fortschreiten fortwährend ihre Gestalt. Beim Nichtleiter dagegen bleibt jede beliebige Wellenform beim Fortschreiten unverändert erhalten.

Wir diskutieren noch die Größen $\alpha, \beta, u, v$: Für $(\sigma/\omega\varepsilon)^2 \ll 1$, was zum Beispiel bei großer Frequenz und bei kleiner Leitfähigkeit eintreten kann, wird

$$\sqrt{1 + \left(\frac{\sigma}{\omega\varepsilon}\right)^2} \approx 1 + \frac{1}{2}\left(\frac{\sigma}{\omega\varepsilon}\right)^2 \approx 1 \tag{11.3-19}$$

und somit näherungsweise

$$\begin{aligned} \beta &\approx \omega\sqrt{\varepsilon\mu}\left\{1 + \frac{1}{8}\left(\frac{\sigma}{\omega\varepsilon}\right)^2\right\} \approx \omega\sqrt{\varepsilon\mu}, \\ \omega\sqrt{\varepsilon\mu} &= \frac{\omega}{v} = \beta_\infty, \end{aligned} \tag{11.3-20}$$

$$\alpha \approx \frac{\sigma}{2}\sqrt{\frac{\mu}{\varepsilon}} = \frac{\sigma}{2}\Gamma = \alpha_\infty; \tag{11.3-21}$$

hieraus

$$u \approx v\left\{1 - \frac{1}{8}\left(\frac{\sigma}{\omega\varepsilon}\right)^2\right\},$$

$$u_\infty = \frac{\omega}{\beta_\infty} = v, \tag{11.3-22}$$

$$\lambda = \frac{2\pi}{\beta_\infty} = \frac{\mu_\infty}{f}.$$

Aus Gl. (11d) und (21) folgt

$$\frac{\alpha}{\alpha_\infty} = \sqrt{2}\,\frac{\omega\varepsilon}{\sigma}\sqrt{-1 + \sqrt{1 + \left(\frac{\sigma}{\omega\varepsilon}\right)^2}}\,; \tag{11.3-23}$$

das Verhältnis der Dämpfungskonstante $\alpha$ zu ihrem Grenzwert $\alpha_\infty$ ist eine Funktion von $\omega\varepsilon/\sigma$ allein; Abb. 11.8.

Wir wollen noch die Rechtswelle für sich allein betrachten (für die Linkswelle gilt Entsprechendes): Nach den Gln. (12 bis 14) wird die Rechtswelle bestimmt durch

$$\underline{E}_{ym} = E_1\,e^{-j\underline{\gamma}x}, \quad \underline{H}_{zm} = \underline{E}_{ym}/\underline{Z}_w. \tag{11.3-24}$$

(Wir haben hier $E_1$ reell angenommen, was keine Einschränkung bedeutet.) Wir können $\underline{H}_{zm}$ übersichtlicher schreiben

$$\underline{H}_{zm} = \underline{E}_{ym}\,\frac{\sqrt{1 + \left(\frac{\sigma}{\omega\varepsilon}\right)^2}}{\Gamma}\,e^{-j\vartheta} \quad \text{mit} \quad \tan\vartheta = \frac{\sigma}{\omega\varepsilon}. \tag{11.3-25}$$

Die magnetische Feldstärke bleibt also um den Phasenwinkel $\vartheta$ hinter der elektrischen zurück; beim idealen Nichtleiter dagegen sind $H$ und $E$

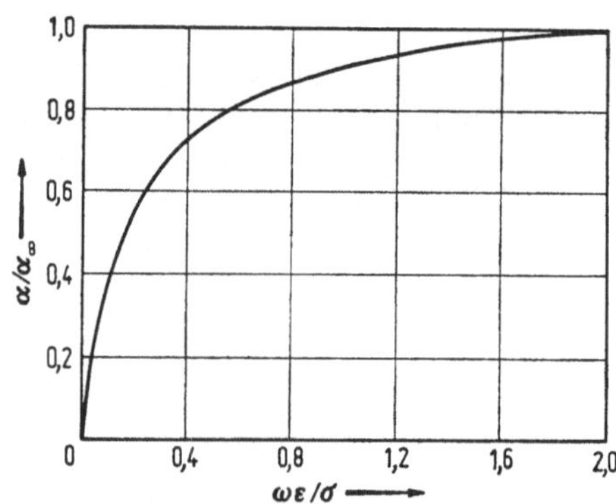


Abb. 11.8 Das Verhältnis $\alpha/\alpha_\infty$ nach Gl. (11.3-23).

phasengleich, Gl. (11.2-27). Hier ist $|\underline{H}_{zm}| > |\underline{E}_{ym}|/\Gamma$, das bedeutet Ungleichheit der Energiedichten im Zeitmittel: $\bar{w}_e < \bar{w}_m$; die Gleichheit $w_e = w_m$, die für die Welle im idealen Nichtleiter vorliegt

($H_z = E_y/\Gamma$, Gl. (11.2-25)), hatten wir dort als Bedingung dafür kennengelernt, daß die Welle sich *ohne Formänderung* fortpflanzt. Dies ist hier nicht der Fall.

**Metallische Leiter.** Die Vorgänge in diesen gehen von der Voraussetzung aus, daß gegenüber der Leitungsstromdichte die Verschiebungsstromdichte vernachlässigt wird, vgl. die Abschätzung Gl. (5.1-25). Sie sind hier quasistationäre Vorgänge und werden in Abschnitt 9.3 behandelt. Um sie zu erhalten, haben wir also in den Gleichungen dieses Abschnittes 11.3 zu setzen $\omega\varepsilon/\sigma = 0$.

## 11.4 Leitungstheorie

Leitungen aus langgestreckten metallischen Leitern sind altbekannte Mittel zur Übertragung von Energie und von Nachrichten über Entfernungen auf elektrischem Wege. Dabei wird von der Tatsache Gebrauch gemacht, daß elektromagnetische Wellen sich nicht beliebig in den Raum zerstreuen, sondern sich im wesentlichen entlang den Oberflächen der Leiter ausbreiten. An hochfrequenten stehenden elektromagnetischen Wellen auf einer Doppeldrahtleitung hat E. Lecher[1] Wellenlängen gemessen und andere Vorhersagen der Theorie geprüft.

Voraussetzung für eine hinreichend einfache Theorie der Leitungen ist, daß im isotropen dielektrischen Raum das elektrische und das magnetische Feld, die zusammen miteinander die leitungsgebundenen elektrischen Wellen ausmachen, transversale Felder sind. Das bedeutet also zum Beispiel bei der Doppeldrahtleitung oder beim Koaxialkabel, daß das elektrische und das magnetische Feld in Querschnittsebenen verläuft, das sind Ebenen, die senkrecht auf den Leiterachsen stehen, Abb. 11.9. Hinsichtlich der elektrischen Feldstärke wissen wir aus Abschnitt 5.3, daß diese Annahme nicht in Strenge zutrifft, sofern nicht

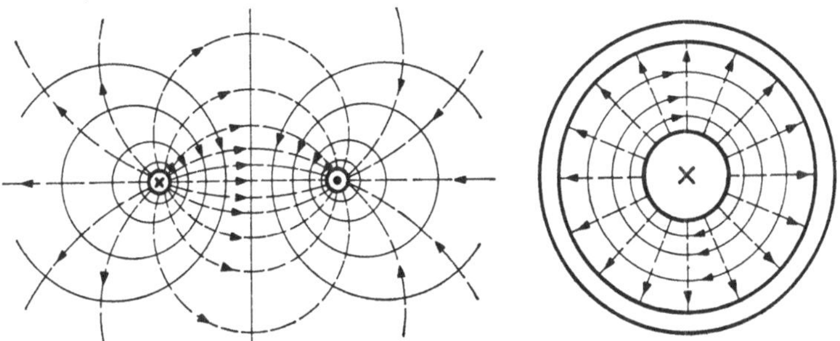

Abb. 11.9 Feldlinien des elektrischen Feldes (gestrichelt) und des magnetischen Feldes in der Querschnittsebene einer Paralleldrahtleitung und eines Koaxialkabels.

[1] E. Lecher, 1856—1926.

die elektrische Leitfähigkeit als unendlich groß betrachtet werden kann, vielmehr ist an der Leiteroberfläche nach dem Ohmschen Gesetz Gl. (3.1-16) eine parallel zur Leiterachse gerichtete Komponente der elektrischen Feldstärke vorhanden, der Energieströmungsvektor hat dort eine ins Leiterinnere weisende Komponente, vgl. Gl. (5.3-17) und Abb. 5.13, die die Stromverluste deckt. (Beim Vorlaufen einer Wanderwelle zum Beispiel muß dadurch offenbar die Wellenstirn abgeflacht werden.) Im allgemeinen richtet man natürlich alles so ein, daß die der Übertragung abträgliche Komponente möglichst klein wird.

Wir behandeln in diesem Abschnitt *homogene* Leitungen. Man nennt eine Leitung homogen, wenn sie in gleichen Längenabschnitten gleiche Werte ihrer kennzeichnenden Eigenschaften aufweist. Diese nennt man „Beläge", so den Widerstandsbelag $R' = \Delta R/\Delta l$, den Kapazitätsbelag $C' = \Delta C/\Delta l$, den Selbstinduktivitätsbelag $L' = \Delta L/\Delta l$ und den Ableitungsbelag $G' = \Delta G/\Delta l$. (Ableitung ist der in der Leitungstheorie eingeführte Ausdruck für den effektiven Leitwert quer zu den Leiterachsen, der die gesamten Wirkverluste im nichtidealen Dielektrikum zum Ausdruck bringt.)

Die Leitungstheorie legt das Modell zugrunde, daß an der Führung der elektromagnetischen Wellen genau zwei langgestreckte Leiter beteiligt sind (Prototypen: Paralleldrahtleitung, Koaxialkabel). Das trifft aber in sehr vielen Fällen nicht zu, vielmehr hat man es oft mit Übertragungsleitungen zu tun, die mehr oder weniger gut zu Leitungsbündeln idealisiert werden können. Dann hilft man sich dadurch, daß man in die Beziehungen der Leitungstheorie „Betriebswerte" der Beläge einführt.

Beispiel: Im Abschnitt 2.12 sind die drei Teilkapazitäten zweier paralleler Drähte über ebener Erde berechnet worden, Abb. 2.41 sowie Gln. (2.12-71 bis 74), und es ist gezeigt worden, wie unter verschiedenen elektrischen Betriebsbedingungen verschiedene Betriebskapazitätsbeläge sich aus den Teilkapazitätsbelägen ergeben. Das Einführen von Betriebswerten der Beläge ist natürlich nicht an dieses Beispiel gebunden, vielmehr findet es sinngemäße Anwendung auch auf andere Anordnungen (Beispiel: Betriebsinduktivitätsbelag einer aus drei Leitern bestehenden Energieübertragungsleitung, und so fort).

Da neben den Wanderwellen (Ausgleichsvorgängen) periodische Vorgänge auf Leitungen besonders wichtig sind, erwähnen wir noch die Abhängigkeit der vier Beläge von der Betriebsfrequenz: Kaum abhängig ist der Kapazitätsbelag, der Induktivitätsbelag nimmt mit zunehmender Frequenz wegen der Strom- und Feldverdrängung im Leiterinnern ab: Bei hinreichend hohen Frequenzen wird die innere Selbstinduktivität gegenüber der äußeren vernachlässigbar, vgl. zum Beispiel Gl. (9.3.2-21). Aus dem gleichen Grunde nimmt der Wirkwiderstandsbelag mit wachsender Frequenz zu, vgl. zum Beispiel Gl. (9.3.2-18, 20), anfänglich mit dem Quadrate, schließlich mit der Wurzel aus der Frequenz. Eine starke Frequenzabhängigkeit muß nach den Ausführungen zu Gln. (3.5-33 bis 46) der Ableitungsbelag aufweisen, falls nicht ein ideales Dielektrikum vorliegt: Der durch die Umelektrisierungsverluste bewirkte Anteil überwiegt bei höheren Frequenzen den durch die reine elektrische Leitfähigkeit verursachten, so daß in weiten Grenzen der Ableitungsbelag proportional zur Frequenz ist (mit der in Gl. (3.1-46) gezeigten Analogie von Kapazität und Leitwert allein ist es also nicht getan).

Mit diesen Voraussetzungen ist für die Ableitung der Gleichungen einer homogenen Leitung das Modell Abb. 11.10 hinreichend legitimiert. In den Querschnitten $\overline{AC}$ und $\overline{BD}$ ist das Feld nach Voraussetzung eben. Wir wenden zunächst das elektromagnetische Induktionsgesetz auf das Rechteck $\overline{ABDCA}$ mit den schmalen Seiten $\mathrm{d}x$ an, Abb. 11.10a; seine

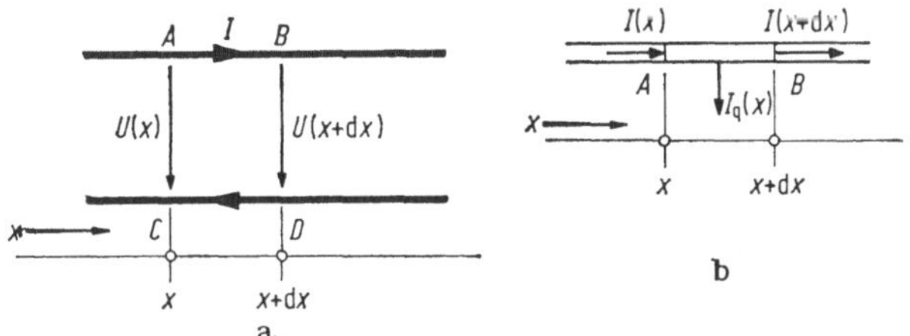


Abb. 11.10 Modell zur Ableitung der Gleichungen der homogenen Leitung.

Umfangslinie ist die Integrationskurve für die Bildung der elektrischen Umlaufspannung; diese ist gleich der zeitlichen Abnahme des umfaßten magnetischen Flusses:

$$IR_1'\,\mathrm{d}x + U(x + \mathrm{d}x) + IR_2'\,\mathrm{d}x - U(x) = -(L_{i1}' + L_{i2}' + L_a')\,\mathrm{d}x.$$

Wir fassen zusammen $R_1' + R_2' = R'$ und $L_{i1}' + L_{i2}' + L_a' = L'$ und erhalten

$$-\frac{\partial U}{\partial x} = R'I + L'\frac{\partial I}{\partial t}. \qquad (11.4\text{-}1)$$

Wir betrachten ferner die Stromverzweigung, Abb. 11.10b:

$$I(x) - I(x + \mathrm{d}x) = I_q(x) = G'U + C'\frac{\partial U}{\partial t}$$

oder

$$-\frac{\partial I}{\partial x} = G'U + C'\frac{\partial U}{\partial t}. \qquad (11.4\text{-}2)$$

Multipliziert man Gl. (1) mit $I$ und Gl. (2) mit $U$ und addiert, so erhält man

$$-\frac{\partial}{\partial x}(UI) = R'I^2 + G'U^2 + \frac{\partial}{\partial t}\left(\frac{1}{2}L'I^2 + \frac{1}{2}G'U^2\right). \qquad (11.4\text{-}3)$$

Nun ist

$$-\frac{\partial}{\partial x}(UI) = P(x) - P(x + \mathrm{d}x)$$

die Differenz der Leistung am Anfang und am Ende des Streifens der Länge d$x$: Durch diese Differenz werden also einerseits die Verluste in den Leitern und im Dielektrikum gedeckt, andererseits die magnetische und die elektrische Feldenergie vermehrt. Aus den beiden simultanen Gln. (1) und (2) eliminiert man zum Beispiel $I$, indem man die erste nach $x$, die zweite nach $t$ *differenziert*; man erhält die *Telegraphengleichung*

$$\frac{\partial^2 U}{\partial x^2} = L'C'\frac{\partial^2 U}{\partial t^2} + (R'C' + L'G')\frac{\partial U}{\partial t} + R'G'U \qquad (11.4\text{-}4)$$

und auf entsprechendem Weg die gleiche Gleichung für $I$.

**Die verlustlose Leitung** ist durch Vernachlässigung von $R'I$ in Gl. (1) und durch $G'U$ in Gl. (2) gekennzeichnet. Aus der Telegraphengleichung (11.4-4) wird die Wellengleichung

$$\frac{\partial^2 U}{\partial x^2} = L'C'\frac{\partial^2 U}{\partial t^2}\,; \qquad (11.4\text{-}5)$$

ihre Auslegung kann daher den zu Gl. (11.2-22 bis 24) gegebenen Ausführungen folgen. Die d'Alembertsche Lösung

$$U(x, t) = U_1(x - vt) + U_2(x + vt) \qquad (11.4\text{-}6)$$

beschreibt im ersten Summanden eine Rechtswelle, im zweiten eine Linkswelle, beide von beliebiger Form und gleicher Laufgeschwindigkeit

$$v = \frac{1}{\sqrt{L'C'}}\,. \qquad \mathbf{(11.4\text{-}7)}$$

vgl. Abb. 11.5. Jede der beiden entarteten Gln. (1) und (2) verknüpft $I(x, t)$ mit $U(x, t)$; durch Einsetzen erhält man als zu Gl. (6) zugehörig

$$I(x, t) = \frac{1}{Z}U_1(x - vt) - \frac{1}{Z}U_2(x + vt); \qquad (11.4\text{-}8)$$

die Größe

$$Z = \sqrt{\frac{L'}{C'}} \qquad \mathbf{(11.4\text{-}9)}$$

heißt *Leitungs-Wellenwiderstand.* Wegen der Verlustlosigkeit der Leitung behalten die Wellen beim Wandern ihre Gestalt, eine jede verschiebt sich in ihrer Richtung mit der Geschwindigkeit $v$ wie ein starrer Körper. Durch den Leitungswellenwiderstand sind nicht etwa $U$ und $I$

miteinander verknüpft, sondern jeweils Spannung und Stromstärke einer Welle: Die Rechtswelle ist durch $U_1$ und $I_1 = U_1/Z$ gekennzeichnet, die Linkswelle durch $U_2$ und $I_2 = -U_2/Z$. Die Form jeder der beiden Wellen ist bestimmt, wenn zu einem bestimmten Zeitpunkt $t = 0$ die Verteilung von $U$ und von $I$, also $U(x, 0) = U_0(x)$ und $I(x, 0) = I_0(x)$ vorliegt: aus gegebenem

$$\begin{aligned} U_0(x) &= U_1(x) + U_2(x), \\ ZI_0(x) &= U_1(x) - U_2(x) \end{aligned} \tag{11.4-10}$$

folgt

$$\begin{aligned} U_1(x) &= \tfrac{1}{2}\{U_0(x) + ZI_0(x)\}, \\ U_2(x) &= \tfrac{1}{2}\{U_0(x) - ZI_0x\}. \end{aligned} \tag{11.4-11}$$

Aus

$$Z = \frac{U_1}{I_1} = \frac{U_2}{-I_2} \tag{11.4-12}$$

folgt durch Quadrieren

$$\tfrac{1}{2}C'U^2 = \tfrac{1}{2}L'I^2 \quad \text{oder} \quad W'_e = W'_m, \tag{11.4-13}$$

der gesamte elektromagnetische Energiebelag jeder Welle ist also überall und jederzeit zu *gleichen* Teilen elektrische und magnetische Energie. Nur unter dieser Bedingung wandert die Welle ohne Formänderung. Die Leistung der Energieströmung jeweils einer Welle, zum Beispiel der Rechtswelle, ist

$$\begin{aligned} P &= U_1 I_1 = I_1^2 Z = \frac{U_1^2}{Z} = \frac{I_1^2 L'}{\sqrt{L'C'}} \\ &= \frac{2W'_m}{\sqrt{L'C'}} = v(W'_m + W'_e). \end{aligned} \tag{11.4-14}$$

Die Ausdrücke (7) und (9) für die Laufgeschwindigkeit $v$ und den Leitungs-Wellenwiderstand $Z$ gelten *allgemein*, wenn unter dem Induktivitätsbelag $L'$ der äußere Induktivitätsbelag $L'_a$ verstanden wird (denn $L'_a$ und $C'$ sind Ausdrücke, die allein vom elektromagnetischen Feld im dielektrischen Zwischenraum bestimmt sind). Dann findet man, daß allgemein gilt

$$v = \frac{1}{\sqrt{L'_a C'}} = \frac{1}{\sqrt{\varepsilon\mu}}, \tag{11.4-15}$$

also im materiefreien Raum und sehr angenähert in Luft

$$v = \frac{1}{\sqrt{\varepsilon_0\mu_0}} = c_0 \tag{11.4-16}$$

und in einem idealen Dielektrikum ($\varepsilon = \varepsilon_r \varepsilon_0$, $\mu = \mu_r \mu_0$)

$$v = \frac{c_0}{\sqrt{\varepsilon_r \mu_r}}. \tag{11.4-17}$$

Zum Beispiel hatten wir für die Paralleldrahtleitung (Drahtradius $r_0$ klein gegenüber dem Achsenabstand $s$) in Gl. (2.12-25) den Kapazitätsbelag

$$C' = \frac{\pi\varepsilon}{\ln\left(\frac{s}{r_0}\right)}$$

gefunden, in Gl. (8.3-7a) den äußeren Induktivitätsbelag

$$L'_a = \frac{\mu}{\pi} \ln\left(\frac{s}{r_0}\right),$$

womit sich für diese Leitung die zweite Gl. (15) bestätigt findet. Ihr Leitungs-Wellenwiderstand ist in diesem Fall

$$Z = \sqrt{\frac{L'_a}{C'}} = \frac{\ln(s/r_0)}{\pi} \sqrt{\frac{\mu}{\varepsilon}} = \frac{\ln(s/r_0)}{\pi} \Gamma; \tag{11.4-18}$$

für Luft ist der letzte Faktor nicht der Feldwellenwiderstand $\Gamma$, sondern der des Vakuums $\Gamma_0$, für ein ideales Dielektrikum ist er $\Gamma_0/\sqrt{\varepsilon_r}$. – Die Beziehungen (9) und (15) bis (17) sind auch rechnerisch insofern wichtig, als sie gestatten, aus Kenntnis von $v$ oder $Z$ und einem der Beläge $C'$ oder $L'_a$ den anderen Belag unmittelbar anzugeben, zum Beispiel $L'_a = 1/v^2 C'$. Zum Beispiel hatten wir in Gl. (2.12-8) den Kapazitätsbelag des konzentrischen Kabels (Innenradius des Außenleiters $r_2$, Radius des Innenleiters $r_1$) ermittelt; daraus folgt der äußere Induktivitätsbelag sofort zu

$$L'_a = \frac{\mu}{2\pi} \ln\left(\frac{r_2}{r_1}\right). \tag{11.4-19}$$

**Näherungsweise Berücksichtigung der Verluste.** Jede der beiden Wellen, zum Beispiel die Rechtswelle, enthält an der Stelle $x$, an der $U$ und $I = U/Z$ die Spannung und die Stromstärke sind, im Streifen der Länge $\mathrm{d}x$ die Feldenergie

$$W' \,\mathrm{d}x = \mathrm{d}W'_e + \mathrm{d}W'_m = \frac{1}{2} U^2 C' \,\mathrm{d}x + \frac{1}{2} I^2 L' \,\mathrm{d}x$$

$$= \frac{1}{2} \mathrm{d}x \, UI \left(C'Z + \frac{L'}{Z}\right) = \mathrm{d}x \sqrt{L'C'} \, UI. \tag{11.4-20}$$

Die Verlustleistung desselben Streifens ist

$$P'\,\mathrm{d}x = I^2R'\,\mathrm{d}x + U^2G'\,\mathrm{d}x = \mathrm{d}x\,UI\left(\frac{R'}{Z} + G'Z\right)$$
$$= \mathrm{d}x\,W'\left(\frac{R'}{L'} + \frac{G'}{C'}\right); \qquad (11.4\text{-}21)$$

diese Verlustleistung kann nur aus der Abnahme der Feldenergie bestritten werden:

$$P' = W'\left(\frac{R'}{L'} + \frac{G'}{C'}\right) = -\frac{\partial W'}{\partial t}. \qquad (11.4\text{-}22)$$

Daher ist

$$W'(t) = W'(0)\,\mathrm{e}^{-2\delta t}, \qquad (11.4\text{-}23)$$

wenn wir setzen

$$\delta = \frac{1}{2}\left(\frac{R'}{L'} + \frac{G'}{C'}\right), \qquad (11.4\text{-}24)$$

und wenn $W'(0)$ den für $t = 0$ vorhandenen Wert bedeutet. Da $W'$ nach Gl. (20) proportional zu $IU$, also zu $I^2Z$ oder zu $U^2/Z$ ist, gilt auch

$$U(t) = U(0)\,\mathrm{e}^{-\delta t}, \quad I(t) = I(0)\,\mathrm{e}^{-\delta t}. \qquad (11.4\text{-}25)$$

Die Verbesserung der Gln. (6) und (8) lautet daher zum Beispiel für die Rechtswelle

$$U_1(x, t) = \mathrm{e}^{-\delta t}\,U_1(x - vt),$$
$$I_1(x, t) = \frac{\mathrm{e}^{-\delta t}}{Z}\,U_1(x - vt). \qquad (11.4\text{-}26)$$

Sie besagt, daß die Welle mit wachsender Zeit, also während ihres Fortschreitens in Richtung $+x$, gemäß $\mathrm{e}^{-\delta t}$ stetig kleiner wird. Wegen der konstanten Laufgeschwindigkeit $v = x/t$ kann man dieses zeitliche Abklingen auch als räumliche Dämpfung verstehen:

$$\mathrm{e}^{-\delta t} = \mathrm{e}^{-\delta x/v} = \mathrm{e}^{-\alpha x}, \qquad (11.4\text{-}27)$$

der räumliche Dämpfungsexponent ist also

$$\alpha = \frac{\delta}{v} = \frac{R'}{2Z} + \frac{G'Z}{2} = \frac{R'}{2}\sqrt{\frac{C'}{L'}} + \frac{G'}{2}\sqrt{\frac{L'}{C'}}. \qquad (11.4\text{-}28)$$

Die hier gewonnene Näherung besagt, daß die Welle nur eine Schwächung erfährt, sie wird mit wachsendem $t$ oder $x$ maßstäblich kleiner, Abb. 11.11. In Wirklichkeit verursachen die Verluste, mit einer sogleich zu besprechenden Ausnahme, auch eine stetige Veränderung der *Form* der Welle.

**Die verzerrungsfreie Leitung.** Besteht hinsichtlich der Leitungskonstanten die Relation

$$\frac{R'}{L'} = \frac{G'}{C'} = \text{const}, \tag{11.4-29}$$

so ist die Rechtswelle Gl. (26) eine *exakte* Lösung der Telegraphengleichung Gl. (4). Dies fand O. Heaviside[1]. Die Form der Welle bleibt erhalten, sie wird nur maßstäblich kleiner. Man kann dies so verstehen: Die Gl. (29) bedeutet, daß in jedem Element der Länge $dx$ die anfänglich vorhandene elektrische und magnetische Feldenergie während der Zeitspanne $dt$ im gleichen Verhältnis durch Verluste geschwächt worden sind; waren sie anfangs gleich groß, so sind sie nach der Zeit $dt$ gleich groß geblieben, das Energiegleichgewicht ist nicht gestört worden,

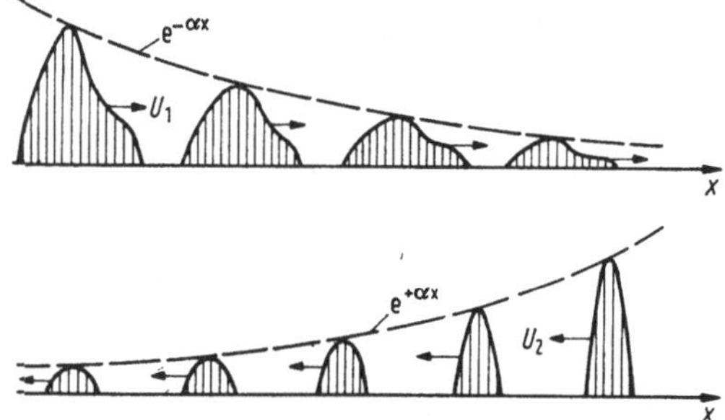


Abb. 11.11 Gedämpft ohne Verzerrung fortschreitende (Wander-) Wellen.

eine Verzerrung der Form ist daher nicht eingetreten. – Bei den meisten technischen Ausführungen von Übertragungsleitungen ist $(R'/L') > (G'C')$. Zweckmäßige technische Mittel zur Verminderung der Verzerrungen sind daher eine Verkleinerung von $R'$ und insbesondere eine Vergrößerung von $L'$, was schon Heaviside empfohlen hat. Für periodische Vorgänge auf Leitungen muß beachtet werden, daß wegen der obengenannten Frequenzabhängigkeiten der Leitungskonstanten die Bedingung Gl. (29) höchstens für eine und nur eine Frequenz angenähert oder verwirklicht werden kann.

**Wanderwellen.** Um das wesentliche zu erkennen, vernachlässigen wir die Dämpfung. (Ihre näherungsweise Berücksichtigung gemäß Gl. (26) ist leicht überblickbar.) Dann wird in jedem Falle das örtlich-zeitliche Geschehen durch die Gln. (6) bis (11) vollständig beschrieben. Es sei zum Beispiel auf einer für $t \leqq 0$ stromlosen Leitung irgendwo zwischen dem Anfang $x = 0$ und dem Ende $x = l$ eine irgendwie geformte statische Ladungs- und daher auch Spannungsverteilung $U_0(x)$ vorhanden;

[1] Oliver Heaviside, 1850—1925.

diese werde im Zeitpunkt $t = 0$ plötzlich frei. Dann ist der bis dahin herrschende physikalische Zustand, daß einzig und allein elektrische Energie vorhanden ist, aber wegen $I_0(x) = 0$ keine magnetische, unhaltbar geworden. Aus der bis dahin herrschenden Spannungsverteilung $U_0(x)$ entstehen zwei mit gleicher Geschwindigkeit auseinanderlaufende Wellen $U_1$ und $U_2$, deren jede gemäß Gl. (11) den Anfangswert $\frac{1}{2}\, U_0(x)$ hat. Zur Rechtswelle $U_1$ gehört die Stromwelle $U_1/Z$, zur Linkswelle $U_2$ gehört die Stromwelle $-U_2/Z$. An den Enden $x = 0$ und $x = l$ der Leitung treten dann Reflexionen ein, die von den jeweiligen abschließenden Schaltelementen entscheidend mitbestimmt werden. – Als weiteres Beispiel betrachten wir *Einschaltwellen*: Für $t \leqq 0$ sei die Leitung spannungs- und stromlos, im Zeitpunkt $t = 0$ werde am Leitungsanfang $x = 0$ eine Spannung vom Betrage $U_0$ angelegt, die für $t > 0$ dort diesen Betrag unverändert beibehalte. Dann zieht eine Rechtswelle $U_1 = U_0$, $I_1 = U_0/Z$ in die Leitung ein; das weitere Geschehen wird durch den Abschlußwiderstand $R_e$ am Leitungsende $x = l$ bestimmt. Bezeichnen $U_l$ und $I_l$ Spannung und Stromstärke am Leitungsende, so gilt

$$\begin{aligned} U_l &= R_e I_l = U_1 + U_2, \\ Z I_l &= U_1 - U_2. \end{aligned} \tag{11.4-30}$$

Hieraus erhält man die Beziehungen

$$U_2 = r U_1, \quad r = \frac{R_e - Z}{R_e + Z}, \tag{11.4-31}$$

$$U_l = R_e I_l = U_0 \frac{2R_e}{R_e + Z}. \tag{11.4-32}$$

Die Größe $r$ heißt Reflexionsfaktor; $-1 \leqq r \leqq 1$. Wir betrachten die Sonderfälle:

a) $R_e = Z$, $r = 0$: Es tritt keine reflektierte (zurücklaufende) Welle auf (geradeso, wie wenn die Leitung unendlich lang wäre). Man nennt diesen Fall *Wellenanpassung* ($R_e$ kann natürlich auch der Wellenwiderstand einer weiteren in $x = l$ angeschlossenen Leitung sein).

b) $R_e = 0$, $r = -1$. Die Leitung ist am fernen Ende kurzgeschlossen, es ist $U_l = 0$, $I_l = 2U_1/Z$.

c) $R_e = \infty$, $r = +1$. Die Leitung ist am fernen Ende offen, es ist $I_l = 0$, $U_l = 2U_1$.

Wir verfolgen als Beispiel die Geschehnisse des Falles c) etwas näher: Die einziehende Rechtswelle ist in Abb. 11.12a für einen Zeitpunkt $t$ veranschaulicht, für den gilt $0 < t < t_1 = l/v$. Im Zeitpunkt $t = t_1$ hat die Rechtswelle das Ende der Leitung erreicht, es geschieht das oben in c) Gesagte; in einem Zeitpunkt $t$, für den gilt $t_1 > t > t_2 = 2l/v$, bietet sich das Bild Abb. 11.12b. Im Zeitpunkt $t_2$ hat die Welle den Anfang der Leitung erreicht, wo, wie gesagt, die Spannung auf dem Werte $U_0$ fortwährend gehalten wird. In einem Zeitpunkt $t$, für den

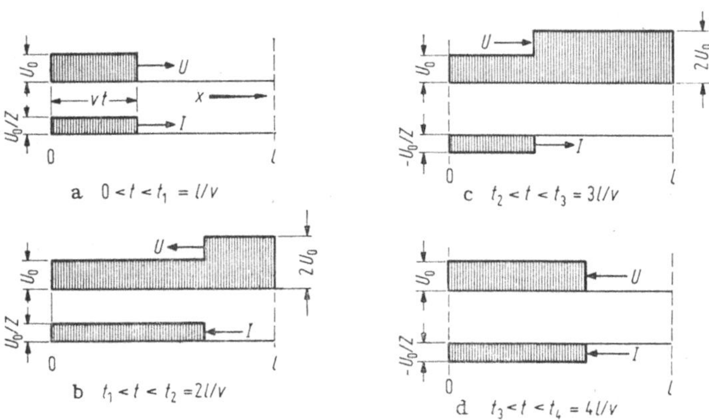


Abb. 11.12 Vier Phasen einer Einschaltwelle ($U_0 = \text{const}_t$ für $x = 0$, $I_l = 0 = \text{const}_t$)

gilt $t_2 < t < t_3 = 3l/v$, bietet sich das Bild Abb. 11.12c. Nach Reflexion am Leitungsende im Zeitpunkt $t_3$ bietet sich in einem Zeitpunkt $t$, für den gilt $t_3 < t < t_4 = 4l/v$, das Bild Abb. 11.12d. Im Zeitpunkt $t = t_4$ ist die Leitung stromlos und spannungslos, geradeso wie im Zeitpunkt

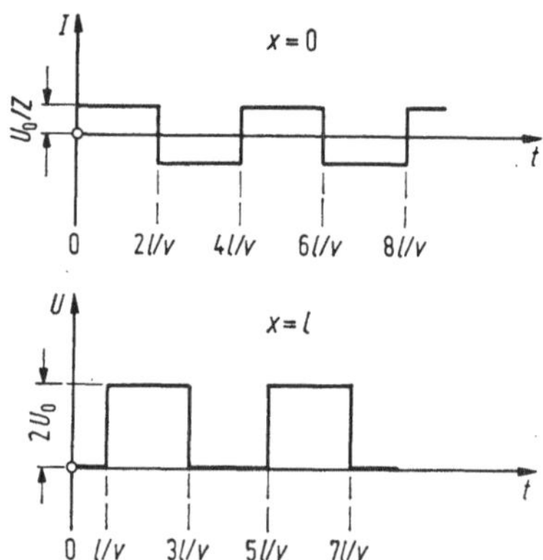


Abb. 11.13 Zeitlicher Verlauf der Einschaltwelle nach Abb. 11.12.

$t = 0$. Da aber in $x = 0$ fortwährend die Spannung $U_0$ besteht, beginnt der geschilderte Vorgang von neuem. Bei Vernachlässigung der Verluste hat man es also mit einem periodischen Vorgang der Periodendauer $T = 4l/v$ zu tun; er ist in Abb. 11.13 dargestellt.

**Wellen bei sinusförmigem Zeitgesetz.** Setzen wir

$$U(x, t) = \mathrm{Re}\{\underline{U}_\mathrm{m}\,\mathrm{e}^{\mathrm{j}\omega t}\}, \quad I(x, t) = \mathrm{Re}\{\underline{I}_\mathrm{m}\,\mathrm{e}^{\mathrm{j}\omega t}\}, \qquad (11.4\text{-}33)$$

so wird aus der Telegraphengleichung Gl. (4) die gewöhnliche Differentialgleichung

$$\frac{\mathrm{d}^2\underline{U}_\mathrm{m}}{\mathrm{d}x^2} = \underline{\gamma}^2\underline{U}_\mathrm{m} \qquad (11.4\text{-}34)$$

mit

$$\underline{\gamma} = \sqrt{(R' + \mathrm{j}\omega L')(G' + \mathrm{j}\omega C')} = \alpha + \mathrm{j}\beta. \qquad \mathbf{(11.4\text{-}35)}$$

Die reellen Größen $\alpha$ und $\beta$ sollen positiv sein; dementsprechend wählen wir das Vorzeichen der Quadratwurzel. Die vollständige Lösung von Gl. (34) ist

$$\underline{U}(x) = \underline{U}_{1\mathrm{m}}\,\mathrm{e}^{-\underline{\gamma}x} + \underline{U}_{2\mathrm{m}}\,\mathrm{e}^{\underline{\gamma}x}. \qquad (11.4\text{-}36)$$

Indem man mit Gl. (33) und (36) in eine der Gln. (10), (12) eingeht, erhält man

$$\underline{I}_\mathrm{m}(x) = \frac{\underline{U}_{1\mathrm{m}}}{\underline{Z}}\,\mathrm{e}^{-\gamma x} - \frac{\underline{U}_{2\mathrm{m}}}{\underline{Z}}\,\mathrm{e}^{\gamma x}; \qquad (11.4\text{-}37)$$

dabei wird die Größe

$$\underline{Z} = \sqrt{\frac{R' + \mathrm{j}\omega L'}{G' + \mathrm{j}\omega C'}} \qquad \mathbf{(11.4\text{-}38)}$$

der Leitungs-Wellenwiderstand (bei sinusförmigem Zeitgesetz) genannt. Die Integrationskonstanten $\underline{U}_{1\mathrm{m}}$ und $\underline{U}_{2\mathrm{m}}$ sind durch vorgegebene Werte der Klemmenspannung und der Stromstärke entweder am Anfang $x = 0$ oder am Ende $x = l$ der Leitung bestimmt.

Die physikalische Bedeutung der Gln. (36), (37) ist leicht zu erkennen; analoge Ergebnisse liegen schon in den Gln. (11.3-10 bis 18) vor: Setzen wir

$$\underline{U}_{1\mathrm{m}} = U_1\,\mathrm{e}^{\mathrm{j}\varphi_1}, \quad \underline{U}_{2\mathrm{m}} = U_2\,\mathrm{e}^{\mathrm{j}\varphi_2}, \qquad (11.4\text{-}39)$$

so wird zum Beispiel aus Gl. (36) durch Rückgriff auf Gl. (33) und (35)

$$U(x, t) = U_1\,\mathrm{e}^{-\alpha x}\cos(\omega t - \beta x + \varphi_1) + U_2\,\mathrm{e}^{\alpha x}\cos(\omega t + \beta x + \varphi_2). \qquad (11.4\text{-}40)$$

Die Cosinusfunktion des ersten Summanden beschreibt eine sinusförmige Welle, die in Richtung $+x$ wandert, als eine Rechtswelle, die im zweiten Summanden eine sinusförmige Welle, die in Richtung $-x$ wandert, also eine Linkswelle, der Faktor $\mathrm{e}^{-\alpha x}$ bedeutet eine exponentielle örtliche Dämpfung der Rechtswelle, der Faktor $\mathrm{e}^{\alpha x}$ eine ebensolche der Linkswelle. Daher heißt die Größe $\alpha$ Dämpfungskonstante. Wir bestimmen die Phasengeschwindigkeit als die Geschwindigkeit, mit der sich die gleichsinnigen Nulldurchgänge der gedämpften Welle verschieben, und erhalten

$$u = \frac{\omega}{\beta} \tag{11.4-41}$$

für die Rechtswelle, $-u$ für die Linkswelle. Wir bestimmen ferner die Wellenlänge als örtlichen Abstand zweier gleichsinniger Nulldurchgänge einer Welle und finden sie aus $\beta\lambda = 2\pi$ zu

$$\lambda = \frac{2\pi}{\beta}, \tag{11.4-42}$$

Die Größe $\beta$ wird Phasenkonstante, die Größe $\underline{\gamma}$ wird Wellenkonstante oder Fortpflanzungskonstante der Leitung genannt. Nach Gl. (40) besteht die vollständige Lösung $U(x, t)$ aus einer Rechts- und einer Linkswelle, die beide dem gleichen Exponentialgesetz der örtlichen Dämpfung unterliegen und beide die gleiche Phasengeschwindigkeit haben. Physikalisch vollkommen gleichberechtigt ist jedoch auch eine ganz andere Auslegung des Vorganges, die man durch eine trigonometrische Umformung der Gl. (40) findet. Schreibt man abkürzend

$$\frac{\varphi_2 - \varphi_1}{2} = \vartheta_1, \quad \frac{\varphi_2 + \varphi_1}{2} = \vartheta_2, \tag{11.4-43}$$

so erhält man

$$\begin{aligned} U(x, t) &= D_1(\alpha x) \cos(\beta x + \vartheta_1) \cos(\omega t + \vartheta_2) \\ &\quad + D_2(\alpha x) \sin(\beta x + \vartheta_1) \sin(\omega t + \vartheta_2); \end{aligned} \tag{11.4-44}$$

das ist die Summe zweier *stehender* Wellen mit gleicher Wellenlänge $\lambda = 2\pi/\beta$ und gleicher Periodendauer $T = 2\pi/\omega$, jedoch verschiedenen Dämpfungsfunktionen

$$\begin{aligned} D_1(\alpha x) &= U_1 \, e^{-\alpha x} + U_2 \, e^{\alpha x}, \\ D_2(\alpha x) &= U_1 \, e^{-\alpha x} - U_2 \, e^{\alpha x}. \end{aligned} \tag{11.4-45}$$

Man kann die Spannungsverteilung und daher auch die Stromverteilung auf einer Leitung sowohl durch zwei fortschreitende, als auch durch zwei stehende örtlich gedämpfte Wellen darstellen.

**Wellenkonstante und Wellenwiderstand.** Quadriert man Gl. (35), so erhält man

$$\alpha^2 - \beta^2 = -\omega^2 L'C' + R'G',$$

$$2\alpha\beta = \omega(L'G' + R'C');$$

nimmt man den Betrag, so erhält man

$$\alpha^2 + \beta^2 = \sqrt{(R'^2 + \omega^2 L'^2)(G'^2 + \omega^2 C'^2)}.$$

Hieraus folgt

$$\begin{aligned} \begin{matrix} 2\beta^2 \\ 2\alpha^2 \end{matrix} &= \pm(\omega^2 L'C' - R'G') \\ &\quad + \sqrt{(R'^2 + \omega^2 L'^2)(G'^2 + \omega^2 C'^2)}; \end{aligned} \tag{11.4-46}$$

das positive Zeichen des ersten Summanden ergibt $2\beta^2$, das negative $2\alpha^2$. Man hat ferner

$$\alpha = \frac{\omega}{\beta}\frac{1}{2}(L'G' + R'C') = u\frac{1}{2}(L'G' + R'C'). \tag{11.4-47}$$

Die Dämpfungskonstante $\alpha$ und die Phasengeschwindigkeit $u$ sind hiernach zueinander proportional, daher sind sie, wenn die vier Beläge frequenzunabhängig angenommen werden, dieselbe steigende Funktion der Frequenz. Eine aus Sinuswellen verschiedener Frequenzen zusammengesetzte, beispielsweise periodische Welle hat also die Eigenschaft, daß die Teilwellen um so stärker gedämpft werden und um so größere Phasengeschwindigkeit haben, je höher ihre Frequenz ist: Die Welle ändert während ihres Laufes fortwährend ihre Gestalt.

Eine Übersicht über die Eigenschaft verschiedener Leitungen in Abhängigkeit von den Belägen und der Betriebsfrequenz erhält man, indem man einführt

$$R' + j\omega L' = \sqrt{R'^2 + \omega^2 L'^2}\, e^{j\left(\frac{\pi}{2} - \varepsilon\right)}, \qquad \tan\varepsilon = \frac{R'}{\omega L'}, \tag{11.4-48}$$

$$G' + j\omega C' = \sqrt{G'^2 + \omega^2 C'^2}\, e^{j\left(\frac{\pi}{2} - \delta\right)}, \qquad \tan\delta = \frac{G'}{\omega C'}. \tag{11.4-49}$$

Damit erhält man die Wellenkonstante

$$\underline{\gamma} = \alpha + j\beta = |\underline{\gamma}|\, e^{j\left(\frac{\pi}{2} - \frac{\varepsilon + \delta}{2}\right)}, \qquad |\underline{\gamma}| = \sqrt{(R'^2 + \omega^2 L'^2)(G'^2 + \omega^2 C'^2)}, \tag{11.4-50}$$

die Dämpfungskonstante $\alpha$ und die Phasenkonstante $\beta$

$$\alpha = |\underline{\gamma}| \sin\left(\frac{\varepsilon + \delta}{2}\right), \quad \beta = |\underline{\gamma}| \cos\left(\frac{\varepsilon + \delta}{2}\right), \tag{11.4-51}$$

ferner den Wellenwiderstand

$$\left.\begin{aligned} \underline{Z} &= |\underline{Z}|\,\mathrm{e}^{\mathrm{j}\frac{\delta-\varepsilon}{2}} = |\underline{Z}|\,\mathrm{e}^{\mathrm{j}\zeta} = Z_1 + \mathrm{j}Z_2, \\ |\underline{Z}| &= \sqrt{\frac{R'^2 + \omega^2 L'^2}{G'^2 + \omega^2 C'^2}}, \qquad \tan\zeta = \frac{\delta - \varepsilon}{2}, \\ Z_1 &= |\underline{Z}| \cos\left(\frac{\delta - \varepsilon}{2}\right), \qquad Z_2 = |\underline{Z}| \sin\left(\frac{\delta - \varepsilon}{2}\right). \end{aligned}\right\} \quad (11.4\text{-}52)$$

Sieht man von extrem niedrigen Frequenzen ab, so ist bei allen Leitungs- und Betriebsarten $\delta \ll 1$. Meist ist auch $\varepsilon < 1$ und sogar $\varepsilon \ll 1$, so zum Beispiel bei Freileitungen mit großen Leiterquerschnitten und großen Abständen der Leiter voneinander (Freileitungen der Wechselstrom-energieübertragungstechnik) und allgemein bei sehr hohen Frequenzen (Hochfrequenz-Meßleitungen). Stets (ohne besondere technische Vorkehrungen) ist $\varepsilon > \delta$. Unter der Voraussetzung $\varepsilon \ll 1$ und $\delta \ll 1$ erhält man aus Gl. (48) bis (52)

$$\sqrt{R'^2 + \omega^2 L'^2} \approx \omega L', \quad \sqrt{G'^2 + \omega^2 C'^2} \approx \omega C',$$

$$\cos\left(\frac{\varepsilon + \delta}{2}\right) \approx 1, \quad \cos\left(\frac{\delta - \varepsilon}{2}\right) \approx 1,$$

$$\sin\frac{\varepsilon + \delta}{2} \approx \frac{R'}{2\omega L'} + \frac{G'}{2\omega C'},$$

$$\sin\left(\frac{\delta - \varepsilon}{2}\right) \approx \frac{G'}{2\omega C'} - \frac{R'}{2\omega L'}.$$

Hieraus der Reihe nach

$$\beta \approx \omega\sqrt{L'C'}, \quad (11.4\text{-}53)$$

$$\alpha \approx \omega\sqrt{L'C'}\left(\frac{R'}{2\omega L'} + \frac{G'}{2\omega C'}\right) = \frac{R'}{2}\sqrt{\frac{C'}{L'}} + \frac{G'}{2}\sqrt{\frac{L'}{C'}} \quad (11.4\text{-}54)$$

unabhängig von der Frequenz, falls dies die Beläge selbst sind, und

$$u = \frac{\omega}{\beta} \approx \frac{1}{\sqrt{L'C'}} = v, \quad (11.4\text{-}55)$$

die Phasengeschwindigkeit wird der Ausbreitungsgeschwindigkeit gleich, daher wird nach Gl. (47)

$$\alpha = v\,\frac{L'G' + R'C'}{2}. \quad (11.4\text{-}56)$$

Schließlich wird

$$Z_1 \approx \sqrt{\frac{L'}{C'}} = Z \quad (11.4\text{-}57)$$

wie in Gl. (9), und

$$Z_2 \approx -\frac{Z}{2\omega}\left(\frac{R'}{L'} - \frac{G'}{C'}\right); \tag{11.4-58}$$

der reelle Teil des Leitungswellenwiderstandes geht gegen den konstanten Wert $Z$, der imaginäre Teil ist negativ (wegen $\varepsilon > \delta$). – Nur bei völliger Verlustlosigkeit wäre $\alpha = 0$ und $Z_2 = 0$.

Für Übertragungsleitungen mit verhältnismäßig kleinen Leiterquerschnitten und geringen Abständen der Leiter voneinander, so zum Beispiel für Kabel, und allgemein für tiefe Frequenzen, erhält man andere Näherungen, indem man setzt

$$R' + \mathrm{j}\omega L' \approx R', \quad G' + \mathrm{j}\omega C' \approx \mathrm{j}\omega C'.$$

Daher wird

$$\underline{\gamma} = \sqrt{\mathrm{j}\omega C'R'} = (1+\mathrm{j})\sqrt{\frac{\omega C'R'}{2}}, \tag{11.4-59}$$

$$\beta = \alpha = \sqrt{\frac{\omega C'R'}{2}}, \tag{11.4-60}$$

$$u = \frac{\omega}{\beta} = \sqrt{\frac{2\omega}{C'R'}}, \tag{11.4-61}$$

$$\underline{Z} = \sqrt{\frac{R'}{\mathrm{j}\omega C'}} = (1-\mathrm{j})\sqrt{\frac{R'}{2\omega C'}}, \quad \zeta = -\frac{\pi}{4}, \tag{11.4-62}$$

$$Z_1 = -Z_2 = \sqrt{\frac{R'}{2\omega C'}}. \tag{11.4-63}$$

Die Dämpfungskonstante und die Phasenkonstante sind einander gleich, beide und die Phasengeschwindigkeit sind proportional zur Quadratwurzel aus der Frequenz, der Leitungswellenwiderstand ist umgekehrt proportional zur Quadratwurzel aus der Frequenz und besteht aus einem positiven reellen und einem gleich großen negativen imaginären Teil.

Wir betrachten noch die allgemeinen Gln. (48) bis (52) in den Grenzfällen verschwindender und unbegrenzt wachsender Frequenz:

a) Für Gleichstrom wird nach Gl. (35), (41), (38)

$$\left.\begin{aligned} \alpha_0 &= \sqrt{R'G'}, \quad \beta = 0, \\ u_0 &= \frac{2\alpha_0}{R'C' + G'L'}, \\ Z &= Z_1 = \sqrt{\frac{R'}{G'}}, \quad Z_2 = 0; \end{aligned}\right\} \tag{11.4-64}$$

b) für $\omega \to \infty$ wird

$$\left.\begin{aligned} &\alpha \to \alpha_\infty = \frac{R'}{2}\sqrt{\frac{C'}{L'}} + \frac{G'}{2}\sqrt{\frac{L'}{C'}},\\ &\beta \to \omega\sqrt{L'C'} \to \infty,\\ &u \to u_\infty = v = \frac{1}{\sqrt{L'C'}},\\ &Z \to \sqrt{\frac{L'}{C'}} = Z_1, \quad Z_2 = -\frac{R'}{2\omega\sqrt{L'C'}} \to 0. \end{aligned}\right\} \quad (11.4\text{-}65)$$

Dabei sind die oben angegebenen Frequenzabhängigkeiten der Beläge noch zusätzlich zu berücksichtigen. Abb. 11.14 zeigt die Dämpfungskonstante $\alpha$ und die Phasenkonstante $\beta$, Abb. 11.15 zeigt die beiden Komponenten des Leitungswellenwiderstandes in Abhängigkeit von der

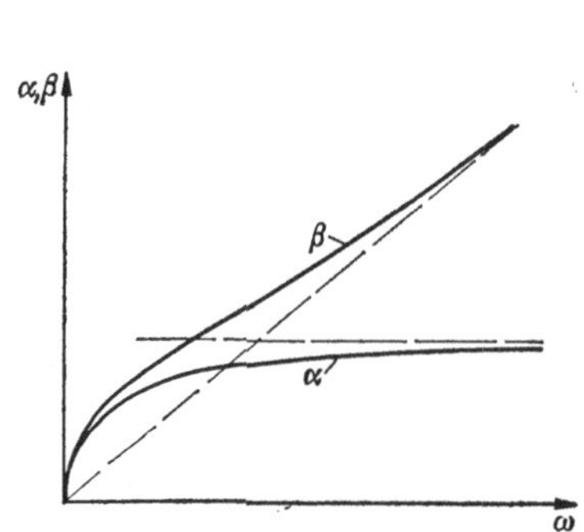

Abb. 11.14 Dämpfungskonstante $\alpha$ und Phasenkonstante $\beta$ in Abhängigkeit von der Frequenz.

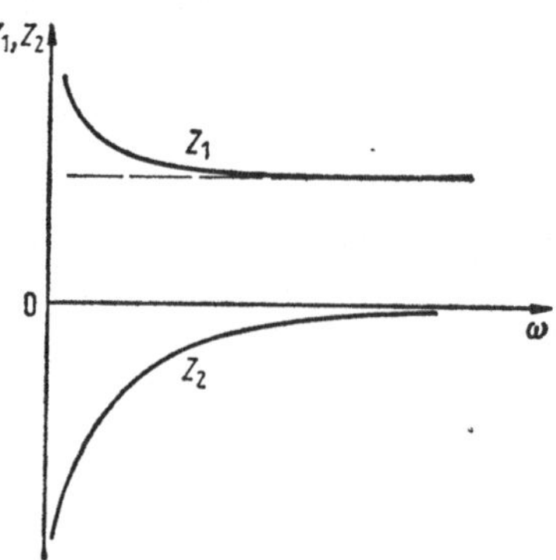

Abb. 11.15 Leitungswellenwiderstand $Z_1 + jZ_2$ in Abhängigkeit von der Frequenz.

Kreisfrequenz. – Aus Gln. (64) und (65) liest man noch ab: Die Dämpfungskonstante $\alpha$ und daher die Phasengeschwindigkeit $u$ liegen, als Funktion der Frequenz bei konstanten Belägen betrachtet, zwischen endlichen Grenzen; ihr Verhältnis ist

$$\frac{\alpha_\infty}{\alpha_0} = \frac{u_\infty}{u_0} = \frac{1}{2}\sqrt{\frac{R'C'}{G'L'}} + \frac{1}{2}\sqrt{\frac{G'L'}{R'C'}}. \quad (11.4\text{-}66)$$

Die Bereichsgrenzen fallen aufeinander im Falle

$$\sqrt{\frac{R'C'}{G'L'}} = 1, \quad (11.4\text{-}67)$$

was durch

$$\frac{R'}{L'} = \frac{G'}{C'} \quad (11.4\text{-}68)$$

erfüllt wird. Dies ist die aus Gl. (29) bekannte Relation, welche Verzerrungsfreiheit bedeutet. Wegen Gl. (48), (49) können wir diese auch beschreiben $\tan\varepsilon = \tan\delta$, und die Verzerrungsfreiheit ist durch das Zusammenfallen der Bereichsgrenzen sehr anschaulich erklärt: Für Sinuswellen aller Frequenzen hat einerseits die Dämpfungskonstante, andererseits die Phasengeschwindigkeit denselben Wert, sie werden alle gleich stark gedämpft und laufen gleich schnell, eine Verzerrung der Wellenform kann nicht eintreten.

Es ist manchmal bequem, an Stelle der Gln. (48), (49) einzuführen

$$\frac{R'}{\omega L'} = e, \quad \frac{G'}{\omega C'} = d; \tag{11.4-69}$$

damit wird

$$\left.\begin{aligned} \underline{Z} &= \sqrt{\frac{L'}{C'}}\sqrt{\frac{1-\mathrm{j}e}{1-\mathrm{j}d}}, \\ \alpha &= \frac{1}{q}\left(\frac{R'}{2}\sqrt{\frac{C'}{L'}} + \frac{G'}{2}\sqrt{\frac{L'}{C'}}\right), \\ u &= \frac{1}{q}\frac{1}{\sqrt{L'C'}}, \end{aligned}\right\} \tag{11.4-70}$$

Hierin ist $q$ eine Funktion von $e$ und $d$, nämlich gemäß Gl. (46)

$$q = \frac{1}{\sqrt{2}}\sqrt{1 - ed + \sqrt{(1+e^2)(1+d^2)}}. \tag{11.4-70a}$$

Die Funktion $q$ wächst mit $e$ und $d$ verhältnismäßig langsam an über ihren Kleinstwert 1, der für $e = d$ eintritt. Auch Näherungen sind leicht zu entwickeln.

Wir wollen noch schließlich die Integrationskonstanten $\underline{U}_{1\mathrm{m}}$ und $\underline{U}_{2\mathrm{m}}$ der Gln. (36), (37) aus gegebenen Randwerten bestimmen:

a) Sind die Werte am Leitungsanfang $x = 0$ gegeben: $\underline{U}_\mathrm{m}(0) = \underline{U}_\mathrm{am}$ und $\underline{I}_\mathrm{m}(0) = \underline{I}_\mathrm{am}$, so wird

$$\underline{U}_{1\mathrm{m}} = \tfrac{1}{2}(\underline{U}_\mathrm{am} + \underline{Z}\underline{I}_\mathrm{am}), \quad \underline{U}_{2\mathrm{m}} = \tfrac{1}{2}(\underline{U}_\mathrm{am} - \underline{Z}\underline{I}_\mathrm{am}); \tag{11.4-71a}$$

b) Sind die Werte am Leitungsende gegeben: $\underline{U}_\mathrm{m}(l) = \underline{U}_\mathrm{em}$ und $\underline{I}_\mathrm{m}(l) = \underline{I}_\mathrm{em}$, so wird

$$\begin{aligned} \underline{U}_{1\mathrm{m}} &= \tfrac{1}{2}(\underline{U}_\mathrm{em} + \underline{Z}\underline{I}_\mathrm{em})\,\mathrm{e}^{\underline{\gamma} l}, \\ \underline{U}_{2\mathrm{m}} &= \tfrac{1}{2}(\underline{U}_\mathrm{em} - \underline{Z}\underline{I}_\mathrm{em})\,\mathrm{e}^{-\underline{\gamma} l}. \end{aligned} \tag{11.4-71b}$$

Indem man dann die Exponentialfunktionen zu Hyperbelfunktionen zusammenfaßt, erhält man zum Beispiel in Bezug auf gegebene Werte am Leitungsende:

$$\begin{aligned} \underline{U}_\mathrm{m}(x) &= \underline{U}_\mathrm{em}\cosh\underline{\gamma}(l-x) + \underline{Z}\underline{I}_\mathrm{em}\sinh\underline{\gamma}(l-x), \\ \underline{I}_\mathrm{m}(x) &= (\underline{U}_\mathrm{em}/\underline{Z})\sinh\underline{\gamma}(l-x) + \underline{I}_\mathrm{em}\cosh\underline{\gamma}(l-x). \end{aligned} \tag{11.4-71c}$$

Der hieraus folgende Zusammenhang zwischen Endwerten und Anfangswerten

$$\underline{U}_{\mathrm{am}} = \underline{U}_{\mathrm{em}} \cosh \underline{\gamma} l + \underline{Z} \underline{I}_{\mathrm{em}} \sinh \underline{\gamma} l, \qquad \underline{I}_{\mathrm{am}} = (\underline{U}_{\mathrm{em}}/\underline{Z}) \sinh \underline{\gamma} l + \underline{I}_{\mathrm{em}} \cosh \underline{\gamma} l \tag{11.4-71d}$$

beschreibt die Eigenschaften der homogenen Leitung als Übertragungglied. Sie ist in der Sprache der Netzwerktheorie ein linearer Vierpol. Man kann daher alle Ergebnisse der Vierpoltheorie auf sie anwenden (siehe weiterführende Literatur am Ende von Abschnitt 3.4). Schreibt man für einen solchen die Gleichungen

$$\underline{U}_{\mathrm{am}} = \underline{A}\underline{U}_{\mathrm{em}} + \underline{B}\underline{I}_{\mathrm{em}}, \quad \underline{I}_{\mathrm{am}} = \underline{C}\underline{U}_{\mathrm{em}} + \underline{D}\underline{I}_{\mathrm{em}}, \tag{11.4-71e}$$

so sieht man, daß die homogene Leitung als Vierpol die besonderen Eigenschaften

$$\underline{D} = \underline{A}, \quad \underline{A}^2 - \underline{B}\underline{C} = 1 \tag{11.4-71f}$$

hat. Die Größen, die die Übertragungseigenschaften bestimmen, sind der Wellenwiderstand $\underline{Z}$ und das Übertragungsmaß $\underline{g} = \underline{\gamma} l = \alpha l + \mathrm{j}\beta l$; man nennt $\alpha l$ das Dämpfungsmaß und $\beta l$ das Phasenmaß. $\underline{g}$ und $\underline{Z}$ können durch Messungen ermittelt werden.[1]

**Allgemeine Lösung der Telegraphengleichung. Sprungreaktion einer verzerrenden Leitung.** Die Telegraphengleichung (4) beschreibt einen Vorgang $U(x, t)$ vollständig, wenn zwei Anfangs- und zwei Randbedingungen gegeben sind. Die Leitung sei zum Zeitpunkt $t = 0$ spannungslos und stromlos. Die Anfangsbedingungen sind daher vermöge der Gln. (1) und (2)

$$U(x, t = +0) = 0, \quad \left(\frac{\partial U}{\partial t}\right)_{t=+0} = 0. \tag{11.4-72}$$

Die Randbedingung am fernen Ende lautet, wenn wir annehmen, die Leitung sei unendlich lang,

$$U(l \to \infty, t) = 0, \tag{11.4-73}$$

und am Leitungsanfang $x = 0$ ist sie

$$U(+0, t) = U_0(t); \tag{11.4-74}$$

dies also ist die für den Leitungsanfang zu gebende Anregungsfunktion, das „Signal". Wir brauchen dafür einstweilen keine spezielle Wahl zu

[1] In der Leitungs- und in der Vierpoltheorie ist es üblich (und für Geübte unbedenklich), die Kennzeichnung komplexer Größen durch Unterstreichung zu unterlassen, also alle Koeffizienten, Spannungs- und Stromamplituden zunächst als komplex zu unterstellen. Man hat sich dann lediglich die Symbole derjenigen Größen einzuprägen, die als reelle Größen definiert sind. Wir sind hier dieser Gepflogenheit nicht gefolgt, da dieses Buch sich an einzuübende, nicht an schon geübte Leser wendet.

treffen. Als Lösungsmethode wählen wir, vgl. die Ausführungen zu Gl. (10-31 bis 35), die Laplacesche Integraltransformation in der in Abschnitt A.6 vermerkten Sprech- und Schreibweise. Ihre Anwendung auf die Telegraphengleichung gibt im Bildbereich die Randwertaufgabe

$$\frac{\mathrm{d}^2 u}{\mathrm{d}x^2} = \{L'C's^2 + (R'C' + L'G')\,s + R'G'\}\,u. \tag{11.4-75}$$

$u = u(x, s)$ ist die Bildfunktion von $U(x, t)$ und daher ist $u(+0, s) = u_0(s)$ die Bildfunktion der Anregungsfunktion $U_0(x)$. Nach Gl. (73) ist $u(\infty, s) = 0$. Daher ist für Gl. (75) nur die Lösung möglich

$$\left.\begin{aligned} u(x, s) &= u_0(s)\,\mathrm{e}^{-\gamma x}, \\ \gamma(s) &= \sqrt{L'C's^2 + (R'C' + L'G')\,s + R'G'} \end{aligned}\right. \tag{11.4-76}$$

$$= \sqrt{(R' + sL')\,(G' + sC')}. \tag{11.4-77}$$

Nach jeder der transformierten Gln. (1) und (2) ist die der Gl. (76) zugehörige Bildgleichung des Stromes $I(x, t)$

$$i(x, s) = \frac{u(x, s)}{Z(s)} \tag{11.4-78}$$

mit

$$Z(s) = \sqrt{\frac{R' + sL'}{G' + sC'}}. \tag{11.4-79}$$

(Man kann hier $\gamma(s)$ und $Z(s)$ die Fortpflanzungskonstante und den Wellenwiderstand des Bildbereiches nennen.) Es ist nützlich, hier die Größen Abklingkonstante $\delta$, Verzerrungskonstante $\sigma$ und Wellengeschwindigkeit $v$ einzuführen:

$$\left.\begin{aligned} \delta &= \frac{1}{2}\left(\frac{R'}{L'} + \frac{G'}{C'}\right), \\ \sigma &= \frac{1}{2}\left(\frac{R'}{L'} - \frac{G'}{C'}\right), \\ v &= \frac{1}{\sqrt{L'C'}}. \end{aligned}\right\} \tag{11.4-80}$$

Hiermit wird

$$\begin{aligned} \gamma(s) &= \frac{1}{v}\sqrt{(s + \delta)^2 - \sigma^2}\,, \\ Z(s) &= \frac{\sqrt{(s + \delta)^2 - \sigma^2}}{v(G' + sC')} \end{aligned} \tag{11.4-81}$$

und somit

$$u(x, s) = u_0(s)\,\mathrm{e}^{-\frac{x}{v}\sqrt{(s+\delta)^2 - \sigma^2}}, \tag{11.4-82}$$

dazu $i(x, s)$ gemäß Gl. (78) und (81).

Wir betrachten zunächst zwei Sonderfälle:

a) Durch die Annahme $R' = 0$, $G' = 0$ erhalten wir den Idealfall der verlustlosen Leitung:

$$u(x, s) = u_0(s)\,\mathrm{e}^{-xs\sqrt{L'C'}} = u_0(s)\,\mathrm{e}^{-xs/v}. \qquad (11.4\text{-}83)$$

Die Originalfunktion ergibt sich mit Hilfe des Verschiebungssatzes der Laplace-Transformation unmittelbar zu

$$\begin{aligned} U(x, t) &= 0 \quad \text{für} \quad t < x/v, \\ U(x, t) &= U_0(t - x/v) \quad \text{für} \quad t \geqq x/v. \end{aligned} \qquad (11.4\text{-}84)$$

Dies ist der Ausdruck für die unverzerrt und ungedämpft mit der Geschwindigkeit $v$ nach rechts fortschreitende Welle, vgl. Gl. (6): Die Erregung (das Signal) braucht bis zum Eintreffen im Punkte $x > 0$ die Zeit $x/v$, und vorher ist dort $U = 0$.

b) Wir nehmen an $\sigma = 0$, also $R'/L' = G'/C'$. Dann ist $\gamma = (s + \delta)/v$ und daher

$$u(x, s) = u_0(s)\,\mathrm{e}^{-\frac{x}{v}(s+\delta)}. \qquad (11.4\text{-}85)$$

Die Transformation in den Originalbereich ergibt

$$U(x, t) = \mathrm{e}^{-x\delta/v}\, U_0(t - x/v), \quad t \geqq x/v. \qquad (11.4\text{-}86)$$

Dies ist der Ausdruck für die unverzerrt, jedoch örtlich gedämpft mit der Geschwindigkeit $v$ nach rechts fortschreitende Welle, vgl. Gl. (26) und (27): Das Signal wird beim Fortschreiten nur geometrisch ähnlich kleiner, es erleidet keine Formänderung.

*Im allgemeinen Falle* $\delta > 0$, $\sigma \neq 0$ läßt sich, was hier nicht weiter rechnerisch belegt werden soll, die Originalfunktion zu

$$u(x, s) = u_0(s)\,\mathrm{e}^{-\frac{x}{v}\sqrt{(s+\delta)^2 - \sigma^2}} \qquad (11.4\text{-}87)$$

schreiben

$$\begin{aligned} U(x, t) &= 0 \quad \text{für} \quad 0 \leqq t < x/v, \\ U(x, t) &= \mathrm{e}^{-x\delta/v}\, U_0(t - x/v) + \int_{x/v}^{t} U_0(t - \tau)\, \Psi(x, \tau)\, \mathrm{d}\tau \quad \text{für} \quad t > x/v. \end{aligned} \qquad (11.4\text{-}88)$$

Hierbei ist die Funktion $\Psi(x, t)$ definiert als

$$\begin{aligned} \Psi(x, t) &= 0 \quad \text{für} \quad 0 \leqq t < x/v, \\ \Psi(x, t) &= -\mathrm{j}\frac{x\sigma}{v}\frac{\mathrm{e}^{-\delta t}}{\sqrt{t^2 - (x/v)^2}}\, \mathrm{J}_1\!\left(\mathrm{j}\sigma\sqrt{t^2 - (x/v)^2}\right) \quad \text{für} \quad t > x/v. \end{aligned} \qquad (11.4\text{-}89)$$

$\mathrm{J}_1$ ist die Besselsche Zylinderfunktion erster Ordnung. Die Gl. (88) zeigt also im ersten Summanden einen verzerrungsfreien, im zweiten einen Verzerrungsanteil der gedämpft fortschreitenden Rechtswelle.

Bis hierhin war über die Erregungsgröße (das Signal) $U_0(x)$ keine Annahme gemacht. Wir werden jetzt die Erregung als einen Sprung von der Höhe $U_0$ annehmen, wir betrachten mit anderen Worten den Vorgang auf der Leitung, der sich nach Einschalten einer Gleichspannung $U_0$ in $x = 0$, $t = +0$ abspielt. Hierfür wird Gl. (88)

$$U(x, t) = 0 \quad \text{für} \quad 0 \leqq t < x/v,$$

$$U(x, t) = U_0\, e^{-x\delta/v} - U_0 \frac{\sigma}{v} \int_{x/v}^{t} \frac{\mathrm{j}x\, e^{-\delta\tau}}{\sqrt{\tau^2 - (x/v)^2}} \mathrm{J}_1\left(\mathrm{j}\sigma\sqrt{\tau^2 - (x/v)^2}\right) \mathrm{d}\tau$$

$$\text{für} \quad t > x/v. \tag{11.4-90}$$

Der zugehörige Strom $I(x, t)$ wird durch Transformation von $i(x, s)$ nach Gl. (78), (79), (81)

$$I(x, t) = 0 \quad \text{für} \quad 0 \leqq t < x/v,$$

$$I(x, t) = U_0 \sqrt{\frac{C'}{L'}} \left\{ e^{-\delta t} \mathrm{J}_0\left(\mathrm{j}\sigma \sqrt{t^2 - (x/v)^2}\right) + \frac{G'}{C'} \int_{x/v}^{t} e^{-\delta\tau} \mathrm{J}_0\left(\mathrm{j}\sigma \sqrt{\tau^2 - (x/v)^2}\right) \mathrm{d}\tau \right\} \quad \text{für} \quad t > x/v. \tag{11.4-91}$$

$\mathrm{J}_0$ ist die Besselsche Zylinderfunktion nullter Ordnung.

Für $t = x/v$ verschwinden die Integrale in Gl. (90) und (91), ferner ist $\mathrm{J}_0(0) = 1$. Diese Relation beschreibt Zeit und Ort des Wellenkopfes. In ihm ist also

$$U = U_0\, e^{-x\delta/v} = U_0\, e^{-\delta t},$$
$$I = U_0 \sqrt{\frac{C'}{L'}} e^{-\delta t}; \tag{11.4-92}$$

im Wellenkopf sind Strom und Spannung ebenso groß wie wenn die Leitung verzerrungsfrei wäre.

Wir betrachten nunmehr eine besonders stark verzerrende Leitung, indem wir $G' = 0$ annehmen (womit man sich in manchen Fällen von der Wirklichkeit recht wenig entfernt). Somit ist nach Gl. (80)

$$\sigma = \delta = \frac{R'}{2L'} \tag{11.4-93}$$

Dann verschwindet das Integral in Gl. (91), und man erhält einheitliche Beziehungen für alle der Voraussetzung Gl. (93) unterliegenden Leitungen durch die Normierungen

$$\sigma t = T, \quad \frac{\sigma}{v} x = X; \tag{11.4-94}$$

man nennt $T$ das Zeitmaß, $X$ das Längenmaß. Die Gln. (90) und (91) werden

$$U(X, T) = U_0 \left\{ e^{-X} - \int_X^T \frac{jX\,e^{-\xi}}{\sqrt{\xi^2 - X^2}} J_1(j\sqrt{\xi^2 - X^2}) \right\} d\xi, \quad (11.4\text{-}95)$$

$$I(X, T) = U_0 \sqrt{\frac{C'}{L'}} e^{-T} J_0(j\sqrt{T^2 - X^2}), \quad (11.4\text{-}96)$$

beide für $T > X$, jedoch $U = 0$, $I = 0$ für $0 \leqq T < X$. Die Abb. 11.16 zeigen

$$I_*(X, T) = \frac{I(X, T)}{U_0\sqrt{C'L'}}. \quad (11.4\text{-}97)$$

Man sieht, daß für Werte des Längenmaßes etwa $X < 2$ der Strom im Wellenkopf seinen größten Wert aufweist und daraufhin abnimmt. Bei großen Werten des Längenmaßes setzt der Strom mit einem verhältnismäßig kleinen Wert ein, steigt daraufhin bis zu einem Maximum an und fällt weiterhin monoton ab. Je größer der Wert des Längenmaßes $X$

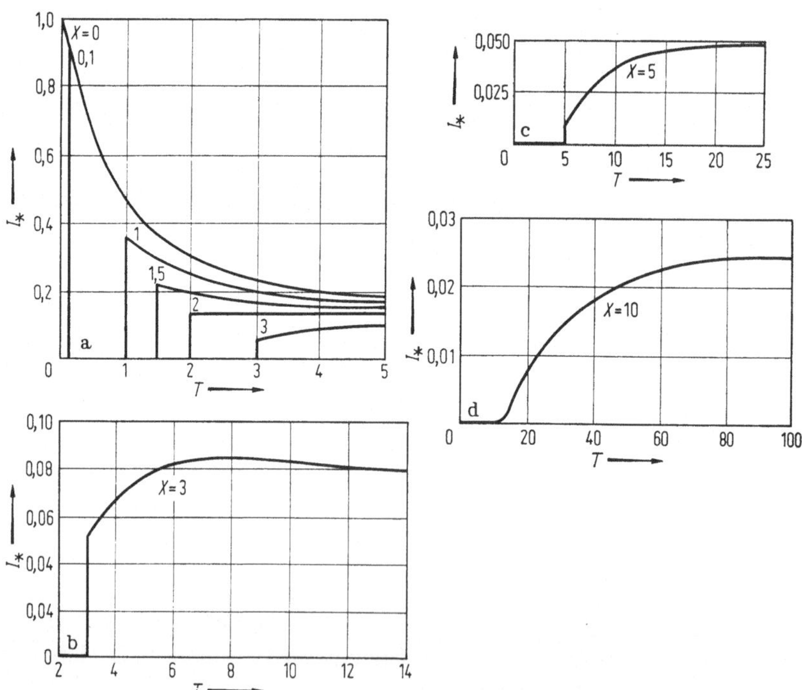


Abb. 11.16 a) bis d) Stromwelle auf einer unendlich langen verzerrenden ($G' = 0$) homogenen Leitung bei Einschalten einer Gleichspannung, in Abhängigkeit vom Längenmaß $X$ und dem Zeitmaß $T$ nach Gl. (11.4-97, 96, 95).

wird, um so kleiner ist der Sprung im Wellenkopf (zum Beispiel ist für $X = 10$, Abb. 11.16d, der Wert $I_* = 45{,}5 \cdot 10^{-6}$, der für $T \approx 100$ durchlaufene Höchstwert ist $I_* = 2{,}4 \cdot 10^{-2}$, also etwa das 500fache des Wertes im Wellenkopf).

## 11.5 Hohlleiter

Im Jahr 1893 fand J. J. Thomson[1] rechnerisch, daß elektromagnetische Wellen im Innern von hohlzylindrischen Leitern bei hinreichend hohen Frequenzen sich ausbreiten, und 1897 gab Rayleigh[2] Lösungen der Maxwellschen Gleichungen für zylindrische Hohlleiter von rundem und von rechteckigem Querschnitt an. Wir betrachten im folgenden die Übertragung im rechteckigen Hohlleiter und orientieren uns an Hand der Abb. 11.17; die $z$-Achse bezeichnet die Längserstreckung. Für den nichtleitenden Innenraum setzen wir einfachheitshalber $\varepsilon = \varepsilon_0$ und

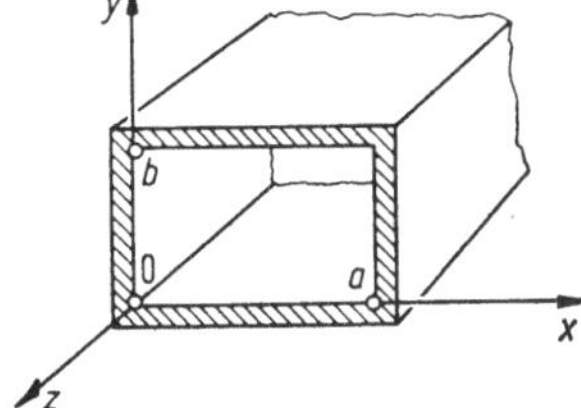

Abb. 11.17 Zylindrischer Hohlleiter von rechteckigem Querschnitt.

$\mu = \mu_0$. Um das Wesentliche zu erkennen, nehmen wir die metallische Wandung als idealen Leiter mit unendlich großer elektrischer Leitfähigkeit an. Dann verschwindet an der gesamten inneren Oberfläche des Rohres die Tangentialkomponente der elektrischen Feldstärke, es dringt keine elektromagnetische Energie in die Wandung ein. Die Randbedingungen sind daher

$$\left.\begin{aligned} E_x &= 0 \quad \text{für} \quad y = 0 \quad \text{und} \quad y = b, \\ E_y &= 0 \quad \text{für} \quad x = 0 \quad \text{und} \quad x = a, \\ E_z &= 0 \quad \text{für} \quad x = 0, \quad x = a, \quad y = 0, \quad y = b. \end{aligned}\right\} \tag{11.5-1}$$

Die für das elektromagnetische Feld im Innenraum nach Voraussetzung geltenden beiden Hauptgleichungen

$$\operatorname{rot} \boldsymbol{H} = \varepsilon_0 \frac{\partial \boldsymbol{E}}{\partial t}, \qquad \operatorname{rot} \boldsymbol{E} = -\mu_0 \frac{\partial \boldsymbol{H}}{\partial t} \tag{11.5-2}$$

[1] Lord Joseph John Thomson, 1857–1939.
[2] John William Strutt, später Lord Rayleigh, 1842–1919.

schreiben wir in den rechtwinkeligen kartesischen Koordinaten der Abb. 11.17

$$\frac{\partial H_z}{\partial y} - \frac{\partial H_y}{\partial z} = \varepsilon_0 \frac{\partial E_x}{\partial t}, \tag{11.5-2a}$$

$$\frac{\partial H_x}{\partial z} - \frac{\partial H_z}{\partial x} = \varepsilon_0 \frac{\partial E_y}{\partial t}, \tag{11.5-2b}$$

$$\frac{\partial H_y}{\partial x} - \frac{\partial H_x}{\partial y} = \varepsilon_0 \frac{\partial E_z}{\partial t}; \tag{11.5-2c}$$

$$\frac{\partial E_z}{\partial y} - \frac{\partial E_y}{\partial z} = -\mu_0 \frac{\partial H_x}{\partial t}, \tag{11.5-2d}$$

$$\frac{\partial E_x}{\partial z} - \frac{\partial E_z}{\partial x} = -\mu_0 \frac{\partial H_y}{\partial t}, \tag{11.5-2e}$$

$$\frac{\partial E_y}{\partial x} - \frac{\partial E_x}{\partial y} = -\mu_0 \frac{\partial H_z}{\partial t}. \tag{11.5-2f}$$

Da es sich um eine in Richtung der $z$-Achse fortschreitende elektromagnetische Welle von zeitlich sinusförmigem Verlauf handeln soll, machen wir für jede der angeschriebenen sechs Feldkoordinaten den Ansatz

$$F(x, y, z, t) = \mathrm{Re}\,\{\underline{F}_{\mathrm{m}}(x, y)\, \mathrm{e}^{\mathrm{j}\omega t + \underline{\gamma} z}\}; \tag{11.5-3}$$

$\omega$ ist die Kreisfrequenz, $\underline{\gamma}$ die noch zu bestimmende Fortpflanzungskonstante der Welle (erweist sich diese zum Beispiel als imaginär, so ist die Welle ungedämpft). – Wir schreiben im folgenden einfachheitshalber $F$ an Stelle von $\underline{F}_{\mathrm{m}}$ und $\gamma$ an Stelle von $\underline{\gamma}$. – Dann macht der Ansatz Gl. (3) aus den Gln. (2a bis 2f)

$$\begin{aligned}
&\frac{\partial H_z}{\partial y} - \gamma H y = \mathrm{j}\omega\varepsilon_0 E_x,\\
&\gamma H_x - \frac{\partial H_z}{\partial x} = \mathrm{j}\omega\varepsilon_0 E_y,\\
&\frac{\partial H_y}{\partial x} - \frac{\partial H_x}{\partial x} = \mathrm{j}\omega\varepsilon_0 E_z;\\
&\frac{\partial E_z}{\partial y} - \gamma E_y = -\mathrm{j}\omega\mu_0 H_x,\\
&\gamma E_x - \frac{\partial E_z}{\partial x} = -\mathrm{j}\omega\mu_0 H_y,\\
&\frac{\partial E_y}{\partial x} - \frac{\partial E_x}{\partial y} = -\mathrm{j}\omega\mu_0 H_z.
\end{aligned} \tag{11.5-4}$$

Dieses System von Gleichungen beschreibt noch sämtliche Möglichkeiten für die Ausbildung elektromagnetischer Wellen im Rohr, für die der Ansatz (3) gemacht werden kann. Wichtig sind zwei Sonderfälle:

a) das elektrische Feld hat keine Längskomponente, $E_z = 0$. Rohrwellen mit dieser Eigenschaft nennt man transversal-elektrische Wellen, abgekürzt TE-Wellen oder auch H-Wellen,

b) das magnetische Feld hat keine Längskomponente, $H_z = 0$. Rohrwellen mit dieser Eigenschaft nennt man transversal-magnetische Wellen, abgekürzt TM-Wellen oder auch E-Wellen.

Wir untersuchen im folgenden transversal-elektrische Wellen. Mit $E_z = 0$ wird aus dem System der Gln. (4)

$$\begin{array}{l|l} \dfrac{\partial H_z}{\partial y} - \gamma H_y = \mathrm{j}\omega\varepsilon_0 E_x, & -\gamma E_y = -\mathrm{j}\omega\mu_0 H_x, \\ \gamma H_x - \dfrac{\partial H_z}{\partial x} = \mathrm{j}\omega\varepsilon_0 E_y, & \gamma E_x = -\mathrm{j}\omega\mu_0 H_y, \\ \dfrac{\partial H_y}{\partial x} - \dfrac{\partial H_x}{\partial y} = 0; & \dfrac{\partial E_y}{\partial x} - \dfrac{\partial E_x}{\partial y} = -\mathrm{j}\omega\mu_0 H_z. \end{array} \tag{11.5-5}$$

Um Differentialgleichungen für die Koordinaten der elektrischen Feldstärke zu erhalten, eliminieren wir aus den drei linken Gln. (5) $H_x, H_y, H_z$ mittels der drei rechten und erhalten

$$\begin{aligned} -\frac{\partial^2 E_y}{\partial x \partial y} + \frac{\partial^2 E_x}{\partial y} + \gamma^2 E_x &= -\omega^2 \varepsilon_0 \mu_0 E_x, \\ -\frac{\partial^2 E_x}{\partial x \partial y} + \frac{\partial^2 E_y}{\partial x^2} + \gamma^2 E_y &= -\omega^2 \varepsilon_0 \mu_0 E_y, \\ \frac{\partial E_x}{\partial x} + \frac{\partial E_y}{\partial y} &= 0. \end{aligned} \tag{11.5-6}$$

Aus den beiden ersten Gln. (6) lassen sich die gemischten Ableitungen eliminieren, indem man die dritte Gl. (6) das eine Mal partiell nach $x$, das andere Mal partiell nach $y$ differentiiert und jeweils in eine der beiden ersten Gleichungen einsetzt. So erhält man schließlich

$$\begin{aligned} \frac{\partial^2 E_x}{\partial x^2} + \frac{\partial^2 E_x}{\partial y^2} &= -(\gamma + \omega^2 \varepsilon_0 \mu_0)\, E_x, \\ \frac{\partial^2 E_y}{\partial x^2} + \frac{\partial^2 E_y}{\partial y^2} &= -(\gamma + \omega^2 \varepsilon_0 \mu_0)\, E_y. \end{aligned} \tag{11.5-7}$$

Jede dieser beiden Gleichungen wird durch jede der vier partikulären Lösungen

$$\begin{aligned} a_1(x, y) &= \sin px \cos qy, \\ a_2(x, y) &= \cos px \cos qy, \\ a_3(x, y) &= \sin px \sin qy, \\ a_4(x, y) &= \cos px \sin qy \end{aligned} \tag{11.5-8}$$

befriedigt, wobei jedesmal sich ergibt

$$p^2 + q^2 = \gamma^2 + \omega^2 \varepsilon_0 \mu_0; \tag{11.5-9}$$

nachdem $p$ und $q$ ermittelt sind, ist dies eine Bestimmungsgleichung für die Fortpflanzungskonstante $\gamma$. Die vollständigen Lösungen sind daher mit je vier Integrationskonstanten

$$\begin{aligned} E_x &= A_1 a_1 + A_2 a_2 + A_3 a_3 + A_4 a_4, \\ E_y &= B_1 a_1 + B_2 a_2 + B_3 a_3 + B_4 a_4. \end{aligned} \tag{11.5-10}$$

Nach Gl. (1) ist $E_x = 0$ für $y = 0$, daher muß sein $A_1 = 0$ und $A_2 = 0$; ferner ist $E_y = 0$ für $x = 0$, daher muß sein $B_2 = 0$ und $B_4 = 0$, so daß von Gl. (10) bleibt

$$E_x = A_3 a_3 + A_4 a_4, \quad E_y = B_1 a_1 + B_3 a_3. \tag{11.5-11}$$

indem wir dies in die dritte Gl. (6) einsetzen, erhalten wir

$$0 = -a_3(A_4 p + B_1 q) + A_3 p a_4 + B_3 q a_1; \tag{11.5-12}$$

diese Gleichung erfüllen wir durch

$$A_3 = 0, \; B_3 = 0, \; A_4 p + B_1 q = 0, \tag{11.5-13}$$

also, indem wir fortan $A$ an Stelle von $A_4$ schreiben, $B_1 = -Ap/q$, und somit

$$\begin{aligned} E_x &= A a_4 = A \cos px \sin qy, \\ E_y &= -\frac{p}{q} A a_1 = -\frac{p}{q} A \sin px \cos qy. \end{aligned} \tag{11.5-14}$$

Nach Gl. (1) ist aber auch $E_x = 0$ für $y = b$ für $0 \leqq x \leqq a$:

$$0 = A \cos px \sin qb,$$

daher muß sein $\sin qb = 0$,

$$q = \frac{n\pi}{b}, \quad n = 0, 1, 2 \ldots, \tag{11.5-15}$$

ferner ist $E_y = 0$ für $x = a$ für $0 \leqq y \leqq b$:

$$0 = -\frac{p}{q} A \sin pa \cos qy,$$

daher muß sein $\sin pa = 0$,

$$p = \frac{m\pi}{a}, \quad m = 0, 1, 2 \cdots. \tag{11.5-16}$$

Somit wird schließlich

$$E_x = A \cos m\pi \frac{x}{a} \sin n\pi \frac{y}{b}, \qquad E_y = -A \frac{m}{n} \frac{b}{a} \sin m\pi \frac{x}{a} \cos n\pi \frac{y}{b}. \tag{11.5-17}$$

Mit $p$ und $q$ ist durch Gl. (9) auch die Fortpflanzungskonstante ermittelt:

$$\gamma^2 = -\omega^2 \varepsilon_0 \mu_0 + \left(\frac{m\pi}{a}\right)^2 + \left(\frac{n\pi}{b}\right)^2. \tag{11.5-18}$$

Durch Einsetzen der beiden Gln. (17) in die drei rechten Gln. (5) erhält man

$$H_x = -\frac{\gamma A}{\mathrm{j}\omega\mu_0} \frac{mb}{na} \sin m\pi \frac{x}{a} \cos n\pi \frac{y}{b}, \qquad H_y = \frac{\gamma A}{\mathrm{j}\omega\mu_0} \cos m\pi \frac{x}{a} \sin n\pi \frac{y}{b}, \qquad H_z = \frac{A}{\mathrm{j}\omega\mu_0} \frac{b}{n\pi} (\gamma^2 + \omega^2 \varepsilon_0 \mu_0) \cos m\pi \frac{x}{a} \cos n\pi \frac{y}{b}. \tag{11.5-19}$$

Wegen Gl. (15) und (16) liegt eine doppelt unendliche Mannigfaltigkeit möglicher Wellenformen vor. Es hängt von der Anregung ab, welche Form oder welche Formen sich ausbilden. Die durch $m = 0$, $n = 1$ gekennzeichnete transversal-elektrische Welle (die $\mathrm{TE}_{01}$-Welle) hat nach Gl. (18) die Fortpflanzungskonstante

$$\gamma = \pm \sqrt{-\omega^2 \varepsilon_0 \mu_0 + (\pi/b)^2}, \tag{11.5-20}$$

sie ist von der Seitenlänge $a$ des Rechteckquerschnittes unabhängig und wird, bei gegebenem $b$, für hinreichend hohe Frequenzen imaginär:

$$\gamma = \pm \mathrm{j}\beta = \pm \mathrm{j} \sqrt{\omega^2 \varepsilon_0 \mu_0 - (\pi/b)^2}. \tag{11.5-21}$$

Wir gehen auf die Wellendarstellung Gl. (3) der Koordinaten der Feldvektoren zurück und erhalten

$$\underline{E}_x = A \sin \pi \frac{y}{b} \mathrm{e}^{\mathrm{j}(\omega t \pm \beta z)}, \quad \underline{H}_x = 0, \qquad \underline{E}_y = 0, \quad \underline{H}_y = \mp \frac{A\beta}{\omega\mu_0} \sin \pi \frac{y}{b} \mathrm{e}^{\mathrm{j}(\omega t \pm \beta z)}, \qquad \underline{E}_z = 0, \quad \underline{H}_z = \frac{A}{\mathrm{j}\omega\mu_0} \frac{\pi}{b} \cos \pi \frac{y}{b} \mathrm{e}^{\mathrm{j}(\omega t \pm \beta z)}. \tag{11.5-22}$$

Die elektrischen Feldlinien sind gerade Linien parallel zur $x$-Achse, also jeweils von der Länge $a$. Die magnetischen Feldlinien sind in sich geschlossene Kurven, die mit den elektrischen Feldlinien verkettet sind, sie liegen in Ebenen, die parallel zur $y,x$-Ebene sind. Die Welle verschiebt sich ohne Formänderung (ohne Dämpfung, da $\gamma$ imaginär ist), wie ein starrer Körper, entlang der $z$-Achse mit der Phasengeschwindigkeit

$$u = \frac{\omega}{\beta} = \frac{1}{\sqrt{\varepsilon_0\mu_0 - \left(\frac{\pi}{\omega b}\right)^2}} = \frac{c_0}{\sqrt{1 - \left(\frac{c_0}{2bf}\right)^2}} > c_0 = \frac{1}{\sqrt{\varepsilon_0\mu_0}}. \tag{11.5-23}$$

Sie ist größer als die Vakuumwellengeschwindigkeit $c_0$, und steigt mit fallender Frequenz über jede Grenze für

$$\omega = \frac{c_0\pi}{b} = \omega_c; \tag{11.5-24}$$

wir nennen $f_c = \omega_c/2\pi = c_0/2b$ die Grenzfrequenz und die zugehörige Wellenlänge

$$\lambda = \frac{c_0}{f} = 2b = \lambda_c \tag{11.5-25}$$

die Grenzwellenlänge. Sie ist also doppelt so groß als die Rechteckseite quer zu den elektrischen Feldlinien. Nur für Kreisfrequenzen, die größer sind als $\omega_c$, also für Wellenlängen, die kleiner sind als $2b$, ist die Fortpflanzungskonstante imaginär, die Wellenfortpflanzung ungedämpft. Wird $\omega$ kleiner als $\omega_c$, also die Wellenlänge größer als $2b$, so wird die Fortpflanzungskonstante reell, die Welle wird gedämpft. Erst seitdem man die technische Möglichkeit hat, mit Schwingungen sehr hoher Frequenzen anzuregen, haben Hohlleiter von handlichen Abmessungen Bedeutungen in der Hochfrequenztechnik als Übertragungsglieder (Leitungen). Zum Beispiel ist $f_c = 5 \cdot 10^9$ Hz für $b = 3$ cm.

## 11.6 Dynamische Kapazität und Eigenschwingungen

An dem besonders einfachen Beispiel des Kreisplattenkondensators mit idealem (verlustfreiem, proportional wirkendem) Dielektrikum zeigen wir den grundlegenden Unterschied gegenüber der quasistationären Betrachtungsweise. Bei dieser wird nämlich angenommen, daß auch bei zeitlich veränderlicher, zum Beispiel zeitlich mit der Kreisfrequenz $\omega$ sinusförmig schwingender Ladung, vgl. Abschnitt 3.5, zum Beispiel Gl. (3.5-7, 8, 10), die Kapazität genau durch den elektrostatisch definierten und berechneten Wert, vgl. Abschnitt 2.12, bestimmt werde. In Wirklichkeit ist aber in der dielektrischen Kreisscheibe (Radius $b$, Höhe $l \ll b$, Permittivität $\varepsilon$, Permeabilität $\mu$) nach der ersten Hauptgleichung, hier Gl. (5.1-21), die axial gerichtete Verschiebungsströmung in der Weise mit einem magnetischen Feld verkettet, daß die magnetischen Feldlinien zur Achse des Kreisplattenkondensators koaxiale Kreise sind. Dies sind sie auch, wie wir in Abschnitt 9.3.2 gesehen haben, im wechselstromdurchflossenen leitenden geraden Kreiszylinder, nur war dort (Stromverdrängung) die axial gerichtete Leitungsstromdichte $\sigma \boldsymbol{E}$ allein maßgebend, hier ist es allein die gleichfalls axial gerichtete Verschiebungsstromdichte $\varepsilon\, \partial \boldsymbol{E}/\partial t$.

Bezeichnen wir mit $z$ die Richtung der Zylinderachse, mit $\alpha$ den Azimutwinkel, mit $r$ den senkrechten Abstand von der Achse $(0 \leqq r \leqq b)$, schreiben wir $H$ an Stelle von $H_\alpha$ und $E$ an Stelle von $E_z$, so wird auf dem zu Gl. (9.3.2-1 bis 4) analogen rechnerischen Wege oder auch durch Auswertung der beiden Hauptgleichungen (5.1-21) und (5.2-7) erhalten

$$\begin{aligned} \frac{\partial}{\partial r} H(r, t) + \frac{1}{r} H(r, t) &= \varepsilon \frac{\partial}{\partial t} E(r, t), \\ \frac{\partial}{\partial r} E(r, t) &= \mu \frac{\partial}{\partial t} H(r, t). \end{aligned} \tag{11.6-1}$$

Indem man die erste dieser beiden Gleichungen das eine Mal nach $r$, das andere Mal nach $t$ differentiiert und jeweils aus der zweiten substituiert, erhält man

$$\begin{aligned} \frac{\partial^2 H}{\partial r^2} + \frac{1}{r} \frac{\partial H}{\partial r} - \frac{1}{r^2} H &= \varepsilon\mu \frac{\partial^2 H}{\partial t^2}, \\ \frac{\partial^2 E}{\partial r^2} + \frac{1}{r} \frac{\partial E}{\partial r} &= \varepsilon\mu \frac{\partial^2 E}{\partial t^2}. \end{aligned} \tag{11.6-2}$$

Für zeitlich unbeschränkt andauernde Sinusvorgänge der Kreisfrequenz $\omega$ setzen wir

$$H(r, t) = \underline{H}_{\mathrm{m}}(r)\, \mathrm{e}^{\mathrm{j}\omega t}, \qquad E(r, t) = \underline{E}_{\mathrm{m}}(r)\, \mathrm{e}^{\mathrm{j}\omega t} \tag{11.6-3}$$

und erhalten aus den Gln. (2)

$$\begin{aligned} \frac{\mathrm{d}^2 \underline{H}_{\mathrm{m}}}{\mathrm{d}r^2} + \frac{1}{r} \frac{\mathrm{d}\underline{H}_{\mathrm{m}}}{\mathrm{d}r} - \left(\frac{1}{r^2} + k^2\right) \underline{H}_{\mathrm{m}} &= 0, \\ \frac{\mathrm{d}^2 \underline{E}_{\mathrm{m}}}{\mathrm{d}r^2} + \frac{1}{r} \frac{\mathrm{d}\underline{E}_{\mathrm{m}}}{\mathrm{d}r} - k^2 \underline{E}_{\mathrm{m}} &= 0; \end{aligned} \tag{11.6-4}$$

das sind die gleichen gewöhnlichen Differentialgleichungen, die für die Stromverdrängung im geraden Kreiszylinder in Gl. (9.3.2-8) gefunden wurden, nur war dort nach Gl. (9.3.2-9) die Konstante $k^2$ negativ imaginär, hier ist sie positiv reell:

$$k^2 = \omega^2 \varepsilon\mu, \qquad k = \omega\sqrt{\varepsilon\mu} = \frac{\omega}{v}. \tag{11.6-5}$$

Die erste der beiden Gln. (4) wird durch Zylinderfunktionen erster, die zweite durch solche nullter Ordnung integriert; die Zylinderfunktionen zweiter Art (die Neumannschen) kommen für die Lösung nicht in Frage, da sie in $r = 0$ Singularitäten aufweisen. Es ist also mit Integrationskonstanten $A$ und $B$

$$\underline{E}(r) = A\mathrm{J}_0(kr), \qquad \underline{H}(r) = \underline{B}\mathrm{J}_1(kr). \tag{11.6-6}$$

Den Zusammenhang zwischen $B$ und $A$ vermittelt die zweite Gl. (1) zu

$$\underline{B} = +\mathrm{j}A\sqrt{\frac{\varepsilon}{\mu}} = \frac{\mathrm{j}A}{\Gamma}. \tag{11.6-7}$$

Daher wird schließlich, indem wir mit Gl. (6) auf Gl. (3) zurückgehen,

$$\begin{aligned} E(r,t) &= A\,\mathrm{J}_0(kr)\cos\omega t, \\ H(r,t) &= -\frac{A}{\Gamma}\mathrm{J}_1(kr)\sin\omega t. \end{aligned} \tag{11.6-8}$$

An jedem Orte $r$ schwingen $E$ und $H$ in Phase und um den Winkel $\pi/2$ verschoben, die Amplitude der elektrischen Feldstärke ist durch $\mathrm{J}_0(kr)$, die der magnetischen durch $\mathrm{J}_1(kr)$ bestimmt. Beide sind oszillierende Funktionen, Abb. 11.18. Mit von Null wachsendem Argument $kr$ fällt

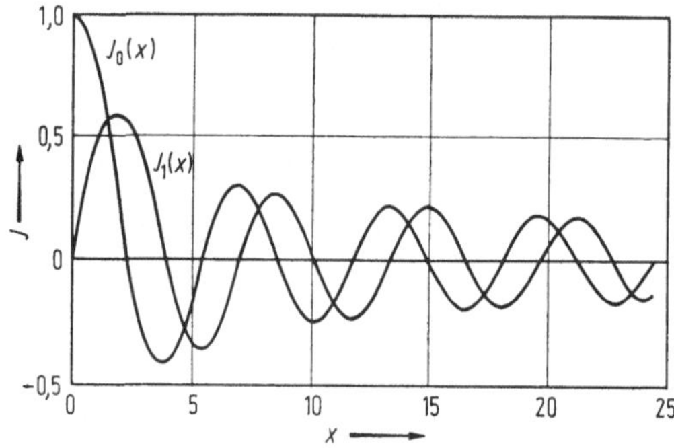


Abb. 11.18 Zylinderfunktionen erster Art, nullter und erster Ordnung vom Argument $x = kr$.

also die Amplitude der elektrischen Feldstärke bis zum Plattenrand $r = b$, zugleich wächst die magnetische Feldstärke vom Werte Null an.

Wir bestimmen noch die Ladung $Q$ mittels des Satzes vom elektrischen Hüllenfluß, indem wir die Hüllfläche nahe um eine Elektrode legen, aus der ersten Gl. (8):

$$Q = \oint \varepsilon E \, \mathrm{d}a = A\varepsilon \int_0^b \mathrm{J}_0(kr) \, 2\pi r \, \mathrm{d}r \cos \omega t$$

$$= \frac{2\pi b\varepsilon}{k} A \, \mathrm{J}_1(kb) \cos \omega t = \frac{2\pi b}{\omega \Gamma} A \mathrm{J}_1(kb) \cos \omega t. \qquad (11.6\text{-}9)$$

Der Wechselstrom durch die Klemmen des Kondensators ist

$$I(t) = \frac{\mathrm{d}Q}{\mathrm{d}t} = -\frac{2\pi b}{\Gamma} A \mathrm{J}_1(kb) \sin \omega t. \qquad (11.6\text{-}10)$$

Die Integrationskonstante $A$ ist durch diese Beziehung auf die (außen meßbare) Wechselstromamplitude zurückgeführt ($A = -I_\mathrm{m}\Gamma/2\pi b$). Der vom Durchflutungsgesetz am Umfang $r = b$ geforderte Zusammenhang

$$\frac{\mathrm{d}Q}{\mathrm{d}t} = 2\pi b H(b) \qquad (11.6\text{-}11)$$

bestätigt sich durch Rückgriff auf die zweite Gl. (8). Als elektrische Spannung von der einen Elektrode zur anderen definieren wir das Linienintegral der elektrischen Feldstärke am Umfang $r = b$:

$$U(t) = E(b, t) \, l = Al \mathrm{J}_0(kb) \cos \omega t. \qquad (11.6\text{-}12)$$

Den Quotienten $Q/U$ aus den Gln. (9) und (12) nennen wir die dynamische Kapazität $C_\mathrm{d}$ des Kondensators; seine elektrostatische Kapazität ist $C_\mathrm{st} = \varepsilon\pi b^2/l$. Daher ist

$$\frac{Q}{U} = C_\mathrm{d} = C_\mathrm{st} \frac{2}{kb} \frac{\mathrm{J}_1(kb)}{\mathrm{J}_0(kb)}. \qquad (11.6\text{-}13)$$

Für hinreichend kleine Werte von $kb/2$ ergibt sich die Reihenentwicklung

$$C_\mathrm{d} = C_\mathrm{st} \left\{ 1 + \frac{1}{2}\left(\frac{kb}{2}\right)^2 + \frac{1}{12}\left(\frac{kb}{2}\right)^4 + \cdots \right\}. \qquad (11.6\text{-}14)$$

Es ist auch

$$kb = b\omega \sqrt{\varepsilon\mu} = \frac{2\pi b}{\lambda} \qquad (11.6\text{-}15)$$

das Verhältnis des Umfanges zur Wellenlänge $\lambda = 2\pi v/\omega$.

Das dynamische Verhalten läßt sich nun leicht erkennen: Nach den Gln. (8) bis (12) sind die Amplituden der elektrischen Feldstärke $E$ und der elektrischen Spannung $U$ am Umfang durch $\mathrm{J}_0(kb)$ bestimmt, die Amplituden der Ladung $Q$, des Stromes $I$ und der magnetischen Feldstärke $H$ am Umfang durch $\mathrm{J}_1(\mathrm{kb})$. Die Abb. 11.18 veranschaulicht, daß für eine fortgesetzte Folge von Argumentwerten $E$ und $U$ verschwinden.

(Die ersten Wurzeln von $J_0(x_\nu) = 0$ sind $x_1 = 2{,}40\ldots$, $x_2 = 5{,}52\ldots$, $x_3 = 8{,}65\ldots$; für diese Argumentwerte ist jeweils $J_1(x_\nu) \neq 0$.) Für alle diese Werte $kb$ wird $C_d = Q/U$ unbegrenzt groß. Dazwischen liegt eine Folge von Argumentwerten, für die $Q, I, H$ verschwinden. (Die ersten Wurzeln von $J_1(x'_\nu) = 0$ sind $x'_1 = 0\ldots$, $x'_2 = 3{,}83\ldots$, $x'_3 = 7{,}02\ldots$, $x'_4 = 10{,}17\ldots$; für diese Argumentwerte ist jeweils $J_0(x'_\nu) \neq 0$.) Für alle diese Werte $kb$ verschwindet $C_d = Q/U$. In allen diesen Fällen schwingen das elektrische und das mit ihm verknüpfte magnetische Feld ohne Energiezufuhr von außen: Es treten *Eigenschwingungen* des felderfüllten kreiszylindrischen Raumes auf. Die mittlere elektrische und die mittlere

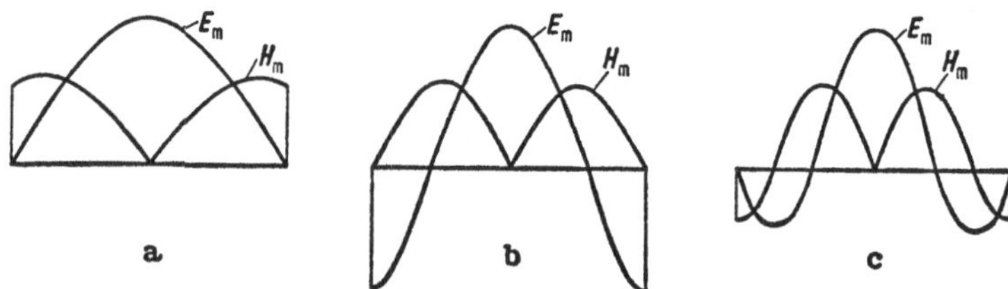


Abb. 11.19 Radiale Verteilung der Feldstärken bei den ersten drei Eigenschwingungen des Kreisplattenkondensators.

magnetische Feldenergie sind gleich groß. Das leistungsmäßige Verhalten ist mit Hilfe des Flusses des komplexen Energieströmungsfeldes erörtert worden, vgl. die Ausführungen zu Gl. (5.3-43). Die drei ersten Eigenschwingungen sind in Abb. 11.19 veranschaulicht.

## 11.7 Die Hertzsche Lösung. Die retardierten Potentiale

**Die Hertzsche Lösung.** Wir haben in den Abschnitten 2.10 bis 2.12 Gebrauch davon gemacht, daß ein wirbelfreies Feld mit Hilfe eines skalaren Potentials und in Abschnitt 8.2 Gebrauch davon, daß ein quellenfreies Feld mit Hilfe eines vektoriellen Potentials berechnet werden kann. H. Hertz hat (1888) gezeigt, daß ein gemeinsames Stammpotential für die Feldgrößen des folgenden Systems existiert:

$$\operatorname{rot} \mu \boldsymbol{H} = \sigma\mu \boldsymbol{E} + \varepsilon\mu \frac{\partial \boldsymbol{E}}{\partial t}, \tag{11.7-1}$$

$$\operatorname{div} \boldsymbol{B} = \operatorname{div} \mu \boldsymbol{H} = 0, \tag{11.7-2}$$

$$\operatorname{rot} \boldsymbol{E} = -\mu \frac{\partial \boldsymbol{H}}{\partial t}, \tag{11.7-3}$$

$$\operatorname{div} \varepsilon \boldsymbol{E} = 0. \tag{11.7-4}$$

Es handele sich um eine isotrope, homogene, proportional wirkende Substanz ($\varepsilon, \mu, \sigma$ sind skalare Größen, konstant in Bezug auf Ort, Zeit und Werte der Feldstärken $E$ und $H$).

Wie bekannt, wird die Gl. (2) erfüllt durch

$$\boldsymbol{B} = \mu \boldsymbol{H} = \operatorname{rot} \boldsymbol{A}. \tag{11.7-5}$$

Damit wird Gl. (3) zu

$$\operatorname{rot}\left(\boldsymbol{E} + \frac{\partial \boldsymbol{A}}{\partial t}\right) = 0; \tag{11.7-6}$$

diese Gleichung wird erfüllt durch

$$\boldsymbol{E} = -\operatorname{grad} \varphi - \frac{\partial \boldsymbol{A}}{\partial t}; \tag{11.7-7}$$

$\varphi$ ist das skalare, $\boldsymbol{A}$ das vektorielle Potential. Wir setzen Gl. (7) in Gl. (4) ein und erhalten

$$\operatorname{div}\left(\operatorname{grad} \varphi + \frac{\partial \boldsymbol{A}}{\partial t}\right) = 0 \tag{11.7-8}$$

oder

$$\operatorname{div} \frac{\partial \boldsymbol{A}}{\partial t} = -\Delta \varphi. \tag{11.7-9}$$

Setzen wir schließlich Gl. (5) in Gl. (1) ein, so ergibt sich

$$\begin{aligned} \operatorname{rot}(\operatorname{rot} \boldsymbol{A}) = & -\sigma\mu\left(\operatorname{grad} \varphi + \frac{\partial \boldsymbol{A}}{\partial t}\right) \\ & -\varepsilon\mu\left(\operatorname{grad} \frac{\partial \varphi}{\partial t} + \frac{\partial^2 \boldsymbol{A}}{\partial t^2}\right) \end{aligned} \tag{11.7-10}$$

oder

$$\begin{aligned} \Delta \boldsymbol{A} - \operatorname{grad}(\operatorname{div} \boldsymbol{A}) = & \ \sigma\mu \frac{\partial \boldsymbol{A}}{\partial t} + \varepsilon\mu \frac{\partial^2 \boldsymbol{A}}{\partial t^2} \\ & + \sigma\mu \operatorname{grad} \varphi + \varepsilon\mu \operatorname{grad} \frac{\partial \varphi}{\partial t}. \end{aligned} \tag{11.7-11}$$

Nun sind die beiden Potentiale $\boldsymbol{A}$ und $\varphi$, mit denen gemäß Gl. (5) und (7) die Feldvektoren $\mu\boldsymbol{H}$ und $\boldsymbol{E}$ ausgedrückt sind, nicht vollständig eindeutig. Ersetzen wir in Gl. (5) das Potential $\boldsymbol{A}$ durch $\boldsymbol{A}' - \operatorname{grad} \chi$, so bleibt erhalten

$$\mu \boldsymbol{H} = \operatorname{rot} \boldsymbol{A}' = \operatorname{rot} \boldsymbol{A};$$

ersetzen wir in Gl. (7) das Potential $\varphi$ durch $\varphi' = \varphi + \frac{\partial \chi}{\partial t}$, so bleibt erhalten

$$\boldsymbol{E} = -\operatorname{grad} \varphi' - \frac{\partial \boldsymbol{A}'}{\partial t} = \operatorname{grad} \varphi - \frac{\partial \boldsymbol{A}}{\partial t}.$$

Die Größe $\chi$ kann mittels der Feldgleichungen (1) bis (4) nicht ermittelt werden. Diese Unbestimmtheit der beiden Potentiale stellt es frei, den Potentialen $\varphi$ und $A$ hinsichtlich ihres Zusammenhanges Gl. (11) eine Bedingung aufzuerlegen, ohne daß dadurch die Allgemeingültigkeit der weiteren Rechnung eingeschränkt wird. Diese zunächst willkürliche Annahme sei

$$\operatorname{div} A + \sigma\mu\varphi + \varepsilon\mu \frac{\partial \varphi}{\partial t} = 0; \tag{11.7-12}$$

in Worten: Wir fordern, daß in Gl. (11) die Gradientenglieder für sich allein verschwinden. Dann bleibt von ihr übrig

$$\Delta A = \sigma\mu \frac{\partial A}{\partial t} + \varepsilon\mu \frac{\partial^2 A}{\partial t^2}, \tag{11.7-13}$$

das ist die partielle Differentialgleichung, die wir in Kapitel 10 die Telegraphengleichung genannt haben. Leitet man Gl. (12) nach $t$ ab und beachtet Gl. (9), so sieht man, daß dieselbe Gleichung auch für das skalare Potential $\varphi$ gilt:

$$\Delta \varphi = \sigma\mu \frac{\partial \varphi}{\partial t} + \varepsilon\mu \frac{\partial^2 \varphi}{\partial t^2}. \tag{11.7-14}$$

Alle Potentiale $A$ und $\varphi$, welche den Gln. (13) und (14) gehorchen und im Zusammenhang mit Gl. (9) stehen, beschreiben einen möglichen elektromagnetischen Vorgang, wenn die je zwei Anfangs- und die je zwei Randbedingungen gegeben sind. Es ist indessen nicht erforderlich, jedesmal solche Paare von Funktionen $A$ und $\varphi$ aufzusuchen. Vielmehr wird *die willkürlich gesetzte Bedingung* (12), wie man durch Einsetzen leicht erkennt, *identisch erfüllt durch*

$$\varphi = -\operatorname{div} \boldsymbol{Z}, \tag{11.7-15}$$ [1]

$$A = \sigma\mu \boldsymbol{Z} + \varepsilon\mu \frac{\partial \boldsymbol{Z}}{\partial t}. \tag{11.7-16}$$ [1]

*Damit sind die zwei Potentiale aus einem einzigen Stammpotential* $\boldsymbol{Z}$, *dem Hertzschen Potential, abgeleitet.* Indem man $A$ nach Gl. (16) in Gl. (13) und indem man $\varphi$ nach Gl. (15) in Gl. (14) einsetzt, findet man, daß auch $\boldsymbol{Z}$ der Gleichung

$$\Delta \boldsymbol{Z} = \sigma\mu \frac{\partial \boldsymbol{Z}}{\partial t} + \varepsilon\mu \frac{\partial^2 \boldsymbol{Z}}{\partial t^2} \tag{\textbf{11.7-17}}$$

untersteht. Ist für eine bestimmte Aufgabe diese Gleichung mit zwei Anfangs- und zwei Randwerten gelöst, so folgt aus gegebenem $\boldsymbol{Z}$ aus

[1] Hieraus die kohärente Einheit $[Z] = [U]\,[l]$, die SI-Einheit $[Z]_{SI} = \mathrm{Vm}$.

den Gln. (15), (16), (17) und (7)

$$\boldsymbol{E} = \operatorname{grad}(\operatorname{div} \boldsymbol{Z}) - \sigma\mu \frac{\partial \boldsymbol{Z}}{\partial t} - \varepsilon\mu \frac{\partial^2 \boldsymbol{Z}}{\partial t^2}$$

$$= \operatorname{grad}(\operatorname{div} \boldsymbol{Z}) - \Delta \boldsymbol{Z} = \operatorname{rot}(\operatorname{rot} \boldsymbol{Z}), \qquad \textbf{(11.7-18)}$$

$$\mu \boldsymbol{H} = \operatorname{rot}\left(\sigma\mu \boldsymbol{Z} + \varepsilon\mu \frac{\partial \boldsymbol{Z}}{\partial t}\right). \qquad \textbf{(11.7-19)}$$

Besondere Bedeutung finden diese Beziehungen für den durch $\sigma = 0$ gekennzeichneten idealen isotropen homogenen Nichtleiter $(\varepsilon, \mu)$, zum Beispiel materiefreier Raum $(\varepsilon_0, \mu_0)$. Man hat dann für das Hertzsche Potential die Wellengleichung

$$\Delta \boldsymbol{Z} = \varepsilon\mu \frac{\partial^2 \boldsymbol{Z}}{\partial t^2} \qquad \textbf{(11.7-20)}$$

und für die Feldstärken: $\boldsymbol{E}$ nach Gl. (18) und

$$\boldsymbol{H} = \operatorname{rot}\left(\varepsilon \frac{\partial \boldsymbol{Z}}{\partial t}\right), \qquad \textbf{(11.7-21)}$$

oder mit der Fortpflanzungsgeschwindigkeit $v = 1/\sqrt{\varepsilon\mu}$ und dem Feldwellenwiderstand $\Gamma = \sqrt{\mu/\varepsilon}$ auch

$$v^2 \Delta \boldsymbol{Z} = \frac{\partial^2 \boldsymbol{Z}}{\partial t^2}, \qquad \textbf{(11.7-22)}$$

$$v\Gamma \boldsymbol{H} = \operatorname{rot} \frac{\partial \boldsymbol{Z}}{\partial t}, \qquad \boldsymbol{E} = \operatorname{rot}(\operatorname{rot} \boldsymbol{Z}). \qquad \textbf{(11.7-23)}$$

**Die Fitzgeraldsche Lösung.** Wir sind hier von den Feldvektoren $\boldsymbol{B}$ und $\boldsymbol{E}$ ausgegangen und haben den quellenfreien Vektor $\boldsymbol{B} = \mu \boldsymbol{H}$ aus einem vektoriellen Potential $\boldsymbol{A}$ abgeleitet, das deswegen ein magnetisches genannt wird. Die Beziehungen (5) und (7) hat schon Maxwell aufgestellt. Man kann aber auch von den Feldvektoren $\boldsymbol{D}$ und $\boldsymbol{H}$ ausgehen und den Vektor $\boldsymbol{D} = \varepsilon \boldsymbol{E}$ unter der Voraussetzung, daß er quellenfrei ist, durch

$$\varepsilon \boldsymbol{E} = \operatorname{rot} \boldsymbol{K} \quad \text{für} \quad \operatorname{div} \varepsilon \boldsymbol{E} = 0 \qquad (11.7\text{-}24)$$

aus einem vektoriellen Potential $\boldsymbol{K}$ ableiten, das deswegen ein elektrisches genannt wird. Aus Gl. (1) erhält man dann

$$\boldsymbol{H} = -\operatorname{grad} \psi - \left(\frac{\sigma}{\varepsilon} \boldsymbol{K} + \frac{\partial \boldsymbol{K}}{\partial t}\right). \qquad (11.7\text{-}25)$$

Diese Beziehung entspricht Gl. (7). $\psi$ ist ein skalares Potential. Der weitere Gang der Rechnung ist dual zu dem an Gl. (7) sich anschließenden, mit dem (zu erwartenden) Ergebnis, daß für $\boldsymbol{K}$ dieselbe Differentialgleichung gilt wie für $\boldsymbol{A}$, nämlich Gl. (13), und für $\psi$ dieselbe wie für $\varphi$, nämlich Gl. (14), ferner, daß die beiden Potentiale $\boldsymbol{K}$ und $\psi$ aus einem gemeinsamen Stammpotential abgeleitet werden können, für das dieselbe Differentialgleichung gilt wie für $\boldsymbol{Z}$, nämlich Gl. (17). So ist G. Fitzgerald vorgegangen.[1]

**Die retardierten Potentiale.** Eine andere Auffassung (und Berechnungsart) besteht darin, im sonst nichtleitenden Medium ($\sigma = 0$) Träger von Ladungen und von Leitungsströmen, also $\eta(x_1, x_2, x_3, t)$ und $\boldsymbol{S} = \boldsymbol{S}(x_1, x_2, x_3, t)$ als vorgegeben (als Randwerte im verallgemeinerten Sinne) aufzufassen. Dann hat man für die Berechnung des elektromagnetischen Feldes im Nichtleiter das System

$$\operatorname{rot} \boldsymbol{H} = \varepsilon \frac{\partial \boldsymbol{E}}{\partial t}, \tag{11.7-26}$$

$$\operatorname{div} \mu \boldsymbol{H} = 0, \tag{11.7-27}$$

$$\operatorname{rot} \boldsymbol{E} = -\mu \frac{\partial \boldsymbol{H}}{\partial t}, \tag{11.7-28}$$

$$\operatorname{div} \varepsilon \boldsymbol{E} = \eta. \tag{11.7-29}$$

Die Gln. (5) und (7) für $\boldsymbol{B}$ und für $\boldsymbol{E}$ folgen hieraus unverändert. Wir machen ferner das vektorielle Potential dadurch eindeutig, daß wir seine Divergenz vorschreiben, und zwar in naheliegender Weise mittels der durch $\sigma = 0$ modifizierten Gl. (12), deren Berechtigung nachgewiesen ist, also:

$$\operatorname{div} \boldsymbol{A} = -\varepsilon\mu \frac{\partial \varphi}{\partial t}. \tag{11.7-30}$$

Indem man dann $\mu \boldsymbol{H}$ und $\boldsymbol{E}$ nach Gl. (5) und (7) in Gl. (26) einsetzt, ferner Gl. (29) beizieht und Gl. (30) berücksichtigt, erhält man für die beiden Potentiale modifizierte Wellengleichungen, nämlich

$$\Delta \boldsymbol{A} - \varepsilon\mu \frac{\partial^2 \boldsymbol{A}}{\partial t^2} = -\mu \boldsymbol{S}, \tag{11.7-31a}$$

$$\Delta \varphi - \varepsilon\mu \frac{\partial^2 \varphi}{\partial t^2} = -\frac{1}{\varepsilon} \eta \tag{11.7-31b}$$

mit den partikulären Lösungen im Feldpunkt $p$ zur Zeit $t$:

$$\boldsymbol{A}_{pt} = \frac{\mu}{4\pi} \int\limits_{\tau} \frac{\boldsymbol{S}(t - r/v)}{r} \, d\tau, \tag{11.7-32}$$

$$\varphi_{pt} = \frac{1}{4\pi\varepsilon} \int\limits_{\tau} \frac{\eta(t - r/v)}{r} \, d\tau, \tag{11.7-33}$$

beide für $t \geqq r/v > 0$ mit $v = 1/\sqrt{\varepsilon\mu}$. Hier bezeichnet $r$ die Entfernung zwischen dem Feldpunkt $p$ und dem Volumenelement $d\tau$, und die

[1] G. Fitzgerald, 1851—1901.

Klammer $(t - r/v)$ bedeutet, daß der Wert von $\boldsymbol{S}$ und der Wert von $\varphi$ in $d\tau$ für einen um die Zeitspanne $r/v$ *zurückliegenden* Zeitpunkt zu nehmen ist. Daher heißen $\boldsymbol{A}_{pt}$ und $\varphi_{pt}$ *retardierte* Potentiale, die Zeitspanne $r/v$ Latenzzeit: Im Abstande $r$ vom „erregenden" Element $\boldsymbol{S}\,d\tau$ und $\eta\,d\tau$ kann eine elektromagnetische Wirkung erst nach Verstreichen der Zeit $r/v$ in Erscheinung treten, und $v$ ist die Ausbreitungsgeschwindigkeit des Vorganges.

Ist für eine bestimmte Aufgabe eine Lösung $\boldsymbol{A}$ gefunden, so folgt $\boldsymbol{B}$ aus Gl. (5), ferner $\varphi$ (bis auf einen konstanten und daher unerheblichen Betrag) aus Gl. (30), schließlich $\boldsymbol{E}$ aus Gl. (7).

Ohne das Zeitglied $\partial^2\boldsymbol{A}/\partial t^2$ hat man in Gl. (31a) das vektorielle Potential der magnetischen Induktion $\boldsymbol{B}$ bei vorgegebener stationärer (quasistationärer) Leitungsströmung vor sich, Gl. (8.2-7), mit der Lösung Gl. (8.2-10). Ohne das Zeitglied $\partial^2\varphi/\partial t^2$ wird Gl. (31b) zur Poissonschen Differentialgleichung (2.10-7) für das skalare Potential der statischen (quasistatischen) elektrischen Feldstärke $\boldsymbol{E}$ bei vorgegebener statischer (quasistatischer) Ladungsverteilung, mit der Lösung Gl. (2.10-18).

Ist zum Beispiel die Leitungsströmung proportional zu $\sin\omega t$, so ist das magnetische Feld quasistationär für alle Entfernungen $r$ von den Leitungsstromträgern, für die

$$\frac{\omega r}{v} \ll 1, \qquad 2\pi\frac{r}{\lambda} \ll 1 \tag{11.7-34}$$

ist; Wellenlänge $\lambda = 2\pi v/\omega$ gemäß Gl. (11.2-28). (Für $\omega \approx 2\pi \cdot 10^{-6}\ \mathrm{s}^{-1}$ und in Luft, $v \approx 3 \cdot 10^8$ m/s, bedeutet das $r \ll 50$ m.)

## 11.8 Dipolstrahlung

Die Anordnung, mit der H. Hertz 1887/88 in Karlsruhe die Ausbreitung elektromagnetischer Wellen im Luftraum fand und ihre geometrisch-physikalische Eigenschaft ausmaß, besteht aus zwei entgegengesetzt geladenen kleinen Kugeln in geringem Abstand voneinander, die sich über eine Funkenstrecke entladen. Die Entladung hat die Form einer (abklingenden) Schwingung; ihre Lebensdauer (bis zum Erlöschen des Funkens) ist verhältnismäßig groß gegenüber der Periodendauer der Schwingung. Diese bewirkt also eine periodische Umladung der beiden Leiterstücke. Wir werden im folgenden für die Berechnung des elektromagnetischen Wechselfeldes von der zeitlichen Dämpfung und auch von der geschilderten speziellen Anordnung absehen und bezeichnen als *Hertzschen Oszillator* einen sinusförmig schwingenden elektrischen Dipol, verwirklicht etwa durch einen kurzen schlanken Leiterstab von der Länge $l$, in welchem auf eine hier nicht interessierende Weise in Längsrichtung ein sinusförmiger Wechselstrom der Kreisfrequenz $\omega$ erregt wird. Ein solcher elektrischer Oszillator hat also in seiner Grundschwingung an seinen Enden Stromknoten (Spannungsbäuche), in seiner Mitte einen Strombauch (Spannungsknoten), er ist ein elektrisches Analogon zu einem longitudinal elastisch schwingenden Stab. In der folgenden Untersuchung des elektromagnetischen Feldes wird diese in Längsrichtung ungleiche Strom- und Spannungsverteilung nicht berücksichtigt. Es wird also, streng genommen, ein elektrischer Dipol von gegen jede andere Entfernung verschwindend kleiner Länge (im Sinne des Grenzprozesses Gl. (2.5-6, 7)) angenommen; praktisch läßt sich diese Voraussetzung mildern zu der Bedingung $l \ll 2\pi/(\omega\sqrt{\varepsilon\mu}) = \lambda$.

Legen wir durch $l$ eine $z$-Achse und den Oszillator in deren Nullpunkt, so sehen wir, daß das elektromagnetische Feld axiale Symmetrie hat. Es wird also übersichtlich dargestellt durch Polarkoordinaten: $r$ Entfernung des Feldpunktes vom Ursprungspunkt, $\vartheta$ Polarwinkel, $\alpha$ Längenwinkel.

Das Hertzsche Potential $\boldsymbol{Z}$ gehorcht der Wellengleichung Gl. (11.7-20); wir nehmen für $\boldsymbol{Z}$ die Grundlösung

$$\boldsymbol{Z} = \frac{\boldsymbol{Z}(t - r/v)}{r}; \qquad \textbf{(11.8-1)}$$

sie allein ist für $t > 0$ zulässig. Sie würde für $r \to 0$ divergieren. Wir müssen daher um den Ursprungspunkt herum einen kleinen Raumteil ausschließen; in diesem befindet sich der schwingende Dipol. Wir schreiben den Betrag

$$|\boldsymbol{Z}| = \Pi = K\frac{f(t - r/v)}{r} \qquad (11.8\text{-}2)$$

mit einer später zu bestimmenden Konstante $K$. Dann ist

$$Z_r = \Pi\cos\vartheta, \qquad Z_\vartheta = -\Pi\sin\vartheta, \qquad Z_\alpha = 0. \qquad (11.8\text{-}3)$$

Hieraus folgen nach den Gln. (11.7-18, 19) die Feldstärken (mit $\mathrm{d}f/\mathrm{d}t = f'$)

$$E_r = -\frac{2\cos\vartheta}{r}\frac{\partial\Pi}{\partial r} = 2\cos\vartheta\left\{\frac{f}{r_3} + \frac{f'}{vr^2}\right\}K, \qquad (11.8\text{-}4a)$$

$$E_\vartheta = \frac{\sin\vartheta}{r}\frac{\partial}{\partial r}\left(r\frac{\partial\Pi}{\partial r}\right) = \sin\vartheta\left\{\frac{f}{r^3} + \frac{f'}{vr^2} + \frac{f''}{v^2 r}\right\}K, \qquad (11.8\text{-}4b)$$

$$E_\alpha = 0; \qquad (11.8\text{-}4c)$$

$$H_r = 0, \qquad (11.8\text{-}5a)$$

$$H_\vartheta = 0, \qquad (11.8\text{-}5b)$$

$$\Gamma H_\alpha = -\frac{\sin\vartheta}{r}\frac{\partial^2\Pi}{\partial r\,\partial t} = \sin\vartheta\left\{\frac{f'}{vr^2} + \frac{f''}{v^2 r}\right\}K. \qquad (11.8\text{-}5c)$$

Die magnetische Feldstärke besteht einzig aus einer Komponente in Richtung des Längenwinkels $\alpha$, die magnetischen Feldlinien sind somit die Parallelkreise der Wellenkugel $r = \text{const}$ (die Durchschnitte der Wellenkugel mit zur $z$-Achse senkrechten Ebenen). Die elektrische Feldstärke hat keine Komponente in Richtung des Längenwinkels $\alpha$, die elektrischen Feldlinien liegen also in den Meridianebenen. Die Komponenten der Feldstärken stellen sich hier dar als Summen, deren Summanden verschiedene Abstandsgesetze aufweisen. Es wird daher darauf ankommen, unter welchen Bedingungen einzelne Summanden überwiegen können.

Um das Wesentliche leichter zu erkennen, nehmen wir von hier an zeitlich sinusförmig mit der Kreisfrequenz $\omega$ veränderliche Vorgänge an: Aus

$$\Pi = \frac{K}{r} \mathrm{e}^{\mathrm{j}\omega(t - r/v)} \tag{11.8-6}$$

erhalten wir durch die Gln. (4), (5)

$$E_r = \frac{2\cos\vartheta}{r^3}\left\{1 + \frac{\mathrm{j}\omega r}{v}\right\} K\mathrm{e}^{\mathrm{j}\omega(t - r/v)}, \tag{11.8-7a}$$

$$E_\vartheta = \frac{\sin\vartheta}{r^3}\left\{1 + \frac{\mathrm{j}\omega r}{v} - \frac{\omega^2 r^2}{v^2}\right\} K\mathrm{e}^{\mathrm{j}\omega(t - r/v)}, \tag{11.8-7b}$$

$$E_\alpha = 0; \tag{11.8-7c}$$

$$H_r = 0, \tag{11.8-8a}$$

$$H_\vartheta = 0, \tag{11.8-8b}$$

$$\Gamma H_\alpha = \frac{\sin\vartheta}{r^3}\left\{\frac{\mathrm{j}\omega r}{v} - \frac{\omega^2 r^2}{v^2}\right\} K\,\mathrm{e}^{\mathrm{j}\omega(t - r/v)}. \tag{11.8-8c}$$

Die Beträge der Summanden in den geschweiften Klammern sind Potenzen von

$$\frac{\omega r}{v} = \frac{2\pi r}{\lambda}. \tag{11.8-9}$$

Wir werden daher zwei Grenzfälle betrachten: den einen, für welchen diese Kenngröße sehr klein, den anderen, für den sie sehr groß gegen Eins ist. (Die für diese Grenzfälle üblich gewordenen Ausdrücke Nahbereich und Fernbereich lenken die Aufmerksamkeit einzig und allein auf die größere oder kleinere Nachbarschaft des Feldpunktes vom Dipol. In Wirklichkeit handelt es sich aber darum, daß das Produkt aus Abstand $r$ und Kreisfrequenz $\omega$ klein oder groß gegen die Konstante $v$ ist, die im Vakuum (und sehr nahe in Luft) eine *universelle* Größe ist.)

a) $\omega r/v \ll 1$; quasistationäres Feld, vgl. Gl. (11.7-34). Die jeweils zweiten und dritten Summanden in den Gln. (7) und (8) sind zu vernachlässigen. So erhält man

$$E_r = \frac{2\cos\vartheta}{r^3} K\, e^{j\omega t}, \tag{11.8-10a}$$

$$E_\vartheta = \frac{\sin\vartheta}{r^3} K\, e^{j\omega t}, \tag{11.8-10b}$$

$$E_\alpha = 0; \tag{11.8-10c}$$

$$H_r = 0, \tag{11.8-11a}$$

$$H_\vartheta = 0, \tag{11.8-11b}$$

$$\Gamma H_\alpha = \frac{\sin\vartheta}{r^2} \frac{j\omega}{v} K\, e^{j\omega t}. \tag{11.8-11c}$$

Die räumliche Struktur der elektrischen Feldstärke ist also nach Gl. (10) genau die der Feldstärke eines in der $z$-Achse liegenden Dipols vom Moment $p = lQ$; ein Achsenschnitt dieses Dipolfeldes ist in Abb. 2.14 gezeigt. Hier schwingt die Ladung sinusförmig: $Q = Q_m\, e^{j\omega t}$. Vergleichen wir die beiden Gln. (10a und 10b) mit den entsprechenden beiden Gln. (2.5-19), so erhalten wir für die Konstante den Wert

$$K = \frac{lQ_m}{4\pi\varepsilon}. \tag{11.8-12}$$

Die magnetische Feldstärke, deren Linien konzentrische Kreise um die $z$-Achse sind, hat nach Gl. (11) genau die Geometrie, die wir in Gl. (8.2-17) der magnetischen Feldstärke eines „Stromelementes" der sehr kleinen Länge $l$ und der Stromstärke $I$ zugeschrieben haben. Hier schwingt der Strom sinusförmig $I = I_m\, e^{j\omega t}$. Der Vergleich der Gl. (11c) mit Gl. (8.2-17) ergibt

$$K = \frac{lI_m}{\omega \cdot 4\pi\varepsilon}, \tag{11.8-12a}$$

also $Q_m = I_m/\omega$, wie es sein muß.

Im betrachteten Grenzfall also sind das elektrische und das magnetische Feld sinusförmig *pulsierende* Felder, ihre geometrischen Formen ändern sich nicht, lediglich ihre Beträge (ihre Energieinhalte). Mit wachsender Entfernung vom Erreger nehmen ihre Beträge verhältnismäßig rasch ab. Der Faktor j in der Gl. (11c) bedeutet, daß die Schwingung der magnetischen Feldstärke der Schwingung der elektrischen Feldstärke in der Phase um eine Viertelperiode vorauseilt. Das bedeutet aber nach den Ausführungen des Abschnittes 5.3 über periodische Energieströmungen, vgl. Gl. (5.3-33 bis 36), daß die Energie fortwährend mit der doppelten Kreisfrequenz aus dem Erreger heraus- und wieder in ihn hineinpendelt, die Leistung ist reine Blindleistung, eine andauernde Energieströmung in einer bestimmten Richtung, also eine einseitige Energiewanderung, findet nicht statt.

b) $\omega r/v \gg 1$. Aus den Gln. (7), (8) wird

$$\left.\begin{aligned} E_r &= 0, \\ E_\vartheta &= \frac{\sin\vartheta}{r}\left(-\frac{\omega^2}{v^2}\right) K\, \mathrm{e}^{\mathrm{j}\omega(t-r/v)}, \\ E_\alpha &= 0; \end{aligned}\right\} \qquad (11.8\text{-}13)^1$$

$$\left.\begin{aligned} H_r &= 0, \quad H_\vartheta = 0, \\ \Gamma H_\alpha &= \frac{\sin\vartheta}{r}\left(-\frac{\omega^2}{v^2}\right) K\, \mathrm{e}^{\mathrm{j}\omega(t-r/v)} = E_\vartheta . \end{aligned}\right\} \qquad (11.8\text{-}14)^1$$

In diesem Grenzfall also ist die elektrische Feldstärke $\boldsymbol{E}$ ausschließlich in Richtung des Polarwinkels $\vartheta$ gerichtet, die magnetische Feldstärke $\boldsymbol{H}$ ausschließlich in Richtung des Längenwinkels $\alpha$, in einem Punkt der durch $r$ = const gekennzeichneten Wellenkugel stehen $\boldsymbol{E}$ und $\boldsymbol{H}$ aufeinander senkrecht und senkrecht zur Fortpflanzungsrichtung $\boldsymbol{r}$ der Welle: diese ist eine reine Transversalwelle. Die Linien der magnetischen Feldstärke sind die Parallelkreise, die Linien der elektrischen Feldstärke sind die dazu senkrechten durch die $z$-Achse gehenden größten Kreise der Wellenkugel. $E_\vartheta$ und $\Gamma H_\alpha$ haben im gleichen Punkte $r$ zur gleichen Zeit $t$ denselben Wert, ihre Schwingungen sind konphas. Das bedeutet nach den Ausführungen der Abschnitte 5.3 und 11.2 eine einseitig gerichtete Energieströmung, hier in radialer Richtung nach außen, denn die Flächendichte der Leistung der Energieströmung ist $\mathfrak{S} = \boldsymbol{E} \times \boldsymbol{H}$, hier also

$$\mathfrak{S}_r = \boldsymbol{E}_\vartheta \times \boldsymbol{H}_\alpha, \qquad \mathbf{(11.8\text{-}15)}$$

Abb. 11.20. Die Feldgeometrie ist durch $(\sin\vartheta)/r$ gegeben: in der $z$-Achse, $\vartheta = 0$, verschwinden $E_\vartheta$ und $H_\alpha$; in der in $z = 0$ auf der $z$-Achse senkrecht stehenden, die Wellenkugel halbierenden Ebene,

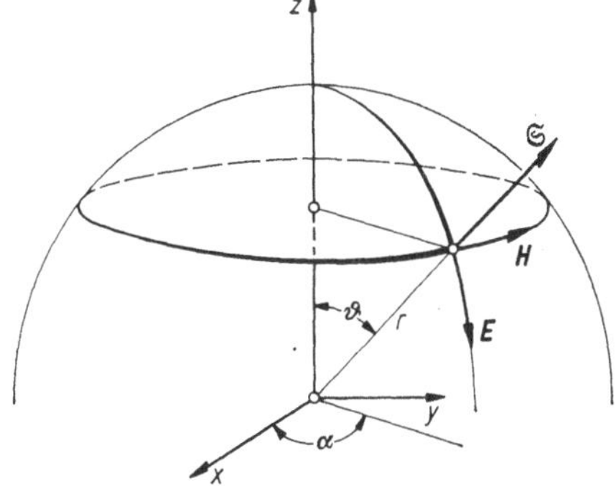


Abb. 11.20 Orientierungen an der Wellenkugel und Vektoren des elektromagnetischen Feldes im Falle $\omega r \gg v$.

[1] Für die anschließenden Betrachtungen ist der Faktor $-1 = \mathrm{j}^2$ ohne Bedeutung. Er kann als eine Änderung des Zeitanfangspunktes (eine Phasenverschiebung) gegenüber dem in Gl. (11.8-6) gewählten aufgefaßt werden.

$\vartheta = \pi/2$, haben $E_\vartheta$ und $H_\alpha$ ihren größten Ortswert. Mit wachsender Entfernung $r$ nehmen $E_\vartheta$ und $H_\alpha$ mit $1/r$ ab, also viel schwächer als im Grenzfalle a). Wir können noch, indem wir $K$ nach Gl. (12) einsetzen, schreiben

$$E_\vartheta = \Gamma H_\alpha = \frac{\mu\omega l I_\mathrm{m}}{4\pi} \frac{\sin\vartheta}{r} \cos\left[\omega(t - r/v)\right]$$

$$= \frac{\Gamma l I_\mathrm{m}}{2\lambda} \frac{\sin\vartheta}{r} \cos\left[\frac{2\pi}{\lambda}(vt - r)\right]. \qquad \mathbf{(11.8\text{-}16)}$$

Wir bestimmen noch die Flächendichte der Leistung der Energieströmung; sie ist nach Gl. (15), (16)

$$\mathfrak{S}_r = \frac{1}{\Gamma} E_\vartheta^2 = \Gamma H_\alpha^2. \qquad (11.8\text{-}17)$$

Die in der Zeitspanne d$t$ durch die Wellenkugel nach außen getretene Energie d$W$ finden wir durch Integration über die Kugelfläche. Als Flächenelement nimmt man zweckmäßig eine schmale gürtelartige Zone zwischen zwei einander eng benachbarten Parallelkreisen:

$$\mathrm{d}a = 2\pi r \sin\vartheta \, r \, \mathrm{d}\vartheta$$

und erhält

$$\mathrm{d}W = \mathrm{d}t \int_a \mathfrak{S}_r \, \mathrm{d}a,$$

$$\frac{\mathrm{d}W}{\mathrm{d}t} = \Gamma\left(\frac{l I_\mathrm{m}}{2\lambda}\right)^2 \cos^2\left[\frac{2\pi}{\lambda}(vt - r)\right] \int_0^\pi 2\pi \sin^3\vartheta \, \mathrm{d}\vartheta. \qquad (11.8\text{-}18)$$

Das bestimmte Integral hat den Wert $8\pi/3$. Der zeitliche Mittelwert ist die Leistung des durch die ganze Wellenkugel kontinuierlich in radialer Richtung fließenden Energiestromes:

$$\overline{\left(\frac{\mathrm{d}W}{\mathrm{d}t}\right)} = \bar{P} = \frac{4\pi}{3}\Gamma\left(\frac{l I_\mathrm{m}}{2\lambda}\right)^2 \qquad (11.8\text{-}19)$$

und als solche reine Wirkleistung. Sie ist hiernach proportional zum Quadrat $I_\mathrm{m}^2/2$ des Effektivwertes des Wechselstromes des Dipols, der Proportionalitätsfaktor muß ein reiner Wirkwiderstand sein. Aus

$$\bar{P} = R_\mathrm{rd} \frac{I_\mathrm{m}^2}{2} \qquad (11.8\text{-}20)$$

kommt der Strahlungswiderstand des Dipoles

$$R_\mathrm{rd} = \frac{2\pi}{3}\Gamma\left(\frac{l}{\lambda}\right)^2; \qquad \mathbf{(11.8\text{-}21)}$$

er ist gegeben durch das Produkt von $(l/\lambda)^2$ mit einer Konstanten, die für den materiefreien Raum und daher sehr angenähert für Luft den universellen Wert

$$\frac{2\pi}{3}\,\Gamma \approx 790\,\Omega \tag{11.8-22}$$

aufweist.

In Abb. 11.21 sind die von H. Hertz berechneten Momentanbilder des axial-symmetrischen Feldes wiedergegeben; die Linien des magnetischen Feldes sind, wie gezeigt, Parallelkreise der Wellenkugel. Ein hinreichend kleiner Raumteil um den Ursprungspunkt $r = 0$, in welchem der elektrische Dipol zu denken ist, ist ausgeschlossen, mit anderen Worten: Unsere Ausdrücke für die Feldstärken gelten für jeden endlichen Abstand von einem unendlich kleinen Dipol. $T = 2\pi/\omega$ ist die Periodendauer der Schwingung des Dipols. Abb. 11.21a gilt für einen

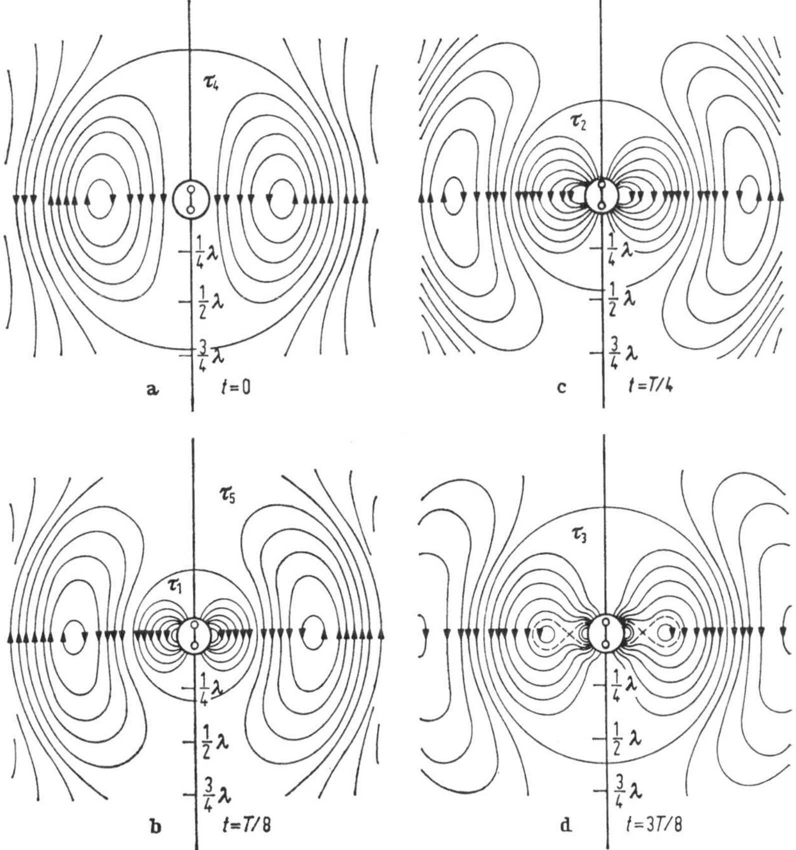


Abb. 11.21 Ablösung des elektrischen Feldes vom erregenden Dipol.

Zeitpunkt $t = 0$, in welchem der Strom im Dipol seinen Maximalbetrag hat, die Ladungen daher Null sind. Wir erkennen das daran, daß keine elektrischen Feldlinien auf dem Erreger anfangen oder endigen. Solche beginnen nun, mit wachsenden Ladungen und abnehmendem Strom, aus dem Erreger herauszuschießen; in Abb. 11.21b, die für den Zeitpunkt $t = T/8$ gilt, erfüllen die Feldlinien schon den Raum $\tau_1$ innerhalb der eingezeichneten Kugel (und verlaufen dort noch ziemlich ähnlich dem Feld des statischen elektrischen Dipols). Abb. 11.21c gilt für den Zeitpunkt $t = T/4$, in welchem der Strom Null ist, die Ladungen daher ihre größten Beträge aufweisen. Das elektrische Feld erfüllt die Wellenkugel $\tau_2 > \tau_1$. Mit weiter wachsender Zeit nehmen die Beträge der

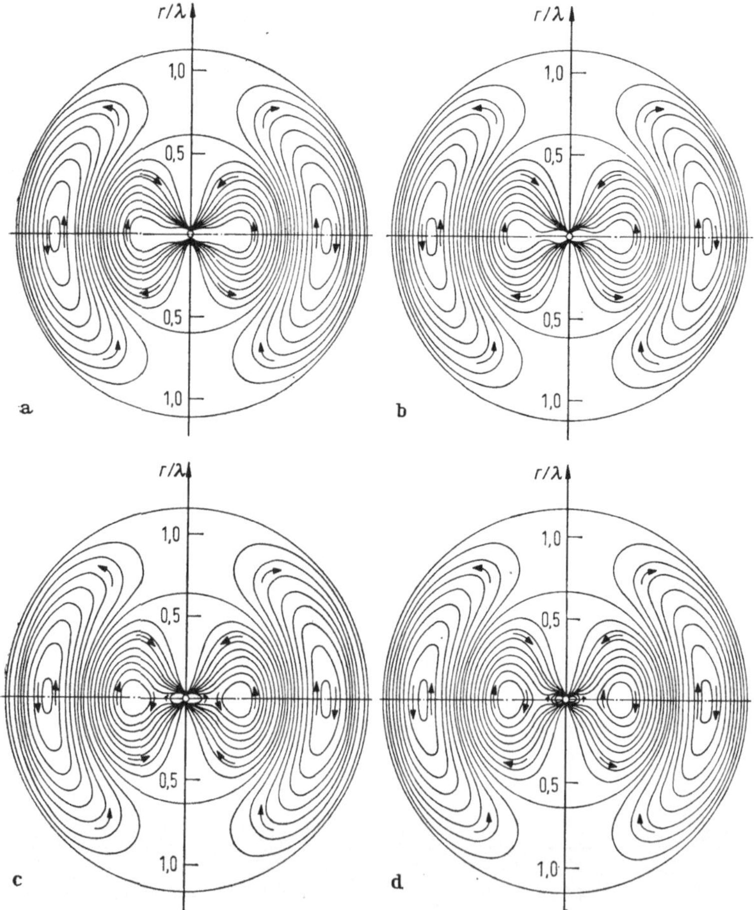


**Abb. 11.22** Elektrisches Feldbild eines Hertzschen Dipols für verschiedene Zeitpunkte, bezogen auf die Periodendauer $T$.

a) $t = 25T/64$; b) $t = 26T/64$; c) $t = 27T/64$; d) $t = 28T/64$;

Ladungen ab, es treten keine weiteren Feldlinien aus dem Erreger hervor, vielmehr beginnen die vorhandenen, sich wieder gegen den Erreger hin zurückzuziehen. Hierbei tritt eine aus Abb. 11.21d, die für $t = 3T/8$ gilt, zu sehende eigentümliche Erscheinung auf: Die am weitesten vom Ursprung entfernten Feldlinien erhalten bei der Zurückbildung des Feldes eine seitliche Einbiegung; „indem diese Einbiegung sich mehr und mehr gegen die Achse des Dipols zusammenzieht, schnürt sich von jeder der äußeren Feldlinien eine *in sich geschlossene* Feldlinie ab, welche selbständig im Raum fortschreitet, während der Rest der Feldlinien in den Erreger zurücksinkt" (H. Hertz). Zur Zeit $t = T/2$ gilt Abb. 11.21a mit umgekehrten Pfeilrichtungen. Hier erfüllt das abgeschnürte elek-

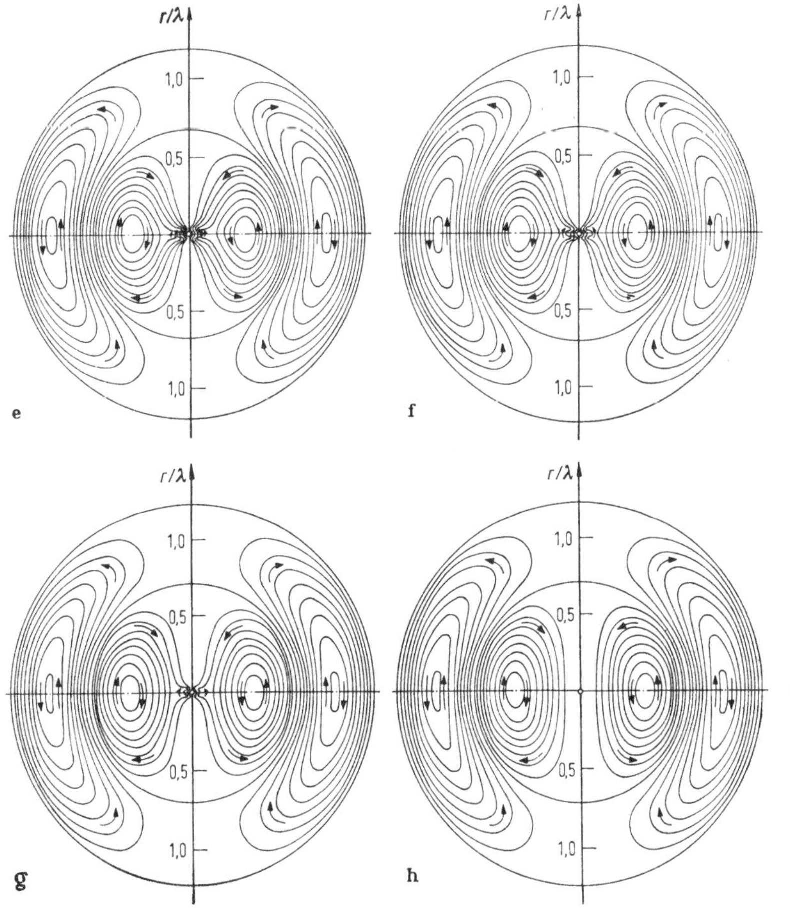


Abb. 11.22 (Fortsetzung)

e) $t = 29T/64$; f) $t = 30T/64$; g) $t = 31T/64$; h) $t = 32T/64 = T/2$.

trische Feld die Kugel $\tau_4$, und vom Dipol ausgehende Feldlinien sind nicht vorhanden. Im weiteren Zeitablauf aber quellen neue Feldlinien aus dem Erreger hervor, während gleichzeitig abgeschnürte Feldlinien nach außen eilen und zum Beispiel in Abb. 11.21b den Raum $\tau_5$ erfüllen. Wie dieses Feld nach außen wegläuft, zeigen Abb. 11.21c und 11.21d, das elektromagnetische Feld geht dabei mehr und mehr in die reine Transversalwelle über, die oben als Grenzfall b) beschrieben wurde. In den Momentanbildern Abb. 11.22 läßt sich der Vorgang des Abschnürens der Feldlinien in Einzelheiten erkennen.

**Weiterführende Literatur zum 11. Kapitel**

Aus der unübersehbaren Fülle seien genannt:
Küpfmüller, K.: Einführung in die Theoretische Elektrotechnik, 10. Aufl. Berlin, Heidelberg, New York, 1973, 5. und 6. Kapitel
Wagner K. W.: Elektromagnetische Wellen. Basel und Stuttgart 1953
Zinke, O.; Brunswig, H.: Lehrbuch der Hochfrequenztechnik 2. Aufl. Berlin, Heidelberg, New York 1973 und die dort genannte weiterführende Literatur.

# Anhang

## A.1 Zusammenstellung wichtiger Beziehungen

(Rationale Größendefinitionen, nichtrationale Größendefinitionen, Bemerkung zum Größensystem)

Feldenergien

$$W_e = \int_\tau w_e \,d\tau, \qquad W_m = \int_\tau w_m \,d\tau,$$

$$w_e = \int_0^E \boldsymbol{E} \cdot d\boldsymbol{D}, \qquad w_m = \int_0^H \boldsymbol{H} \cdot d\boldsymbol{B},$$

$$w_e = \tfrac{1}{2} \boldsymbol{E} \cdot \boldsymbol{D}, \qquad w_m = \tfrac{1}{2} \boldsymbol{B} \cdot \boldsymbol{H}$$

$$\text{bei } \varepsilon = \text{const}_E, \qquad \text{bei } \mu = \text{const}_H,$$

Kräftefunktionen ($\delta A = \delta V$)

$$V_e = \int_\tau v_e \,d\tau, \qquad V_m = \int_\tau v_m \,d\tau,$$

$$v_e = \int_0^D \boldsymbol{D} \cdot d\boldsymbol{E}, \qquad v_m = \int_0^B \boldsymbol{B} \cdot d\boldsymbol{H},$$

$$v_e = w_e \qquad v_m = w_m$$

$$\text{bei } \varepsilon = \text{const}_E, \qquad \text{bei } \mu = \text{const}_H,$$

Substanzgleichungen

$$\boldsymbol{D} = \varepsilon \boldsymbol{E} = \varepsilon_0 \boldsymbol{E} + \boldsymbol{P}; \qquad \varepsilon_r = \varepsilon/\varepsilon_0,$$

$$\boldsymbol{P} = \chi_e \varepsilon_0 \boldsymbol{E}; \qquad \chi_e = \varepsilon_r - 1,$$

$$\boldsymbol{B} = \mu \boldsymbol{H} = \mu_0 \boldsymbol{H} + \boldsymbol{J} = \mu_0 (\boldsymbol{H} + \boldsymbol{M});$$

$$\mu_r = \mu/\mu_0, \qquad \boldsymbol{M} = \chi_m \boldsymbol{H}, \qquad \chi_m = \mu_r - 1,$$

$$\boldsymbol{B}_{tot} = \mu \boldsymbol{H} + \boldsymbol{J}_p;$$

Flüsse

$$\Psi = \int_a \boldsymbol{D} \cdot d\boldsymbol{a}$$ elektrischer Fluß, Verschiebungsfluß,

$$\Phi = \int_a \boldsymbol{B} \cdot d\boldsymbol{a}$$ magnetischer Fluß, Induktionsfluß,

$$\Theta = \int_a \boldsymbol{S} \cdot d\boldsymbol{a}$$ Durchflutung,

Spannungen

$$U_{12} = \int_1^2 \boldsymbol{E} \cdot \mathrm{d}\boldsymbol{s},$$

$$V_{12} = \int_1^2 \boldsymbol{H} \cdot \mathrm{d}\boldsymbol{s},$$

Stromstärke, Stromdichte

$$I = -\frac{\mathrm{d}Q}{\mathrm{d}t} = \int_a \boldsymbol{S} \cdot \mathrm{d}\boldsymbol{a},$$

Ohmsches Gesetz

$$\boldsymbol{S} = \sigma(\boldsymbol{E} + \boldsymbol{E}^e),$$

$$U_{21} = E_{12} - RI,$$

Kräfte

$$\boldsymbol{F} = Q\boldsymbol{E}, \qquad \boldsymbol{F} = \frac{Q_1 Q_2}{4\pi\varepsilon r^2}\boldsymbol{r}^0,$$

$$\boldsymbol{F} = Q(\boldsymbol{v} \times \boldsymbol{B}), \ \boldsymbol{F} = I(\boldsymbol{l} \times \boldsymbol{B}),$$

Kapazität

$$Q_i = \sum_1^n \beta_{ik}\varphi_k$$

mit

$$\beta_{ik} = \frac{\partial Q_i}{\partial \varphi_k} = \beta_{ki} \quad \text{Kapazitätskoeffizient},$$

$$C_{ii} = \sum_k \beta_{ik}, \qquad C_{ik} = -\beta_{ik} \quad \text{Teilkapazitäten},$$

$$C = \frac{+Q}{U_{12}} \quad \text{Kapazität}, \qquad \varepsilon = \mathrm{const}_E,$$

$$C_\mathrm{d} = \frac{\partial Q}{\partial U}, \qquad \varepsilon = \varepsilon(E),$$

Induktivität

$$\Phi_i = \sum_1^n L_{ik} I_k$$

mit

$$L_{ik} = \frac{\partial \Phi_i}{\partial I_k} = L_{ki} \quad \text{Induktivitätskoeffizient},$$

$$L = \frac{2W_\mathrm{m}}{I^2}, \qquad L_\mathrm{a} = \frac{\Phi}{I} \quad \text{Selbstinduktivität}, \qquad \mu = \mathrm{const}_H,$$

$$L_\mathrm{d} = \frac{\partial \Phi}{\partial I}, \qquad \mu = \mu(H),$$

$$\Lambda = \frac{\Phi}{V} \quad \text{magnetischer Leitwert},$$

Elektrischer Hüllenfluß, magnetischer Hüllenfluß

$$\oint \boldsymbol{D} \cdot \mathrm{d}\boldsymbol{a} = \mathring{\sum} Q, \qquad \oint \boldsymbol{B}_{\text{tot}} \cdot \mathrm{d}\boldsymbol{a} = 0,$$

Durchflutungsgesetz, Induktionsgesetz

$$\oint \boldsymbol{H} \cdot \mathrm{d}\boldsymbol{s} \equiv \mathring{V} = \Theta,$$

$$\oint \boldsymbol{E} \cdot \mathrm{d}\boldsymbol{s} \equiv \mathring{U} = -\frac{\mathrm{d}\Phi}{\mathrm{d}t},$$

Grundgesetze für ruhende Körper in Differentialform

$$\operatorname{rot} \boldsymbol{H} = \boldsymbol{S} + \frac{\partial \boldsymbol{D}}{\partial t}, \qquad \operatorname{rot} \boldsymbol{E} = -\frac{\partial \boldsymbol{B}}{\partial t},$$

$$\operatorname{div} \boldsymbol{D} = \eta, \qquad \operatorname{div} \boldsymbol{B}_{\text{tot}} = 0,$$

Flächendichte der Strahlungsleistung (Poyntingscher Vektor), Vakuumwellengeschwindigkeit, Vakuumwellenwiderstand

$$\mathfrak{S} = \boldsymbol{E} \times \boldsymbol{H}, \qquad c_0 = \frac{1}{\sqrt{\varepsilon_0 \mu_0}}, \qquad \Gamma_0 = \sqrt{\frac{\mu_0}{\varepsilon_0}}.$$

**Nichtrationale Größendefinitionen (Paralleldefinitionen)**

Bei den geometrischen und energetischen Größen (Fläche, Volumen, Energie, Kraft, Leistung) gibt es jeweils nur eine Größendefinition, nämlich die rationale. Läßt man gleichfalls für die elektrische Ladung nur eine Größendefinition zu, nämlich die rationale, so bestehen folgende Beziehungen zwischen den rational definierten Größen der oben gegebenen Zusammenstellung und den nicht rational definierten Größen, die im folgenden mit einem Strich (′) gekennzeichnet sind:

$$\begin{aligned}
\boldsymbol{D}' &= 4\pi \boldsymbol{D}, & \text{daher} \quad \Psi' &= 4\pi \Psi, \\
\boldsymbol{H}' &= 4\pi \boldsymbol{H}, & \text{,,} \quad V' &= 4\pi V, \\
\varepsilon' &= 4\pi \varepsilon, & \text{,,} \quad \varepsilon_0' &= 4\pi \varepsilon_0, \\
\mu' &= \mu/4\pi, & \text{,,} \quad \mu_0' &= \mu_0/4\pi, \\
\boldsymbol{J}' &= \boldsymbol{J}/4\pi, & \text{,,} \quad \Lambda' &= \Lambda/4\pi.
\end{aligned}$$

Man erhält die Größengleichungen in nichtrationaler Form, indem man diese Beziehungen einsetzt.

*Bemerkungen zum Größensystem*

In diesen Gleichungen kommen *vier* Größen mehr vor als Gleichungen vorhanden sind. Das Größensystem basiert auf vier voneinander unabhängigen Größen als Grundgrößen (Basisgrößen), es ist, wie man sagt, vom Grade vier, vgl. Abschnitt A.2.1.

## A.2 Zur Größenlehre und zum Größensystem der Elektrodynamik

### A.2.1 Einige Begriffe und Fachausdrücke der Größenlehre

Physikalische *Größen* beschreiben *meßbare* Merkmale von Dingen, Vorgängen, Zuständen, Eigenschaften. Unter der Messung einer skalaren Größe versteht man hierbei den quantitativen Vergleich mit dem Betrag einer aus der Menge der *gleichartigen* Größen ausgewählten und vereinbarten konstanten Bezugsgröße; dieser Betrag wir *Einheit* genannt.

Größen sind von *gleicher Art* oder gleichartig, wenn sie physikalisch sinnvoll miteinander verglichen werden können. Im vorgelegten Einzelfall entscheidet über die Gleichartigkeit das Kriterium, ob physikalisch sinnvoll Differenzen gebildet werden können. (Gleichartig sind demnach alle gleich definierten Größen, also jede Größe und jede ihrer Einheiten.)

Größen sind von *gleicher Dimension* oder gleichdimensional, wenn ihre Definitionen es mit sich bringen, daß ihre Einheiten auf gleiche Potenzprodukte von Basiseinheiten (siehe unten) zurückgeführt werden können (wie zum Beispiel Widerstandsmoment und Volumen, Ausbreitungsgeschwindigkeit und Phasengeschwindigkeit). – *Zahlenwert* $\{G\}$ einer Größe $G$ in Bezug auf eine gewählte (vorgelegte) Einheit $[G]$ ist das durch eine Zahl darstellbare Größenverhältnis $\{G\} = G/[G]$. Ein spezieller Wert einer Größe ist invariant gegen Wechsel der Einheit von $[G]_1$ zu $[G]_2$: ist $[G]_2 = \zeta[G]_1$, so ist $\{G\}_2 = \{G_1\}/\zeta$.

In („allgemeinen") *Größengleichungen* bedeuten alle Formelzeichen (Buchstabensymbole) Größen, soweit sie nicht als mathematische Zahlzeichen und als Zeichen mathematischer Operationen und Funktionen erklärt sind. Mit der gleichen Einschränkung bedeuten in *Zahlenwertgleichungen* die Formelzeichen Zahlenwerte. Größengleichungen sprechen entweder Naturgesetze oder Größendefinitionen aus.

Werden in einem abgegrenzten Teilgebiet der Physik (zum Beispiel der Elektrodynamik und der Mechanik) die quantitativen Zusammenhänge durch $m$ Größengleichungen bestimmt, die $n$ Größen verschiedener Art miteinander verbinden, so nennt man diese $n$ Größen ein *Größensystem*. Die $g = n - m$ voneinander unabhängigen, nicht mehr weiter abgeleiteten Größen des Systems sind dessen *Basisgrößen*. Basisgrößen müssen als solche deklariert (durch eine Aussage eingeführt) werden, und es müssen für sie verbindliche Meßvorschriften (allenfalls Verkörperungen) gegeben werden.

$g$ heißt auch der *Grad* des Größensystems. – Zu einem Größensystem vom Grade $g$ gehören *Einheitensysteme* von demselben Grad. Die *Basiseinheiten* eines Einheitensystems vom Grade $g$ sind Einheiten von $g$ voneinander unabhängigen Größen des Größensystems. Die

Basiseinheiten können ganz oder teilweise, müssen aber nicht Einheiten der Basisgrößen sein. Die abgeleiteten Einheiten sind Potenzprodukte der $g$ Basiseinheiten mit reellen Exponenten.

Einheiten heißen *kohärent*, wenn in der sie verknüpfenden Einheitengleichung der Zahlenfaktor exakt 1 ist. Ein Einheitensystem heißt kohärent, wenn die Einheiten des Systems ausschließlich durch Einheitengleichungen miteinander verknüpft sind, in denen die Zahlenfaktoren exakt 1 sind. – Bei Benutzung eines kohärenten Einheitensystems haben die Zahlenwertgleichungen die gleiche Form wie die entsprechenden Größengleichungen.

**Literatur zur Größenlehre**

Aus der umfangreichen Literatur seien nur folgende zusammenfassende Darstellungen genannt:
Wallot, J.: Größengleichungen, Einheiten und Dimensionen. 2. Aufl. Leipzig 1957.
Stille, U.: Messen und Rechnen in der Physik. 2.Aufl. Braunschweig 1961.
Fischer, J.: Größen und Einheiten der Elektrizitätslehre. Berlin, Göttingen, Heidelberg 1961.
Westphal, W.H.: Die Grundlagen des physikalischen Begriffssystems. 2. Aufl. Braunschweig 1972,
ferner die Normen DIN 1313 (1962), Schreibweise physikalischer Gleichungen in Naturwissenschaft und Technik, und DIN 5494 (1966), Größensysteme und Einheitensysteme.

## A.2.2 Zum Größensystem der Elektrodynamik

Beim methodischen Aufbau des Begriffssystems der Physik erweist es sich, daß für eine ausreichende und erschöpfende Darstellung mit jedem neuen Teilgebiet der Physik jeweils genau eine neue Basisgröße unerläßlich notwendig wird:

Die *Geometrie* bedarf einer einzigen Basisgröße; diese ist die Länge. Alle geometrischen Größen können als Potenzen der Länge $l$ definiert werden. Am Anfang der *Kinematik* stehen zwei der Geometrie fremde neue Größen, die Zeit $t$ und die Geschwindigkeit $v$. Ihr Produkt (als Ganzes) ist definiert als die vorgegebene Basisgröße Länge: $vt = l$. Eine der beiden neuen Größen muß daher notwendig als nicht mehr weiter ableitbar, als Basisgröße anerkannt werden; man entscheidet sich hier natürlich für die Zeit als neue, zweite Basisgröße. Beim Eintritt in die *Dynamik materieller Körper* (Mechanik) sieht man sich wiederum vor zwei neue, der Kinematik fremde Größen gestellt, nämlich die Kraft $F$ und die Masse $m$. Ihr Quotient ist definiert durch die vorgegebene kinematische Größe Beschleunigung $b = F/m$. Eine der beiden neuen Größen muß als Basisgröße anerkannt werden. Die Physik nimmt als solche die Masse; die Technik hat als solche weithin die Kraft benutzt. Treten wir mit dem Coulombschen Kraftgesetz in die *Elektrizitätslehre* ein, so erscheinen wiederum, und zwar wiederum unerläßlich notwendig für eine ausreichende und erschöpfende („verzerrungsfreie“) Darstellung, zwei neue Größen: die elektrische Ladung $Q$ und eine universelle Konstante $\varepsilon_0' = 4\pi\varepsilon_0$. Das Coulombsche Gesetz sagt aus, daß der Quotient $Q^2/4\pi\varepsilon_0$ definiert wird durch das Produkt zweier vorgegebener Größen, nämlich der Kraft $F$ und der zweiten Potenz des Abstandes $r$ der Ladungsträger voneinander: $Q^2/4\pi\varepsilon_0 = Fr^2$. Es muß also eine der beiden neuen Größen als nicht mehr weiter ableitbar, als Basisgröße anerkannt werden. Man wählt hier natürlich die Variable, entscheidet sich also für die elektrische Ladung als neue, vierte Basisgröße.

Die Frage, ob beim systematischen Aufbau der Elektrodynamik noch weitere Basisgrößen für eine ausreichende und erschöpfende Darstellung unabdingbar notwendig werden, bedarf sorgfältigster Prüfung.[1] Besonders naheliegend ist die Frage, ob neben der Ladung als Basisgröße noch eine unabhängige magnetische Basisgröße *unerläßlich notwendig* wird. Die Antwort läßt sich etwa so geben:

Schon Ampère[2] hat erkannt, daß alle magnetischen Wirkungen ihre Ursache in Bewegungen von Ladungsträgern haben und daß alle magnetischen Kräfte als Wechselwirkungen zwischen bewegten Ladungsträgern verstanden werden können. Sie sind hiernach nicht, wie man vor Ampère glauben mußte, unabhängige, nicht mehr weiter zurückführbare Naturerscheinungen, sie sind vielmehr elektrischer Natur. Bis heute sind keine Naturerscheinungen gefunden worden, die *grundsätzlich* im Widerspruch stünden zu dieser Ampèreschen Erklärung, wenn auch die gegenwärtigen Einsichten in die molekularen (atomistischen) Vorgänge ganz wesentlich komplizierterer Natur sind als die Ampèresche Annahme der geschlossenen „Elementarströme".

Ein weiteres Argument liefert die spezielle Relativitätstheorie. Nach ihr sind die magnetischen Kräfte zwischen zwei bewegten Ladungsträgern in einem als ruhend gedachten Bezugssystem beschrieben, eine Folge der relativistischen Zeitdilation: Gegeben seien zwei relativ zueinander ruhende Ladungsträger, zwischen denen also in ihrem Ruhesystem $S_0$ nur die elektrostatische Kraft wirkt. Bei Transformation in ein relativ zu $S_0$ bewegtes System S tritt eine zusätzliche Kraft auf. Führt man die Lorentz-Transformation durch, so sieht man, daß diese zusätzliche Kraft genau die ist, die man die von der Bewegung der Ladungsträger relativ zu S herrührende „magnetische" Kraft zu nennen pflegt.[3] Durch die Transformation wird die Vakuumwellengeschwindigkeit $c_0$ als zweite universelle Konstante neben $\varepsilon_0$ gestellt. Für eine dritte *unabhängige* Konstante besteht kein Platz.

---

[1] Eine manchmal ins Feld geführte „Erleichterung der Anschauung" ist kein vertretbares physikalisches Prinzip.

[2] André Maria Ampère, 1775—1836.

[3] Vgl. Westphal, W. H.: Physik, ein Lehrbuch, 25./26. Aufl. 1970, S. 569—570 und eingehender zum Beispiel Elliot, R. S.; French, A. P.; Rosser, W. G. V., a. a. O.

Das Größensystem der klassischen Elektrodynamik ist also ein solches mit den Grundgrößen Länge, Zeit, Masse, elektrische Ladung. (Hier ist der Ausdruck Grundgröße am Platz.)

**Weiterführende Literatur zu Abschnitt A.2**

Westphal, W. H.: Die Grundlagen des physikalischen Begriffssystems. 2. Aufl. Braunschweig 1972.
Volz, H.: Die Begriffsbildungen der klassischen Elektrodynamik. Phys. Bl. 17 (1961), S. 79—84.
Fischer, J.; Westphal, W. H.: Ist eine magnetische Grund-Größenart nötig? Phys. Bl. 17 (1961), S. 222—224.
Elliot, R. S.: Relativity and electricity. IEEE Spectrum 1966.
French, A. P.: Die spezielle Relativitätstheorie. Braunschweig 1971.
Rosser, W. G. V.: Classical electromagnetism via relativity. London 1968.

## A.3 SI-Einheiten

### A.3.1 Definitionen. Namensgebung. Grundlegende Beziehungen. Feldkonstanten. Gesetzliche Einheiten

Die sieben Einheiten Meter m der Länge, Sekunde s der Zeit, Kilogramm kg der Masse, Ampère A der elektrischen Stromstärke, Kelvin K der Temperatur, Candela cd der Lichtstärke und Mol mol der Stoffmenge sind als *Basiseinheiten des Internationalen Einheitssystems* im Jahre 1960 von der 11. Generalkonferenz für Maß und Gewicht festgelegt worden, gleichzeitig wurde der Name Système International d' Unités mit der international verbindlichen Abkürzung SI angenommen. Man spricht daher kurz und unmißverständlich von *SI-Einheiten.* Nach gleichfalls internationaler Festlegung ist das SI ein *kohärentes Einheitensystem* (vgl. Abschnitt A.2.1). Wir nennen daher SI-Einheiten *ausschließlich* die Basiseinheiten und die aus diesen *kohärent* abgeleiteten Einheiten. Im Bereich der Mechanik und der Elektrodynamik werden nur die vier zuerst genannten Basiseinheiten gebraucht, daher spricht man in diesem Bereich in gleicher Bedeutung auch von dem MKSA-Einheitensystem oder m-kg-s-A-Einheitensystem. Dieses wurde auch vielfach Giorgi-System genannt, denn auf G. Giorgi geht das Bestreben zurück (1901), zu den Basiseinheiten m, kg, s eine so beschaffene vierte unabhängige elektrische Basiseinheit hinzuzufügen, daß ein für den ganzen Bereich der Mechanik und Elektrodynamik *kohärentes* Einheitensystem erhalten wird.

Mit den Basiseinheiten m, kg, s sind die SI-Einheiten Joule J für die Energie, Newton N für die Kraft und Watt W für die Leistung durch die Einheitengleichungen

$$1\,\mathrm{J} = 1\,\mathrm{Nm} = 1\,\mathrm{Ws} = 1\,\frac{\mathrm{kg\,m^2}}{\mathrm{s^2}} \qquad \textbf{(A.3.1-1)}$$

verknüpft. Drückt man die SI-Einheit der Energie mit der Einheit Volt V der elektrischen Spannung aus durch

$$1\,\mathrm{A\,s\,V} = 1\,\mathrm{J}, \tag{A.3.1-2}$$

so ist hiernach die Einheit V als SI-Einheit aus den vier Basiseinheiten definiert durch

$$1\,\mathrm{V} = 1\,\frac{\mathrm{kg\,m^2}}{\mathrm{A\,s^3}}. \tag{A.3.1-3}$$

Überall sind die Zahlen 1 wegen der Forderung der Kohärenz exakt.

Es ist ganz allgemein üblich, die SI-Einheiten der elektrischen und magnetischen Größen auszudrücken als Potenzprodukte der Einheiten m, s, A und V, also nicht als Potenzprodukte der Einheiten m, kg, s und A, siehe Abschnitt A.3.2. Dieses Vorgehen geht auf G. Mie[1] zurück, der als erster im Jahr 1910 für die Elektrodynamik ein kohärentes Einheitensystem angegeben und gerechtfertigt hat, das auf vier voneinander unabhängigen Basiseinheiten für die Länge, die Zeit, die Stromstärke und die elektrische Spannung beruht (Näheres dazu weiter unten). Bei dieser *Mieschen Ausdrucksweise* für die SI-Einheiten der elektrischen und magnetischen Größen ist man also weltweit verblieben.

Mit der weiter unten angegebenen Definition der SI-Einheit 1 Ampere A hat die magnetische Feldkonstante in Bezug auf die SI-Einheiten exakt den Wert

$$\mu_0 = \frac{4\pi}{10^7}\,\frac{\mathrm{N}}{\mathrm{A^2}} = \frac{4\pi}{10^7}\,\frac{\mathrm{kg\,m}}{\mathrm{A^2 s^2}} = \frac{4\pi}{10^7}\,\frac{\mathrm{V\,s}}{\mathrm{A\,m}}; \qquad 4\pi\cdot 10^{-7} = 1{,}25663706\cdots\cdot 10^{-6}. \tag{A.3.1-4}$$

Durch $\mu_0$ und den aus *Messungen* ermittelten Wert der Vakuumwellengeschwindigkeit

$$c_0 \approx 2{,}99792458\cdot 10^8\,\frac{\mathrm{m}}{\mathrm{s}} \tag{A.3.1-5}$$[2]

ist die elektrische Feldkonstante $\varepsilon_0$ bestimmt zu

$$\varepsilon_0 = \frac{1}{\mu_0 c^2} \approx 0{,}88541878\cdot 10^{-11}\,\frac{\mathrm{A\,s}}{\mathrm{V\,m}} \tag{A.3.1-6}$$

und der Vakuumwellenwiderstand zu

$$\Gamma_0 = \mu_0 c_0 \approx 376{,}730313\,\frac{\mathrm{V}}{\mathrm{A}}. \tag{A.3.1-7}$$

Es wäre selbstverständlich grundsätzlich auch möglich gewesen, eine solche Definition einer kohärenten elektrischen Basiseinheit zu treffen,

[1] Mie, G.: Lehrbuch der Elektrizität und des Magnetismus. 1. Aufl. Stuttgart 1910.

[2] Der angegebene Wert für die Vakuumwellengeschwindigkeit ist eine Näherung, die von dem Bureau International des Poids et Mesures (BIPM) auf deren 15. Generalkonferenz (1975) empfohlen wurde und ersetzt den 1963 von der IUPAP empfohlenen Wert von $c_0 \approx (2{,}997925 \pm 0{,}000003)\cdot 10^8$ m/s

daß nicht die magnetische, sondern die elektrische Feldkonstante einen exakten Wert annimmt; ein solches Vorgehen läge allein vom systematischen Aufbau der Elektrodynamik her nahe. Daß man den anderen Weg gegangen ist, hat historische Gründe.

Die (1948 international gegebene) *Definition der SI-Einheit 1 Ampere* (A) ist eine Wortdefinition. Sie lautet (Übersetzung des verbindlichen französischen Originaltextes):

> 1 Ampere ist die Stärke eines zeitlich unveränderlichen elektrischen Stromes, der durch zwei im Vakuum parallel im Abstand von 1 Meter voneinander angeordnete geradlinige, unendlich lange Leiter von vernachlässigbarem kreisförmigem Querschnitt fließend, zwischen diesen Leitern eine (längenbezogene) Kraft von $2\cdot 10^{-7}$ Newton pro 1 Meter Länge hervorrufen würde.

(Kraft steht für elektrodynamische Kraft.) Diese Definition ist ersichtlich und im Gegensatz zu früheren Definitionen des Ampere unabhängig von Stoffeigenschaften. Da Einheiten Größen sind, nämlich konstante Bezugsgrößen, wird diese Definition dadurch eindeutig, daß sie auf eine Größengleichung bezogen wird. Für das rationale Größensystem der Elektrodynamik vom Grade vier ist diese

$$F = \frac{\mu_0 I^2 l}{2\pi s}, \tag{A.3.1-8}$$

wenn $I$ die Stromstärke, $l$ die Länge, $s$ der Abstand der Leiter voneinander ist. Durch Einsetzen der vorgeschriebenen Werte erhält man

$$2\cdot 10^{-7}\,\mathrm{N} = \mu_0 A^2/2\pi \tag{A.3.1-8a}$$

und hieraus entweder den in Gl. (A.3.1-4) angegebenen Wert der magnetischen Feldkonstanten $\mu_0$ und alle weiteren Einheiten als Potenzprodukte der Basiseinheiten m, kg, s, A, oder aber

$$1\,\mathrm{A} = 1\mathrm{kg}^{1/2}\,\mathrm{m}^{1/2}\,\mathrm{s}^{-1}\left(\frac{4\pi}{10^7\,\mu_0}\right)^{1/2}, \tag{A.3.1-9}$$

und daraus folgend alle weiteren Einheiten als Potenzprodukte der Basiseinheiten m, kg, s, $\mu_0$.[1] (Bei dem von J. Wallot 1943 angegebenen erweiterten elektromagnetischen CGS-System, siehe Abschnitt A.4.3, sind cm, g, s und $\mu_0$ die Basiseinheiten.)

---

[1] Es sei noch bemerkt: Die oben in Worten angegebene Definition der Einheit der Stromstärke würde auch die Auslegung durch eine andere Größengleichung, als Gl. (A.3.1-8), zulassen, zum Beispiel durch die Größengleichung $F = 2I_\mathrm{m}^2 l/s$, in der die gleichfalls „Stromstärke" genannte Größe $I_\mathrm{m}$ offenbar nicht physikalisch gleichartig mit der Größe $I$ ist. Durch Einsetzen der in der Wortdefinition angegebenen Werte würde man die Stromstärkeeinheit $[I_\mathrm{m}] = (10^{-7}\,\mathrm{N})^{1/2} = 10^{-7/2}\,\mathrm{kg}^{1/2}\,\mathrm{m}^{1/2}\,\mathrm{s}^{-1}$ erhalten, hätte also das Ziel, eine *unabhängige* Stromstärkeeinheit zu schaffen, verfehlt.

Die *Mieschen Einheiten* bilden ein kohärentes System, das auf den Basiseinheiten cm, s, A und V beruht.[1] Die aus diesen Basiseinheiten als Potenzprodukte abgeleiteten Einheiten werden deswegen gern – auch systemlos – benutzt, weil sie erfahrungsgemäß häufig bequeme Zahlenwerte ergeben. Diese Einheiten sind aber nicht kohärent mit den auf m, kg, s basierenden Einheiten der Mechanik: Die Einheit der Kraft, von Mie Sthen genannt, ist $1\ \mathrm{J/cm} = 10^2\ \mathrm{N} = 10^7\ \mathrm{dyn}$, die Einheit der Masse ist $1\ \mathrm{Js^2/cm^2} = 10^4\ \mathrm{kg} = 10^7\ \mathrm{g}$.

**Gesetzliche Einheiten.** In vielen Staaten bestehen Gesetze über Einheiten, so zum Beispiel in der Bundesrepublik Deutschland, in der dieses Buch erscheint, das am 5. Juli 1970 in Kraft getretene „Gesetz über Einheiten im Meßwesen" (veröffentlicht 1969) und die dazu erlassene Ausführungsverordnung (veröffentlicht 1970). Zum Verhältnis der Einheiten dieses Gesetzes und seiner Ausführungsverordnung, hier kürzehalber „gesetzliche Einheiten" genannt, zu den SI-Einheiten seien als wesentliche Punkte genannt:

a) Gesetz und Ausführungsverordnung haben *nur* den geschäftlichen und amtlichen Verkehr zum Anwendungsbereich,

b) die Maßnahmen des Gesetzgebers beruhen auf Beschlüssen der Generalkonferenz für Maß und Gewicht, die gesetzlichen Einheiten basieren demnach auf den SI-Einheiten und diese sind gesetzliche Einheiten; die im Gesetz und der Ausführungsverordnung festgelegten Kurzzeichen für die SI-Einheiten sind die für diese international festgelegten,

c) gesetzliche Einheiten sind nicht etwa ausschließlich die SI-Einheiten, sondern noch weitere Einheiten in großer Anzahl, unter anderem alle dezimalen Vielfache und Teile von Einheiten, deren Zehnerpotenzen, Vorsätze und Vorsatzzeichen international festgelegt sind (ausgenommen sind gewisse Winkel- und Zeiteinheiten), ferner die atomare Masseneinheit (Einheitenzeichen u) und das Elektronvolt (Einheitenzeichen eV).

Als Literatur sei empfolen:

DIN 1301, Einheiten, Einheitennamen, Einheitenzeichen, Ausgabe vom November 1971.

---

[1] Die Stromstärkeeinheit war damals (1910) das Silberelektrolyse-Ampere $1\ \mathrm{A_{int}}$; dazu nahm Mie die durch das Weston-Normalelement gegebene Spannungseinheit $1\ \mathrm{V_{int}}$ und setzte diese beiden Einheiten als Basiseinheiten (unabhängige Einheiten) zu den Einheiten 1 cm und 1 s (damaliger Definition). Dann war das Äquivalent der Energieeinheit der Elektrodynamik $1\ \mathrm{A_{int}\,s\,V_{int}}$ zur Energieeinheit der Mechanik $1\ \mathrm{kg\,m^2\,s^{-2}}$ *durch Messung* zu bestimmen. Ein Austausch der Einheiten $1\ \mathrm{A_{int}}$ und $1\ \mathrm{V_{int}}$ gegen die SI-Einheiten 1 A und 1 V oben angegebener Definitionen, durch den unter anderem die Energieeinheit der Elektrodynamik exakt gleich wird mit der Energieeinheit der Mechanik, ändert an dem Mieschen System grundsätzlich überhaupt nichts, er bedeutet für dieses nur eine Änderung der die Basiseinheiten definierenden grundlegenden Meßverfahren. Deswegen ist Mie 1932 auf die SI-Einheiten A und V übergegangen.

### A.3.2 Namen. Kurzzeichen. Ableitungen aus m, s, A, V

| Größe | Einheit |
|---|---|
| Energie $W$ | 1 Joule = 1 J = 1 A s V |
| Leistung $P$ | 1 Watt = 1 W = 1 J/s = 1 A V |
| Kraft $\boldsymbol{F}$ | 1 Newton = 1 N = 1 J/m |
| elektrische Stromstärke $I$ | 1 Ampere = 1 A |
| elektrische Spannung $U$ | 1 Volt = 1 V |
| skalares elektrisches Potential $\varphi$ | 1 Volt = 1 V |
| elektrische Ladung $Q$ | 1 A s = 1 Coulomb = 1 C |
| elektrische Feldstärke $\boldsymbol{E}$ | 1 V/m |
| Permittivität, Dielektrizitätskonstante $\varepsilon$ | 1 A s/V m |
| elektrische Flußdichte, Verschiebung $\boldsymbol{D}$ | 1 A s/m$^2$ |
| elektrischer Fluß $\Psi$ | 1 A s |
| elektrische Polarisation $\boldsymbol{P}$ | 1 A s/m$^2$ |
| Kapazität $C$ | 1 A s/V = 1 Farad = 1 F |
| Raumladungsdichte $\eta$ | 1 A s/m$^3$ |
| Flächenladungsdichte $\sigma$ | 1 A s/m$^2$ |
| elektrische Stromdiche $\boldsymbol{S}$ | 1 A/m$^2$ |
| elektrische Flächenstromdichte, Strombelag $\boldsymbol{A}$ | 1 A/m |
| elektrische Durchflutung $\Theta$ | 1 A |
| elektrische Leitfähigkeit $\sigma$ | 1 A/V m = 1 S/m = 1/Ωm |
| spezifischer elektrischer Widerstand $\varrho = 1/\sigma$ | 1 V m/A = 1 Ωm |
| elektrischer Leitwert $G = 1/R$ | 1 A/V = 1 Siemens = 1 S = 1/Ω |
| elektrischer Widerstand $R$ | 1 V/A = 1Ohm = 1Ω |
| magnetische Flußdichte, Induktion $\boldsymbol{B}$ | 1 V s/m$^2$ = 1 Tesla = 1 T |
| Permeabilität $\mu$ | 1 V s/A m |
| magnetische Feldstärke $\boldsymbol{H}$ | 1 A/m |
| magnetischer Fluß $\Phi$ | 1 V s = 1 Weber = 1 Wb |
| magnetische Polarisation $\boldsymbol{J}$ | 1 V s/m$^2$ |
| Magnetisierung $\boldsymbol{M}$ | 1 A/m |
| magnetische Spannung $V$ | 1 A |
| vektorielles Potential $\boldsymbol{A}$ | 1 V s/m |
| Induktionskoeffizient, Induktivität $L$ | 1 V s/A = 1 Henry = 1 H |
| magnetischer Leitwert $\Lambda$ | 1 V s/A |
| magnetisches Moment $\boldsymbol{m}$ | 1 V s m |

| Größe | Einheit |
|---|---|
| magnetische Ladung (Polstärke) $\boldsymbol{p}$ | 1 V s |
| räumliche Dichte der magnetischen Ladung $\eta_m$ | $1\ \mathrm{V\,s/m^3} = 1\ \mathrm{T/m}$ |
| Flächendichte der magnetischen Ladung $\sigma_m$ | $1\ \mathrm{V\,s/m^2} = 1\ \mathrm{T}$ |
| räumliche Dichte der Feldenergie $w$ | $1\ \mathrm{A\,s\,V/m^3}$ |
| Fläschendichte der Strahlungsleistung, (Poyntingscher Vektor) $\mathfrak{S}$ | $1\ \mathrm{A\,V/m^2}$ |
| Feldwellenwiderstand $\Gamma$ | $1\ \mathrm{V/A} = 1\ \Omega$ |
| Wellengeschwindigkeit $c$ | 1 m/s |
| Hertzsches Potential $\boldsymbol{Z}$ | 1 V m |

Hieraus:

a) Ableitungen[1] aus m, s, kg, A durch Einsetzen der Beziehung

$$1\ \mathrm{V} = 1\ \mathrm{m^2 \cdot kg/(s^3 \cdot A)},$$

b) Ableitungen[1] aus m, s, kg, $\mu_0$ durch Einsetzen der Beziehungen

$$1\ \mathrm{A} = 1\ \mathrm{m^{1/2} \cdot kg^{1/2}/(s \cdot \mu_*^{1/2})},$$

$$1\ \mathrm{V} = 1\ \mathrm{m^{3/2} \cdot kg^{1/2} \cdot \mu_*^{1/2}/s^2}$$

mit der Abkürzung $\mu_* \equiv \mu_0 \cdot 10^7/4\pi.$

## A.4 CGS-Systeme

### A.4.1 Definitionen und Aufgabenstellungen

Die Physik hat mehr als ein Jahrhundert lang die Gesetzmäßigkeiten der Elektrizitätslehre dargestellt mit Hilfe von Gleichungen, die bezogen sind auf elektrostatisch und auf elektromagnetisch definierte CGS-Einheiten, das sind Einheiten, die auf zwei verschiedene Weisen aus den drei Basiseinheiten cm, g, s abgeleitet sind. Am weitesten verbreitet war

[1] Vgl. zum Beispiel Fischer, J.: Größen und Einheiten der Elektrizitätslehre. Berlin, Göttingen, Heidelberg 1961. Tabelle IV, S. 105

und ist zum Teil noch in Darstellungen der theoretischen Physik das nach Gauß genannte nichtrationale gemischte System. Wir behandeln daher hier nur dieses. *Dabei ist unser einziges Ziel*, die Zusammenhänge mit der von uns gewählten Darstellung durch (rationale) Größengleichungen und dem Größensystem vierten Grades, das sich dabei zwangsläufig ergeben hat, herzustellen. *Dieser Brückenschlag ist und bleibt notwendig*, damit der Zugang zu den theoretischen Darstellungen, die sich des Gaußschen Systems bedienen, erhalten bleibt, und damit der Zugriff auf die experimentellen Untersuchungen und das Erfahrungsmaterial, das in Zahlenwertangaben in Bezug auf die CGS-Einheiten vorliegt, möglich bleibt.

Das Gaußsche System pflegt man zu kennzeichnen, indem man sagt, daß im elektrischen Bereich alle Zahlenwerte auf nichtrational elektrostatisch definierte CGS-Einheiten bezogen werden, und daß im magnetischen Bereich alle Zahlenwerte auf nichtrational elektromagnetisch definierte CGS-Einheiten bezogen werden. In dieser Auffassung stellen somit in den Gleichungen der Zusammenstellung Abschnitt A.4.2 die Buchstabensymbole *Zahlenwerte* dar, der Index s bedeutet die Bezugnahme auf elektrostatische, der Index m die Bezugnahme auf elektromagnetische nichtrationale CGS-Einheiten; der Faktor $\alpha$ hat die Bedeutung des Zahlenwertes der Vakuumwellengeschwindigkeit in cm/s:

$$c_0 = \alpha \frac{\text{cm}}{\text{s}} (\alpha \approx 3 \cdot 10^{10}). \tag{A.4.1-1}$$

Hier liegen nun *zwei Fragestellungen* nahe:

Man kann einerseits fragen, ob diese bis hierhin ausdrücklich als Zahlenwertgleichungen geltenden Gleichungen auch ganz anders verstanden werden können, nämlich als *Größengleichungen*. Dann müssen selbstverständlich die *Größen*, deren Symbole in der Zusammenstellung Abschnitt A.4.2 mit den Indizes s und m versehen sind, ganz anders definiert werden als die Größen des Größensystems, das in diesem Buch entwickelt worden ist und dessen Gleichungen im Abschnitt A.1 zusammengestellt sind. Die Antwort auf diese Frage wird im Abschnitt A.4.3 gegeben werden.

Man kann andererseits fragen, ob man durch Definition neuer, „erweiterter" CGS-Einheiten es bewirken kann, daß die *Zahlenwerte*, die in Bezug auf die (ursprünglichen) nichtrationalen elektrostatischen und elektromagnetischen CGS-Einheiten gelten, *exakt erhalten bleiben* in Bezug auf Größen des Größensystems vom Grade vier, dessen Gleichungen in Abschnitt A.1 aufgeführt sind. Diese „erweiterten" CGS-Einheiten müssen also ein System vom Grade vier bilden; die ursprünglichen CGS-Einheiten bilden ein System vom Grade drei. Über die Lösung dieser Aufgabe siehe Abschnitt A.4.4.

### A.4.2 Gleichungen des nichtrationalen gemischten (Gaußschen) Systems

Räumliche Feldenergiedichten

$$w_e = \frac{1}{8\pi}\int_0^{E_s} \boldsymbol{E}_s \cdot \mathrm{d}\boldsymbol{D}_s, \qquad w_e = \frac{1}{8\pi}\boldsymbol{E}_s \cdot \boldsymbol{D}_s,$$

$$w_m = \frac{1}{8\pi}\int_0^{H_m} \boldsymbol{H}_m \cdot \mathrm{d}\boldsymbol{B}_m, \qquad w_m = \frac{1}{8\pi}\boldsymbol{H}_m \cdot \boldsymbol{B}_m,$$

Substanzgleichungen

$$\boldsymbol{D}_s = \varepsilon_r \boldsymbol{E}_s = \boldsymbol{E}_s + 4\pi \boldsymbol{P}_s,$$

$$\boldsymbol{B}_m = \mu_r \boldsymbol{H}_m = \boldsymbol{H}_m + 4\pi \boldsymbol{J}_m = \boldsymbol{H}_m + 4\pi \boldsymbol{M}_m,$$

$$\boldsymbol{B}_{m,\,tot} = \mu_r \boldsymbol{H}_m + 4\pi \boldsymbol{J}_{p,\,m},$$

Kräfte

$$\boldsymbol{F} = Q_s \boldsymbol{E}_s, \qquad \boldsymbol{F} = \frac{Q_{s,1} Q_{s,2}}{\varepsilon_r r^2}\boldsymbol{r}^0,$$

$$\boldsymbol{F} = \frac{Q_s}{\alpha}(\boldsymbol{v} \times \boldsymbol{B}_m) = \frac{I_s}{\alpha}(\boldsymbol{l} \times \boldsymbol{B}_m),$$

Stromstärke, Stromdichte

$$I_s = -\frac{\mathrm{d}Q_s}{\mathrm{d}t} = \int_a \boldsymbol{S}_s \cdot \mathrm{d}\boldsymbol{a},$$

Flüsse

$$\Psi_s = \int_a \boldsymbol{D}_s \cdot \mathrm{d}\boldsymbol{a}, \qquad \Phi_m = \int_a \boldsymbol{B}_m \cdot \mathrm{d}\boldsymbol{a},$$

$$\Theta_s = 4\pi \int_a \boldsymbol{S}_s \cdot \mathrm{d}\boldsymbol{a},$$

Spannungen

$$U_{s,12} = \int_1^2 \boldsymbol{E}_s \cdot \mathrm{d}\boldsymbol{s}, \qquad V_{m,12} = \int_1^2 \boldsymbol{H}_m \cdot \mathrm{d}\boldsymbol{s},$$

Ohmsches Gesetz

$$\boldsymbol{S}_s = \sigma_s(\boldsymbol{E}_s + \boldsymbol{E}_s^e), \qquad U_{s,21} = E_{s,12} - R_s I_s,$$

Kapazität

$$C_s = \frac{Q_s}{U_s},$$

Induktivität, magnetischer Leitwert

$$L_m = \frac{2W_m}{I_s^2/\alpha^2}, \qquad L_{m,12} = \frac{\Phi_{m1,2}}{I_s/\alpha}, \qquad \Phi_m = \Lambda_m V_m,$$

elektrischer Hüllenfluß, magnetischer Hüllenfluß

$$\oint \boldsymbol{D}_s \cdot \mathrm{d}\boldsymbol{a} = 4\pi \mathring{\sum} Q_s, \qquad \oint \boldsymbol{B}_{\mathrm{m,\,tot}} \cdot \mathrm{d}\boldsymbol{a} = 0,$$

Durchflutungsgesetz, Induktionsgesetz

$$\alpha \oint \boldsymbol{H}_{\mathrm{m}} \cdot \mathrm{d}\boldsymbol{s} \equiv \alpha \mathring{V}_{\mathrm{m}} = \Theta_s = 4\pi \sum I_s,$$

$$\alpha \oint \boldsymbol{E}_s \cdot \mathrm{d}\boldsymbol{s} \equiv \alpha \mathring{U}_s = -\frac{\mathrm{d}\Phi_{\mathrm{m}}}{\mathrm{d}t},$$

Grundgesetze für ruhende Körper in Differentialform

$$\alpha \operatorname{rot} \boldsymbol{H}_{\mathrm{m}} = 4\pi \boldsymbol{S}_s + \frac{\partial \boldsymbol{D}_s}{\partial t}, \qquad \alpha \operatorname{rot} \boldsymbol{E}_s = -\frac{\partial \boldsymbol{B}_{\mathrm{m}}}{\partial t},$$

$$\operatorname{div} \boldsymbol{D}_s = 4\pi \eta_s, \qquad \operatorname{div} \boldsymbol{B}_{\mathrm{m,\,tot}} = 0,$$

Flächendichte der Strahlungsleistung

$$\mathfrak{S} = \frac{\alpha}{4\pi}\left(\boldsymbol{E}_s \times \boldsymbol{H}_{\mathrm{m}}\right).$$

### A.4.3 Mechanische Ersatzgrößen

#### Elektrostatisch-mechanische Ersatzgrößen

Das Coulombsche Gesetz der Elektrostatik für die Kraft zwischen zwei kleinen Trägern gleich großer Ladungen im Vakuum lautet als rationale Größengleichung

$$F = \frac{Q^2}{4\pi\varepsilon_0 r^2}, \tag{A.4.3-1}$$

daher ist die Kombination

$$Q_s = \frac{Q}{\sqrt{4\pi\varepsilon_0}} \tag{A.4.3-2}$$

der zwei elektrischen Größen $Q$ und $\varepsilon_0$ eine *mechanische* Größe. Nun ist $\varepsilon_0$ eine universelle Konstante, daher ist die mechanische Größe $Q_s$ ein *Maß* für die elektrische Ladung $Q$.[1] Durch die (willkürliche) Definition Gl. (2) ist also die elektrische Ladung $Q$ als unabhängige Größe aus der Elektrodynamik verschwunden. In Erinnerung an diese Definitionsgleichung nennen wir die Größe $Q_s$ die elektrostatisch-mechanisch definierte Ladung.

Die kohärente Einheit von $Q_s$ ist

$$[Q_s] = [l]\,[F]^{1/2}, \tag{A.4.3-3}$$

[1] Unter einem *Maß* für eine Größe $G_1$ verstehen wir eine andersartige Größe $G_2$, die mit $G_1$ durch eine eindeutige Beziehung verknüpft, zum Beispiel zu ihr proportional ist. So kann zum Beispiel das Volumen eines Körpers ein Maß für seine Masse sein, wenn die Dichte des Stoffes des Körpers bekannt ist.

ihre kohärente CGS-Einheit ist also

$$[Q_s]_{CGS} = 1\ \mathrm{cm}^{3/2}\ \mathrm{g}^{1/2}\ \mathrm{s}^{-1} \tag{A.4.3-4}$$

wegen $[F]_{CGS} = 1\ \mathrm{cm\ g\ s}^{-2}$.

Indem man von $Q_s$ nach Gl. (2) ausgeht, kann man in den Größengleichungen, die in Abschnitt A.1 zusammengestellt sind, der Reihe nach elektrostatisch-mechanische Ersatzgrößen für die entsprechenden elektrischen und magnetischen Größen substituieren. Zum Beispiel erhält man die elektrostatisch-mechanische Ersatzgröße $E_s$ der elektrischen Feldstärke $E$ durch die Größengleichung

$$F = QE = Q_s E_s \quad \text{zu} \quad E_s = E\sqrt{4\pi\varepsilon_0}, \tag{A.4.3-5}$$

und so weiter.

Die CGS-Einheiten der elektrostatisch-mechanischen Ersatzgrößen sind identisch mit den Einheiten, die als die nichtrationalen elektrostatischen CGS-Einheiten bekannt sind.

**Elektromagnetisch-mechanische Ersatzgrößen**

Die Beziehung für die elektrodynamische Kraft zwischen zwei geraden parallelen, linearen Leitern für zwei gleich große Leitungsströme $I$ und bei Anordnung im Vakuum lautet als rationale Größengleichung

$$F = \frac{\mu_0 I^2 l}{2\pi r}, \tag{A.4.3-6}$$

daher ist die Kombination

$$I_m = I\sqrt{\frac{\mu_0}{4\pi}} \tag{A.4.3-7}$$

der zwei elektrischen Größen $I$ und $\mu_0$ eine *mechanische* Größe. $\mu_0$ ist eine Konstante, daher ist die mechanische Größe $I_m$ ein *Maß* für die elektrische Größe $I = -\mathrm{d}Q/\mathrm{d}t$. Durch die (willkürliche) Definition Gl. (7) ist die elektrische Stromstärke als unabhängige Größe aus der Elektrodynamik verschwunden. In Erinnerung an diese Definitionsgleichung nennen wir $I_m$ die elektromagnetisch-mechanisch definierte Stromstärke.

Die kohärente Einheit von $I_m$ ist

$$[I_m] = [F]^{1/2}, \tag{A.4.3-8}$$

ihre kohärente CGS-Einheit ist also

$$[I_m]_{CGS} = 1\ \mathrm{cm}^{1/2}\ \mathrm{g}^{1/2}\ \mathrm{s}^{-1}. \tag{A.4.3-9}$$

Indem man von Gl. (7) ausgeht, kann man in den Größengleichungen, die in Abschnitt A.1 zusammengestellt sind, der Reihe nach elektromagnetisch-mechanische Ersatzgrößen für die entsprechenden elektrischen und magnetischen Originalgrößen substituieren.

Die CGS-Einheiten der elektromagnetisch-mechanischen Ersatzgrößen sind identisch mit den Einheiten, die als die nichtrationalen elektromagnetischen CGS-Einheiten bekannt sind.

**Gemischtes System mechanischer Ersatzgrößen**

Die in Abschnitt A.4.2 zusammengestellten Gleichungen, die ursprünglich, wie in Abschnitt A.4.1 gesagt wurde, als Zahlenwertgleichungen geschaffen und verstanden wurden, können daher als Größengleichungen eines gemischten Systems mechanischer Ersatzgrößen aufgefaßt werden, die in angegebener (und durch Indizes gekennzeichneter) Weise teils elektrostatisch, teils elektromagnetisch definiert sind. Der Faktor $\alpha$ hat in diesen Größengleichungen die Bedeutung der Vakuumwellengeschwindigkeit selbst:

$$\alpha = c_0; \tag{A.4.3-10}$$

damit die Gleichungen als allgemeine Größengleichungen gelten können, müssen hier $\varepsilon_r$ und $\mu_r$ als Verhältnisgrößen aufgefaßt werden: $\varepsilon_r = \varepsilon/\varepsilon_0$ und $\mu_r = \mu/\mu_0$.

Bei dieser Auffassung hat man sich mit der Tatsache abzufinden, daß es für ein und dieselbe physikalische Erscheinung, zum Beispiel den elektrischen Leitungsstrom, drei verschiedenartige, weil verschieden definierte beschreibende Größen $I$, $I_s$ und $I_m$ gibt, die den gleichen Namen Stromstärke haben, und entsprechendes gilt für alle anderen Größen $S$, $S_s$ und $S_m$. Die oft zu findende Ausdrucksweise, es lägen hier drei verschiedene Definitionen ein und derselben physikalischen Größe vor, ist daher nicht korrekt und gibt zu Mißverständnissen Anlaß. In Wirklichkeit handelt es sich immer um verschieden definierte und daher verschiedenartige, jedoch gleich benannte physikalische Größen zur Kennzeichnung ein und derselben Naturerscheinung. Deutliche Unterscheidung sowohl im sprachlichen Ausdruck als auch in den Formelzeichen ist daher unerläßlich notwendig.

### A.4.4 Erweiterte elektrostatische und elektromagnetische CGS-Einheiten

Die am Ende des Abschnittes A.4.1 skizzierte Aufgabe ist von Wallot erkannt und gelöst worden. Für den Lösungsweg verweisen wir auf die spezielle Literatur[1] und beschränken uns hier darauf, die Ergebnisse mitzuteilen:

[1] Wallot, J.: Größengleichungen, Einheiten und Dimensionen, 2. Aufl. Leipzig 1957, S. 84—92; Fischer, J.: Größen und Einheiten der Elektrizitätslehre. Springer 1961, S. 71—75 und Einheitentabellen S. 105—109. Dort sind (nach dem Vorgang von Wallot) die erweiterten CGS-Einheiten schlechthin CGS-Einheiten genannt. Aber man nennt sie, um Mißverständnisse zu vermeiden, besser erweiterte CGS-Einheiten oder Wallotsche Einheiten, oder man nennt sie nach ihren vier Basiseinheiten.

**Erweiterte elektrostatische CGS-Einheiten**

Ist $\{Q_s\}$ der Zahlenwert der elektrostatisch-mechanisch definierten Ladung, vgl. Gl. (A.4.3-2), in Bezug auf die elektrostatische CGS-Einheit

$$[Q_s]_{CGS} = 1\ \mathrm{cm}^{3/2}\ \mathrm{g}^{1/2}\ \mathrm{s}^{-1}, \qquad (A.4.4\text{-}1)$$

so ist $\{Q_s\}$ zugleich der Zahlenwert der elektrischen Ladung $Q$ des Größensystems vom Grade vier (des Abschnittes A.1) in Bezug auf die Einheit

$$[Q]_s = 1\ \mathrm{cm}^{3/2}\ \mathrm{g}^{1/2}\ \mathrm{s}^{-1}(4\pi\varepsilon_0)^{1/2}, \qquad \mathbf{(A.4.4\text{-}2)}$$

in Zeichen:

$$\{Q_s\} = \frac{Q_s}{[Q_s]_{CGS}} = \frac{Q}{[Q]_s}. \qquad \mathbf{(A.4.4\text{-}3)}$$

Mit $[Q]_s$ oder mit $4\pi\varepsilon_0$ als vierter Basiseinheit neben cm, g, s läßt sich ein kohärentes Einheitensystem für die Größen des Größensystems vom Grade vier (Abschnitt A.1) aufbauen. Für $[Q]_s$ ist der Name Franklin, Kurzzeichen Fr, vorgeschlagen worden. Man nennt daher dieses Einheitensystem das System der (cm, g, s, $\varepsilon_0$)-Einheiten (Wallot) oder der (cm, g, s, Fr)-Einheiten.

**Erweiterte elektromagnetische CGS-Einheiten**

Ist $\{I_m\}$ der Zahlenwert der elektromagnetisch-mechanisch definierten Stromstärke, vgl. Gl. (A.4.3-7), in Bezug auf die elektromagnetische CGS-Einheit

$$[I_m]_{CGS} = 1\ \mathrm{cm}^{1/2}\ \mathrm{g}^{1/2}\ \mathrm{s}^{-1}, \qquad (A.4.4\text{-}4)$$

so ist $\{I_m\}$ zugleich der Zahlenwert der Stromstärke $I$ des Größensystems vom Grade vier (des Abschnittes A.1) in Bezug auf die Einheit

$$[I]_m = 1\ \mathrm{cm}^{1/2}\ \mathrm{g}^{1/2}\ \mathrm{s}^{-1}\left(\frac{4\pi}{\mu_0}\right)^{1/2}, \qquad \mathbf{(A.4.4\text{-}5)}$$

in Zeichen:

$$\{I_m\} = \frac{I_m}{[I_m]_{CGS}} = \frac{I}{[I]_m}. \qquad \mathbf{(A.4.4\text{-}6)}$$

Mit $[I]_m$ oder mit $4\pi/\mu_0$ als vierter Basiseinheit neben cm, g, s läßt sich ein kohärentes Einheitensystem für die Größen des Größensystems vom Grade vier (Abschnitt A.1) aufbauen. Für $[I]_m$ ist der Name Biot, Kurzzeichen Bi, vorgeschlagen worden. Man nennt daher dieses Einheitensystem das System der (cm, g, s, $\mu_0$)-Einheiten (Wallot) oder der (cm, g, s, Bi)-Einheiten.

**Umrechnungen**

Mit der Schaffung der erweiterten elektrostatischen und elektromagnetischen CGS-Einheiten hat man nicht nur *Invarianz der Zahlenwerte* erhalten, sondern auch den Vorteil, daß die Relationen zum Beispiel zu den SI-Einheiten, vgl. Abschnitt A.3.1 und 2, nicht „Korrespondenzen", sondern gewöhnliche Einheiten*gleichungen* sind.

Der Vergleich der Einheit $[I]_m$ der Stromstärke $I$ nach Gl. (A.4.4-5) mit der Einheit $[I]_{SI} = 1$ A nach Gl. (A.3.1-9) ergibt unmittelbar

$$1\,[I]_m = 1\text{ Bi} = 10\text{ A}. \qquad \text{(A.4.4-7)}$$

Die erweiterte elektrostatische CGS-Einheit $[I]_s$ ist mit Gl. (A.4.4-2)

$$[I]_s = [Q]_s\,\text{s}^{-1} = 1\text{ cm}^{3/2}\,\text{g}^{1/2}\,\text{s}^{-2}(4\pi\varepsilon_0)^{1/2}. \qquad \text{(A.4.4-8)}$$

Hier setzen wir die allgemeine Beziehung

$$\varepsilon_0 = \frac{1}{\mu_0 c_0^2}, \qquad c_0 = \alpha\text{ cm s}^{-1} \qquad \text{(A.4.4-9)}$$

ein und erhalten

$$1\,[I]_s = \frac{1}{\alpha}\,[I]_m = \frac{10}{\alpha}\,\text{A}, \qquad \textbf{(A.4.4-10)}$$

die zweite dieser Gleichungen wegen Gl. (A.4.4-7).

Die erweiterten CGS-Einheiten $[U]_s$ und $[U]_m$ für die elektrische Spannung $U$ erhält man aus der für *alle* CGS-Einheiten geltenden Einheit der Energie:

$$\begin{aligned}[W]_{CGS} &= 1\text{ erg} = 1\text{ cm}^2\,\text{g s}^{-2}\\ &= 1[U]_s\,[I]_s\,\text{s} = 1[U]_m\,[I]_m\,\text{s}\end{aligned} \qquad \text{(A.4.4-11)}$$

unmittelbar; wir brauchen sie deswegen nicht explizit anzuschreiben. Nimmt man noch die Beziehung

$$1\text{ erg} = 10^{-7}\text{ J} = 10^{-7}\text{ V A s} \qquad \text{(A.4.4-12)}$$

zu Hilfe und berücksichtigt die Relationen Gln. (A.4.4-5, 9 und 10), so erhält man die Einheitengleichungen

$$1[U]_s = \alpha[U]_m = \alpha\cdot 10^{-8}\text{ V}. \qquad \textbf{(A.4.4-13)}$$

Die Umrechnungszahlen der Einheiten sind zugleich die *Umrechnungszahlen der entsprechenden Zahlenwerte*: ist $[G]_1 = \zeta[G]_2$, so ist $\{G\}_2 = \zeta\{G\}_1$. Sind daher, wie bisher, $\{I_s\}$, $\{U_s\}$, $\{I_m\}$, $\{U_m\}$ Zahlenwerte in Bezug auf die ursprünglichen *und* auf die erweiterten elektrostatischen und elektromagnetischen CGS-Einheiten, $\{I\}_A$ und $\{U\}_V$ Zahlenwerte in Bezug auf die SI-Einheiten A und V, so gilt wegen der Gln. (A.4.4-10 und 13)

$$\left.\begin{aligned}1\{I_s\} &= \alpha\{I_m\},\\ \frac{10}{\alpha}\{I_s\} &= 10\{I\}_m = 1\{I\}_A,\\ 1\{U_s\} &= \frac{1}{\alpha}\{U_m\},\\ 10^{-8}\alpha\{U_s\} &= 10^{-8}\{U\}_m = 1\{U\}_V.\end{aligned}\right\} \qquad \textbf{(A.4.4-14)}$$

**Anwendungsbeispiel:**

Der *klassische Versuch von Kohlrausch und Weber* wurde so ausgeführt: Die Ladung eines Kondensators wurde in zwei Teile von bestimmtem Verhältnis geteilt, der eine Teil wurde durch den Ausschlag einer Coulombschen Drehwaage, der andere durch den ballistischen Ausschlag einer Tangentenbussole gemessen; das Teilungsverhältnis war vorher durch Messung bestimmt worden. Dadurch sind die Ergebnisse der beiden Messungen so miteinander vergleichbar, wie wenn die beiden Teile gleich groß wären, mit anderen Worten, wie wenn *dieselbe elektrische Ladung Q* sowohl mit der Drehwaage elektrostatisch als auch mit der Bussole elektromagnetisch gemessen würde:

$$Q = \{Q\}_s\,[Q]_s = \{Q\}_m\,[Q]_m .$$

Die Auswertung des Experiments ergab $\alpha$ in $[Q]_m = \alpha[Q]_s$. Mit unseren Gln. (A.4.4-2, 5, 9) ist das (wegen $[Q]_m = [I]_m\,\mathrm{s}$)

$$\alpha = \frac{1}{\sqrt{\varepsilon_0\mu_0}}\,\frac{\mathrm{s}}{\mathrm{cm}} = c_0\,\frac{\mathrm{s}}{\mathrm{cm}},$$

also der Zahlenwert der Vakuumwellengeschwindigkeit in Bezug auf die Einheit cm/s; $\alpha \approx 3 \cdot 10^{10}$. – Die Deutung des Versuches mittels der erweiterten CGS-Einheiten ist also offenbar besonders einfach.[1]

## A.5 Umrechnung von Zahlenwerten und von Einheiten. Namen und Kurzzeichen von Einheiten

Erklärung der Formelzeichen der Tabelle A.5.1 ($G$ Formelzeichen der Größe):

*Zahlenwerte*: $\{G\}_{\mathrm{SI}}$ in Bezug auf SI-Einheiten, $\{G_s\}$ und $\{G_m\}$ in Bezug auf ursprüngliche *und* auf erweiterte elektrostatische (s) und elektromagnetische (m) CGS-Einheiten;

*Einheiten*: $[G]_{\mathrm{SI}}$ SI-Einheiten (Abschnitt A.3.2), $[G]_s$ und $[G]_m$ erweiterte elektrostatische (s) und elektromagnetische (m) CGS-Einheiten (Abschnitt A.4.4).

*Umrechnungszahlen*:

$$\zeta_1 = \{G\}_{\mathrm{SI}}/\{G_m\}, \quad [G]_m = \zeta_1[G]_{\mathrm{SI}},$$
$$\zeta_2 = \{G\}_{\mathrm{SI}}/\{G_s\}, \quad [G]_s = \zeta_2[G]_{\mathrm{SI}},$$
$$\zeta_3 = \{G_s\}/\{G_m\}, \quad [G]_m = \zeta_3[G]_s .$$

[1] Fischer, J.: Die Einheiten der elektrischen Ladung und der Versuch von Kohlrausch und Weber. Arch. f. Elektrotechn. 43 (1957/58), 212–215.

In diesen bedeutet $\alpha$ den Zahlenwert der Vakuumwellengeschwindigkeit $c_0$ in cm/s, also $c_0 = \alpha$ cm/s.

Tabelle A.5.1 Umrechnung von Zahlenwerten und von Einheiten

| Größen: Namen und Formelzeichen $G$ | | Umrechnungszahlen $\zeta_1$ | $\zeta_2$ | $\zeta_3$ |
|---|---|---|---|---|
| Kraft | $F$ | $10^{-5}$ | $10^{-5}$ | 1 |
| Masse | $m$ | $10^{-3}$ | $10^{-3}$ | 1 |
| Arbeit, Energie | $A$, $W$ | $10^{-7}$ | $10^{-7}$ | 1 |
| Leistung | $P$ | $10^{-7}$ | $10^{-7}$ | 1 |
| räumliche Energiedichte | $w$ | $10^{-1}$ | $10^{-1}$ | 1 |
| Flächendichte der Strahlungsleistung | $\mathfrak{S}$ | $10^{-3}$ | $10^{-3}$ | 1 |
| elektrische Spannung | $U$ | $10^{-8}$ | $\alpha \cdot 10^{-8}$ | $1/\alpha$ |
| elektrische Stromstärke | $I$ | 10 | $10/\alpha$ | $\alpha$ |
| elektrische Ladung | $Q$ | 10 | $10/\alpha$ | $\alpha$ |
| elektrische Stromdichte | $S$ | $10^3$ | $10^3/\alpha$ | $\alpha$ |
| elektrischer Widerstand | $R$ | $10^{-9}$ | $\alpha^2 \cdot 10^{-9}$ | $1/\alpha^2$ |
| Induktivität | $L$ | $10^{-9}$ | $\alpha^2 \cdot 10^{-9}$ | $1/\alpha^2$ |
| Kapazität | $C$ | $10^9$ | $10^9/\alpha^2$ | $\alpha^2$ |
| elektrische Feldstärke | $E$ | $10^{-6}$ | $\alpha \cdot 10^{-6}$ | $1/\alpha$ |
| elektrische Flußdichte, Verschiebung | $D$ | $10^5/4\pi$ | $10^5/4\pi\alpha$ | $\alpha$ |
| elektrischer Fluß | $\Psi$ | $10/4\pi$ | $10/4\pi\alpha$ | $\alpha$ |
| Permittivität, Dielektrizitätskonstante | $\varepsilon$ | $10^{11}/4\pi$ | $10^{11}/4\pi\alpha^2$ | $\alpha^2$ |
| elektrische Polarisation | $P$ | $10^5$ | $10^5/\alpha$ | $\alpha$ |
| spezifischer elektrischer Widerstand | $\varrho$ | $10^{-11}$ | $\alpha \cdot 10^{-11}$ | $1/\alpha^2$ |
| magnetische Flußdichte, Induktion | $B$ | $10^{-4}$ | $\alpha \cdot 10^{-4}$ | $1/\alpha$ |
| magnetischer Fluß | $\Phi$ | $10^{-8}$ | $\alpha \cdot 10^{-8}$ | $1/\alpha$ |
| magnetische Feldstärke, magnetische Erregung | $H$ | $10^3/4\pi$ | $10^3/4\pi\alpha$ | $\alpha$ |
| magnetische Spannung | $V$ | $10/4\pi$ | $10/4\pi\alpha$ | $\alpha$ |
| Permeabilität | $\mu$ | $4\pi \cdot 10^{-7}$ | $4\pi\alpha^2 \cdot 10^{-7}$ | $1/\alpha^2$ |
| magnetische Polarisation | $J$ | $4\pi \cdot 10^4$ | $4\pi\alpha \cdot 10^4$ | $1/\alpha$ |
| magnetischer Leitwert | $\Lambda$ | $4\pi \cdot 10^{-9}$ | $4\pi\alpha^2 \cdot 10^{-9}$ | $1/\alpha^2$ |

Tabelle A.5.2 Gerundete Zahlenwerte, die in Tabelle A.5.1 vorkommen

| | |
|---|---|
| $4\pi = 1{,}25663706 \cdot 10^1$ | $1/(4\pi) = 7{,}95774715 \cdot 10^{-2}$ |
| $\sqrt{4\pi} = 3{,}54490770$ | $1/\sqrt{4\pi} = 2{,}82094792 \cdot 10^{-1}$ |
| $\alpha = 2{,}99792458 \cdot 10^{10}$ | $1/\alpha = 3{,}33564095 \cdot 10^{-11}$ |
| $\alpha^2 = 8{,}98755179 \cdot 10^{20}$ | $1/\alpha^2 = 1{,}11265006 \cdot 10^{-21}$ |
| $4\pi\alpha = 3{,}76730313 \cdot 10^{11}$ | $1/(4\pi\alpha) = 2{,}65441873 \cdot 10^{-12}$ |
| $4\pi\alpha^2 = 1{,}12940907 \cdot 10^{22}$ | $1/(4\pi\alpha^2) = 8{,}85418782 \cdot 10^{-23}$ |

*Umrechnung früherer (und früher „international" genannter) Einheiten in SI-Einheiten.*

Im Jahr 1908 waren international vereinbart und festgelegt worden: das Quecksilberfaden-Ohm 1 $\Omega_{int}$ und das Silbervoltameter-Ampere 1 $A_{int}$. Einheiten, die $\Omega_{int}$ und $A_{int}$ zu Basiseinheiten haben, werden kurz und unmißverständlich Ag-Hg-Einheiten genannt. Es gelten die Beziehungen

$$\frac{\Omega_{\text{int}}}{\Omega} = p = 1{,}00049, \qquad \frac{\text{V}_{\text{int}}}{\text{V}} = pq = 1{,}00034,$$

$$\frac{\text{A}_{\text{int}}}{\text{A}} = q = 0{,}99985, \qquad \frac{\text{A}_{\text{int}}\text{V}_{\text{int}}\text{s}}{\text{J}} = pq^2 = 1{,}00019.$$

(Die Werte der Umrechnungszahlen $p$ und $pq$ hat das Internationale Komitee für Maß und Gewicht 1946 bekanntgegeben. Daraus folgen die Werte für $q$ und $pq^2$.)

Tabelle A.5.3 Namen und Symbole (Kurzzeichen) von Einheiten[1]

| | | | | | |
|---|---|---|---|---|---|
| A | Ampere | $[I]_{\text{SI}}$ | m | Meter | $[l]_{\text{SI}}$ |
| Bi | Biot | $[I]_{\text{m}}$ | M | Maxwell | |
| C | Coulomb | $[Q]_{\text{SI}}$ | mol | Mol | |
| | dyn | $[F]_{\text{CGS}}$ | N | Newton | $[F]_{\text{SI}}$ |
| | erg | $[W]_{\text{CGS}}$ | Oe | Oersted | |
| F | Farad | $[C]_{\text{SI}}$ | s | Sekunde | $[t]_{\text{SI}} = [t]_{\text{CGS}}$ |
| Fr | Franklin | $[Q]_{\text{SI}}$ | S | Siemens | $1/[R]_{\text{SI}}$ |
| g | Gramm | $[m]_{\text{CGS}}$ | T | Tesla | $[B]_{\text{SI}}$ |
| G | Gauß | | V | Volt | $[U]_{\text{SI}}$ |
| H | Henry | $[L]_{\text{SI}}$ | W | Watt | $[P]_{\text{SI}}$ |
| Hz | Hertz | $[f]_{\text{SI}}$ | Wb | Weber | $[\Phi]_{\text{SI}}$ |
| J | Joule | $[W]_{\text{SI}}$ | Ω | Ohm | $[R]_{\text{SI}}$ |
| kg | Kilogramm | $[m]_{\text{SI}}$ | | | |

## A.6 Komplexe Größen und Zeiger. Laplace-Transformation

Eine skalare Größe, deren Zahlenwert komplex ist, wird kurz *komplexe Größe* genannt. Die gegenwärtig am meisten verbreitete Schreibweise für eine solche ist

$$\underline{x} = x' + \text{j}x'' = |\underline{x}|\, \text{e}^{\text{j}\alpha}; \quad \text{j} = \sqrt{-1}.$$

Wir nennen $x'$ den Realteil, $x''$ den Imaginärteil, $|\underline{x}| = x$ den Betrag, $\alpha$ den Winkel. Die konjugierte Größe schreiben wir $\underline{x}^*$. Zum Weglassen der Unterstreichung siehe Bemerkung „Zur Schreibweise" in Abschnitt 3.5 im Anschluß an Gl. (3.5-13).

Eine *Sinusschwingung* $a(t) = a_{\text{m}} \cos(\omega t + \varphi)$ ist gekennzeichnet durch die Amplitude $a_{\text{m}}$, die Kreisfrequenz $\omega$ und den Nullphasenwinkel $\varphi$ als zeitunabhängige Größen; $\omega = 2\pi f = 2\pi/T$ mit $f$ Frequenz,

[1] Man beachte folgende Verwechslungsmöglichkeiten: $A$ Arbeit und A Ampere, $C$ Kapazität und C Coulomb, $F$ Kraft und F Farad, $g$ Fallbeschleunigung und g Gramm, $H$ magnetische Feldstärke und H Henry, $J$ magnetische Polarisation und J Joule, $m$ Masse und m Meter, $s$ Strecke und s Sekunde, $V$ magnetische Spannung und V Volt, $W$ Energie und W Watt.

$T$ Periodendauer, $\varphi/\omega = t_0$ Nullphasenzeit. Der *komplexe Augenblickswert* ist

$$\underline{a}(t) = a_\mathrm{m}\,\mathrm{e}^{\mathrm{j}\varphi}\,\mathrm{e}^{\mathrm{j}\omega t}.$$

Den physikalischen Augenblickswert erhält man, indem man den Realteil bildet, oder als

$$a(t) = \tfrac{1}{2}\,(\underline{a} + \underline{a}^*).$$

Man nennt *komplexe Amplitude* die Größe

$$\underline{a}_\mathrm{m} = a_\mathrm{m}\,\mathrm{e}^{\mathrm{j}\varphi}.$$

Damit wird der komplexe Augenblickswert

$$\underline{a}(t) = \underline{a}_\mathrm{m}\,\mathrm{e}^{\mathrm{j}\omega t}.$$

Dem Effektivwert $a_\mathrm{eff} = a_\mathrm{m}/\sqrt{2}$ entspricht der *komplexe Effektivwert*

$$\underline{a}_\mathrm{eff} = a_\mathrm{eff}\,\mathrm{e}^{\mathrm{j}\varphi} = \underline{a}_\mathrm{m}/\sqrt{2}.$$

Die hier getroffene Wahl der Cosinusfunktion zur Beschreibung der Sinusschwingung ist willkürlich, wird aber neuerdings vor der Wahl der Sinusfunktion bevorzugt. Ist $a_1(t) = a_\mathrm{m}\cos(\omega t + \varphi)$ und $a_2(t) = a_\mathrm{m}\sin(\omega t + \varphi)$, so ist

$$\underline{a}(t) = a_\mathrm{m}\{\cos(\omega t + \varphi) + \mathrm{j}\sin(\omega t + \varphi)\}$$

und daher

$$a_1(t) = \tfrac{1}{2}\,\{\underline{a}(t) + \underline{a}^*(t)\},$$

$$a_2(t) = \frac{1}{2\mathrm{j}}\,\{\underline{a}(t) - \underline{a}^*(t)\}.$$

*Quotienten* komplexer Augenblickswerte gleichfrequenter Sinusschwingungen werden *komplexe Koeffizienten* oder auch Operatoren genannt. (Beispiele aus der Wechselstromlehre: komplexer Widerstand $\underline{Z} = \underline{u}/\underline{i} = \hat{\underline{u}}/\hat{\underline{\imath}}$, Verhältnis zweier komplexer Spannungen.)

Im „*Zeigerdiagramm*" gleichfrequenter Sinusschwingungen stellt die Länge des Zeigers in geeignetem Maßstab die Amplitude oder den Effektivwert der Sinusschwingung dar. Die Winkel zwischen den Zeigern sind die Phasenwinkeldifferenzen zwischen den dargestellten Sinusschwingungen. Die Winkelgeschwindigkeit des Umlaufes der Zeiger ist gleich der Kreisfrequenz der Schwingungen, als Drehrichtung der Zeiger ist die entgegen dem Uhrzeigerdrehsinn gebräuchlich. Die Orientierung des Zeigerdiagramms in der Zeichenebene ist willkürlich, gebräuchlich als Bezugsrichtung, in die ein Zeiger mit dem Nullphasenwinkel Null gelegt wird, ist sowohl die Waagerechte als auch die Senkrechte. Man kann $\underline{a}(t)$ einen *rotierenden* Zeiger nennen, $\underline{a}_\mathrm{m}$ und $\underline{a}_\mathrm{eff}$ *ruhende* Zeiger.

Auch komplexe Koeffizienten werden durch Zeiger in einem Zeigerdiagramm dargestellt; sie sind ruhende Zeiger.

Die in diesem Buch benutzte einseitige, eindimensionale *Laplacesche Integraltransformation* einer Funktion $F(t)$ der Zeit $t$ ist

$$\int_0^\infty \mathrm{e}^{-st} F(t)\,\mathrm{d}t = f(s).$$

Wir nennen $s = \sigma + \mathrm{j}\omega$ Bildvariable, ferner $f(s)$ Bildfunktion oder kurz Bild der Originalfunktion oder kurz des Originals $F(t)$. Die inverse Integraltransformation stellt aus dem Bild das Original her:

$$\frac{1}{2\pi\mathrm{j}} \int_{\sigma-\mathrm{j}\infty}^{\sigma+\mathrm{j}\infty} \mathrm{e}^{st} f(s)\,\mathrm{d}s = \begin{cases} F(t) & \text{für} \quad t > 0, \\ 0 & \text{für} \quad t < 0. \end{cases}$$

Symbolische Schreibweise:

$$f(s) = \mathscr{L}\{F(t)\} \quad \text{und} \quad F(t) = \mathscr{L}^{-1}\{f(s)\}.$$[1]

Der entscheidende Vorteil der Anwendung der Laplace-Transformation auf Anfangswertprobleme, die durch lineare Differentialgleichungen und Anfangswerte beschrieben werden, besteht darin, daß sie aus Differentialquotienten des Originals Produkte des Bildes mit einer ganzzahligen Potenz der Bildvariablen unter Mitnahme von Anfangswerten des Originals bildet, zum Beispiel gilt für gegebenes $f(s) = \mathscr{L}\{F(t)\}$

$$\mathscr{L}\left\{\frac{\mathrm{d}F}{\mathrm{d}t}\right\} = sf(s) - F(0),$$

usw. — Die Laplace-Transformation bildet also aus gewöhnlichen linearen Differentialgleichungen mit konstanten Koeffizienten algebraische Gleichungen der Variablen $s$, aus partiellen linearen Differentialgleichungen mit konstanten Koeffizienten bildet sie gewöhnliche lineare Differentialgleichungen.

[1] Das Symbol $-1$ ist zu lesen „invers“, nicht etwa „minus eins“. Weder die Empfehlung, daß jede Originalfunktion mit einem kleinen, jede Bildfunktion mit einem (entsprechenden) großen Buchstaben gekennzeichnet werden soll, die in der Regelungs- und in der Systemtheorie (auch nicht ohne Ausnahmen) befolgt wird, noch die gegenteilige läßt sich allgemein durchführen. Für viele physikalische Größen sind als Symbole ausschließlich große Buchstaben üblich und auch international festgelegt. Man kann auch schreiben zum Beispiel $F$ Original, $\check{F}$ Bild, oder $f$ Original, $\check{f}$ Bild, oder auch $f(t)$ Original, $f(s)$ Bild (wobei zu beachten ist, daß $f(t)$ und $f(s)$ physikalisch nicht gleichdimensional sind). — Der insbesondere in der englisch geschriebenen Literatur verbreitete Ausdruck „komplexe (Kreis-) Frequenz“ für die Bildvariable $s$ ist nicht einwandfrei, er wird deswegen zum Teil in neueren einschlägigen Darstellungen (siehe unten) abgelehnt.

Es liege zum Beispiel ein linear wirkendes System vor (das durch eine gewöhnliche Differentialgleichung mit konstanten Koeffizienten beschrieben werden kann), $Y(t)$ sei die gesuchte Größe (Reaktion, „Antwort" des Systems), $X(t)$ sei die Anregungsgröße, alle durch die Vorgeschichte (die Vergangenheit) des Systems gegebenen Anfangswerte seien einzeln Null („völlig entspanntes System"). Ist dann zunächst die Anregung eine andauernde Sinusschwingung $\underline{X}(t) = \underline{X}_m\, e^{j\omega t}$, $-\infty \leqq t \leqq \infty$, so ist auch die Reaktion eine solche: $\underline{Y}(t) = \underline{Y}_m\, e^{j\omega t}$. Man nennt den (rechnerisch oder gegebenenfalls durch Messung bestimmten) komplexen Koeffizienten

$$\frac{\underline{Y}_m}{\underline{X}_m} = G(j\omega)$$

die *komplexe Übertragungsfunktion* des Systems. Es sei die Anregungsgröße a) ein Sprung der Höhe $U$ in $t = 0$, also $X(t) = U\varepsilon(t)$ mit $\varepsilon(-0) = 0$, $\varepsilon(+0) = 1$ oder b) ein Dirac-Stoß vom Impulsmoment $J$ in $t = 0$, also $X(t) = J\delta(t)$, dann ist a) die Sprungreaktion oder Übergangsfunktion

$$Y(t) = U\mathscr{L}^{-1}\left\{\frac{G(s)}{s}\right\},$$

b) die Stoßreaktion oder Gewichtsfunktion

$$Y(t) = J\,\mathscr{L}^{-1}\,\{G(s)\}.$$

Dabei ist $G(s)$ die Funktion der Bildvariablen $s$, die entsteht, indem man rein formal in $G(j\omega)$ die Variable $j\omega$ durch die Variable $s$ ersetzt.

**Weiterführende Literatur zu Abschnitt A. 6**

Doetsch, G.: Anleitung zum praktischen Gebrauch der Laplace-Transformation und der $Z$-Transformation. 3. Aufl. München und Wien 1967.

Doetsch, G.: Einführung in Theorie und Anwendung der Laplace-Transformation. Basel und Stuttgart 1958.

Wagner, K. W.: Operatorenrechnung und Laplacesche Transformation. 3. Aufl. bearb. von A. Thoma, Leipzig 1962. (In diesem Buch ist die Laplace-Transformation nicht wie oben im Text und wie bei Doetsch definiert, sondern in der ursprünglichen, in der Pionierarbeit von Wagner (Arch. f. Elektrotechn. 4 (1916), 159—163) angegebenen Form); DIN 5488, Fourier-Transformation und Laplace-Transformation, Formelzeichen.

## A.7 Vektoren: Schreibweisen, Bezeichnungen, Formeln und Sätze[1]

Das Wort Vektor bezeichnet in diesem Buch den Tensor erster Stufe. Da hier für die Darstellung der Zusammenhänge und Sachverhalte die Benutzung von Skalaren (Tensoren nullter Stufe) und Vektoren weitgehend ausreicht, wird für diese nicht die Indizesdarstellung (analytische

[1] Dieser Abschnitt darf nicht als eine irgendwie zureichende Einführung in die Vektorenrechnung mißverstanden werden. Er ist nicht mehr als eine Zusammenstellung der in diesem Buch benutzten Ausdrucksmittel (Schreibweisen, Bezeichnungen) und Sätze.

*Weiterführende Literatur* zum Beispiel: Duschek, A.; Hochrainer, A.: Grundzüge der Tensorrechnung in analytischer Darstellung, 3 Bde., Springer, Wien. Lichnérowicz, A.: Lineare Algebra und lineare Analysis, Berlin 1960. Teichmann, H.: Physikalische Anwendungen der Vektor- und Tensorrechnung, Mannheim 1964, Normblatt DIN 1303, Schreibweise von Tensoren (Vektoren).

Darstellung) benutzt, sondern die koordinatenfrei oder auch symbolisch genannte Schreibweise. In dieser sind Zeichen für Vektoren zum Beispiel $\boldsymbol{A}$, $\boldsymbol{a}$, für Skalare $A$, $a$ (andere Zeichen für Vektoren sind $\vec{A}$, $\vec{a}$ und 𝔄, 𝔞).

**A.7.1 Elementare Rechenoperationen**

Vektorielle Addition $\boldsymbol{A} + \boldsymbol{B}$, vektorielle Subtraktion $\boldsymbol{A} - \boldsymbol{B}$, skalares (inneres) Produkt $\boldsymbol{A} \cdot \boldsymbol{B}$ oder $\boldsymbol{AB}$, vektorielles (äußeres) Produkt $\boldsymbol{A} \times \boldsymbol{B}$: Das Additionszeichen, das Subtraktionszeichen, das Nebeneinanderschreiben zweier Buchstabensymbole, die Multiplikationszeichen Punkt und schräggestelltes Kreuz haben also andere Bedeutungen als in der Algebra der Zahlen („symbolische" Schreibweise).

**A.7.2** Durch **runde Klammern** werden insbesondere Faktoren von Produkten voneinander abgesetzt, zum Beispiel $(\boldsymbol{A} \cdot \boldsymbol{B})\,\boldsymbol{C}$, $(\boldsymbol{A} \times \boldsymbol{B}) \cdot \boldsymbol{C}$, $(\boldsymbol{A} + \boldsymbol{B}) \cdot \boldsymbol{C}$.

**A.7.3 Betrag** eines Vektors $|\boldsymbol{A}| = A$.

**A.7.4 Komponente, Projektion, Koordinate:** Die Komponente (*Vektorkomponente*) eines Vektors $\boldsymbol{A}$ in Richtung eines Vektors $\boldsymbol{B}$ wird geschrieben $\boldsymbol{A}_{\boldsymbol{B}}$, der Betrag dieses Vektors ist die *Projektion* des Vektors auf die Richtung von $\boldsymbol{B}$, also $|\boldsymbol{A}_{\boldsymbol{B}}| = A_{\boldsymbol{B}}$. Ist die Richtung von $\boldsymbol{B}$ die der $+x$-Achse eines Koordinatensystems, so wird die Projektion von $\boldsymbol{A}$ auf diese Achse die *Koordinate* von $\boldsymbol{A}$ in Richtung der $+x$-Achse genannt und $A_x$ geschrieben. Das Wort Komponente (Vektorkomponente) wird also hier in dem Sinne benutzt, daß eine Komponente eines Vektors ein Vektor ist, so auch zum Beispiel Normalkomponente $\boldsymbol{A}_{\mathrm{n}}$, Tangentialkomponente $\boldsymbol{A}_{\mathrm{t}}$. Projektionen und Koordinaten sind Beträge, also Skalare.

**A.7.5 Einsvektoren** haben den Betrag Eins. Der Einsvektor in Richtung des Vektors $\boldsymbol{A}$ wird geschrieben $\boldsymbol{A}^0$, er kann erklärt werden durch $\boldsymbol{A} = \boldsymbol{A}^0 A$. Auch den Einsvektor in Richtung des Ortsvektors (Fahrstrahles) $\boldsymbol{r}$ schreibt man $\boldsymbol{r}^0$, dagegen $\boldsymbol{n}$ und $\boldsymbol{t}$ für die Einsvektoren in normaler und tangentialer Richtung, und nennt zum Beispiel $\boldsymbol{n}$ einfach den Normalenvektor; $\boldsymbol{n}_{12}$ bezeichnet den Einsvektor $\boldsymbol{n}$, der an einer Fläche von deren Seite *1* nach deren Seite *2* gerichtet ist. Die Einsvektoren in den Richtungen der Achsen eines geometrisch dreidimensionalen Koordinatensystems $(x_1, x_2, x_3)$ schreibt man $\boldsymbol{e}_1, \boldsymbol{e}_2, \boldsymbol{e}_3$, zum Beispiel $\boldsymbol{e}_x, \boldsymbol{e}_y, \boldsymbol{e}_z$ für ein rechtwinkeliges kartesisches Koordinatensystem $(x, y, z)$, vielfach auch $\boldsymbol{i}, \boldsymbol{j}, \boldsymbol{k}$ in dieser Reihenfolge für $\boldsymbol{e}_x, \boldsymbol{e}_y, \boldsymbol{e}_z$.

### A.7.6a Skaleres Produkt

$\boldsymbol{B} \cdot \boldsymbol{A} = \boldsymbol{A} \cdot \boldsymbol{B}$,
$\boldsymbol{A} \cdot \boldsymbol{B} = 0$, wenn $\boldsymbol{A}$ senkrecht zu $\boldsymbol{B}$,
$\boldsymbol{A} \cdot \boldsymbol{A} = \boldsymbol{A}^2 = A^2$; $\boldsymbol{A} \cdot \mathrm{d}\boldsymbol{A} = A\,\mathrm{d}A$.

### A.7.6b Vektorielles Produkt

$\boldsymbol{B} \times \boldsymbol{A} = -\boldsymbol{A} \times \boldsymbol{B}$,
$\boldsymbol{C} = \boldsymbol{A} \times \boldsymbol{B}$: die Vektoren $\boldsymbol{A}, \boldsymbol{B}, \boldsymbol{C}$ bilden in dieser Reihenfolge ein Rechtssystem,
$\boldsymbol{A} \times \boldsymbol{B} = 0$, wenn $\boldsymbol{A}$ parallel zu $\boldsymbol{B}$,
$\boldsymbol{A} \times \boldsymbol{A} = 0$.

### A.7.7 Produkte aus drei Faktoren

**A.7.7.1** $(\boldsymbol{A} \cdot \boldsymbol{B})\,\boldsymbol{C}$: Vektor in Richtung $\boldsymbol{C}$ vom Betrage $(\boldsymbol{A} \cdot \boldsymbol{B})\,C$.

**A.7.7.2** $\boldsymbol{A} \cdot (\boldsymbol{B} \times \boldsymbol{C}) = \boldsymbol{B} \cdot (\boldsymbol{C} \times \boldsymbol{A}) = \boldsymbol{C} \cdot (\boldsymbol{A} \times \boldsymbol{B})$: Tripelprodukt oder Spatprodukt, auch $[\boldsymbol{ABC}]$ geschrieben. Sind $\boldsymbol{A}, \boldsymbol{B}, \boldsymbol{C}$ Strecken, so hat der aus ihnen gebildete Quader (Spat) das Volumen $[\boldsymbol{ABC}]$. Die angeschriebene Beziehung wird auch *Vertauschungssatz* genannt. – Daher $\boldsymbol{A} \cdot (\boldsymbol{A} \times \boldsymbol{B}) = (\boldsymbol{A} \times \boldsymbol{A}) \cdot \boldsymbol{B} = 0$, ferner $[\boldsymbol{ABC}] = 0$, wenn $\boldsymbol{A}, \boldsymbol{B}, \boldsymbol{C}$ in einer Ebene liegen.

**A.7.7.3** $\boldsymbol{A} \times (\boldsymbol{B} \times \boldsymbol{C}) = (\boldsymbol{C} \times \boldsymbol{B}) \times \boldsymbol{A} = (\boldsymbol{A} \cdot \boldsymbol{C})\,\boldsymbol{B} - (\boldsymbol{A} \cdot \boldsymbol{B})\,\boldsymbol{C}$; der Vektor liegt senkrecht zu $\boldsymbol{A}$ in der Ebene durch $\boldsymbol{B}$ und $\boldsymbol{C}$. Die angeschriebene Beziehung wird auch *Entwicklungssatz* genannt.

**A.7.7.4** Zerlegung eines Vektors $\boldsymbol{A}$ in Komponenten parallel mit $\boldsymbol{n}$ und senkrecht zu $\boldsymbol{n}$:

$$\boldsymbol{A} = \boldsymbol{n}(\boldsymbol{A} \cdot \boldsymbol{n}) + \boldsymbol{n} \times (\boldsymbol{A} \times \boldsymbol{n})$$

### A.7.8 Vektorielles Linienelement, vektorielles Flächenelement

Ist $\boldsymbol{t}$ der tangentiale Einsvektor am Element $\mathrm{d}s$ der Kurve $s$, so ist $\mathrm{d}\boldsymbol{s} = \mathrm{d}s \cdot \boldsymbol{t}$ das vektorielle Linienelement, Abb. A.1a. Sind $\mathrm{d}\boldsymbol{s}'$, $\mathrm{d}\boldsymbol{s}''$ die Seiten eines infinitesimalen Parallelogramms, so ist $\mathrm{d}\boldsymbol{a} = \mathrm{d}\boldsymbol{s}' \times \mathrm{d}\boldsymbol{s}''$ das

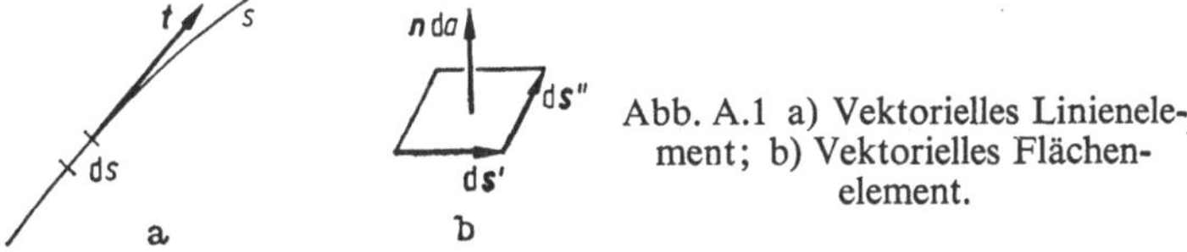

Abb. A.1 a) Vektorielles Linienelement; b) Vektorielles Flächenelement.

vektorielle Flächenelement, also auch $\mathrm{d}\boldsymbol{a} = \mathrm{d}a \cdot \boldsymbol{n}$; $\mathrm{d}a = |\mathrm{d}\boldsymbol{a}|$; rechtswendige Zuordnung der Richtung des Einsvektors $\boldsymbol{n}$ und des positiven Umlaufsinnes entlang der Randkurve (Kontur) der Fläche, Abb. A.1b.

### A.7.9 Vektorfelder, Skalarfelder

Man spricht von einem *Vektorfeld*, wenn der Vektor $\boldsymbol{w}$ eine Ortsfunktion ist, $\boldsymbol{w} = \boldsymbol{w}(x_1, x_2, x_3)$.

Man nennt das Flächenintegral $\int_a \boldsymbol{w} \cdot \mathrm{d}\boldsymbol{a} = \int_a \boldsymbol{w} \cdot \boldsymbol{n} \,\mathrm{d}a = \int_a w_\mathrm{n} \,\mathrm{d}a$ den *Fluß* der Fläche $a$. Er ist ein Skalar. Ist $a$ eine geschlossene Fläche, die ein Volumen $\tau$ begrenzt, so wird das Integral $\oint \boldsymbol{w} \cdot \mathrm{d}\boldsymbol{a}$ *Hüllenfluß* genannt.

Das Linienintegral $\int_1^2 \boldsymbol{w} \cdot \mathrm{d}\boldsymbol{s} = \int_1^2 \boldsymbol{w} \cdot \boldsymbol{t} \,\mathrm{d}s = \int_1^2 w_\mathrm{s} \,\mathrm{d}s$, wobei 1 und 2 den Anfangs- und den Endpunkt der Integrationskurve $s$ bedeuten, wird in der Elektrizitätslehre elektrische oder magnetische Spannung genannt, wenn $\boldsymbol{w}$ die elektrische oder die magnetische Feldstärke bedeutet. Ist $s$ eine geschlossene Kurve, die der Rand (die Kontur) einer Fläche $a$ ist, so wird dort das Randintegral $\oint \boldsymbol{w} \cdot \mathrm{d}\boldsymbol{s}$ Randspannung oder Umlaufspannung genannt. W. Thomson[1] hat das Randintegral „Zirkulation" genannt.

Man spricht von einem *Skalarfeld*, wenn der Skalar $\varphi$ eine Ortsfunktion ist, $\varphi = \varphi(x_1, x_2, x_3)$. Die Punkte eines ausgewählten konstanten Wertes $\varphi = \mathrm{const}_{x_1, x_2, x_3}$ liegen auf einer Fläche, die *Äquipotentialfläche* oder *Niveaufläche* genannt wird. Sie ist entweder eine geschlossene Fläche oder sie erstreckt sich bis zu den Grenzen des Feldes. Niveauflächen können einander nicht schneiden, wenn $\varphi$ eindeutig ist. Geschlossene Niveauflächen umhüllen einander schalenförmig.

### A.7.10 Feldlinien, Feldröhren, Feldbilder

Diese sind Hilfsmittel nicht etwa nur für qualitative Veranschaulichungen, sondern zur quantitativen (zahlenmäßig auswertbaren) Darstellung. Die quantitative Darstellung von physikalischen Feldern durch Linien, die Orte eines konstanten Wertes einer Feldgröße miteinander verbinden, geht auf A. v. Humboldt[2] zurück, der den Begriff der isothermen Linien und damit im Grunde den der äquipotentiellen Flächen geschaffen hat.

*Feldlinien* sind Kurven, die der Richtung des Feldvektors $\boldsymbol{w}$ folgen: Er ist an jedem Linienelement $\mathrm{d}\boldsymbol{s}$ parallel mit diesen. Die Gleichung der Feldlinien ist daher $\mathrm{d}\boldsymbol{s} \times \boldsymbol{w} = 0$, zum Beispiel in rechtwinkligen kartesischen Koordinaten $\mathrm{d}x : \mathrm{d}y : \mathrm{d}z = w_x : w_y : w_z$.

*Feldröhren*: Einteilung des Vektorfeldes $\boldsymbol{w}$ in Röhren, durch deren Mantelflächen kein Fluß tritt, so daß der Fluß aller Querschnitte ein und derselben Feldröhre der gleiche ist. Je feiner die Teilung in Feldröhren vorgenommen wird, um so genauer gilt daher für jeden beliebi-

[1] William Thomson, später Lord Kelvin, 1824—1907.
[2] Alexander von Humboldt, 1769—1859.

gen Feldröhrenquerschnitt $a_\nu$, daß dort $w_\nu$ umgekehrt proportional zu $a_\nu$ ist; $w_\nu a_\nu = \text{const.}$ – Hieraus für die *zeichnerische Darstellung* „(Feldbild"): Bei genügend feiner Unterteilung in Feldröhren zeichnerischer Ersatz dieser durch „mittlere" Feldlinien; an jedem Linienelement dieser Feldlinien ist die Richtung des Feldvektors die Tangentenrichtung, und sein Betrag ist umgekehrt proportional zur Dichte der Feldlinien. Das Feldbild ist nur durch die geometrischen Daten des Feldes bestimmt (wesentlich durch die Begrenzungen); ändert sich in jedem Feldpunkt $w$ um den gleichen Faktor, so bleibt das Feldbild unverändert.

*Feldbilder*, die unter Einhaltung bestimmter Regeln hinsichtlich der Feldröhren und der Niveauflächen entworfen werden, führen insbesondere bei komplizierten Geometrien zu *quantitativen* Bestimmungen (zum Beispiel der Kapazität von Elektrodenanordnungen oder der magnetischen Streuung). Ebene Felder zum Beispiel teilt man ein in Feldröhren von rechteckigem Querschnitt $hb_\nu$ konstanter Höhe $h$. Dann ist (bei genügend feiner Unterteilung) $w_\nu = \text{const}/b_\nu$.

### A.7.11.1 Gradient, Divergenz, Rotation an Sprungflächen

Es seien *1* und *2* die Seiten der Fläche, $\boldsymbol{n}_{12}$ die Normale ($\boldsymbol{n}_{12}^2 = 1$) von *1* nach *2*; zu beiden Seiten der Fläche $\varphi_1, \varphi_2, \boldsymbol{A}_1, \boldsymbol{A}_2$ die Werte eines Skalars $\varphi$ und eines Vektors $\boldsymbol{A}$. – Definitionen:

$$\begin{aligned} \operatorname{Grad}\varphi &= \boldsymbol{n}_{12}(\varphi_2 - \varphi_1), \\ \operatorname{Div}\boldsymbol{A} &= \boldsymbol{n}_{12}(\boldsymbol{A}_2 - \boldsymbol{A}_1) = A_{2n} - A_{1n}, \\ \operatorname{Rot}\boldsymbol{A} &= \boldsymbol{n}_{12} \times (\boldsymbol{A}_2 - \boldsymbol{A}_1). \end{aligned}$$

(In Worten etwa: Der Sprunggradient ist ein normal gerichteter Vektor vom Betrage $\varphi_2 - \varphi_1$, die Sprungdivergenz wird bestimmt durch die Änderung von $\boldsymbol{A}$ in Richtung der Flächennormalen („Längsänderung"), der Sprungwirbel durch die Änderung von $\boldsymbol{A}$ in dazu senkrechter (tangentialer) Richtung („Queränderung"), Abb. A.2 und A.3.)

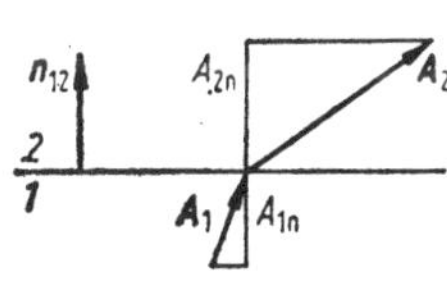


Abb. A.2 Sprungdivergenz.

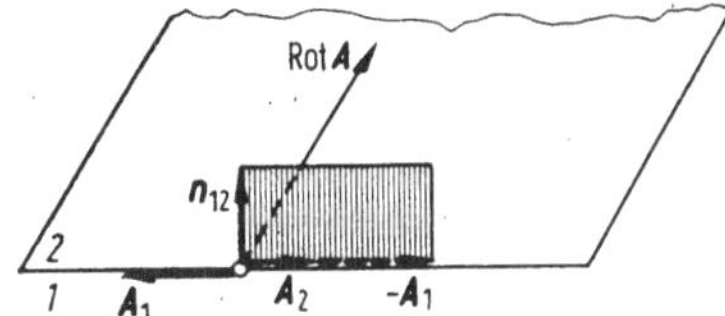


Abb. A.3 Rechtsdrehender Sprungwirbel.

Die so definierten Sprunggrößen sind zur quantitativen Darstellung gewisser Sachverhalte in der Elektrodynamik besonders geeignet, weil hier Sprungflächen Idealisierungen sind, die weitgehend befriedigen.

Man denke zum Beispiel an Oberflächenladungen (Sprungdivergenz) und an Leitungsstrombeläge (Sprungwirbel).

Einen *anschaulichen Übergang* zu den stetigen Ortsfunktionen (Abschnitt A.7.11.3) kann man erhalten, indem man von einer ebenen Sprungfläche ausgeht und diese ersetzt durch eine Übergangszone, in der die Änderung von $\varphi$ und die von $\boldsymbol{A}$ stetig vor sich geht. Um diese zu beschreiben, orientieren wir die $+x$-Achse eines rechtwinkligen kartesischen Koordinatensystems und also den Einsvektor $\boldsymbol{i}$ in der Richtung der usprünglichen Normalen $\boldsymbol{n}_{12}$; es sollen sich $\varphi$ und $\boldsymbol{A}$ nur mit $x$ in gegebener Weise stetig ändern. Dann sind die folgenden analogen Bildungen naheliegend:

$$\boldsymbol{e}_x \frac{\partial \varphi}{\partial x} \quad \text{entspricht dem Sprunggradienten,}$$

$$\boldsymbol{e}_x \cdot \frac{\partial \boldsymbol{A}}{\partial x} = \frac{\partial A_x}{\partial x} \quad \text{entspricht der Sprungdivergenz,}$$

$$\boldsymbol{e}_x \times \frac{\partial \boldsymbol{A}}{\partial x} = -\boldsymbol{e}_y \frac{\partial A_z}{\partial x} + \boldsymbol{e}_z \frac{\partial A_y}{\partial x} \quad \text{entspricht der Sprungrotation.}$$

Wiederum kann man anschaulich die zweite angeschriebene Bildung als Längsänderung, die dritte als Queränderung auslegen. (Man beachte aber, daß die hier als einander entsprechend bezeichneten Funktionen verschiedene geometrische Dimensionen haben.)

### A.7.11.2 Koordinatensysteme im dreidimensionalen Raum

Es werden nur *rechtswendige* (rechtsschraubige) orthogonale Koordinatensysteme benutzt, $x_1, x_2, x_3$ bezeichnen in dieser Reihenfolge die Koordinaten eines rechtswendigen orthogonalen Systems, insbesondere: CK rechtwinkelige kartesische Koordinaten $(x, y, z)$; ZK Zylinderkoordinaten: $z$ axiale Länge, $\varrho$ Abstand von der Achse, $\alpha$ Winkel; PK Polarkoordinaten: $r$ Abstand vom Zentrum, $\vartheta$ Polarwinkel, $\alpha$ Längenwinkel.

Wegen allgemeiner orthogonaler Koordinaten für die Darstellung der Differentialoperationen div $\boldsymbol{A}$, rot $\boldsymbol{A}$, grad $\varphi$, $\Delta\varphi$ usw. in verschiedenen orthogonalen Koordinatensystemen ziehe man die einschlägigen Lehr- und Nachschlagebücher zu Rate.[1]

---

[1] Zum Beispiel Magnus, W.; Oberhettinger, Fr.: Formeln und Sätze für die speziellen Funktionen der mathematischen Physik, 2. Aufl., Berlin, Göttingen, Heidelberg 1948, S. 191—209. Madelung, E.: Die mathematischen Hilfsmittel des Physikers, 6. Aufl., Berlin, Göttingen, Heidelberg 1957, S. 220—245; Moon, P.; Eberle, Spencer, D.: Field Theory Handbook, Including Coordinate Systems, Differential Equations and Their Solutions. Berlin, Göttingen, New York, 1. ed. 1961, 2. ed. 1971.

### A.7.11.3 Gradient, Divergenz, Rotation als stetige Ortsfunktionen

Der Vektor $\boldsymbol{A} = \operatorname{grad}\varphi$, auch geschrieben $\nabla\varphi$ (das Zeichen $\nabla$ wird „Nabla“ gesprochen) hat die Koordinaten

in CK: $$A_x = \frac{\partial\varphi}{\partial x}, \qquad A_y = \frac{\partial\varphi}{\partial y}, \qquad A_z = \frac{\partial\varphi}{\partial z};$$

in ZK: $$A_\varrho = \frac{\partial\varphi}{\partial\varrho}, \qquad A_\alpha = \frac{1}{\varrho}\frac{\partial\varphi}{\partial\alpha}, \qquad A_z = \frac{\partial\varphi}{\partial z};$$

in PK: $$A_r = \frac{\partial\varphi}{\partial r}, \qquad A_\vartheta = \frac{1}{r}\frac{\partial\varphi}{\partial\vartheta}, \qquad A_\alpha = \frac{1}{r\sin\vartheta}\frac{\partial\varphi}{\partial\alpha}.$$

Der Skalar $\operatorname{div}\boldsymbol{A}$ schreibt sich

in CK: $$\operatorname{div}\boldsymbol{A} = \frac{\partial A_x}{\partial x} + \frac{\partial A_y}{\partial y} + \frac{\partial A_z}{\partial z};$$

in ZK: $$\operatorname{div}\boldsymbol{A} = \frac{1}{\varrho}\frac{\partial}{\partial\varrho}(\varrho A_\varrho) + \frac{1}{\varrho}\frac{\partial A_\alpha}{\partial\alpha} + \frac{\partial A_z}{\partial z};$$

in PK: $$\operatorname{div}\boldsymbol{A} = \frac{1}{r^2}\frac{\partial}{\partial r}(r^2 A_r) + \frac{1}{r\sin\vartheta}\frac{\partial}{\partial\vartheta}(\sin\vartheta\cdot A_\vartheta) + \frac{1}{r\sin\vartheta}\frac{\partial A_\alpha}{\partial\alpha}.$$

Der Vektor $\boldsymbol{B} = \operatorname{rot}\boldsymbol{A}$ hat die Koordinaten

in CK:

$$B_x = \frac{\partial A_z}{\partial y} - \frac{\partial A_y}{\partial z},$$

$$B_y = \frac{\partial A_x}{\partial z} - \frac{\partial A_z}{\partial x},$$

$$B_z = \frac{\partial A_y}{\partial x} - \frac{\partial A_x}{\partial y};$$

in ZK:

$$B_\varrho = \frac{1}{\varrho}\frac{\partial A_z}{\partial\alpha} - \frac{\partial A_\alpha}{\partial z},$$

$$B_\alpha = \frac{\partial A_\varrho}{\partial z} - \frac{\partial A_z}{\partial\varrho},$$

$$B_z = \frac{1}{\varrho}\left\{\frac{\partial}{\partial\varrho}(\varrho\cdot A_\alpha) - \frac{\partial A_\varrho}{\partial\alpha}\right\};$$

in PK:

$$B_r = \frac{1}{r\sin\vartheta}\left\{\frac{\partial}{\partial\vartheta}(\sin\vartheta\cdot A_\alpha) - \frac{\partial A_\vartheta}{\partial\alpha}\right\},$$

$$B_\vartheta = \frac{1}{r\sin\vartheta}\left\{\frac{\partial A_r}{\partial\alpha} - \frac{\partial}{\partial r}(r\sin\vartheta\cdot A_\alpha)\right\},$$

$$B_\alpha = \frac{1}{r}\left\{\frac{\partial}{\partial r}(r\cdot A_\vartheta) - \frac{\partial A_r}{\partial\vartheta}\right\}.$$

**A.7.12 Der Satz von Gauß** lautet

$$\int_\tau \operatorname{div} \boldsymbol{w}\,\mathrm{d}\tau = \oint \boldsymbol{w}\cdot\mathrm{d}\boldsymbol{a};$$

($a$ ist die vollständige Begrenzung (Hülle, Oberfläche) des Volumens $\tau$, die Normalen der d$a$ weisen nach außen.) Für diese (meist angegebene) Form des Satzes ist Voraussetzung, daß $\boldsymbol{w}$ stetig ist; anderenfalls muß man links vom Gleichheitszeichen die Beiträge von $\nu$ Sprungflächen, also $\sum_\nu \int \operatorname{Div} \boldsymbol{w}\cdot\mathrm{d}a_{12}$, hinzunehmen.

Versteht man $\boldsymbol{w}$ als das Geschwindigkeitsfeld einer Strömung, so kann man den Skalar div $\boldsymbol{w}$ als Ergiebigkeit oder *Quellenstärke* (des Volumenelementes d$\tau$) verstehen. Man kann ableiten

$$\operatorname{div}\boldsymbol{w} = \lim_{\tau\to\mathrm{d}\tau}\frac{1}{\tau}\oint \boldsymbol{w}\cdot\mathrm{d}\boldsymbol{a};$$

die Quellenstärke ist demnach der Quotient: Hüllenfluß, geteilt durch das Volumen, wenn dieses beliebig klein wird. Zu dieser Integraldarstellung der Divergenz siehe jedoch A.7.14.

Man nennt daher ein Vektorfeld *quellenfrei* überall dort, wo div $\boldsymbol{w} = 0$ ist. Nach dem Satz von Gauß ist also ein quellenfreies Vektorfeld auch gekennzeichnet durch

$$\oint \boldsymbol{w}\cdot\mathrm{d}\boldsymbol{a} = 0$$

für *jede* geschlossene Fläche.

**A.7.13 Der Satz von Stokes** lautet

$$\int_a \operatorname{rot}\boldsymbol{w}\cdot\mathrm{d}\boldsymbol{a} = \oint \boldsymbol{w}\cdot\mathrm{d}\boldsymbol{s},$$

($s$ ist die vollständige Begrenzung (der Rand, die Kontur) der Fläche $a$.) Interpretiert man $\boldsymbol{w}$ als das Geschwindigkeitsfeld einer Strömung, so kann man den Vektor rot $\boldsymbol{w}$ als die *Wirbelstärke* (des Flächenelementes d$\boldsymbol{a}$) verstehen. Man kann ableiten

$$|\operatorname{rot}\boldsymbol{w}| = \lim_{a\to\mathrm{d}a}\frac{1}{a}\oint \boldsymbol{w}\cdot\mathrm{d}\boldsymbol{s};$$

die Wirbelstärke ist demnach ihrem Betrage nach der Quotient: Randintegral (Zirkulation), geteilt durch die berandete Fläche, wenn diese beliebig klein wird; die Richtung des Vektors ist die der Flächennormalen. Zu dieser Integraldarstellung der Rotation siehe jedoch A. 7.14.

Man nennt daher ein Vektorfeld *wirbelfrei* überall dort, wo rot $\boldsymbol{w} = 0$ ist. Nach dem Satz von Stokes ist also ein wirbelfreies Vektorfeld auch gekennzeichnet durch

$$\oint \boldsymbol{w} \cdot \mathrm{d}\boldsymbol{s} = 0$$

für *jede* geschlossene Kurve.

Nach dem Satz von Stokes hat der Fluß des Vektors rot $\boldsymbol{w}$ denselben Wert für alle in dieselbe Randkurve eingespannten Flächen. Faßt man zwei beliebige Flächen, die dieselbe Randkurve $s$ haben, zu einer geschlossenen Fläche (Hülle) zusammen, so ist somit stets

$$\oint \operatorname{rot} \boldsymbol{w} \cdot \mathrm{d}\boldsymbol{a} = 0,$$

daher mit dem Satz von Gauß

$$\operatorname{div} (\operatorname{rot} \boldsymbol{w}) = 0;$$

jede Wirbelstärke ist ein quellenfreier Vektor.

Ferner gilt allgemein

$$\oint \operatorname{grad} \varphi \cdot \mathrm{d}\boldsymbol{s} = 0,$$

daher mit dem Satz von Stokes

$$\operatorname{rot} (\operatorname{grad} \varphi) = 0;$$

jeder Gradient ist ein wirbelfreier Vektor. – Daher ist auch das Linienintegral $\int_1^2 \boldsymbol{w} \cdot \mathrm{d}\boldsymbol{s}$, gebildet von einem Anfangspunkt *1* zu einem Endpunkt *2* in einem wirbelfreien Felde $\boldsymbol{w}$, unabhängig von der gewählten Wegkurve von *1* nach *2*, denn man kann stets deren zwei beliebig gewählte zu einer geschlossenen Kurve (zu einem Umlauf) zusammenfassen; die Zirkulation aber ist Null wegen der vorausgesetzten Wirbelfreiheit.

### A.7.14 Bemerkung zu den Integraldarstellungen der Divergenz und der Rotation

Wir bezeichnen die in A.7.11.3 in Koordinaten angegebene Definition von div $\boldsymbol{A}$ als die ursprüngliche Definition, die in A.7.12 angegebene Definition von div $\boldsymbol{w}$ als die Integraldefinition. Der Satz von Gauß lehrt, daß der Wert von div $\boldsymbol{w}$ nach der ursprünglichen Definition und der Grenzwert des Quotienten in jedem Feldpunkt übereinstimmen, in dem div $\boldsymbol{w}$ stetig ist. Daraus kann aber nicht geschlossen werden, daß die ursprüngliche

Definition und die Integraldefinition identisch sind. Ist div $\boldsymbol{w}$ in einem Punkt unstetig oder nicht erklärt, so bleibt hinsichtlich der Integraldefinition nichts anderes übrig, als das Verhalten des Quotienten $\int \boldsymbol{w} \cdot \mathrm{d}\boldsymbol{a} \Big/ \int \mathrm{d}\tau$ genauer zu untersuchen. Die Formulierung: „Das Raumgebiet $\tau$ zieht sich auf den Punkt zusammen, in welchem div $\boldsymbol{w}$ bestimmt werden soll", ist nicht hinreichend, um Eindeutigkeit zu bewirken. Je nach der Art, in der dieses Zusammenziehen geschieht, ergibt sich ein anderer Grenzwert für den Quotienten der Integrale. Entsprechendes gilt auch für die Integraldefinition der Rotation und die (hier nicht angegebene) des Gradienten.[1]

### A.7.15 Potentiale

Das wirbelfreie Vektorfeld $\boldsymbol{w}$, gekennzeichnet durch $\operatorname{rot} \boldsymbol{w} = 0$, kann wegen $\operatorname{rot}(\operatorname{grad} \varphi) = 0$ dargestellt werden durch $\boldsymbol{w} = -\operatorname{grad} \varphi$, wobei das negative Vorzeichen konventionell ist; die skalare Ortsfunktion $\varphi(x_1, x_2, x_3)$ heißt das *skalare Potential* des wirbelfreien Feldes.

Das quellenfreie Vektorfeld $\boldsymbol{w}$, gekennzeichnet durch $\operatorname{div} \boldsymbol{w} = 0$, kann wegen $\operatorname{div}(\operatorname{rot} \boldsymbol{A}) = 0$ dargestellt werden durch $\boldsymbol{w} = \operatorname{rot} \boldsymbol{A}$; die vektorielle Ortsfunktion $\boldsymbol{A}(x_1, x_2, x_3)$ heißt das *vektorielle Potential* des quellenfreien Feldes.

Es gilt also:

Wenn $\operatorname{rot} \boldsymbol{w} = 0$ ist, dann ist $\boldsymbol{w} = -\operatorname{grad} \varphi$, und umgekehrt. Die Ortsfunktion $\varphi$ kann eine willkürliche, ortsunabhängige Konstante $k$ als Summanden enthalten, denn es ist $\operatorname{grad} k = 0$.

Wenn $\operatorname{div} \boldsymbol{w} = 0$ ist, dann ist $\boldsymbol{w} = \operatorname{rot} \boldsymbol{A}$. Die vektorielle Ortsfunktion $\boldsymbol{A}$ kann einen Vektor $\operatorname{grad} \alpha$, wobei $\alpha$ willkürlich ist, als Summanden enthalten, denn es ist $\operatorname{rot}(\operatorname{grad} \alpha) = 0$.

### A.7.16 Bestimmung des wirbelfreien Feldes aus seinen Quellen

Die Quellenstärke sei als Ortsfunktion gegeben: $\operatorname{div} \boldsymbol{w} = \varrho(x_1, x_2, x_3)$. Wegen der Wirbelfreiheit gilt $\boldsymbol{w} = -\operatorname{grad} \varphi$ und daher

$$\operatorname{div}(\operatorname{grad} \varphi) \equiv \Delta\varphi = -\varrho .$$

Diese Beziehung heißt die Poissonsche Differentialgleichung. Ist das wirbelfreie Feld ohne Quellen, so gilt demnach

$$\Delta\varphi = 0;$$

diese Beziehung heißt die Laplacesche Differentialgleichung.

---

[1] Auf diese meist übersehene Tatsache hat W. Quade aufmerksam gemacht: ETZ–A 78 (1957), 286–287, dort auch Beispiele.

Dabei ist der Skalar $\Delta\varphi$

in CK:

$$\Delta\varphi = \frac{\partial^2\varphi}{\partial x^2} + \frac{\partial^2\varphi}{\partial y^2} + \frac{\partial^2\varphi}{\partial z^2},$$

in ZK:

$$\Delta\varphi = \frac{1}{\varrho}\frac{\partial}{\partial\varrho}\left(\varrho\frac{\partial\varphi}{\partial\varrho}\right) + \frac{1}{\varrho^2}\frac{\partial^2\varphi}{\partial\alpha^2} + \frac{\partial^2\varphi}{\partial z^2},$$

in PK:

$$\Delta\varphi = \frac{1}{r^2}\frac{\partial}{\partial r}\left(r^2\frac{\partial\varphi}{\partial r}\right) + \frac{1}{r^2\sin\vartheta}\frac{\partial}{\partial\vartheta}\left(\sin\vartheta\frac{\partial\varphi}{\partial\vartheta}\right) + \frac{1}{r^2\sin^2\vartheta}\frac{\partial^2\varphi}{\partial\alpha^2}.$$

### A.7.17 Bestimmung des quellenfreien Feldes aus seinen Wirbeln

Die Wirbelstärke sei als Ortsfunktion gegeben: rot $\boldsymbol{w} = \boldsymbol{W}(x_1, x_2, x_3)$. Wegen der Quellenfreiheit gilt $\boldsymbol{w} = \operatorname{rot}\boldsymbol{A}$ und daher rot (rot $\boldsymbol{A}$) = grad (div $\boldsymbol{A}$) − $\Delta\boldsymbol{A} = \boldsymbol{W}$ und einfacher

$$\Delta\boldsymbol{A} = -\boldsymbol{W},$$

wenn $\boldsymbol{A}$ der Forderung div $\boldsymbol{A} = 0$ unterworfen werden kann. Dabei ist der Vektor $\Delta\boldsymbol{A}$ in CK durch

$$\Delta\boldsymbol{A} = \boldsymbol{i}\cdot\Delta A_x + \boldsymbol{j}\cdot\Delta A_y + \boldsymbol{k}\cdot\Delta A_z$$

erklärt; zum Beispiel ist

$$\Delta A_x = \frac{\partial^2 A_x}{\partial x^2} + \frac{\partial^2 A_y}{\partial y^2} + \frac{\partial^2 A_z}{\partial z^2}.$$

Man kann auch schreiben

$$\Delta\boldsymbol{A} = \frac{\partial^2\boldsymbol{A}}{\partial x^2} + \frac{\partial^2\boldsymbol{A}}{\partial y^2} + \frac{\partial^2\boldsymbol{A}}{\partial z^2}.$$

Es gilt also für jede der skalaren Größen $A_x$, $A_y$, $A_z$ die Poissonsche oder die Laplacesche Differentialgleichung.

Wir haben hier die Größe $\Delta\boldsymbol{A}$ zunächst nur in CK erklärt. Nun sind aber die Ausdrücke rot (rot $\boldsymbol{A}$) und grad (div $\boldsymbol{A}$) in jedem beliebigen Koordinatensystem definiert, und daher ist dies auch der Ausdruck $\Delta\boldsymbol{A}$, wenn wir ihn definieren als die Differenz

$$\Delta\boldsymbol{A} = \operatorname{grad}(\operatorname{div}\boldsymbol{A}) - \operatorname{rot}(\operatorname{rot}\boldsymbol{A}).$$

### A.7.18 Weitere Formeln

(1) Ist rot $\boldsymbol{A} = 0$ und div $\boldsymbol{B} = 0$ überall in einem vollständigen (einfach zusammenhängenden Raum), so ist $\int_\tau \boldsymbol{A}\cdot\boldsymbol{B}\,\mathrm{d}\tau = 0$.

(2) $\boldsymbol{B}\cdot\operatorname{rot}\boldsymbol{A} - \boldsymbol{A}\cdot\operatorname{rot}\boldsymbol{B} = \operatorname{div}(\boldsymbol{A}\times\boldsymbol{B})$;

daher

$$\int_\tau (\boldsymbol{B} \cdot \operatorname{rot} \boldsymbol{A} - \boldsymbol{A} \cdot \operatorname{rot} \boldsymbol{B})\, \mathrm{d}\tau = \oint (\boldsymbol{A} \times \boldsymbol{B}) \cdot \mathrm{d}\boldsymbol{a};$$

hieraus

$$\int_\tau \boldsymbol{B} \cdot \operatorname{rot} \boldsymbol{A}\, \mathrm{d}\tau = \int_\tau \boldsymbol{A} \cdot \operatorname{rot} \boldsymbol{B}\, \mathrm{d}\tau, \quad \text{wenn} \quad \oint (\boldsymbol{A} \times \boldsymbol{B}) \cdot \mathrm{d}\boldsymbol{a} = 0.$$

(3) $\operatorname{div}(\alpha \boldsymbol{A}) = \boldsymbol{A} \cdot \operatorname{grad} \alpha + \alpha \operatorname{div} \boldsymbol{A}$;

daher

$$\int_\tau (\boldsymbol{A} \cdot \operatorname{grad} \alpha + \alpha \operatorname{div} \boldsymbol{A})\, \mathrm{d}\tau = \oint (\alpha \boldsymbol{A}) \cdot \mathrm{d}\boldsymbol{a};$$

hieraus

$$\int_\tau \boldsymbol{A} \cdot \operatorname{grad} \alpha\, \mathrm{d}\tau = -\int_\tau \alpha \operatorname{div} \boldsymbol{A}\, \mathrm{d}\tau, \quad \text{wenn} \quad \oint (\alpha \boldsymbol{A}) \cdot \mathrm{d}\boldsymbol{a} = 0,$$

ferner

$$\boldsymbol{A}^2 = -\operatorname{div}(\alpha \boldsymbol{A}) + \alpha \operatorname{div} \boldsymbol{A} \quad \text{für} \quad \boldsymbol{A} = -\operatorname{grad} \alpha.$$

(4) $\operatorname{rot}(\alpha \boldsymbol{A}) = \alpha \operatorname{rot} \boldsymbol{A} + (\operatorname{grad} \alpha) \times \boldsymbol{A}$.

(5) $\Delta \boldsymbol{A} = \operatorname{grad}(\operatorname{div} \boldsymbol{A}) - \operatorname{rot}(\operatorname{rot} \boldsymbol{A})$.

(6) Der Vektor $\boldsymbol{C} = (\boldsymbol{B} \operatorname{grad}) \boldsymbol{A}$

ist erklärt als das Produkt aus dem Betrage $B$ mit der *vektoriellen* Änderung des Vektors $\boldsymbol{A}$, wenn man den Aufpunkt um ein Längenelement $\partial b$ in Richtung von $\boldsymbol{B}$ verrückt, dividiert durch dieses Längenelement:

(6a) $$(\boldsymbol{B} \operatorname{grad}) \boldsymbol{A} = B (\boldsymbol{B}^0 \operatorname{grad}) \boldsymbol{A} = B \frac{\partial \boldsymbol{A}}{\partial b}.$$

Hiernach ist der Differentialquotient eines Vektors $\boldsymbol{A}$ nach einer Richtung $\boldsymbol{n}$ gleich der vektoriellen Änderung von $\boldsymbol{A}$, wenn man den Aufpunkt um ein Längenelement in Richtung $\boldsymbol{n}$ verrückt, dividiert durch dieses Längenelement:

(6b)[1] $$\frac{\mathrm{d}\boldsymbol{A}}{\mathrm{d}n} = (\boldsymbol{n} \operatorname{grad}) \boldsymbol{A}$$

(6d) In CK ist

$$\boldsymbol{C} = (\boldsymbol{B} \operatorname{grad}) \boldsymbol{A} = B_x \frac{\partial \boldsymbol{A}}{\partial x} + B_y \frac{\partial \boldsymbol{A}}{\partial y} + B_z \frac{\partial \boldsymbol{A}}{\partial z};$$

$$C_x = \boldsymbol{B} \operatorname{grad} A_x, \quad C_y = \boldsymbol{B} \operatorname{grad} A_y, \quad C_z = \boldsymbol{B} \operatorname{grad} A_z.$$

(6e) $(\boldsymbol{B} \operatorname{grad}) \boldsymbol{B} = B(\partial \boldsymbol{B}/\partial b) = 0$, wenn $\boldsymbol{B}$ nur in einer Richtung liegt, wenn also $\partial \boldsymbol{B}$ keine Richtungsänderung mit sich bringt.

---

[1] Entsprechend ist der Differentialquotient eines Skalars $\varphi$ nach einer Richtung $\boldsymbol{n}$

(6c) $$\frac{\mathrm{d}\varphi}{\mathrm{d}n} = (\boldsymbol{n} \operatorname{grad}) \varphi.$$

(6f) Ist $\boldsymbol{v}$ eine Geschwindigkeit, so ist

$$\frac{\mathrm{d}\boldsymbol{v}}{\mathrm{d}t} = \frac{\partial \boldsymbol{v}}{\partial t} + (\boldsymbol{v} \operatorname{grad}) \boldsymbol{v}.$$

(6g) $$\operatorname{rot}(\boldsymbol{A} \times \boldsymbol{B}) = \boldsymbol{A} \operatorname{div} \boldsymbol{B} - \boldsymbol{B} \operatorname{div} \boldsymbol{A} + (\boldsymbol{B} \operatorname{grad}) \boldsymbol{A} - (\boldsymbol{A} \operatorname{grad}) \boldsymbol{B}.$$

(6h) $$(\boldsymbol{A} \operatorname{grad}) \boldsymbol{B} + (\boldsymbol{B} \operatorname{grad}) \boldsymbol{A} = \operatorname{grad}(\boldsymbol{A}\boldsymbol{B}) - \boldsymbol{A} \times \operatorname{rot} \boldsymbol{B} - \boldsymbol{B} \times \operatorname{rot} \boldsymbol{A};$$

hieraus für $\boldsymbol{B} = \boldsymbol{A}$:

(6i) $$(\operatorname{rot} \boldsymbol{A}) \times \boldsymbol{A} = (\boldsymbol{A} \operatorname{grad}) \boldsymbol{A} - \operatorname{grad}(A^2/2).$$

### A.7.19 Zeitliche Änderungen bei Bewegung materieller Volumina, Flächen, Linien

Es sei $U$ eine skalare, $\boldsymbol{A}$ eine vektorielle stetige Funktion des Ortes und der Zeit, im Felde $U$ oder $\boldsymbol{A}$ bewege sich Materie, ein an der Materie haftender („markierter") Punkt werde substantieller Punkt genannt, seine Geschwindigkeit sei $\boldsymbol{v}$. Er beschreibt also den augenblicklichen Ort eines Volumenelementes $\mathrm{d}v$ der bewegten Materie oder eines an der Materie haftenden Flächenelementes $\mathrm{d}a$ oder Linienelementes $\mathrm{d}s$. Mit $\partial/\partial t$ werde die Änderungsgeschwindigkeit im festen Raumpunkt bezeichnet, mit $\mathrm{d}/\mathrm{d}t$ die im betrachteten (bewegten) substantiellen Punkt. Ist $\partial/\partial t = 0$, so nennt man $U$ und $\boldsymbol{A}$ *stationär.*

Die unendlich kleine Verschiebung des substantiellen Punktes schreiben wir

$$\delta \boldsymbol{l} = \boldsymbol{v}\, \mathrm{d}t. \qquad \text{(A.7.19-1)}$$

Es ist somit beispielsweise für $U = U(t, x, y, z)$ ersichtlich

$$\frac{\mathrm{d}U}{\mathrm{d}t} = \frac{\partial U}{\partial t} + \frac{\partial U}{\partial x}\frac{\mathrm{d}x}{\mathrm{d}t} + \frac{\partial U}{\partial y}\frac{\mathrm{d}y}{\mathrm{d}t} + \frac{\partial U}{\partial z}\frac{\mathrm{d}z}{\mathrm{d}t},$$

in vektorieller Schreibweise also

$$\frac{\mathrm{d}U}{\mathrm{d}t} = \frac{\partial U}{\partial t} + \boldsymbol{v} \cdot \operatorname{grad} U. \qquad \text{(A.7.19-2)}$$

Daher wird mit Gl. (1) die infinitesimale substantielle Änderung

$$\mathrm{d}U = \partial U + \delta \boldsymbol{l} \cdot \operatorname{grad} U. \qquad \text{(A.7.19-3)}$$

Die Zunahmegeschwindigkeit

$$\frac{\mathrm{d}\Phi}{\mathrm{d}t} = \frac{\mathrm{d}}{\mathrm{d}t} \int_a \boldsymbol{A} \cdot \mathrm{d}\boldsymbol{a} \qquad \text{(A.7.19-4)}$$

des Flusses $\Phi$ der substantiellen Fläche $a$, deren Elemente d$a$ infolge der Bewegung Lage und Gestalt ändern, ist

$$\frac{\mathrm{d}\Phi}{\mathrm{d}t} = \int_a \left\{\frac{\partial \boldsymbol{A}}{\partial t} + \operatorname{rot}(\boldsymbol{A} \times \boldsymbol{v}) + \boldsymbol{v} \operatorname{div} \boldsymbol{A}\right\} \cdot \mathrm{d}\boldsymbol{a}. \qquad \text{(A.7.19-5)}$$

Das erste Glied verschwindet, wenn $\boldsymbol{A}$ ein stationäres Feld ist, im Falle $\boldsymbol{v} \neq 0$ verschwindet das zweite, wenn $\boldsymbol{v}$ parallel mit $\boldsymbol{A}$ und das dritte, wenn $\operatorname{div} \boldsymbol{A} = 0$ ist. Definiert man den Vektor

$$\frac{\mathrm{d}'\boldsymbol{A}}{\mathrm{d}t} = \frac{\partial \boldsymbol{A}}{\partial t} + \operatorname{rot}(\boldsymbol{A} \times \boldsymbol{v}) + \boldsymbol{v} \operatorname{div} \boldsymbol{A}, \qquad \text{(A.7.19-6)}$$

so kann man für jedes Flächenelement schreiben

$$\frac{\mathrm{d}}{\mathrm{d}t}(\boldsymbol{A} \cdot \mathrm{d}\boldsymbol{a}) = \frac{\mathrm{d}'\boldsymbol{A}}{\mathrm{d}t} \cdot \mathrm{d}\boldsymbol{a}, \qquad \text{(A.7.19-7)}$$

und mit Gl. (1) wird aus Gl. (6) für die infinitesimale substantielle Änderung erhalten

$$\mathrm{d}'\boldsymbol{A} = \partial \boldsymbol{A} + \operatorname{rot}(\boldsymbol{A} \times \delta \boldsymbol{l}) + \delta \boldsymbol{l} \cdot \operatorname{div} \boldsymbol{A}. \qquad \text{(A.7.19-8)}$$

(Für $\mathrm{d}'A/\mathrm{d}t$ findet man in der Literatur auch das Symbol $\mathrm{d}A/\mathrm{d}t$).

Man erhält die Beziehung Gl. (5) wie folgt:

Die substantielle Fläche $a$ sei $a_1$ zur Zeit $t$ und $a_2$ zur Zeit $t + \mathrm{d}t$ (in der Zeitspanne d$t$ sind Bewegungen und Formänderungen der Flächenelemente vor sich gegangen). $s_1$ sei die Kontur von $a_1$ und $s_2$ die von $a_2$.

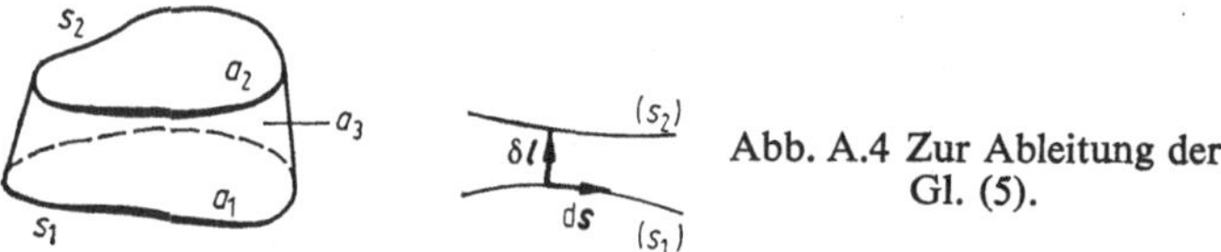


Abb. A.4 Zur Ableitung der Gl. (5).

Die beim Übergang von $a_1$, $s_1$ in $a_2$, $s_2$ beschriebene Fläche nennen wir $a_3$, Abb. A.4. Die Flächen $a_1, a_3, a_2$ bilden miteinander eine geschlossene Fläche, auf die der Satz von Gauß angewandt werden kann; es wird

$$\int_{a_2} \boldsymbol{A} \cdot \mathrm{d}\boldsymbol{a} - \int_{a_1} \boldsymbol{A} \cdot \mathrm{d}\boldsymbol{a} + \int_{a_3} \boldsymbol{A} \cdot \mathrm{d}\boldsymbol{a} = \int_{\tau} \operatorname{div} \boldsymbol{A} \cdot \mathrm{d}\tau, \qquad \text{(A.7.19-9)}$$

wenn, wie es dieser Satz fordert, die Normale jeder Fläche nach außen positiv gerechnet wird. Das Flächenelement von $a_3$ ist $\mathrm{d}\boldsymbol{a} = \mathrm{d}\boldsymbol{s} \times \boldsymbol{v}\, \mathrm{d}t$, wenn die äußere Normale positiv ist. Daher ist der Integrand des dritten Integrals links vom Gleichheitszeichen

$$\boldsymbol{A} \cdot \mathrm{d}\boldsymbol{a} = \mathrm{d}t \cdot \boldsymbol{A} \cdot (\mathrm{d}\boldsymbol{s} \times \boldsymbol{v}) = \mathrm{d}t\, \mathrm{d}\boldsymbol{s} \cdot (\boldsymbol{v} \times \boldsymbol{A}) \qquad \text{(A.7.19-10)}$$

und somit das Integral selbst

$$\int_{a_3} \boldsymbol{A} \cdot \mathrm{d}\boldsymbol{a} = \mathrm{d}t \oint_{s_1} (\boldsymbol{v} \times \boldsymbol{A}) \cdot \mathrm{d}\boldsymbol{s} = \mathrm{d}t \int_{a_1} \operatorname{rot}(\boldsymbol{v} \times \boldsymbol{A}) \cdot \mathrm{d}\boldsymbol{a} \qquad \text{(A.7.19-11)}$$

(die zweite Gleichung nach dem Satz von Stokes). In dem Volumenintegral rechts vom Gleichheitszeichen in Gl. (9) ist $\mathrm{d}\tau = \mathrm{d}\boldsymbol{a} \cdot \boldsymbol{v}\, \mathrm{d}t$. Die gesuchte Änderung $\mathrm{d}_t\Phi$ des Integrals $\Phi$ ist daher

$$\begin{aligned} \mathrm{d}t \int \boldsymbol{A} \cdot \mathrm{d}\boldsymbol{a} &= \mathrm{d}t \int_{a_2} \boldsymbol{A} \cdot \mathrm{d}\boldsymbol{a} - \mathrm{d}t \int_{a_1} \boldsymbol{A} \cdot \mathrm{d}\boldsymbol{a} \\ &= \mathrm{d}t \int_{a_1} \operatorname{div} \boldsymbol{A} \cdot \boldsymbol{v} \cdot \mathrm{d}\boldsymbol{a} + \mathrm{d}t \int_{a_1} \operatorname{rot}(\boldsymbol{A} \times \boldsymbol{v}) \cdot \mathrm{d}\boldsymbol{a}. \qquad \text{(A.7.19-12)} \end{aligned}$$

Hinzu kommt der durch die lokale Schwankung $\partial A/\partial t$ bewirkte Anteil $\mathrm{d}t \int_{a_1} \frac{\partial \boldsymbol{A}}{\partial t} \cdot \mathrm{d}\boldsymbol{a}$; alle drei Anteile sind proportional $\mathrm{d}t$. Indem man durch $\mathrm{d}t$ dividiert, erhält man Gl. (5).

Auf entsprechenden Wegen erhält man

$$\frac{\mathrm{d}}{\mathrm{d}t} \int_s \boldsymbol{A} \cdot \mathrm{d}\boldsymbol{s} = \int_s \left[\frac{\partial \boldsymbol{A}}{\partial t} + (\operatorname{rot} \boldsymbol{A}) \times \boldsymbol{v} + \operatorname{grad}(\boldsymbol{A} \cdot \boldsymbol{v})\right] \cdot \mathrm{d}\boldsymbol{s} \qquad \text{(A.7.19-13)}$$

und

$$\frac{\mathrm{d}}{\mathrm{d}t} \int_\tau U \,\mathrm{d}\tau = \int_\tau \left[\frac{\partial U}{\partial t} + \operatorname{div}(U \cdot \boldsymbol{v})\right] \mathrm{d}\tau. \qquad \text{(A.7.19-14)}$$

### A.7.20 Vektorfelder in materiellen Körpern

werden meist durch zwei physikalisch verschiedenartige Feldgrößen $\boldsymbol{w} = \boldsymbol{w}(x_1, x_2, x_3)$ und $\boldsymbol{v} = \boldsymbol{v}(x_1, x_2, x_3)$ beschrieben, die an jedem Feldort durch einen Faktor $\lambda$ miteinander gemäß $\boldsymbol{v} = \lambda \boldsymbol{w}$ verknüpft sind. In isotropen Substanzen ist $\lambda$ ein positiver Skalar und im allgemeinen ebenfalls ortsabhängig: $\lambda = \lambda(x_1, x_2, x_3)$. Ist der Faktor $\lambda$ nicht vom Feldort abhängig, so nennt man ihn eine Materialkonstante. – Dabei sind immer die Quellen des einen und die Wirbel des anderen Feldes gegeben. (Beispiele sind das elektrostatische Feld, das stationäre magnetische Feld, das elektrische Strömungsfeld und das Wärmeströmungsfeld in festen Körpern.)

Die wichtigsten Fälle sind:

a) Gegeben $\operatorname{rot} \boldsymbol{w} = 0$, $\operatorname{div} \boldsymbol{v} = \varrho(x_1, x_2, x_3)$, wobei $\varrho = 0$ nicht ausgeschlossen, $\boldsymbol{v} = \lambda \boldsymbol{w}$. – Wegen der ersten Beziehung kann man durch $\boldsymbol{w} = -\operatorname{grad} \varphi$ das skalare Potential $\varphi$ einführen und erhält

$$\begin{aligned} -\varrho &= \lambda \cdot \operatorname{div}(\operatorname{grad} \varphi) + \operatorname{grad} \varphi \cdot \operatorname{grad} \lambda \\ &= \lambda \cdot \Delta\varphi + \operatorname{grad} \varphi \cdot \operatorname{grad} \lambda \end{aligned}$$

zur Berechnung des Feldes aus den Ortsfunktionen $\varrho$ und $\lambda$. Der Summand grad $\varphi \cdot$ grad $\lambda$ verschwindet für sich, wenn an jedem Ort die Vektoren grad $\varphi$ und grad $\lambda$ senkrecht aufeinander stehen, und in dem Fall, daß grad $\lambda = 0$, daß also $\lambda$ eine ortsunabhängige Materialkonstante ist, wenn also in Bezug auf $\lambda$ der isotrope Stoff homogen ist. Nur in diesen Fällen gilt somit die Poissonsche Differentialgleichung $\Delta\varphi = -\varrho/\lambda$ oder die Laplacesche $\Delta\varphi = 0$.

b) Gegeben div $\boldsymbol{w} = 0$, rot $\boldsymbol{v} = \boldsymbol{W}(x_1, x_2, x_3)$, wobei $\boldsymbol{W} = 0$ nicht ausgeschlossen, $\boldsymbol{v} = \lambda\boldsymbol{w}$. – Wegen der ersten Beziehung kann man durch $\boldsymbol{w} = \text{rot}\,\boldsymbol{A}$ das vektorielle Potential einführen und erhält

$$\boldsymbol{W} = \lambda \cdot \text{rot}\,(\text{rot}\,\boldsymbol{A}) - (\text{rot}\,\boldsymbol{A}) \times \text{grad}\,\lambda,$$

also

$$-\boldsymbol{W} = \lambda[\Delta\boldsymbol{A} - \text{grad}\,(\text{div}\,\boldsymbol{A})] + (\text{rot}\,\boldsymbol{A}) \times \text{grad}\,\lambda$$

zur Berechnung des Feldes aus den Ortsfunktionen $\boldsymbol{W}$ und $\lambda$. Der Summand (rot $\boldsymbol{A}$) $\times$ grad $\lambda$ verschwindet für sich, wenn an jedem Ort die Vektoren rot $\boldsymbol{A}$ und grad $\lambda$ parallel oder antiparallel sind, und in dem Fall, daß grad $\lambda = 0$, daß also $\lambda$ eine ortsunabhängige Materialkonstante ist, wenn also in Bezug auf $\lambda$ der isotrope Stoff homogen ist. Nur in diesen Fällen gilt

$$-\boldsymbol{W}/\lambda = \Delta\boldsymbol{A} - \text{grad}\,(\text{div}\,\boldsymbol{A})$$

und

$$-\boldsymbol{W}/\lambda = \Delta\boldsymbol{A},$$

wenn div $\boldsymbol{A} = 0$ gesetzt werden kann.

c) Liegen örtlich ausgedehnte, begrenzte Bereiche vor, in deren jedem $\lambda$ einen ortsunabhängigen konstanten Wert hat, so gelten für jeden Bereich die einfachen Differentialgleichungen (die Poissonsche oder die Laplacesche); an der Trennfläche zweier Bereiche muß man dann die Werte von $\lambda$ beiderseits kennen und außerdem wissen, wie an dieser sich die Feldvektoren $\boldsymbol{w}$ und $\boldsymbol{v}$ verhalten.

### A.7.21 Tensoren zweiter Stufe

Der Vektor $\boldsymbol{v}$ ist eine lineare homogene Funktion des Vektors $\boldsymbol{w}$; in Bezug auf ein räumliches Koordinatensystem $(x_1, x_2, x_3)$ gilt also

$$\begin{aligned} v_1 &= \lambda_{11}w_1 + \lambda_{12}w_2 + \lambda_{13}w_3, \\ v_2 &= \lambda_{21}w_1 + \lambda_{22}w_2 + \lambda_{23}w_3, \\ v_3 &= \lambda_{31}w_1 + \lambda_{32}w_2 + \lambda_{33}w_3, \end{aligned}$$

wenn $v_1, v_2, v_3$ die Koordinaten des einen Vektors, $w_1, w_2, w_3$ die des anderen Vektors sind, oder

$$v_i = \sum_{j=1}^{3} \lambda_{ij}w_j; \quad i = 1, 2, 3,$$

abgekürzt geschrieben („Indizes-Darstellung")

$$v_i = \lambda_{ij} w_j .$$

Die 9 Faktoren $\lambda_{ij}$ heißen einzeln die *Koordinaten* des Tensors zweiter Stufe, in ihrer Gesamtheit bilden sie den Tensor. Sie können als quadratisches Schema (neungliedrige Matrix) geschrieben werden, jedoch wird durch diese Schreibweise allein nicht etwa der Tensorcharakter eindeutig festgestellt; nicht jede neungliedrige quadratische Matrix ist ein Tensor zweiter Stufe. Bedeuten die Vektoren $\boldsymbol{v}$ und $\boldsymbol{w}$ erstens die elektrische Flußdichte $\boldsymbol{D}$ und die elektrische Feldstärke $\boldsymbol{E}$, zweitens die magnetische Flußdichte $\boldsymbol{B}$ und die magnetische Feldstärke $\boldsymbol{H}$, so gelten für den Tensor der Dielektrizitätskonstante und den der Permeabilität im allgemeinen die Symmetriebeziehungen $\varepsilon_{ij} = \varepsilon_{ji}$ und $\mu_{ij} = \mu_{ji}$, vgl. Abschnitt 6.1.

## A.8 Makroskopische Eigenschaften der Ferromagnetika und der Ferroelektrika[1]

### Ferromagnetika

Gebräuchlich und unter dem Namen *Magnetisierungskurven* bekannt sind die empirisch gewonnenen Funktionen $B = B(H)$ und $J = J(H)$ und die inversen Funktionen $H = H(B)$ und $H = H(J)$, wobei $B$ Flußdichte (Induktion), $J$ Polarisation, $H$ Feldstärke bedeuten.

*Neukurve* heißt die mit dem Punkt (0,0) *beginnende* Magnetisierungskurve (in Abb. A.6 gestrichelt angedeutet), Anfangspermeabilität, Anfangssuszeptibilität ihre Steigung im Punkt (0,0):

$$\mu_a = \left(\frac{\mathrm{d}B}{\mathrm{d}H}\right)_{B=0,\ H=0}, \qquad \chi_a = \frac{1}{\mu_0}\left(\frac{\mathrm{d}J}{\mathrm{d}H}\right)_{J=0,\ H=0}.$$

*Hystereseschleifen* entstehen bei zyklischer Ummagnetisierung zwischen Extremwerten $\pm H_{\max}$, deren Betrag wir Aussteuerung nennen. Der untere Ast wird aufsteigend, der obere absteigend durchlaufen. Mit der Aussteuerung ändern die Schleifen nicht nur die Größe (den Flächeninhalt), sondern auch die geometrische Gestalt, vgl. Abb. A.5. Bei genügend kleiner Aussteuerung hat die Schleife die Gestalt einer schräg liegenden Lanzette, sie wird dann Rayleigh-Schleife genannt. Mit zunehmender Aussteuerung wird eine äußerste Hystereseschleife erreicht und nicht überschritten, vgl. Abb. A.6. Sie ist dadurch gekennzeichnet,

---

[1] Dieser Abschnitt, der lediglich die wichtigsten empirischen Sachverhalte und Fachausdrücke in Erinnerung bringt, wurde insbesondere im Hinblick auf die Kapitel 6 und 8B aufgenommen.

daß die Sättigungspolarisation $J_s = \text{const}_H$ erreicht wird; $B_s = J_s + \mu_0 H \geqq J_s$. Die Remanenz $B_r = J_r$ und die Koerzitivfeldstärken ${}_BH_k$ und ${}_JH_k$ sind Materialkonstanten. Der Flächeninhalt der Schleife $\oint H\,dB = \oint H\,dJ = w_h$ ist die räumliche Dichte der bei einem Ummagnetisierungszyklus als Wärme verlorenen Energie; dies fand E. Warburg[1]. Die (gewöhnliche) Permeabilität $\mu = B/H$, die differentielle Permeabilität $\mu_d = dB/dH$, die (gewöhnliche) Suszeptibilität $\chi = J/\mu_0 H = (\mu/\mu_0) - 1$ und die differentielle Suszeptibilität $dJ/dH\,\mu_0 = (\mu_d/\mu_0) - 1$

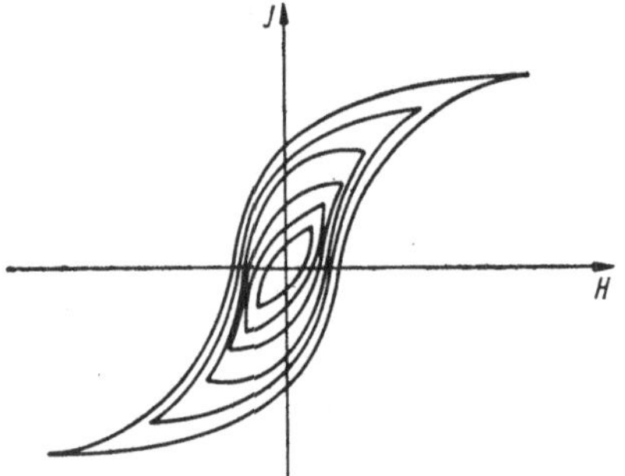


Abb. A.5 Hystereseschleifen bei verschieden großer Aussteuerung.

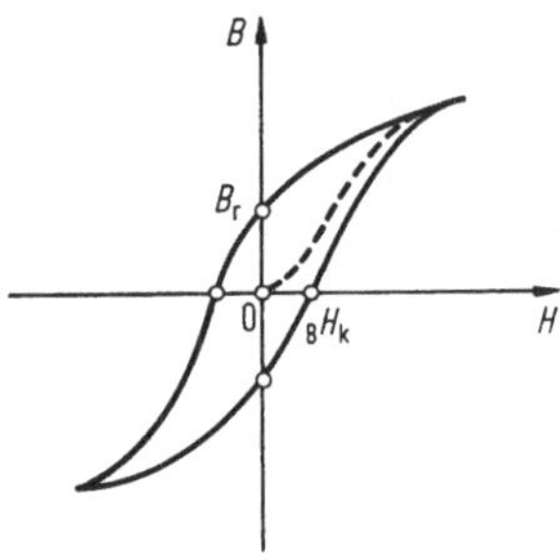


Abb. A.6 „Äußerste" Hystereseschleife. Remanenz $B_r = J_r$, Koerzitivfeldstärke ${}_BH_k$. Gestrichelt: Neukurve.

sind eindeutige Funktionen nur bei eindeutigen Funktionen $B(H)$ und $J(H)$, also zum Beispiel an gegebenem Kurvenast einer Schleife und an der Neukurve.

Man nennt eine ferromagnetische Substanz magnetisch um so weicher, je kleiner ihre Koerzitivfeldstärke, und magnetisch um so härter, je größer diese ist. Magnetisch weiche Substanzen haben vergleichsweise große, magnetisch harte vergleichsweise kleine Maximalwerte der Permeabilität.

Wir nennen eine ferromagnetische Substanz dann *magnetisch weich*, wenn, gemessen an der geforderten Genauigkeit und für bestimmte Aufgaben, die Fläche der Hystereseschleife vernachlässigt und diese also durch eine eindeutige *Magnetisierungskurve* ersetzt werden kann. Diese Vernachlässigung und diesen Ersatz betrachten wir als die Definition der magnetischen Weichheit. Magnetisch weiche Ferromagnetika haben also eindeutige Magnetisierungskurven $B(H)$, $J(H)$, die durch den Punkt (0, 0) gehen. Abb. A.7 zeigt ein Beispiel.

*Sekundäre (parasitäre) Schleifen.* Der untere Ast einer Hystereseschleife gibt die Folge von Zustandspunkten wieder, die sich bei zunehmender Feldstärke einstellen, der obere Ast diejenige Folge von

[1] Emil Warburg, 1846—1939.

Zustandspunkten, die sich bei abnehmender Feldstärke einstellen. Ist auf dem unteren (nur aufsteigend durchlaufbaren) Kurvenast einer Schleife ein Zustandspunkt $P|B, H|$ erreicht und wird dann eine Änderung $-\Delta H$ vorgenommen, so geht der Zustandspunkt in $P'$ mit den

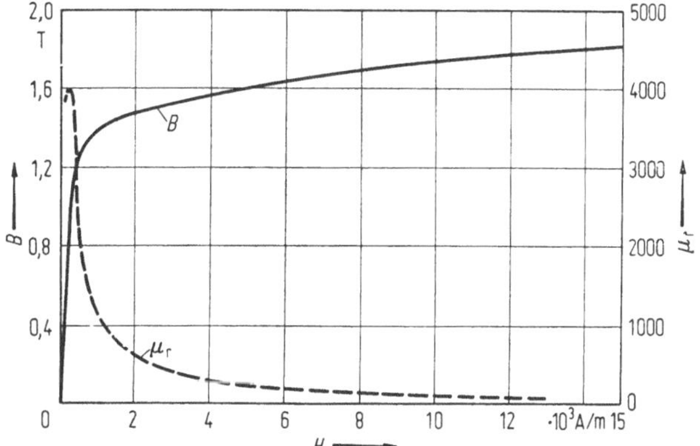


Abb. A.7 Magnetisierungskurve eines technisch verwendeten magnetisch weichen Ferromagnetikums.

Koordinaten $B - \Delta B$, $H - \Delta H$ über, vgl. Abb. A.8, und Entsprechendes gilt, wenn an einem Zustandspunkt auf dem oberen (nur absteigend durchlaufbaren) Kurvenast eine Änderung $\Delta H$ vorgenommen wird. Wird die Änderung $-\Delta H$ im ersten, $\Delta H$ im zweiten Fall rückgängig gemacht und hat sie einen hinreichend kleinen Betrag $(\Delta H)$, so wird der Ausgangspunkt $P$ auf dem Kurvenast der Schleife wieder eingenommen:

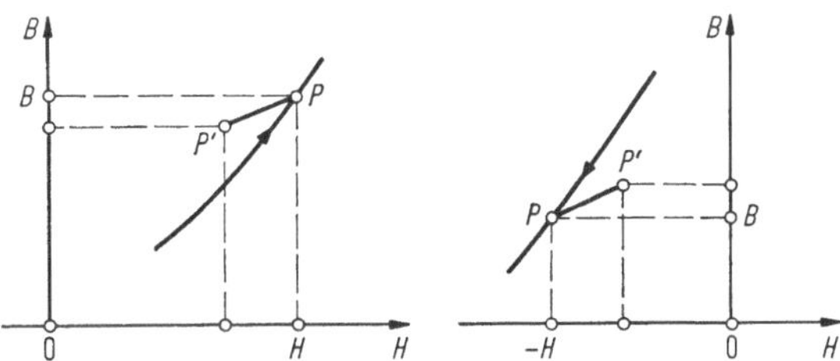


Abb. A.8 Zur Definition der reversiblen Permeabilität.

Die Zustandsänderungen sind reversibel, es wird eine Schleife durchlaufen, die die Gestalt einer schräg liegenden Lanzette hat; diese wird sekundäre oder auch parasitäre Schleife genannt. Ein hauptsächliches Kennzeichen ist der Steigungswinkel des Geradenstückes $\overline{PP'}$; er ist bei hinreichend kleinem $|\Delta H|$ kaum mehr von diesem Wert abhängig. Als

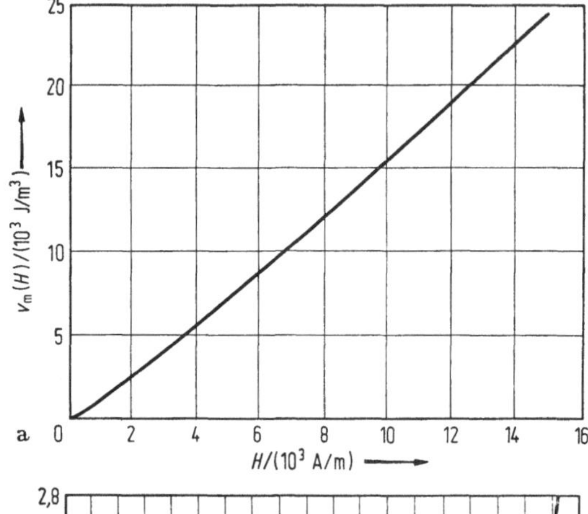


Abb. A.7a) Dichte der magnetischen Kräftefunktion $v_m(H) = \int_0^H B(H) \cdot dH$ der in Abb. A.7 dargestellten empirischen Magnetisierungsfunktion $B(H)$, vgl. Gl. (6.2-19) und Abschnitt 8.9.

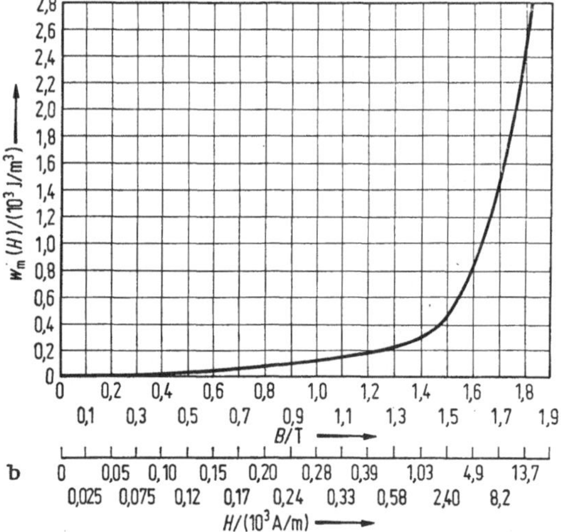


Abb. A.7b) Dichte der magnetischen Feldenergie $w_m(B) = \int_0^B H(B) \cdot dB$ der in Abb. A.7 dargestellten empirischen Magnetisierungsfunktion $H(B)$, vgl. Gl. (6.2-12) und Abschnitt 8.9.

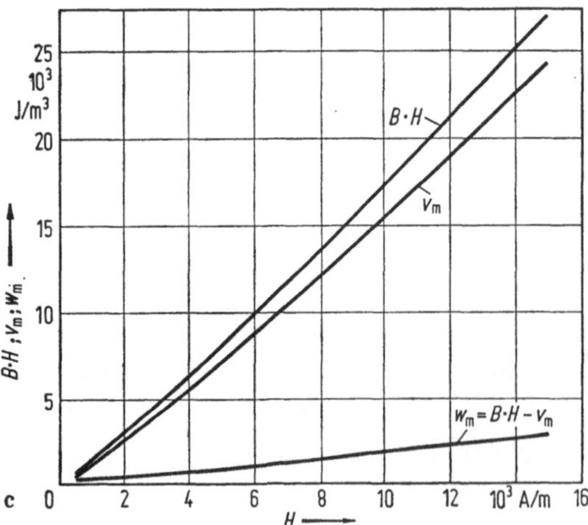


Abb. A.7c) $BH$, $v_m$ und $w_m$ für die in Abb. A.7 dargestellte empirische Magnetisierungsfunktion als Funktion von $H$.

reversible Permeabilität definiert man daher

$$\mu_{\text{rev}} = \lim_{\Delta H \to \mathrm{d}H} \left(\frac{\Delta B}{\Delta H}\right)_{\overline{PP'}}.$$

In jedem Zustandspunkt ist also

$$\mu_{\text{rev}} < \mu_{\text{d}}$$

erfahrungsgemäß.

*Permanentmagnetische Zustandskurven.* Durch Abwärtsmagnetisieren eines Körpers aus einem magnetisch harten Ferromagnetikum sei ein Zustandspunkt ($B$, $-H$) im zweiten Quadranten erreicht ($O \leqq B \leqq B_r$, $-{}_BH_k \leqq -H \leqq 0$). Wird darauf in diesem Bereich eine Änderung $\Delta H$ (endlicher Grösse) vorgenommen und wieder rückgängig gemacht und wird dieses Spiel hinreichend häufig wiederholt, so endet dieser Stabilisierungsprozeß schließlich in einer stationären Schleife, die also *reservibel* durchlaufen wird; sie hat die Form einer schräg liegenden Lanzette (Stabilitätsbereich $\Delta H$). Dauermagnete, die diese Zustandskurve aufweisen, heissen Permanentmagnete. Man erkennt das Wesentliche (und erfüllt die meisten praktisch auftretenden Genauigkeitsforderungen), wenn man die Lanzette durch das ihre Enden miteinander verbindente Geradenstück ersetzt, vgl. Abb. A.9, 10.[1]

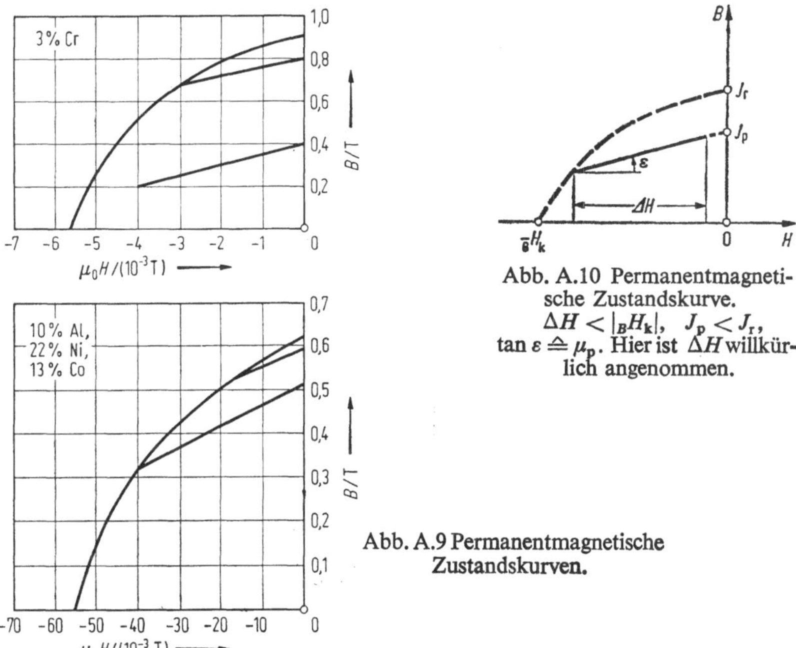


Abb. A.10 Permanentmagnetische Zustandskurve. $\Delta H < |{}_BH_k|$, $J_p < J_r$, $\tan\varepsilon \triangleq \mu_p$. Hier ist $\Delta H$ willkürlich angenommen.

Abb. A.9 Permanentmagnetische Zustandskurven.

[1] Näheres z. B.: J. Fischer, Abriss der Dauermagnetkunde, Berlin, Göttingen, Heidelberg 1949.

Durch seine Neigung wird die permanente Permeabilität wiedergegeben:

$$\mu_p \mathrel{\hat{=}} \tan \varepsilon ;$$

sie ist eine Materialeigenschaft: $\mu_p = \text{const}_H$ (die permanenten Zustandsgeraden des gleichen Materials sind einander näherungsweise parallel). Der Ordinatenabschnitt $J_p$ heißt die permanente Polarisation; sie ist eine Eigenschaftsgröße der individuellen permanenten Zustandskurve und wird also nicht, wie die temporäre Polarisation, durch den Wert der Feldstärke bestimmt: $J_p = \text{const}_H$. Die Gleichung der permanenten Zustandskurve als Gerade ist also $B = J_p - \mu_p H$, vektoriell

$$\boldsymbol{B} = \mu_p \boldsymbol{H} + \boldsymbol{J}_p, \quad \mu_p = \text{const}_H, \quad \boldsymbol{J}_p = \text{const}_H;$$

es liegt also wiederum eine eindeutige Funktion $B(H)$ vor. Man nennt zweckmäßig diese Größe $\boldsymbol{B}$ gesamte oder totale magnetische Induktion, um sie von der Größe $\boldsymbol{H}\mu$ zu unterscheiden, die gleichfalls Induktion genannt wird.

## Ferroelektrika

So werden Dielektrika genannt, die im großen Erscheinungen zeigen und Eigenschaften besitzen, die denen der Ferromagnetika analog sind (Neukurve, Hystereseschleife, sekundäre Schleifen). Die dort gebildeten magnetischen Begriffe und Größen können ohne weiteres in elektrische übersetzt werden. Abb. A.11 zeigt Hystereseschleifen bei verschiedener Aussteuerung und verschiedener Temperatur, Abb. A.12 solche mit sekundären (parasitären) Schleifen. Abb. A.13 zeigt Neukurven mit maximalen Werten

$$\frac{1}{\varepsilon_0}\left(\frac{\mathrm{d}D}{\mathrm{d}E}\right)_{\max} \approx 10^4 .$$

Hauptsächliche Unterschiede gegenüber den Ferromagnetika sind nach gegenwärtigem Stand der Technologie:

a) Die Curie-Temperaturen liegen ganz anders, zum Teil auch so,

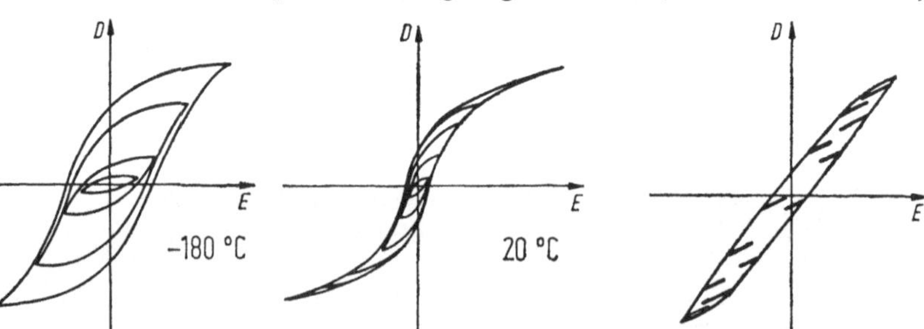


Abb. A.11 Ferroelektrikum, Hystereseschleifen bei verschiedenen Aussteuerungen und verschiedenen Temperaturen.

Abb. A.12 Ferroelektrikum, Hystereseschleife mit sekundären Schleifen.

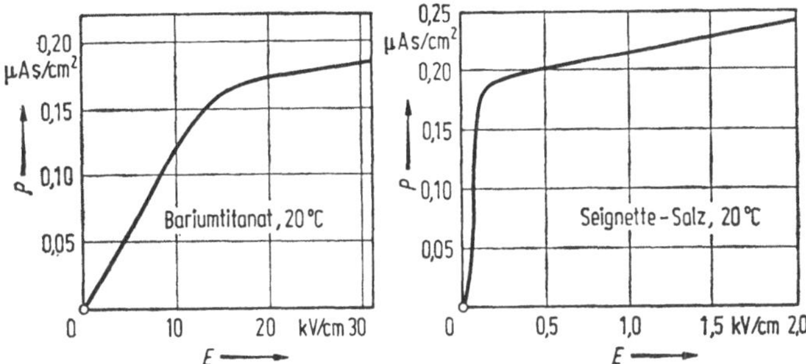


Abb. A.13 Neukurven zweier Ferroelektrika.

daß die Stoffe nicht allgemein technisch interessant sind. Es gibt solche mit zwei Curie-Temperaturen.[1]

b) Sättigungspolarisation als echte Materialkonstante wurde bei den hier durch die Durchbruchsfeldstärke begrenzten Feldstärkewerten bisher nicht beobachtet.

c) Das spontane Altern. Hierunter versteht man die langdauernde Änderung der dielektrischen Eigenschaften (über Tage und Wochen): die Permittivität nimmt ab, die Hystereseschleife ändert die Form (sie schnürt sich ein). Jede Spannungsänderung, jede Temperaturänderung leitet einen neuen Alterungsvorgang ein. Dieses Verhalten und seine Ursachen im einzelnen sind bisher noch wenig erforscht. Deswegen ist aber auch zum Beispiel die elektrische Koerzitivfeldstärke ${}_{D}E_{k}$ nicht in annähernd gleichem Maße wie die magnetische ${}_{B}H_{k}$ eine zeitlich konstante Größe, und deswegen ist auch das Interesse der Technik an den (ohnehin schwierig experimentell zu ermittelnden) Hystereseschleifen gering.

Als näherungsweise permanentelektrische Zustandskurve läßt sich die Beziehung $\boldsymbol{D} = \varepsilon_{p}\boldsymbol{E} + \boldsymbol{P}_{p}$ annehmen.

Man kann erwarten, daß die technologische Entwicklung der Ferroelektrika in Richtung größerer Beständigkeit und schärferer Differenzierung ihrer Eigenschaften dann weitergehen wird, wenn Forderungen dieser Art von Seiten der Technik gestellt werden.

[1] Vgl. Hablützel, J.: Helvet. Phys. Acta 12 (1943), S. 502.

## Durchgehend verwendete Kennzeichnungen

**Größen, Einheiten Zahlenwerte:** Formelzeichen für Größen sind *kursiv* gedruckt. Formelzeichen in Gleichungen bedeuten Größen, soweit sie nicht entweder am Ort anders erklärt oder gebräuchliche mathematische Symbole und Zahlzeichen sind, zum Beispiel $\Sigma$, $\pi$, e, j. Es bedeutet $[I]$ eine Einheit der Größe $I$ und $\{I\}$ den zugehörigen Zahlenwert; $I = \{I\}\,[I]$; ein Index weist auf ein Einheitensystem hin, zum Beispiel $[I]_{\mathrm{SI}}$. Kurzzeichen von Einheitennamen sind in senkrechten Typen gedruckt, zum Beispiel A (Ampere), SI-Einheit der Stromstärke $I$: $[I]_{\mathrm{SI}} = 1\,\mathrm{A}$. – Einheitennamen und -kurzzeichen werden nicht in eckige Klammern gesetzt, zum Beispiel bedeutet $[A]$ nicht die Einheit Ampere, sondern eine Einheit einer Größe $A$. – Siehe auch Abschnitte A.2 bis A.5.

**Kennzeichnung der Tensoreigenschaft.** Vektoren (Tensoren erster Stufe) werden durch **halbfett** gedruckte kursive Buchstaben gekennzeichnet, zum Beispiel $\boldsymbol{A}$, $\boldsymbol{a}$, Skalare (Tensoren nullter Stufe) durch magere Buchstaben, zum Beispiel $A$, $a$.

Kennzeichnung von Größen, deren *Zahlenwerte komplex* sind („komplexe Größen"): zum Beispiel $\underline{x} = x' + \mathrm{j}x'' = |\underline{x}|\,\mathrm{e}^{\mathrm{j}\alpha}$; $\mathrm{j} = \sqrt{-1}$, siehe dazu auch Abschnitt A.6.

*Geometrische Größen*: $\boldsymbol{s}$ Linie, Strecke, Länge (auch $l$), $\boldsymbol{a}$ Fläche, $\tau$ Volumen. Zu $\mathrm{d}\boldsymbol{s}$, $\mathrm{d}\boldsymbol{a}$, $\mathrm{d}\boldsymbol{l}$ siehe Abschnitt A.7.8.

**Räumliche Bereiche, Flächenstücke, Kurvenstücke.** Räumliche Bereiche werden hier mit dem gleichen Buchstabensymbol ($\tau$) bezeichnet wie Volumina; Flächenstücke mit dem gleichen Buchstabensymbol ($a$) wie Flächeninhalte; Kurvenstücke mit dem gleichen Buchstabensymbol ($s$) wie Kurvenlängen, da hierdurch in den hier dargestellten Zusammenhängen keine Verwechslungen entstehen können.

*Zuordnung von Fortschreitungsrichtung und Drehungsrichtung*; *Koordinatensysteme*: ausschließlich rechtswendige (rechtsschraubige) Zuordnung wird verwendet; dazu und über Koordinatensysteme siehe Abschnitt A.7.11.2.

**Integrale.** $\int \ldots \mathrm{d}s$ Linienintegral, $\int\limits_a \ldots \mathrm{d}a$ Flächenintegral, $\int\limits_\tau \ldots \mathrm{d}\tau$ Volumenintegral.

In $\oint \ldots \mathrm{d}s$ ist $s$ eine geschlossene Linie; Randintegral, Umlaufintegral.

In $\oint \ldots \mathrm{d}a$ ist $a$ eine geschlossene Fläche (Hülle); Hüllenintegral.

Stehen $\oint \ldots \mathrm{d}a$ und $\oint \ldots \mathrm{d}s$ in derselben Gleichung, so ist $s$ die vollständige Begrenzung (die Kontur, der Rand) von $a$, und $s$ ist ein positiver Umlauf um die positiven Normalen der $\mathrm{d}a$ (falls nicht ausdrücklich anderes gesagt ist).

Stehen $\int \ldots \mathrm{d}\tau$ und $\oint \ldots \mathrm{d}a$ in derselben Gleichung, so ist $a$ die vollständige Begrenzung (Hülle) von $\tau$, und die positiven Normalen der $\mathrm{d}a$ weisen nach außen (falls nicht ausdrücklich anderes gesagt ist).

*In den Abbildungen* bedeuten Pfeile entweder Vektoren oder Bezugsrichtungen. Es bedeutet ⊙ einen zur Zeichnungsebene senkrecht nach vorne (auf den Betrachter zu) gerichteten und ⊗ einen zur Zeichnungsebene senkrechten, nach hinten (vom Betrachter weg) gerichteten Pfeil.

**Formelzeichen (Buchstabensymbole):** Wie schon im Vorwort bemerkt, wurden die Empfehlungen der damit befaßten Organisationen und Gremien[1] so weit als möglich befolgt. Bei Kollisionen, bei Gefahr von Mißverständnissen wegen starker Belegung desselben Buchstabens mit mehreren Bedeutungen wurde von der (in einer IEC-Empfehlung praktizierten und in der Norm DIN 1304, Allgemeine Formelzeichen, Ausgabe 1971, ausdrücklich zugelassenen) Möglichkeit Gebrauch gemacht, in eine „besondere Schriftart des Buchstabens auszuweichen", z. B. $\mathfrak{S}$ Strahlungsdichte (Poyntingscher Vektor), aber $S$ elektrische Stromdichte, $\mathcal{E}$ eingeprägte elektromotorische Kraft, aber $E$ elektrische Feldstärke, ferner $a$ Fläche, weil $A$ mit mehreren anderen kollidierenden Bedeutungen belegt ist (u. a. flächenhafte Stromdichte und vektorielles Potential). Für das Volumen wurde, einem jahrzehntealten Brauch der Elektrodynamik folgend, das Symbol $\tau$ gewählt, denn auch die Symbole $v$ und $V$ sind stark mit anderen Bedeutungen belegt. (Es läßt sich zudem schwer ein überzeugender Grund dafür finden, warum, wie vielfach üblich, von den drei geometrischen Größen Länge, Fläche und Volumen zwei mit großen Buchstaben dargestellt werden sollen, aber eine mit einem kleinen.) Für die elektrische Leitungsstromdichte wurde das in allen Empfehlungen enthaltene Symbol $S$ gewählt. Das Zeichen $J$ für diese Größe hat nicht nur recht wenig Unterscheidungskraft gegenüber dem Zeichen $I$ für das Flächenintegral von $J$, nämlich die Stromstärke, sondern es kollidiert auch mit dem Zeichen $J$ für die magnetische Polarisation, insbesondere in der Beschreibung des magnetischen Feldes; das Zeichen $B_i$ für die magnetische Polarisation ist didaktisch wenig geeignet, da es erfahrungsgemäß zu falschen Auffassungen verleitet (vgl. Fußnote 2 zu Gl. (4.2-23)).

[1] Insbesondere: International Organisation for Standardization (ISO), International Electrotechnical Commission (IEC, CEI), International Union of Pure and Applied Physics (IUPAP), Ausschuß für Einheiten und Formelgrößen (AEF).

## Formelzeichen (Buchstabensymbole)

Größen, die komplexe Größen sind oder sein können, sind als solche hier nicht besonders gekennzeichnet. Indizierungen sind nur in stehenden Verbindungen, aber nicht für Einzelfälle, angeführt. Wegen der Formelzeichen für Ortskoordinaten, für die Differentiale verschiedener Art, Charakterisierung als komplexe Größen, allgemeine Symbole der Vektorrechnung u. a. m. siehe Abschnitte A.6 und A.7 sowie „Durchgehend verwendete Kennzeichnungen".

| | |
|---|---|
| a | als Index: außen |
| $a$ | Fläche |
| A | Ampere |
| $A$ | Arbeit |
| $\boldsymbol{A}$ | flächenhafte Stromdichte, Strombelag; vektorielles Potential |
| $b$ | Beweglichkeit der Ladungsträger; häufig: Radius einer Kugel, eines Kreiszylinders; Leiterkonstante |
| $B$ | Blindleitwert |
| $\boldsymbol{B}$ | magnetische Flußdichte, Induktion |
| $\boldsymbol{B}_{\mathrm{tot}}$ | totale magnetische Flußdichte (Induktion) |
| $c_0$ | Wellengeschwindigkeit (Lichtgeschwindigkeit) im Vakuum |
| C | Coulomb |
| $C$ | Kapazität eines Kondensators |
| $C'$ | Kapazitätsbelag |
| $C_{ik}$ | Teilkapazitäten |
| e | Basis der natürlichen Logarithmen; als Index: elektrisch |
| $e$ | Elementarladung |
| $\boldsymbol{E}$ | elektrische Feldstärke |
| $\boldsymbol{E}^{\mathrm{e}}$ | eingeprägte elektrische Feldstärke |
| $\mathscr{E}_{12}$ | eingeprägte elektromotorische Kraft |
| $d$ | Abstand; Dämpfungsfaktor; Dicke der äquivalenten Leitschicht |
| $\boldsymbol{D}$ | elektrische Flußdichte, elektrische Verschiebung |
| $f$ | Frequenz |
| F | Farad |
| $F$ | Koordinate (skalar genommene Komponente) eines Feldvektors |
| $\boldsymbol{F}$ | Kraft |
| $\boldsymbol{g}$ | Flächenstromdichte, Strombelag (Ausweichzeichen, sonst $\boldsymbol{A}$) |
| g | Gramm |
| $G'$ | Ableitungsbelag |
| G | Gauß |
| $G$ | physikalische Größe, allgemein; Wirkleitwert |
| H | Henry |
| $\boldsymbol{H}$ | magnetische Feldstärke, magnetische Erregung |
| Hz | Hertz |
| i | als Index: innen |
| $I$ | (Leitungs-) Strom, Stromstärke |
| j | Einheit der imaginären Zahlen |

J Joule
$\boldsymbol{J}$ magnetische Polarisation
$\boldsymbol{J}_\mathrm{p}$ permanente magnetische Polarisation
$\mathrm{J}_0(x)$ Zylinderfunktion erster Art (Besselsche) nullter Ordnung
$\mathrm{J}_1(x)$ Zylinderfunktion erster Art (Besselsche) erster Ordnung
$k$ kennzeichnende Größe der Stromverdrängung, der Flußverdrängung; Konstante; Kopplungsfaktor
kg Kilogramm
$K$ axiales Trägheitsmoment
K Kelvin
$l$ Länge
$L'$ Induktivitätsbelag
$L$ Koeffizient der Selbstinduktion, Selbstinduktivität
$L_{ik}$ Induktionskoeffizient
m Meter; als Index: magnetisch; maximal
$\boldsymbol{m}$ magnetisches Dipolmoment
$m$ Masse
$\boldsymbol{m}_I$ Strommoment (elektromagnetisches)
$M$ Gegeninduktivität
$\boldsymbol{M}$ Magnetisierung
M Maxwell
n als Index: normal
$n$ räumliche Dichte von Ladungsträgern
$N$ Gestaltsfaktor, Entelektrisierungsfaktor, Entmagnetisierungsfaktor; Windungszahl
N Newton
Oe Oersted
$p$ Druck
$\boldsymbol{p}$ magnetische Polstärke; Moment des elektrischen Dipols
$p_\mathrm{th}$ räumliche Dichte der Stromwärmeleistung
$\boldsymbol{P}$ elektrische Polarisation
$\boldsymbol{P}_\mathrm{p}$ permanente elektrische Polarisation
$P_\mathrm{th}$ thermische Leistung (Stromwärmeleistung)
$P$ Leistung, $P_\mathrm{p}$ Wirkleistung, $P_\mathrm{q}$ Blindleistung, $P_\mathrm{s}$ Scheinleistung
$Q$ Ladung
$r$ Reflexionsfaktor
$R$ elektrischer Widerstand, Wirkwiderstand
$R'$ Widerstandsbelag (Wirkwiderstandsbelag)
$R_\mathrm{m}$ magnetischer Widerstand
s Sekunde
$s$ Weg, Strecke, Kurve; Bildvariable der Laplace-Transformation
$\boldsymbol{\mathfrak{S}}$ Energieströmungsvektor (Poyntingscher Vektor, Flächendichte der Strahlungsleistung)

$\boldsymbol{S}$ Leitungsstromdichte
S Siemens
t als Index: tangential
$t$ Zeit
$\boldsymbol{T}$ Drehmoment
$T$ Periodendauer; Temperatur (thermodynamische); Zeitmaß
T Tesla
$\boldsymbol{u}$ Phasengeschwindigkeit
$U$ elektrische Spannung, $\mathring{U}$ elektrische Umlaufspannung
$\mathfrak{U}$ komplexer (Emdescher) Energieströmungsvektor
$v$ räumliche Dichte der Kräftefunktion
$\boldsymbol{v}$ Geschwindigkeit (Verschiebungs-, Ausbreitungs-)
$V$ Kräftefunktion; magnetische Spannung
$\mathring{V}$ magnetische Umlaufspannung
V Volt
$w$ Energiedichte (räumliche Dichte der Feldenergie)
$W$ Energie
W Watt
Wb Weber
$X$ Blindwiderstand; Längenmaß
$Y$ Leitwert (Scheinleitwert), auch: komplexer
$\boldsymbol{Z}$ Hertzsches Potential (Hertzscher Vektor)
$Z$ Leitungs-Wellenwiderstand; Widerstand (Scheinwiderstand), auch: komplexer

$\alpha$ Dämpfungsexponent (räumlicher)
$\alpha_{ik}$ Potentialkoeffizienten
$\beta$ Relaxationszeit
$\beta_{ik}$ Kapazitätskoeffizienten
$\Gamma$ Feld-Wellenwiderstand
$\Gamma_0$ Feld-Wellenwiderstand des Vakuums
$\delta$ Abklingkonstante (zeitliche); Verlustwinkel
$\Delta$ Laplacescher Operator
$\varepsilon$ Permittivität, Dielektrizitätskonstante
$\varepsilon_0$ elektrische Feldkonstante
$\varepsilon_r$ Permittivitätszahl
$\Theta$ Durchflutung (elektrische)
$\eta$ Frequenzverhältnis; räumliche Dichte der elektrischen Ladung
$\lambda$ Wellenlänge
$\Lambda$ magnetischer Leitwert
$\mu$ Permeabilität
$\mu_0$ magnetische Feldkonstante

$\mu_r$ Permeabilitätszahl
$\nu$ Laufzahl
$\Pi$ Betrag des Hertzschen Potentials für den Hertzschen Oszillator
$\varrho$ spezifischer elektrischer Widerstand
$\sigma$ elektrische Leitfähigkeit; mechanische Spannung; Flächendichte der elektrischen Ladung; Streuungsfaktor; Verzerrungsfaktor
$\tau$ Volumen; Zeitkonstante
$\varphi$ skalares elektrisches Potential
$\Phi$ magnetischer Fluß
$\chi_e$ elektrische Suszeptibilität
$\chi_m$ magnetische Suszeptibilität
$\Psi$ elektrischer Fluß, Verschiebungsfluß
$\omega$ Kreisfrequenz
$\Omega$ Hüllenfluß des Energieströmungsvektors
Ω Ohm

## Nachweis der Abbildungen

Die folgenden Abbildungen sind entweder identisch oder sachgetreu (mit geringfügigen Änderungen, zum Beispiel Austausch von Buchstabensymbolen) wie folgt übernommen:

2.3,4: Mie, G.: Lehrbuch der Elektrizität und des Magnetismus, 3. Aufl. Stuttgart 1948, S. 109.
2.8,9: Oberdorfer, G.: Lehrbuch der Elektrotechnik, Bd. 1. München 1961, S. 98/99.
2.22,23: Stille, U.: Arch. f. Elektrotechn. 38 (1944), 91—101.
2.26,27,28: Zinke, O.: Widerstände, Kondensatoren, Spulen und ihre Werkstoffe. Berlin, Heidelberg, New York 1965, S. 84/85.
2.31,32: Küpfmüller, K.: Einführung in die Theoretische Elektrotechnik, 9. Aufl. Berlin, Heidelberg, New York 1968, S. 76 und 89.
4.6,7: Mie, G.: a. a. O., S. 375.
5.10: Emde, F.: Quirlende elektrische Felder. Braunschweig 1949, S. 50-51.
7.6: Emde, F., a. a. O. S. 72.
8.4: Küpfmüller, K.: Einführung, a. a. O. S. 265.
8.7: Zinke, O.: a. a. O. S. 165.
8.8: Ollendorff, Fr.: Die Grundlagen der Hochfrequenztechnik. Berlin 1926, S. 70.
8.14: Kind, J.: Beiträge zur Bestimmung magnetischer Felder in eisenhaltigen magnetischen Kreisen. Diss. Univ. (TH) Karlsruhe 1970.
9.5.10: Emde, F.: (Herausgeber), Auszüge aus J. C. Maxwells Elektrizität und Magnetismus. Braunschweig 1915, S. 163.
9.20: Richter, R.: Elektrische Maschinen I. Bd., Berlin 1924, S. 244.
9.22: Richter, R.: a. a. O. S. 244.
11.6: Maxwell, J. C.: Treatise, Paragraph 791, auch Emde, F.: Auszüge, S. 145.
11.7: Wagner, K. W.: Elektromagnetische Wellen. Basel und Stuttgart 1953, S. 22.
11.8: Wagner, K. W.: a. a. O. S 23
11.9: Wagner, K. W.: a. a. O. S. 42.
11.11: Wagner, K. W.: a. a. O. S. 48.
11.14: Küpfmüller, K.: a. a. O. S. 388.
11.15: Küpfmüller, K.: a. a. O. S. 387.
11.16a) bis d): Wagner, K. W:. a. a. O. S. 94.
11.21: Hertz, H.: Die Kräfte elektrischer Schwingungen, behandelt nach der Maxwellschen Theorie. Ann. d. Phys., Neue Folge, Bd. 36 (1889), S. 1—22, auch „Gesammelte Werke“ Bd. II.
11.22: Zinke, O.; Brunswig, H.: Lehrbuch der Hochfrequenztechnik. Berlin, Heidelberg, New York 1965, S. 194/195.
A.7: Küpfmüller, K.: Arch. f. Elektrotechn. 50 (1965), S. 134.
A.9: Breitling, W.: Elektrot. u. Masch.Bau 61 (1943), S. 315.
A.11: Jonker, G. H.; van Santen, J. H.: Siemens-Z. 1949, S. 182.
A.12: Heywang, W.; Fenner, E.; Schofer, E.: Siemens-Z. 1961, S. 41.
A.13: Durand, E.: Électrostatique et Magnétostatique. Paris 1953, S. 278; Électrostatique Vol. 3, Paris 1966, S. 367.

# Sachverzeichnis

# Namenverzeichnis

Die Lebensdaten der meisten hier genannten Personen sind in Fußnoten auf der ersten hier angeführten Seite angegeben. (Verfasser von Werken, die nur unter „Weiterführende Literatur“ und unter „Nachweis der Abbildungen“ genannt sind, sowie von Zeitschriftenaufsätzen sind hier im allgemeinen nicht aufgeführt.)